房屋建筑和市政基础设施工程常见质量问题防治指南系列丛书

建筑结构工程常见质量问题防治指南

金孝权　主编

唐祖萍　冯　成　副主编

中国建筑工业出版社

图书在版编目（CIP）数据

建筑结构工程常见质量问题防治指南/金孝权主编.
北京：中国建筑工业出版社，2016.3
（房屋建筑和市政基础设施工程常见质量问题防治指南系列丛书）
ISBN 978-7-112-18938-0

Ⅰ.①建… Ⅱ.①金… Ⅲ.①建筑结构—工程施工—质量控制—指南 Ⅳ.①TU3-62

中国版本图书馆CIP数据核字（2016）第004901号

　　本书内容共9章，包括基坑（包括土方）；地基处理；桩基础；混凝土结构工程；砌体结构工程；钢结构工程；钢—混组合结构；木结构工程；建筑测量工程。每个问题分5部分讲解，依次是现象、规范规定、原因分析、预防措施、治理措施，从5个方面对建筑结构工程中的问题进行讲解。
　　本书适合于施工、监理现场人员学习使用，也可供相关专业大中专学生参考学习。

责任编辑：张　磊　万　李　岳建光
责任校对：陈晶晶　刘梦然

房屋建筑和市政基础设施工程常见质量问题防治指南系列丛书
建筑结构工程常见质量问题防治指南
金孝权　主编
唐祖萍　冯　成　副主编
*
中国建筑工业出版社出版、发行（北京西郊百万庄）
各地新华书店、建筑书店经销
南京碧峰印务有限公司制版
南京碧峰印务有限公司印刷
*
开本：787×1092 毫米　1/16　印张：35 1/2　字数：865千字
2016年9月第一版　　2016年9月第一次印刷
定价：80.00元
ISBN 978-7-112-18938-0
（28214）

本书编委会

主　　编：金孝权

副主编：唐祖萍　冯　成

编　　委：沈中标　梁新华　胡全信　谭　鹏

　　　　　刘玉军　吕如楠　林建国　王卫星

　　　　　许琼鹤　罗　震　刘建华　李嘉慎

　　　　　芮万平　许　斌　王玉国　周若涵

　　　　　沈　嵘　李俊才　张　鹏　金瑞娟

　　　　　韩秋宏　王秋明　韩天宇　李　峰

　　　　　高　洁

前　言

随着我国改革开放的深入和经济建设的快速发展,我国房屋建筑和市政基础设施工程建设也在飞跃发展。在"百年大计,质量第一"方针指引下,工程质量不断提高,出现了一批高标准、高质量的房屋建筑和市政基础设施工程,有些深受国外同行所瞩目。但是随着工程建设规模的不断加大,工程质量水平发展不平衡,工程质量问题还经常出现、普遍存在,质量事故亦时有发生,严重影响了房屋建筑和市政基础设施工程的耐久性和使用功能及观感质量,对工程质量危害极大。

工程质量问题产生的原因是多方面的,一是由于建设单位片面追求工程速度,所谓献礼工程,不按合理工期建设,违反科学规律;二是近年来施工队伍的迅速扩大,管理和技术素质却严重滞后,工地现场缺乏熟练操作工人和施工管理技术人员;三是施工单位为了片面追求利润,使用低劣工程材料,甚至是一些假冒伪劣产品;四是工程设计不太合理,不注重对特殊部位的深化设计。

为了确保和稳步提高工程质量,帮助工程技术人员和施工操作人员掌握防治和控制质量通病的基本理论知识和施工实践技能,编制组以现行国家标准、规范为依据,广泛调查研究,反复实践,编制了这套《房屋建筑和市政基础设施工程常见质量问题防治丛书》,本丛书从质量问题的现象、规范标准的要求、产生的原因分析,以及设计、材料、施工三方面采取的防治措施和质量问题的治理措施,作了详细的描述,内容全面、翔实、通俗易懂,是施工企业和管理部门预防、诊断、处置工程质量问题的工具书。这就是编者编辑这套系列丛书的目的。

本套丛书共分四册,分别是《建筑结构工程常见质量问题防治指南》、《建筑装饰装修和防水工程常见质量问题防治指南》、《建筑机电安装工程常见质量问题防治指南》、《市政公用工程常见质量问题防治指南》。

本套丛书在编写过程中广泛征求了质监机构、施工单位、设计单位等方面有关专家的意见,经多次研讨和反复修改,最后审查定稿。

由于书中引用的标准、规范、规程及相关法律、法规日后都有被修订的可能,因此,在使用本套丛书时应关注所引用标准、规范、规程等的变更,及时使用当时发行的有效版本。

本套丛书的编写者都是多年从事工程质量监督等方面的专家,在编写的过程中,尽管参阅、学习了许多文献和有关资料,做了大量的协调、审核、统稿和校对工作,但限于时间、资料和水平,仍有不少缺点和问题,敬请谅解。为了不断完善本套丛书,请读者随时将意见和建议反馈至中国建筑工业出版社(北京市海淀区三里河路 9 号,邮编 100037),电子邮箱:289052980@qq.com,留作再版时修正。

目　　录

第1章 基坑(包括土方)

1.1 排桩墙支护工程

1.1.1 排桩位移过大

1.现象

采用排桩(或双排桩)作为支护结构时,基坑土方开挖施工中排桩产生过大位移。当采用悬臂式排桩支护结构时,桩顶位移大(如图1-1a所示)或踢脚位移(图1-1c),桩体倾斜;当为排桩内支撑(或锚拉结构)支护结构时,桩身最大位移超过允许值(图1-1b)。排桩位移过大会导致坑外地面、管线、建(构)筑物沉降或不均匀沉降,甚至坑边地面裂缝沉陷,管线、建(构)筑物开裂变形;影响主体地下结构的施工。

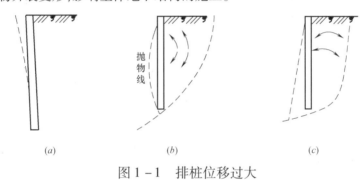

图1-1 排桩位移过大

2.规范规定

(1)《建筑基坑支护技术规程》JGJ 120-2012:

> 3.1.2 基坑支护应满足下列功能要求:
> 1 保证基坑周边建(构)筑物、地下管线、道路的安全和正常使用;
> 2 保证主体地下结构的施工空间。
>
> 3.1.3 基坑支护设计时,应综合考虑基坑周边环境和地质条件的复杂程度、基坑深度等因素,按表3.1.3采用支护结构的安全等级。对同一基坑的不同部位,可采用不同的安全等级。
>
> <div align="center">支护结构的安全等级</div> 表3.1.3
>
> | 安全等级 | 破坏后果 |
> | --- | --- |
> | 一级 | 支护结构失效、土体过大变形对基坑周边环境或主体结构施工安全的影响很严重 |
> | 二级 | 支护结构失效、土体过大变形对基坑周边环境或主体结构施工安全的影响严重 |
> | 三级 | 支护结构失效、土体过大变形对基坑周边环境或主体结构施工安全的影响不严重 |
>
> 3.1.4 支护结构设计时应采用下列极限状态:
> 2 正常使用极限状态

1)造成基坑周边建(构)筑物、地下管线、道路等损坏或影响其正常使用的支护结构位移；

2)因地下水位下降、地下水渗流或施工因素而造成基坑周边建(构)筑物、地下管线、道路等损坏或影响其正常使用的土体变形；

3)影响主体地下结构正常施工的支护结构位移；

4)影响主体地下结构正常施工的地下水渗流。

3.1.8 基坑支护设计应按下列要求设定支护结构的水平位移控制值和基坑周边环境的沉降控制值：

1 当基坑开挖影响范围内有建筑物时，支护结构水平位移控制值、建筑物的沉降控制值应按不影响其正常使用的要求确定，并应符合现行国家标准《建筑地基基础设计规范》GB50007中对地基变形允许值的规定；当基坑开挖影响范围内有地下管线、地下构筑物、道路时，支护结构水平位移控制值、地面沉降控制值应按不影响其正常使用的要求确定，并应符合现行相关标准对其允许变形的规定；

2 当支护结构构件同时用作主体地下结构构件时，支护结构水平位移控制值不应大于主体结构设计对其变形的限值；

3 当无本条第1款、第2款情况时，支护结构水平位移控制值应根据地区经验按工程的具体条件确定；

3.1.9 基坑支护应按实际的基坑周边建筑物、地下管线、道路和施工荷载等条件进行设计。设计中应提出明确的基坑周边荷载限值、地下水和地表水控制等基坑使用要求。

8.1.2 软土基坑开挖除应符合本规程第8.1.1条的规定外，尚应符合下列规定：

1 应按分层、分段、对称、均衡、适时的原则开挖；

2 当主体结构采用桩基础且基础桩已施工完成时，应根据开挖面下软土的性状，限制每层开挖厚度，不得造成基础桩偏位；

3 对采用内支撑的支护结构，宜采用局部开槽方法浇筑混凝土支撑或安装钢支撑；开挖到支撑作业面后，应及时进行支撑的施工；

8.1.3 当基坑开挖面上方的锚杆、土钉、支撑未达到设计要求时，严禁向下超挖土方。

(2)《建筑基坑工程监测技术规范》GB 50497-2009：

8.0.2 基坑内、外地层位移控制应符合下列要求：

1 不得导致基坑的失稳。

2 不得影响地下结构的尺寸、形状和地下工程的正常施工。

3 对周边已有建筑引起的变形不得超过相关技术规范的要求或影响其正常使用。

4 不得影响周边道路、管线、设施等正常使用。

5 满足特殊环境的技术要求。

8.0.7 当出现下列情况之一时，必须立即进行危险报警，并应对基坑支护结构和周边环境中的保护对象采取应急措施。

1 监测数据达到监测报警值的累计值。

2 基坑支护结构或周边土体的位移值突然明显增大或基坑出现流沙、管涌、隆起、陷落或较严重的渗漏等。

3. 原因分析

(1)设计方面:设计的悬臂支护结构抗变形能力不足,支撑两端支撑力不平衡,例如支撑两端的挖深差异大或地基土性状差异大或支护桩设置不当等;锚杆抗拔承载力不足;支护桩插入坑底的长度不足,即被动土压力不足造成支护桩向坑内位移(图1-1c)。

(2)施工方面:基坑挖土没有采取分区、分层、均衡、对称开挖,单侧不对称超挖;没有先撑(锚杆)后挖或支撑(锚杆)没有达到设计强度即行开挖;锚杆锚固段注浆量及注浆压力没有达到设计要求;钢管支撑预加应力损失过大、过快;坑边单侧施工荷载超过设计值;支护桩偏短未达到设计标高。

4. 预防措施

(1)设计方面:悬臂支护结构应有足够的刚度,当支撑两端的挖深差异大或地基土性状差异大时,应对挖深大和地基土较软弱区域的被动区土体加固或适当提高该侧支护结构的刚度或单侧扩大卸土放坡宽度;锚杆的长度、倾角应有所变化,避免群锚效应的发生;排桩插入坑底的深度应足够;排桩及其冠梁应在基坑周边封闭或在开口侧加强支护桩或同时辅以土体加固;钢围檩与支持桩间应设置抗剪蹬,确保主钢板端部紧贴桩身,如图1-2所示。

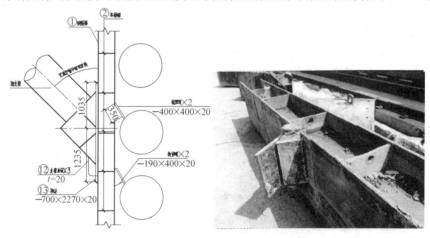

图1-2 抗剪蹬的设置

(2)施工方面:基坑挖土的顺序、方法必须与支护设计的工况相一致,并遵循"开槽支撑(锚)、先撑(锚)后挖、分层、分段、均衡、对称开挖、严禁超挖"的原则。基坑边的施工荷载包括材料堆载不得超过设计值,坑边不得堆土。施工的支护桩长度和坑边卸土宽度应与设计一致。

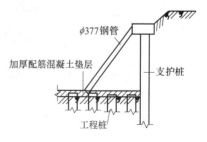

图1-3 钢管斜撑支顶

5. 治理措施

(1)条件许可,支护桩向坑内位移倾斜侧的坑边地面卸去部分土体,以减少该侧支护桩的主动土压力。

(2)当排桩位移倾斜严重时,先在坑内采取局部堆土反压措施,再用钢管斜撑顶支于支护桩的压顶冠梁,斜撑下端支撑于加厚且配有钢筋网的早强混凝土垫层上,该垫层可连接数根工程桩,如图1-3所示。钢管斜撑浇入混凝土底板中,底板达到设计强度后割除或在坑内采取反压措施,排桩变形相对稳定后,在排桩迎土侧施打高压旋喷桩或采取压密注浆加固土体,以减小该侧支护桩的主动土压力。

(3)在倾斜排桩处的上端桩间隙处施打土锚杆,锚杆注浆体的水泥浆中掺入早强剂,锚杆的外锚头采用型钢紧贴于支护桩内侧。

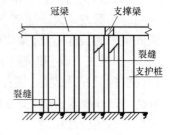

图1-4 支护排桩裂缝

1.1.2 排桩断裂、倒塌

1. 现象

基坑支护桩往往断裂于弯矩或剪力最大处或支护桩缩颈与混凝土疏松及蜂窝孔洞处。支护桩的弯矩裂缝即正截面裂缝呈水平方向,剪切裂缝即斜截面裂缝呈斜线方向(如图1-4所示)。

2. 规范规定

《建筑基坑支护技术规程》JGJ 120-2012:

> 3.1.4 支护结构设计时应采用下列极限状态:
>
> 1 承载能力极限状态
>
> 1)支护结构构件或连接因超过材料强度而破坏,或因过度变形而不适于继续承受荷载,或出现压屈、局部失稳;
>
> 2)支护结构和土体整体滑动;
>
> 3)坑底因隆起而丧失稳定;
>
> 4)对支挡式结构,挡土构件因坑底土体丧失嵌固能力而推移或倾覆;
>
> 5)对锚拉式支挡结构或土钉墙,锚杆或土钉因土体丧失锚固能力而拔动;
>
> 6)对重力式水泥土墙,墙体倾覆或滑移;
>
> 7)对重力式水泥土墙、支挡式结构,其持力土层因丧失承载能力而破坏;
>
> 8)地下水渗流引起的土体渗透破坏。
>
> 4.4.3 对混凝土灌注桩,其纵向受力钢筋的接头不宜设置在内力较大处。同一连接区段内,纵向受力钢筋的连接方式和连接接头面积百分率应符合现行国家标准《混凝土结构设计规范》GB 50010 对梁类构件的规定。
>
> 4.4.4 混凝土灌注桩采用分段配置不同数量的纵向钢筋时,钢筋笼制作和安放时应采取控制非通长钢筋竖向定位的措施。
>
> 4.4.5 混凝土灌注桩采用沿桩截面周边非均匀配置纵向受力钢筋时,应按设计的钢筋配置方向进行安放,其偏转角度不得大于10°。

3. 原因分析

(1)设计方面:支护桩安全度不足或计算错误导致截面偏小或配筋偏低;未考虑地基土在挤土型桩基施工时产生的挤土效应,采用的土体抗剪强度指标(c 和 φ)依据不足或未予折减。

(2)施工方面:支护桩施工时存在混凝土缩颈、疏松、蜂窝孔洞等严重缺陷;灌注桩的钢筋笼上浮或主筋排列不均;主筋焊接接头疏忽或接头位于同一截面未错开;不均匀配置纵向受力钢筋,安放时钢筋笼偏转角度过大;坑边施工荷载超过设计值;锚杆锚固段土体与设计不吻合,锚固段强度达不到设计要求。

4.预防措施

(1)设计方面:支护选型、支护桩的荷载组合和截面配筋设计应合理,水、土压力的计算模式应符合场地的工程水文地质条件,基坑周边的附加荷载取值应符合工程实际,安全系数应满足规范要求;当工程桩采用挤土型桩时,支护设计时应将地质勘察报告提供的土体抗剪强度指标 c、φ 值适当折减;采用桩锚支护结构时,锚固段应有相应勘探资料,土体参数应确切。

(2)施工方面:支护桩应严格按现行相关行业标准的规定和设计要求施工;坑边施工荷载不得超过设计值;现场挖土应结合基坑监测的信息及时调整作业,严防支护结构倒塌,锚杆成孔施工时,应检查锚固段土体是否与设计资料相一致。

5.治理措施

(1)坑边地面卸去部分土体,以减小支护桩的主动土压力。坑边地面裂缝应及时注入止水材料封闭,下雨时用彩条布覆盖,防止或减少雨水的入渗。

(2)支护桩裂缝处用砂轮磨平,再用环氧树脂粘贴 1~2 层碳纤维布补强。

(3)当排桩位移倾斜严重,采用钢管斜撑顶支于支护桩的压顶冠梁或连接数根支护桩的型钢围檩上,钢管斜撑下端支撑于加厚且配以钢筋网的早强混凝土垫层上,该垫层可连接数根工程桩,如图1-3、图1-5所示。

(4)在排桩位移倾斜处的上端桩间隙处施打锚杆,锚杆注浆体的水泥浆中掺入早强剂,锚杆的外锚头采用型钢紧贴于支护桩内侧。

(5)加强基坑监测,当发现裂缝在继续扩大,应综合采用上述措施,并在坑底回填土方或压砂包。

(6)若发生支护桩断裂导致局部支护结构倒塌时,除立即在坑内回填土方外,应由各方会同处理。

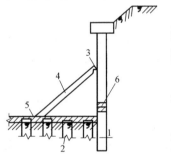

图1-5 钢管斜撑加固示意图

1-支护桩;2-工程桩;
3-型钢围梁;4-钢管斜撑;
5-配筋混凝土垫层;6-碳纤维布

1.1.3 排桩踢脚、坑底隆起

1.现象

排桩踢脚指基坑开挖接近或到坑底时,支护桩受到土水侧压力作用,在坑底部产生往坑内超标位移的现象,严重者挤压坑底土体使坑底土体隆起并导致工程桩或基础位移、倾斜以至断裂,坑外地面沉降塌陷、环境破坏的现象,如图1-1(c)、图1-6所示。

2.规范规定

参见1.1.1节、1.1.2节。

3.原因分析

(1)设计方面:支护桩插入坑底的长度不足;或被动区土体应做加固而未设计加固,即被动土压力不足造成支护桩向

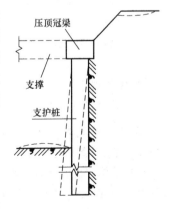

图1-6 排桩踢脚、坑底隆起

坑内的位移;或基坑周边的附加荷载设计取值偏小。

(2)施工方面:施工的支护桩偏短未到设计标高,压顶冠梁以上放坡卸土欠宽,被动区加固体喷浆不足或未靠近支护桩,基坑开挖中超挖或严重扰动坑底土体,基坑周边施工荷载超过设计规定值。基坑开挖到底后再施工人工挖孔桩,挖孔破坏了被动区土体。

4. 预防措施

(1)设计方面:基坑开挖深度取值应合理,应充分考虑承台和坑中坑对支护结构的影响;支扩桩插入坑底的长度应符合现行相关行业标准的规定;对于软土深基坑,基坑周边的计算挖深、挤土型工程桩对坑底土体的扰动引起 c、φ 值的降低,以及坑边施工荷载取值等均应合理;支护桩下部计算位移偏大时,应对被动区土体进行加固。

(2)施工方面:严格按支护设计图纸和相应行业标准的规定施工;基坑开挖中严禁超挖;坑边行驶或作业的施工机械和材料堆集的荷载不得超过设计规定;基坑四周不得堆土;基坑被动区加固的水泥搅拌桩或高压旋喷桩应按设计要求施工,且紧贴支护桩;基坑开挖到底后再施工人工挖孔桩,应留不少于 0.50m 厚度的土体以避免基底土体受扰动,并根据现场条件采取间隔跳挖的方式施工,防止被动区同时出现大量临空面。加强基坑监测,采取信息化施工措施。

5. 治理措施

(1)分块及时快速浇筑基坑底的混凝土垫层,软土地区基坑周边混凝土垫层的厚度宜适当加厚,垫层应紧贴支护排桩。踢脚严重时,先统片浇捣底板的混凝土垫层,踢脚基本稳定后,切割基础梁和承台处的垫层后继续施工。

(2)基坑周边地面卸去部分土体,卸土的宽度和厚度视现场具体情况确定,以减小支护桩的主动土压力。坑边地面裂缝应及时注入水泥浆封闭,下雨时用彩条布覆盖,防止雨水入渗。

(3)踢脚和隆起严重时,应立即在坑底被动区叠压砂包并紧贴支护桩。叠压砂包的宽度和高度应视具体情况确定,待支护桩稳定后再分段卸除砂包继续施工。

(4)若支护桩为钢板桩时,应在其迎土侧施工一排拉森钢板桩,此钢板桩的顶部与原有钢板桩用型钢围梁连接,使之共同承载。

1.1.4 排桩渗水及漏水

1. 现象

排桩墙外侧未设止水桩或止水帷幕局部止水失效,出现渗水或漏水,影响基坑边坡的稳定。

2. 规范规定

《建筑基坑支护技术规程》JGJ 120 – 2012:

> 7.2.1 基坑截水应根据工程地质条件、水文地质条件及施工条件等,选用水泥土搅拌桩帷幕、高压旋喷或摆喷注浆帷幕、地下连续墙或咬合式排桩。支护结构采用排桩时,可采用高压旋喷或摆喷注浆与排桩相互咬合的组合帷幕。对碎石桩、杂填土、泥炭质土、泥炭、pH 值较低的土或地下水流速较大时,水泥土搅拌桩帷幕、高压喷射注浆帷幕宜通过试验确定其适用性或外加剂品种及掺量。
>
> 7.2.2 当坑底以下存在连续分布、埋深较浅的隔水层时,应采用落底式帷幕。

3. 原因分析

(1)设计方面:设计选用的止水帷幕类型、水泥掺入比不能满足现场的工程水文地质条件,悬挂式止水帷幕深度或宽度不够。

(2)施工方面:施工时搅拌不均匀;水泥掺入比没有达到设计要求;施工机械动力不足、搅拌轴垂直度不够或地下存在障碍物,导致止水帷幕开叉;施工时搅拌、喷浆不连续,使止水桩成"糖葫芦串";施工缝没有及时处理。

4. 预防措施

(1)设计方面:根据土层条件,在排桩外侧应采用适宜的水泥土止水帷幕,止水帷幕的深度、宽度应满足相关规程的要求;水泥掺入比应满足不同止水帷幕和土层的要求;未设止水桩的应将桩间土修成反拱防止土体剥落,在桩墙基坑侧表面及时挂设钢丝网片喷射水泥砂浆或浇筑混凝土薄墙封闭挡水。

(2)施工方面:应严格按设计和相关规范、规程的要求进行施工;施工时搅拌、喷浆应连续、均匀;施工缝应及时处理。

5. 治理措施

(1)已出现局部、少量渗、漏水时,在基坑内及时采取封堵和引流措施,在基坑内渗漏处将一端包裹滤网的软胶管插入,胶管四周用快干水泥砂浆封堵。

(2)已出现大量渗、漏水时,可先在基坑内采取堆土反压措施,再在挡土面渗漏水部位进行双液注浆或加设水泥土桩止水,或在基坑侧筑混凝土薄墙止水;如坑外条件允许,可在坑外布设降水井降水。

1.1.5 排桩墙与围檩、支撑存在间隙

1. 现象

排桩墙与围檩、支撑之间存在间隙,不顶紧,受荷后会使排桩墙产生不同程度的位移、变形,影响支护结构的整体稳定性,同时会使支撑系统个别杆件超负荷,或个别节点破坏(如图1-7、图1-8所示),从而会导致整个支撑体系和支护结构破坏。

图1-7　支撑压屈　　　　　　　图1-8　圈梁45°斜裂缝

2. 规范规定

《建筑基坑支护技术规程》JGJ 120 – 2012:

4.9.1 内支撑结构可选用钢支撑、混凝土支撑、钢与混凝土的混合支撑。

4.9.2 内支撑结构选型应符合下列原则:

1 宜采用受力明确、连接可靠、施工方便的结构形式;

2 宜采用对称平衡性、整体性强的结构形式;

3 应与主体地下结构形式、施工顺序协调,便于主体结构施工;

4 应利于基坑土方开挖和运输;

5 需要时,可考虑内支撑结构作为施工平台。

4.10.2 混凝土支撑的施工应符合现行国家标准《混凝土结构工程施工质量验收规范》GB 50204 的规定。

4.10.3 混凝土腰梁施工前应将排桩、地下连续墙等挡土构件的连接表面清理干净,混凝土腰梁应与挡土构件紧密接触,不得留有缝隙。

4.10.4 钢支撑的安装应符合现行国家标准《钢结构工程施工质量验收规范》GB 50205 的规定。

4.10.5 钢腰梁与排桩、地下连续墙等挡土构件间隙的宽度宜小于100mm,并应在钢腰梁安装定位后,用强度等级不低于C30的细石混凝土填充密实或采用其他可靠连接措施。

4.10.6 对预加轴向压力的钢支撑,施加预压力时应符合下列要求:

1 对支撑施加压力的千斤顶应有可靠、准确的计量装置;

2 千斤顶压力的合力点应与支撑轴线重合,千斤顶应在支撑轴线两侧对称、等距放置,且应同步施加压力;

3 千斤顶的压力应分级施加,施加每级压力后应保持压力稳定10min后方可施加下一级压力;预压力加至设计规定值后,应在压力稳定10min后,方可按设计预压力值进行锁定;

4 支撑施加压力过程中,当出现焊点开裂、局部压曲等异常情况时应卸除压力,在对支撑的薄弱处进行加固后,方可继续施加压力;

5 当监测的支撑轴力出现损失时,应再次施加预压力。

4.10.7 对钢支撑,当夏期施工产生较大温度应力时,应及时对支撑采取降温措施。当冬期施工降温产生的收缩使支撑端头出现空隙时,应及时用铁楔将空隙楔紧或采用其他可靠连接措施。

3. 原因分析

(1)施工时混凝土腰梁与排桩、地下连续墙等挡土构件的连接表面未清理干净,接触不紧密,留有缝隙。

(2)钢腰梁不连续,与排桩、地下连续墙等挡土构件间的间隙填充不密实或填充材料强度不够。

4. 预防措施

排桩墙与围檩之间应保证紧密接触,钢围檩与后排桩间应设置抗剪踏,使传力可靠,如

图 1 - 2 所示。支撑的偏心距应满足规范要求;支撑应与围檩顶紧,使不存在间隙。宜在每根支撑的两端活络接头处各安装一个小型千斤顶,按设计计算轴向压力的 80% 施加预压力,使支撑与围檩顶紧。深大或外侧有需要重点保护的建(构)筑物的基坑,可在钢支撑端部设置钢支撑轴力伺服系统(图 1 - 9),将钢支撑的被动受压和松弛变形转换为主动加压调节变形,从而满足环境保护要求。夏季施工,应及时对支撑采取降温措施;冬期施工,应及时用铁楔将空隙楔紧或采用其他可靠连接措施。

图 1 - 9 钢支撑轴力伺服系统

5. 治理措施

(1)如有缝隙应加塞楔形钢垫板塞紧电焊锚固,或用带千斤顶的特制钢管支撑,施加预压力后,千斤顶作为一个部件留在支撑上。如产生应力松弛,可再行加荷。待地下室施工完后,再卸荷拆除。

(2)支护桩位移过大或支撑压曲、圈梁开裂,应及时在坑内采取堆土反压措施,待支护结构变形基本稳定后,根据现场条件采取坑外卸土减压、增设锚杆或内支撑等具体措施。

1.1.6 型钢水泥土搅拌桩裂缝、变形

1. 现象

施工中会产生水泥土搅拌桩裂缝、渗漏甚至停喷脱空、型钢偏位、排桩弯曲变形、位移、压顶冠梁裂缝以及型钢拔断等严重缺陷,如图 1 - 10、图 1 - 11 所示。

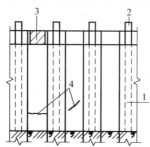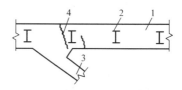

图 1 - 10 型钢水泥土搅拌桩裂缝
1—型钢水泥土搅拌桩;2—型钢;3—支撑;4—裂缝

图 1 - 11 压顶冠梁裂缝平面
1—压顶冠梁;2—型钢;3—支撑;4—裂缝

2. 规范规定

《型钢水泥土搅拌墙技术规程》JGJ/T 199 - 2010:

> 4.3.1 型钢水泥土搅拌墙中的搅拌桩应符合下列规定:
>
> 1 当搅拌桩达到设计强度,且龄期不小于 28d 后方可进行基坑开挖;
>
> 2 搅拌桩的入土深度宜比型钢的插入深度深 0.5 ~ 1.0m;
>
> 3 搅拌桩体的垂直度不宜小于 1/200。

4.3.2 型钢水泥土搅拌墙中内插劲性芯材宜采用 H 型钢,H 型钢截面型号宜按下列选用:

1 当搅拌桩直径为 650mm 时,内插 H 型钢截面宜采用 H500×300、H500×200;

2 当搅拌桩直径为 850mm 时,内插 H 型钢截面宜采用 H700×300;

3 当搅拌桩直径为 1000mm 时,内插 H 型钢截面宜采用 H800×300、H850×300。

4.3.3 型钢水泥土搅拌墙中内插型钢应符合下列规定:

1 内插型钢的垂直度不宜小于 1/200。

2 当型钢采用钢板焊接而成时,应按照现行行业标准《焊接 H 型钢》YB 3301 的有关要求焊接成型。

3 型钢宜采用整材;当需采用分段焊接时,应采用坡口焊等强焊接。对接焊缝的坡口形式和要求应符合现行行业标准《建筑钢结构焊接技术规程》JGJ 81 的有关规定焊缝质量等级不应低于二级。单根型钢中焊接接头不宜超过 2 个,焊接接头的位置应避免设在支撑位置或开挖面附近等型钢受力较大处;相邻型钢的接头竖向位置宜相互错开,错开距离不宜小于 1m,且型钢接头距离基坑底面不宜小于 2m。

4 对于周边环境条件要求较高,桩身在粉土、砂性土等透水性较强的土层中或对搅拌桩抗裂和抗渗要求较高时,宜增加型钢插入密度。

5 型钢水泥土搅拌墙的转角部位宜插型钢。

6 除环境条件有特殊要求外,内插型钢宜预先采取减摩措施,并拔出回收。

5.1.2 三轴搅拌桩机应符合下列规定:

1 搅拌驱动电机应具有工作电流显示功能;

2 应具有桩架垂直度调整功能;

3 主卷扬机应具有无级调速功能;

4 采用电机驱动的主卷扬机应有电机工作电流显示,采用液压驱动的主卷扬机应有油压显示;

5 桩架立柱下部搅拌轴应有定位导向装置;

6 在搅拌深度超过 20m 时,应在搅拌轴中部位置的立柱导向架上安装移动式定位导向装置.

5.1.3 注浆泵的工作流量应可调节,其额定工作压力不宜小于 2.5MPa,并应配置计量装置。

3. 原因分析

(1)设计方面:设计的型钢水泥土搅拌桩截面以及型钢截面不够大或不匹配;冠梁截面不够宽或箍筋不够密;支护桩中的型钢间距过大,会使未插型钢的水泥搅拌桩产生裂缝;型钢插入坑底深度不足会产生踢脚位移等。

(2)施工方面:桩机行走不平整或间歇时间过长造成水泥土搅拌桩搭接不足;水泥掺入量不足或水灰比过大;桩机的搅拌头下沉或提升速度过快或输浆管堵塞停喷;型钢插入未用定位导向架偏位;型钢插入前未涂减摩剂;与冠梁混凝土之间未用牛皮纸隔离或型钢接头焊缝欠饱满,造成型钢拔断;压顶冠梁绑扎钢筋时未在型钢处加密造成剪切裂缝。

4. 预防措施

(1)设计方面:型钢水泥土搅拌桩截面和型钢截面应相匹配,间距应合理;支护结构的刚度应足够,变形应控制在合理范围内;压顶冠梁插入型钢处,应在型钢翼缘外侧设置附加主筋和箍筋;型钢两侧箍筋应加密;桩的长度设计应足够;型钢接头应采用坡口焊等强焊接,焊缝长度和厚度应足够。

(2)施工方面:桩机行走的地基或轨道应平整,搭接套打施工的间歇时间不应超过12h,若超过应在外侧补桩;水泥掺入量和水灰比应按设计规定施工;成桩工艺应采用四搅二喷方法,搅拌头提升、下沉速度应为 0.5～1.0m/min,搅拌头每转一周的提升、下沉量以 10～15mm 为宜;搅拌桩成桩后应立即插入型钢;型钢应涂刷不小于1mm厚的减摩剂并在浇捣压顶冠梁前用牛皮纸隔离;开挖施工过程中应控制支护结构的变形在允许范围内。

5. 治理措施

(1)水泥土搅拌桩裂缝渗漏采取挂网喷浆治理,即在裂缝区域用 $\phi10@500$ 双向短筋击入水泥土搅拌桩作为锚筋,再挂上 $\phi6@200$ 双向钢筋网,然后分两遍喷 C25 级细石混凝土,80mm 厚,如图 1-12 所示。

(2)水泥搅拌桩脱空,采用钢模板或木模板贴于搅拌桩侧面,或打入简易短钢板桩,再在脱空处浇捣混凝土。

(3)压顶冠梁裂缝采用粘贴碳纤维布治理,沿冠梁顶面和侧面粘贴并封闭裂缝,形成 U 形箍形式,裂缝较宽处应先压力注浆封闭。

1.1.7 钢板桩侧移及渗漏

1. 现象

悬臂钢板桩顶端出现位移侧倾过大或渗漏或整体位移过大甚至倾覆破坏,严重影响基坑周边的环境安全,如图 1-13 所示。

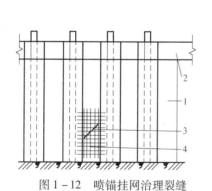

图 1-12 喷锚挂网治理裂缝
1—水泥土桩;2—压顶冠梁;3—裂缝;4—钢筋网

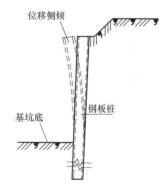

图 1-13 悬臂钢板桩位移侧倾

2. 规范规定

排桩、型钢水泥土搅拌桩、型钢、钢板桩施工质量及检验标准见表 1-1～表 1-4 所列。

排桩桩位和垂直度的允许偏差　　　　　　　　　　　　表 1-1

项次	项目	允许偏差(mm)
1	桩位垂直压顶冠梁的中心线	50
2	桩位沿压顶冠梁的中心线	50
3	桩垂直度	$0.005H$

注:H 为支护桩的有效长度。本表引自现行行业标准《建筑基坑支护技术规程》JGJ 120-2012。

表 1-2

型钢水泥土搅拌桩桩位和垂直度及型钢插入的允许偏差

项次	项目		允许偏差（mm）
1	桩位垂直压顶冠梁的中心线		40
2	桩位沿压顶冠梁的中心线		40
3	桩垂直度		$0.004H$
4	型钢标高		±50
5	型钢平面位置	平行于基坑边线	50
		垂直于基坑边线	10
6	型钢形心转角		3°

注：H 为支护桩的有效长度。本表引自现行行业标准《型钢水泥土搅拌墙技术规程》JGJ/T 199-2010。

表 1-3

重复使用的钢板桩检验标准

项次	项目	允许偏差（mm）
1	桩垂直度	$<1\%H$
2	桩身弯曲度	$<2\%H$
3	齿槽平直度及光滑度	无电焊渣或毛刺
4	桩长度（mm）	+10

注：H 为钢板桩长度。本表引自现行国家标准《建筑地基基础工程施工质量验收规范》GB 50202-2002。

表 1-4

混凝土板桩制作标准

项目类别	序号	检查项目	允许偏差或允许值（mm）
			数值
主控项目	1	桩长度	0，+10
	2	桩身弯曲度	$<0.1\%H$
一般项目	1	保护层厚度	±5
	2	横截面相对两面之差	0～±10
	3	桩尖对桩轴线的位移	10
	4	凹凸槽尺寸	±3
	5	桩顶平整度	2

注：H 为混凝土板桩长度。本表引自现行国家标准《建筑地基基础工程施工质量验收规范》GB 50202-2002。

3. 原因分析

（1）设计方面：钢板桩截面型号偏小或插入坑底的长度不足，应设置围檩或支撑而未设置；荷载组合时漏计荷载或取值偏小；地质勘察报告中的土体抗剪强度指标 c、φ 值不准确。

（2）施工方面：钢板桩沉桩施工插入坑底长度不足，沉桩后标高差异大；或钢板桩之间未咬合导致沿坑周每延米的钢板桩数量偏小或渗漏；陈旧钢板桩弯曲变形大，事先未校正；基坑边沿放坡宽度和深度不足或坑边施工荷载超过设计值。

4. 预防措施

（1）设计方面：按现行行业标准《建筑基坑支护技术规程》JGJ 120-2012 合理设计，包括荷载组合和钢板桩的截面型号及长度的选择,悬臂式钢板桩的顶部也应设置钢冠梁。

（2）施工方面:旧钢板桩在打设前应整修矫正,沉桩施工时应检查插入坑底的长度,并先设置定位的围檩支架,如图1-14所示,以保证沉入钢板桩的垂直度和相互咬合。基坑边沿放坡尺寸和施工荷载应符合规定,及时设置钢围檩,并在打桩进行方向的钢板桩锁口处设卡板,用2台经纬仪从两个方向控制沉桩入土。转角处封闭合拢应用异型板桩或采用轴线封闭法。

5. 治理措施

（1）快速浇捣基坑底的混凝土垫层,严重倾斜位移时将坑边土方卸载,详见第1.1.3"排桩踢脚、坑底隆起"的治理方法。

（2）快速安装型钢围檩和粗钢管或型钢支撑,型钢围檩和钢板桩顶部用螺栓连接,脱空处垫以方木。若型钢支撑梁的跨度过大,可用钢管或H型钢斜撑,如图1-3所示。

（3）在钢板桩迎土侧补打一排加长的钢板桩,和原有的钢板桩顶部用型钢围檩连接。

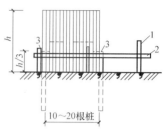

图1-14 钢板桩打设
1—围檩柱;2—围檩;
3—两端打入定位桩

1.1.8 钢板桩插拔施工时的拖带沉降

1. 现象

钢板桩在插入土体,尤其在拔出土体时,钢板桩四周拖带一定的土体(图1-15),导致外侧道路、建筑物、已有管线和刚铺设好的管线、管廊发生开裂变形、不均匀沉降和错位(图1-16)。

图1-15 钢板桩拔出带泥　　图1-16 钢板桩插拔引起外侧道路、建筑物开裂变形

2. 规范规定

参见1.1.1节、1.1.7节。

3. 原因分析

（1）设计方面:对钢板桩插拔施工时引起的拖带沉降没有足够的认识,没有提出切实可行的预防措施和要求。

（2）施工方面:对钢板桩插拔施工时引起的拖带沉降没有足够的认识,没有采取切实可行的施工措施。

4. 预防措施

（1）设计方面:周边环境复杂,土质条件差,黏性大,可先打一排水泥掺入量7%左右的水泥土搅拌桩墙,在水泥土尚未初凝时插入钢板桩,插入钢板桩前,在钢板桩四周涂刷减摩剂;要求在拔除钢板桩时,对空隙采取双液同步注浆措施。

（2）施工方面:钢板桩涂刷减摩剂;拔除钢板桩时,采取双液同步注浆或间隔拔除措施;加强现场巡视检查和监测工作。

5. 治理措施

钢板桩在下插过程中存在拖带沉降现象时,应进一步论证钢板桩施工的可行性及需采取的预防措施;拔除过程中出现拖带土体时,应及时采取双液同步注浆或间隔拔除措施;外侧裂缝及时采取注浆封闭措施。

1.2 水泥土重力式挡墙

1.2.1 水泥土墙变形过大

1. 现象

水泥土重力式挡墙变形过大或整体刚性移动,对临近坑边道路、地下管线、坑内工程桩、附近建(构)筑物和基础施工带来影响。

2. 规范规定

《建筑基坑支护技术规程》JGJ 120－2012:

6.2.2 重力式水泥土墙的嵌固深度,对淤泥质土,不宜小于1.2h,对淤泥,不宜小于1.3h;重力式水泥土墙的宽度,对淤泥质土,不宜小于0.7h,对淤泥,不宜小于0.8h。注:h为基坑深度。

6.2.3 重力式水泥土墙采用格栅形式时,格栅的面积置换率,对淤泥质土,不宜小于0.7;对淤泥,不宜小于0.8;对一般黏性土、砂土,不宜小于0.6。格栅内侧的长宽比不宜大于2。

6.2.4 水泥土搅拌桩的搭接宽度不宜小于150mm。

6.2.6 水泥土墙体的28d无侧限抗压强度不宜小于0.8MPa。当需要增强墙体的抗拉性能时,可在水泥土桩内插入杆筋。杆筋可采用钢筋、钢管或毛竹。杆筋的插入深度宜大于基坑深度。杆筋应锚入面板内。

6.2.7 水泥土墙顶面宜设置混凝土连接面板,面板厚度不宜小于150mm,混凝土强度等级不宜低于C15。

3. 原因分析

(1)设计方面:水泥土重力式挡墙的宽度及入土深度不足,抗倾覆、抗滑移、整体稳定性及抗隆起的安全系数不满足规范要求;基坑计算挖土深度偏小,没有考虑靠近基坑边的电梯井、集水井及多桩承台挖土深度的影响;没有考虑坑边重车行走及临时堆载的影响,地面超载取值不足;挡土墙计算时,土的抗剪强度指标c、φ取值偏大;当工程桩为挤土桩时未考虑土体受扰动影响;基坑面积大,边长尺寸大,基坑暴露时间长,没有考虑基坑的时空效应;挡土墙位置存在较厚的杂填土、老河道或者地下设施等,影响成桩质量,没有做好加固处理。

(2)施工方面:水泥土挡土墙的施工质量、强度不能满足设计要求;没有按照设计文件规定的区域堆放施工材料和安排重车行走路线,导致水泥土挡墙后土压力增大;未按照设计工况进行土方开挖,出现超挖、乱挖现象;土方开挖速度过快,没有分区、分段、分层开挖,一次性开挖到坑底;基坑开挖面积大,暴露时间长,未分段跳挖施工并及时浇筑混凝土垫层。

4. 预防措施

(1)设计方面:水泥土挡土墙的宽度及入土深度必须满足抗倾覆、抗滑移、整体稳定性及抗隆起安全系数的要求;基坑计算开挖深度应考虑靠近坑边的坑中坑及多桩承台的影响;土

体抗剪强度指标 c、φ 值应取地质勘察报告提供的标准值并根据工程桩、围护桩施工对土体的扰动情况适当折减;当挡土墙变形不能满足时,采用坑底被动区加固,加固方法可采用水泥搅拌桩、高压旋喷桩、压密注浆等,并应紧贴支护桩边;平面布置形式可采用满堂式、裙边式、支墩式等,如图1-17、图1-18所示;挡土墙顶面应做不小于150mm厚C20钢筋混凝土面板,并在水泥搅拌桩中插入钢筋、钢管或毛竹,使面板与水泥土墙形成整体,增加面板与挡土墙之间的抗剪强度和迎土面侧的抗拉强度,如图1-19所示。

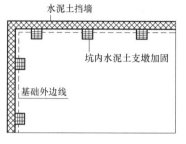

图1-17 坑底水泥土支墩加固平面

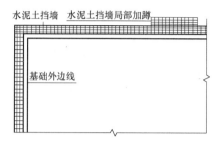

图1-18 水泥土挡墙局部加墩

(2)施工方面:水泥搅拌桩施工应控制下沉及提升速度,一般预搅下沉的速度应控制在0.8m/min内,喷浆提升速度不宜大于0.5m/min,重复搅拌升降可控制在0.5~0.8m/min;控制喷浆速率与喷浆提升(或下沉)速度的关系,确保水泥浆沿全桩长均匀分布,并保证在提升开始时注浆,在提升至桩顶时,该桩全部注浆喷注完毕;施工中发生中断注浆,应立即暂停施工,重新搅拌下沉至停浆面或少浆段以下0.5m的位置,重新注浆搅拌提升;经常检查搅拌叶片磨损情况,当发生较大磨损时,应及时更换或修补;基坑需提前开挖时,应在水泥浆中掺入早强剂,开挖前对水泥搅拌桩进行取芯检查;在水泥搅拌桩中掺入水泥用量10%的粉煤灰代替水泥,以增加水泥强度;对于地下水丰富的工程,在水泥浆中掺入速凝早强剂,防止浆液被冲蚀;按照设计规定的区域堆放施工材料和设置施工道路,并加固出土口;基坑开挖应分层、分段对称开挖,沿基坑边应分段跳挖施工,开挖到坑底后立即浇筑混凝土垫层。

5. 治理措施

(1)当水泥土重力式挡墙位移过大,但不影响地下室基础施工时,应立即进行墙后卸土;坑内抽条式分段开挖后立即设置加厚混凝土垫层至挡土墙边;在坑边被动区垫层上设置砂袋反压,如图1-20所示。

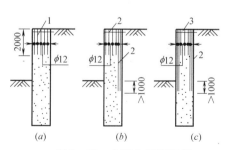

图1-19 水泥土挡墙插筋
(a)插入钢筋;(b)墙后插入毛竹或钢管;
(c)墙前、后插入毛竹或钢管
1-钢筋混凝土面板;2-钢筋、钢管或毛竹

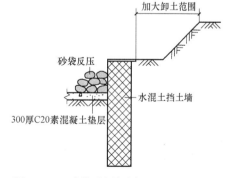

图1-20 砂袋反压加固

(2)当水泥土挡墙位移过大,严重影响地下室基础施工时,应加大墙后卸土范围,并在墙后重新设置水泥土挡土墙,达到设计强度后,凿除影响基础施工部分的搅拌桩。

1.2.2 水泥土挡土墙倾覆

1. 现象

水泥土挡土墙向坑内倾覆、倒塌。

2. 规范规定

参见1.2.1节。

3. 原因分析

(1)设计方面:水泥土挡土墙宽度及入土深度不满足抗倾覆和整体稳定性要求;挡土墙位置及被动区土质较差或为暗河、暗浜等,设计时没有考虑必要的加固处理措施。

(2)施工方面:没有按照设计要求进行卸土放坡,坡面没有喷射混凝土面层,下雨时边坡土体含水量增大,导致主动土压力大;基坑边堆放大量施工材料或重车频繁行走引起墙后土压力增加;挡土墙背后高位桩基础先于基坑施工并进行土方回填,施工荷载大于设计要求;基坑开挖中受到临近工地施工的不利影响。

4. 预防措施

(1)设计方面:参见1.2.1节。

(2)施工方面:严格按照设计卸土放坡的宽度及高度施工,并对坡面喷射混凝土面层;坑边应按设计规定的区域堆放施工材料,按设计加强过的位置作为出土口和车辆运行道路;挡土墙后的高位桩基础先行施工时,回填土的厚度以及外脚手架等施工荷载不得大于设计规定;应严格按照设计工况进行土方开挖,沿基坑边应分段跳挖施工,挖到坑底后立即浇筑基底垫层;基坑开挖过程中,如有临近工地的不利影响,应在挡土墙背后设置防挤沟、卸压孔,并加强监测。

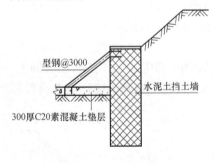

型钢@3000

水泥土挡土墙

300厚C20素混凝土垫层

图1-21 竖向斜撑加固

5. 治理措施

(1)当水泥土挡土墙倾覆变形尚未倒塌破坏,不影响地下室基础施工时,应立即进行墙后卸土或坑内堆土反压;坑内抽条式分段开挖后立即浇筑加厚混凝土垫层至挡土墙边;在加厚混凝土垫层上设置竖向斜撑,如图1-21所示。

(2)当水泥土挡土墙倾覆过大并倒塌,应对倒塌区域重新设计补强。

1.2.3 水泥土挡土墙滑移

1. 现象

水泥土重力式挡土墙墙体及附近土体整体滑移破坏,基底土体隆起,坑边土体开裂,坑内工程桩偏位。

2. 规范规定

参见1.2.1节。

3. 原因分析

(1)设计方面:水泥土挡土墙宽度不足,墙底或被动区土质较差未设计加固处理,设计抗滑移稳定安全系数偏小。

（2）施工方面：水泥搅拌桩施工时，提升喷浆速度过快，喷浆不均匀，导致桩身强度不均匀，局部出现断层，基坑开挖后沿断层滑移；挡土墙施工范围内存在有机质含量过高的泥炭土，影响水泥搅拌桩质量，桩身强度达不到设计要求；水泥土挡土墙的施工质量或基坑开挖时水泥搅拌桩的强度没有达到设计要求；没有按照设计文件规定的区域堆放施工材料和重车行走，导致水泥土挡墙后土压力增大；未按照设计工况和规范要求进行土方开挖，超挖、乱挖；开挖速度过快，没有分区、分段、分层开挖，一次性开挖到底；基坑开挖面积大，暴露时间长，未分段及时浇筑混凝土垫层。

4. 预防措施

（1）设计方面：增加挡土墙的宽度，抗滑移稳定性满足规范要求；在基坑内设置水泥土加固暗墩，增加抗滑移能力，如图 1-17、图 1-22 所示；在水泥土挡墙中设置型钢、钢管、刚性桩等，以增加抗滑移能力，插入深度宜进入力学性质较好的土层中，如图 1-23 所示。

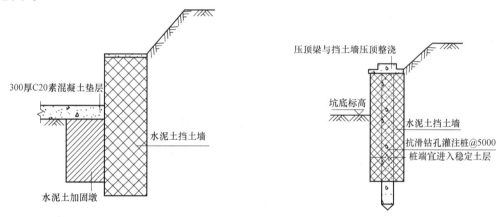

图 1-22　坑内加固墩　　　　图 1-23　抗滑移钻孔灌注桩

（2）施工方面：水泥搅拌桩施工应控制下沉及提升速度，一般预搅下沉的速度应控制在 0.8m/min，喷浆提升速度不宜大于 0.5m/min，重复搅拌升降可控制在 0.5~0.8m/min；控制喷浆速率与喷浆提升（或下沉）速度的关系，确保水泥浆沿全桩长均匀分布，并保证在提升开始时注浆，在提升至桩顶时，该桩全部注浆喷注完毕；施工中发生中断注浆，应立即暂停施工，重新搅拌下沉至停浆面或少浆段以下 0.5m 的位置，重新注浆搅拌提升；经常检查搅拌叶片磨损情况，当发生较大磨损时，应及时更换或修补；基坑提前开挖时，应在水泥浆中掺入早强剂，开挖前对水泥搅拌桩进行取芯检查；在水泥搅拌桩中掺入水泥用量 10% 的粉煤灰，以增加水泥土强度；对于地下水丰富的场地，在水泥浆中掺入速凝早强剂，防止浆液被冲蚀；按设计规定的区域堆放施工材料和设置施工道路，并加固出土口；基坑开挖应分层、分段对称开挖，开挖到坑底后立即浇筑混凝土垫层；水泥土挡土墙用于泥炭土或土中有机质含量过高时，宜通过实验确定其相关参数。

5. 治理措施

（1）当水泥土挡土墙滑移变形不大，不影响基础施工时，应立即进行墙后卸土或坑内堆土反压；在坑内贴近原搅拌桩位置增设水泥土加固墩，增加抗滑移能力。

（2）当水泥土挡土墙滑移变形严重，甚至发生坍塌，应立即回填坑内土方，进行加固设计与施工。

1.2.4 水泥土挡土墙墙体裂缝

1. 现象

水泥土挡土墙因墙体受压、受剪或受拉破坏而出现墙体裂缝。

2. 规范规定

《建筑基坑支护技术规程》JGJ 120 - 2012：

> 6.1.6 重力式水泥土墙的正截面应力验算应包括下列部位：
>
> 1 基坑面以下主动、被动土压力强度相等处；
>
> 2 基坑底面处；
>
> 3 水泥土墙的截面突变处。

其余参见 1.2.1 节。

3. 原因分析

（1）设计方面：水泥土挡土墙宽度和强度不足，截面刚度过小，不能满足墙体受压、受拉及受剪要求；挡土墙采用隔栅式布置时，水泥土置换率太小；挡土墙桩与桩之间搭接宽度不够；基坑边线不规则，内折阳角分布过多，土压力应力集中，使内折阳角产生受拉裂缝；挡土墙水泥掺量设计不足，导致桩身强度偏低。

（2）施工方面：基坑开挖时，挡土墙桩身龄期偏短，强度不足；水泥土搅拌桩施工时喷浆提升过快、断浆等导致墙身强度分布不均匀；水泥搅拌桩垂直度偏差大，导致下端开叉，搭接不满足要求而开裂；挡土墙中相邻桩施工的时间间隔过长，挡土墙中出现施工"冷缝"而没有及时处理；土方开挖时，超挖、乱挖，导致墙后主动土压力增大。

4. 预防措施

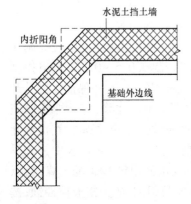

图 1 - 24　水泥土挡土墙平面形状

（1）设计方面：水泥土挡土墙的宽度和强度应满足挡土墙截面抗拉、抗压、抗剪的要求。挡土墙基坑边线尽量避免内折阳角，采用向外拱的折线形，避免内折阳角应力集中产生裂缝，如图 1 - 24 所示；挡土墙优先选用大直径双轴搅拌桩，以减少搭接接缝；土质较差时，挡土墙桩与桩之间的搭接宽度不宜小于 200mm；施工前，应进行成桩工艺及水泥掺入量或水泥浆配合比试验；挡土墙采用格栅式布置时，水泥土置换率应符合相关行业标准的要求；必要时挡土墙可采用成桩质量容易保证的三轴水泥搅拌桩；可在水泥土桩中插入钢筋、钢管或毛竹等杆件，插入深度大于基坑深度，并锚入面板内。

（2）施工方面：应控制施工时机械下沉及提升速度与喷浆速率的关系，确保水泥浆沿全桩长均匀分布；施工中发生中断注浆，应立即暂停施工，重新搅拌下沉至停浆面或少浆段以下 0.5m 的位置，重新注浆搅拌提升；经常检查搅拌叶片磨损情况，当发生较大磨损时，应及时更换或修补；基坑开挖前对水泥搅拌桩进行取芯检查；应分层、分段对称开挖，开挖到坑底后立即浇筑混凝土垫层；水泥搅拌桩垂直度偏差应控制在 1% 以内，桩位偏差应控制在 30mm 以内；相邻桩施工停歇时间超过 24h，应采取补桩或在后施工桩中增加水泥掺量，以及注浆加固等措施,如图 1-25 所示。

5.治理措施

(1)墙体裂缝较小、对挡土墙受力性能影响不大时,在墙后适当卸土,对裂缝进行纯水泥灌浆封闭,在后续施工过程中加强观测。

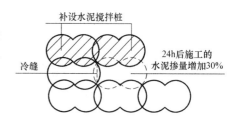

图 1-25　冷缝补救措施

(2)挡土墙裂缝较大,严重影响挡土墙受力性能时,应立即停止土方开挖,对此区域墙后放坡卸土,并采取增加水泥土挡土墙厚度等加强措施。

(3)挡土墙倾覆变形尚未倒塌破坏,不影响地下室基础施工时,可立即进行墙后卸土;坑内抽条式分段开挖后立即浇筑加厚混凝土垫层至挡土墙边,在加厚混凝土垫层上设置竖向斜撑,如图 1-21 所示。

(4)挡土墙倾覆过大并倒塌,应对倒塌区域重新设计补强。

1.2.5 水泥土挡土墙整体失稳

1.现象

水泥土重力式挡土墙沿某一圆弧滑动面向坑内滑动,墙后大面积地面开裂沉陷,坑内土体隆起,工程桩位移。

2.规范规定

参见 1.2.1 节。

3.原因分析

(1)设计方面:未考虑坑中坑和挤土桩对坑底土体扰动的影响,水泥土挡土墙嵌入坑底深度不足,整体稳定安全系数偏低;挡土墙底部位于土性较差的淤泥土中或老河道中,稳定性差;基坑底面附近存在渗透系数较大的承压含水层,开挖后坑底不透水层在动水压力作用下被承压水顶破而形成坑底管涌,挡土墙失稳。

(2)施工方面:墙后卸土范围不满足设计要求;墙后大量堆放施工材料或重车行走,导致墙体失稳破坏;墙后土体含水量大,渗透系数大,挡土墙嵌固深度不满足抗渗稳定性要求。基坑开挖中乱挖、超挖,导致挡土墙失稳。

4.预防措施

(1)设计方面:水泥挡土墙的嵌固深度,对淤泥质土或淤泥不宜小于 $1.2H \sim 1.3H$(H 为基坑开挖深度),并应满足整体稳定性安全系数不小于 1.30 的要求;当基坑边出现多级开挖深度或“坑中坑”,设计时除考虑每层土体开挖的挡土墙稳定性外,还应同时考虑下层土体开挖后的整体稳定性,如图 1-26 所示。

(2)施工方面:严格按照设计的放坡高度、宽度、坡率尺寸进行卸土放坡,坡顶应严格控制施工堆场的地面荷载;挡土墙嵌固深度应切断软弱土层、老河道,进入土性较好的土层;必要时在水泥土挡土墙中每隔 3~6m 插入一根刚性桩,如图 1-27 所示;应防止超挖、乱挖;当基坑底面附近存在渗透系数较大的承压含水层,条件许可,可在坑内外设置降水井降低地下水位。

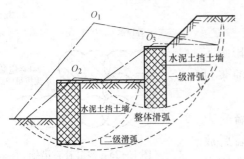 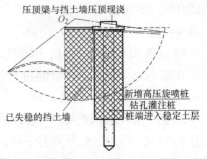

图 1-26 多级开挖整体稳定性示意图　　　图 1-27 高压旋喷桩及刚性桩加强措施

5. 治理措施

（1）当水泥土挡土墙发生整体稳定性破坏时,应立即进行坑外卸土,坑内堆填土方或砂包反压,如图 1-20 所示。

（2）在坑外设置高压旋喷桩挡土墙,桩长切断圆弧滑动面,进入土性较好的稳定土层,必要时每隔一定距离增设钻孔灌注桩,增强整体稳定性,如图 1-27 所示。

（3）对保留可用的挡土墙裂缝先进行注浆封闭,再重新开挖土体,并对偏位工程桩纠偏加固或补桩。

1.3 桩锚支护工程

1.3.1 锚杆位移过大

1. 现象

基坑开挖过程中或到坑底后,经常会出现锚杆位移过大、排桩向坑内倾斜、锚杆锚固段部位地面拉裂、坑边地面、建筑物开裂、沉降变形等现象,严重影响周边环境。

2. 规范规定

《建筑基坑支护技术规程》JGJ 120-2012:

4.7.1 锚杆的应用应符合下列规定:

1 锚杆结构宜采用钢绞线锚杆;承载力要求较低时,也可采用钢筋锚杆;当环境保护不允许在支护结构使用功能完成后锚杆杆体滞留在地层内时,应采用可拆芯钢绞线锚杆;

2 在易塌孔的松散或稍密的砂土、碎石土、粉土、填土层,高液性指数的饱和黏性土层,高水压力的各类土层中,钢绞线锚杆、钢筋锚杆宜采用套管护壁成孔工艺;

3 锚杆注浆宜采用二次压力注浆工艺;

4 锚杆锚固段不宜设置在淤泥、淤泥质土、泥炭、泥炭质土及松散填土层内;

5 在复杂地质条件下,应通过现场试验确定锚杆的适用性。

4.7.8 锚杆的布置应符合下列规定:

1 锚杆的水平间距不宜小于 1.5m,对多层锚杆,其竖向间距不宜小于 2.0m;当锚杆的间距小于 1.5m 时,应根据群锚效应对锚杆抗拔承载力进行折减或改变相邻锚杆的倾角;

2 锚杆锚固段的上覆土层厚度不宜小于 4.0m;

3 锚杆倾角宜取 15°~25°,不应大于 45°,不应小于 10°;锚杆的锚固段宜设置在强度较高的土层内;

4 当锚杆上方存在天然地基的建筑物或地下构筑物时,宜避开易塌孔、变形的土层。

4.7.9 钢绞线锚杆、钢筋锚杆的构造应符合下列规定：

1 锚杆成孔直径宜取100～150mm；

2 锚杆自由段的长度不应小于5.0m，且应穿过潜在滑动面并进入稳定土层不小于1.5m；钢绞线、钢筋杆体在自由段应设置隔离套管；

3 土层中的锚杆锚固段长度不宜小于6m；

4 锚杆杆体的外露长度应满足腰梁、台座尺寸及张拉锁定的要求；

5 锚杆杆体用钢绞线应符合现行国家标准《预应力混凝土用钢绞线》GB/T 5224的有关规定；

6 钢筋锚杆的杆体宜选用预应力螺纹钢筋、HRB400、HRB500螺纹钢筋；

7 应沿锚杆杆体全长设置定位支架；定位支架应能使相邻定位支架中点处锚杆杆体的注浆固结体保护层厚度不小于10mm，定位支架的间距宜根据锚杆杆体的组装刚度确定，对自由段宜取1.5～2.0m；对锚固段宜取1.0～1.5m；定位支架应能使各根钢绞线相互分离；

8 锚具应符合现行国家标准《预应力筋用锚具、夹具和连接器》GB/T 14370的规定；

9 锚杆注浆应采用水泥浆或水泥砂浆，注浆固结体强度不宜低于20MPa。

4.7.10 锚杆腰梁可采用型钢组合梁或混凝土梁。锚杆腰梁应按受弯构件设计。锚杆腰梁的正截面、斜截面承载力，对混凝土腰梁，应符合现行国家标准《混凝土结构设计规范》GB 50010的有关规定；对型钢组合腰梁，应符合现行国家标准《钢结构设计规范》GB 50017的规定。当锚杆锚固在混凝土冠梁上时，冠梁应按受弯构件设计。

4.7.11 锚杆腰梁应根据实际约束条件按连续梁或简支梁计算。计算腰梁内力时，腰梁的荷载应取结构分析时得出的支点力设计值。

4.7.12 型钢组合腰梁可选用双槽钢或双工字钢，槽钢之间或工字钢之间应用缀板焊接为整体构件，焊缝连接应采用贴角焊。双槽钢或双工字钢之间的净间距应满足锚杆杆体平直穿过的要求。

4.7.13 采用型钢组合腰梁时，腰梁应满足在锚杆集中荷载作用下的局部受压稳定与受扭稳定的构造要求。当需要增加局部受压和受扭稳定性时，可在型钢翼缘端口处配置加劲肋板。

4.7.15 采用楔形钢垫块时，楔形钢垫块与挡土构件、腰梁的连接应满足受压稳定性和锚杆垂直分力作用下的受剪承载力要求。采用楔形现浇混凝土垫块时，混凝土垫块应满足抗压强度和锚杆垂直分力作用下的受剪承载力要求，且其强度等级不宜低于C25。

4.8.4 钢绞线锚杆和钢筋锚杆的注浆应符合下列规定：

1 注浆液采用水泥浆时，水灰比宜取0.5～0.55；采用水泥砂浆时，水灰比宜取0.4～0.45；灰砂比宜取0.5～1.0，拌合用砂宜选用中粗砂；

2 水泥浆或水泥砂浆内可掺入提高注浆固结体早期强度或微膨胀的外加剂，其掺入量宜按室内试验确定；

3 注浆管端部至孔底的距离不宜大于200mm，注浆及拔管过程中，注浆管口应始终埋入注浆液面内，应在水泥浆液从孔口溢出后停止注浆；注浆后浆液面下降时，应进行孔口补浆；

4 采用二次压力注浆工艺时,注浆管应在锚杆末端 $l_a/4 \sim l_a/3$ 范围内设置注浆孔,孔间距宜取 500 ~ 800mm,每个注浆截面的注浆孔宜取 2 个;二次压力注浆液宜采用水灰比 0.5 ~ 0.55 的水泥浆;二次注浆管应固定在杆体上,注浆管的出浆口应有逆止构造;二次压力注浆应在水泥浆初凝后、终凝前进行,终止注浆的压力不应小于 1.5MPa;

注:l_a 为锚杆的锚固段长度。

5 采用二次压力分段劈裂注浆工艺时,注浆宜在固结体强度达到 5 MPa 后进行,注浆管的出浆孔宜沿锚固段全长设置,注浆应由内向外分段依次进行;

6 基坑采用截水帷幕时,地下水位以下的锚杆注浆应采取孔口封堵措施;

7 寒冷地区在冬期施工时,应对注浆液采取保温措施,浆液温度应保持在 5℃ 以上。

3. 原因分析

(1)设计方面:支护桩刚度太小,引起锚杆体受力过大,接近甚至达到土体极限摩阻力,造成锚杆和支护桩位移过大。锚固段部位土质较差,局部存在暗浜、冲沟等,土体实际提供的钉土极限摩阻力比设计参数取值要小,或者锚杆设计长度不够,从而造成锚杆抗拔力不足。

(2)施工方面:局部截水帷幕失效,引起桩间漏土漏水,带走了锚杆体周边土体,锚杆抗拔承载力受损,造成局部区域位移过大;锚杆的注浆量和注浆压力偏小,达不到设计锚杆体的直径或长度;钢围檩不连续(图 1 - 28),与排桩间的空隙没有填充(图 1 - 29)或充填不密实,填充混凝土强度不足,各锚杆受力不均;在软土地区挖至坑底后,长时间暴露,土体在锚杆力作用下,产生蠕变位移。

图 1 - 28 钢腰梁不连续   图 1 - 29 钢腰梁与排桩间隙没有填充

4. 预防措施

(1)设计方面:计算的支锚刚度应适当折减,控制支护桩的含钢率不宜大于 1.0%。对控制变形要求较高区段,宜增大桩径。钉土极限摩阻力应由现场抗拔试验来确定或验证。选取锚杆长度和角度时,要考虑自由段长度,群锚效应以及上覆土压力不足引起的抗拔力下降等因素。锚杆注浆应设计为二次压力注浆工艺。

(2)施工方面:精心施工截水帷幕,有条件时应降低坑边水位。施工过程中,及时封堵锚杆孔。进行合理的施工工艺组合,尤其是锚杆的注浆量、注浆压力及浆液配合比应符合相关行业标准的规定。减少基坑的暴露时间,及时浇筑混凝土垫层并紧贴支护桩。型钢或混凝土腰梁与支护桩之间的空隙应用混凝土填充密实,强度应满足设计和有关规范要求。

5. 治理措施

根据基坑周边环境、施工进度、场地条件、变形情况等因素,可采取下列治理措施:

（1）局部区域锚杆变形过大，对其周边未挖到坑底的部位进行锚杆补强，如增加锚杆长度、加密锚杆间距、增大注浆体、施加预应力等。对已挖至坑底的区域尽快浇筑混凝土垫层。

（2）如截水帷幕失效，出现漏土、漏水现象，可采用1.7"基坑止水、降水"中有关的治理方法。

（3）在位移偏大，将对周边环境产生不利影响的部位，先局部堆土反压，坑边卸土，混凝土护坡，再在坑底浇筑2000mm×2000mm×400mm以上的钢筋混凝土垫层，环梁位置设置后埋件，用钢管增设竖向斜撑，待底板混凝土浇筑完成后，切割钢管并封堵，如图1-30所示。

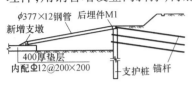

图1-30　竖向斜撑加固

1.3.2 锚杆被拔出、排桩倾覆

1. 现象

当基坑挖至坑底后，出现冠梁与坑边地面严重脱开，在锚固段端部位置地面拉裂，锚杆长度范围内地面出现大面积沉陷，随着时间的推移，变形继续扩大，造成锚杆被拔出，支护桩整体向坑内倾覆，甚至整排桩折断（图1-31）。严重者造成坑边管线断裂，对周边环境产生严重破坏。

2. 规范规定

参见1.3.1节。

图1-31　锚杆拔出、整排桩折断

3. 原因分析

（1）设计方面：支护桩桩长过短，出现踢脚现象。锚固段部位地质资料不全，设计采用的地质参数、钉土极限摩阻力等选择不合理，造成锚杆实际抗拔力偏小，锚杆拔出，由原来的桩锚体系演变成了悬臂排桩式支护体系，导致支护结构失效。

（2）施工方面：基坑未按现行国家标准《建筑地基基础工程施工质量验收规范》GB 50202-2002的规定挖土，造成偏挖或超挖；锚杆长度、注浆量和注浆压力未满足设计要求，未及时施工下排锚杆，引起周边水管破裂，造成土体流失严重，锚杆被拔出，支护结构失效。坑边重车行走，堆放钢筋材料等施工荷载过大。基坑边土体的放坡平台宽度和卸土深度不足。基坑暴露时间过长，导致已施工构件的锈蚀，土体在锚杆力作用下产生蠕变位移，锚索预应力损失，强度降低，甚至失效。

4. 预防措施

（1）设计方面：支护桩桩长要满足嵌固稳定和整体稳定性的安全要求，确保支护桩已进入好土层。周边环境控制要求较高区域,支护结构选型要重点考虑变形的影响,特别在坑边有给水、雨水、污水管等管线时,要考虑渗漏水给基坑工程带来的不利因素。充分掌握锚固段部位土体性质,选择合理的土层抗剪强度指标 c、φ 值及钉土极限摩阻力参数,钉土极限摩阻力应由现场抗拔试验来确定或验证。通过加长锚杆提高单根锚杆的抗拔力,避免群锚效应的发生。

(2)施工方面:支护桩的嵌固深度必须达到设计要求;对荷载较集中或挖深大的区段做重点加固处理及监测,尤其是坑边埋有敏感管线区段。基坑挖土应分层分段,严禁超挖;设置多道锚杆的基坑,应先槽式分层开挖出工作面,待锚杆全部施工并达到设计强度后,再全面分层开挖中心岛的土方;施工过程中对锚固段土体应加强鉴别和描述,如有异常应及时向设计反映。基坑周边施工荷载不得超过设计规定值。

5. 治理措施

(1)在坑边土体扰动范围内,进行坑边卸土。

(2)在坑内 10～20m 范围内浇筑 300mm 以上厚的 C25 混凝土垫层,并在垫层上反压砂包,起平衡土压力、稳定基坑的作用,如图 1-32 所示。

(3)设置竖向斜撑。待内侧底板浇筑完成后,设置一排间距 5～8m 竖向钢管斜撑,再挖除三角土体,浇筑剩余区域底板。钢管斜撑一端设置在支护桩冠梁上,一端设置在已浇筑完的底板上。

(4)有条件的坡顶侧可打设一排拉森式或普通钢板桩,坡面设好 100mm 厚 C25 混凝土面层,如图 1-32 所示。

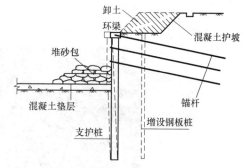

图 1-32 堆砂包、打钢板桩加固

1.3.3 桩锚结构整体失稳

1. 现象

当基坑挖至坑底后,土体侧向位移过大,造成围护桩折断、冠梁破碎、锚杆失效,桩锚支护结构整体失稳。

2. 规范规定

参见 1.3.1 节。

3. 原因分析

(1)设计方面:支护桩桩径或型钢水泥土搅拌桩的型钢型号偏小,桩长不够,锚杆抗拔力太小,水位降深设计不足,管井数量太少等,及以上因素组合,导致桩锚结构整体失稳。

(2)施工方面:锚杆注浆量不足,注浆压力偏低,水灰比过大,锚杆抗拔承载力过低。管井滤网堵孔,抽水泵扬程太小,突然停电而未备发电机等原因,造成水位上升,使得坑外水压力增加,产生险情。坑边有大直径承插接头的供水管,在土体侧向位移较大的情况下,引起水管或接头爆开,在动水压力作用下,支护结构失效。坑边超载,包括坑边大面积堆土、堆放钢筋等材料,多辆挖土机、运土汽车集中作业或行驶等。基坑施工或暴露时间过长,已施工构件锈蚀,锚索预应力损失,强度降低,甚至失效。

4. 预防措施

(1)设计方面:充分掌握支护桩、锚固段部位土层分布,合理选取土体的物理力学参数。查明坑边的重要管线,特别是对基坑可能产生不利影响的供排水管,根据管线的变形要求对基坑支护结构做相应的加强。如变形不满足要求,可在管线两侧打设临时支护,并做好支架。如管线比较陈旧,已经开裂漏水,应考虑在最不利水位和土层参数条件下,设计支护结构。

(2)施工方面:锚杆注浆应饱满,控制注浆量、注浆压力及浆液配合比;注浆管应插至距孔底50mm,随着浆液的注入缓慢均匀地拔出;若孔口无浆液溢出,应及时补注。注浆时应封堵注浆的孔口。一次注浆宜选用灰砂比0.5~1.0、水灰比0.40~0.45的水泥砂浆,或水灰比0.50~0.55的水泥浆;二次高压注浆宜使用水灰比0.45~0.55的水泥浆。各次注入的浆液中宜掺入早强剂。土层锚杆抗拔力应做现场试验。基坑挖土做到先锚后挖,不超挖,坑边荷载满足设计要求。

5. 治理措施

(1)坑内土方回填,宽度范围为基坑开挖深度2倍以上,以平衡基坑的土压力,避免二次失稳滑移。

(2)坑边大范围卸土,卸土深度与宽度由坑边场地具体条件确定。

(3)坑边破裂漏水的市政水管需要绕道或临时封堵。

(4)按折减后的c、φ值设计支护桩和超长预应力锚杆,如图1-33所示。

(5)如坑边没有放坡卸土和施工超长锚杆的条件,在坑内回填土方后,进行内支撑支护。

1.3.4 锚杆腰梁变形过大

1. 现象

腰梁受力后,容易出现变形过大、槽钢扭曲、细石混凝土掉落等现象。

2. 规范规定

锚杆及型钢腰梁质量检验标准见表1-5和表1-6所列。

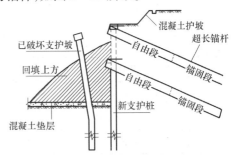

图1-33 增设支护桩和超长锚杆

锚杆支护工程质量检验标准　　　　表1-5

项目类别	序号	检查项目	允许偏差或允许值		检查方法
			单位	数值	
主控项目	1	钻孔深度	mm	+500	用钢尺量
	2	锚杆长度	mm	+30	用钢尺量
	3	锚杆锁定力	设计要求		现场实测
一般项目	1	锚杆位置	mm	±100	用钢尺量
	2	钻孔倾斜度	°	±1	测钻机倾角
	3	浆体强度	设计要求		试样送检
	4	注浆量	大于理论计算浆量		检查计量数据
	5	自由段套管长度	mm	±50	用钢尺量

注:本表编引自现行国家标准《建筑地基基础工程施工质量验收规范》GB 50202-2002和现行行业标准《建筑基坑支护技术规程》JGJ 120-2012。

25

序号	检查项目	允许偏差（mm）	检验方法
1	跨度最外两端或支撑面最外侧距离	±5	用钢尺检查
2	接口截面错位	2	用焊缝量规检查
3	节点处杆件轴线错位	4	划线后用钢尺检查
4	杆件连接件截面几何尺寸	±3	用钢尺检查
5	焊缝焊脚尺寸	+4	用焊缝量规检查

《建筑基坑支护技术规程》JGJ 120-2012：

4.8.8 锚杆抗拔承载力的检测应符合下列规定：

1 检测数量不应少于锚杆总数的5%，且同一土层中的锚杆检测数量不应少于3根；

2 检测试验应在锚固段注浆固结体强度达到15MPa或达到设计强度的75%后进行；

3 检测锚杆应采取随机抽样的方法选取；

4 抗拔承载力检测值应按表4.8.8确定；

5 检测试验应按本规程附录A的验收试验方法进行；

6 当检测的锚杆不合格时，应扩大检测数量。

锚杆的抗拔承载力检测值 表4.8.8

支护结构的安全等级	抗拔承载力检测值与轴向拉力标准值的比值
一级	≥1.4
二级	≥1.3
三级	≥1.2

其余参见1.3.1节。

3. 原因分析

（1）设计方面：腰梁的槽钢型号选择过小，或者相邻锚杆之间的距离偏大，使得腰梁的抗弯承载力不足，从而出现槽钢外突、扭曲等严重变形现象，引起锚杆的受力不均匀，导致个别锚杆受力过大。支护桩刚度过小，造成局部区段的腰梁向坑内突出。

（2）施工方面：支护桩偏位过大，腰梁与支护桩间没有采用混凝土填充或填充不够密实、强度达不到要求，使得腰梁由均匀受力的等跨连续梁变成了集中受力的不等跨连续梁，弯矩增大，腰梁变形过大，局部支护桩有质量缺陷，承载力下降，使锚杆受力过大，个别锚杆被拔出，造成腰梁外鼓。未分层开挖土体，引起锚杆受力过大或者锚杆体设计强度未达到即进行土方开挖，均会导致腰梁变形过大。

4. 预防措施

（1）设计方面：增加型钢腰梁的截面高度和宽度，提高刚度，以满足承载力、变形的要求；减少支护桩的桩间距离，增加支护桩的刚度和锚杆数量，使腰梁跨度尺寸减小。

（2）施工方面：型钢腰梁应连续、封闭，与支护桩间用细石混凝土浇捣密实，确保紧贴，同时做好截水帷幕，从而使腰梁均布受力，符合设计工况。控制支护桩的偏位和垂直度在允许偏差内（表1-5、表1-6）。锚杆外锚头的承压钢板应垂直锚杆的轴线，强度符合要求。施工过程中加强锚杆抗拔承载力的抽样检测。

5. 治理措施

（1）选择更大型号的槽钢，与原有槽钢腰梁焊接；在槽钢底与支护桩间填充细石混凝土，确保支护桩与槽钢连成整体；待混凝土强度达到要求后方可继续土方开挖，如图1-34所示。

（2）对局部锚杆变形过大，槽钢腰梁外鼓的部位，应及时采取补强措施。可以补设若干钢管竖向斜撑，钢管的下端可设在坑底的加强垫层上，上端和槽钢焊接，如图1-35所示。

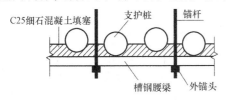

图1-34 槽钢与支护桩搭接平面

图1-35 锚杆腰梁补强平面

1.4 土钉墙

1.4.1 土钉位移过大

1. 现象

基坑挖至坑底后，出现土钉墙面层局部外鼓、裂缝、坑边地面沉降变形较大的现象，如不及时采取措施，变形将会进一步扩大，可能会出现土钉墙失稳破坏。

2. 规范规定

（1）《建筑基坑支护技术规程》JGJ 120-2012：

5.1.1 土钉墙应按下列规定对基坑开挖的各工况进行整体滑动稳定性验算：

1 整体滑动稳定性可采用圆弧滑动条分法进行验算。

4 当基坑面以下存在软弱下卧土层时，整体稳定性验算滑动面中应包括由圆弧与软弱土层层面组成的复合滑动面。

5 微型桩、水泥土桩复合土钉墙，滑弧穿过其嵌固段的土条可适当考虑桩的抗滑作用。

5.1.2 基坑底面下有软土层的土钉墙结构应进行坑底隆起稳定性验算。

5.1.3 土钉墙与截水帷幕结合时，应按本规程附录C的规定进行地下水渗透稳定性验算。

5.3.3 土钉水平间距和竖向间距宜为1~2m；当基坑较深，土的抗剪强度较低时，土钉间距应取小值。土钉倾角宜为5°~20°。土钉长度应按各层土钉受力均匀、各土钉拉力与相应土钉极限承载力的比值相近的原则确定。

5.3.4 成孔注浆型钢筋土钉的构造应符合下列要求：

1 成孔直径宜取70~120mm；

2 土钉钢筋宜选用HRB400、HRB500钢筋，钢筋直径宜取16~32mm；

3 应沿土钉全长设置对中定位支架，其间距宜取1.5~2.5m，土钉钢筋保护层厚度不宜小于20mm；

4 土钉孔注浆材料可采用水泥浆或水泥砂浆,其强度不宜低于20MPa。

5.3.5 钢管土钉的构造应符合下列要求:

1 钢管的外径不宜小于48mm,壁厚不宜小于3mm;钢管的注浆孔应设置在钢管末端$l/2 \sim 2l/3$范围内;每个注浆截面的注浆孔宜取2个,且应对称布置,注浆孔的孔径宜取$5 \sim 8mm$,注浆孔外应设置保护倒刺;

2 钢管的连接采用焊接时,接头强度不应低于钢管强度;钢管焊接可采用数量不少于3根,直径不小于16mm的钢筋沿截面均匀分布拼焊,双面焊接时钢筋长度不应小于钢管直径的2倍。

注:l为钢管土钉的总长度。

5.3.6 土钉墙高度不大于12m时,喷射混凝土面层的构造应符合下列要求:

1 喷射混凝土面层厚度宜取$80 \sim 100mm$;

2 喷射混凝土设计强度等级不宜低于C20;

3 喷射混凝土面层中应配置钢筋网和通长的加强钢筋,钢筋网宜采用HPB300级钢筋,钢筋直径宜取$6 \sim 10mm$,钢筋间距宜取$150 \sim 250mm$;钢筋网间的搭接长度应大于300mm;加强钢筋的直径宜取$14 \sim 20mm$;当充分利用土钉杆体的抗拉强度时,加强钢筋的截面面积不应小于土钉杆体截面面积的1/2。

5.3.7 土钉与加强钢筋宜采用焊接连接,其连接应满足承受土钉拉力的要求;当在土钉拉力作用下喷射混凝土面层的局部受冲切承载力不足时,应采用设置承压钢板等加强措施。

5.3.8 当土钉墙后存在滞水时,应在含水层部位的墙面设置泄水孔或采取其他疏水措施。

5.3.9 采用预应力锚杆复合土钉墙时,预应力锚杆应符合下列要求:

1 宜采用钢绞线锚杆;

2 用于减小地面变形时,锚杆宜布置在土钉墙的较上部位;用于增强面层抵抗土压力的作用时,锚杆应布置在土压力较大及墙背土层较软弱的部位;

3 锚杆的拉力设计值不应大于土钉墙墙面的局部受压承载力;

4 预应力锚杆应设置自由段,自由段长度应超过土钉墙坡体的潜在滑动面;

5 锚杆与喷射混凝土面层之间应设置腰梁连接,腰梁可采用槽钢腰梁或混凝土腰梁,腰梁与混凝土面层应紧密接触,腰梁规格应根据锚杆拉力设计值确定。

5.3.10 采用微型桩垂直复合土钉墙时,微型桩应符合下列要求:

1 应根据微型桩施工工艺对土层特性和基坑周边环境条件的适用性选用微型钢管桩、型钢桩或灌注桩等桩型;

2 采用微型桩时,宜同时采用预应力锚杆;

3 微型桩的直径、规格应根据对复合墙面的强度要求确定;采用成孔后插入微型钢管桩、型钢桩的工艺时,成孔直径宜取$130 \sim 300mm$,对钢管,其直径宜取$48 \sim 250mm$,对工字钢,其型号宜取$I10 \sim I22$,孔内应灌注水泥浆或水泥砂浆并充填密实;采用微型混凝土灌注桩时,其直径宜取$200 \sim 300mm$;

4 微型桩的间距应满足土钉墙施工时桩间土的稳定性要求;

5 微型桩伸入坑底的长度宜大于桩径的5倍，且不应小于1m；

6 微型桩应与喷射混凝土面层贴合。

5.3.11 采用水泥土桩复合土钉墙时，水泥土桩应符合下列要求：

1 应根据水泥土桩施工工艺对土层特性和基坑周边环境条件的适用性选用搅拌桩、旋喷桩等桩型；

2 水泥土桩伸入坑底的长度宜大于桩径的2倍，且不应小于1m；

3 水泥土桩应与喷射混凝土面层贴合；

4 桩身28d无侧限抗压强度不宜小于1MPa；

5 水泥土桩用作截水帷幕时，应符合本规程第7.2节对截水的要求。

5.4.5 钢筋土钉的注浆应符合下列要求：

1 注浆材料可选用水泥浆或水泥砂浆；水泥浆的水灰比宜取0.5～0.55；水泥砂浆的水灰比宜取0.4～0.45，同时，灰砂比宜取0.5～1.0，拌合用砂宜选用中粗砂，按重量计的含泥量不得大于3%；

2 水泥浆或水泥砂浆应拌合均匀，一次拌合的水泥浆或水泥砂浆应在初凝前使用；

3 注浆前应将孔内残留的虚土清除干净；

4 注浆应采用将注浆管插至孔底、由孔底注浆的方式，且注浆端部至孔底的距离不宜大于200mm；注浆及拔管时，注浆管出浆口应始终埋入注浆液面内，应在新鲜浆液从孔口溢出后停止注浆；注浆后，当浆液液面下降时，应进行补浆。

5.4.6 打入式钢管土钉的施工应符合下列要求：

1 钢管端部应制成尖锥状；钢管顶部宜设置防止施打变形的加强构造；

2 注浆材料应采用水泥浆；水泥浆的水灰比宜取0.5～0.6；

3 注浆压力不宜小于0.6MPa；应在注浆至钢管周围出现返浆后停止注浆；当不出现返浆时，可采用间隙注浆的方法。

5.4.7 喷射混凝土面层的施工应符合下列要求：

1 细骨料宜选用中粗砂，含泥量应小于3%；

2 粗骨料宜选用粒径不大于20mm的级配砾石；

3 水泥与砂石的重量比宜取1:4～1:4.5，砂率宜取45%～55%，水灰比宜取0.4～0.45；

4 使用速凝剂等外加剂时，应通过试验确定外加剂掺量；

5 喷射作业应分段依次进行，同一分段内应自下而上均匀喷射，一次喷射厚度宜为30～80mm；

6 喷射作业时，喷头应与土钉墙面保持垂直，其距离宜为0.6～1.0m；

7 喷射混凝土终凝2h后应及时喷水养护；

8 钢筋与坡面的间隙应大于20mm；

9 钢筋网可采用绑扎固定；钢筋连接宜采用搭接焊，焊缝长度不应小于钢筋直径的10倍；

10 采用双层钢筋网时，第二层钢筋网应在第一层钢筋网被喷射混凝土覆盖后铺设。

5.4.8 土钉墙的施工偏差应符合下列要求：

1 土钉位置的允许偏差应为 100mm;

2 土钉倾角的允许偏差应为 3°;

3 土钉杆体长度不应小于设计长度;

4 钢筋网间距的允许偏差应为 ±30mm;

5 微型桩桩位的允许偏差应为 50mm;

6 微型桩垂直度的允许偏差应为 0.5%。

5.4.10 土钉墙的质量检测应符合下列规定:

1 应对土钉的抗拔承载力进行检测,土钉检测数量不宜少于土钉总数的1%,且同一土层中的土钉检测数量不应少于3根;对安全等级为二级、三级的土钉墙,抗拔承载力检测值分别不应小于土钉轴向拉力标准值的1.3倍、1.2倍;检测土钉应采用随机抽样的方法选取;检测试验应在注浆固结体强度达到10MPa或达到设计强度的70%后进行,应按本规程附录D的试验方法进行;当检测的土钉不合格时,应扩大检测数量;

2 应进行土钉墙面层喷射混凝土的现场试块强度试验,每500m² 喷射混凝土面积的试验数量不应少于一组,每组试块不应少于3个;

3 应对土钉墙的喷射混凝土面层厚度进行检测,每500m² 喷射混凝土面积的检测数量不应少于一组,每组的检测点不应少于3个;全部检测点的面层厚度平均值不应小于厚度设计值,最小厚度不应小于厚度设计值的80%;

4 复合土钉墙中的预应力锚杆,应按本规程第4.8.8条的规定进行抗拔承载力检测;

5 复合土钉墙中的水泥土搅拌桩或旋喷桩用作截水帷幕时,应按本规程第7.2.14条的规定进行质量检测。

(2)《复合土钉墙基坑支护技术规范》GB 50739 - 2011:

5.1.12 复合土钉墙除应满足基坑稳定性和承载力的要求外,尚应满足基坑变形的控制要求。当基坑周边环境对变形控制无特殊要求时,可依据地层条件、基坑安全等级按照表5.1.12确定复合土钉墙变形控制指标。

复合土钉墙变形控制指标(基坑最大侧向位移累计值)　　　　表5.1.12

地层条件	基坑安全等级		
	一级	二级	三级
黏性土、砂性土为主	0.3%H	0.5%H	0.7%H
软土为主	—	0.8%H	1.0%H

注:H——基坑开挖深度。

当基坑周边环境对变形控制有特殊要求时,复合土钉墙变形控制指标应同时满足周边环境对基坑变形的控制要求。

3. 原因分析

(1)设计方面:土钉形式选择不当,土钉水平或竖向间距过大,使得土钉受力过大,土钉之间形成的土拱承载力过低,造成土钉墙较大的位移变形。土钉长度太短,或者土钉成孔工艺选择不合理,使土钉的抗拔力不足,导致土钉体中的浆体破裂,钢筋屈服。土钉与土体之间的极限粘结强度选择过大,或未考虑挤土型工程桩沉桩施工的挤土效应。

（2）施工方面：土钉注浆不到位，包括浆体配合比、注浆压力、注浆量等注浆要素不符合设计要求，或者土钉体未达到设计强度就开挖土方，造成土钉抗拔承载力达不到设计值。未按设计要求进行土方开挖，土方开挖与土钉墙施工脱节，产生超长或超深开挖，使土钉墙产生较大变形。混凝土垫层施工跟进不及时，坑底暴露时间过长，导致坑边沉降过大。

4. 预防措施

（1）设计方面：应根据土质条件选择合适的土钉形式，适当提高土钉抗拔承载力的安全系数，通过加密、加长土钉，或者改进土钉成孔工艺等方法，明确土方开挖要求。基坑周边有重要建筑物或地下管线时，慎用土钉墙支护。应对土钉的抗拔承载力进行检测，验证土钉与土体之间的极限粘结强度。

（2）施工方面：土方开挖必须与土钉墙施工紧密配合，基坑土方可分为中心岛后挖区与四周的分层挖区。周边土方开挖应配合土钉墙作业，挖土宽度一般距离坑边 6～10m。分层高度由土钉墙竖向间距来确定，待上排土钉体达到设计强度后，方可进行下一层土方的开挖和土钉的施工。基坑四周的土钉墙施工完成并形成强度后，再开挖中央的放坡开挖区（即中心岛）。基坑每分层开挖一段应立即喷射第一层混凝土护坡面层，厚度为设计厚度的一半，该层土钉施工并铺设钢筋网后再立即喷射第二层混凝土。基坑开挖至坑底后，应立即施工混凝土垫层，并紧贴土钉墙脚。

5. 治理措施

（1）减少或卸去坑边荷载，主要包括材料堆载和行车荷载。

（2）开挖至坑底后，立即浇筑 300mm 厚混凝土垫层，宽度范围 8～10m。

（3）在坡脚位置打设一排钢板桩或者松木排桩，起到减少位移变形和增加整体稳定作用。

（4）土钉墙位移变形严重时，在坑底地基土或垫层上叠堆砂包，如图 1-36 所示，待土钉墙加固后，再卸除砂包继续施工。

1.4.2 土钉注浆不足

1. 现象

基坑开挖过程中，发现土钉墙位移变形较大，局部土钉被拔出，进一步开挖可能出现土钉墙滑移甚至整体失稳破坏的现象。

2. 规范规定

参见 1.4.1 节。

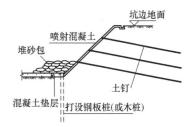

图 1-36 土钉墙补强加固

3. 原因分析

（1）设计方面：钢管土钉土层条件应合适，注浆材料应采用水泥浆，水灰比应选择合理。

（2）施工方面：钢管土钉出浆孔间距过大，不能形成连续的注浆体；出浆孔的保护倒刺或土钉端头的扩大头焊接不牢，在土钉打入过程中掉落；注浆压力选择不合理，水泥用量不足。

4. 预防措施

（1）土钉应做抗拔承载力试验，发现土钉抗拔承载力不符合设计要求，需对基坑支护进行加强。土钉抗拔试验应符合现行行业标准《建筑基坑支护技术规程》JGJ 120-2012 附录 D 的有关规定。

（2）土钉孔注浆材料的强度不宜低于 20MPa，注浆压力不宜小于 0.6MPa，应在注浆至钢管周围出现返浆后停止注浆,当不出现返浆时,可采用间歇注浆的方法。

(3)土钉浆液中纯水泥浆的水灰比通常为 0.50 ~ 0.55,水泥砂浆的水灰比通常为 0.40 ~ 0.45。宜在浆液中掺入膨胀剂及早强剂。一次拌合的水泥浆或水泥砂浆应在初凝前使用。

(4)钢管土钉孔口用塞子堵住注浆口;土钉出浆孔应布置在钢管末端 $l/2 ~ 2l/3$(l 为钢管土钉的总长度)范围内,每个注浆截面的出浆孔布置 2 个,对称布置,呈梅花形排列,出浆孔直径 5 ~ 8mm;出浆孔口设置倒刺,与钢管焊接,主要防止打入土体过程中堵塞出浆孔,并可增加土钉抗拔力,如图 1 – 37 所示。

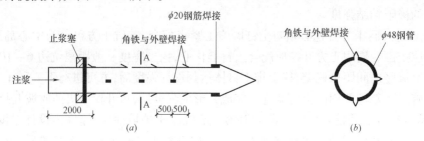

图 1 – 37　钢管土钉详图
(a)$\phi 48 \times 2.5$ 钢管加工;(b)剖面图 A – A

(5)钢管土钉,通过压力注浆,使土体密实及强度提高,增强对钢管的握裹力,一般开孔压力在 2.0MPa,水泥用量在 15kg/m 以上,要防止孔口冒浆。钻孔注浆土钉通常采用重力式注浆,水泥用量一般在 20kg/m 以上,一次注浆压力通常在 0.2 ~ 0.5MPa,如采用二次注浆,注浆压力一般在 2.0MPa 左右,应在新鲜浆液从孔口溢出后方可停止注浆。

(6)加工期较紧,土方开挖较快,可采用高强度水泥和早强剂,提高注浆体的早期强度。

5. 治理措施

发现土钉墙位移变形较大,应参照 1.4.1"土钉墙位移过大"的相应措施治理。

1.4.3 土钉墙失稳

1. 现象

土钉墙失稳包括内部失稳(即局部滑动破坏)、整体失稳(即土钉墙整体滑动)或倾覆破坏。基坑挖至坑底后变形较大,引起坑边地下水管开裂,造成基坑失稳,坑边路面开裂,围墙外倾,基坑坡面开裂(图 1 – 38),坑内严重隆起,大批工程桩偏位甚至断裂(图 1 – 39)。

图 1 – 38　基坑坡面开裂、下沉　　图 1 – 39　坑内严重隆起、工程桩偏位

2. 规范规定

《复合土钉墙基坑支护技术规范》GB 50739－2011：

5.3.1 复合土钉墙必须进行基坑整体稳定性验算。验算可考虑截水帷幕、微型桩、预应力锚杆等构件的作用。

5.3.6 复合土钉墙底部存在软弱黏性土时，应按地基承载力模式进行坑底抗隆起稳定性验算。

6.1.3 土方开挖应与土钉、锚杆及降水施工密切结合，开挖顺序、方法应与设计工况相一致；复合土钉墙施工必须符合"超前支护，分层分段，逐层施作，限时封闭，严禁超挖"的要求。

6.2.1 复合土钉墙施工宜按以下流程进行：

1 施作截水帷幕和微型桩。

2 截水帷幕、微型桩强度满足后，开挖工作面，修整土壁。

3 施作土钉、预应力锚杆并养护。

4 铺设、固定钢筋网。

5 喷射混凝土面层并养护。

6 施作围檩，张拉和锁定预应力锚杆。

7 进入下一层施工，重复第2款～第6款步骤直至完成。

其余参见1.4.1节。

3. 原因分析

(1)设计方面：土钉长度过短，土钉体直径过小、间距不合理；土钉的形式选择不当(如应选择钻孔注浆式土钉而选择了打入式钢管注浆土钉)；设计的土钉注浆参数不合理；应设计井点降水而未设计。基坑边有民房及重要管线，且场地土质较差，不宜采用土钉墙支护。

(2)施工方面：土钉施工长度不足，注浆不符合设计要求，使土钉抗拔承载力达不到设计要求；挖土速度过快，未进行分层分段土方开挖，开挖后未及时施工土钉和喷射混凝土面层；在基坑变形超过报警值时，未及时采取回填土方或坑边卸载等应急处理；垫层施工不及时，坑底暴露时间过长，坑底隆起量过大。

4. 预防措施

(1)设计方面：设计的土钉长度和钉径应足够，土钉的形式、间距和注浆参数应合理。在地下水位较高的基坑应结合井点降水措施。对于较软弱的淤泥质土层可采用复合土钉墙支护，以水泥搅拌桩、高压旋喷桩等超前支护组成防渗帷幕，解决土体的自立性、隔水性以及喷射面层与土体的粘结问题；也可在受力和变形较大的部位，设置相应的预应力锚杆，以控制支护结构的变形，如图1－40所示。

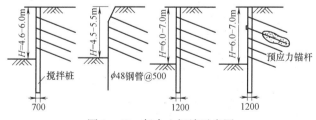

图1－40 复合土钉墙示意图

(2)施工方面：严禁超挖，在坑边位置，应采取分层分段开挖土方，分段浇筑底板下混凝土垫层的方式，可有效减少基坑的变形，分段长度通常为20～30m，距离坑边8～10m范围内快速浇筑300mm厚C25混凝土垫层。选取钻孔注浆式土钉,确保注浆的配合比、注浆的压力及水泥用量。

5.治理措施

(1)当土钉墙失稳现象不严重,即只有局部滑动失稳或只有裂缝变形前兆,可采用第1.4.1"土钉墙位移过大"的治理措施。

(2)当土钉墙严重失稳时,应先对失稳基坑进行土方回填,确保基坑位移不再增大。再根据现场条件和计算,在坡顶位置打设一排钻孔桩,待坑内距离坑边一定距离的地下室底板浇筑完成后,设置斜向钢管支撑,最后分段开挖土方,分段浇筑坑边剩余的底板,如图1-41所示;或布设两排钻孔桩,桩径、桩距根据计算确定,并对两排桩之间和被动区土体用高压旋喷桩加固,用梁板结构将前后排桩相连,如图1-42所示。

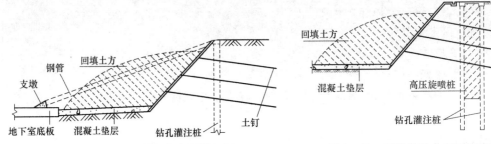

图1-41 桩加竖向斜撑加固　　　　　图1-42 双排桩结合高压旋喷桩加固

(3)上述增设的钻孔灌注桩也可用拉森式钢板桩取代,以求速效。

1.4.4 土钉墙坑内隆起量过大

1.现象

基坑开挖至坑底后,易引起土钉墙下沉及向坑内位移,造成坑底土体隆起,基坑周边土体沉降及裂缝,对坑内工程桩及周边环境造成影响,严重时造成基坑失稳。

2.规范规定

土钉墙支护工程质量检验标准见表1-7所列。

土钉墙支护工程质量检验标准　　　　　　　　　　　　　　表1-7

项目类型	序号	检查项目	允许偏差或允许值		检查方法
			单位	数值	
主控项目	1	土钉成孔长度	mm	+100	用钢尺量
	2	土钉抗拔承载力	行业标准、设计要求		现场实测
	3	土钉杆体长度	大于设计长度		用钢尺量
一般项目	1	土钉位置	mm	±100	用钢尺量
	2	土钉倾斜度	°	±1	测钻机倾角
	3	浆体强度	设计要求		试样送检
	4	注浆量	大于理论计算浆量		检查计量数据
	5	土钉墙面厚度	mm	±10	用钢尺量
	6	护坡体强度	设计要求		试样送检

注:本表编引自现行国家标准《建筑地基基础工程施工质量验收规范》GB 50202-2002和现行行业标准《建筑基坑支护技术规程》JGJ 120-2012。

其余参见 1.4.1 节。

3. 原因分析

（1）设计方面：设计的土钉长度或土钉体直径不足及间距不合理，造成土钉位移过大，土钉墙稳定安全系数偏小。地下水位高，土层渗透系数大的基坑未设计井点降水。在土质较差，深度较深的基坑中，宜采用复合型土钉墙支护，增设竖向支护结构，增加支护结构的入土深度。当基坑底面下有软弱土层时，土钉墙抗隆起安全系数不足。

（2）施工方面：没有分区段开挖施工，长边效应过大；基坑边的施工荷载过大，使坑边路面下沉，导致基底隆起。坑内垫层设置不及时，或者设置范围和厚度过小；降排水措施不到位，坑内雨水浸泡，被动区土体扰动等，均会加大坑底的隆起量。土钉墙坡度偏大，未按设计要求施工。

4. 预防措施

（1）在坡脚打设水泥搅拌桩，或者密排的木桩、钢板桩以及超前竖向 $\phi 48 \times 2.5$ 钢管注浆锚杆等具有一定刚度和强度的竖向支护结构，能阻挡土体内移，从而减少坑底隆起量。

（2）快速浇筑 30cm 厚混凝土垫层，加强垫层的范围为坑边 8~10m，并用砂包反压。

（3）做好降排水措施，确保坡面和坑底部不会浸泡雨水。护坡面的坡度应符合设计要求。

（4）控制坑边施工荷载，包括堆放材料和车辆行驶荷载，尤其是钢筋堆场应远离基坑边。

5. 治理措施

参见 1.4.1 节。

1.5 地下连续墙

1.5.1 导墙变形破坏

1. 现象

导墙在施工过程中容易出现坍塌、不均匀下沉、裂缝、断裂、向内位移等现象，影响地下连续墙成槽质量，也会导致附近地面土体沉降，破坏环境。

2. 规范规定

《建筑基坑支护技术规程》JGJ 120－2012：

> 4.6.3 成槽施工前，应沿地下连续墙两侧设置导墙，导墙宜采用混凝土结构，且混凝土强度等级不宜低于 C20。导墙底面不宜设置在新近填土上，且埋深不宜小于 1.5m。导墙的强度和稳定性应满足成槽设备和顶拔接头管施工的要求。

3. 原因分析

（1）设计方面：导墙下地基存在暗浜、废弃管道、软弱土层未经设计处理；导墙埋深不足，受水位较高的地下水冲刷掏空导墙下的地基土；导墙下地基承载力不能满足施工荷载的要求，设计时未要求地基处理。

（2）施工方面：导墙混凝土强度不足，导墙厚度、配筋不足；导墙墙顶、墙面平整度和垂直度未满足质量要求；导墙背后填土质量未达到设计要求；导墙内侧设置的支撑不足，被导墙外侧土压力向槽内推移挤拢；作用在导墙上的施工荷载过大。

4. 预防措施

(1)设计方面:应根据地质条件、施工荷载进行验算,以满足成槽设备和顶拔接头管等施工荷载的要求;选择较好的导墙形式(各种导墙形式如图1-43所示),埋深不小于1.5m,混凝土的设计强度等级不宜低于C20;导墙宜采用钢筋混凝土结构,内外导墙间净距应比设计的地下连续墙厚度大40~60mm,导墙壁厚150~300mm,双向配筋,导墙至少应高于地面100mm;地质较差的土层,宜选用"]["形导墙,底部外伸扩大支承面积;混凝土导墙拆模后,立即沿其纵向每隔1.5m左右加设上下两道方木支撑;软土地基中,宜在导墙底部采用水泥搅拌桩等地基处理措施并与槽壁加固措施结合起来,如图1-44所示。

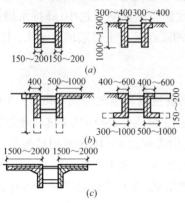

图1-43 现浇混凝土导墙的断面形式

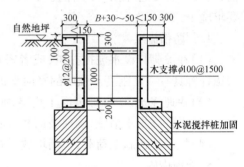

图1-44 导墙断面与地基加固措施

(2)施工方面:导墙顶面要水平,内侧面要垂直,顶面平整度和内侧面垂直度及导墙内外墙面间净空尺寸和轴线偏差应符合表1-8的规定;导墙外侧应以黏土分层回填密实,防止地表水从导墙背后渗入槽内;在导墙混凝土达到设计强度并加好支撑之前,禁止重型机械和运输设备在附近作业、停留;导墙施工中遇到废管沟要堵塞或挖除,遇到暗浜应换土回填;如果成槽机及附属施工荷载过大,应在导墙上铺设钢质路基板。

地下连续墙施工质量检验标准 表1-8

项目类别	序号	检查项目		允许偏差或允许值(mm)	检查方法
主控项目	1	墙体厚度		设计要求	声波透射法、查试块记录、取芯试压
	2	垂直度	永久结构	$H/300$	超声波测槽仪或成槽机上的监测系统测定
			临时结构	$H/150$	
一般项目	1	导墙尺寸	宽度	$W+40$	用钢尺量
			墙面平整度	<5	用钢尺量
			导墙平面位置	±10	用钢尺量
	2	沉渣厚度	永久结构	$\leqslant100$	重锤或沉积物测定仪测
			临时结构	$\leqslant200$	
	3	槽段质量	槽深	$+100$	重锤测
			槽段厚度	±10	用钢尺量
	4	混凝土坍落度		$180\sim220$	用坍落度测定仪检查

项目类别	序号	检查项目		允许偏差或允许值（mm）	检查方法
一般项目	5	钢筋笼尺寸	钢筋材质检验	设计要求	抽样送检
			主筋间距	±10	用钢尺量
			长度	±100	用钢尺量
			箍筋间距	±20	用钢尺量
			直径	±10	用钢尺量
	6	地下连续墙表面平整度	永久结构	<100	此为均匀黏土层,松散及易坍土层由设计决定
			临时结构	<150	
			插入式结构	<20	
	7	永久结构时预埋件位置	水平方向	≤10	用钢尺量
			垂直方向	≤20	用水准仪检查

注:1. 本表编引自现行国家标准《建筑地基基础工程施工质量验收规范》GB50202 - 2002。
　　2. 表内 H 为墙体高度;W 为地下连续墙设计厚度。

5. 治理措施

(1) 当导墙附近土体局部沉降且变形较小不影响成槽尺寸时,对沉降区域土体进行注浆加固后修复导墙,增加导墙之间的支撑数量。

(2) 影响槽段宽度不大时,用接头管强行插入,撑开足够空间后下放钢筋笼。

(3) 对于大部或局部严重变形破坏影响成槽施工的导墙应拆除,并用优质土(或黏土中掺入适量水泥)分层回填夯实加固地基,重新施工导墙。

1.5.2 地下连续墙夹泥

1. 现象

地下连续墙在浇捣混凝土过程中,形成淤泥夹层或槽段局部夹泥,槽段混凝土强度降低,引起墙体开裂、渗漏。

2. 规范规定

《建筑基坑支护技术规程》JGJ 120 - 2012:

4.6.1 地下连续墙的施工应根据地质条件的适应性等因素选择成槽设备。成槽施工前应进行成槽试验,并应通过试验确定施工工艺及施工参数。

4.6.4 成槽前,应根据地质条件进行护壁泥浆材料的试配及室内性能试验,泥浆配比应按试验确定。泥浆配制后应贮放24h,待泥浆材料充分水化后方可使用。成槽时,泥浆的供应及处理设备应满足泥浆使用量的要求,泥浆的性能应符合相关技术指标的要求。

4.6.5 单元槽段宜采用间隔一个或多个槽段的跳幅施工顺序。每个单元槽段,挖槽分段不宜超过3个。成槽时,护壁泥浆液面应高于导墙底面500mm。

4.6.6 槽段接头应满足混凝土浇筑压力对其强度和刚度的要求。安放槽段接头时,应紧贴槽段垂直缓慢沉放至槽底。遇到阻碍时,槽段接头应在清除障碍后入槽。混凝土浇灌过程中应采取防止混凝土产生绕流的措施。

4.6.7 地下连续墙有防渗要求时,应在吊放钢筋笼前,对槽段接头和相邻墙段混凝土面用刷槽器等方法进行清刷,清刷后的槽段接头和混凝土面不得夹泥。

4.6.9 钢筋笼应设置定位垫块,垫块在垂直方向上的间距宜取3m~5m,在水平方向上宜每层设置2块~3块。

4.6.12 地下连续墙应采用导管法浇筑混凝土。导管拼接时,其接缝应密闭。混凝土浇筑时,导管内应预先设置隔水栓。

4.6.13 槽段长度不大于6m时,混凝土宜采用两根导管同时浇筑;槽段长度大于6m时,混凝土宜采用三根导管同时浇筑。每根导管分担的浇筑面积基本均等。钢筋笼就位后应及时浇筑混凝土。混凝土浇筑过程中,导管埋入混凝土面的深度宜在2.0m~4.0m之间,浇筑液面的上升速度不宜小于3m/h。混凝土浇筑面宜高于地下连续墙设计顶面500mm。

4.6.16 地下连续墙的质量检测应符合下列要求:

1 应进行槽壁垂直度检测,检测数量不得小于同条件下总槽段数的20%,且不应少于10幅;当地下连续墙作为主体地下结构构件时,应对每个槽段进行槽壁垂直度检测;

2 应进行槽底沉渣厚度检测;当地下连续墙作为主体地下结构构件时,应对每个槽段进行槽底沉渣厚度检测;

3 应采用声波透射法对墙体混凝土质量进行检测,检测墙段数量不宜少于同条件下总墙段数的20%,且不得少于3幅,每个检测墙段的预埋超声波管数不应少于4个,且宜布置在墙身截面的四边中点处;

4 当根据声波透射法判定的墙身质量不合格时,应采用钻芯法进行验证;

5 地下连续墙作为主体地下结构构件时,其质量检测尚应符合相关标准的要求。

3. 原因分析

(1)槽段底部沉渣是主要原因之一。混凝土开始浇筑时向下冲击力大,会将导管下的沉渣冲起,一部分与混凝土杂混,处于导管附近的沉渣易被混凝土推挤至远离导管的端部。当沉渣厚度大或粒径大时,仍有部分留在原地。同时悬浮于泥浆中的渣土,会沉淀下来落在混凝土面上,这层渣土流动性好,会到低洼处聚集,容易被包裹在混凝土中形成夹泥。

(2)护壁泥浆性能差,导致槽壁稳定性差,在浇捣混凝土过程中,槽壁坍塌,与混凝土混在一起形成夹泥。或成槽后至混凝土浇筑的间隔时间过长,泥浆沉淀,在地下连续墙各墙段的接缝处形成泥皮,导致夹泥现象。

(3)槽段长度较大,导管根数不足,导管摊铺面积不够,部分位置未能迅速灌注到位,被泥渣填充。

(4)水下浇筑混凝土时,首批混凝土灌入量不足,不能将泥浆全部冲出,导管端部未被初灌的混凝土有效包裹;出现导管拔空,泥浆从导管底口进入混凝土内。

(5)导管接头不严密,存在缝隙,导致泥浆渗入导管内。

(6)混凝土未连续浇筑,造成间断或浇灌时间过长,后浇灌的混凝土顶升时,与泥渣混合。

4. 预防措施

(1)泥浆是稳定槽壁的关键,泥浆要具备物理和化学的稳定性,合理的流动性,良好的泥皮形成能力以及适当的密度。护壁泥浆配合比应按试验确定,泥浆拌制后应贮放24h,待泥浆材料充分水化后方可使用。泥浆液面应高于导墙底面500mm。

（2）单元槽段开挖到设计标高后，在插放接头管和钢筋笼之前，必须及时清除槽底沉渣，必要时下笼后再做一次清底，清底后4h内灌注混凝土。

（3）应采用导管法浇筑混凝土。导管接头应采用粗丝扣，设置橡胶圈密封，必要时在首次使用前应进行气密性试验，保证密封性能。

（4）槽段长度不大于6m时，宜采用两根导管同时浇筑混凝土；槽段长度大于6m时，宜采用三根导管同时浇筑混凝土。两根导管之间的间距不应大于3m，导管距离槽段两端不宜大于1.50m。

（5）开始浇筑混凝土时，导管应距槽底0.30～0.50m，首批灌入混凝土量要足够，使其有一定的冲击量，能把泥浆从导管端挤散，导管端应预先设置隔水栓。

（6）混凝土浇筑过程中，导管埋入混凝土面的深度宜在2.0～4.0m，浇筑液面的上升速度不宜小于3m/h，确保混凝土面均匀上升，混凝土面高差小于5.0m时应连续浇筑。

（7）在浇捣过程中，导管不能做横向运动，槽段附近不得有重车行走，防止槽壁坍塌。

5. 治理措施

（1）在浇筑混凝土过程中遇槽壁坍塌夹泥，可将落在混凝土面上的泥土用空气吸泥机吸出，继续浇筑；如果混凝土已初凝，可将导管提出，将混凝土清除，重新下导管浇筑混凝土。

（2）基坑开挖后，发现地下连续墙的夹泥量较少，渗漏水面积不大时，可采用填堵法，凿除夹泥区域混凝土，冲洗干净后，采用掺入防渗剂的速凝混凝土对凿出部位进行喷射封堵。

（3）地下连续墙出现面积较大的夹泥，渗水面积较大，应先在其外侧渗水部位采用高压旋喷桩或三轴深搅桩封堵，然后在内侧清除夹泥，冲洗干净后，搭设漏斗型模板，采用高强度的微膨胀混凝土振捣密实，如图1-45所示。

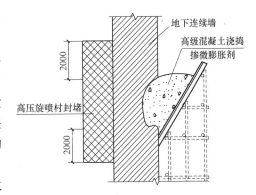

图1-45　地下连续墙夹泥处理

（4）地下连续墙夹泥严重，影响设计所需要的承载力和抗渗性能，应在墙外侧增加一幅槽段，并在接缝位置增加高压旋喷桩或三轴深搅桩等止水措施。

1.5.3　地下连续墙酥松、蜂窝、空洞

1. 现象

基坑开挖后，地下连续墙表面出现酥松、露筋、蜂窝、孔洞，混凝土强度较低，达不到设计要求，严重时导致地下连续墙裂缝渗漏。

2. 规范规定

参见1.5.2节。

3. 原因分析

（1）混凝土配合比不当，粗细骨料级配不好，含泥量大，杂质多，砂浆少，石子多和易性差，水灰比大，浇捣混凝土时产生离析等缺陷，强度达不到要求。

（2）水泥质量不合格，过期或受潮结块，缺乏活性，使混凝土强度降低。

（3）混凝土缺乏良好的流动性，浇筑时会围绕导管堆积成一个尖顶的锥形，泥渣会被滞留在多根导管的中间或槽段接头部位，形成质量缺陷。

（4）导管法水中浇筑混凝土操作不良，混入大量泥浆，使混凝土产生质量缺陷，强度降低，混凝土超强度等级浇筑的高度不够。

（5）地下水位较高，流动性较好，浇捣混凝土时，水泥浆被地下水冲刷流失。

（6）槽段端部不垂直，接头管倾斜，混凝土浇捣过程中在接头部位产生绕流漏浆，导致接头部位混凝土出现酥松、蜂窝等缺陷。

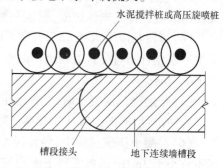

图1-46　地下连续墙外侧止水帷幕

4. 预防措施

（1）设计方面：地下连续墙的混凝土强度等级宜取 C30 ~ C40；混凝土抗渗等级不宜小于 P6，钢筋的保护层厚度应符合现行行业标准的要求；混凝土浇筑面宜高出设计标高 500mm 以上；在地下水丰富的砂性土中，宜在浇筑混凝土前在基坑外侧设置水泥搅拌桩、高压旋喷桩等止水帷幕，如图 1-46 所示；当处于水量丰富的砂性土时，应设计井点降水。

（2）施工方面：槽段开挖过程中，应保持槽内始终充满泥浆，泥浆配合比设计应控制泥浆的相对密度为 1.1 ~ 1.3，黏度为 18 ~ 25s，必要时掺入膨润土造浆；施工所用的混凝土除满足一般水下浇筑混凝土的要求外，强度等级应提高一级进行配合比设计；混凝土原材料，要求采用颗粒级配良好的砂子，粗骨料宜采用粒径 5 ~ 25mm 的石子。水灰比不大于 0.60，混凝土的坍落度宜为 180 ~ 220mm，扩展度宜为 340 ~ 380mm；钢筋笼应设置足够的保护层垫块，单元槽段的钢筋笼应装配成一个整体后吊装就位，钢筋笼下放前要对槽壁垂直度、平整度、清孔质量及槽底标高进行严格检查。钢筋笼下放过程中遇到阻碍，不允许强行下放，如发现槽壁土体局部凸出或坍落至槽底，则必须整修槽壁，并清除槽底坍土后，方可下放钢筋笼；

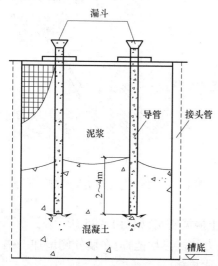

图1-47　槽段中浇灌混凝土的导管位置

对地下水位较高、流动性较好的槽段应加快浇筑速度，混凝土中掺入速凝剂；槽段端部也要垂直，并应清刷干净；锁口管应紧贴槽段，保持垂直插入到沟槽底部；钢筋笼就位后应及时浇筑混凝土，导管埋入混凝土面深度宜在 2.0 ~ 4.0m，浇筑液面的上升速度不宜小于 3m/h，如图 1-47 所示。

5. 治理措施

（1）对存在蜂窝、麻面、浇捣不密实、酥松的混凝土，应凿除至混凝土密实层，对锈蚀钢筋进行除锈，将缺陷周围凿毛，清理干净，并涂一层素水泥浆界面剂，用强度高一等级的细石混凝土进行喷射或浇捣修补。

（2）如果墙身出现较大酥松孔洞，应先清除墙体表面的疏松物质，并清洗、凿毛和涂刷水泥浆处理后，采用搭设漏斗形模板并浇捣微膨胀混凝土修补，同时用小插入式振捣器振捣密实，混凝土强度等级应至少提高一级，如图 1-45 所示。

1.5.4 槽孔倾斜

1. 现象

槽孔向一个或两个方向偏斜,垂直度超过规定值(0.3%),影响钢筋笼下放,钢筋笼刮伤槽壁造成塌方,影响地下连续墙成型质量。

2. 规范规定

参见 1.5.1 节、1.5.2 节。

3. 原因分析

(1)导墙垂直度和平面位置不能满足要求,影响成槽机械施工。

(2)钻机柔性悬吊装置偏心,钻头本身倾斜或多头钻底座未安置水平,挖槽过程中没有对抓斗进行垂直度监控。

(3)成槽过程中没有采取自动纠偏措施,没有做到随挖随纠。

(4)钻进中遇较大孤石、探头石或局部坚硬土层。

(5)在有倾斜度的软硬地层交界面钻进,或在粒径大小悬殊的砂卵石中钻进,钻头所受阻力不均;扩孔较大处钻头摆动,偏离方向。

(6)采取依次下钻,一侧为已浇筑混凝土连续墙,常使槽孔向另一侧倾斜。

4. 预防措施

(1)应根据不同的地质条件、成槽断面、技术要求,选择合适的成槽机械且控制泥浆指标。

(2)控制导墙的几何尺寸和垂直度,钻机使用前调整悬吊装置,使机架、多头钻和槽孔中心处在一条直线上;机架底座应保持水平,并安设平稳,防止歪斜。

(3)初始挖槽精度对整个槽壁精度影响很大,在成槽过程中,抓斗入槽、出槽应慢速均匀进行,严格控制垂直度,确保槽壁及槽幅接头的垂直度符合设计要求。

(4)在成槽过程中,应控制成槽机的垂直度,在成槽前调整好成槽机的水平度和垂直度,成槽过程中,利用成槽机上的垂直度仪表及自动纠偏装置来保证成槽垂直度。

(5)成槽时,悬吊抓斗的钢索不能松弛,要使钢索呈垂直张紧状态。

(6)合理安排每个槽段中的挖槽顺序,使抓斗两侧的阻力均衡。遇较大孤石、探头石,应辅以冲击钻破碎,再用钻机钻进,在软硬岩层交界处及扩孔较大处,采取低速钻进。

(7)相邻槽段成槽,宜采取间隔跳幅施工,合理安排掘削顺序,适当控制钻压,使钢索处于受力状态下钻进,如图 1-48 所示。

(8)成槽时,避免在开挖槽段附近增加较大地面附加及振动荷载,以防止槽段坍塌。

图 1-48 槽段中跳幅开挖顺序示意图

5. 治理措施

成槽后先查明槽段偏斜的位置和程度,对偏斜不大的槽段,可在偏斜处吊住钻机,上下往复扫孔,使钻孔正直;对偏斜严重的槽段,应填砂与黏土混合物到偏斜处 1m 以下,待回填密实后,再重新开挖成槽。

1.5.5 地下连续墙接头渗漏

1. 现象

不同槽段接头处渗漏,先是出现浑浊泥水,然后是泥砂涌进基坑,接头位置坑外土体下陷,坑内堆积泥砂和积水,导致坑外地面、管线、建(构)筑物出现过大沉降和不均匀沉降,并对开挖后的基础施工带来困难。

2. 规范规定

《建筑基坑支护技术规程》JGJ 120－2012:

> 4.5.3 一字形槽段长度宜取4m～6m。当成槽施工可能对周边环境产生不利影响或槽壁稳定性较差时,应取较小的槽段长度。必要时,宜采用搅拌桩对槽壁进行加固。
>
> 4.5.4 地下连续墙的转角处或有特殊要求时,单元槽段的平面形状可采用L形、T形等。
>
> 4.5.5 地下连续墙的混凝土设计强度等级宜取C30～C40。地下连续墙用于截水时,墙体混凝土抗渗等级不宜小于P6。当地下连续墙同时作为主体地下结构构件时,墙体混凝土抗渗等级应满足现行国家标准《地下工程防水技术规范》GB 50108 等相关标准的要求。
>
> 4.5.7 地下连续墙纵向受力钢筋的保护层厚度,在基坑内侧不宜小于50mm,在基坑外侧不宜小于70mm。
>
> 4.5.8 钢筋笼端部与槽段接头之间、钢筋笼端部与相邻墙段混凝土面之间的间隙不应大于150mm,纵向钢筋下端500mm 长度范围内宜按1:10 的斜度向内收口。
>
> 4.5.9 地下连续墙的槽段接头应按下列原则选用:
>
> 1 地下连续墙宜采用圆形锁口管接头、波纹管接头、楔形接头、工字形钢接头或混凝土预制接头等柔性接头;
>
> 2 当地下连续墙作为主体地下结构外墙,且需要形成整体墙体时,宜采用刚性接头;刚性接头可采用一字形或十字形穿孔钢板接头、钢筋承插式接头等;当采取地下连续墙顶设置通长冠梁、墙壁内侧槽段接缝位置设置结构壁柱、基础底板与地下连续墙刚性连接等措施时,也可采用柔性接头。

其余参见1.5.1 节、1.5.2 节。

3. 原因分析

(1)圆形锁口管抽出后,形成半圆形光滑接头面,易与边槽段混凝土接触面形成渗水通道。

(2)先行幅连续墙接缝处成槽垂直度差,后行幅成槽时不能将接缝处泥土抓干净,导致接缝处夹泥(俗称开裤衩)。

(3)后行幅地下连续墙施工时,未对先行幅接缝侧壁进行清刷施工或清刷不彻底,导致该处出现夹泥现象。

(4)槽段内沉渣未清理干净,在混凝土浇筑时,部分沉渣会被混凝土的流动挤到墙段接头处和两根导管中间,形成墙段接缝夹泥渗水和墙体中间部分渗水。

(5)浇捣混凝土过程产生冷缝或槽壁坍塌夹泥导致墙体渗漏。

(6)锁口管在混凝土中拔断或拔不出。

4. 预防措施

(1)设计方面:选择槽段接头应满足混凝土浇筑压力对其强度和刚度的要求。作为主体结构一部分的地下连续墙应选择防渗性能较好的刚性接头连接形式;采取后注浆措施,在接头处设置扶壁柱，通过后施工的扶壁柱来堵塞地下连续墙外侧水流的渗流途径；在接头处采用高压旋喷桩加固，旋喷桩孔位应贴近连续墙，深度在基坑底面以下 3.0～5.0m，如图 1-49所示；在基坑外侧接头附近设置备用管井降水，作为抗渗漏的应急措施。

（2）施工方面：安放槽段锁口管时，应紧贴槽段垂直缓慢沉放至槽底，对相邻墙段的接头面用刷壁器进行清刷，要求槽段接头混凝土面不得有夹泥沉渣；锁口管底部回填碎石，上端口与导墙处用榫楔石固定，浇筑混凝土过程中应采取措施防止混凝土侧向和底部绕流导致接头处理困难；合理布置灌注混凝土的导管位置，保证混凝土连续浇捣，并控制导管插入深度（不小于 2.0m），快速均匀浇捣混凝土，浇筑液面的上升速度不宜小于 3m/h；上拔锁口管的装置能力应大于 1.5 倍的摩阻力；锁口管在混凝土初凝后应即转动或上下活动，每 10～15min 活动一次，混凝土浇筑后 4～5h，应开始顶拔。

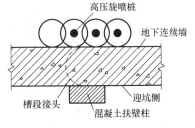

图 1-49 槽段接头抗渗加固措施

5. 治理措施

（1）对一般渗漏水，可采取导水引流、墙面裂缝注浆的方法堵漏。先对渗漏处进行割缝与剔槽，精修出宽 3～5cm、深 15～20cm 的沟槽，沟槽处安放塑料管引流。然后在渗漏处表面两侧 10cm 范围内凿毛，冲洗干净，及时用速效堵漏剂和水泥拌合进行封堵。再在连续墙外侧渗漏处进行化学压力注浆。

（2）槽段接缝严重漏水，先在渗漏处做临时引流、封堵。如由锁口管拔断引起，在墙体渗漏外侧采用高压旋喷桩或高压注浆做临时封堵，将先行幅钢筋笼水平钢筋和拔断的锁口管凿出，水平向焊接 $\phi16@500$ 钢筋，按 1.5.2"地下连续墙夹泥"的治理措施（图 1-45）进行治理；如由导管空拔等引起的裂缝或墙体夹泥，则将夹泥充分清除后再用混凝土喷射加固修补。

（3）墙后接缝处注浆：应视渗漏的轻重程度，选择浆液配合比及浓度、控制浆液流向和范围，一般在地下水丰富的粉土、砂性土中注浆，应增加浆液浓度和缩短初凝时间，在严重渗漏处的坑外进行双液注浆填充、速凝，深度比渗漏处深不小于 3m。双液注浆参数（体积比）：水泥浆:水玻璃 =1:0.5，注浆压力视深度而定，一般不小于 0.6MPa。

1.5.6 地下连续墙断裂破坏

1. 现象

基坑开挖过程中，地下连续墙位移变形超过报警值，导致坑边土体下陷、槽段接头漏水涌砂，甚至墙身断裂，支撑系统破坏，坑外土体严重下陷，坑边道路、管线等断裂受损。

2. 规范规定

地下连续墙施工质量检验标准见表 1-8 所列。

其余参见 1.5.5 节。

3. 原因分析

（1）设计方面：坑边地面超载取值偏小，没有考虑坑边重车行走及施工材料堆放荷载；基坑开挖深度取值偏小，没有考虑地下室坑中坑以及多桩承台挖深的影响；地基土物理力学指标没有按照规范规定取值；地下连续墙插入深度、墙体厚度不满足要求；地下连续墙配筋、截面不足；基坑附近存在老河道、暗浜等不良地质情况未勘探清楚，未采取有效处理措施。

（2）施工方面：基坑边大量重车行走和堆放施工材料超过设计规定；没有均匀分层对称

开挖基坑土方,造成局部土压力不平衡;没有按照设计工况要求及时设置支撑结构,严重超挖;地下连续墙出现夹泥、孔洞、蜂窝等严重质量问题,槽段接头不良,漏水涌砂等现象严重;没有按照设计要求进行井点降水或坑底土体加固处理。

4. 预防措施

(1)设计方面:地下连续墙计算应充分考虑施工条件,合理确定支撑标高和基坑分层开挖深度等计算工况,并按基坑内外实际状态选择计算模式,以及换撑拆撑工况;地下连续墙底部需插入基底以下足够深度并宜进入较好土层,以满足嵌固深度和各项稳定性要求,在软土地基中,嵌固深度应加大安全储备,减少"踢脚"变形。当有需要时,地下连续墙底部需进入相对隔水层隔断水力联系;地下连续墙厚度应根据成槽机的规格、墙体的抗渗要求、支撑布置、墙体的受力和变形计算等综合确定;基坑的第一道围檩和支撑宜设计为钢筋混凝土结构。

(2)施工方面:坑边重车行走和材料堆放场地应按设计要求进行加固;基坑土方开挖的顺序、方法必须与设计工况一致,并遵循"开槽支撑,先撑后挖,分区分层开挖,严禁超挖"的原则;严格控制地下连续墙的墙体和接头质量;按设计要求加固坑底地基土体及支撑结构的设置,认真进行基坑监测;基坑开挖到底后立即浇筑200~300mm厚C20素混凝土垫层。

5. 治理措施

(1)信息化施工,加强监测,一旦支护系统监测报警值超过设计要求,立即采取坑外卸土或坑内回填等应急措施,减少连续墙断裂的风险,避免产生更大的破坏后果。

(2)如地下连续墙外侧断裂位置在坑底以下受力较小部位,且不影响地下连续墙的整体受力性能,可在坑外受损位置施工高压旋喷桩或三轴深搅桩补强。

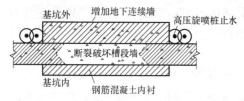

图1-50 外侧增加地下连续墙补强

(3)若槽段局部严重断裂破坏,但支撑系统受损不严重,可先在地下连续墙受损部位外侧增加一幅地下连续墙槽段,并在接缝位置增加高压旋喷桩或三轴深搅桩等止水措施,如图1-50所示;也可在墙外侧补设钻孔灌注桩加固,同时设置相应的止水帷幕,如图1-51所示。

(4)在加固和止水措施施工完毕后,方可进行土体开挖,开挖后再对断裂处进行修复:凿去该处劣质或破损混凝土,将相邻两槽段的钢筋笼在接缝处凿出,清洗两侧面,焊上本槽段钢筋,封上内侧模板,浇筑强度高一等级的混凝土,同时在地下连续墙内侧设置钢筋混凝土内衬墙,如图1-50、图1-51所示。

(5)若基坑整片连续墙倒塌破坏,支撑结构严重破坏,则应在基坑回填土稳定后重新设计和施工支护结构。

1.6 混凝土内支撑、钢支撑

1.6.1 支撑节点裂缝及破坏

1. 现象

支撑节点出现混凝土开裂,开始出现在支撑顶面(图1-52)或支撑与冠梁的交接处,随后支撑侧面出现斜向剪切裂缝(图1-53),最后支撑节点混凝土破碎,严重的会引起支护结

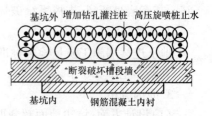

图1-51 外侧增加钻孔灌注桩补强

构失稳。

图1-52 支撑顶面裂缝　　图1-53 支撑侧面斜向剪切裂缝

2. 规范规定

《建筑基坑支护技术规程》JGJ 120-2012：

4.9.1 内支撑结构可选用钢支撑、混凝土支撑、钢与混凝土的混合支撑。

4.9.2 内支撑结构选型应符合下列原则：

1 宜采用受力明确、连接可靠、施工方便的结构形式；

2 宜采用对称平衡性、整体性强的结构形式；

3 应与主体地下结构的结构形式、施工顺序协调，应便于主体结构施工；

4 应利于基坑土方开挖和运输；

5 需要时，可考虑内支撑结构作为施工平台。

4.9.3 内支撑结构应综合考虑基坑平面形状及尺寸、开挖深度、周边环境条件、主体结构形式等因素，选用有立柱或无立柱的下列内支撑形式：

1 水平对撑或斜撑，可采用单杆、桁架、八字形支撑；

2 正交或斜交的平面杆系支撑；

3 环形杆系或环形板系支撑；

4 竖向斜撑。

4.9.4 内支撑结构宜采用超静定结构，对个别次要构件失效会引起结构整体破坏的部位宜设置冗余约束。内支撑结构的设计应考虑地质和环境条件的复杂性、基坑开挖步序的偶然变化的影响。

4.9.6 内支撑结构分析时，应同时考虑下列作用：

1 由挡土构件传至内支撑结构的水平荷载；

2 支撑结构自重；当支撑作为施工平台时，尚应考虑施工荷载；

3 当温度改变引起的支撑结构内力不可忽略不计时，应考虑温度应力；

4 当支撑立柱下沉或隆起量较大时，应考虑支撑立柱与挡土构件之间差异沉降产生的作用。

4.9.11 内支撑的平面布置应符合下列规定：

1 内支撑的布置应满足主体结构的施工要求，宜避开地下主体结构的墙、柱；

2 相邻支撑的水平间距应满足土方开挖的施工要求；采用机械挖土时，应满足挖土机械作业的空间要求，且不宜小于4m；

3 基坑形状有阳角时，阳角处的支撑应在两边同时设置；

4 当采用环形支撑时，环梁宜采用圆形、椭圆形等封闭曲线形式，并应按使环梁弯矩、剪力最小的原则布置辐射支撑；环梁支撑宜采用与腰梁或冠梁相切的布置形式；

5 水平支撑与挡土构件之间应设置连接腰梁;当支撑设置在挡土构件顶部时,水平支撑应与冠梁连接;在腰梁或冠梁上支撑点的间距,对钢腰梁不宜大于4m,对混凝土梁不宜大于9m;

6 当需要采用较大水平间距的支撑时,宜根据支撑冠梁、腰梁的受力和承载力要求,在支撑端部两侧设置八字斜撑杆与冠梁、腰梁连接,八字斜撑杆宜在支撑两侧对称布置,且斜撑杆的长度不宜大于9m,斜撑杆与冠梁、腰梁之间的夹角宜取45°~60°;

7 当设置支撑立柱时,临时立柱应避开主体结构的梁、柱及承重墙;对纵横双向交叉的支撑结构,立柱宜设置在支撑的交汇点处,对用作主体结构柱的立柱,立柱在基坑支护阶段的负荷不得超过主体结构的设计要求;立柱与支撑端部及立柱之间的间距应根据支撑构件的稳定要求和竖向荷载的大小确定,且对混凝土支撑不宜大于15m,对钢支撑不宜大于20m;

8 当采用竖向斜撑时,应设置斜撑基础,且应考虑与主体结构底板施工的关系。

4.9.12 支撑的竖向布置应符合下列规定:

1 支撑与挡土构件连接处不应出现拉力;

2 支撑应避开主体地下结构底板和楼板的位置,并应满足主体地下结构施工对墙、柱钢筋连接长度的要求;当支撑下方的主体结构楼板在支撑拆除前施工时,支撑底面与下方主体结构楼板间的净距不宜小于700mm;

3 支撑至坑底的净高不宜小于3m;

4 采用多层水平支撑时,各层水平支撑宜布置在同一竖向平面内,层间净高不宜小于3m。

4.9.13 混凝土支撑的构造应符合下列规定:

1 混凝土的强度等级不应低于C25;

2 支撑构件的截面高度不宜小于其竖向平面内计算长度的1/20;腰梁的截面高度(水平尺寸)不宜小于其水平方向计算跨度的1/10;截面宽度(竖向尺寸)不应小于支撑的截面高度;

3 支撑构件的纵向钢筋直径不宜小于16mm,沿截面周边的间距不宜大于200mm;箍筋的直径不宜小于8mm,间距不宜大于250mm。

4.9.14 钢支撑的构造应符合下列规定:

1 钢支撑构件可采用钢管、型钢及其组合截面;

2 钢支撑受压杆件的长细比不应大于150,受拉杆件长细比不应大于200;

3 钢支撑连接宜采用螺栓连接,必要时可采用焊接连接;

4 当水平支撑与腰梁斜交时,腰梁上应设置牛腿或采用其他能够承受剪力的连接措施;

5 采用竖向斜撑时,腰梁和支撑基础上应设置牛腿或采用其他能够承受剪力的连接措施;腰梁上挡土构件之间应采用能够承受剪力的连接措施;斜撑基础应满足竖向承载力和水平承载力要求。

4.10.1 内支撑结构的施工与拆除顺序,应与设计工况一致,必须遵循先支撑后开挖的原则。

4.10.3 混凝土腰梁施工前应将排桩、地下连续墙等挡土构件的连接表面清理干净,混凝土腰梁应与挡土构件紧密接触,不得留有缝隙。

4.10.5 钢腰梁与排桩、地下连续墙等挡土构件间隙的宽度宜小于100mm,并应在钢腰梁安装定位后,用强度等级不低于C30的细石混凝土填充密实或采用其他可靠连接措施。

4.10.6 对预加轴向压力的钢支撑,施加预压力时应符合下列要求:

1 对支撑施加压力的千斤顶应有可靠、准确的计量装置;

2 千斤顶压力的合力点应与支撑轴线重合,千斤顶应在支撑轴线两侧对称、等距放置,且应同步施加压力;

3 千斤顶的压力应分级施加,施加每级压力后应保持压力稳定10min后方可施加下一级压力;预压力加至设计规定值后,应在压力稳定10min后,方可按设计预压力值进行锁定;

4 支撑施加压力过程中,当出现焊点开裂、局部压曲等异常情况时应卸除压力,在对支撑的薄弱处进行加固后,方可继续施加压力;

5 当监测的支撑压力出现损失时,应再次施加预压力。

4.10.7 对钢支撑,当夏期施工产生较大温度应力时,应及时对支撑采取降温措施。当冬期施工降温产生的收缩使支撑端头出现空隙时,应及时用铁楔将空隙楔紧或采取其他可靠连接措施。

4.10.8 支撑拆除应在替换支撑的结构构件达到换撑要求的承载力后进行。当主体结构底板和楼板分块浇筑或设置后浇带时,应在分块部位或后浇带处设置可靠的传力构件。支撑的拆除应根据支撑材料、形式、尺寸等具体情况采用人工、机械和爆破等方法。

支撑系统工程质量检验标准见表1-9所列。

支撑系统工程质量检验标准　　　　　　表1-9

项目类别	序号	检查项目	允许偏差或允许值		检查方法
			单位	数值	
主控项目	1	支撑标高	mm	30	水准仪
		水平位置	mm	30	用钢尺量
	2	预加压力	kN	±50	油泵读数或传感器
一般项目	1	围檩标高	mm	30	水准仪
	2	立柱标高	mm	30	水准仪
		水平位置	mm	30	用钢尺量
	3	立柱垂直度	1/150		经纬仪
	4	开挖超深 (开槽支撑不在此范围)	mm	<200	水准仪
	5	支撑安装时间	设计要求		用钟表估测

注:1. 作为永久性结构的支撑系统尚应符合现行国家标准《混凝土结构工程施工质量验收规范》GB50204-2002(2011年版)的要求。

2. 本表引自现行国家标准《建筑地基基础工程施工质量验收规范》GB 50202-2002和现行行业标准《建筑基坑支护技术规程》JGJ 120-2012。

3. 原因分析

(1) 设计方面：支护桩过短，或者桩端未进入好土层，出现踢脚现象；立柱桩布置太少，支撑跨度过大，支撑截面过小，从而使节点出现裂缝甚至破坏。支撑变形增加与承载力下降，造成支护桩的受力增大，位移和踢脚现象更为严重，最后造成支护结构破坏。支撑杆件之间的距离过大，冠梁的跨度过大，支撑与冠梁的节点受力过于集中，同时支撑与冠梁的节点未做混凝土加腋、箍筋未加密、未设加强筋等，最后造成节点开裂及破坏。

(2) 施工方面：支撑杆件轴线不在同一直线上，或者立柱桩偏位较大，使支撑杆件形成折线形，导致支撑杆件偏心距较大。支撑节点处加腋尺寸不足，箍筋未加密。挖土机在支撑跨中作业，或者在支撑上堆放过多施工材料，施工荷载过大，节点弯矩增大。挖土机在挖土过程中，不注意对支撑杆件的保护，使支撑混凝土剥落，钢筋外露等。混凝土养护时间太短，或者局部超挖等因素，均会造成支撑开裂及破坏。钢冠梁放置不够平直，钢支撑与钢冠梁之间连接不够紧密，焊接质量差等原因，均会造成钢支撑节点的开裂甚至破坏。在温差大的夏季或冬季，没有及时采取降温或保温措施，导致支撑轴力异常。预加压力损失后没有及时补加。

4. 预防措施

(1) 设计方面：支护桩长度要足够，宜进入较好土层；如土层为深厚的淤泥质土，应充分考虑踢脚的影响；支撑密度应适中，适当增加支撑截面高度和冠梁的刚度；支撑与支撑、支撑与冠梁及立柱桩偏位的节点做重点加强，如混凝土加腋、箍筋加密、设加强筋等措施；钢冠梁与支护桩之间应采用不低于 C20 的细石混凝土填充密实。

(2) 施工方面：正确放样，控制施工偏心距；尽可能不在支撑上停走挖土机，需在支撑上作业时，应在支撑上覆渣 500 ~ 600mm，并铺设好钢质路基板，挖土机尽量停在立柱顶的节点上。适当提高支撑混凝土的强度等级，掺入早强剂等措施，缩短养护时间。土方开挖须按设计的工况分层分段，严禁超挖，对坑边有电梯井或集水井等局部较深位置，除做特殊加强外，要控制挖土速度，及时施工坑底的混凝土垫层，并紧贴支护桩。确保钢支撑与立柱桩、钢冠梁、混凝土支撑预埋件及钢支撑之间的连接和焊接质量。在温差大的夏季或冬季，及时采取降温或保温措施；预加压力损失后及时补加，重大工程或周边环境需重点保护，可在钢支撑端部设置稳压伺服系统。

5. 治理措施

(1) 支撑或节点裂缝但无破碎现象，宜采用碳纤维布粘贴加固。碳纤维布用环氧树脂粘贴，并覆盖裂缝区段；裂缝宽度较大时，可用双层碳纤维布分层粘贴牢固。

(2) 在支撑出现严重裂缝或破碎的区域，进行坑内回填土，坑边卸土，再对受损的支撑节点进行补强。在支撑截面四角位置各放置 1 根∟ 90 × 10 角钢，并用 80mm 宽、10mm 厚、间距 600mm 的钢板焊接，如图 1 - 54 所示。在冠梁位置，放置两根角钢，也用钢板焊接形成一个钢桁架。钢筋混凝土支撑或冠梁与钢桁架之间的空隙用细石混凝土填充。支撑节点补强后，继续施工。

(3) 如果支撑节点受损严重，基坑可能存在坍塌风险，可先在相应区域坑内回填土方，再调整地下室的施工顺序，即浇筑完其他位置的混凝土底板，设置竖向斜撑，最后清理坑内剩余土方。

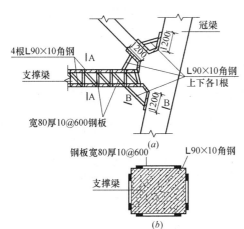

图1-54　支撑节点补强示意

(a)节点补强平面;(b)A-A剖面

(4)增设土层锚杆或内支撑,减少原有支撑受力。

1.6.2 支撑变形过大产生裂缝

1. 现象

基坑挖至坑底后,发现一侧位移较大,甚至支撑整体移动,侧边支护桩、立柱桩沿基坑一侧倾斜,局部支撑节点破碎,支护桩断裂,大部分支撑杆件出现裂缝。

2. 规范规定

参见1.6.1节。

3. 原因分析

(1)设计方面:由于局部较深、坑边卸土放坡不够、受力面较宽一侧支撑系统未封闭等原因造成支撑两端的受力不平衡,引起支撑系统整体位移,支撑杆件及节点产生裂缝甚至破坏。支撑杆件长细比过大引起支撑梁上拱或下弯;立柱桩承载力不足而沉降变形。支撑与冠梁夹角过小,未对支护桩及节点进行相应加强;没有对基坑的阳角进行局部加固处理。

(2)施工方面:施工单位抢工期,分区段设撑,分区段挖土,支撑系统未封闭,使支撑受力不平衡。特别是钢支撑的角撑位置,如未封闭支撑系统,钢支撑与钢冠梁之间易出现滑脱破坏。未按设计要求进行分层、对称开挖,局部支撑受力失去平衡,导致支撑位移变形过大,出现裂缝。坑边堆放材料、行驶重型车辆等坑边局部荷载过大,使支撑受力不平衡,引起支撑位移和裂缝。

4. 预防措施

(1)设计方面:在支撑的两端进行土压力平衡验算,并对挖土施工提出科学合理的要求。当坑中坑靠近基坑一侧时,应对大坑与坑中坑采取加固措施。支撑系统应封闭,对受力较大的杆件及节点进行重点加强,控制支撑杆件的长细比。支撑系统无法封闭时,应在开口端对支护桩加大加长增密,坑底被动区用水泥搅拌桩或高压旋喷桩加固等措施,确保钢支撑与立柱、钢支撑之间及与冠梁等节点的有效连接。

(2)施工方面:支撑体系封闭且达到设计强度后,方可进行土方开挖;如有必要可设置施工栈桥或坑边设置加强行车道。土方开挖过程中,应严格遵循"开槽支撑、先撑后挖、分层开挖、严禁超挖"的原则,做到分层、分段、对称开挖,避免单侧一挖到底及超挖等现象发生,使支撑两端荷载基本平衡。

5.治理措施

(1)增设土层锚杆,减小围护桩的内力和支撑受力;对主动区土体进行有效加固,提高土体的物理力学参数。

(2)对坑内被动区进行高压旋喷桩加固,有效提高被动区土压力,减小桩身弯矩,如图1-55所示。

(3)水平向增设钢管支撑,或者补设竖向钢管斜撑。

(4)在荷载较大侧进行卸土、卸载,坑内用砂包或施工材料反压。

(5)支撑或节点出现裂缝但无破碎现象,宜采用碳纤维布粘贴加固并覆盖裂缝区段;裂缝宽度较大时,可用双层碳纤维分层粘贴牢固。

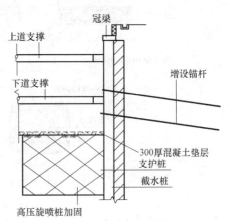

图1-55 锚杆和坑内被动区加固

(6)在支撑出现严重裂缝或破碎的区域,进行坑内回填土,坑边卸土,再对受损的支撑节点和冠梁位置进行补强,如图1-54所示。钢筋混凝土支撑或冠梁与钢桁架之间的空隙用细石混凝土填充。

(7)如果支撑节点受损严重,基坑可能存在坍塌风险,可以先在相应区域坑内回填土方,再调整地下室的施工顺序,即浇筑完其他位置的底板,设置竖向斜撑,最后清理坑内剩余土方。

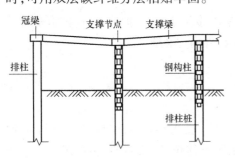

图1-56 立柱桩沉降变形过大

1.6.3 支撑立柱桩沉降或位移过大

1.现象

在挖土过程中,发现个别立柱桩沉降较大,或者立柱桩倾斜较大,引起支撑梁局部下沉,偏心距大幅增加,引起支撑破坏。如图1-56所示,立柱桩沉降严重。

2.规范规定

《建筑基坑支护技术规程》JGJ 120-2012:

> 4.9.15 立柱的构造应符合下列规定:
>
> 1 立柱可采用钢格构、钢管、型钢或钢管混凝土等形式;
>
> 2 当采用灌注桩作为立柱基础时,钢立柱锚入桩内的长度不宜小于立柱长边或直径的4倍;
>
> 3 立柱长细比不宜大于25;
>
> 4 立柱与水平支撑的连接可采用铰接;
>
> 5 立柱穿过主体结构底板的部位,应有有效的止水措施。

> 4.10.9 立柱的施工应符合下列要求:
> 1 立柱桩混凝土的浇筑面宜高于设计桩顶500mm;
> 2 采用钢立柱时,立柱周围的空隙应用碎石回填密实,并宜辅以注浆措施;
> 3 立柱的定位和垂直度宜采用专门措施进行控制,对格构柱、H型钢柱,尚应同时控制转向偏差。

其余参见1.6.1节。

3. 原因分析

(1)设计方面:立柱桩承载力不足或未进入硬土层,导致沉降变形过大;立柱桩与地下结构的承台、地梁轴线相交,造成立柱桩位置的地梁钢筋穿越绑扎困难,钻孔或切割钢格构柱分肢,严重削弱其承载力。

(2)施工方面:立柱桩施工中,钢立柱和基桩钢筋笼出现上浮,或者长度不足;钢立柱未与基桩钢筋笼焊接;钢立柱中心定位偏差,柱身倾斜。挖土过程中,挖土机碰撞立柱桩,致使立柱桩位移甚至折断。挖土坡度过陡,临时边坡出现滑动,引起立柱桩和工程桩的移位。在支撑梁上堆放钢筋等施工材料、停放挖土机作业、行走运土车等,使立柱桩超载,出现较大沉降。

4. 预防措施

(1)设计方面:如支撑上需要设置施工堆场,或挖土机作业,或支撑顶行驶运输车辆,应在立柱桩承载力计算时予以考虑,必要时按施工栈桥设计。钢立柱锚入基桩的长度不宜小于立柱长边或直径的4倍,且不宜小于2m。对立柱桩沉降变形进行验算,有条件时立柱桩宜进入好土层;原则上立柱桩应避开定位轴线位置。

(2)施工方面:在桩基施工过程中发现钢立柱和钢筋笼上浮或位置有误,应在支撑梁施工前,对立柱桩进行补强甚至补桩。基坑挖土施工前,应对立柱桩进行标识,严禁挖土机碰撞立柱桩;控制支撑梁上的施工荷载。分层分台阶均衡对称进行土方开挖,分层厚度1~2m,台阶宽度6~l0m,软土地区临时边坡坡度1:3~1:2,在挖土机停靠或行走路线上铺设好路基板,确保坑内土方不出现局部滑动。

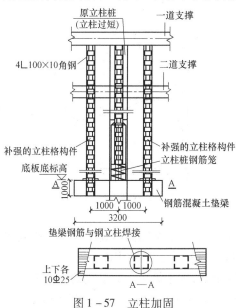

图1-57 立柱加固

5. 治理措施

(1)基坑开挖中发现立柱桩沉降变形,导致支撑裂缝但不严重,可采用碳纤维布和环氧树脂粘贴加固后继续使用,并加强监测。

(2)如立柱桩在挖土中受损,倾斜不大,尚可继续使用,挖土到坑底后,立即用粗钢管托换式顶替,钢管柱下端通过加厚配筋垫层连接于就近的工程桩上。

(3)如立柱桩出现严重偏位,或钢立柱过短甚至脱离下部的基桩,或立柱桩与基础梁结构冲突,而立柱桩在基坑底以下部分可继续使用,可在原立柱桩附近补1~2根立柱格构件,使其与原立柱桩用钢筋混凝土垫梁相连,垫梁尽量利用就近的工程桩。新增的钢立柱顶端与支撑梁植筋式连接,使立柱轴向力通过补强的钢立柱传递荷载,如

图 1 - 57 所示。

（4）立柱桩在挖土过程中被严重损坏，无法利用，可采用回填土方后增设立柱桩的方法。

1.6.4 支撑失稳

1. 现象

发现坑边土体侧向位移及沉降均较大且支护桩有严重踢脚现象。继续挖土后，造成支撑杆件断裂，支护桩折断倾倒，基坑失稳坍塌破坏。

2. 规范规定

参见 1.6.1 节。

3. 原因分析

（1）设计方面：支护桩桩长过短，出现严重踢脚现象，使得支撑梁与冠梁节点出现裂缝；支撑系统设计不合理，局部杆件受力过大，且未做相应加强；钢支撑节点有缺陷，或支护桩踢脚位移，导致钢冠梁及钢支撑脱落破坏。

（2）施工方面：未按要求进行基坑监测，或者监测数据已超过报警值，但没有采取加固措施。在基坑边大面积堆放土方或重车行驶，使支护桩受力过大；基坑开挖接近坑底阶段，运土车与挖土机集中作业，超过设计允许的施工荷载。先挖后撑，施工顺序颠倒，或者在支撑体系封闭前开挖土方，导致支撑失稳破坏。

4. 预防措施

（1）设计方面：加大支护桩的嵌固深度，以减少踢脚变形；布置稳定的支护结构体系，确保支撑节点可靠连接。结合施工平面布置，对荷载较大位置做相应的加固处理。如发现施工与设计要求不符或者监测数据超过报警值，应及时提出加固处理方案。

（2）施工方面：土方开挖的顺序、方法必须与设计工况一致并遵循"先撑后挖、限时支撑、分层开挖、严禁超挖"的原则。在基坑土方开挖后，重车行驶道路应离开坑边一定距离；或在坑边设计加强的施工道路，把重车荷载传递到地基深处。在坑边打设一排车道桩，车道桩与支护桩用加强梁及加强板连接，加固后机械可停靠在坑边作业，如图 1 - 58 所示。

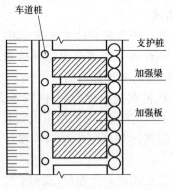

图 1 - 58 施工道路加强

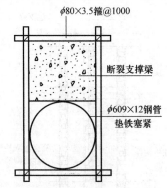

图 1 - 59 粗钢管托换式加固

5. 治理措施

（1）支撑或节点出现裂缝但无破碎现象，宜采用碳纤维布粘贴加固。碳纤维布用环氧树脂粘贴并覆盖裂缝区段；裂缝宽度较大时，可用双层碳纤维布分层粘贴牢固。

（2）支撑出现严重裂缝或破碎的区域，进行坑内回填土，坑边卸土。对受损的支撑节点进行补强，如图 1 - 54 所示。钢筋混凝土支撑或冠梁与钢桁架之间的空隙用细石混凝土填充。

（3）支撑节点受损严重，基坑可能存在坍塌风险，可先在相应区域坑内回填土方，再调整地下室的施工顺序，浇筑完其他位置的底板后，设置竖向斜撑，最后清理坑内剩余土方。

（4）增设土层锚杆，减少支撑受力。

（5）支撑失稳断裂仅限于某一跨，且支撑梁未坍塌及支护排桩位移不严重，可在该跨采用$\phi 609 \times 12$钢管托换式加固，即将$\phi 609 \times 12$钢管安装于该跨度支撑底，钢管两端通过垫铁与钢立柱焊接牢固，同时利用扣件式钢管将粗钢管与支撑梁箍为一体，如图1-59所示。

（6）当支护排桩折断坍塌，支撑失稳破坏，应立即往坑内回填土方，查明原因，经设计、监理协商后，重新施工支护桩和支撑。

1.7 基坑止水、降水

1.7.1 水泥土搅拌桩截水帷幕渗漏

1. 现象

桩间出现漏土、漏水现象，容易引起坑边地面沉降，甚至出现管线破裂、建（构）筑物不均匀沉降、基坑失稳等。

2. 规范规定

《建筑基坑支护技术规程》JGJ 120-2012：

> 7.2.5 采用水泥土搅拌桩帷幕时，搅拌桩直径宜取450mm~800mm，搅拌桩的搭接宽度应符合下列规定：
>
> 1 单排搅拌桩帷幕的搭接宽度，当搅拌深度不大于10m时，不应小于150mm；当搅拌深度为10m~15m时，不应小于200mm；当搅拌深度大于15m时，不应小于250mm；
>
> 2 对地下水位较高、渗透性较强的地层，宜采用双排搅拌桩截水帷幕；搅拌桩的搭接宽度，当搅拌深度不大于10m时，不应小于100mm；当搅拌深度为10m~15m时，不应小于150mm；当搅拌深度大于15m时，不应小于200mm。
>
> 7.2.6 搅拌桩水泥浆液的水灰比宜取0.6~0.8，搅拌桩的水泥掺量宜取土的天然质量的15%~20%。
>
> 7.2.7 水泥土搅拌桩帷幕的施工尚应符合现行行业标准《建筑地基处理技术规范》JGJ 79的有关规定。
>
> 7.2.8 搅拌桩的施工偏差应符合下列要求：
>
> 1 桩位的允许偏差应为50mm；
>
> 2 垂直度的允许偏差应为1%。
>
> 7.2.9 采用高压旋喷、摆喷注浆帷幕时，注浆固结体的有效半径宜通过试验确定；缺少试验时，可根据土的类别及其密实程度、高压喷射注浆工艺，按工程经验采用。摆喷注浆的喷射方向与摆喷点连线的夹角宜取10°~25°，摆动角度宜取20°~30°。水泥土固结体桩的搭接宽度，当注浆孔深度不大于10m时，不应小于150mm；当注浆孔深度为10m~20m时，不应小于250mm；当注浆孔深度为20m~30m时，不应小于350mm。对地下水位较高、渗透性较强的地层，可采用双排高压喷射注浆帷幕。
>
> 7.2.10 高压喷射注浆水泥浆液的水灰比宜取0.9~1.1，水泥掺量宜取土的天然质量的25%~40%。

7.2.11 高压喷射注浆应按水泥土固结体的设计有效半径与土的性状确定喷射压力、注浆流量、提升速度、旋转速度等工艺参数,对较硬的黏性土,密实的砂土和碎石土宜取较小提升速度、较大喷射压力。当缺少类似土层条件下的施工经验时,应通过现场试验确定施工工艺参数。

7.2.12 高压喷射注浆帷幕的施工应符合下列要求:

1 采用与排桩咬合的高压喷射注浆帷幕时,应先进行排桩施工,后进行高压喷射注浆施工;

2 高压喷射注浆的施工作业顺序应采用隔孔分序方式,相邻孔喷射注浆的间隔时间不宜小于24h;

3 喷射注浆时,应由下而上均匀喷射,停止喷射的位置宜高于帷幕设计顶面1m;

4 可采用复喷工艺增大固结体半径、提高固结体强度;

5 喷射注浆时,当孔口的返浆量大于注浆量的20%时,可采用提高喷射压力等措施;

6 当因浆液渗漏而出现孔口不返浆的情况时,应将注浆管停置在不返浆处持续喷射注浆,并宜同时采用从孔口填入中粗砂、注浆液掺入速凝剂等措施,直至出现孔口返浆;

7 喷射注浆后,当浆液析水、液面下降时,应进行补浆;

8 当喷射注浆因故中途停喷后,继续注浆时应与停喷前的注浆体搭接,其搭接长度不应小于500mm;

9 当注浆孔邻近既有建筑物时,宜采用速凝浆液进行喷射注浆;

10 高压旋喷、摆喷注浆帷幕的施工尚应符合现行行业标准《建筑地基处理技术规范》JGJ 79 的有关规定。

7.2.13 高压喷射注浆的施工偏差应符合下列规定:

1 孔位的允许偏差应为50mm;

2 注浆孔垂直度的允许偏差应为1%。

3. 原因分析

(1)设计方面:作为截水帷幕的水泥土搅拌桩或旋喷桩搭接宽度不足,搅拌桩的设计桩长超过设备的施工能力,特别是双轴水泥土搅拌桩,桩长超过17m,成桩质量较难保证。支护桩间距过大,使得桩间水泥土搅拌桩的抗剪强度不足,导致桩间土挤进基坑内引起搅拌桩开裂,基坑出现漏土、漏水。

(2)施工方面:桩身偏位及垂直度偏差等原因,导致桩身下部出现劈叉现象,施工"冷缝"没有及时处理,引起渗漏。截水帷幕桩的水泥掺入量不足,或者搅拌桩龄期未到,提前进行土方开挖,桩身强度达不到设计要求,使截水帷幕失效。排桩发生较大侧向变形,搅拌桩与排桩脱开,搅拌桩受力过大,引起桩身开裂。

4. 预防措施

(1)设计方面:根据基坑挖深、工程水文地质条件和周边环境,选择适宜的止水帷幕。水泥搅拌桩、旋喷桩的搭接宽度应符合规范、规程的要求。根据试验或地区经验选择止水帷幕的无侧限抗压强度,通过提高水泥掺入量、减少支护桩间距、降低坑外水位等措施来提高截水帷幕的有效性。

(2)施工方面:确保水泥土搅拌桩的水泥掺入量,如工期紧,可掺入石膏粉和三乙醇胺等适量的早强剂，掺入量分别为水泥掺量的2%和0.1%。确定支护桩与水泥土搅拌桩合理的施工顺序，如支护桩为钻孔灌注桩，因其易出现扩径现象，水泥土搅拌桩宜先施工。如支护桩为挤土的沉管灌注桩或预应力混凝土管桩等，水泥土搅拌桩宜后施工。搅拌桩施工工艺须做到"四搅两喷"，应保证喷浆压力和注浆量，做到搅拌均匀，如施工间隔时间过长、遇障碍物等导致无法搭接的，应在接缝处采取补桩或压力注浆等措施。

5. 治理措施

（1）在基坑土方开挖过程中，出现少量漏土、漏水现象，先用一端包有滤网的塑料导管植入渗水处导泄，然后喷第一遍掺入快硬剂的细石混凝土，挂 $\phi6@200$ 双向钢筋网，再喷第二遍细石混凝土。开挖到坑底时，可提前浇筑底板换撑带，用细石混凝土填充空隙，并用短钢管 $\phi48 \times 3.5$ 设置斜撑，如图 1-60 所示。

（2）降低坑外地下水位，减少水泥土搅拌桩的水土压力。

（3）在支护桩间隙处砌半砖或一砖厚的堵漏墙，并用 $2\phi6@500$ 植筋连接于支护桩上，作为拉结筋。

（4）出现较大的渗漏水或管涌现象，先在坑内堆土反压，再在支护桩迎土侧桩间双液注浆，将水泥浆和快凝剂（如水玻璃）同时压力注入，或在支护桩迎土侧打入密排咬口式钢板桩止渗漏。

（5）钢模板或木模板嵌入桩间隙，并用粗钢筋连接（植筋）于支护桩，然后在桩间填入式浇捣早强混凝土堵住渗漏。

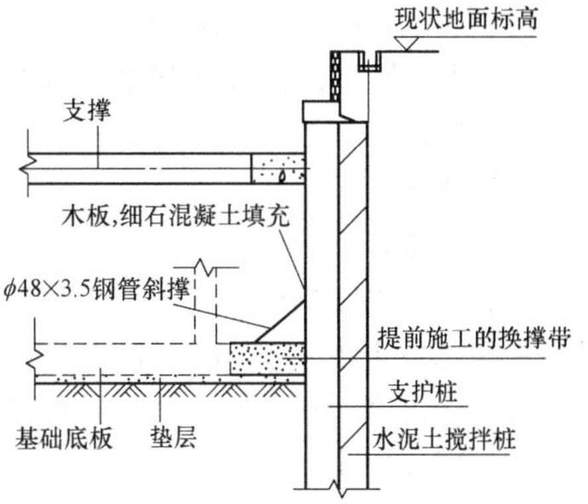

图 1-60　截水帷幕失效加固示意

1.7.2 高压旋喷注浆截水帷幕渗漏

1. 现象

高压旋喷或摆喷注浆形成的注浆体，开挖中发现基坑渗漏，如不及时采取封堵措施，易造成坑边地面沉降、管线断裂、建（构）筑物沉降或不均匀沉降过大。

2. 规范规定

参见 1.1.4 节和 1.7.1 节。

3. 原因分析

（1）设计方面：支护桩间距过大、挖土深的位置，不宜选用单管法高压注浆；或高压喷射注浆帷幕的水泥用量太少；或帷幕的水泥固结体搭接宽度不足；在坑底土压力较大位置，桩身强度不足，使水土渗漏。高压喷射注浆的成桩工艺选择不合理。

（2）施工方面：当高压旋喷桩采用嵌缝式施工时，由于定位发生偏差，高压旋喷桩与支护桩未贴紧，土体从高压旋喷桩与支护桩之间的缝隙中挤出，造成基坑渗漏。旋喷参数如喷嘴直径、提升速度、旋喷速度、喷射压力、注浆流量等选择不合理，出现成桩质量。

4. 预防措施

（1）设计方面：通过提高水泥掺入量、减少支护桩间距、降低坑外水位等措施来提高高压旋喷桩截水帷幕的有效性。成桩工艺选择二重管法或三重管法，尽可能采用封闭搭接式截水帷幕，搭接宽度应符合规范要求。

（2）施工方面：应先进行支护排桩施工，后进行高压旋喷注浆施工。旋喷施工过程中，冒浆量控制在10% ~25%之间，在基坑重要区域或桩身强度有特殊要求位置，可采用复喷措施。喷射注浆时应由下而上均匀喷射;高压旋喷注浆的施工作业顺序应采用隔孔分序方式,相邻两孔喷射施工间隔时间不宜小于24h,并确保有效搭接。确保注浆压力,对三重管法要求内管浆液泵送压力2MPa左右,中管高压水泵送压力20MPa左右,外管压缩空气泵送压力0.5MPa以上。为保护邻近的建筑物和道路管线,宜采用速凝浆液进行喷射注浆。喷嘴直径、提升速度、旋喷速度、喷射压力、注浆流量等喷射注浆的工艺参数宜由现场试验确定。

5. 治理措施

(1)当基坑开挖深度不大,发现高压喷射注浆截水帷幕质量达不到设计要求,可在支护桩外侧再补打一排高压旋喷桩。

(2)当基坑开挖至坑底设计标高,出现较为严重的漏土漏水现象,可在截水帷幕失效区域的支护桩外侧补打一排拉森式钢板桩,钢板桩与支护桩的接缝处,采用低压注浆补缝,如图1-61所示。

(3)其余见1.7.1节的相关内容。

1.7.3 基坑开挖或到坑底后出现流砂、管涌、突涌

1. 现象

在渗透性较好的粉土、砂性土地层的基坑工程施工中,经常出现流砂、管涌和突涌等地下水危害现象,造成基坑周边地面沉降

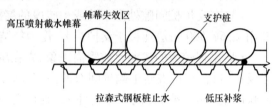

图1-61 拉森式钢板桩止水

或不均匀沉降,危及周边道路、各种管线、建(构)筑物的安全,严重时会造成基坑护壁坍塌。

2. 规范规定

(1)截水要求参见1.1.4节、1.7.1节。

截水帷幕施工质量标准见表1-10、表1-11所列。

水泥土搅拌桩截水帷幕施工质量标准　　　　　　　　　　　　　表1-10

项目类别	序号	检查项目		允许偏差或允许值		检查方法
				单位	数值	
主控项目	1	水泥及外渗剂质量		设计要求		查产品合格证或抽样送检
	2	水泥用量		设计要求		查看流量计
	3	桩体强度		设计要求		按规定办法
一般项目	1	机头提升速度		m/min	≤0.5	量机头上升距离及时间
	2	桩底标高		mm	±200	测机头深度
	3	桩顶标高		mm	+100 −50	水准仪 (顶部500mm不计入)
	4	桩位偏差		mm	<50	用钢尺量
	5	桩径			<0.04D	用钢尺量,D为桩径
	6	垂直度		%	<1.0	经纬仪
	7	搭接	搅拌深度≤10m	mm	≥150	用钢尺量
			搅拌深度10~15m		≥200	
			搅拌深度>15m		≥250	

项目类别	序号	检查项目	允许偏差或允许值		检查方法
			单位	数值	
主控项目	1	水泥及外渗剂质量	设计要求		查产品合格证或抽样送检
	2	水泥用量	设计要求		查看流量计
	3	桩体强度	设计要求		按规定办法
一般项目	1	钻孔位置偏差	mm	<50	用钢尺量
	2	钻孔垂直度	%	<1.0	经纬仪
	3	孔深	mm	±200	用钢尺量
	4	注浆压力	设计要求		查看压力表
	5	桩体直径	mm	≤50	开挖后用钢尺量
	6	桩身中心允许偏差		<0.2D	用钢尺量,D为桩径
	7	搭接 注浆孔深度≤10m	mm	≥150	用钢尺量
		注浆孔深度10~15m		≥250	
		注浆孔深度>15m		≥350	

注:本表编引自现行国家标准《建筑地基基础工程施工质量验收规范》GB 50202-2002和现行行业标准《建筑基坑支护技术规程》JGJ 120-2012。

(2)《建筑基坑支护技术规程》JGJ 120-2012:

> 7.3.1 基坑降水可采用管井、真空井点、喷射井点等方法,并宜按表7.3.1的适用条件选用。
>
> 7.3.2 降水后基坑内的水位应低于坑底0.5m。当主体结构有加深的电梯井、集水井时,坑底应按电梯井、集水井底面考虑或对其另行采取局部地下水控制措施。基坑采用截水结合坑外减压降水的地下水控制方法时,尚应规定降水井水位的最大降深值和最小降深值。
>
> 7.3.3 降水井在平面布置上应沿基坑周边形成闭合状,当地下水流速较小时,降水井宜等间距布置;当地下水流速较大时,在地下水补给方向宜适当减小降水井间距。对宽度较小的狭长形基坑,降水井也可在基坑一侧布置。

3. 原因分析

(1)设计方面:基坑地下水可能造成渗漏水的破坏成因分析不合理,降水方案针对性不强或不合理,没有采取降承压水措施。选用的截水帷幕不合理或者帷幕深度不足。

(2)施工方面:降水管井出水量少,降水效果差;降水井的砂滤层施工质量差,引起排出的水混浊,把坑边大量泥砂带走。

4. 预防措施

(1)静水压力作用增加了土体及支护结构的侧向压力,降低水位可保持坑内干燥,方便施工。设置截水帷幕如钢板桩、水泥土搅拌桩、高压旋喷桩、地下连续墙等或采用冻结法来封堵地下水。

(2)动水压力作用可能产生流砂和管涌,降低地下水位可减少水土压力,增加土体强度,提高支护结构的稳定性。降水深度宜在可能产生流砂或管涌的土层面以下。防治管涌的措施主要是增加基坑截水帷幕插入坑底的深度,以延长地下水的渗透路径,降低水力梯度;在水流溢出处设置反滤层等。

(3)承压水作用下,使基坑产生突涌,会顶裂甚至冲毁基坑底隔水土层,破坏性大。降低水位可减少承压水头,防止基坑发生突涌现象。承压水层不厚,可设置截水帷幕隔断;承压水层较厚且很深,可采取坑底设置水平向截水帷幕或减压井降水。

(4)降水管井成孔后,用砾砂填充井管与孔壁间形成滤层。然后用泵进行试抽水,开始出水混浊,经一定时间后出水应逐渐变清,对较长时间出水混浊的管井应停止使用并更换。

5. 治理措施

(1)出现流砂时,可布置适量的轻型井点或管井井点降低水力梯度,阻止流砂的发生。

(2)发生管涌或突涌时,先采取反压措施,检查周边降水井的出水情况和有效性,对没有达到相应效果的降水井进行洗井,适当增设一定数量的降水井,确保降水井的质量和出水效果,迅速将水位降到相应深度。

1.7.4 轻型井点降水异常

1. 现象

基坑局部边坡有流砂堆积或出现滑裂险情。

2. 规范规定

参见 1.7.1 节。

3. 原因分析

(1)失稳边坡一侧有大量井点淤塞或真空度太小。

(2)基坑附近有河流或临时挖掘的积存有水的深沟,这些水向基坑渗漏补给,使动水压力增高。

(3)轻型井点管上部与孔壁间的空隙封闭不密,出现漏气现象。

4. 预防措施

(1)井点管与孔壁间的封闭、井点管路安装必须严密。

(2)抽水机组安装前必须全面保养,空运转时真空度应大于 60kPa。

(3)轻型井点系统应按一定程序施工:

1)挖井点沟槽,铺设集水总管。集水总管标高要尽量接近地下水位,并宜沿抽水水流方向有 0.25% ~ 0.5% 的上仰坡度。

2)冲井点孔。冲孔时冲管应垂直插入土中,井孔冲成后,要立即拔出冲管,插入井点管,立即在井点管与孔壁间迅速填灌砂滤层,防止孔壁坍塌,砂滤层宜选用干净的 0.4 ~ 0.6mm 的中粗砂,灌填要均匀,灌填质量应保证。滤料填至地面以下 1.0 ~ 2.0m,上面用黏土封口,以防漏气。井点管插好后与集水总管相连接。

3)安装抽水机组,并同集水总管相连接。

4)进行试抽和洗井,检查合格后交付使用。

(4)轻型井点系统的全部管路,在安装前均应将管内铁锈、淤泥等杂物除净。井点滤管在运输、装卸和堆放时,应防止滤网损坏;下入井点孔前,必须对滤管逐根检查,检查标准为:过滤管长 1.2 ~ 2m,孔隙率 15%,外包 1 ~ 2 层 60 ~ 80 目尼龙网或铜丝网。井点冲孔深度应比滤管底端深 0.5m 以上,冲孔直径应不小于 0.3m。单根井点埋设后要检查其渗水能力。

（5）一套井点埋设后要及时试抽洗井，全面检查管路接头安装质量、井点出水状况和抽水机组运转情况，发现漏气和"死井"等问题，应立即处理。

（6）在水源补给较多的一侧，加密井点间距，在基坑开挖期间禁止邻近边坡挖沟积水。

（7）基坑附近地面避免堆料超载，并尽量避免机械振动过剧。

5. 治理措施

（1）封堵地表裂缝，把地表水引向离基坑较远处；找出水源予以处理，必要时用水泥灌浆等措施填塞地下空洞、裂缝。

（2）在失稳边坡一侧，增设抽水机组，以分担部分井点管抽汲的水量，提高这一段井点的抽汲能力。

（3）在有滑裂险情边坡附近卸载，防止险情加剧，造成井点严重位移而产生的恶性循环。

1.7.5 管井不出水

1. 现象

管井的排水能力有余，但井的实际出水量很小或不出水，因而地下水位降不下去。

2. 规范规定

（1）参见 1.7.1 节。

（2）《建筑基坑支护技术规程》JGJ 120 – 2012：

7.3.18 管井的构造应符合下列要求：

1 管井的滤管可采用无砂混凝土滤管、钢筋笼、钢管或铸铁管。

2 滤管内径应按满足单井设计流量要求而配置的水泵规格确定，宜大于水泵外径 50mm。滤管外径不宜小于 200mm。管井成孔直径应满足填充滤料的要求。

3 井管与孔壁之间填充的滤料宜选用磨圆度好的硬质岩石成分的圆砾，不宜采用棱角形石渣、风化料或其他黏质岩石成分的砾石。

4 采用深井泵或深井潜水泵抽水时，水泵的出水量应根据单井出水能力确定，水泵的出水量应大于单井出水能力的 1.2 倍。

5 井管的底部应设置沉砂段，井管沉砂段长度不宜小于 3m。

7.3.21 管井的施工应符合下列要求：

1 管井的成孔施工工艺应适合地层特点，对不易塌孔、缩颈的地层宜采用清水钻进；钻孔深度宜大于降水井设计深度 0.3 ~ 0.5m；

2 采用泥浆护壁时，应在钻进到孔底后清除孔底沉渣并立即置入井管、注入清水，当泥浆比重不大于 1.05 时，方可投入滤料；遇塌孔时不得置入井管，滤料填充体积不应小于计算量的 95%；

3 填充滤料后，应及时洗井，洗井应直至过滤器及滤料滤水畅通，并应抽水检验井的滤水效果。

7.3.23 抽水系统在使用期的维护应符合下列要求：

1 降水期间应对井水位和抽水量进行监测，当基坑侧壁出现渗水时，应检查井的抽水效果，并采取有效措施；

2 采用管井时，应对井口采取防护措施，井口宜高于地面 200mm 以上，应防止物体坠入井内；

7.3.24 抽水系统的使用期应满足主体结构的施工要求。当主体结构有抗浮要求时,停止降水的时间应满足主体结构施工期的抗浮要求。

3. 原因分析

(1)井深、井径和垂直度不符合要求,井内沉淀物过多,井孔淤塞。

(2)洗井质量不良,砂滤层含泥量过高,孔壁泥皮在洗井过程中尚未破坏掉,孔壁附近土层在钻孔时遗留下来的泥浆没有除净,使地下水向井内渗透的通道不畅,严重影响单井集水能力。

(3)滤管的位置、标高以及滤网和砂滤料规格未按照土层实际情况选用,渗透能力差。

(4)水文地质资料与实际情况不符,井管滤管实际埋设位置不在透水性能较好的含水层中。

4. 预防措施

(1)在土层复杂或缺乏确切水文地质资料时,应按降水要求进行专门钻探,对重大复杂工程应做现场抽水试验。在钻孔过程中,应对每一个井孔取样,核对原有水文地质资料。在下井管前,应复测井孔实际深度。结合设计要求和实际水文地质情况配井管和滤管,并按沉放先后顺序把各段井管、滤管和沉淀管依次编号,堆放在井口附近,避免错放或漏放滤管。

(2)施工时的井深、井径和垂直度应符合要求。

(3)在井管四周灌砂滤料,按要求上部用黏土封口至井口面,确保洗井质量,抽出的地下水应排放到深井抽水影响范围以外。

(4)需要疏干的含水层均应设置滤管,滤网和砂滤料规格应根据含水层土质颗粒分析资料参照表1-12选用。

过滤器缠丝间隙和滤料规格表 表1-12

项次	含水层分类	筛分结果 (以筛分后的重量计算)	填入砾石直径 (mm)	过滤器缠丝间隙 (mm)
1	卵石	颗粒>3mm,占90%~100%	24~30	5
2	砾石	颗粒>2.25mm,占85%~90%	18~22	5
3	砾砂	颗粒>1mm,占80%~90%	7.5~10	5
4	粗砂	颗粒>0.75mm,占70%~80%	6~7.5	5
5	粗砂	颗粒>0.50mm,占70%~80%	5~6	4
6	中砂	颗粒>0.40mm,占60%~70%	3~4	2.5
7	中砂	颗粒>0.30mm,占60%~70%	2.5~3	2
8	中砂	颗粒>0.25mm,占60%~70%	2~2.5	1.5
9	细砂	颗粒>0.20mm,占50%~60%	1.5~2	1
10	细砂	颗粒>0.15mm,占50%~60%	1~1.5	0.75
11	细砂含泥	颗粒>0.10mm,占40%~50% (含泥不超过50%)	1~1.5	0.75
12	粉砂	颗粒>0.10mm,占50%~60%	0.75~1	0.5~0.75
13	粉砂含泥	颗粒>0.10mm,占40%~50% (含泥不超过50%)	0.75~1	0.5~0.75

注:表中砾石的规格系最大限度,即含水层筛分粒径的8~10倍,在实用中亦可根据具体情况定为6~8倍或5~10倍。

（5）在井孔内安装或调换水泵前，应测量井孔的实际深度和井底沉淀物的厚度。如果井深不足或沉淀物过厚，需对井孔进行冲洗，排除沉渣。

5. 治理措施

（1）重新洗井，要求达到水清砂净，出水量正常。

（2）在适当的位置补打管井。

1.7.6 坑底翻砂冒水

1. 现象

当基坑开挖深于地下水位 0.5m 以下，采取坑内抽水时，坑底下面的土产生流动状态，随地下水一起涌入坑内，出现边挖、边冒，无法挖深的现象。发生流砂时，土完全失去承载力，不但使施工条件恶化，而且严重时会引起基础边坡塌方，附近建筑物会因地基被掏空而下沉、倾斜，甚至倒塌。

2. 规范规定

参见 1.7.1 节。

3. 原因分析

（1）当坑外水位高于坑内抽水后的水位，坑外水向坑内流动产生的动水压力等于或大于颗粒的自重，使土粒悬浮失去稳定变成流动状态，随水从坑底或四周涌入坑内。

（2）由于土颗粒周围附着亲水胶体颗粒，饱和时胶体颗粒吸水膨胀，使土粒密度减小，在不大的动水压力下能悬浮流动。

（3）易产生流砂的条件是：

1）水力坡度较大，流速大，当动水压力超过土粒自重，达到能使土粒悬浮时，即会出现流砂现象。

2）土层中有厚度大于 250mm 的粉砂土层。

3）土的含水率大于 3% 以上或孔隙率大于 43%。

4）土的颗粒组成中黏粒含量小于 10%，粉砂含量大于 75%。

5）砂土的渗透系数很小，排水性能很差。

4. 预防措施

（1）施工前必须了解天然地基土层情况。

（2）如基坑底在地下水位以下超过 0.5m，并处在粉砂层中，则应预先采用点井降水，将水位降低，以消除坑内外的动水压力。

5. 治理措施

（1）采取水下挖土（不抽水或少抽水），使坑内水压与坑外地下水压相平衡或缩小水头差，阻止流砂产生。

（2）沿基坑外围四周打板桩，深入坑底下面一定深度，增加地下水从坑外流入坑内的渗流路线和渗水量，减小动水压力。

（3）向坑底抛大石块，增加土的压重，同时组织快速施工。但此法只能解决局部或轻微流砂现象，如果冒砂现象较快，土已失去承载能力，抛入的大石块就会沉入土中，无法阻止流砂上冒。

（4）基坑外钻孔抽水，钻孔深度超过基底标高，用抽水泵或潜水泵抽水，以改变地下水渗流方向和降低地下水位，阻止流砂发生。

1.7.7 降水导致地面沉陷

1. 现象

基坑外侧地下水位的下降,将使地基土产生不均匀沉降,导致受其影响的邻近建筑物和市政设施发生不均匀沉降,引起不同程度的倾斜、裂缝,甚至断裂、倒塌。

2. 规范规定

《建筑基坑支护技术规程》JGJ 120－2012:

> 7.3.25 当基坑降水引起的地层变形对基坑周边环境产生不利影响时,宜采用回灌方法减少地层变形量。回灌方法宜采用管井回灌,回灌应符合下列要求:
>
> 1 回灌井应布置在降水井外侧,回灌井与降水井的距离不宜小于6m;回灌井的间距应根据回灌水量的要求和降水井的间距确定;
>
> 2 回灌井宜进入稳定水面不小于1m,回灌井过滤器应置于渗透性强的土层中,且宜在透水层全长设置过滤器;
>
> 3 回灌水量应根据水位观测孔中的水位变化进行控制和调节,回灌后的地下水位不应高于降水前的水位。采用回灌水箱时,箱内水位应根据回灌水量的要求确定;
>
> 4 回灌用水应采用清水,宜用降水井抽水进行回灌;回灌水质应符合环境保护要求。

3. 原因分析

(1)随着基坑降水,孔隙水从土中被吸出而使孔隙水压力消散或降低,随之土体被压缩、固结。这一过程的快慢,取决于地基土的性质,如饱和黏性土的压缩、固结需要较长时间才能完成,而砂土固结需要的时间则较短。

人工降水漏斗曲线范围内土体的压缩、固结,造成地基沉陷,这一沉陷量随降水深度的增加而增加,沉陷的范围随降水范围的扩大而扩大。

(2)采用真空降水不仅使井管内的地下水被抽汲到地面,而且在滤管附近和土层深处产生较高的真空度,即形成负压区:各井管共同的作用,在基坑内外形成一个范围较大的负压地带,使土体内的细颗粒向负压区移动,而使土体的孔隙减小。当地基土的孔隙被压缩、变形后,产生了地基土的沉陷。真空度愈大,负压值和负压区范围也愈大,产生沉陷范围和沉降量也愈大。

(3)人工降水后,在基坑外侧形成一人工降水漏斗曲线,即产生了水位差;土体在动水压力影响下,细颗粒土产生移动,随之产生压缩变形和沉陷。

(4)井管滤管和滤层是人工降水工作中一个十分重要的环节,良好的滤管和滤层可以充分发挥井管的作用。其具体要求是渗透性好,又能将泥砂淤塞,出水量小,或由于在真空和动水压力作用下,移动到滤层周围的细颗粒通过滤层和滤管不断地被抽汲,使抽出的水浑浊,含泥砂量较大:由于地基土中的泥砂不断地流失,引起地面沉陷。

(5)降水的深度过大,时间过长,扩大了降水的影响范围,加剧了土的压缩与泥砂流失,使地面沉陷增大。

4. 预防措施

(1)应根据工程特点、基坑开挖深度、场地的工程水文地质条件、周边建(构)筑物、地下管线等的详细调查情况,设置相应深度和宽度的止水帷幕,并合理选择降水方法、设备和降水深度。

（2）按国家标准《建筑地基基础工程施工质量验收规范》GB 50202－2002 和行业标准《建筑与市政降水工程技术规范》JGJ/T 111－1998 的规定编制施工组织设计，并按施工组织设计的要求组织施工。

（3）滤管、滤料和滤层的厚度等，均应按规定设置，以保证地下水在滤层内的水流速度较大，过水量较多，又可以防止泥砂随水流入井管。抽出的地下水含泥量应符合规定，如发现水质浑浊，应分析原因，及时处理。滤管缠丝间隙（或滤网孔径）和滤层材料的规格，应根据土层情况和砂样筛分结果参照表1－12 选用。

（4）尽可能缩短基坑开挖、降水的时间，按需降水，控制或减少抽水总量。

（5）在降水期间，应定期观测坑外地下水位的变化情况，并对基坑外侧地面、邻近建（构）筑物、地下管线等进行沉降监测。发现建（构）筑物、地下管线等变形增大或地下水位变化异常，应及时分析原因并采取措施。

（6）预估降水可能的影响范围和程度，对有需要保护的周边环境，应在基坑四周预先设置截水帷幕和回灌井或回灌砂沟，采用降水与回灌相结合的工艺，通过现场注水试验确定回灌井点、回灌砂井的数量和深度。回灌砂沟的沟底应在渗透性能较好的土层内，降水井点与回灌井点的距离宜大于6m，以防两井相通。回灌水箱的高度、回灌水量等应以满足需保护的建筑物或构筑物的要求为准。

5. 治理措施

（1）由于基坑侧壁渗漏水引起地面沉陷，应按1.7.1 节、1.7.2 节的措施进行治理。

（2）由于坑内降水引起坑外水位下降过大，导致地面沉陷，可通过设置回灌井或回灌砂沟控制坑外的水位下降。

（3）坑外地基不均匀沉降过大，可在沉降较大侧采取控制性压密注浆或锚杆静压桩措施。

1.7.8 基坑侧壁渗漏水

1. 现象

土方开挖过程中，基坑侧壁出现渗漏水现象。

2. 规范规定

参见1.1.4 节、1.7.1 节、1.7.2 节。

3. 原因分析

由于地质情况复杂多变、地下障碍物、多台机械同时施工、同一工程多种工艺方法施工、机械故障、特殊情况停机等情况，势必造成各桩机之间同一桩机的起始桩与终点桩之间以及深搅桩与旋喷桩之间形成冷接头，加之该接头在粉、细砂层中封闭困难，使止水帷幕不闭合而导致漏水。

4. 预防措施

（1）降水井应严格按设计要求施工，确保水井周围绿豆砂厚度大于20cm，施工前应试打降水井并进行试验性抽水，根据试抽水调整降水井数量和深度，制定质量控制措施。

（2）止水帷幕施工中，如遇地下障碍，应绕着打，确保止水帷幕的连续性。

（3）同一工程，最好采用一种方法施工，优先选用深搅桩止水。确定合理的机械数量和施工顺序，同时加强机械保养，防止机械故障造成停机；确保施工场地的电力供应，尽可能减少冷接头。对于不可避免的冷接头，应在冷接头外侧施打深搅桩或旋喷桩补漏、补强。

（4）严格按经审定的挖土方案施工。先开挖应力释放沟，再根据土质情况，分区、分层开挖取土。靠近支护桩侧壁处,要边开挖边注意观察,发现漏水,及时封堵处理。在坑内做挂网喷浆处理。

5. 治理措施

(1)用黄豆、海带、麻袋或棉絮等在两根混凝土支护桩间的漏水部位填塞密闭。

(2)将支护桩间的泥土清理干净,露出桩表面混凝土,再做挂网喷浆处理。

(3)用速凝水泥砂浆,自下而上砌5寸砖墙,直至高出渗水部位0.5m或封至圈梁,砖墙用速凝水泥砂浆抹面。在渗水集中部位,插入数根软塑管引流(软塑管一端用纱网或钢丝网包裹穿入填塞的麻袋、棉絮中,另一端穿过砖墙),让清水从引流管流出,降低水压。

1.8 土方工程

1.8.1 挖方边坡塌方

1. 现象

在挖方过程中或挖方后,基坑边坡土方局部或大面积坍落或滑塌,使地基土受到扰动,承载力降低,严重的会影响建筑物的稳定和施工安全。

2. 规范规定

《建筑基坑支护技术规程》JGJ 120 - 2012:

3.3.1 支护结构选型时,应综合考虑下列因素:

1 基坑深度;

2 土的性状及地下水条件;

3 基坑周边环境对基坑变形的承受能力及支护结构失效的后果;

4 主体地下结构和基础形式及其施工方法、基坑平面尺寸及形状;

5 支护结构施工工艺的可行性;

6 施工场地条件及施工季节;

7 经济指标、环保性能和施工工期。

3.3.2 支护结构应按表3.3.2选型。

各类支护结构的适用条件 表3.3.2

结构类型		适用条件	
	安全等级	基坑深度、环境条件、土类和地下水条件	
支挡式结构	锚拉式结构	一级二级三级	适用于较深的基坑	1 排桩适用于可采用降水或截水帷幕的基坑 2 地下连续墙宜同时用作主体地下结构外墙,可同时用于截水 3 锚杆不宜用在软土层和高水位的碎石土、砂土层中 4 当临近基坑有建筑物地下室、地下构筑物等,锚杆的有效锚固长度不足时,不应采用锚杆 5 当锚杆施工会造成基坑周边建(构)筑物的损害或违反城市地下空间规划等规定时,不应采用锚杆
	支撑式结构		适用于较深的基坑	
	悬臂式结构		适用于较浅的基坑	
	双排桩		当锚拉式、支撑式和悬臂式结构不适用时,可考虑采用双排桩	
	支护结构与主体结构结合的逆作法		适用于基坑周边环境条件很复杂的深基坑	

单一土钉墙	二级三级	适用于地下水位以上或降水的非软土基坑,且基坑深度不宜大于12m	当基坑潜在滑动面内有建筑物重要地下管线时,不宜采用土钉墙
预应力锚杆复合土钉墙		适用于地下水位以上或降水的非软土基坑,且基坑深度不宜大于15m	
水泥土桩复合土钉墙		用于非软土基坑时,基坑深度不宜大于12m;用于淤泥质土基坑时,基坑深度不宜大于6m;不宜用在高水位的碎石土、砂土层中	
微型桩复合土钉墙		适用于地下水位以上或降水的基坑,用于非软土基坑时,基坑深度不宜大于12m;用于淤泥质土基坑时,基坑深度不宜大于6m	
重力式水泥土墙	二级三级	适用于淤泥质土、淤泥基坑,且基坑深度不宜大于7m	
放坡	三级	1 施工场地满足放坡条件 2 放坡与上述支护结构形式结合	

注:1 当基坑不同部位的周边环境条件、土层性状、基坑深度不同时,可在不同部位分别采用不同的支护形式;

    2 支护结构可采用上、下部以不同结构类型组合的形式。

3.3.3 采用两种或两种以上支护结构形式时,其结合处应考虑相邻支护结构的相互影响,且应有可靠的过渡连接措施。

3.3.4 支护结构上部采用土钉墙或放坡、下部采用支挡式结构时,上部土钉墙应符合本规程第5章的规定,支挡式结构应考虑上部土钉墙或放坡的作用。

3.3.5 当坑底以下为软土时,可采用水泥土搅拌桩、高压喷射注浆等方法对坑底土体进行局部或整体加固。水泥土搅拌桩、高压喷射注浆加固体可采用格栅或实体形式。

3.3.6 基坑开挖采用放坡或支护结构上部采用放坡时,应按本规程第5.1.1条的规定验算边坡的滑动稳定性,边坡的圆弧滑动稳定性安全系数(K_s)不应小于1.2。放坡坡面应设置防护层。

8.1.1 基坑开挖应符合下列规定:

1 当支护结构构件强度达到开挖阶段的设计强度时,方可下挖基坑;对采用预应力锚杆的支护结构,应在锚杆施加预应力后,方可下挖基坑;对土钉墙,应在土钉、喷射混凝土面层的养护时间大于2d后,方可下挖基坑;

2 应按支护结构设计规定的施工顺序和开挖深度分层开挖;

3 锚杆、土钉的施工作业面与锚杆、土钉的高差不宜大于500mm;

4 开挖时,挖土机械不得碰撞或损害锚杆、腰梁、土钉墙面、内支撑及其连接件等构件,不得损害已施工的基础桩;

5 当基坑采用降水时,应在降水后开挖地下水位以下的土方;

6 当开挖揭露的实际土层性状或地下水情况与设计依据的勘察资料明显不符,或出现异常现象、不明物体时,应停止开挖,在采取相应处理措施后方可继续开挖;

7 挖至坑底时,应避免扰动基底持力土层的原状结构。

8.1.2 软土基坑开挖除应符合本规程第8.1.1条的规定外,尚应符合下列规定:

1 应按分层、分段、对称、均衡、适时的原则开挖;

2 当土体结构采用桩基础且基础桩已施工完成时,应根据开挖面下软土的性状,限制每层开挖厚度,不得造成基础桩偏位;

3 对采用内支撑的支护结构,宜采用局部开槽方法浇筑混凝土支撑或安装钢支撑;开挖到支撑作业面后,应及时进行支撑的施工;

4 对重力式水泥土墙,沿水泥土墙方向应分区段开挖,每一开挖区段的长度不宜大于40m。

8.1.3 当基坑开挖面上方的锚杆、土钉、支撑未达到设计要求时,严禁向下超挖土方。

8.1.4 采用锚杆或支撑的支护结构,在未达到设计规定的拆除条件时,严禁拆除锚杆或支撑。

8.1.5 基坑周边施工材料、设施或车辆荷载严禁超过设计要求的地面荷载限值。

8.1.6 基坑开挖和支护结构使用期内,应按下列要求对基坑进行维护:

1 雨期施工时,应在坑顶、坑底采取有效的截排水措施;对地势低洼的基坑,应考虑周边汇水区域地面径流向基坑汇水的影响;排水沟、集水井应采取防渗措施;

2 基坑周边地面宜作硬化或防渗处理;

3 基坑周边的施工用水应有排放措施,不得渗入土体内;

4 当坑体渗水、积水或有渗流时,应及时进行疏导、排泄、截断水源;

5 开挖至坑底后,应及时进行混凝土垫层和主体地下结构施工;

6 主体地下结构施工时,结构外墙与基坑侧壁之间应及时回填。

8.1.7 支护结构或基坑周边环境出现本规程第8.2.23条规定的报警情况或其他险情时,应立即停止开挖,并应根据危险产生的原因和可能进一步发展的破坏形式,采取控制或加固措施。危险消除后,方可继续开挖。必要时,应对危险部位采取基坑回填、地面卸土、临时支撑等应急措施。当危险由地下水管道渗漏、坑体渗水造成时,应及时采取截断渗漏水源、疏排渗水等措施。

8.2.23 基坑监测数据、现场巡查结果应及时整理和反馈。当出现下列危险征兆时应立即报警:

1 支护结构位移达到设计规定的位移限值;

2 支护结构位移速率增长且不收敛;

3 支护结构构件的内力超过其设计值;

4 基坑周边建(构)筑物、道路、地面的沉降达到设计规定的沉降、倾斜限值;基坑周边建(构)筑物、道路、地面开裂;

5 支护结构构件出现影响整体结构安全性的损坏;

6 基坑出现局部坍塌;

7 开挖面出现隆起现象;

8 基坑出现流土、管涌现象。

3. 原因分析

(1)基坑开挖较深,放坡不够;或挖方尺寸不够,将坡脚挖去;或通过不同土层时,没有根据土的特性分别放成不同坡度,致使边坡失去稳定而引起塌方。

(2)在有地表水、地下水作用的土层开挖基坑时,未采取有效的降、排水措施,使土层湿化,黏聚力降低,在重力作用下失去稳定而引起塌方。

(3)边坡顶部堆载过大,或受车辆、施工机械等外力振动影响,使坡体内剪切应力增大,土体失去稳定而导致塌方。

(4)土质松软,开挖次序、方法不当而造成塌方。

4. 预防措施

(1)根据土体种类、物理力学性质(如土的内摩擦角、黏聚力、湿度、密度、休止角等)确定适当的边坡坡度。对永久性挖方的边坡坡度,应按设计要求放坡,一般在1:1.0~1:1.5之间。对临时性挖方放坡坡度,在坡体整体稳定的情况下,如地质条件良好,土质均匀,高度在3m以内的可按表1-13确定,经过不同土层时,其边坡应做成折线形,如图1-62所示。

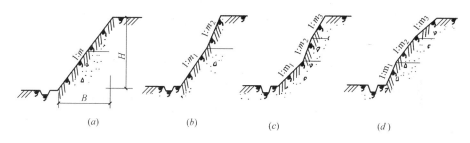

图1-62 不同土层折形边坡

(a)上下接近;(b)、(c)上陡下缓;(d)上缓下陡

1:m—土方坡度(=H/B);m—坡度系数(=B/H);H—边坡高度;B—边坡宽度

临时性挖方边坡坡度值 表1-13

土体的类别	状态、密实度	边坡坡率(高宽比)
砂质粉土、砂性土	中密、密实	1:1.25~1:1.50
	稍密	1:1.75~1:2.00
	松散	1:2.50~1:3.00
黏质粉土、黏性土	坚硬	1:0.75~1:1.00
	硬塑	1:1.00~1:1.25
	可塑	1:1.50~1:2.00
	软塑、流塑	≥1:3.00
碎石土	中密、密实	1:0.50~1:1.00
	稍密	1:1.00~1:1.50

(2)开挖基坑和管沟,如地质条件良好,土质均匀,且地下水位低于其底面标高时,挖方深度在5m以内不加支撑的边坡的最陡坡度,应按表1-14的规定采用。

土体的类别	状态、密实度	边坡坡率(高宽比)		
		坡顶无荷载	坡顶有荷载	坡顶有动载
砂质粉土 砂性土	密实	1:0.75	1:1.00	1:1.25
	中密	1:1.00	1:1.25	1:1.50
	稍密	1:1.25	1:1.50	1:2.00
黏质粉土	硬塑	1:0.67	1:0.75	1:1.00
	可塑	1:1.00	1:1.25	1:1.50
黏性土	硬塑	1:0.33	1:0.50	1:0.67
	可塑	1:0.67	1:1.00	1:1.25
碎石土	中密(充填物为砂土)	1:0.75	1:1.00	1:1.25
	中密(充填物为黏性土)	1:0.50	1:0.67	1:0.75

注:静载指堆土或材料等,动载指机械挖土或汽车运输作业等。静载或动载距挖方边缘的距离应不小于0.8m,高度不超过 1.5m。

(3)在地质条件良好,土质均匀,且地下水位低于基坑或管沟底面标高时,挖方边坡可做成直立壁不加支撑,但挖方深度不得超过表 1－15 规定的数值,此时砌筑基础或施工其他地下结构设施,应在管沟挖好后立即进行。施工期较长,挖方深度大于表 1－15 规定的数值时,应做成直立壁加设支护。深基坑的支护形式、方法和适用范围应符合《建筑基坑支护技术规程》JGJ 120－2012 第 3.3.2 条的有关规定,示意图如图 1－63～图 1－70 所示;浅基坑支护(撑)的形式方法和适用范围可参考表 1－16。

基坑和管沟挖成直立壁不加支撑的容许深度 表 1－15

项次	土的类别	容许挖方深度(m)
1	稍密的杂填土、素填土、碎石类土、砂土	≤1.00
2	密实的碎石土(充填物为黏土)	≤1.25
3	可塑黏性土	≤1.50
4	硬塑黏性土	≤2.00

浅基坑支护(撑)的形式方法和适用范围 表 1－16

支护方式	支护加固方法及适用范围
斜桩式支护	在柱桩内侧钉水平挡土板,外侧用斜撑支顶,斜撑底端支在木桩上,在挡土板内侧回填土。适用于开挖较大型、深度不大的基坑或使用机械挖土
锚拉式支护	在柱桩的内侧钉水平挡土板,桩一端打入土中,另一端用拉杆与锚桩拉紧,在挡土板内侧回填土。适用于开挖较大型、深度不大的基坑,或使用机械挖土而不能安设横撑时使用
短柱横隔支护	在坡脚打入小短木桩;部分露出地面,钉水平挡土板,在背面填土。适用于开挖宽度大的基坑,当部分地段下部放坡不够时使用

支护方式	支护加固方法及适用范围
临时挡土墙支护	在坡脚用砖、石叠砌或用草袋装土、砂堆砌,使坡脚保持稳定。适用于开挖宽度大的基坑,当部分地段下部放坡不够时使用
型钢与横挡板结合支护	在基坑周围预先打入钢轨工字钢或 H 型钢,间距 1 ~ 1.5m,然后边挖方边将 3 ~ 8cm 厚的挡土板塞进钢桩之间挡土,并在横向挡板与型钢桩之间打上楔子,使横板与土体紧密接触。适用于地下水位较低、深度不很大的一般黏性或砂性土层

注:基坑分级和基坑变形的监控值参见表 1 – 1 所列。

基坑变形的监控值(cm)　　　　　　　　　　　　　　　表 1 – 17

基坑类别	围护结构墙顶位移监控值	围护结构墙体最大位移监控值	地面最大沉降监控值
一级基坑	3	5	3
二级基坑	6	8	6
三级基坑	8	20	10

注:1. 符合下列情况之一,为一级基坑:

(1)重要工程或支护结构作主体结构的一部分;

(2)开挖深度大于 10m;

(3)与邻近建筑物、重要设施的距离在开挖深度以内的基坑;

(4)基坑范围内有历史文物、近代优秀建筑、重要管线等需要严加保护的基坑。

2. 三级基坑为开挖深度小于 7m,且周围环境无特别要求时的基坑。

3. 除一级和三级外的基坑属二级基坑。

4. 当周围已有的设施有特殊要求时,尚应符合这些要求。

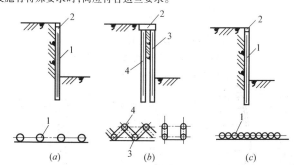

图 1 – 63　挡土灌注桩支护形式

(a)间隔式;(b)双排式;(c)连续式

1 – 挡土灌注桩;2 – 连续梁(圈梁);3 – 前排桩;4 – 后排桩

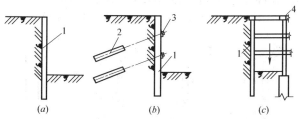

图 1 – 64　地下连续墙支护形式

(a)悬臂式地下连续墙支护;(b)地下连续墙与土层锚杆组合支护;(c)逆作法施工支护

1 – 地下连续墙;2 – 土层锚杆;3 – 锚头垫座;4 – 地下室梁、板、柱

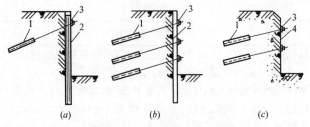

图 1-65 土层锚杆支护形式

(a)单锚支护;(b)多锚支护;(c)破碎岩土支护

1-土层锚杆;2-挡土灌注桩或地下连续墙;3-钢横梁(撑);4-破碎岩土层

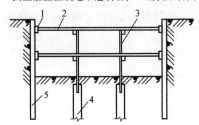

图 1-66 排桩内支撑支护形式

1-围檩;2-纵、横向水平支撑;3-立柱;4-工程桩或立柱桩;5-围护排桩(或墙)

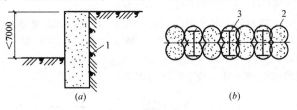

图 1-67 水泥土墙支护形式

(a)水泥土墙;(b)劲性水泥土搅拌桩

1-水泥土墙;2-水泥土搅拌桩;3-H 型钢

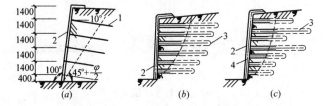

图 1-68 土钉墙与喷锚支护形式

(a)土钉墙支护结构;(b)喷锚支护结构;(c)锚杆头与钢筋网和加强筋的连接

1-土钉;2-喷射混凝土面层;3-锚杆;4-加强筋

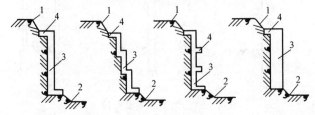

图 1-69 逆作拱墙支护形式

1-地面;2-基坑底;3-拱墙;4-肋梁

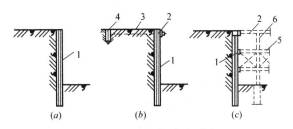

图 1-70 钢板桩支护形式

(a)悬臂式；(b)拉锚式；(c)支撑式

1-钢板桩；2-钢横梁；3-拉杆；4-锚桩；5-钢支撑；6-钢立柱

(4)做好地面的截排水措施,避免在影响边坡稳定的范围内积水,造成边坡塌方。当基坑开挖范围内有地下水时,应采取降、排水措施,根据土方开挖的不同阶段,按需降水,逐步将水位降至开挖面以下 0.5~1.0m,并持续到上覆荷载满足抗浮要求为止。

(5)在坡顶上弃土、堆载时,弃土堆坡脚与挖方上边缘的距离,应根据挖方深度、边坡坡度和土体性质确定。当土质干燥密实时,其距离不得小于3m;当土质松软时,不得小于5m,以保证边坡的稳定。

(6)土方开挖应自上而下分段分层、依次进行,避免先挖坡脚,造成坡体失稳。相邻基坑和管沟开挖时,应遵循先深后浅或同时进行的施工顺序,及时做好基础或铺设管道,尽量防止对地基的扰动。

5.治理措施

(1)对沟坑塌方,可将坡脚塌方清除并做临时支护(如堆装土编织袋或草袋、设支撑、砌砖石护坡墙等)。

(2)对永久性边坡局部塌方,可将塌方清除,用块石填砌或回填2:8、3:7灰土嵌补,与土接触部位做成台阶搭接,防止滑动;或将坡顶线后移,坡度改缓。

1.8.2 边坡超挖

1.现象

边坡坡面不平,出现较大凹陷,造成积水,使边坡坡度加大,影响边坡稳定。

2.规范规定

参见 1.8.1 节。

3.原因分析

(1)采用机械开挖,操作控制不严,局部多挖。

(2)边坡上存在松软土层,受外界因素影响自行滑塌,造成坡面凹凸不平。

(3)测量放线错误。

4.预防措施

(1)机械开挖应预留30cm厚采用人工修坡。

(2)对松软土层避免各种外界机械车辆等的振动,采取适当保护措施。

(3)加强测量复测,进行严格定位,在坡顶、边脚设置明显标志和边线,并设专人检查。

5.治理措施

(1)如超挖范围较大,在征得设计同意后,可适当改动坡顶线。

(2)如局部超挖,可用浆砌块石填砌或用3:7灰土夯补。与原土坡接触部位应做成台阶相接,防止滑动。

1.8.3 边坡滑坡

1. 现象

在斜坡地段,土体或岩体受到水(地表水、地下水)、人的活动或地震作用等因素的影响,边坡的大量土体或岩体在重力作用下,沿着一定的软弱结构面(带)整体向下滑动,造成线路摧毁、建筑物裂缝、倾斜、滑移,甚至倒塌等现象,危害性往往十分严重。

2. 规范规定

参见 1.8.1 节。

3. 原因分析

(1)边坡放坡倾角过大,土体因自重及地表水(或地下水)浸入,下滑增加,黏聚力减弱,使土体失稳而滑动。

(2)土层下有倾斜度较大的岩层,在填土、堆置材料荷重和地表、地下水作用下,增加了滑坡面上的下滑力,降低了土与土、土体与岩面之间的抗剪强度而引起土体沿软弱面滑动。

(3)开垦挖方切割坡脚,或坡脚被地表、地下水冲蚀掏空,或斜坡段下部被冲沟、排水沟所切,地表、地下水浸入坡体;或开坡放炮将坡脚松动破坏等原因,使斜坡坡度加大,破坏了岩、土体的内力平衡,使上部岩、土体失去稳定而向坡脚滑动。

(4)在坡体上不适当堆土或填方,或设置土工构筑物(如路堤、土坝),增加了坡体自重,使重心改变,在外力或地表、地下水作用下,使坡体失去平衡而产生滑动。

(5)由于雨水冲刷或潜蚀斜坡坡脚,或坡体地下水位剧烈升降,增大水力坡度,使土体自重增加,抗剪强度降低,破坏斜坡平衡而导致边坡滑动。

(6)现场爆破或车辆振动影响,产生不同频率的振荡,使岩、土体内摩擦力降低,抗剪强度减小而使岩、土体滑动。

4. 预防措施

(1)加强地质勘察和调查研究,注意地形、地貌、地质构造(如岩、土性质,岩层生成情况,岩层倾角、裂隙、节理分布等)滑坡迹象及地表、地下水流向和分布,采取合理的施工方法,避免破坏土坡地表的排水、泄洪设施,消除滑坡因素,保持坡体稳定。

(2)保持边坡有足够的坡度,避免随意切割坡脚,土坡尽量制成较平缓的坡度,或做成阶梯形,使中间有 1~2 个平台以增加稳定(图 1-71a)。土质不同时,视情况制成 2~3 种坡度,一般可使坡度角小于土的内摩擦角,将不稳定的陡坡部分削去,以减轻边坡负担。在坡脚处有弃土石条件时,将土石方填至坡脚(图 1-71b、图 1-71c),筑挡土堆或修筑台地,并使填土的坡度不陡于原坡体的自然坡度,使其起到反压作用以阻挡坡体滑动。

(3)在滑坡体范围以外设置环形截水沟,使水不流入坡体内,在滑坡区域内修设排水系统,疏导地表、地下水,减少地表水下渗冲刷地基或将坡脚冲坏。如无条件修筑正式排水工程,则应做好现场临时泄洪排水设施,或保留原有场地自然排水系统,并进行必要的整修和加固。

(4)施工中尽量避免在坡脚处取土,在坡体上弃土或堆放材料。尽量遵循先整治后开挖的施工顺序。在斜坡上挖土,应遵守由上至下分层开挖的程序,严禁先切割坡脚;在斜坡上填方时,应遵守由下往上分层压填的程序,不要集中弃土,以免破坏原边坡的自然平衡而造成滑坡。必须挖去坡脚时,应设挡土结构代替原坡脚,采取分段跳槽开挖措施,并应尽量在旱季施工。

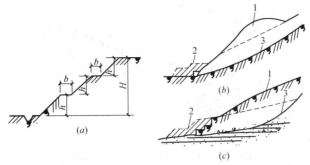

图 1 - 71　台阶式边坡及陡坡加固

(a)做台阶式边坡;(b)、(c)削去陡坡加固坡脚

1 - 削去土坡;2 - 堆筑挡土堆(台阶);3 - 滑动面

H - 边坡原来高度;h - 设置平台后各个边坡的高度;b - 平台宽

(5)避免破坏坡体上的自然植被。对于可能滑动的土坡和易于风化的岩坡,在表面及坡顶做好防护和绿化措施。

(6)避免在有可能滑坡的区段进行爆破,或设置振动很大的构筑物,影响边坡的稳定。发现滑坡裂缝,应及时填平夯实;沟渠开裂渗水,要及时修复。

5.治理措施

(1)对上部先变形挤压下部滑动的推移式滑坡,可采取卸荷减重的方法,在滑坡体上部削去一部分土,在坡脚堆土以抵御滑坡体滑动,并做好坡体的排水系统。

(2)对下部先变形滑动,上部失去支撑而引起的牵引式滑坡,可采用大直径钢筋混凝土抗滑桩支挡的办法进行整治(图 1 - 72a);如推力不大,下部地基良好,可采取挡土墙或挡土墙与锚桩相结合的办法进行整治(图 1 - 72b)。

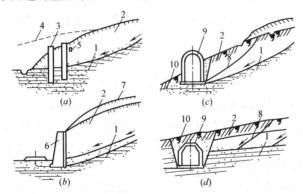

图 1 - 72　用锚桩、挡土桩与卸荷结合、明洞与恢复土体平衡结合整治滑坡

(a)用钢筋混凝土锚桩(抗滑桩)整治滑坡;(b)用挡土墙与卸荷结合整治滑坡;

(c)、(d)用钢筋混凝土明洞(涵洞)和恢复土体平衡整治滑坡

1 - 基岩滑坡面;2 - 滑动土体;3 - 钢筋混凝土锚固排桩;4 - 原地面线;5 - 排水盲沟;6 - 钢筋混凝土或块石挡土墙;

7 - 卸去土体;8 - 土体滑动面;9 - 混凝土或钢筋混凝土明洞(涵洞);10 - 恢复土体

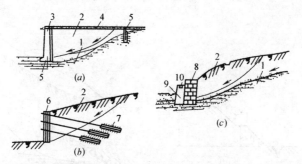

图 1－73　用挡土墙(挡土板、柱)与岩石(土层)锚杆、混凝土墩结合整治滑坡

(a)用挡土墙与岩石锚杆结合整治滑坡;(b)用挡土板、柱与土层锚杆结合整治滑坡;(c)用混凝土墩与挡土墙结合整治滑坡

1－基岩滑动面;2－滑动土体;3－挡土墙;4－岩石锚杆;5－锚桩;6－挡土板、柱;

7－土层锚杆;8－块石挡土墙;9－混凝土墩,间距5m;10－钢筋混凝土横梁

(3)对深路堑开挖,挖去土体支撑部分而引起的滑坡,可用设涵洞或挡土墙与恢复土体平衡相结合的办法进行整治(图1－72c、图1－72d)。

(4)对挖去坡脚引起的滑坡,可用设挡土墙与岩石锚桩,或挡土板、柱与土层锚杆相结合的办法进行整治(图1－73)。锚桩、锚杆均应设在滑坡体以外的稳定岩(土)层内。

1.8.4　边坡剥落、坍塌

1. 现象

在泥岩、页岩地区,边坡表面部分或大面积出现剥落、掉块,甚至崩坍,影响下部道路和工程安全。

2. 规范规定

参见1.8.1节。

3. 原因分析

在易风化的泥岩、页岩地区,边坡未做好排水,长期在空气中受到雨水侵蚀、风化作用,使坡面逐片剥落、掉块,天长日久将表层淘空,使上部岩层或有裂隙部位在自重作用下崩坍,影响边坡的稳定和安全。

4. 预防措施

(1)在泥岩、页岩边坡顶部和坡脚部位做好截、排水沟,排除坡面雨水。

(2)在边坡表面做保护层,使坡面不裸露于空气中,避免坡面受到雨水的冲刷和风化作用。常用保护层做法有:1)在边坡表面抹石灰炉渣砂浆(石灰:炉渣重量比＝1:2～3),厚20～30mm,压实、抹光、拍打紧密;或抹(喷)水泥粉煤灰砂浆(水泥:粉煤灰:砂重量比＝1:1:2),厚20～25mm;或加插适当短锚筋连接坡面。2)在边坡下部1/3～1/2坡高部位用M5水泥石灰炉渣砂浆砌块石(或大卵石)墙,厚400mm,顺坡面砌筑,墙面每2m×2m设一φ50泄水孔,每隔10～15m留一条竖向伸缩缝,中间填塞浸渍沥青的木板或聚氯乙烯泡沫板,上部1/2～2/3仍采用抹保护层。

(3)边坡应有1:0.3～1:0.75的坡度,避免坡度过陡或出现倒坡,保持边坡稳定安全。

5. 治理措施

(1)在易风化的泥岩、页岩边坡坡脚做浆砌块石排水沟,防止雨水长期冲蚀坡面和淘空、冲坏坡脚。

(2)在易风化的泥岩、页岩边坡表面做保护层。

1.8.5 基坑(槽)泡水

1. 现象

基坑(槽)开挖后,地基土被水浸泡,造成地基松软,承载力降低,地基土下沉。

2. 规范规定

参见1.8.1节。

3. 原因分析

(1)开挖基坑未设排水沟或挡水堤,导致地表水流入基坑。

(2)在地下水位以下挖土,未采取降排水措施。

(3)施工中未连续降水,或受停电影响。

(4)开挖到坑底后,没有及时浇筑垫层,使地基土被水浸泡。

4. 预防措施

(1)开挖基坑(槽)周围应设排水沟或挡水堤,防止地表水流入基坑(槽)内;挖土放坡时,坡顶和坡脚至排水沟均应保持一定距离,一般为0.5~1.0m。

(2)在潜水层内开挖基坑(槽)时,根据水位高度、潜水层厚度和涌水量,在潜水层标高最低点设置排水沟和集水井,防止流入基坑。

(3)在地下水位以下挖土,应在开挖标高坡脚设排水沟和集水井,并使开挖面、排水沟和集水井的深度始终保持一定差值,使地下水位降低至开挖面以下不少于0.5m。当基坑深度较大,地下水位较高且比较丰富时,应采用各种井点降水方法将地下水位降至基坑(槽)开挖面以下。

(4)施工中应保持连续降水,直至基坑(槽)回填完毕或满足抗浮要求。开挖到坑底后,分块及时浇筑垫层。

5. 治理措施

(1)已被水淹泡的基坑(槽),应立即检查降、排水设施,疏通排水沟,采取有效措施将水引走、排净。

(2)对已设置截水沟而仍有小股水冲刷边坡和坡脚时,可将边坡挖成阶梯形,或用编织袋装土护坡将水排除,使坡脚保持稳定。

(3)已被水浸泡扰动的土,可根据具体情况,采取排水晾晒后夯实,或抛填碎石、小块石夯实;换土(3:7灰土)夯实;或挖去淤泥加深基础等措施处理。

1.8.6 地基土扰动

1. 现象

基坑挖好后,地基土表层局部或大部分出现松动、浸泡等情况,原土结构遭到破坏,造成承载力降低,地基土下沉。

2. 规范规定

参见1.1.3节、1.8.1节。

3. 原因分析

(1)基坑挖好后,未及时浇筑垫层进行下道工序施工,施工机械及车辆、操作工人在基土上行走,造成扰动。

(2)地基被长时间暴晒、失水。

(3)冬期施工,地基表层受冻胀。

（4）基坑周围未做好降、排水措施，被雨水、地表水或地下水浸泡。

4.预防措施

（1）基坑挖好后，立即浇筑混凝土垫层保护地基。不能立即进行下道工序施工时，应预留一层150～200mm厚土层不挖，待下道工序开始再挖至设计标高。

（2）机械开挖应由深而浅，基底应预留一层200～300mm厚土层，用人工清理找平，以避免超挖和基底土遭受扰动。

（3）基坑挖好后，避免在基土上行驶施工机械和车辆或大量堆放材料。必要时，应铺路基箱或垫道木保护。

（4）基坑四周应做好排、降水措施，降水工作应持续到基坑回填土完毕。

（5）雨期施工时，基坑应挖好一段浇筑一段垫层，并在坑周筑土堤或挖排水沟，以防地面雨水流入基坑（槽），浸泡地基土体。

（6）冬期施工时，如基坑不能立即浇筑垫层，应在表面进行适当覆盖保温，防止受冻。

5.治理措施

（1）已被扰动的地基土，可根据具体情况采取原土碾压、夯实，或填碎石、小块石夯实。

（2）对扰动较严重的采用3∶7灰土或砂砾石回填夯实，或换去松散土层，加深基础。

（3）局部扰动可挖去松散土，用砂石填补夯实。

1.8.7 坑底隆起变形

1.现象

深基坑土体开挖后，地基卸载，土体中竖向应力减少，土体卸荷导致基坑底面产生一定的回弹隆起变形，使坑底土体抗剪强度降低，使基坑四周地面产生沉降。

2.规范规定

参见1.1.3节、1.8.1节。

3.原因分析

地基土卸荷改变土体原始应力状态引起坑底土体隆起。在基坑开挖深度不大时，坑底为弹性隆起，只在基坑中部产生较小的回弹变形，不会引起坑外土体向坑内移动；随着开挖深度的增大，坑内外高差所形成的加载和地面各种超载作用就会使支护桩墙外侧土体向坑内移动、坑底土体产生向上的塑性变形，在基坑周围产生较大的塑性区，引起地面沉降。回弹变形量（隆起量）的大小与土的种类、是否浸水、基坑的深度与面积、暴露时间及挖土顺序等因素有关。如基坑积水，黏性土因吸水使土的体积增加，不但抗剪强度降低，回弹变形亦增大，将加大建筑物的后期沉降。

4.预防措施

（1）减少土体中有效应力的变化，提高土体的抗剪强度和刚度，减少基坑暴露时间，防止地基土浸水软化。

（2）尽量安排在全年降水最少的季节施工。在基坑开挖过程中和开挖后，应保持井点降水正常进行。

（3）必要时，对基础结构下部土体进行局部地基加固。

5.治理措施

（1）已被扰动的地基土，可根据具体情况采取原土碾压、夯实，或填碎石、小块石夯实。

（2）对扰动较严重的采用3∶7灰土或砂砾石回填夯实，或换去松散土层，加深基础。

(3)局部扰动可挖去松散土,用砂石填补夯实。

1.8.8 土方回填压(夯)实

1. 现象

填方基底未经处理,局部或大面积填方出现下陷,或发生滑移等现象。

2. 规范规定

参见1.8.1节。

3. 原因分析

(1)填方基底上的草皮、淤泥、杂物和积水未清除,含有机物过多,腐朽后造成下沉。

(2)填方区未做好排水,地表、地下水流入填方,浸泡回填土方。

(3)在旧有沟渠、池塘或含水量很大的松散土上回填土方,基底未经换土、抛填砂石或翻晒晾干等处理,就直接在其上填土。

(4)未先将斜坡基底挖成阶梯形就填土,使填方未能与斜坡很好结合,在重力作用下,填方土体顺斜坡滑动。

(5)冬期施工基底土遭受冻胀,未经处理就直接在其上填方。

4. 预防措施

(1)回填土方基底上的草皮、淤泥、杂物应清除干净,积水应排除,耕土、松土应先经压实处理,再回填。

(2)场地周围做好排水措施,防止地表滞水流入基底,浸泡地基土体,造成基底土下陷。

(3)对于水田、沟渠、池塘或含水量很大的地段回填,基底应根据具体情况采取排水、疏干、挖去淤泥、换土、抛填片石、填砂砾石、翻松、掺石灰压实等措施处理,以加固基底土体。

(4)当填方地面陡于1/5时,应先将斜坡挖成阶梯形,阶高0.2~0.3m,阶宽大于1m,然后分层回填夯实,以利结合并防止滑动。

(5)冬期施工基底土体受冻胀,应先解冻,夯实处理后再行回填。

5. 治理措施

(1)对下陷已经稳定的填方,可仅在表面做平整夯实处理。

(2)对下陷尚未稳定的填方,应会同设计部门针对情况采取加固措施。

1.8.9 基坑(槽)回填土沉陷

1. 现象

基坑(槽)填土局部或大片出现沉陷,造成靠墙地面、室外散水空鼓下陷,建筑物基础积水,有的甚至引起建筑结构不均匀下沉,出现裂缝。

2. 规范规定

参见1.8.1节。

3. 原因分析

(1)基坑(槽)中的积水、淤泥杂物未清除就回填;或基础两侧用松土回填,未经分层夯实;或槽边松土落入基坑(槽),夯填前未认真进行处理,回填后土体受到水的浸泡产生沉陷。

(2)基槽宽度较窄,夯填土方未达到要求的密实度。

(3)回填土料中夹有大量干土块,受水浸泡产生沉陷;或采用含水量大的黏性土、淤泥质土、碎块草皮作土料,回填质量不合要求。

(4)采用水沉法沉实,含水量大,密实度达不到要求。

4. 预防措施

(1) 基坑(槽)回填前,应将槽中积水排净,淤泥、松土、杂物清理干净。如有地下水或地表滞水,应有排水措施。

(2) 采取严格分层回填、夯实,土料和含水量应符合规定,每层虚铺土厚度不得大于300mm,密实度按规定抽样检查并符合要求。

(3) 填土料中不得含有大于50mm直径的土块或较多的干土块,急需进行下道工序时,宜用2:8或3:7灰土回填夯实。

(4) 严禁用水沉法回填土方。

5. 治理措施

(1) 因回填土沉陷造成墙脚散水空鼓,如混凝土面层尚未破坏,可填入碎石,侧向挤压捣实;若面层出现裂缝破坏,应视面积大小或损坏情况,采取局部或全部返工。局部处理可用锤、凿将空鼓部位打去,填灰土或黏土、碎石混合物夯实,再做面层。

(2) 因回填土沉陷引起结构物下沉时,应会同设计部门针对情况采取加固措施。

1.8.10 房心回填土下沉

1. 现象

房心回填土局部或大片下沉,造成地坪垫层面层空鼓、开裂甚至塌陷破坏。

2. 规范规定

参见1.8.1节。

3. 原因分析

(1) 填土料含有大量有机杂质和大土块,有机质腐朽造成填土沉陷。

(2) 填土未按规定厚度分层回填夯实,或底部松填,仅表面夯实,密实度不够。

(3) 房心处局部有软弱土层,或有地坑、坟坑、积水坑等地下坑穴,施工时未经处理或未发现,使用后,荷重增加,造成局部塌陷。冬期回填土中含有冰块。

4. 预防措施

(1) 选用较好土料回填,认真控制回填土的含水量在最优范围内,严格按规定分层回填夯实,并抽样检验密实度使符合质量要求。

(2) 回填土前,应对房心原自然软弱土层进行认真处理,将有机杂质清理干净。

(3) 房心回填土深度较大(>1.5m)时,在建筑物外墙基回填土时需采取防渗措施,或在建筑物外墙基外采取加抹一道水泥砂浆或沥青胶等防水措施,以防止水大量渗入房心填土部位,引起下沉。

(4) 对面积大而使用要求较高的房心填土,采取先用机械将原自然土碾压密实,然后再进行回填。

5. 治理措施

参见1.8.9节。

1.8.11 回填土下沉(渗漏水)引起地基下沉

1. 现象

地基因基槽室外回填土渗漏水而导致下沉,引起结构变形、开裂。

2. 规范规定

参见1.8.1节。

3.原因分析

（1）场地表层为透水性强的土体，外墙基槽回填仍采用了这种土料，地表水大量渗入浸湿地基，导致地基下沉。

（2）基槽及附近局部存在透水性较大的土层，未经处理，形成水囊浸湿地基，引起下沉。

（3）基础附近水管漏水。

4.预防措施

（1）外槽回填土应用黏土、粉质黏土等透水性较弱的土料回填，或用2:8、3:7灰土回填。

（2）基槽及附近局部存在透水性较大的土体，采取挖除或用透水性较小的土料封闭，使之与地基隔离，并在下层透水性较小的土层表面做成适当的排水坡度或设置盲沟。

（3）对基础附近管道漏水，及时堵截、引流或挖沟排走。

5.治理措施

（1）如地基下沉严重并继续发展，应将基槽透水性大的回填土挖除，重新用黏土或粉质黏土等透水性较小的土体回填夯实，或用2:8或3:7灰土回填夯实。

（2）如下沉较轻并已稳定，可按1.8.9节的治理措施（1）处理。

1.8.12 基础墙体被挤动变形

1.现象

夯填基础墙两侧土方或用推土机送土时，将基础、墙体挤动变形，造成基础墙体裂缝、破裂，轴线偏移，严重影响墙体受力性能。

2.规范规定

参见1.8.1节。

3.原因分析

（1）回填土时只填墙体一侧，或用机械单侧推土压实，基础、墙体在一侧受到土的较大侧压力而被挤动变形。

（2）墙体两侧回填土设计标高相差悬殊（如暖气沟、室内外标高差较大的外墙），仅在单侧夯填土，墙体受到侧压力作用。

（3）在基础墙体一侧临时堆土、堆放材料、设备或行走重型机械，造成单侧受力使墙体变形。

4.预防措施

（1）基础两侧用细土同时分层回填夯实，使其受力平衡。两侧填土高差控制不超过300mm。如遇暖气沟或室内外回填标高相差较大，回填土时可在另一侧临时加木支撑顶牢。

（2）基础墙体施工完毕，达到一定强度后再进行回填土施工。同时防止在单侧临时大量堆土或堆置材料、设备，以及行走重型机械设备。

5.治理措施

已造成基础墙体开裂、变形、轴线偏移等严重影响结构受力性能的质量事故，要会同设计部门，根据具体损坏情况，采取加固措施（如填塞缝隙、加围套等）进行处理，或将基础墙体局部或大部分拆除重砌。

第2章 地基处理

地基加固处理的主要目的是提高软弱地基的承载力,保证地基的稳定。地基加固常用的方法有换土处理、人工或机械夯(压)实、振动压实、土(灰土)、砂、石桩挤密加固,排水固结及化学加固等。各种地基加固方法各有其适用范围和条件,如处理方法选用不合理,施工不按规范和操作规程进行,就会造成工程质量事故。

2.1 换土加固地基

换土加固是处理浅层地基的方法之一。该方法是先将软弱土层挖除,换填强度较高的土、灰土、中(粗)砂、碎(卵)石、石屑、煤渣或其他工业废粒料等材料,形成素土地基(土垫层)、灰土地基或砂垫层和砂石垫层地基等。其施工程序基本相同——基坑(槽)开挖、验槽、分层回填、夯(压)实或振实,以达到设计的密实度和夯实深度。

2.1.1 基坑(槽)坍塌

1. 现象

施工挖掘土方时,基坑(槽)壁突然发生塌方(图2-1)。

图2-1 基坑(槽)坍塌

2. 规范规定

《建筑地基处理技术规范》JGJ 79-2012:

> 4.3.5 基坑开挖时应避免坑底土层受扰动,可保留180~220mm厚的土层暂不挖去,待铺填垫层前再由人工挖至设计标高。严禁扰动垫层下的软弱土层,应防止软弱垫层被践踏、受冻或受水浸泡。在碎石或卵石垫层底部宜设置厚度为150mm~300mm的砂垫层或铺一层土工织物,并应防止基坑边坡塌土混入垫层中。
>
> 4.3.6 换填垫层施工时,应采取基坑排水措施。除砂垫层宜采用水撼法施工外,其余垫层施工均不得在浸水条件下进行。工程需要时应采取降低地下水位的措施。
>
> 4.3.7 垫层底面宜设在同一标高上,如深度不同,坑底土层应挖成阶梯或斜坡搭接,并按先深后浅的顺序进行垫层施工,搭接处应夯压密实。

3. 原因分析

（1）基坑放坡坡比过陡,不满足稳定要求。

（2）在高地下水位下开挖基坑(槽),未采取降排水措施。

（3）基坑(槽)顶部堆载过大,或受施工外力振动影响。

（4）土质松软,分区开挖次序和开挖方法不当而造成塌方。

4. 预防措施

（1）施工中放坡坡比必须符合规定设计要求。当开挖土体的工程地质与水文地质条件良好且无地下水时,开挖深度在5m以内时,不加支撑的基坑(槽)和管沟,其边坡的最大允许坡比应符合表2-1的规定。

基(坑)槽放坡坡比规定   表2-1

土的名称	边坡坡度		
	人工挖土且弃土于坑(槽)或沟上边	机械挖土	
		坑(槽)或沟底挖土	坑(槽)或沟上边挖土
砂土	1:1	1:0.75	1:1
粉土	1:0.67	1:0.50	1:0.75
粉质黏土、重粉质黏土	1:0.50	1:0.33	1:0.75
含砾石、卵石土	1:0.33	1:0.25	1:0.67
泥炭土、白垩土	1:0.67	1:0.50	1:0.75
	1:0.33	1:0.25	1:0.67
干黄土	1:0.25	1:0.10	1:0.33

注:1. 如人工挖土不把土抛于基坑(槽)或管沟上边,而随时把土运往弃土场时,则应用采取机械在基坑(槽)或沟底挖土时所用的坡比。

2. 表中砂土不包括细砂和粉砂;干黄土不包括类黄土。

3. 个别情况下,如有足够资料和经验或采用多斗挖沟机时,可不受本表限制。

（2）在斜坡地段进行基(坑)槽放坡时应遵循由上而下、分层开挖的顺序,合理放坡。同时避免坡比过陡和切割坡脚等现象,以防边坡失稳而造成塌方。

（3）在有地表滞水或地下水作用的地段,应做好排、降水措施,避免地表滞水和地下水冲刷坡面和掏空坡脚。在软土地段基坑边坡开挖时,应合理降低地下水位,防止边坡产生侧移失稳。

（4）如简易支撑无法消除边坡滑动及土方坍塌,可采用板桩支护。

5. 治理措施

将基础下面一定范围内的软土挖去,代之以人工填筑的垫层作持力层。不同的回填材料形成不同的垫层,如砂垫层、碎石垫层、素土或灰土垫层、粉煤灰垫层及煤渣垫层等。

2.1.2 基坑(槽)底出现"流砂"

1. 现象

基坑(槽)开挖深度低于地下水位时,坑(槽)底发现冒砂现象(图2-2),导致基坑无法挖深,这种现象称为"流砂"。

图 2 – 2　基坑(槽)出现流砂

2. 规范规定

《建筑地基处理技术规范》JGJ 79 – 2012：

4.3.8 粉质黏土、灰土垫层及粉煤灰垫层施工,应符合下列规定:

1 粉质黏土及灰土垫层分段施工时,不得在柱基、墙角及承重墙下接缝;

2 垫层上下两层的缝距不得小于500mm,且接缝处应夯压密实;

3 灰土拌合均匀后,应当日铺填夯压;灰土夯压密实后,3d 内不得受水浸泡;

4 粉煤灰垫层铺填后,宜当天压实,每层验收后应及时铺填上层或封层,并应禁止车辆碾压通行;

5 垫层施工竣工验收合格后,应及时进行基础施工与基坑回填。

3. 原因分析

流砂一般出现在粉砂层或黏土颗粒含量小于 10%、粉粒含量大于 75% 的土层中,基坑(槽)内外的水位高差大,动水压力将粉砂颗粒冲出,粉砂层被破坏,形成流砂。坑内流砂挖掘愈多,基坑(槽)外地面下沉和影响范围愈大。

4. 预防措施

(1)施工前必须了解天然土层性质和分布。

(2)如易发生流土的土层位于地下水位以下,基坑(槽)底在地下水位以下超过 0.5m,则应预先采用降水措施,降低地下水位 。

5. 治理措施

如未做上列预防措施,而施工中突然发现流砂现象时,则可采用下列方法:

(1)采用水下挖土(不排水挖土),使基坑(槽)内水位与坑(槽)外地下水位相平衡,消除水压,阻止流砂产生。

(2)将板桩打入坑底以下一定深度内,减小动水压力。

(3)向坑底抛大石块,增加土的压重,防止流砂现象进一步扩大。但此法只能解决局部或轻微流砂现象,如果冒砂现象严重,地基土已失去承载能力,抛入的大石块就会沉入土中,无法起到阻止流砂的作用。

(4)降低基坑外地下水位。在基坑外采用管井或井点降低地下水位,以减小坑内外的水头差,阻止流砂发生。

2.1.3 换土夯实中出现"橡皮土"

1. 现象

填土受夯击后,地基土发生颤动,不排水条件下,受夯击处土体下陷,而四周土体鼓起。在人工填土地基内,若夯击填土的含水量控制不合理,会出现软塑状的橡皮土,将使地基的承载力降低,变形加大,地基沉降长时间达不到稳定(图2-3)。

图2-3 夯实过程中出现橡皮土

2.规范规定

《建筑地基处理技术规范》JGJ 79-2012:

> 4.2.1 垫层材料的选用应符合下列要求:
> 2 粉质黏土。土料中有机质含量不得超过5%,且不得含有冻土或膨胀土。当含有碎石时,其最大粒径不宜大于50mm。用于湿陷性黄土或膨胀土地基的粉质黏土垫层,土料中不得夹有砖、瓦或石块等。
> 4.3.3 粉质黏土和灰土垫层土料的施工含水量宜控制在 W_{op}±2%的范围内,粉煤灰垫层的施工含水量宜控制在 W_{op}±4%的范围内。最优含水量 W_{op} 可通过击实试验确定,也可按当地经验取用。

3.原因分析

在含水量很高的黏土或者粉质黏土、淤泥质土、腐殖土等原状土地基中进行回填,或采用这类土作为土料进行回填时,由于原状土被扰动,颗粒之间的毛细孔遭到破坏,水分不易渗透和散发。当施工气温较高,对其进行夯击或碾压,表面易形成一层硬壳,阻止了土中水分的渗透和散发,因而使土形成软塑状态的橡皮土。这种土埋藏越深,水分散发越慢。

4.预防措施

(1)夯(压)实填土时,应适当控制填土的含水量,土的最优含水量可通过击实试验确定。工地简单检验,一般以手握成团,落地开花为宜。

(2)避免在含水量过大的黏土、粉质黏土、淤泥质土、腐殖土等原状土上进行换土回填。

(3)填土区如有地表水时,应设排水沟排走;地下水应降低至基底0.5m以下。

(4)分段和间断进行回填施工,使橡皮土含水量逐渐降低。

5.治理措施

(1)用干土、石灰粉、碎砖等吸水材料均匀掺入橡皮土中,吸收土中水分,降低土的含水量。

(2)将橡皮土翻松、晾晒、风干至最优含水率范围,再夯(压)实。

(3)将橡皮土挖除,采取换土回夯(压)实,或填以3:7灰土、级配砂石夯(压)实。

2.1.4 地基密实度达不到要求

1.现象

换土后的地基,经夯击、辗压后,达不到设计要求的密实度。

2.规范规定

(1)《建筑地基处理技术规范》JGJ 79-2012:

4.3.1 垫层施工应根据不同的换填材料选择施工机械。粉质黏土、灰土垫层宜采用平碾、振动碾或羊足碾,以及蛙式夯、柴油夯。砂石垫层等宜用振动碾,粉煤灰垫层宜采用平碾、振动碾、平板振动器、蛙式夯,矿渣垫层宜采用平板振动器或平碾,也可采用振动碾。

4.3.2 垫层的施工方法、分层铺填厚度、每层压实遍数宜通过现场的试验确定。除接触下卧软土层的垫层底部应根据施工机械设备及下卧层土质条件确定厚度外,其他垫层的分层铺填厚度宜为200~300mm。为保证分层压实质量,应控制机械碾压速度。

(2)《建筑地基基础工程施工质量验收规范》GB 50202-2002:

4.2.4 灰土地基的质量验收标准应符合表4.2.4的规定。

灰土地基质量检验标准　　　　　　　　　　　　　　表4.2.4

项	序	检查项目	允许偏差或允许值		检查方法
			单位	数值	
主控项目	1	地基承载力	设计要求		按规定方法
	2	配合比	设计要求		按拌合时的体积比
	3	压实系数	设计要求		现场实测
一般项目	1	石灰粒径	mm	≤5	筛分法
	2	土料有机质含量	%	≤5	试验室焙烧法
	3	土颗粒粒径	mm	≤15	筛分法
	4	含水量(与要求的最优含水量比较)	%	±2	烘干法
	5	分层厚度偏差(与设计要求比较)	mm	±50	水准仪

4.3.4 砂和砂石地基的质量验收标准应符合表4.3.4的规定。

砂及砂石地基质量检验标准　　　　　　　　　　　　表4.3.4

项	序	检查项目	允许偏差或允许值		检查方法
			单位	数值	
主控项目	1	地基承载力	设计要求		按规定方法
	2	配合比	设计要求		检查拌合时的体积比或重量比
	3	压实系数	设计要求		现场实测
一般项目	1	砂石料有机质含量	mm	≤5	焙烧法
	2	砂石料含泥量	%	≤5	水洗法
	3	石料粒径	mm	≤100	筛分法
	4	含水量(与最优含水量比较)	%	±2	烘干法
	5	分层厚度(与设计要求比较)	mm	±50	水准仪

4.4.4 土工合成材料地基质量检验标准应符合表4.4.4的规定。

土工合成材料地基质量检验标准　　　　　　　表4.4.4

项	序	检查项目	允许偏差或允许值		检查方法
			单位	数值	
主控项目	1	土工合成材料强度	%	≤5	置于夹具上做拉伸试验（结果与设计标准相比）
	2	土工合成材料延伸率	%	≤3	置于夹具上做拉伸试验（结果与设计标准相比）
	3	地基承载力	设计要求		按规定方法
一般项目	1	土工合成材料搭接长度	mm	≥300	钢尺量
	2	土石料有机质含量	%	≤5	焙烧法
	3	层面平整度	mm	≤20	用2m靠尺
	4	每层铺设厚度	mm	±25	水准仪检查

4.5.4 粉煤灰地基质量检验标准应符合表4.5.4的规定。

粉煤灰地基质量检验标准　　　　　　　　　表4.5.4

项	序	检查项目	允许偏差或允许值		检查方法
			单位	数值	
主控项目	1	压实系数	设计要求		现场实测
	2	地基承载力	设计要求		按规定方法
一般项目	1	粉煤灰粒径	mm	0.001—2.000	过筛
	2	氧化铝及二氧化硅含量	%	≥70	试验室化学分析
	3	烧失量	%	≤12	试验室烧结法
	4	每层铺筑厚度	mm	±50	水准仪
	5	含水量（与最优含水量比较）	%	±2	取样后试验室确定

3. 原因分析

（1）换土用的土料不纯。

（2）分层虚铺厚度过大。

（3）土料含水量过大或过小。

（4）机具使用不当，夯击能量不能达到有效影响深度。

4. 预防措施

（1）土料要求

1）素土地基：土料一般以粉土或粉质黏土、重粉质黏土、黏土为宜，不应采用地表耕植土、淤泥及淤泥质土、膨胀土及杂填土。

2）灰土地基：土料应尽量采用地基槽中挖出的土，凡有机质含量不大的黏性土，都可用做灰土的土料，但不应采用地表耕植土。土料应予过筛，其粒径不大于15mm。石灰必须经消解3～4d后方可使用，粒径不大于5mm，且不能夹有未熟化的生石灰块粒，灰、土配合比

（体积比）一般为 2∶8 或 3∶7，拌合均匀后铺入基坑（槽）内。

3）砂垫层和砂石垫层地基宜采用质地坚硬的中砂、粗砂、砾砂、卵石或碎石，以及石屑、煤渣或其他工业废粒料。如采用细砂，宜同时掺入一定数量的卵石或碎石。砂石材料不能含有草根、垃圾等杂质。

（2）含水量要求

1）素土地基必须采用最佳含水量。

2）灰土经拌合后，如水分过多或不足时，可晾干或洒水润湿。一般可按经验在现场直接判断，其方法为：手握灰土成团，两指轻捏即碎。此时灰土基本上接近最佳含水量。

3）砂垫层和砂石垫层施工可按所采用的捣实方法，分别选用最佳含水量。

（3）掌握分层虚铺厚度，必须按所使用机具来确定，见表 2-2、表 2-3 所列。

土（灰土）最大虚铺厚度　　　　　　　表 2-2

机具种类	机具规格	虚铺厚度（cm）	备注
石夯、木夯	40~80kg	20~25	
轻型夯实机械	蛙式打夯机、柴油打夯机	20~25	人力送夯，落高 40~50cm，一夯压半夯
压路机	机重 6~10t	20~30	双轮压路机

砂垫层和砂石垫层每层铺设厚度及最佳含水量　　　　　　　表 2-3

项次	捣实方法	每层铺设厚度（cm）	施工时的最佳含水量（%）	施工说明	备注
1	平振法	20~25	15~20	用平板式振动器往复振捣到密度合格为止	
2	插振法	按振动器插入深度确定	饱和	（1）用插入式振动器；（2）插入间距可根据机械振幅大小决定；（3）不应插至土层	不宜使用细砂或含泥量较大的砂所铺筑的砂垫层
3	水撼法	25	饱和	（1）注水高度超过铺设面层；（2）用钢叉摇撼捣实，插入点间距为 10cm；（3）钢叉分四齿，齿的间距 8cm，长 30cm，木柄长 90cm，重 4kg	
4	夯实法	15~20	8~12	（1）用木夯或机械夯；（2）木夯重 40kg，落距 50cm；（3）一夯压半夯，全面夯实	
5	碾压法	15~20（压路机）	8~12	6~10t 压路机往复碾压	（1）适用于大面积或砂石垫层；（2）不宜用于地下水位以下的砂垫层

注：在地下水位以下的垫层，最下层的铺设厚度可比表内数值增加 5cm。

5. 治理措施

（1）换用较纯的土作为夯实土料。

86

（2）分层虚铺厚度不宜过大。

（3）土料含水量适量。

（4）机具使用恰当，夯击能量要达到有效影响深度。

2.2 强力夯实加固地基

强夯法（强力夯实法）是一种软弱地基深层加固方法，其有效加固深度随夯击能量增大而加深，它是利用不同重量的夯锤，从不同的高度自由落下，产生很大的冲击力来处理地基的方法。它适用于砂质土、黏性土及碎石、砾石、砂土、黏土等的回填土，以提高地基的强度，满足上部荷载的要求。

2.2.1 地面隆起及翻浆

1. 现象

夯击过程中地面出现隆起和翻浆现象。

2. 规范规定

《建筑地基处理技术规范》JGJ 79－2012：

> 6.3.3 强夯处理地基的设计应符合下列规定：
>
> 4 两遍夯击之间，应有一定的时间间隔，间隔时间取决于土中超静孔隙水压力的消散时间。当缺少实测资料时，可根据地基土的渗透性确定，对于渗透性较差的黏性土地基，间隔时间不应少于2～3周；对于渗透性好的地基可连续夯击。
>
> 5 夯击点位置可根据基础底面形状，采用等边三角形、等腰三角形或正方形布置。第一遍夯击点间距可取夯锤直径的2.5～3.5倍，第二遍夯击点应位于第一遍夯击点之间。以后各遍夯击点间距可适当减小。对处理深度较深或单击夯击能较大的工程，第一遍夯击点间距宜适当增大。

3. 原因分析

（1）夯点选择不合适，使夯击压缩变形的扩散角重叠。

（2）夯击有侧向挤出现象。

（3）夯击后间歇时间短，孔隙水压力未完全消散。

（4）有的土质夯击数过多易出现翻浆（橡皮土）。

（5）雨期施工或土质含水量超过一定量时（一般为20%内），夯坑周围出现隆起及夯点有翻浆的现象。

4. 防治措施

（1）调整夯点间距、落距、夯击数等，使之不出现地面隆起和翻浆为准（视不同的土层、不同机具等确定）。

（2）施工前要进行试夯确定：各夯点相互干扰的数据；各夯点压缩变形的扩散角；各夯点达到要求效果的遍数；每夯一遍孔隙水压力消散完的间歇时间。

（3）根据不同土层不同的设计要求，选择合理的操作方法（连夯或间夯等）。

（4）在易翻浆的饱和黏性土上，可在夯点下铺填砂石垫层，以利孔隙水压的消散，可一次铺成或分层铺填。

（5）尽量避免雨期施工,必须雨期施工时,要挖排水沟,设集水井,地面不得有积水,减少夯击数,增加孔隙水的消散时间。

5. 治理措施

根据不同土层不同的设计要求,选择合理的夯实操作方法,选择合适的夯点,控制夯实的间隙,保证孔隙水压力及时消散。

2.2.2 强力夯实夯击效果差

1. 现象

强夯后未能满足设计要求深度内的密实度。

2. 规范规定

《建筑地基处理技术规范》JGJ 79－2012:

> 6.3.1 夯实地基处理应符合下列规定:
>   1 强夯和强夯置换施工前,应在施工现场有代表性的场地选取一个或几个试验区,进行试夯或试验性施工。每个试验区面积不宜小于20m×20m,试验区数量应根据建筑场地复杂程度、建筑规模及建筑类型确定。
>   2 场地地下水位高,影响施工或夯实效果时,应采取降水或其他技术措施进行处理。
> 6.3.2 强夯置换处理地基,必须通过现场试验确定其适用性和处理效果。

3. 原因分析

（1）冬季施工土层表面受冻,强夯时冻块夯入土中,这样既消耗了夯击能量又使未经压缩的土块夯入土中。

（2）雨期施工,地表积水或地下水位高,影响了夯实效果。

（3）夯击时在土中产生了较大的冲击波,破坏了原状土,使之产生液化（可液化的土层）。

（4）遇有淤泥或淤泥质土,强夯无效果,虽然有裂隙出现,但孔隙水压不易消散掉。

4. 预防措施

（1）雨期施工时,施工表面不能有积水,并增加排水通道,底面平整应有泛水(0.5% ～1%),夯坑及时回填压实,防止积水;在场地外围设围墙,防止外部地表水浸入,并在四周设排水沟,及时排水。

（2）地下水位高时,可采用点井降水或明排水(抽水)等办法降低水位。

（3）冬季应尽可能避免施工,否则应增大夯击能量,使能击碎冻块,并清除大冻块,避免未被击碎的大冻块埋在土中,或待来年天暖融化后做最后夯实。

（4）若基础埋置较深时,可采取先挖除表层土的办法,使地表标高接近基础标高,减小了夯击厚度,提高加固效果。

（5）夯击点一般按三角形或正方形网格状布置,对荷载较大的部位,可适当增加夯击点。

（6）建筑物最外围夯点的轮廓中心线,应比建筑物最外边轴线再扩大1～2排夯点(取决于加固深度)。

（7）土层发生液化应停止夯击,此时的击数为该遍确定的夯击数或视夯坑周围隆起情况,确定最佳夯击数。目前常用夯击数在5～20击范围内。

（8）间歇时间是保证夯击效果的关键,主要根据孔隙水压力消散完来确定。

（9）当夯击效果不显著时（与土层有关），应铺以袋装砂井或石灰桩配合使用，以利排水，增加加固效果。

（10）夯锤应有排气孔，以克服气垫作用，减少冲击能的损耗和起锤时夯坑底对夯锤的吸力，增加夯击效果。

（11）在正式施工前，应通过试夯和静载试验，确定有关参数。夯击遍数应根据地质情况确定。

5. 治理措施

根据上述防止措施制定相关的治理方案。

2.2.3 土层中有软弱土

1. 现象

土层中存在黏土夹层，对土层加固深度与加固效果不利。

2. 规范规定

《建筑地基处理技术规范》GJ 79－2012：

> 6.3.5 强夯置换处理地基的设计，应符合下列规定：
>
> 11 软黏性土中强夯置换地基承载力特征值应通过现场单墩静载荷试验确定；对于饱和粉土地基，当处理后形成 2.0m 以上厚度的硬层时，其承载力可通过现场单墩复合地基静载荷试验确定。

试夯后应挖探井取样检查夯实效果，测定坑底以下 2.5m 深度范围内的密实度，每隔 0.25m 逐层取土进行试验，并与试坑以外相对深度的天然土密实度作比较。

正式施工后检查夯实效果，除应满足试夯最终下沉量的规定要求外，尚应符合夯实的基坑（槽）表面总下沉量不少于试夯总下沉量 90% 的要求，用以上两个指标控制质量，即认为合格。其夯击检查点的数量如下：

（1）每一单独基础至少应有 1 点。

（2）对基槽每 20m 应有 1 点。

（3）对整片地基每 50～100m² 取 1 点。

（4）通过检查，如质量不合格时，应进行补夯，直至合格为止。

3. 原因分析

软黏土弱夹层位于加固范围之内，则加固只能达到弱夹层表面，而在软弱夹层下面的土层很难得到加固，这是由于该层吸收了夯击能量难于向下传递所致。

4. 防治措施

（1）尽量避免在软弱夹层地区采用强夯法加固地基。

（2）加大夯击能量。

5. 治理措施

尽量避免在软弱夹层地区采用强夯法加固地基，加大夯击能量。

2.3 振冲法加固地基

振冲法加固地基最初仅用于松散砂土的挤密，现已在黏土、软黏土、杂填土以及饱和黄土地基上广泛应用。振冲法对砂土是挤密作用,对黏性土是置换作用,加固后桩体与原地基土共同组成复合地基。振冲施工前,应在现场进行制桩试验,确定有关设计参数以及振冲水压、水量、填料方法与用量等。

2.3.1 桩体缩颈或断桩

1. 现象

碎石桩桩体个别区段由于桩孔回缩或遇硬土层扩孔不足,而使桩孔直径偏小,导致填料困难,甚至产生桩体断续出现断桩现象。

2. 规范规定

《建筑地基处理技术规范》JGJ 79－2012:

> 7.2.1 振冲碎石桩、沉管砂石桩复合地基处理应符合下列规定:
>
> 2 对大型的、重要的或场地地层复杂的工程,以及对于处理不排水抗剪强度不小于20kPa的饱和黏性土和饱和黄土地基,应在施工前通过现场试验确定其适用性。
>
> 3 不加填料振冲挤密法适用于处理黏粒含量不大于10%的中砂、粗砂地基,在初步设计阶段宜进行现场工艺试验,确定不加填料振密的可行性,确定孔距、振密电流值、振冲水压力、振冲砂层的物理力学指标等施工参数;30kW振冲器振密深度不宜超过7m,75kW振冲器振密深度不宜超过15m。

3. 原因分析

(1)在软黏土地基中成孔后,桩孔孔壁容易回缩或坍塌,堵塞孔道,使填料下落困难。

(2)振冲器穿过硬土层后,忽视必要的扩孔工序。

4. 预防措施

(1)在软黏土地基中施工时,应经常上下提升振冲器进行清孔,如土质特别软,可在振冲器下沉到第一层软弱层时,就在孔中填料,进行初步挤振,使这些填料挤到该软弱层的周围,起到保护此段孔壁的作用。然后再继续按常规向下进行振冲,直至达到设计深度为止。

(2)如遇硬土层时,应将振冲器在硬土层区段上下提升,并适当加大水压进行扩孔。

5. 治理措施

经常对振冲器进行清孔,振冲碎石桩施工时应符合相关规定。

2.3.2 振冲法加固效果差

1. 现象

砂土地基经振冲后,通过检验达不到密实度的要求;黏性土地基经振冲后,通过荷载试验检验,复合地基的承载力与刚度均未能达到设计要求。

2. 规范规定

《建筑地基处理技术规范》JGJ 79－2012:

> 6.3.3 强夯处理地基的设计应符合下列规定:
>
> 6 强夯处理范围应大于建筑物基础范围,每边超出基础外缘的宽度宜为基底下设计处理深度的1/2～2/3,且不应小于3m。

《建筑地基基础工程施工质量验收规范》GB 50202－2002:

振冲地基质量检验标准应符合表4.9.4的规定。

项目	序	检查项目	允许偏差或允许值		检查方法
			单位	数值	
主控项目	1	填料粒径	设计要求		抽样检查
	2	密实电流(黏性土)	A	50~55	电流表读数
		密实电流(砂性土或粉土)	A	40~50	电流表读数
		(以上为功率30kW振冲器)	Ao	1.5~2.0	电流表读数,
		密实电流(其他类型振冲器)			Ao为空振电流
	3	地基承载力	设计要求		按规定方法
一般项目	1	填料含泥量	%	<5	抽样检查
	2	振冲器喷水中心与孔径中心偏差	mm	≤50	用钢尺量
	3	成孔中心与设计孔位中心偏差	mm	≤100	用钢尺量
	4	桩体直径	mm	<50	用钢尺量
	5	孔深	mm	±700	量钻杆或重锤测

振冲地基质量检验标准　　　　　　　　表4.9.4

3. 原因分析

（1）振冲加密砂土时水量不足，未能使砂土达到饱和;在振冲时留振时间不够，未能使砂土充分液化。

（2）黏性土地基振冲施工时，未能适当控制水压、电流、填料量不足或桩体密实度欠佳。

4. 预防措施

（1）在砂土地基中施工时，应严格控制水量，当振冲器水管供水仍未能使地基达到饱和，可在孔口另外加水管灌水，也可在加固区预先浸水后再施工。但要注意水量不可过大，以免将地基中的部分砂砾冲走，影响地基密实度。

（2）振冲挤密砂土时，振冲器应以 1~2m/min 速度提升，每提升 30~50cm，留振 30~60s，以保证砂土充分液化。与此同时，应严格控制密实电流，一般应超过振冲器空转电流 5~10A。

（3）在黏性土地基中进行振冲时，应视地基土的软硬情况调节水压，一般造孔水压应适当大些，填料的水压应适当降低。

（4）当振冲器沉至加固深度以上约 30~50cm 时，应将振冲器以 5~6m/min 的速度提升至孔口，再以同样速度下沉至原来深度。在孔底处应稍降低水压并适当停留，使孔中稠泥浆通过回水带出地面，从而降低孔内泥浆密度，以利填料时石料能较快地下落入孔中。

（5）填料时，视土质情况可以分几次或连续填料，填料量不少于一根桩的体积容量，以确保达到设计要求的置换率。

（6）在黏土地基中，其密实电流量一般应超过振冲器空转电流 15~20A，每次振实时，均应留振片刻，观察电流的稳定情况。

（7）严格做好施工记录，检查有否漏桩等情况。

5. 治理措施

振冲桩采用合理的平面布置，振冲桩的间距和长度应根据上部结构荷载大小和场地条件确定。

2.4 土和灰土挤密桩加固地基

土和灰土挤密桩适用于地下水位以上的湿陷性黄土、人工填土、新近堆积土和地下水有上升趋势地区的地基加固。

挤密桩施工前,必须在建筑地段附近进行成桩试验。通过试验可检验挤密桩地基的质量和效果,同时取得指导施工的各项技术参数:成孔工艺、桩径大小、桩孔回填料速度和夯击次数的关系、夯实后的密度和桩间土的挤密效果,以确定合适的桩间距等。成桩试验结果应达到设计要求。

2.4.1 桩缩孔或塌孔,挤密效果差

1. 现象

挤密桩夯打时造成缩颈或堵塞,挤密成孔困难;桩孔内受水浸湿,桩间距过大等使挤密效果差。

2. 规范规定

《建筑地基处理技术规范》JGJ 79－2012:

> 7.5.3 灰土挤密桩、土挤密桩施工应符合下列规定:
>
> 1 成孔应按设计要求、成孔设备、现场土质和周围环境等情况,选用振动沉管、锤击沉管、冲击或钻孔等方法;
>
> 2 桩顶设计标高以上的预留覆盖土层厚度,宜符合下列规定:
>
> 1) 沉管成孔不宜小于0.5m;
>
> 2) 冲击成孔或钻孔夯扩法成孔不宜小于1.2m。
>
> 3 成孔时,地基土宜接近最优(或塑限)含水量,当土的含水量低于12%时,宜在地基处理前4～6d,对拟处理范围内的土层进行增湿。将需增湿的水通过一定数量和一定深度的渗水孔,均匀地浸入拟处理范围内的土层中,增湿土的加水量可按下式估算:
>
> $$Q = v \overline{\rho}_\mathrm{d} (w_\mathrm{op} - \overline{w}) k$$
>
> 式中　Q——计算加水量(t);
>
> 　　　v——拟加固土的总体积(m^3);
>
> 　　　$\overline{\rho}_\mathrm{d}$——地基处理前土的平均干密度($\mathrm{t/m}^3$);
>
> 　　　w_{op}——土的最优含水量(%),通过室内击实试验求得;
>
> 　　　$\overline{w}$——地基处理前土的平均含水量(%);
>
> 　　　k——损耗系数,可取1.05～1.10。
>
> 4 土料有机质含量不应大于5%,且不得含有冻土和膨胀土,使用时应过10～20mm的筛,混合料含水量应满足最优含水量要求,允许偏差应为±2%,土料和水泥应拌合均匀;
>
> 5 成孔和孔内回填夯实应符合下列规定:
>
> 1) 成孔和孔内回填夯实的施工顺序:当整片处理地基时,宜从里(或中间)向外间隔1～2孔依次进行,对大型工程,可采取分段施工;当局部处理地基时,宜从外向里间隔1～2孔依次进行;

3. 原因分析

(1)地基土的含水量过大或过小。含水量过大,土层呈强度极低的流塑状,挤密成孔时易发生缩孔;含水量过小,土层呈坚硬状,挤密成孔时易碎裂松动而塌孔。

(2)不按规定的施工顺序进行。

(3)对已成的孔没有及时回填夯实。

(4)桩间距过大,挤密效果不够,均匀性差。

4. 预防措施

(1)地基土的含水量在达到或接近最佳含水量时,挤密效果最好。当含水量过大时,必须采用套管成孔。成孔后如发现桩孔缩颈比较严重,可在孔内填入干散砂土、生石灰块或砖渣,稍停一段时间后再将桩管沉入土中,重新成孔。如含水量过小,应预先浸湿加固范围的土层,使之达到或接近最佳含水量。

(2)必须遵守成孔挤密的顺序,应先外圈后里圈并间隔进行。对已成的孔,应防止受水浸湿且必须当天回填夯实。

(3)施工时应保持桩位正确,桩深应符合设计要求。为避免夯打造成缩颈堵塞,应打一孔,填一孔,或隔几个桩位跳打夯实。

(4)控制桩的有效挤实范围,一般以2.5~3倍桩径为宜。

5. 治理措施

对地基土的含水量有合理的控制,其次对桩本身的参数和布置要合理。

2.4.2 桩身回填夯击不密实,疏松、断裂

1. 现象

桩孔回填不均匀,夯击不密实,时密时松,桩身疏松甚至断裂。

2. 规范规定

(1)《建筑地基处理技术规范》JGJ 79-2012:

(2)《建筑地基基础工程施工质量验收规范》GB 50202-2002:

土和灰土挤密桩地基质量检验标准					表4.12.4
项	序	检查项目	允许偏差或允许值		检查方法
			单位	数值	
主控项目	1	桩体及桩间土干密度	设计要求		现场取样检查
	2	桩长	mm	+500	测桩管长度或垂球测孔深
	3	地基承载力	设计要求		按规定的方法
	4	桩径	mm	-20	用钢尺量
一般项目	1	土料有机质含量	%	≤5	试验室焙烧法
	2	石灰粒径	mm	≤5	筛分法
	3	桩位偏差	满堂布桩≤0.40D 条基布桩≤0.25D		用钢尺量,D为内桩径
	4	垂直度	%	<50	用经纬仪测桩管
	5	桩径	mm	<0.04D	用钢尺量

注:桩径允许偏差负值是指个别断面。

3.原因分析

(1)不按施工规定进行操作,回填料速度太快,夯击次数不足。

(2)回填料拌合不均匀,含水量过大或过小。

(3)施工回填料的实际用量未达到成孔体积的计算容量。

(4)锤重、锤型和落距选择不当。

4.预防措施

(1)成孔深度应符合设计规定,桩孔 填料前,应先夯击孔底3~4锤。根据成桩试验测定的密实度要求,随填随夯,对待力层范围内(约5~10倍桩径的深度范围)的夯实质量应严格控制。若锤击数不够,可适当增加击数。

(2)回填料应拌合均匀,且适当控制其含水量,一般可按经验在现场直接判断。

(3)每个桩孔回填用料应与计算用量基本相符。

(4)夯锤重不宜小于100kg,采用的锤型应有利于将边缘土夯实(如梨形锤和枣核形锤等),不宜采用平头夯锤,落距一般应大于2m。

(5)如地下水位很高时,可用人工降水后,再回填夯实。

5.治理措施

夯填过程中,若遇孔壁塌方,应停止夯填,先将塌方土清除干净,然后用C10混凝土灌入塌方处,再继续回填夯实。

2.5 碎石桩挤密加固地基

碎石桩是用振动沉桩机将钢套管沉入土中再灌入碎石而成,适用于松砂、软弱土、杂填土、粉质黏土等土层的地基加固。此法所形成的碎石桩体,与原地基土共同组成复合地基,来承受上部结构的荷载,有时也用于克服土层液化(松砂层或粉土层)。

2.5.1 碎石桩桩身缩颈

1. 现象

成型后的桩身局部直径小于设计要求,一般发生在地下水位以下或饱和的黏性土中。

2. 规范规定

《建筑地基处理技术规范》JGJ 79 - 2012:

> 7.2.2 振冲碎石桩、沉管砂石桩复合地基设计应符合下列规定:
>
> 6 振冲桩桩体材料可采用含泥量不大于5%的碎石、卵石、矿渣或其他性能稳定的硬质材料,不宜使用风化易碎的石料。对30kW振冲器,填料粒径宜为20~80mm,对55kW振冲器,填料粒径宜为30~100mm;对75kW振冲器,填料粒径宜为40~150mm。沉管桩体材料可用含泥量不大于5%的碎石、卵石、角砾、圆砾、砾砂、粗砂、中砂或石屑等硬质材料,最大粒径不宜大于50mm。
>
> 7.2.3 振冲碎石桩施工应符合下列规定:
>
> 1 振冲施工可根据设计荷载的大小、原土强度的高低、设计桩长等条件选用不同功率的振冲器。施工前应在现场进行试验,以确定水压、振密电流和留振时间等各种施工参数。
>
> 4 施工现场应事先开设泥水排放系统,或组织好运浆车辆将泥浆运至预先安排的存放地点,应设置沉淀池,重复使用上部清水。
>
> 5 桩体施工完毕后,应将顶部预留的松散桩体挖除,铺设垫层并压实。
>
> 7 振密孔施工顺序,宜沿直线逐点逐行进行。

3. 原因分析

(1)原状土含饱和水再加上施工注水润滑,经振动产生流塑状,瞬间形成高孔隙水压力,使局部桩体挤成缩颈。

(2)地下水位与其上土层结合处,易产生缩颈。

(3)流动状态的淤泥质土,因钢套管受较强振动,也易产生缩颈。

(4)桩间距过小,互相挤压形成缩颈。

4. 预防措施

(1)要详细研究地质报告,确定合理的施工方法。

(2)每根桩用浮漂观测法,找出缩颈部位,计算出桩径,便于采取补救措施。

(3)套管中应保持足够的灌石量,至少有2m高的石料(用敲击桩管确定管中石料部位)。

(4)采用跳打法克服桩相互挤压现象。

5. 治理措施

(1)控制拔管速度,一般为0.8~1.5m/min。要求每拔0.5~1.0m停止拔管,原地振动10~30s(根据不同地区、不同地质选择不同的拔管速度),反复进行,直至拔出地面。

(2)用反插法来克服缩颈。可分为:

1)局部反插:在发生部位进行反插,并多往下插入1m。

2)全部反插:开始从桩端至桩顶全部进行反插,即开始拔管1m,再反插到底,以后每拔出1m反插0.5m,直至拔出地面。

(3)用复打法克服缩颈。可分为:

1)局部复打:在发生部位进行复打,同样超深1m。

2)全复打:即为二次单打法的重复,应注意同轴沉入到原深度,灌入同样的石料。

2.5.2 碎石灌量不足

1.现象

碎石挤密桩施工中,碎石实际灌量小于设计要求灌量。

2.规范规定

参见2.5.1节。

3.原因分析

(1)原状土含饱和水,再加上施工注水的润滑,经振动产生流塑状,瞬间形成高孔隙水压力,使局部桩体挤成缩颈。

(2)地下水位与其上土层结合处,易产生缩颈。

(3)流动状态的淤泥质土,因钢套管受较强振动,也易产生缩颈。

(4)桩间距过小,互相挤压形成缩颈。

(5)开始拔管有一段距离,活瓣被黏土抱着张不开,孔隙被流塑土或淤泥所填充;或活瓣开口不大,碎石不能顺利流出。

(6)碎石不规格,石料间摩阻较大,造成出料困难。

4.预防措施

(1)要详细研究地质报告,确定合理的施工方法。

(2)每根桩用浮漂观测法,找出缩颈部位,计算出桩径,便于采取补救措施。

(3)套管中应保持足够的灌石量,至少有2m高的石料(用敲击桩管确定管中石料部位)。

(4)严格控制碎石规格,一般粒径为$0.5 \sim 3cm$,含泥量小于5%。

(5)确定实际灌量的充盈系数,按规范为$K = 1.1 \sim 1.3$(根据不同地质选用)。

(6)调节加大沉箱的振动频率,减小碎石间摩擦,加速石料顺利流出管外。

5.治理措施

(1)控制拔管速度,一般为$0.8 \sim 1.5m/min$。要求每拔$0.5 \sim 1.0m$停止拔管,原地振动$10 \sim 30s$(根据不同地区、不同地质选择不同的拔管速度),反复进行,直至拔出地面。

(2)用反插法来克服缩颈。可分为:

1)局部反插:在发生部位进行反插,并多往下插入1m。

2)全部反插:开始从桩端至桩顶全部进行反插,即开始拔管1m,再反插到底,以后每拔出1m反插0.5m,直至拔出地面。

(3)用复打法克服缩颈。可分为:

1)局部复打:在发生部位进行复打,同样超深1m;

2)全复打:即为二次单打法的重复,应注意同轴沉入到原深度,灌入同样的石料。

(4)用混凝土预制桩尖法,解决活瓣桩尖张不开的问题,加大灌石量。

(5)灌料时注入压力水(一般为$0.2 \sim 0.4MPa$)的泵压,使石料表面润滑,减小摩擦阻力,易于流入孔中。

2.5.3 碎石挤密桩密实度差

1.现象

碎石挤密桩经过测试,密实度达不到设计要求。

2. 规范规定

参见 2.5.1 节。

3. 原因分析

(1)土层过软或地下水位较高呈流塑状,桩间土承载力增长达不到设计要求。

(2)碎石灌量小于设计灌量。

(3)产生局部缩颈或断桩现象。

(4)表层加固效果差,主要是上部覆盖压力小,土体加固时产生纵向变形。

4. 预防措施

(1)认真分析地质报告,找出不密实的原因,以确定补救措施。

(2)用加密桩的办法减小桩间距,一般为 $2.5d \sim 3d$(d 为桩径或边长),采用梅花式布桩(等边三角形布桩),每平方米范围内应有一根碎石桩。

(3)控制拔管速度,一般为 $0.8 \sim 1.5$m/min。要求每拔 $0.5 \sim 1.0$m 停止拔管,原地振动 $10 \sim 30$s(根据不同地区、不同地质选择不同的拔管速度),反复进行,直至拔出地面。

(4)控制碎石的含泥量在 5% 以内,不得有有机物质掺入。

(5)控制施工注水量(在灌料时注少量水,拔管时停止注水),或采用不注水而加大沉桩机激振力的办法。

(6)遵守成孔挤密顺序,先外围后里圈,并间隔进行(跳打法)。

5. 治理措施

(1)缩小桩的间距。

(2)控制拔管的速度。

(3)控制碎石的含泥量。

(4)控制施工注水量,或采用不注水加大桩机激振力。

2.5.4 成桩偏斜,达不到设计深度

1. 现象

成桩未能达到设计标高,桩体偏斜过大。

2. 规范规定

《建筑地基处理技术规范》JGJ 79 - 2012:

> 7.2.2 振冲碎石桩、沉管砂石桩复合地基设计应符合下列规定:
>
> 7 桩顶和基础之间宜铺设厚度为 $300 \sim 500$mm 的垫层,垫层材料宜用中砂、粗砂、级配砂石和碎石等,最大粒径不宜大于 30mm,其夯填度(夯实后的厚度与虚铺厚度的比值)不应大于 0.9。
>
> 10 对处理堆载场地地基,应进行稳定性验算。

3. 原因分析

(1)遇到地下物如大孤石、大块混凝土、老房基及各种管道等。

(2)遇到干硬黏土或硬夹层(如砂、卵石层)。

(3)遇有倾斜的软硬地层交接处,造成桩尖向软弱土方向滑移。

(4)桩工机械底座放置的地面不平、不实,沉陷不均匀,使桩机本身倾斜。

（5）钢套管弯曲过大，稳管时又未校正。

4. 预防措施

（1）施工前地面应平整压实（一般要求地面承载力为 100～150kN/m²），或垫砂卵石、碎石、灰土及路基箱等，因地制宜选用。

（2）施工前选用合格的钢管桩，稳桩管要双向校正（成 90°角，用垂球或经纬仪），控制垂直度不大于 1%。

（3）放桩位点时，先用钎探找出地下物的埋置深度，挖坑应分层回填夯实（钎长 1～1.5m），非桩位点可不做处理。

（4）遇有硬黏土或硬夹层，可先成孔注水，浸泡一段时间再沉管，或边振沉边注水，以满足设计深度。

（5）遇到地层软硬交接处沉降不等或滑移时，应与设计单位研究，采取缩短桩长、加密桩数的办法。

5. 治理措施

缩短桩长，加密桩数。

2.5.5 碎石拒落

1. 现象

沉桩到个别区段，碎石拒落，出现断桩。

2. 规范规定

参见 2.5.1 节。

3. 原因分析

（1）开始拔管有一段距离，活瓣被黏土抱着张不开；孔隙被流塑土或淤泥所填充；或活瓣开口不大，碎石不能顺利流出。

（2）灌石料的自重克服不了孔隙水压力造成的活瓣不张，因而出现碎石拒落或断桩。

4. 预防措施

（1）控制拔管速度，一般为 0.8～1.5m/min。要求每拔 0.5～1.0m 停止拔管，原地振动 10～30s（根据不同地区、不同地质选择不同的拔管速度），反复进行，直至拔出地面。

（2）用反插法来克服缩颈。可分为：

1）局部反插：在发生部位进行反插，并多往下插入 1m。

2）全部反插：开始从桩端至桩顶全部进行反插，即开始拔管 1m，再反插到底，以后每拔出 1m 反插 0.5m，直至拔出地面。

（3）用复打法克服缩颈。可分为：

1）局部复打：在发生部位进行复打，同样超深 1m。

2）全复打：即为二次单打法的重复，应注意同轴沉入到原深度，灌入同样的石料。

（4）详细做好打桩记录，把发生的问题和处理措施记载清楚，进行分析研究。

5. 治理措施

控制拔管速度，用反插法和复打法控制碎石拒落。

2.6 砂桩加固地基

砂桩是利用振动灌注施工机械,向地基土中沉入钢管灌注砂料而成,能起到砂井排水及挤密加固地基的作用。

砂桩在成桩过程中,桩管周围土被挤密,密度增加,压缩性降低,在振动的桩管中灌入的砂料成为较密实的柱体,从而有效地分担了上部结构的荷载,可用于软弱土、淤泥质土及新填土的加固。

2.6.1 砂桩桩身缩颈

1. 现象

成桩灌料拔管时,桩身局部出现缩颈。

2. 规范规定

参见 2.5.1 节。

3. 原因分析

(1)原状土含饱和水再加上施工注水润滑,经振动产生流塑状,瞬间形成高孔隙水压力,使局部桩体挤成缩颈。

(2)地下水位与其上土层结合处,易产生缩颈。

(3)流动状态的淤泥质土,因钢套管受较强振动,也易产生缩颈。

(4)桩间距过小,互相挤压形成缩颈。

4. 预防措施

(1)施工前分析地质报告,确定适宜的工法。

(2)控制拔管速度,一般为 0.8~1.5m/min。要求每拔 0.5~1.0m 停止拔管,原地振动 10~30s(根据不同地区、不同地质选择不同的拔管速度),反复进行,直至拔出地面。

(3)控制贯入速度,以增加对土层预振动,提高密度。

(4)用反插法来克服缩颈。可分为:

1)局部反插:在发生部位进行反插,并多往下插入 1m。

2)全部反插:开始从桩端至桩顶全部进行反插,即开始拔管 1m,再反插到底,以后每拔出 1m 反插 0.5m,直至拔出地面。

(5)用复打法克服缩颈。可分为:

1)局部复打:在发生部位进行复打,同样超深 1m。

2)全复打:即为二次单打法的重复,应注意同轴沉入到原深度,灌入同样的石料。

(6)选择激振力,提高振动频率。

(7)根据情况采用袋装砂井配合使用。

5. 治理措施

控制拔管速度,用反插法和复打法控制缩颈。

2.6.2 灌砂量不足

1. 现象

桩体灌砂量小于设计灌量,影响密实效果。

2. 规范规定

参见 2.5.1 节。

3. 原因分析

(1) 原状土含饱和水再加上施工注水润滑,经振动产生流塑状,瞬间形成高孔隙水压力,使局部桩体挤成缩颈。

(2) 桩间距过小,互相挤压形成缩颈。

(3) 开始拔管有一段距离,活瓣被黏土抱着张不开;孔隙被流塑土或淤泥所填充;或活瓣开口不大,碎石不能顺利流出。

(4) 砂子不规格,含泥量和有机杂质多。

(5) 活瓣桩尖缝隙大,沉管中进入泥水。

4. 预防措施

(1) 开始拔管前应先灌入一定量砂,振动片刻(15～30s),然后将桩上拔 30～50cm,再次向管中灌入足够砂量,并向管中注水(适量),对桩尖处加自重压力,以强迫活瓣张开,使砂易流出,用浮漂测得桩尖已经张开后,方可继续拔管。

(2) 控制拔管速度,一般为 0.8～1.5m/min。要求每拔 0.5～1.0m 停止拔管,原地振动 10～30s(根据不同地区、不同地质选择不同的拔管速度),反复进行,直至拔出地面。

(3) 用反插法来克服缩颈。可分为:

1) 局部反插:在发生部位进行反插,并往下多插入 1m。

2) 全部反插:开始从桩端至桩顶全部进行反插,即开始拔管 1m,再反插到底,以后每拔出 1m 反插 0.5m,直至拔出地面。

(4) 用复打法克服缩颈。可分为:

1) 局部复打:在发生部位进行复打,同样超深 1m。

2) 全复打:即为二次单打法的重复,应注意同轴沉入到原深度,灌入同样的石料。

(5) 活瓣桩尖缝隙要严,提高制作水平,避免沉管中进入泥水。

(6) 实际灌量应满足规范,按照不同地质要求确定的充盈系数。

(7) 砂桩施工顺序,应从两侧向中间进行,以利挤密。

(8) 砂桩料以中粗砂为好,含泥量应在 3% 以内,无杂物。

(9) 灌砂量应按砂在中密状态时的干密度和桩管外径所形成的桩孔体积计算,最低不得小于计算量的 95%。

(10) 可选用混凝土预制桩尖法。

(11) 采用全复打时应遵守下列要求:

1) 第一次灌入量,应达到自然地面,不得少灌。

2) 前后两次沉管轴线应重合,并达到原孔深。

(12) 采用反插法应遵守以下要求:

1) 桩管灌入砂料后应先振动片刻,再开始拔管,每次拔管速度为 0.5～1.0m/min,反插深度 0.3～0.5m,保证管内填料始终不低于地表面,或高于地下水位 1～1.5m 以上(不同地质、不同地区应采用不同的方法)。

2) 在桩尖处 1.5m 范围内宜多次反插,以强迫活瓣张开或扩大端部断面。

3) 穿过淤泥层时,应放慢拔管速度,并减小拔管高度和反插深度。

5. 治理措施

桩体灌砂量充足,控制拔管速度,用反插法和复打法控制缩颈。

2.7 石灰桩加固地基

石灰桩是加固软土地基的一种新方法,其作用是对桩周围土进行挤密。石灰桩打入土中产生吸水、膨胀、发热以及离子交换作用,使桩柱硬化,并改善了原地基土的性质。石灰桩所用的材料为石灰块,成型后与桩间土组成复合地基,从而提高地基的承载力。

2.7.1 石灰桩桩体缩颈

1. 现象

桩体局部区段直径偏小。

2. 规范规定

《建筑地基处理技术规范》JGJ 79 - 2012:

> 7.5.2 灰土挤密桩、土挤密桩复合地基设计应符合下列规定:
>
> 6 桩孔内的灰土填料,其消石灰与土的体积配合比,宜为2:8 或3:7。土料宜选用粉质黏土,土料中的有机质含量不应超过5%,且不得含有冻土,渣土垃圾粒径不应超过15mm。石灰可选用新鲜的消石灰或生石灰,粒径不应大于5mm。消石灰的质量应合格,有效 CaO +MgO 含量不得低于60%。
>
> 7 孔内填料应分层回填夯实,填料的平均压实系数 λ 不应低于0.97,其中压实系数最小值不应低于0.93。

3. 原因分析

(1)由于软土易产生缩颈,在桩长度内含灰量随深度增加而减少,致使加固效果不一致,因此石灰桩只适用于8m 以内的浅基加固。

(2)由于生石灰吸水,在地下水位以下影响硬结,产生缩颈。

(3)桩间距不合适。

4. 预防措施

(1)桩间距以 1.0 ~ 1.2m 效果最佳。

(2)控制拔管速度一般为 0.8 ~ 1.0m/min。

(3)改进工艺,用扩大桩径的办法,使桩径上下一致。

5. 治理方法

控制拔管速度,用反插法和复打法控制缩颈。

2.7.2 生石灰失效影响挤密

1. 现象

施工中生石灰失效消解,降低了挤密效果。

2. 规范规定

参见 2.7.1 节。

3. 原因分析

(1)雨期施工,现场存放石灰遇雨受潮消解。

(2)石灰桩出现软心,达不到设计要求。

(3)生石灰吸水后在地下水位下硬结困难。

(4)顶层厚度不够、不密实,上部荷载加荷速度过快,未使石灰达到固化期。

4. 预防措施

(1)石灰桩不宜雨期施工。现场存料不得超过2d,应随运随施工。

(2)桩位按梅花形布置。

(3)出现软心应重复灌注石灰或加打砂桩。

(4)供应新鲜石灰,不得受潮,保证投料量150～160kg/m。

(5)适当控制加荷时间,应使石灰桩达到一个月左右的硬化期。

5. 治理措施

供应新石灰,并保证投料量,合理布置桩的形状,控制好加荷时间。

2.8 水泥粉煤灰碎石桩(CFG桩)加固地基

随着地基处理技术的不断发展,越来越多的材料可以作为复合地基的桩体材料。粉煤灰是我国数量最大、分布范围最广的工业废料之一,为桩体材料开辟了新的途径。水泥粉煤灰碎石桩是采用碎石、石屑、粉煤灰、少量水泥加水进行拌合后,利用桩工机械,振动灌入地基中,制成一种具有粘结强度的非柔性、非刚性的亚类桩,它与桩间土形成复合地基,共同承受荷载,从而达到加固地基的目的。目前,水泥粉煤灰碎石桩在建筑工程中较多选用。

2.8.1 缩颈、断桩

1. 现象

成桩困难时,从工程试桩中发现缩颈或断桩(图2-4、图2-5)。

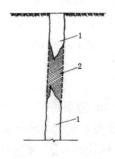

图2-4 桩身缩颈 　　图2-5 断桩

1—桩;2—土

2. 规范规定

《建筑地基处理技术规范》JGJ 79-2012:

> 7.7.3 水泥粉煤灰碎石桩施工应符合下列规定:
>
> 1 长螺旋钻中心压灌成桩施工和振动沉管灌注成桩施工应符合下列规定:
>
> 1)施工前,应按设计要求桩试验室进行配合比试验;施工时,按配合比配制混合料;长螺旋钻中心压灌成桩施工的坍落度宜为160～200mm,振动沉管灌注成桩施工后坍落度宜为30～50mm;振动沉管灌注成桩后桩顶浮浆厚度不宜超过200mm。
>
> 3)施工桩顶标高宜高出设计桩顶标高不少于0.5m;当施工作业面高出桩顶设计标高

较大时,宜增加混凝土灌注量。

　　3 冬期施工时,混合料入孔温度不得低于5℃,对桩头和桩间土应采取保温措施。

　　4 清土和截桩时,应采用小型机械或人工剔除等措施,不得造成桩顶标高以下桩身断裂或桩间土扰动。

3.原因分析

(1)由于土层变化,在高水位的黏性土中,振动作用下会产生缩颈。

(2)灌桩填料没有严格按配合比进行配料、搅拌以及搅拌时间不够。

(3)在冬季施工中,对粉煤灰碎石桩的混合料保温措施不当,灌注温度不符合要求,浇灌又不及时,使之受冻或达到初凝。雨期施工,防雨措施不利,材料中混入较多的水分,坍落度过大,从而使其强度降低。

(4)拔管速度控制不严。

(5)冬季施工冻层与非冻层结合部易产生缩颈或断桩。

(6)开槽及桩顶处理不好。

4.预防措施

(1)要严格按不同土层进行配料,搅拌时间要充分,每盘至少3min。

(2)控制拔管速度,一般1~1.2m/min。用浮标观测(测每米混凝土灌量是否满足设计灌量)以找出缩颈部位,每拔管1.5~2.0m,留振20s左右(根据地质情况掌握留振次数与时间或者不留振)。

(3)出现缩颈或断桩,可采取扩颈方法(如复打法、翻插法或局部翻插法),或者加桩处理。

(4)混合料的供应有两种方法。一是现场搅拌,二是商品混凝土。但都应注意做好季节性施工预防措施。雨期防雨,冬期保温,都要苫盖,并保证灌入温度在5℃以上(冬期按规范)。

(5)每个工程开工前,都要做工艺试桩,以确定合理的工艺,并保证设计参数,必要时要做载荷试验桩。

(6)混合料的配合比在工艺试桩时进行试配,以便最后确定配合比(载荷试桩最好同时参考相同工程的配合比)。

(7)在桩顶处,必须每1.0~1.5m翻插一次,以保证设计桩径。

(8)冬季施工,在冻层与非冻层结合部(超过结合部搭接1.0m为好),要进行局部复打或局部翻插,克服缩颈或断桩。

(9)施工中要详细、认真地做好施工记录及施工监测。如出现问题,应立即停止施工,找有关单位研究解决后方可施工。

(10)开槽与桩顶处理要合理选择施工方案,否则应采取补救措施,桩体施工完毕待桩达到一定强度(一般7d左右),方可进行开槽。

5.治理措施

可采取扩颈方法或者加桩处理。

2.8.2 灌量不足

1.现象

施工中局部桩体实际灌量小于设计灌量。

2. 规范规定

《建筑地基处理技术规范》JGJ 79 – 2012：

> 7.7.2 水泥粉煤灰碎石桩复合地基设计应符合下列规定：
>
> 3 桩间距应根据基础形式、设计要求的复合地基承载力和变形、土性及施工工艺确定：
>
> 1）采用非挤土成桩工艺和部分挤土成桩工艺，桩间距宜为 3～5 倍桩径；
>
> 2）采用挤土成桩工艺和墙下条形基础单排布桩的桩间距宜为 3～6 倍桩径；
>
> 3）桩长范围内有饱和粉土、粉细砂、淤泥、淤泥质土层，在采用长螺旋钻中心压灌成桩施工中可能发生窜孔时，宜采用较大桩距。
>
> 7.7.3 水泥粉煤灰碎石桩施工应符合下列规定：
>
> 1 可选用下列施工工艺：
>
> 1）长螺旋钻孔灌注成桩：适用于地下水位以上的黏性土、粉土、素填土、中等密实以上的砂土地基；
>
> 2）长螺旋钻中心灌成桩：适用于黏性土、粉土、砂土和素填土地基，对噪声或泥浆污染要求严格的场地可优先选用；穿越卵石夹层时应通过试验确定适用性；
>
> 3）振动沉管灌注成桩：适用于粉土、黏性土及素填土地基；挤土造成地面隆起量大时，应采用较大桩距施工；
>
> 4）泥浆护壁成孔灌注成桩，适用于地下水位以下的黏性土、粉土、砂土、填土、碎石土及风化岩层等地基；桩长范围和桩端有承压水的土层应通过试验确定其适应性。

3. 原因分析

（1）原状土（如黏性土、淤泥质土等）在饱和水或地下水中，由于振动沉管过程中产生流塑状，而形成高孔隙水压力，使局部产生缩颈。

（2）地下水位与其土层结合处，易产生缩颈。

（3）桩间距过小或群桩布置，互相挤压产生缩颈。

（4）混凝土达到初凝后才灌入，或冬季施工受冻，和易性较差。

（5）开始拔管时有一段距离，桩尖活瓣被黏性土"抱着"张不开或张开很小，材料不能顺利流出。

（6）在桩管沉入过程中，地下水或泥土进入桩管。

4. 预防措施

（1）根据地质报告，预先确定出合理的施工工艺。开工前要先进行工艺试桩。

（2）控制拔管速度，一般为 1～1.2m/min。用浮标观测（测每米混凝土灌量是否满足设计灌量）以找出缩颈部位，每拔管 1.5～2.0m，留振 20s 左右（根据地质情况掌握留振次数与时间或者不留振）。

（3）出现缩颈或断桩，可采取扩颈方法（如复打法、翻插法或局部翻插法），或者加桩处理。

（4）季节施工要有防水和保温措施，特别是未浇灌完的材料，在地面堆放或在混凝土罐车中时间过长，达到了初凝，应重新搅拌或罐车加速回转再用。

（5）克服桩管沉入时进入泥水，应在沉管前灌入一定量的粉煤灰碎石混合材料，起到封底作用。

（6）确定实际灌量的充盈系数（按规范规定的 1.1～1.3 选用）。

（7）用浮标观测检查控制填充材料的灌量，否则应采取补救措施，并做好详细记录。

（8）根据地质条件的具体情况，合理选择桩间距，一般以 4 倍桩径为宜，若土的挤密性好，桩距可以取得小一些。

5. 治理措施

可采取扩颈方法或者加桩处理。

2.8.3 成桩偏斜达不到设计深度

1. 现象

成桩未达到设计深度，桩体偏斜过大。

2. 规范规定

（1）《建筑地基处理技术规范》JGJ 79－2012：

> 7.5.3 灰土挤密桩、土挤密桩施工应符合下列规定：
>
> 5 成孔和孔内回填夯实应符合下列规定：
>
> 3）桩孔垂直度允许偏差应为 ±1%；
>
> 4）孔中心距允许偏差应为桩距的 ±5%；

（2）《建筑地基基础工程施工质量验收规范》GB 50202－2002：

4.13.4 水泥粉煤灰碎石桩复合地基的质量检验标准应符合表 4.13.4 的规定。

水泥粉煤灰碎石桩复合地基质量检验标准　　　　　　　　表 4.13.4

项	序	检查项目	允许偏差或允许值		检查方法
			单位	数值	
主控项目	1	原材料	设计要求		现场取样检查
	2	桩径	mm	－20	测桩管长度或垂球测孔深
	3	桩身强度	设计要求		按规定的方法
	4	地基承载力	设计要求		用钢尺量
一般项目	1	桩身完整性	按桩基检测技术规范		试验室焙烧法
	2	桩位偏差	满堂布桩≤0.40D 条基布桩≤0.25D		筛分法
	3	桩垂直度	%	≤1.5	用钢尺量，D 为桩径
	4	桩长	mm	＋100	测桩管长度或垂球测孔深
	5	褥垫层夯填度	≤0.9		用钢尺量

注：1. 夯填度指夯实后的褥垫层厚度与虚体厚度的比值。

　　2. 桩径允许偏差负值是指个别断面。

3. 原因分析

（1）遇到了地下障碍物（如孤石、大混凝土块、老房基及各种管道等）。

（2）遇到了干硬黏土或硬夹层（如砂、卵石层）。

（3）遇到了倾斜的软硬土结合处，使桩尖滑移向软弱土方向。

（4）地面不平坦、不实,致使桩机倾斜,桩机垂直度又未调整好。

（5）桩管本身弯曲过大,又未及时更换或调直。

4. 预防措施

（1）施工前场地要平整压实(一般要求地面承载力为100~150kN/m²),若雨期施工,地面较软,地面可铺垫一定厚度的砂卵石、碎石、灰土或选用路基箱。

（2）施工前要选好合格的桩管,稳桩管要双向校正(用垂球吊线或选用经纬仪成90°角校正),规范控制垂直度0.5%~1.0%。

（3）放桩位点最好用钎探查找地下物(钎长1.0~1.5m),过深的地下物用补桩或移桩位的方法处理。

（4）桩位偏差应在规范允许范围之内(10~20mm)。

（5）遇到硬夹层造成沉桩困难或穿不过时,可选用射水沉管或用"植桩法"(先钻孔的孔径应小于或等于设计桩径)。

（6）沉管至干硬黏土层深度时,可采用注水浸泡24h以上,再沉管的办法。

（7）遇到软硬土层交接处,沉降不均,或滑移时,应与设计研究采用缩短桩长或加密桩的办法等。

（8）选择合理的打桩顺序,如连续施打,间隔跳打,视土性和桩距全面考虑。补桩不得从四周向内推进施工,而应采取从中心向外推进或从一边向另一边推进的方案。

5. 治理措施

选择合理的打桩顺序以及打桩方法。

2.9 塑料板排水法加固软基

将带状塑料排水板,用插板机插入软土中,然后在土面加载预压(或采用真空预压),使土中水沿塑料板的通道溢出,并从砂垫层中排走,使地基得到加固,这种方法称为塑料板排水预压法。

2.9.1 塑料板固定不牢,通道堵塞

1. 现象

施工中塑料板与钢靴脱开,塑料板通道堵塞(图2-6)。

图2-6 塑料板

2. 规范规定

《埋地塑料排水管道工程技术规程》CJJ 143-2010:

4.8.2 塑料排水管道敷设当遇不良地质情况,应先按地基处理规范对地基进行处理后再进行管道敷设。

5.1.4 塑料排水管道连接时,应对管道内杂物进行清理,每日完工时,管口应采取临时封堵措施。

3. 原因分析

（1）插板沉管时遇到硬物。

（2）塑料板与钢靴未连接牢固。

（3）排水孔道细小水流阻力系数大,造成较大的水头损失,滤水膜透水阻力随时间迅速增长,很快失去滤水作用。

（4）插板机件可靠性差。

（5）钢靴发生问题,起不到遮盖作用,泥砂进入空心套管内发生堵塞。

4. 预防措施

（1）遇到硬物及管道等,应予以清除,或移位沉管。

（2）与钢靴连接要精心操作,无误后方可施工。

（3）改进塑料板锚固方式。

（4）通道被堵时应重新插板。

5. 治理措施

通道被堵时应予以清除,或移位沉管,或重新插管。

2.9.2 土层剪切破坏

1. 现象

预压荷载时地基土发生剪切破坏(图2-7)。

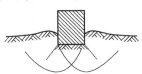

图2-7 土层剪切破坏

2. 规范规定

《埋地塑料排水管道工程技术规程》CJJ 143-2010:

3. 原因分析

（1）塑料板排水堆载预压后,孔隙水消散慢。

（2）加载过快造成土体剪切破坏。

4. 预防措施

（1）加载后待孔隙水充分消散,方可继续加载。

（2）应分级加载,不得过快、过大。

5. 治理措施

分级加载,且加载不能过快过大。

2.10 深层(水泥土)搅拌法加固地基

深层搅拌法是加固深厚层软黏土地基的新技术。它以水泥、石灰等材料作为固结剂,通过特制的深层搅拌机械,在地基深部就地将软黏土和固化剂强制拌合,使软黏土硬结成具有整体性和稳定性的柱状、壁状和块状等不同形式的加固体,以提高地基承载力。

深层搅拌适用于加固软黏土,特别是超软土,加固效果显著,加固后可以很快投入使用,适应快速施工要求。

2.10.1 搅拌体不均匀

1. 现象

搅拌体质量不均匀。

2. 规范规定

《建筑地基处理技术规范》JGJ 79-2012:

> 7.3.5 水泥土搅拌桩施工应符合下列规定:
>
> 3 搅拌头翼片的枚数、宽度、与搅拌轴的垂直夹角、搅拌头的回转数、提升速度应相互匹配,干法搅拌时钻头每转一圈的提升(或下沉)量以 10~15mm,确保加固深度范围内土体的任何一点均能经过 20 次以上的搅拌。

3. 原因分析

(1)工艺不合理。

(2)搅拌机械、注浆机械中途发生故障,造成注浆不连续,供水不均匀,使软黏土被扰动,无水泥浆拌合。

(3)搅拌机械提升速度不均匀。

4. 预防措施

(1)施工前应对搅拌机械、注浆设备、制浆设备等进行检查维修,使处于正常状态。

(2)选择合理的工艺。

(3)灰浆拌合机搅拌时间一般不少于 2min,增加拌合次数,保证拌合均匀,不使浆液沉淀。

(4)提高搅拌转数,降低钻进速度,边搅拌,边提升,提高拌合均匀性。

(5)注浆设备要完好,单位时间内注浆量要相等,不能忽多忽少,更不得中断。

(6)重复搅拌下沉及提升各一次,以反复搅拌法解决钻进速度快与搅拌速度慢的矛盾,即采用一次喷浆二次补浆或重复搅拌的施工工艺。

(7)拌制固化剂时不得任意加水,以防改变水灰比(水泥浆),降低拌合强度。

5. 治理措施

定期检查设备,选择合理的工艺。

2.10.2 喷浆不正常

1. 现象

注浆作业时喷浆突然中断。

2. 规范规定

《建筑地基处理技术规范》JGJ 79－2012：

> 7.3.5 水泥土搅拌桩施工应符合下列规定：
>
> 7 水泥土搅拌湿法施工应符合下列规定：
>
> 3）搅拌机喷浆提升的速度和次数应符合施工工艺的要求，并设专人进行记录；
>
> 6）施工过程中，如因故停浆，应将搅拌头下沉至停浆点以下0.5m处，待恢复供浆时，再喷浆搅拌提升；若停机超过3h，宜先拆卸输浆管路，并妥加清洗；

3. 原因分析

（1）注浆泵损坏。

（2）喷浆口被堵塞。

（3）管路中有硬结块及杂物，造成堵塞。

（4）水泥浆水灰比稠度不合适。

4. 预防措施

（1）注浆泵、搅拌机等设备施工前应试运转，保证完好。

（2）喷浆口采用逆止阀（单向球阀），不得倒灌泥土。

（3）注浆应连续进行，不得中断。高压胶管搅拌机输浆管与灰浆泵应连接可靠。

（4）泵与输浆管路用完后要清洗干净，并在集浆池上部设细筛过滤，防止杂物及硬块进入各种管路，造成堵塞。

（5）选用合适的水灰比（一般为0.6～1.0）。

（6）在钻头喷浆口上方设置越浆板，解决喷浆孔堵塞问题，使喷浆正常。

5. 治理措施

定期检查设备，选择合理的工艺。

2.10.3 抱钻和冒浆

1. 现象

搅拌施工中有抱钻或冒浆出现（图2－8）。

图2－8　冒浆

2. 规范规定

《建筑地基处理技术规范》JGJ 79－2012：

> 7.3.2 水泥土搅拌桩用于处理泥炭土、有机质土、pH值小于4的酸性土、塑性指数大于25的黏土，或在腐蚀性环境中以及无工程经验的地区使用时，必须通过现场和室内试验确定其适用性。

3. 原因分析

（1）工艺选择不适当。

（2）加固土层中的黏土层（特别是硬黏土层）或夹层，是设计拌合工艺的关键问题，因这类黏土颗粒之间粘结力强，不易拌合均匀，搅拌过程中易产生抱钻现象。

（3）有些土层虽不是黏土，也容易搅拌均匀，但由于其上覆盖压力较大，持浆能力差，易出现冒浆现象。

4. 预防措施

（1）选择适合不同土层的不同工艺，如遇较硬土层及较密实的粉质黏土，可采用以下拌合工艺：输水搅动—输浆拌合—搅拌。

（2）搅拌机沉入前，桩位处要注水，使搅拌头表面湿润。地表为软黏土时，还可掺加适量砂子，改变土中黏度，防止土抱搅拌头。

（3）在搅拌、输浆、拌合过程中，要随时记录孔口所出现的各种现象（如硬层情况、注水深度、冒水、冒浆情况及外出土量等）。

（4）由于在输浆过程中土体持浆能力的影响出现冒浆，使实际输浆量小于设计量，这时应采用"输水搅拌—输浆拌合—搅拌"工艺，并将搅拌转速提高到 50r/min，钻进速度降到 1m/min，可使拌合均匀，减小冒浆。

5. 治理措施

选择适合不同土层的不同工艺，在搅拌、输浆、拌合过程中，要随时记录孔口所出现的各种现象。

2.10.4 桩顶强度低

1. 现象

桩顶加固体强度低。

2. 规范规定

《建筑地基处理技术规范》JGJ 79 - 2012：

> 7.3.1 水泥土搅拌桩复合地基处理应符合下列规定：
>
> 4 设计前，应进行处理地基土的室内配比试验。针对现场拟处理地基土层的性质，选择合适的固化剂、外掺剂及其掺量，为设计提供不同龄期、不同配比的强度参数。竖向承载的水泥土强度宜取90d龄期试块的立方体抗压强度的平均值。

深层（水泥土）搅拌法加固地基质量检验标准见表 2 - 11 所列。

深层（水泥土）搅拌法加固地基质量检验标准　　　　　　　　　表 2 - 11

项	序	检查项目	允许偏差或允许值	检查方法
主控项目	1	水泥及外掺剂质量	设计要求	检查产品合格证书或抽样送检
	2	水泥用量	参数指标	查看流量计
	3	桩身强度	设计要求	按规定方法试验
	4	地基承载力	设计要求	按规定方法试验

一般项目	1	机头提升速度（m/min）	≤0.5	量机头上升距离及时间
	2	桩底标高（mm）	±200	测机头深度
	3	桩顶标高（mm）	+100，-50	水准仪（最上部500mm 不计入）检查
	4	桩位偏差（mm）	<50	用钢尺量
	5	桩径（mm）	<0.04D	用钢尺量（D为桩径）
	6	垂直度（%）	≤1.5	经纬仪检查
	7	搭接（mm）	>200	用钢尺量

3. 原因分析

（1）表层加固效果差，是加固体的薄弱环节。

（2）目前采用的搅拌机械和拌合工艺，由于地基表面覆盖压力小，在拌合时土体上拱，不易拌合均匀。

4. 预防措施

（1）将桩顶标高1m内作为加强段，进行一次复拌加注浆，并提高水泥掺量，一般为15%左右。

（2）在设计桩顶标高时，应考虑需凿除0.5m，以提高桩顶强度。

5. 治理措施

以接近表层作为加强段，采用凿除法来提高桩顶强度。

2.11　高压喷射注浆（旋喷法）加固地基

高压喷射注浆（旋喷法）加固地基是利用高压泵通过特制的喷嘴，把浆液（一般为水泥浆）喷射到土中。浆液喷射流依靠自身的巨大能量，把一定范围内的土层射穿，使原状土破坏，并因喷嘴作旋转运动，被浆液射流切削的土粒与浆液进行强制性的搅拌混合，待胶结硬化后，便形成新的结构，达到加固地基的目的。

旋喷法适用于粉质黏土、淤泥质土、新填土、饱和的粉细砂（即流砂层）及砂卵石层等的地基加固与补强。其工法有单管法、双重管法、三重管法及干喷法等。

2.11.1 加固体强度不均、缩颈

1. 现象

旋喷加固体的成桩直径不一致，桩身强度不均匀，局部区段出现缩颈。

2. 规范规定

《建筑地基处理技术规范》JGJ 79－2012：

> 7.4.1 旋喷桩复合地基处理应符合下列规定：
> 2 旋喷桩施工，应根据工程需要和土质条件选用单管法、双管法和三管法；旋喷桩加固体形状可分为柱状、壁状、条状或块状。
> 3 在制定旋喷桩方案时，应搜集邻近建筑物和周边地下埋设物等资料。
> 4 旋喷桩方案确定后，应结合工程情况进行现场试验，确定施工参数及工艺。

> 7.4.8 旋喷桩施工应符合下列规定：
>
> 2 旋喷桩的施工工艺及参数应根据土质条件、加固要求，通过试验或根据工程经验确定。单管法、双管法高压水泥浆和三管法高压水的压力应大于 20MPa，流量应大于 30L/min，气流压力宜大于 0.7MPa，提升速度宜为 0.1～0.2m/min。

3. 原因分析

(1)旋喷方法与机具未根据地质条件进行选择。

(2)旋喷设备出现故障(管路堵塞、串、漏、卡钻等)，中断施工。

(3)拔管速度、旋转速度及注浆量未能配合好，造成桩身直径大小不匀，浆液有多有少。

(4)没有根据不同的设计要求和不同的旋喷方法，布置不同的桩位点。

(5)旋喷的水泥浆与切削的土粒强制拌合不充分、不均匀，直接影响加固效果。

(6)穿过较硬的黏性土，产生缩颈。

4. 预防措施

(1)应根据设计要求和地质条件，选用不同的旋喷法、不同的机具和不同的桩位布置。

(2)旋喷浆液前，应做压水压浆压气试验，检查各部件各部位的密封性和高压泵、钻机等的运转情况。一切正常后，方可配浆，准备旋喷，保证旋喷连续进行。

(3)配浆时必须用筛过滤，过滤网眼应小于喷嘴直径，搅拌池(槽)的浆液要经常翻动，不得沉淀，因故需较长时间中断旋喷时，应及时压入清水，使泵、注浆管和喷嘴内无残液。

(4)对易出现缩颈部位及底部不易检查处，采用定位旋转喷射(不提升)或复喷的扩大桩径办法。

(5)根据旋喷固结体的形状及桩身匀质性，调整喷嘴的旋转速度、提升速度、喷射压力和喷浆量。

(6)控制浆液的水灰比及稠度。

(7)严格要求喷嘴的加工精度、位置、形状、直径等，保证喷浆效果。

5. 治理措施

定期检查设备，选用合理的施工工艺。

2.11.2 钻孔沉管困难，偏斜、冒浆

1. 现象

旋喷设备钻孔困难，并出现偏斜过大及冒浆现象。

2. 规范规定

《建筑地基处理技术规范》JGJ 79－2012：

> 7.4.8 旋喷桩施工应符合下列规定：
>
> 6 喷射孔与高压注浆泵的距离不宜大于 50m。钻孔位置的允许偏差应为 ±50mm。垂直度允许偏差应为 ±1%。

3. 原因分析

(1)遇有地下物，地面不平不实，未校正钻机，垂直度超过 1%。

(2)注浆量与实际需要量相差较多。

4. 预防措施

(1) 放桩位点时应钎探，摸清情况，遇有地下物，应清除或移桩位点。

（2）旋喷前场地要平整夯实或压实,稳钻杆或下管要双向校正,使垂直度控制在1%的范围内。

（3）利用侧口式喷头,减小出浆口孔径并提高喷射压力,使压浆量与实际需要量相当,以减少冒浆量。

（4）回收冒浆量,除去泥土过滤后再用。

（5）采取控制水泥浆配合比（一般为0.6~1.0）,控制好提升、旋转、注浆等措施。

5. 治理措施

预先进行钎探,旋喷前场地要平整夯实或压实,稳钻杆或下管要双向校正。

2.11.3 固结体顶部下凹

1. 现象

旋喷后的固结体顶部出现凹穴。

2. 规范规定

(1)《建筑地基处理技术规范》JGJ 79 - 2012：

> 7.4.8 旋喷桩施工应符合下列规定：
>
> 10 旋喷注浆完毕,应迅速拔出喷射管。为防止浆液凝固收缩影响桩顶高程,可在原孔位采用冒浆回灌或第二次注浆等措施。

(2)《建筑地基基础工程施工质量验收规范》GB 50202 - 2002：

4.10.4 高压喷射注浆地基质量检验标准应符合表4.10.4的规定。

高压喷射注浆地基质量检验标准　　　　　　　表4.10.4

项目	序	检查项目	允许偏差或允许值		检查方法
			单位	数值	
主控项目	1	水泥及外掺剂质量	符合出场要求		查产品合格证书或抽样送检
	2	水泥用量	设计要求		查看流量表及水泥浆水灰比
	3	桩体强度或完整性检验	设计要求		按规定方法
	4	地基承载力	设计要求		按规定方法
一般项目	1	钻孔位置	mm	≤50	用钢尺量
	2	钻孔垂直度	%	≤1.5	经纬仪测钻杆或实测
	3	孔深	mm	±700	用钢尺量
	4	注浆压力	按设计参数指标		查看压力表
	5	桩体搭接	mm	>200	用钢尺量
	6	桩体直径	mm	≤50	开挖后用钢尺量
	7	桩身中心允许偏差	≤0.2D		开挖后桩顶下500mm处用钢尺量,D为桩径

3. 原因分析

当采用水泥浆液进行旋喷时,在浆液与土搅拌混合后的凝固过程中,由于浆液析水作用,一般均有不同程度的收缩,造成在固结体顶部出现凹穴。凹穴的深度随土质、浆液的析出性、固结体的直径和全长等因素的不同而异。

4.预防措施

（1）对于新建工程的地基,在旋喷完毕后,挖出固结体顶部,对凹穴灌注混凝土或直接从旋喷孔中再次注入浆液。

（2）对于构筑物地基,采用两次注浆法较为有效,即旋喷注浆完成后,对固结体顶部与构筑物基础底部之间的空隙,在原旋喷孔位上,进行第二次注浆,浆液的配方应用无收缩或具有微膨胀性的材料。

5.治理措施

采用两次注浆法较为有效。

2.12　注浆法加固地基

注浆加固法是根据不同的土层与工程需要,利用不同的浆液,如水泥浆法或其他化学浆液,通过气压、液压或电化学原理,采用灌注压入、高压喷射、深层搅拌(利用渗透灌注、挤密灌注、劈裂灌注、电动化学灌注),使浆液与土颗粒胶结起来,以改善地基土的物理力学性质的地基处理方法。

采用注浆法加固地基,虽然有工期短、加固快等优点,但由于造价昂贵,因此,通常用在加固范围较小,处理已建工程的地基基础工程事故,或对其他加固方法不能解决的一些特殊工程问题中。而在新建工程中,特别是需要大面积进行地基处理工程中很少采用。

2.12.1　注入浆液冒浆

1.现象

注入化学浆液有冒浆现象。

2.规范规定

《建筑地基处理技术规范》JGJ 79-2012：

> 8.1.1 注浆加固适用于建筑地基的局部加固处理,适用于砂土、粉土、黏性土和人工填土等地基加固。加固材料可选用水泥浆液、硅化浆液和碱液等固化剂。
>
> 8.1.2 注浆加固设计前,应进行室内浆液配比试验和现场注浆试验,确定设计参数,检验施工方法和设备。

3.原因分析

(1)地质报告不详细,对土质了解不透,不能选择合理的施工方案。

(2)施工前,未做现场工艺试验,因此对化学浆液的浓度、用量、灌入速度、灌注压力、加固效果、打入(钻入)深度等不清楚。

(3)采用电动硅化加固时,未能做试验,不能提出合理的电压梯度、通电时间和方法。

(4)用于地基加固的化学浆液配方不合理。

(5)需要加固的土层上,覆盖层过薄。

(6)土层上部压力小,下部压力大,浆液就有向上抬高的趋势。

(7)灌注深度大,上抬不明显,而灌注深度浅,浆液上抬较多,甚至会溢到地面上来。

4.预防措施

（1）注浆法加固地基要有详细的地质报告,对需要加固的土层要详细描述,以便做出合理的施工方案。

（2）注液管宜选用钢管,管路系统的附件和设备以及验收仪器(压力计)应符合规定的压力。

（3）需要加固的土层之上,应有不小于1.0m厚度的土层,否则应采取措施,防止浆液上冒。

（4）及时调整浆液配方,满足该土层的灌浆要求。

（5）根据具体情况,调整灌浆时间。

（6）注浆管打至设计标高并清理管中的泥砂后,应及时向土中灌注溶液。

（7）打管前检查带有孔眼的注浆管应保持畅通。

（8）采用间隙灌注法,亦即让一定数量的浆液灌入上层孔隙大的土中后,暂停工作,让浆液凝固,几次反复,就可把上抬的通道堵死。

（9）加快浆液的凝固时间,使浆液出注浆管就凝固,这就缩短了上冒的机会。

5. 治理措施

定期检查设备,要有详细的地质报告,采用合理的施工方案。

2.12.2 注浆管沉入困难,偏差过大

1. 现象

注浆管沉入困难,达不到设计深度,且偏斜过大。

2. 规范规定

《建筑地基处理技术规范》JGJ 79－2012:

> 8.1.3 注浆加固应保证加固地基在平面和深度连成一体,满足土体渗透性、地基土的强度和变形的设计要求。
>
> 8.1.5 对地基承载力和变形有特殊要求的建筑地基,注浆加固宜与其他地基处理方法联合使用。

3. 原因分析

（1）注浆管沉入遇到障碍物,如石块、大混凝土块、树根、地基等。

（2）采取沉管措施不合理。

（3）打(钻)入的注液管未采用导向装置,注液管底端的距离偏差过大。

（4）放桩位点偏差超过规范。

（5）受地层土质和渗透的影响。

4. 预防措施

（1）放桩位点时,在地质复杂地区,应用钎探查找障碍物,以便排除。

（2）打(钻)注浆管及电极棒,应采用导向装置,注浆管底端间距的偏差不得超过20%,超过时,应打补充注浆管或拔出重打。

（3）放桩位偏差应在允许范围内,一般不大于20mm。

（4）场地要平坦坚实,必要时要铺垫砂或砾石层,稳桩时要双向校正,保证垂直沉管。

（5）开工前应做工艺试桩,校核设计参数及沉管难易情况,确定出有效的施工方案。

（6）设置注浆管和电极棒宜用打入法,如土层较深,宜先钻孔至所需加固区域顶面以上2～3m,然后再用打入法,钻孔的孔径应小于注浆管和电极棒的外径。

（7）灌浆操作工序包括打管、冲管、试水、灌浆和拔管五道工序，应先进行试验。

5. 治理措施

预先用钎探查找，以便排除障碍物，然后采取合理的施工工艺。

2.12.3 桩体不均匀

1. 现象

施工中发现桩柱体质量不均匀。

2. 规范规定

（1）《建筑地基处理技术规范》JGJ 79－2012：

> 8.3.1 水泥为主剂的注浆施工应符合下列规定：
>
> 12 浆体应经过搅拌机充分搅拌均匀后，方可压注，注浆过程中应不停缓慢搅拌，搅拌时间应小于浆液初凝时间。浆液在泵送前应经过筛网过滤。

（2）《建筑地基基础工程施工质量验收规范》GB 50202－2002：

> 4.7.4 注浆地基的质量检验标准应符合表4.7.4的规定。

注浆地基质量检验标准　　　　　　　　　　　　　　表4.7.4

项	序	检查项目	允许偏差或允许值		检查方法
			单位	数值	
主控项目	1	水泥	设计要求		查产品合格证书或抽样送检
		注浆用砂： 粒径 细度模数 含泥量及有机物含量	 mm %	 <2.5 <2.0 <3	试验室试验
		注浆用黏土： 塑性指数 黏粒含量 含砂量 有机质含量	 % % %	 >14 >25 <5 <3	试验室试验
		粉煤灰： 细度 烧失量	 不粗于同时使用的水泥 %	 <3	试验室试验
		水玻璃模数	2.5～3.3		抽样送检
		其他化学浆液	设计要求		查产品合格证书或抽样送检
	2	注浆体强度	设计要求		取样检验
	3	地基承载力	设计要求		按规定方法
一般项目	1	各种注浆材料称量误差	%	<3	抽查
	2	注浆孔位	mm	±20	用钢尺量
	3	注浆孔深	mm	±100	量测注浆管长度
	4	注浆压力（与设计参数比）	%	±10	检查压力表读数

3.原因分析

(1)浆液使用双液化学加固剂时,由于分别注入,在土中出现浆液混合不均匀,影响加固工程质量。

(2)化学浆液的稠度、浓度、温度、配合比和凝结时间,直接影响灌浆工程的顺利进行。

(3)注浆管孔眼被堵塞。

(4)灌浆不充分。

(5)灌浆材料选择不合理。

4.预防措施

(1)使用新型化学加固剂,达到低浓度混合单液的灌注目的,克服双液分别灌注混合不均的弊端,提高工程质量。

(2)根据不同的加固土层,选用合适的化学加固剂的浓度、稠度、配合比和凝固时间,又根据施工温度,通过试验优选合适的化学加固剂的配方,进行正常施工,确保桩体的质量。

(3)向土中注入混合浆液时,灌注压力应保持一个定值,一般为 0.2~0.23MPa,这样能使浆液均匀压入土中,使桩柱体得到均匀的强度。

(4)利用电测技术检测化学加固质量,是一种快速有效的办法,它能直观地反映加固体的空间位置、几何形状和体积大小。

(5)每根桩的灌浆管都由下至上提升灌注,使之强度均匀。

(6)为了防止喷嘴堵塞,必须用高压喷射,压力均匀,边灌边旋转边向上提升,一气呵成。

(7)注浆管带有孔眼部分,宜加防滤层或其他防护措施,以防土粒堵塞孔眼。

(8)打管前应检查带有孔眼的注浆管,保持孔眼畅通,并进行冲管、试水。

(9)灌注溶液与通电工作须连续进行,不得中断。

(10)灌注溶液的压力,一般不超过 $30N/cm^2$(压力),拔出注浆管后,留下的孔洞应用水泥砂浆或土料堵塞。

5.治理措施

定期检查设备,采用合理的施工工艺,选用合适的灌浆材料,搅拌均匀。

2.13 粉喷桩加固地基

粉体喷射搅拌法(DJM 粉喷桩),属深层搅拌法(干法)的一种,它是以生石灰或水泥等粉体材料作为加固料,通过专用的粉体喷搅施工机械,用压缩空气将粉体以雾状喷入加固部位的地基土中,凭借钻头的叶片旋转,使粉体加固料与原位软土得到充分的混合,通过一系列的化学反应,从而使软土硬结而形成具有整体性、水稳性及一定承载力的加固柱体,这种柱状加固体与软土地基一起组成的复合地基,为软土地基加固技术开拓了一种新的方法,可在铁路、公路、市政工程、港口码头、工业与民用建筑等软土地基加固方面推广使用。然而它在加固处理计算理论、施工方法和检测手段等方面尚应进一步完善和提高。

2.13.1 加固体强度不均

1.现象

加固体不均匀,加固柱体不完整。

2.规范规定

《建筑地基处理技术规范》JGJ 79－2012：

> 7.3.5 水泥土搅拌桩施工应符合下列规定：
>
> 8 水泥土搅拌干法施工应符合下列规定：
>
> 1）喷粉施工前，应检查搅拌机械、供粉泵、送气（粉）管路、接头和阀门的密封性、可靠性，送气（粉）管路的长度不宜大于60m；
>
> 2）搅拌头每旋转一周，提升高度不得超过15mm；
>
> 3）搅拌头的直径应定期复核检查，其磨耗量不得大于10mm；
>
> 4）当搅拌头到达设计桩底以上1.5m时，应开启喷粉机提前进行喷粉作业；当搅拌头提升至地面下500mm时，喷粉机停止喷粉；
>
> 5）成桩过程中，因故停止喷粉，应将搅拌头下沉至停灰面以下1m处，待恢复喷粉时，再喷粉搅拌提升。

3. 原因分析

（1）地质报告不详细，未能选择合理的施工方案。

（2）选择加固料种类及配方不合理。

（3）未能在施工前，对加固料及掺入量，在不同的养护龄期制成的试件进行室内各种物理力学性能测试研究，以便寻求最佳的加固效果及配方。

（4）喷粉不正常、不均匀。

（5）喷嘴堵塞。

4. 预防措施

（1）采用机械搅拌充分混合，使桩体质地均匀，外形匀称。

（2）用脉冲射流对原状土进行搅拌，由于不需加水，加固效果好，可保证桩体质量。

（3）合理地选择粉喷桩的范围，如桩长、桩数等以满足设计要求。

（4）详细分析地质报告，确定可靠的施工方案。

（5）设计宜使地基土对桩的支承力与桩身承载力接近。

（6）复合地基施工前，应进行工艺试桩，必要时应通过载荷试验，最后确定施工方案与设计参数。

（7）在下钻时喷射空气，可使钻进顺利进行，防止喷嘴堵塞。

（8）粉喷桩施工应按先密桩区后疏桩区的顺序进行。

（9）粉体质量施工采用强度等级为42.5级的普通硅酸盐水泥，对每批水泥应索取出厂化验单，其各项指标均应达到国家标准方可使用。若大批使用，应选择质检全套化验，由于粉喷桩对水泥用量大，故应注重现场简易配合比试验，通过试块强度对比观察来检查水泥质量。

（10）每施工完一桩，打开灰罐加灰一次，保证每桩总用量与设计要求吻合，既不能多也不能少。均匀性通过试桩调节出合适的刮灰器转速，保证上下两次喷粉后灰量几乎正好用完。一旦发现有影响刮灰器均匀转动的故障及隐患，应及时排除。若中途堵塞，故障排除后接桩时，钻头须钻入下部桩体1.0m后方能再喷粉提升。

5. 治理措施

详细分析地质报告，确定可靠的施工方案。

2.13.2 桩体偏斜,钻进困难,喷粉溢出地面

1. 现象

桩体偏斜过大,钻进困难,并出现冒粉,溢出地面。

2. 规范规定

《建筑地基处理技术规范》JGJ 79－2012:

> 7.3.5 水泥土搅拌桩施工应符合下列规定:
>
> 4 搅拌桩施工时,停浆(灰)面应高于桩顶设计标高500mm。在开挖基坑时,应将桩顶以上土层及桩顶施工质量较差的桩段,采用人工挖除。

3. 原因分析

(1)地面不平整,场地软弱,造成机械偏斜。

(2)桩机钻杆偏斜过大,搅拌轴不垂直。

(3)钻机钻进时遇到了地下障碍物,如石块、混凝土块、老房基等。

(4)桩位偏斜过大。

(5)喷射结束过晚,停喷时间未能掌握好,甚至到达地面才停喷。

4. 预防措施

(1)施工场地要平坦坚实,使喷粉桩机正常移动施工,必要时铺垫砂或砾石垫层。机械就位后,要双向校正垂直度。

(2)如机械本身偏差过大,应调直或更换合格的施工机械。

(3)放桩位偏差应在允许范围(20mm)之内。地下障碍复杂的施工场地,应用钎探探明桩位,并及时清除障碍物。

(4)水泥粉的喷出量、粉喷机的搅拌速度、水泥与土的比例等工艺和技术指标,应按设计要求严格控制。

(5)当钻头提升至距地面50cm时,应停止喷射水泥粉(石灰粉),以防止粉粒溢出地面。

(6)正式施工前,应做工艺试桩,以确定合理的施工方案。

(7)应清理现场,当工作场地表面硬壳很薄时,要先铺垫砂,以便施工机械顺利移动和施钻,但不得铺垫碎石材料,以免钻进困难。如场地有石质材料或树根等物,应清除掉。

5. 治理措施

调直或更换合格的施工机械,清理现场,保持施工场地平坦坚实,及时清除障碍物。

2.14 振动压密法加固地基

振动压密法加固地基适用于无黏性的杂填土中。杂填土在城市中普遍存在,由于它密度小、不均匀、承载力低,常使建筑物产生不均匀沉降,出现裂缝及倾斜等问题,因而经常采用换土、挤密或打桩等方法加以处理。振动压密法加固地基是在振动力及重力作用下,使土体在某深度范围内达到更紧密的新平衡状态,密度增加,孔隙减小。

2.14.1 振动不密实,有裂缝

1. 现象

振动压密区不密实并出现裂缝。

2. 规范规定

《建筑地基处理技术规范》JGJ 79–2012：

> 6.2.2 压实填土地基的设计应符合下列规定：
>
> 2 碾压法和振动压实法施工时，应根据压实机械的压实性能，地基土性质、密实度、压实系数和施工含水量等，并结合现场试验确定碾压分层厚度、碾压遍数、碾压范围和有效加固深度等施工参数。

3. 原因分析

(1) 冬季施工表层存在冻土。

(2) 局部杂填土中有大硬块及黏土。

(3) 局部发生翻浆。

(4) 振动机械及其参数选用不当。振幅大小不均，振源远近不一。

4. 预防措施

(1) 必须在冬期施工时，应事先用草帘覆盖保温。

(2) 选择适合土层加密的振动机械，避免由于振幅大小不均和传力距振源远近不一，造成沉降不均而出现裂缝。为避免对周围建筑物的影响，振源距建筑物应不小于 3m。

(3) 振动压密的回填厚度及遍数应视设计要求及土质通过振密试验确定。

(4) 无论采用哪种振动设备，均应先沿基槽两边振密，再振中间部分，效果较好。

(5) 振动压密时，不得漏振，各振板之间应搭接 10cm 左右。

(6) 雨期施工时，如现场水位较低，地势较高，雨后无积水，可直接施振，否则应事先挖排水沟，并使工作面有一定坡度，以防积水造成翻浆。

(7) 振动时发现局部有大块硬物及黏土，应予挖除。

5. 治理措施

选择适合土层加密的振动机械以及合理的振动方法。

2.14.2 沉降不均，翻浆

1. 现象

振动压密后出现沉降不均及翻浆。

2. 规范规定

参见 2.14.1 节。

3. 原因分析

(1) 建筑物设计层高相差悬殊，体型不整齐。

(2) 沉降缝考虑不周密。

(3) 地下水位高，杂填土含饱和水。

(4) 施振遍数过多，或雨期施振无措施。

4. 预防措施

(1) 了解杂填土性质和分布情况，如地下水位高时应进行降水，使地下水距振板 0.5m。

(2) 雨期施工时，如现场水位较低，地势较高，雨后无积水，可直接施振，否则应事先挖排水沟，并使工作面有一定坡度，以防积水造成翻浆。

(3) 当杂填土松散且水位高时，易使振动器下陷，可拆下部分振动偏心块以减小振动力，快速预振几遍后,再装上偏心块正常振动。

(4)建筑物尽可能做到型式整齐,层高差别不大,并合理设置圈梁。

(5)施振前,应沿基槽轴线进行动力触探,触探点间距6m左右,触探应穿过杂填土原底,以确定其振密后的承载力。

(6)振动压密前,应在现场选几点进行试验,求出稳定下沉量及振稳时间。

(7)振动压密后,应用蛙夯找平,经检查符合质量标准后方能砌筑基础。

(8)经检查不合格者应进行补振。

(9)采用振动压密法应设置沉降观测点,并尽量采用荷载试验确定地基承载力。

5. 治理措施

了解土层性质和分布情况,经检查不合格者应进行补振。

2.15　多桩型复合加固地基

不同桩型、桩长的多元组合型复合地基在平面布置和空间布置上应紧密结合地质情况灵活应用,长短桩间隔布置、分别置于不同土层上,可分别发挥其各自优点,在确保地基处理的前提下,达到方案合理、节约投资、缩短工期的目的。

长桩:提高地基承载力,将荷载通过桩身向深处传递,减少压缩层变形,控制整体沉降。桩体强度要求较高,多采用 CFG 桩、钢筋混凝土桩、预制桩等。

短桩:主要对浅层土体进行处理,减小浅层应力集中,提高承载力,消除软弱土层引起的不均匀沉降,桩体采用散体桩和柔性桩,如水泥土搅拌桩、碎石桩、石灰桩等。

褥垫层:促使桩、土协调变形,合理分配应力,保证桩土共同作用。

针对不同地质情况以及每个工程的特殊情况,选择不同的长桩与短桩的搭配,施工顺序为先短桩、后长桩。褥垫层材料可选用粗中砂、碎石、级配砂石,厚度在 30 ~ 50cm 为宜,分层铺设,振捣密实,振捣过程应遵循由外向内的原则。

2.15.1　桩体缩颈

1. 现象

成型后的桩身局部直径小于设计要求。

2. 规范规定

《建筑地基处理技术规范》JGJ 79 - 2012:

> 7.9.2 多桩型复合地基的设计应符合下列原则:
>
> 2 多桩型复合地基中,两种桩可选择不同直径、不同持力层;对复合地基承载力贡献较大或用于控制复合土层变形的长桩;应选择相对更好的持力层并应穿越软弱下卧层;对处理欠固结土的桩,桩长应穿越欠固结土层;对需要消除湿陷性的桩,应穿越湿陷性土层;对处理液化土的桩,桩长应穿越液化土层。
>
> 3 对浅部存在较好持力层的正常固结土选择多桩型复合地基方案时,可采用刚性长桩与刚性短桩、刚性长桩与柔性短桩的组合方案。
>
> 4 对浅部存在欠固结土,宜先采用预压、压实、夯实、挤密方法或柔性桩等处理浅层地基,而后采用刚性或柔性长桩进行处理的方案。

5 对湿陷性黄土应根据黄土地区建筑规范对湿陷性的处理要求,选择压实、夯实或土桩、灰土桩、夯实水泥土桩等处理湿陷性,再采用刚性长桩进行处理的方案。

　　6 对可液化地基,应根据建筑抗震设计规范对可液化地基的处理设计要求,采用碎石桩等方法处理液化土层,再采用刚性或柔性长桩进行处理的方案。

　　7 对膨胀土地基采用多桩型复合地基方案时,应采用灰土桩等处理膨胀性,长桩宜穿越膨胀土层及大气影响层以下进入稳定土层,且不应采用桩身透水性较强的桩。

　　7.9.9 多桩型复合地基的施工应符合下列要求:

　　1 后施工桩不应对先施工桩产生使其降低或丧失承载力的扰动。

　　2 对可液化土,应先处理液化,再施工提高承载力增强体桩。

　　3 对湿陷性黄土,应先处理湿陷性,再施工提高承载力增强体桩。

　　4 对长短桩复合地基,应先施工长桩后施工短桩。

　　3.原因分析

　　(1)原状土含饱和水再加上施工注水润滑,经振动产生流塑状,瞬间形成高孔隙水压力,使局部桩体挤成缩颈。

　　(2)地下水位与其上土层结合处,易产生缩颈。

　　(3)流动状态的淤泥质土,因土层本身抗干扰能力差,施工产生振动,也易产生缩颈。

　　(4)桩间距过小,互相挤压形成缩颈。

　　4.预防措施

　　(1)要详细研究地质报告,确定合理的施工方法。

　　(2)每根桩用浮漂观测法,找出缩颈部位,计算出桩径,便于采取补救措施。

　　(3)套管中应保持足够的灌入材料。

　　(4)出现缩短或断桩时,可采取扩颈方法(如复打法、翻插法或局部翻插法),或者加桩处理。

　　(5)采用跳打法克服桩相互挤压现象。

　　5.治理措施

　　(1)按不同土层、不同施工方法进行配料。

　　(2)控制拔管速度,根据不同施工工艺、不同地区、不同地质选择不同的拔管速度。

　　(3)用反插法来克服缩颈,有局部反插或全部反插。

　　(4)用复打法克服缩颈、局部复打或全部复打。

　　(5)加桩处理。

　　(6)施工中要详细、认真地做好施工记录及施工监测。如出现问题,应立即停止施工,找相关单位研究解决后方可施工。

　　(7)开槽与桩顶处理要合理选择施工方案,否则应采取补救措施。

　　2.15.2 **灌量不足**

　　1.现象

　　施工中实际灌量小于设计要求灌量。

　　2.规范规定

　　参见2.15.1节。

3. 原因分析

(1)原状土含饱和水再加上施工注水润滑,经振动产生流塑状,瞬间形成高孔隙水压力,使局部桩体挤成缩颈。

(2)地下水位与其上土层结合处,易产生缩颈。

(3)流动状态的淤泥质土,因土层本身抗干扰能力差,施工产生振动,也易产生缩颈。

(4)桩间距过小,互相挤压形成缩颈。

(5)桩间距过小或群桩布置,互相挤压产生缩颈。

(6)开始拔管有一段距离,活瓣被黏土抱住不能张开;孔隙被流塑土或淤泥所填充;或活瓣开口较小,填料不能顺利流出。

(7)填料粒径大小不合理或流出性差,流动阻力大,造成出料困难。

4. 预防措施

(1)要详细研究地质报告,确定合理的施工方法。

(2)每根桩用浮漂观测法,找出缩颈部位,计算出桩径,便于采取补救措施。

(3)套管中应保持足够的灌入材料。

(4)根据地质具体情况和施工方法,合理选用桩间距,并采用间隔跳打法施工。

(5)采取有效措施,如调节加大沉箱的振动频率,减小碎石间摩擦,加速石料顺利流出管外,对桩尖处加自重压力等,以强迫活瓣张开。

(6)严格控制填料的规格。

2.15.3 成桩偏斜,达不到设计深度

1. 现象

成桩未能达到设计标高,桩体偏斜过大。

2. 规范规定

参见 2.15.1 节。

3. 原因分析

(1)遇到地下物如大孤石、大块混凝土、老房基及各种管道等。

(2)遇到干硬黏土或硬夹层(如砂、卵石层)。

(3)遇到倾斜的软硬地层交接处,造成桩尖向软弱土方向滑移。

(4)桩工机械底座放置的地面不平、不实,沉降不均匀,使桩体本身倾斜。

(5)钢套管弯曲过大,稳管时又未校正。

4. 预防措施

(1)施工前应将地面平整压实(一般要求地面承载力为 $100 \sim 150kN/m^2$),或垫砂卵石、碎石、灰土及路基箱等,因地制宜选用。

(2)施工前选用合格的钢管桩,稳桩管要双向校正(成 90°角,用线坠或经纬仪),控制垂直度不大于1%。

(3)放桩位点时,先用钎探找出地下物的埋置深度,挖坑应分层回填夯实(钎长 1～1.5m),非桩位点可不做处理。

(4)遇到干硬黏土或硬夹层,可先成孔注水,浸泡一段时间再施工,或边施工边注水,以满足设计深度。

(5)遇到干硬夹层造成沉桩困难或穿不过时,可选用射水沉管或采用"植桩法";先钻孔

的孔径应小于或等于设计桩径。

(6)选择合理的打桩顺序(如连续施打、间隔跳打),视土性和桩距全面考虑。补桩不得从四周向内推进施工,而应采取从中心向外推进或从一边向另一边推进的方案。

5. 治理措施

因地制宜选用施工方法,选择合理的打桩顺序。

2.16　微型桩加固地基

微型桩加固地基是通过一定的方法或手段在地基中先成孔,再在孔中下入设计所要求的钢筋笼(或钢管、型钢等)和注浆用的注浆管,经清孔后在孔中投入一定规格的石料或细石混凝土,再用水泥浆液替代孔中的水(投细石混凝土时无此工序)进行先后两次压力注浆,形成直径为 90~300mm 的同径或异径的桩。微型桩复合地基是由桩间改良后的土与注浆微型桩桩体组成的人工"复合地基"。

2.16.1 塌孔,孔底虚土多

1. 现象

在成孔过程中或成孔后,孔壁坍落,桩底部有很厚的泥夹层。

2. 规范规定

《建筑地基处理技术规范》JGJ 79－2012:

9.1.2 微型桩加固后的地基,当桩与承台整体连结时,可按桩基础设计;不整体连结时应按复合地基设计,按复合地基设计时,褥垫层厚度不宜大于100mm。

9.1.4 既有建筑地基基础加固设计采用微型桩加固,应符合《既有建筑地基基础加固技术规范》JGJ 123 的有关规定。

9.1.8 软土地基条件下微型桩的设计施工应符合下列规定:

1 应选择较好的土层作为桩端持力层,进入持力层深度不宜小于5倍的桩径或边长。

2 在特别软弱的土层中,应采用永久套管来包裹现浇的水泥浆、砂浆或混凝土。

3 当微型桩处于不排水剪切强度特征值小于10kPa的土层中时,应进行考虑施工误差和变位的成孔试验性施工。

4 应采取跳跃、均匀布点、控制注浆施工速度等措施,减小加固施工期间的地基附加变形,控制基础不均匀沉降及总沉降量。

3. 原因分析

(1)泥浆密度不够及其他泥浆性能指标不符合要求,使孔壁未形成坚实泥皮。

(2)由于护筒埋置太浅,下端孔口漏水、坍塌或孔口附近地面受水浸湿泡软,或钻机装置在护筒上,由于振动使孔口坍塌,扩展成较大的坍孔。

(3)在松软砂层中钻进,进展太快。

(4)钻锥钻进时回钻速度太快,空钻时间太长。

(5)水头太大,使孔壁渗浆或护筒底形成发穿孔。

(6)清孔后泥浆密度及黏度等指标降低;用空气吸泥机清孔,泥浆吸走后未及时补水,使孔内水位低于地下水位;清孔操作不当,供水管嘴直接冲刷孔壁,清孔时间过久或清孔停顿过久。

(7)吊入钢筋笼时碰撞孔壁。

4.预防措施

(1)在松散粉砂土或流砂中钻进时,应控制进尺速度,选用较大密度、黏度和胶体率的泥浆。

(2)汛期地区变化过大时,应升高护筒,增加水头,或用虹吸管、连通管等措施保证水头相对稳定。

(3)发生孔口坍塌时,可立即拆除护筒并回填钻孔,重新埋设护筒再钻。

(4)如发生孔内坍塌,判明坍塌位置后,回填砂和黏土(或砂砾和黄土)混合物至塌口处以上1~2m;如塌孔严重时,应全部回填,待回填物沉积密实后再行钻进。

(5)清孔时应指定专人补水,保证钻孔内必要的水头高度。供水管不宜直接插入钻孔中,应通过水槽或水池使水减速后流入钻孔中,以免冲刷孔壁。吸泥机应扶正,防止触动孔壁。不宜使用超过1.5~1.6倍钻孔中水柱压力的风压。如塌孔严重须按前述方法处理。

(6)吊入钢筋笼时应对准钻孔中心竖直插入。

5.治理措施

选用合适的施工材料和施工工艺。

2.16.2 缩孔

1.现象

实际孔径小于设计孔径。

2.规范规定

参见2.16.1节。

3.原因分析

(1)塑性土膨胀,造成缩孔。

(2)钻头焊补不及时,严重磨耗的钻头钻出较设计桩径偏小的孔。

(3)选用机具和工艺不合理。

4.预防措施

(1)采用上下反复扫孔的方法,以扩大孔径。

(2)根据不同的土层,选用相应的机具、工艺,钻头应及时维修护理。

(3)成孔后立即安放钢筋笼,浇筑桩身混凝土。

5.治理措施

扩大孔径,及时护理。

2.16.3 桩孔倾斜

1.现象

桩孔垂直偏差大于规范要求的1%。

2.规范规定

参见2.16.1节。

3.原因分析

(1)地下遇有坚硬大块障碍物,把钻杆挤向一边。

(2)地面不平,桩架导向杆不垂直,稳钻杆时没有稳直。

（3）钻杆不直,尤其是两节钻杆不在同一轴线上,钻头的定位尖与钻杆中心线不在同一轴线上。

4. 预防措施

（1）如石头、混凝土等障碍物埋置不深,可提出钻杆,清理完障碍物后重新钻进。遇到有埋得较深的大块障碍物,如不易挖出,可拔出钻杆,在孔内填进砂土或素土后,与设计人员商,改变桩位,躲过障碍物再钻。如实在无法改变桩位,可用金刚钻头的牙轮钻或筒钻,把石块或混凝土块粉碎后取出。

（2）不符合要求的钻杆及钻头不应使用,或及时更换。

5. 治理措施

（1）对严重倾斜的桩孔,应用素土回填夯实,然后重新钻孔。

（2）补桩。

2.16.4 桩身混凝土质量差

1. 现象

桩身表面有蜂窝、孔洞,桩身夹土、离析,浇筑混凝土后的桩顶浮浆过多。

2. 规范规定

参见 2.16.1 节。

3. 原因分析

（1）混凝土较干,和易性差,骨料太大或未及时提升导管以及导管位置倾斜等,使导管堵塞,形成桩身混凝土中断。

（2）混凝土浇筑时没有按操作工艺边浇筑边振捣,或只在桩顶部振捣,下部没有振捣,造成混凝土不密实,出现蜂窝、孔洞等现象。

（3）浇筑混凝土时,孔壁受到振动,使孔壁土坍落同混凝土一起灌入孔中,造成桩身夹土。

（4）混凝土浇筑过程中,放钢筋笼时碰撞孔壁使土掉入孔内,继续浇筑混凝土时,造成桩身夹土。

（5）每盘混凝土的搅拌时间或加水量不一致,造成坍落度不均匀,和易性不好,故在混凝土浇筑时有离析现象,桩身出现分段不均匀。

（6）拌制混凝土的水泥过期,骨料含泥量大或不符合要求,混凝土配合比不当,造成桩身强度低。

（7）浇筑混凝土时,孔口未放钢板或漏斗,使孔口浮土混入。

4. 预防措施

（1）混凝土坍落度应严格按设计或规范要求控制。

（2）合理选择外加剂。尽量用早强型减水剂代替普通泵送剂。

（3）粉煤灰的选用要经过试配以确定掺量,粉煤灰至少应选用Ⅱ级灰。

（4）严格按照混凝土操作规程施工。为了保证混凝土和易性,可掺入外加剂等。严禁使土及杂物混入混凝土中一起灌入孔内。

（5）浇筑混凝土前必须先放好钢筋笼,避免在浇筑混凝土过程中吊放钢筋笼。

（6）浇筑混凝土前,先在孔口放好钢板或漏斗,以防止回落土掉入孔内。

（7）雨期施工孔口要做围堰,防止雨水灌入孔中影响质量。

（8）桩孔较深时，可吊放振捣棒振捣，以保证桩底部密实度。

5. 治理措施

采用合适的施工工艺，严格控制施工过程。

第3章　桩基础

3.1　预制混凝土方桩

我国目前使用大量的预制桩是普通钢筋混凝土预制方桩,其桩的截面尺寸有 25cm × 25cm ~ 50cm × 50cm,最大可达 60cm × 60cm,长度为 4 ~ 50m,沉桩深度可达 60m 以上。

3.1.1　桩顶碎裂

1.现象

沉桩过程中,桩顶混凝土出现掉角、压碎裂缝或钢筋外露,如图 3 – 1 所示。碎裂后的桩顶混凝土,一般外表面呈灰白色,里面呈青灰色。

图 3 – 1　方桩桩头破碎

2.规范规定

《建筑桩基技术规范》JGJ 94 – 2008:

> 7.4.3 桩打入时应符合下列规定:
> 1 桩帽或送桩帽与桩周围的间隙应为 5 ~ 10mm;
> 2 锤与桩帽、桩帽与桩之间应加设硬木、麻袋、草垫等弹性衬垫;
> 3 桩锤、桩帽或送桩帽应和桩身在同一中心线上;
> 4 桩插入时的垂直度偏差不得超过 0.5%。

3.原因分析

(1)桩身混凝土设计强度等级偏低,或者桩顶抗冲击的钢筋网片不足,主筋距桩顶面距离太小。

(2)混凝土原材料砂石质量不符合要求或配合比不符合要求,或施工振捣不密实。

(3)混凝土养护时间短或养护措施不当,后期强度没有充分提高。

（4）桩身外观几何尺寸或质量不符合规范要求，如桩顶面不平整，桩顶平面与桩身轴线不垂直，桩顶保护层太厚等。

（5）施工机具选择或施工方法不当，未采用重锤轻击。打桩时原则上要求锤重大于桩重，但应根据桩断面、单桩承载力和工程地质条件来考虑。桩锤小，桩顶受打击次数过多，桩顶混凝土容易产生疲劳破坏而被打碎。桩锤大，桩顶混凝土承受不了过大的打击力也会发生破碎。

（6）桩顶与桩帽的接触面不平，桩沉入土中时桩身不垂直，使桩顶面倾斜，造成桩顶局部受集中应力而破损。

（7）沉桩时，桩顶未加缓冲垫或缓冲垫损坏后未及时更换，使桩顶直接承受冲击荷载。

（8）设计要求进入持力层深度或最终油压值或贯入度过大，桩身强度不能满足设计的施工技术参数要求。

4. 预防措施

（1）要严格按照设计或图集要求，施工振捣密实，主筋不得超过第一层钢筋网片。桩经过蒸养达到设计强度后，还应有自然养护期。养护应加盖草帘或黑色塑料布，并保持湿度，以使混凝土强度增长较快。

（2）应根据工程地质条件、桩断面尺寸及形状，合理选择桩锤，见表 3－1 所列。

锤重选择参考表　　　　表 3－1

锤　型		柴油锤（t）						
		D25	D35	D45	D60	D72	D80	D100
锤的动力性能	冲击部分质量（t）	2.5	3.5	4.5	6.0	7.2	8.0	10.0
	总质量（t）	6.5	7.2	9.6	15.0	18.0	17.0	20.0
	冲击力（kN）	2000～2500	2500～4000	4000～5000	5000～7000	7000～10000	>10000	>12000
	常用冲程（m）	1.8～2.3						
桩断尺寸	预制方桩、预应力管桩的边长或直径（cm）	350～400	400～450	450～500	500～550	550～600	600 以上	600 以上
	钢管桩直径（mm）	400		600	900	900～1000	900 以上	900 以上
持力层	黏性土、粉土 一般进入深度（m）	1.5～2.5	2～3	2.0～3.0	2.5～3.5	3.0～4.0	3.0～5.0	
	黏性土、粉土 静力触探比贯入阻力 P_s 平均值（MPa）	4	5	>5	>5	>5		
	砂土 一般进入深度（m）	0.5～1.5	1.0～2.0	1.5～2.5	2.0～3.0	2.5～3.5	4.0～5.0	5.0～6.0
	砂土 标准贯入击数 $N_{63.5}$（未修正）	20～30	30～40	40～45	45～50	50		
锤的常用控制贯入度（cm/10 击）		2～3		3～5		4～8	5～10	7～12
设计单桩极限承载力（kN）		800～1600	2500～4000	3000～5000	5000～7000	7000～10000	>10000	>10000

注：本表仅供选锤用；本表适用于桩端进入硬土层一定深度的长度为 20～60m 长钢筋混凝土预制桩及长度为 40～60m 长钢管桩。

（3）检查桩身外观质量，桩有无凹凸不平情况，桩顶平面是否垂直于桩轴线，桩尖是否偏斜。对不符合规范要求的桩不得采用,或经过修补后才能使用。

(4)检查桩顶与桩帽的接触面处及缓冲垫是否平整,如不平整,应进行处理后方能施工。

(5)第一节桩入土垂直度要严格控制,不大于0.5%,稳桩要垂直,桩顶应加草帘、纸袋、胶皮等缓冲垫。如桩垫失效应及时更换。

(6)根据单桩承载力、工程地质条件及施工控制标准选择合理的施工机械及桩身混凝土耐冲击的能力。

5. 治理措施

(1)发现桩顶有打碎现象,应及时停止沉桩,分析原因,采取相应措施,如更换并加厚桩垫。如有较严重的桩顶破裂,桩断端未进入设计持力层,应按照设计方案处理,如补桩等。

(2)如因桩顶强度不够或桩锤选择不当,应换用养护时间较长的桩或更换适合的桩锤。

3.1.2 桩身断裂

1. 现象

在沉入过程中,桩身突然倾斜错位;桩端处土质条件没有突变,贯入度却明显增加或突然增大,当桩锤跳起后,桩身随之出现回弹现象,桩身混凝土断裂破坏。

2. 规范规定

《建筑桩基技术规范》JGJ 94 – 2008:

7.1.10 混凝土预制桩的表面应平整、密实,制作允许偏差应符合表7.1.10的规定。		
混凝土预制桩制作允许偏差		表7.1.10
桩型	项目	允许偏差(mm)
钢筋混凝土实心桩	横截面边长	±5
	桩顶对角线之差	≤5
	保护层厚度	±5
	桩身弯曲矢高	不大于1%桩长且不大于20
	桩长偏心	≤10
	桩端面的倾斜	≤0.005
	桩节长度	±20
钢筋混凝土管桩	直径	±5
	长度	±0.5%桩长
	管壁厚度	−5
	保护层厚度	+10,−5
	桩身弯曲(度)矢高	1‰桩长
	桩尖偏心	≤10
	桩头板平整度	≤2
	桩头板偏心	≤2
7.2.1 混凝土实心桩的吊运应符合下列规定:		
1 混凝土设计强度达到70%及以上方可起吊,达到100%方可运输;		
2 桩起吊时应采取相应措施,保证安全平稳,保护桩身质量;		
3 水平运输时,应做到桩身平稳放置,严禁在场地上直接拖拉桩体。		

3. 原因分析

（1）桩身在施工中出现较大弯曲，在反复的冲击荷载作用下，当桩身不能承受抗弯强度时，产生断裂。桩身产生弯曲断裂的原因有：

1）一节桩的长细比过大，沉入时，又遇到较硬的土层。

2）桩身弯曲超过规定，或桩尖偏离桩的纵轴线较大，导致沉入时桩身发生倾斜或弯曲。

3）沉桩时，桩端遇到大块坚硬障碍物，把桩尖挤向一侧。

4）桩入土不垂直，打入一定深度后，再用走桩架的方法校正，使桩身产生弯曲。

5）采用"引孔法"时，钻孔垂直偏差过大。桩虽然是垂直立稳放入桩孔中，但在沉桩过程中，桩又慢慢顺钻孔倾斜沉下而产生弯曲。

6）两节桩接头不在同一轴线上，产生了曲折断裂，或接桩方法不当，应为焊接，违规使用硫磺胶泥法接桩。

（2）桩在反复长时间打击中，桩身受到拉、压应力，当拉应力值大于混凝土抗拉强度时，桩身某处即产生横向裂缝，表面混凝土剥落，如拉应力过大，混凝土发生破碎，桩身断裂。

（3）桩身混凝土水泥强度等级不符合要求，砂、石中含泥量大或石子中有大量碎屑石粉，或混凝土振捣不实，导致桩身局部强度不够，在该处断裂。

（4）桩身混凝土强度未达到设计要求即进行运输与施打。桩在堆放、起吊、运输过程中不规范或撞击产生裂纹或断裂。

（5）沉桩过程中，当桩穿过较硬土层进入软弱下卧层时，在锤击过程中桩身会出现较大拉应力，当拉应力大到超出桩身抗拉强度时，会发生桩身断裂。

4. 预防措施

（1）根据运输、施工要求及单桩承载力提出桩身混凝土设计强度等级。

（2）制作桩身时，严格控制水泥强度等级、砂、石中含泥量及石子质量，混凝土振捣要实。对桩身外观质量要进行检查，确保桩身弯曲不超过规定及桩尖和桩纵轴线一致。

（3）施工前，应将块石等清理干净，尤其是桩位下的障碍物，必要时可对每个桩位用钎探了解。一节桩的细长比不宜过大，一般不超过30。

（4）第一节桩沉桩过程中，如发现桩不垂直应及时纠正。桩打入一定深度发生严重倾斜时，不宜采用移动桩架来校正。接桩时要保证上下两节桩在同一轴线上，接头连接处理必须严格按照设计及规范要求执行。

（5）采用引孔法施工时，钻孔的垂直偏差要严格控制在0.5%以内。压桩时，出现偏斜也不宜用移动桩架来校正。

（6）桩在堆放、起吊、运输的过程中，严格按照规定和要求执行，发现桩开裂超过有关规定时，不得使用。普通预制桩经蒸压达到要求强度后，宜在自然条件下再养护，以提高桩的后期强度。锤击桩要求桩的强度必须达到设计强度的100%（指多为穿过硬夹层的端承桩）及龄期均满足要求方可施打。

（7）对地质比较复杂的工程（如有老的洞穴、古河道等），应适当加密地质探孔，以便采取相应措施。

5. 治理措施

图3-2　方桩倾斜、扭曲

（1）当施工中出现断裂桩时，应及时会同设计人员分析原因，按照设计处理方案处理。

（2）根据工程地质条件、上部荷载及桩所处的结构部位，可以采取补桩的方法。

3.1.3 桩身倾斜或桩偏位超标

1. 现象

桩身垂直偏差过大，桩身倾斜超标或桩顶位置产生水平位移（图3-2）。

2. 规范规定

《建筑桩基技术规范》JGJ 94-2008：

> 7.1.10 混凝土预制桩的表面应平整、密实，制作允许偏差应符合表7.1.10的规定。
>
> 7.4.1 沉桩前必须处理空中和地下障碍物，场地应平整，排水应畅通，并应满足打桩所需的地面承载力。
>
> 7.4.5 打入桩（预制混凝土方桩、预应力混凝土空心桩、钢桩）的桩位偏差，应符合表7.4.5的规定。斜桩倾斜度的偏差不得大于倾斜角正切值的15%（倾斜角系桩的纵向中心线与铅垂线间夹角）。
>
> 打入桩桩位的允许偏差（mm）　　　　　　　　　表7.4.5
>
> | 项 目 | 允许偏差 |
> |---|---|
> | 带有基础梁的桩：（1）垂直基础梁的中心线 | $100 + 0.01H$ |
> | （2）沿基础梁的中心线 | $150 + 0.01H$ |
> | 桩数为1~3根桩基中的桩 | 100 |
> | 桩数为4~16根桩基中的桩 | 1/2桩径或边长 |
> | 桩数大于16根桩基中的桩：（1）最外边的桩 | 1/3桩径或边长 |
> | （2）中间桩 | 1/2桩径或边长 |
>
> 注：H为施工现场地面标高与桩顶设计标高的距离。
>
> 7.4.13 施工现场应配备桩身垂直度观测仪器（长条水准尺或经纬仪）和观测人员，随时量测桩身的垂直度。
>
> 7.5.8 静力压桩施工的质量控制应符合下列规定：
>
> 1 第一节桩下压时垂直度偏差不应大于0.5%；
>
> 7.5.11 压桩过程中应测量桩身的垂直度。当桩身垂直度偏差大于1%时，应找出原因并设法纠正；当桩尖进入较硬土层后，严禁用移动机架等方法强行纠偏。

3. 原因分析

（1）打桩机架挺杆导向固定垂直于底盘，其微调使用不灵。在沉桩过程中，场地不平有较大坡度时，挺杆导向未调垂直，桩在沉入过程中随着挺杆导向产生倾斜。

（2）沉桩入土时垂直度控制不到位，过程中未在两个垂直方向对桩进行垂直度检测。

（3）桩身弯曲超过规定，或桩尖偏离桩的纵轴线较大，导致沉入时桩身发生倾斜或弯曲。

（4）沉桩时，桩端遇到大块坚硬障碍物，把桩尖挤向一侧。

（5）桩数较多，桩间距较小，饱和软土地基，在沉桩时土被挤压产生水平位移，导致相邻的桩产生水平位移。

（6）桩位放样不准，偏差过大。施工中桩位标志丢失或挤压偏离，随意定位。

（7）土方开挖过程中，挖土机行走碾压，未采取有效保护措施，导致桩顶因土体挤压产生位移。

4.预防措施

（1）场地要平整并具有承受桩机设备足够的承载力。如场地不平,施工时,应在打桩机行走轮下加垫板等物,使打桩机底盘保持水平。承载力不够要预先进行处理。

（2）同3.1.2节的预防措施(3)、(4)、(5)及3.1.1节的预防措施(5)。

（3）土方开挖过程中,减少分层开挖厚度,挖土机行走采取有效保护措施,如露出的桩头及时截除。

（4）采用"植桩法"可减少土的挤密及孔隙水压力的上升。

（5）认真按设计图纸放好桩位,做好明显标志,并做好复查工作。施工过程要按图核对桩位,发现丢失桩位标志,轴线桩标志不清时,及时补上。

5.治理措施

对桩位超标不严重的由设计认可,对承台放大到包住桩顶;对桩位超标或倾斜严重的由设计提出处理方案,进行补桩等处理。

3.1.4 桩接头脱开

1.现象

多节桩接头,施工发生接头断裂或脱开现象。

2.规范规定

《建筑桩基技术规范》JGJ 94 - 2008:

> 7.3.1 桩的连接可采用焊接、法兰连接或机械快速连接(螺纹式、啮合式)。
>
> 7.3.3 采用焊接接桩除应符合现行行业标准《建筑钢结构焊接技术规程》JGJ 81 的有关规定外,尚应符合下列规定:
>
> 3 桩对接前,上下端钣表面应采用铁刷子清刷干净,坡口处应刷至露出金属光泽;
>
> 4 焊接宜在桩四周对称地进行,待上下桩节固定后拆除导向箍再分层施焊;焊接层数不得少于2层,第一层焊完后必须把焊渣清理干净,方可进行第二层(的)施焊,焊缝应连续、饱满;
>
> 5 焊好后的桩接头应自然冷却后方可继续锤击,自然冷却时间不宜少于8min;严禁采用水冷却或焊好即施打;
>
> 7.4.9 施打大面积密集桩群时,可采取下列辅助措施:
>
> 1 对预钻孔沉桩,预钻孔孔径可比桩径(或方桩对角线)小50～100mm,深度可根据桩距和土的密实度、渗透性确定,宜为桩长的1/3～1/2;施工时应随钻随打;桩架宜具备钻孔锤击双重性能;
>
> 2 对饱和黏性土地基,应设置袋装砂井或塑料排水板;袋装砂井直径宜为70～80mm,间距宜为1.0～1.5m,深度宜为10～12m;塑料排水板的深度、间距与袋装砂井相同;
>
> 3 应设置隔离板桩或地下连续墙;
>
> 4 可开挖地面防震沟,并可与其他措施结合使用。防震沟沟宽可取0.5～0.8m,深度按土质情况决定;
>
> 5 应控制打桩速度和日打桩量,24h 内休止时间不应少于8h;
>
> 6 沉桩结束后,宜普遍实施一次复打;

3. 原因分析

(1)桩接头处连接形式不符合设计要求。

(2)接头焊缝不连续,不饱满,焊缝尺寸不够,上下节桩间隙垫铁不充实,桩接头处吻合不好。

(3)遇密实砂层,穿透或进入持力层要求过高,造成锤击数增加,桩身受到拉、压应力的交替循环作用,使焊缝打裂开焊,接头脱桩。

(4)饱和软土中打入桩的挤土效应造成地面隆起或侧移,在桩侧土挤土作用下带动桩身上部位移,而桩身下部进入持力层,牢固嵌入,导致接缝拉开甚至桩身拉断。

4. 预防措施

(1)采用引孔、打塑料排水板等方法,减少饱和软土的挤土效应及孔隙水压力的上升。

(2)上下节桩接头校正后,其间隙用薄钢板填实焊牢,所有焊缝要连续饱满,焊接质量严格按规范要求操作。

(3)遇到复杂地质情况的工程,为避免出现桩基质量问题,可改变接头方式,如用钢套方法,接头部位设置抗剪键,插入后焊死,可有效地防止脱开。

5. 治理措施

对抗压桩,接头脱开未错位的由设计认可,错位的由设计处理;对抗拔桩按照设计方案处理。

3.1.5 沉桩标高或压桩值达不到设计要求

1. 现象

桩设计时是以贯入度或桩端标高作为沉桩收锤的控制条件。一般情况下,以一种控制标准为主,另一种控制标准为辅参考。有时沉桩达不到设计的最终控制要求,出现桩顶标高不符,如图 3-3 所示。

图 3-3 方桩桩顶标高达不到设计要求,高低不一

2. 规范规定

(1)《建筑地基基础工程施工质量验收规范》GB 50204-2002:

134

5.2.3 压桩过程中应检查压力、桩垂直度、接桩间歇时间、桩的连接质量及压入深度。重要工程应对电焊接桩的接头做10%的探伤检查。对承受压力的结构应加强观测。

(2)《建筑桩基技术规范》JGJ 94－2008：

7.4.2 桩锤的选用应根据地质条件、桩型、桩的密集程度、单桩竖向承载力及现有施工条件等因素确定，也可按本规范附录H选用。

7.4.6 桩终止锤击的控制应符合下列规定：

1 当桩端位于一般土层时，应以控制桩端设计标高为主，贯入度为辅；

2 桩端达到坚硬、硬塑的黏性土、中密以上粉土、砂土、碎石类土及风化岩时，应以贯入度控制为主，桩端标高为辅；

3 贯入度已达到设计要求而桩端标高未达到时，应继续锤击3阵，并按每阵10击的贯入度不应大于设计规定的数值确认，必要时，施工控制贯入度应通过试验确定。

7.5.3 选择压桩机的参数应包括下列内容：

1 压桩机型号、桩机质量（不含配重）、最大压桩力等；

2 压桩机的外型尺寸及拖运尺寸；

3 压桩机的最小边桩距及最大压桩力；

4 长、短船型履靴的接地压强；

5 夹持机构的型式；

6 液压油缸的数量、直径，率定后的压力表读数与压桩力的对应关系；

7 吊桩机构的性能及吊桩能力。

7.5.9 终压条件应符合下列规定：

1 应根据现场试压桩的试验结果确定终压力标准；

2 终压连续复压次数应根据桩长及地质条件等因素确定。对于入土深度大于或等于8m的桩，复压次数可为2～3次；对于入土深度小于8m的桩，复压次数可为3～5次；

3 稳压压桩力不得小于终压力，稳定压桩的时间宜为5～10s。

3．原因分析

（1）勘探点数量或深度不够或参数不准，致使设计考虑持力层或选择桩尖标高有误。另外对工程地质情况反映不准，尤其是持力层的起伏标高不明，导致现场施工难以达到设计要求。

（2）勘探对局部分布的硬夹层或软夹层透镜体不可能全部了解清楚，尤其在复杂的工程地质条件下，还有地下障碍物，如大块石头、混凝土块等。

（3）以砂层为持力层时，由于结构不稳定，同一层土的强度差异很大。群桩施工时，砂层越挤越密，后面施工就有沉不下去的现象。

（4）桩锤选择太小或太大，使桩沉不到或沉过设计要求的控制标高。

（5）桩顶打碎或桩身打断，致使桩不能继续打入。特别是群桩，布桩过密或选择施打顺序不合理，导致互相挤实。

4．预防措施

（1）详细探明工程地质情况，必要时应做补勘；正确选择持力层或标高，根据工程地质条件、桩断面及自重，合理选择施工机械、施工方法及行车路线。

（2）防止桩顶打碎或桩身断裂。

5. 治理措施

（1）遇有硬夹层时，可采用植桩法、射水法或气吹法施工。植桩法施工即先钻孔，把硬夹层钻透，然后把桩插进孔内，再打至设计标高。钻孔的直径要求，以方桩为内切圆，空心管桩以管的内径为宜。无论采用植桩法、射水法或气吹法施工，桩尖至少进入未扰动土6倍桩径。

（2）桩如打不下去，可更换能量大一些的桩锤打击，并加厚缓冲垫层。

（3）选择合理的打桩顺序，特别是群桩，如先打中间桩，后打四周桩，则桩会被抬起；相反，若先打四周桩，后打中间桩，则很难打入。为此应选用"之"字形打桩顺序，或从中间分开往两侧对称施打。

（4）选择桩锤应遵循重锤低击的原则，这样容易贯入，可减少桩的损坏率。

（5）桩基础工程正式施打前，应做工艺试桩，确定能否满足设计要求。

3.1.6 桩体上浮

1. 现象

在黏土地基中，已打入的桩产生上浮现象，桩顶标高与原打桩的标高不符。

2. 规范规定

《建筑桩基技术规范》JGJ 94-2008：

> 7.5.15 当桩较密集，或地基为饱和淤泥、淤泥质土及黏性土时，应设置塑料排水板、袋装砂井消减超孔压或采取引孔等措施，并可按本规范第7.4.9条执行。在压桩施工过程中应对总桩数10%的桩设置上涌和水平偏位观测点，定时检测桩的上浮量及桩顶水平偏位值，若上涌和偏位值较大，应采取复压等措施。

3. 原因分析

桩沉入土层的过程中，土体被侧向及向下挤开，产生挤土效应，在砂性土中沉桩的扰动范围约为6倍桩身直径，由于挤土效应使地基土发生隆起和位移，已打入的桩受后期打入桩的影响，发生上浮。

4. 预防措施

（1）对上浮的桩复（打）压1~2次，甚至多次。在休止期以后才能进行土方开挖，不同的土层，休止期一般为7~21d。

（2）采用预钻孔的方法，削弱土层中的超静孔隙水压力，并可起到土层的应力释放，减小土体挤压应力的积累。

（3）采用钻打结合法，即先钻孔，后在钻孔中插入预制桩，用桩机沉桩。

（4）打桩前采用袋装砂井排水法，利用砂井快速排除孔隙水，降低孔隙水压力。

5. 治理措施

桩施工完成后，应对桩顶标高进行监测，发现浮桩，要及时复压或复打。对工程桩应进行完整性和承载力的验收检测。

3.2　预应力混凝土管桩

先张法预应力混凝土管桩具有单桩承载力高、单位造价低、施工速度快、成桩质量可靠等特点,在建筑、铁路、公路、桥梁、港口码头等工程中得到了广泛的应用。其外直径(D)为300~1200mm;按其混凝土有效预压应力值可分为:A型(4MPa)、AB型(6MPa)B型(8MPa)、C型(10MPa),其计算值应在各自规定值的±5%范围内;按桩身混凝土抗压强度等级可分为PHC桩和PC桩,其中PHC桩的混凝土强度等级不得低于C80,PC桩的混凝土强度等级不得低于C60。

3.2.1 桩身破裂

1. 现象

桩在沉入过程中,桩身出现断裂,包括桩尖破损、接头开裂,桩身出现横向、竖向裂缝或断裂等,贯入速度实变或压桩力陡降,在桩顶、桩身或桩端某一部位出现混凝土桩身碎裂或断裂破坏,如图3-4所示。

图3-4 管桩桩身断裂

2. 规范规定

《建筑桩基技术规范》JGJ 94-2008:

> 7.1.10 混凝土预制桩的表面应平整、密实,制作允许偏差应符合表7.1.10的规定。
>
> 7.3.3 采用焊接接桩除应符合现行行业标准《建筑钢结构焊接技术规程》JGJ 81的有关规定外,尚应符合下列规定:
>
> 5 焊好后的桩接头应自然冷却后方可继续锤击,自然冷却时间不宜少于8min;严禁采用水冷却或焊好即施打;
>
> 8.1.5 挖土应均衡分层进行,对流塑状软土的基坑开挖,高差不应超过1m。
>
> 8.1.6 挖出的土方不得堆置在基坑附近。
>
> 8.1.7 机械挖土时必须确保基坑内的桩体不受损坏。

3. 原因分析

(1)施工设备选择不当,如锤重选择不匹配、静压机压桩力不够,打桩时未加桩垫,打桩机未调整水平,桩施工时不垂直等。

(2)管桩质量差,如出现漏浆严重或管壁比较薄,蒸养不当,桩身混凝土强度不够。

(3)沉桩过程中遇到孤石和裸露的岩面,桩尖易被击碎,多节桩的底面沿倾斜岩面滑移时使上面的接头开裂。

（4）桩接头焊接质量差，引起接头开裂，如电焊时焊缝质量不符合要求，或自然冷却时间不够，焊缝遇水断裂；锤击时产生拉应力引起接头开裂。

（5）桩身自由段长细比过大，沉入时遇到坚硬的土层时使桩断裂。

（6）各种原因引起的管桩偏心受压或偏心锤击。

（7）同3.1.2节之原因分析（2）～（5）。

4. 预防措施

（1）选择合适的施工机械，控制桩身入土垂直度，避免桩身倾斜。

（2）严格管桩桩身原材料和外观质量的检查验收，管桩的外观质量和尺寸允许偏差应符合规范要求。管桩制作严格控制漏浆、管壁厚度和桩身强度。桩身制作预应力值必须符合设计要求。

（3）打桩时要设合适桩垫，厚度不宜小于12cm；沉桩桩身自由段长细比不宜超过40。

（4）遇孤石和基岩面避免硬打；严格控制桩接头焊接质量，接桩要保持上、下节桩在同一轴线上。

（5）管桩施工完成后，土方应分层开挖，确保开挖过程中管桩不受扰动、不发生位移，桩头高出设计标高需凿除的，宜采用割桩器切除，严禁使用大锤强行凿桩。

5. 治理措施

（1）发生桩身破坏，可采用低应变方法检测桩身质量，并根据检测结果选择处理方案。

（2）施工过程中管桩发生断裂，首先应查明原因，判别断裂部位，并检测管桩的垂直度，如为倾斜断裂，应先将桩扶正，当断裂深度在8～10m时，可采用放钢筋笼至断裂部位以下1～2m，再灌填芯混凝土的方法处理，处理完成后用低应变动测方法检测处理质量。

3.2.2 桩身倾斜或桩顶位移超标

1. 现象

在管桩施工或土方开挖过程中，出现桩身倾斜或桩顶水平位移超标。

2. 规范规定

《建筑桩基技术规范》JGJ 94－2008：

7.4.5 打入桩（预制混凝土方桩、预应力混凝土空心桩、钢桩）的桩位偏差，应符合表7.4.5的规定。斜桩倾斜度的偏差不得大于倾斜角正切值的15%（倾斜角系桩的纵向中心线与铅垂线间夹角）。

打入桩桩位的允许偏差　　　　　　　　　　　　　　表7.4.5

项目	允许偏差（mm）
带有基础梁的桩：（1）垂直基础梁的中心线	$100+0.01H$
（2）沿基础梁的中心线	$150+0.01H$
桩数为1～3根桩基中的桩	100
桩数为4～16根桩基中的桩	1/2桩径或边长
桩数大于16根桩基中的桩：（1）最外边的桩	1/3桩径或边长
（2）中间桩	1/2桩径或边长

注：H 为施工现场地面标高与桩顶设计标高间的距离。

7.1.5 挖土应均衡分层进行，对流塑状软土的基坑开挖，高差不应超过1m。

> 8.1.6 挖出的土方不得堆置在基坑附近。
>
> 8.1.7 机械挖土时必须确保基坑内的桩体不受损坏。

3. 原因分析。

(1) 桩位测量放线有误,施工时未加以复核纠正。

(2) 土方开挖过程中,挖土机行走碾压,未采取有效保护措施,导致桩顶因土体挤压产生位移。

(3) 沉桩入土时,特别是第一节桩垂直度不满足施工规范要求。过程中未在两个垂直方向对桩进行垂直度检测。

(4) 打桩顺序不当,先施工的桩因挤土产生位移,特别是在软土层中,先施工的短桩更容易跑位。

(5) 桩遇到孤石和其他坚硬障碍物层时,桩身容易被挤偏。

(6) 软土中打桩,由于陷机或桩机未站稳就施工,易使桩身倾斜。

(7) 送桩器同桩头套得太松或送桩器倾斜。或锤击施工时,桩锤、桩帽、桩中心线不在一条直线上,偏心受力。

(8) 软土层由于桩的挤土效应,造成对后打的桩挤压造成倾斜。

(9) 土方开挖时,挖土机械行走及土方高度差等造成桩周土体不平衡。

4. 预防措施

(1) 施工前对测量放线加以检查校核,施工过程中进行检查复核。

(2) 合理安排打桩顺序,并采用预钻孔、开挖防挤沟等释放应力措施,减少挤土。

(3) 施工时要严格控制好桩身垂直度,特别对第一节桩,垂直度偏差不得超过桩长的0.25%,桩帽、桩身及送桩器应在同一直线上,施工时宜用经纬仪在两个方向上进行校核。

(4) 施工前要平整场地,软弱的场地中适当要铺设道砟,不能使桩机在打桩过程中产生不均匀沉降。

(5) 土方开挖过程中,减少分层开挖厚度,挖土机行走采取有效保护措施,如露出的桩头及时截除。在场地地质较软,尤其是淤泥质流塑性土层较厚时基坑周边不得临时堆土,重型载重运输车的行走线路应远离基坑,否则极易造成基坑周边的桩受边坡土侧向压力作用,导致整排基桩向中间移位、倾斜甚至断裂。

5. 治理措施

对桩位超标不严重的由设计认可,对承台放大到包住桩顶;对桩位超标或倾斜严重的由设计提出处理方案,进行补桩等处理。

3.2.3 桩体上浮和挤土

1. 现象

沉桩过程中,地面土发生向上隆起和向管桩密集区域外侧横向位移,区域土体发生变形,土体中的管桩随之发生侧向移动或向上产生位移(浮桩)。

2. 规范规定

(1) 同3.1.6节规范规定

(2)《建筑桩基技术规范》JGJ 94-2008:

7.4.9 施打大面积密集桩群时,可采取下列辅助措施:

　　1 对预钻孔沉桩,预钻孔孔径可比桩径(或方桩对角线)小50~100mm,深度可根据桩距和土的密实度、渗透性确定,宜为桩长的1/3~1/2;施工时应随钻随打;桩架宜具备钻孔锤击双重性能;

　　2 对饱和黏性土地基,应设置袋装砂井或塑料排水板;袋装砂井直径宜为70~80mm,间距宜为1.0~1.5m,深度宜为10~12m;塑料排水板的深度、间距与袋装砂井相同;

　　3 应设置隔离板桩或地下连续墙;

　　4 可开挖地面防震沟,并可与其他措施结合使用,防震沟沟宽可取0.5~0.8m,深度按土质情况决定;

　　5 应控制打桩速率和日打桩量,24h内休止时间不应少8h;

　　6 沉桩结束后,宜普遍实施一次复打;

　　7 应对不少于总桩数10%的桩顶上涌和水平位移进行监测;

　　8 沉桩过程中应加强邻近建筑物、地下管线等的观测、监护。

3. 原因分析

　　桩进入饱和黏土层后,由于土层体积被压缩而产生的附加孔隙水压力迅速增大,当孔隙水压力大于上部土层自重及土层抗剪力之和时,桩周边的土层将受力向上方向、外侧移动,形成地面隆起,隆起时产生的摩擦力使桩产生上浮,对端承桩或端承型摩擦桩,引起基础的不均匀沉降。

4. 预防措施

　　参见3.1.6节。

5. 治理措施

　　参见3.1.6节。

3.2.4 抗拔桩顶锚固处拉裂脱开或接头松脱开裂

1. 现象

　　锤击施工时桩体产生拉应力或负摩阻力,使桩在接头处出现松脱开裂或错位的现象。

2. 规范规定

《建筑桩基技术规范》JGJ 94-2008:

7.3.3 采用焊接接桩除应符合现行行业标准《建筑钢结构焊接技术规程》JGJ 81的有关规定外,尚应符合下列规定:

　　4 焊接宜在桩四周对称地进行,待上下桩节固定后拆除导向箍再分层施焊;焊接层数不得少于2层,第一层焊完后必须把焊渣清理干净,方可进行第二层(的)施焊,焊缝应连续、饱满;

3. 原因分析

　　参见3.1.4节。

4. 防治措施

　　(1)接桩时,桩尖尽量避开坚硬土层。

　　(2)接桩时,法兰螺栓要拧紧并做防腐处理。

　　(3)采用焊接接桩时,应确保焊接质量。

（4）接桩处开裂，可采用先放置钢筋笼并用细石混凝土填芯灌实。

5.治理措施

参见3.1.4节。

3.2.5 沉桩标高或压桩值达不到设计要求

1.现象

桩的终控指标达不到设计要求，如桩端达不到设计要求的持力层深度或最终压桩力贯入度不能满足设计要求。

2.规范规定

参见3.1.5节。

3.原因分析

（1）勘探资料有误，未查明工程地质情况，尤其是持力层的标高起伏，致使设计选择持力层或桩端标高有误；或机械设备能力不能满足设计要求。

（2）成桩遇到地下障碍物或厚度较大的硬隔层。

（3）桩端遇到密实的粉土或粉细砂层，打桩产生"假凝"现象，或遇密实砂层，打桩焊接等中间停息时间过长，造成桩打不下去。

（4）桩身被打（压）断，无法继续施工。

（5）布桩密集或打桩顺序不当，由于挤土效应，先施工的桩上浮，后施工的桩难以达到设计要求的持力层。

4.预防措施

（1）遇异常情况或复杂地质情况，应补充勘察，查明工程地质条件，正确选择施工机械和施工控制参数。

（2）施工前，应选择有代表性的地质孔部位进行工艺性试桩，一般不少于3根，以校核勘察与设计的合理性，为设计确定工程桩的施工控制参数。

（3）遇密实砂层，打桩焊接等中间停息时间不能过长。

（4）适当加大桩距，合理选择打桩顺序，可采取自中部向两边打、分段打等。

（5）施工前平整场地，清除地下障碍物。

5.治理措施

（1）遇到硬厚夹层时，可采用引孔法、射水法等。

（2）调整设计方案，采用以终压力或收锤贯入度为施工终控指标，但需通过试桩静载试验的结果来确认。

3.3 钢管桩

由于建筑工程桩基承载力要求较高，建筑场地的基岩埋深又很深时，有时会选用较长的钢桩做桩基础。H型或工字型钢板桩多用于深基坑作为挡土支护和挡水的临时工程选用，可以重复利用，由于其造价较高，作为桩基础很少。一般用做工程桩的钢桩多为无缝钢管，易于制作成型，便于运输及沉入土中。钢管桩桩尖分为开口桩、闭口桩（有桩靴），管的直径为一般为25～100cm，桩管壁厚度又分为薄壁与厚壁，钢桩长度可达数十米。短管节的焊接在架台上以平放位置进行，长管节则在桩沉入土内过程中焊接。钢管桩沉桩后，可以在钢管内填充混凝土以提高其承载力。

3.3.1 桩顶变形

1. 现象

钢管桩在施打过程中,特别是长桩,经大能量、长时间打击,桩顶部位产生变形,影响接桩和单桩质量,如图3-5所示。

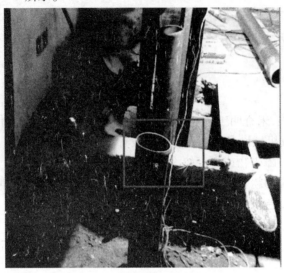

图3-5　钢管桩顶变形

2. 规范规定

《建筑桩基技术规范》JGJ 94-2008:

> 7.6.3 钢桩制作的允许偏差应符合表7.6.3的规定,钢桩的分段长度应满足本规范第7.1.5条的规定,且不宜大于15m。
>
> 钢桩制作的允许偏差　　　　　　　　　　　　　　　　　　　　表7.6.3
>
> | 项目 | | 容许偏差(mm) |
> |---|---|---|
> | 外径或断面尺寸 | 桩端部 | ±0.1%外径或边长 |
> | | 桩身 | ±0.1%外径或边长 |
> | 长度 | | >0 |
> | 矢高 | | ≤1‰桩长 |
> | 端部平整度 | | ≤2(H型桩≤1) |
> | 端部平面与桩身中心线的倾斜值 | | ≤2 |
>
> 7.6.6 H型钢桩或其他异型薄壁钢桩,接头处应加连接板,可按等强度设置。
>
> 7.6.12 当地表层遇有大块石、混凝土块等回填物时,应在插入H型钢桩前进行触探,并应清除桩位上的障碍物。

3. 原因分析

(1)工程地质勘察报告勘探点过少,未能反映有坚硬的地下硬夹层,如较厚的中密以上的砂层、砂卵石层等。

（2）设计的钢管桩壁厚偏小，或应在桩顶加设计加强肋板而未设计。

（3）遇坚硬的障碍物，如大石块等难于穿过，导致锤击次数过多。

（4）桩顶缓冲衬垫过薄，或更换不及时。打桩锤的锤重选择偏轻，锤击次数过多，使桩顶钢材疲劳破损。

（5）稳桩校正不严格，造成锤击偏心，产生偏心荷载。

（6）场地表面承载力不够，造成地面平整度偏差大，或打桩过程垂直度控制不好，使桩倾斜打入，桩顶受力不均发生变形。

4. 预防措施

（1）应按规范和标准的规定进行勘察，根据地质的复杂程度进行加密探孔，对超长桩等应一桩一探。

（2）对较长的刚度不够的钢管桩顶部应设计加强肋板或套箍。

（3）先用钎探查找地下障碍物，及时清除。穿硬夹层时，可选用射水法、引孔法等措施预成孔，较深地下障碍物应用钻机钻透后再打（沉）桩。

（4）场地承受施工机械的承载力不够时，应对表面土层进行处理，必要时铺道砟、砂卵石、灰土或路基箱等，应将旧房基混凝土等挖除。

（5）桩帽内垫上合适的缓冲材料衬垫，如麻袋、纸垫等，随时更换或一桩一换；施打超长且直径较大的桩时，应选用大能量的柴油锤，以重锤低击为佳，单桩的总锤击数不宜超过3000 击。

5. 治理措施

（1）接桩前先割除掉裂缝变形部分，再进行接桩。割除时应保证端口水平度、平整度，接桩应焊接可靠。

（2）若仅仅是桩顶破损，且破损长度在 1.5m 以内，可挖出桩顶，加入补强锚筋并浇筑钢管桩混凝土；如破损部分长度较大时，应按照设计意见处理。

（3）如经检测，桩下端严重变形破坏，则需按照设计处理方案处理；若桩下端轻微破损，经设计方、监理方认可，可以使用。

3.3.2 桩身倾斜或桩顶偏位超标

图 3 - 6　钢管桩倾斜、超标

1. 现象

施工过程中,桩身垂直度控制不好或挤土等原因,导致桩身倾斜、超标,如图3－6所示。

2. 规范规定

参见3.2.2节。

3. 原因分析

(1)钢管桩制作中桩身弯曲超过规定,或沉桩施工时桩尖偏心,打入过程中未校正到位,产生的偏斜过大。

(2)沉桩过程中,遇坚硬障碍物,桩端被挤偏向一侧,导致继续沉桩后垂直度偏差大。

(3)运输、堆放不规范,搬运吊放有强烈撞击,造成桩体弯曲变形。

(4)参见3.1.3节的原因分析之(6)、(8)。

4. 预防措施

(1)在最初击打校正好第一节桩时,严格控制垂直度不超过0.5%,要用冷锤(不给油状态)击打2～3击,再次校正,若发现桩不垂直,应及时纠正,直到垂直度稳定符合要求为止,方可正常施工。

(2)接桩时,严格控制上下节桩应在同一轴线上和接头焊接质量,发现桩顶锤击破损,不能正常接桩时,应按3.3.1节的治理措施,割除损坏部位再进行接桩。

(3)运输、吊放、搬运过程中,应防止桩体冲撞,防止桩体损坏或弯曲。堆放场地应平坦坚实,支点设置合理,两端应用木楔塞住,防止滚动、撞击、变形。

(4)土方开挖过程中,挖土机行走碾压,未采取有效保护措施,导致桩顶因土体挤压产生位移。

(5)参见3.3.1节的预防措施之(3)、(4)。

5. 治理措施

(1)对倾斜桩,用高压水枪沿其反向冲出环形深孔,冲孔后,由于桩周围土压力的不平衡,容易对桩身倾斜进行纠正,一般最佳冲孔深度为8m以内,可纠偏12mm左右。

(2)水平拉顶纠偏,即对在软土地基中的桩顶施加水平拉力或顶压力使桩基本复位。纠偏时要控制桩顶位移的速率,一般在2～5cm/h左右,完成总偏移量的一半时停30min后,再次进行桩顶推至复位。钢管桩复位后,冲刷的坑内填入块石混合料,或注入速凝水泥浆。

(3)对无法纠偏的或桩偏位较大的按照设计处理方案处理。

3.3.3 桩接头松脱或开裂

1. 现象

钢管桩接桩处经过锤击,出现松脱、开裂等现象。

2. 规范规定

《建筑桩基技术规范》JGJ 94－2008:

> 7.6.3 钢桩制作的允许偏差应符合表7.6.3的规定,钢桩的分段长度应满足本规范第7.1.5条的规定,且不宜大于15m。
>
> 7.6.5 钢桩的焊接应符合下列规定:
>
> 1 必须清除桩端部的浮锈、油污等脏物,保持干燥;下节桩顶经锤击后变形的部分应割除;

144

钢桩制作的允许偏差		表7.6.3
项目		容许偏差(mm)
外径或断面尺寸	桩端部	±0.5%外径或边长
	桩身	±0.1%外径或边长
长　度		>0
矢　高		≤1‰桩长
端部平整度		≤2（H型桩≤1）
端部平面与桩身中心线的倾斜值		

2 上下节桩焊接时应校正垂直度,对口的间隙宜为2~3mm;

3 焊丝(自动焊)或焊条应烘干;

4 焊接应对称进行;

5 应采用多层焊,钢管桩各层焊缝的接头应错开,焊渣应清除;

6 当气温低于0℃或雨雪天及无可靠措施确保焊接质量时,不得焊接;

7 每个接头焊接完毕,应冷却1min后方可锤击;

8 焊接质量应符合国家现行标准《钢结构工程施工质量验收规范》GB 50205和《建筑钢结构焊接技术规程》JGJ 81的规定,每个接头除应按表7.6.5规定进行外观检查外,还应按接头总数的5%进行超声或2%进行X射线拍片检查,对于同一工程,探伤抽样检验不得少于3个接头。

接桩焊缝外观允许偏差	表7.6.5
项目	允许偏差(mm)
上下节桩错口	
①钢管桩外径≥700mm	3
②钢量桩外径<700mm	2
H型钢桩	1
咬边深度(焊缝)	0.5
加强层高度(焊缝)	2
加强层宽度(焊缝)	3

3. 原因分析

(1)焊接前未清除钢桩接头连接处浮锈、油污等杂质,影响接头焊接质量。或焊接质量不好,焊缝不连续、不饱满,有夹渣、咬肉等现象。

(2)采用焊接或法兰连接时,接头处有较大间隙,造成焊接不牢或螺栓拧不紧。法兰连接时,螺栓拧入后未做紧固处理,造成锤击产生强大振动,有松扣现象。

(3)上下节接桩前轴线偏移超标,锤击时产生应力集中,使局部焊缝开裂。

(4)遇到坚硬大块障碍物或坚硬较厚的砂、砂卵石夹层,穿入困难,经长时间大能量锤击,造成接头处松脱开裂。

4. 预防措施

（1）钢桩接桩前，清除钢桩接头连接处浮锈、油污等杂质，焊接应对称连续分层进行，管壁厚小于9mm的分2层施焊，大于9mm的分3层施焊。

（2）桩顶锤击发生变形部分应割除，并保持顶部平整。

（3）上下节桩焊接时，将锥形内衬箍放置在下节桩内侧的挡块上，紧贴桩管内壁并分段点焊，然后吊接上节桩，其坡口搁在焊道上，使上下节桩对接的间隙为2～4mm，再用经纬仪两方向校正垂直度，在下节桩顶端外周安装好夹箍，再进行电焊。

（4）法兰连接螺栓拧紧后，螺母应点焊或螺纹凿毛，以免较长时间锤击造成松动脱扣。

（5）焊接质量应符合现行国家标准的规定，每个接头除外观检查外，还应按接头总数的5%做超声波或2%做X射线检查，在同一工程内，探伤检查不得少于3个接头。

5. 治理措施

参见3.1.4节。

3.3.4 桩身失稳扭曲

1. 现象

沉桩过程中，贯入度突然增大，桩身某断面失稳扭曲。

2. 规范规定

《建筑桩基技术规范》JGJ 94－2008：

> 7.6.6 H型钢桩或其他异型薄壁钢桩，接头处应加连接板，可按等强度设置。
>
> 7.6.10 锤击H型钢桩时，锤重不宜大于4.5t级（柴油锤），且在锤击过程中桩架前应有横向约束装置。

3. 原因分析

（1）桩设计长细比过大，锤击过程中遇地下障碍物时，引起纵向失稳。

（2）沉桩不垂直，打入地下一定深度后，再用移动桩架的方法校正，方法不当使桩身产生弯曲。

（3）沉桩时桩锤、桩帽及桩不在同一直线上，锤击时发生偏心冲击荷载。

（4）相接的两节桩不在同一轴线上，产生了弯曲。

4. 预防措施

（1）桩设计长细比过大，适当增加壁厚以提高断面刚度。

（2）接桩时要保证上下两节桩在同一轴线上，接头处焊接要确保质量。

（3）严格控制第一节桩的入土垂直度，沉桩过程中，如发现桩不垂直应及时纠正，桩打入一定深度发生严重倾斜时，不宜采用移动桩架来校正。

5. 治理措施

（1）在能拔出的情况下，拔出失稳扭曲桩，在原桩位重新打入。

（2）失稳扭曲发生在桩顶部位，可以对桩顶部位按设计要求处理；其他情况可以补桩等按设计方案处理。

3.3.5 沉桩达不到设计要求

1. 现象

沉桩达不到设计的最终控制标高或贯入度要求。

2. 规范规定

参见 3.1.5 节。

3. 原因分析

(1)遇到了较厚的硬夹层,穿过极为困难;或沉桩要求双控制,例如进入持力层较深而贯入度仍未达到。

(2)接桩质量不符合设计要求,接头焊缝开裂;接桩选择的土层部位未避开硬持力层或硬夹层处。

(3)其余参见 3.1.5 节

4. 预防措施

(1)根据地质勘察报告的说明,应避免接桩处在硬夹层、硬持力层中进行接桩,以减少接头处焊缝出现开裂、错位等现象。

(2)钢桩接头焊接,上下节应严格校正垂直度,按现行国家标准控制。气温低于 0℃ 或雨雪天,无可靠措施确保焊接质量时,不得焊接。每个接头焊完后应冷却 1~2min 后方可锤击。

(3)贯入度已达到设计要求而桩端标高未达到时,应继续锤击 3 阵,并每阵 10 击的贯入度不大于设计规定值。

(4)其余参见 3.1.5 节。

5. 治理方法

(1)地表层遇有大块石、混凝土块等障碍物时,应在沉入钢桩前进行触探,并应清除桩位中的障碍物。

(2)沉桩中需穿越中间硬夹层时,可采用预钻孔取土工艺,先取土再进行沉桩。

(3)当桩尖所穿过土层较厚、较硬、穿透有困难时,可在桩下端部增焊加强箍,加强箍壁厚 6~12mm,高 200~300mm,以增加桩端的强度。

(4)其余参见 3.1.5 节。

3.4 沉管灌注桩

沉管灌注桩属于挤土灌注桩,按照沉管工艺的不同,分为振动沉管灌注桩、锤击沉管灌注桩及振动冲击沉管灌注桩,这类灌注桩的施工工艺是:使用打桩锤或振动锤将一定直径的带有活瓣桩尖或钢筋混凝土预制桩尖或锥形封口桩尖的钢管沉入土中,形成桩孔,然后放入钢筋笼,边浇筑桩身混凝土,边振动边锤击边拔出钢管形成所需要的灌注桩。利用锤击沉桩机械设备沉管、拔管成桩,称为锤击沉管灌注桩;利用振动机械设备振动沉管、拔管成桩,称为振动沉管灌注桩。

3.4.1 桩身缩颈、夹泥或断桩

1. 现象

缩颈指成形后的桩身混凝土局部直径小于设计要求。桩身夹泥指桩身混凝土局部夹杂泥土团块,使得桩身不完整、不连续。断桩指裂缝是水平的或倾斜贯通全截面,常见于地面以下 1~3m 不同软硬土层交接处。

2. 规范规定

《建筑桩基技术规范》JGJ 94－2008：

6.5.3 灌注混凝土和拔管的操作控制应符合下列规定：

3 拔管速度应保持均匀，对一般土层拔管速度宜为 1m/min，在软弱土层和软硬土层交界处拔管速度宜控制在 0.3～0.8m/min；

6.5.4 混凝土的充盈系数不得小于 1.0；对于充盈系数小于 1.0 的桩，应全长复打，对可能断桩和缩颈桩，应采用局部复打。成桩后的桩身混凝土顶面应高于桩顶设计标高 500mm 以内。全长复打时，桩管入土深度宜接近原桩长，局部复打应超过断桩或缩颈区 1m 以上。

6.5.5 全长复打桩施工时应符合下列规定：

1 第一次灌注混凝土应达到自然地面；

2 拔管过程中应及时清除粘在管壁上和散落在地面上的混凝土；

3 初打与复打的桩轴线应重合；

4 复打施工必须在第一次灌注的混凝土初凝之前完成。

6.5.8 振动、振动冲击沉管灌注桩单打法施工的质量控制应符合下列规定：

2 桩管内灌满混凝土后，应先振动 5～10s，再开始拔管，应边振边拔，每拔出 0.5～1.0m，停拔，振动 5～10s；如此反复，直至桩管全部拔出；

3 在一般土层内，拔管速度宜为 1.2～1.5m/min，用活瓣桩尖时宜慢，用预制桩尖时可适当加快；在软弱土层中宜控制在 0.6～0.8 m/min。

3．原因分析

（1）套管沉入土层时，产生挤土形成超净孔隙水压力，当套管拔出后，因为混凝土未形成强度，在周围净孔隙水压力的作用下，把局部桩体混凝土挤成缩颈或夹泥。

（2）在饱和的软土层中施工时，由于拔管速度过快，混凝土未来得及流出管外，桩周土即涌入桩身，造成桩身夹泥或缩颈。

（3）在软硬及含水率不同土层交界处，由于拔管后桩身混凝土受周围土挤压力不同，桩身在交界处引起缩颈。

（4）拔管速度过快，形成的真空吸力对桩周土体及桩身混凝土产生拉力作用，造成桩身缩颈或夹泥。

（5）拔管时，套管内混凝土少，混凝土自重压力不足或混凝土流动性不够及和易性差，管壁对混凝土产生摩擦力，导致混凝土扩散慢，造成缩颈。

（6）在饱和软土地基，群桩间距过密，打桩过程产生挤土效应，使得桩身混凝土终凝前被挤压产生缩颈。

（7）采用复打施工时，套管上的泥土未清理干净，造成桩身夹泥。采用反插施工工艺时，反插深度太大，反插时活瓣向外张开，把孔壁周围的泥挤进桩身，造成桩身夹泥。

（8）冬期施工，冻层与非冻层混凝土沉降不一样，被拉断；或混凝土不符合季节施工的要求，由于振动产生离析。

（9）土方开挖过程中，挖土机行走碾压，未采取有效保护措施，导致桩顶因土体挤压产生位移。

4．预防措施

（1）控制拔管速度：锤击沉管桩施工，对一般土层拔管速度宜为 1m/min，在软弱土层和软硬土层交界处拔管速度宜为 0.3～0.5m/min；振动沉管桩施工，在一般土层内拔管速度宜为 1.0～1.2m/min，在软弱土层中宜为 0.5～0.8m/min；采用活瓣桩尖时宜慢些。

（2）套管灌满混凝土后，先振动 10s 再拔管，应边拔边振；在拔管过程中，应分段及时添加混凝土，保持套管内混凝土面始终不低于地表面且高于地下水位 1.0m 以上，使混凝土出管时有较大的自重压力形成扩张力。

（3）对充盈系数小于 1.0 的桩，应全长复打。在饱和淤泥等土层中易产生缩颈部位，宜采取复打或反插工艺解决缩颈。复打应超过断桩或缩颈区 1m 以上。

（4）在饱和软土群桩基础上，若桩间距小于 3 倍桩径时，应采用跳打施工。

（5）施工时用浮标检测法经常检测混凝土下落情况，发现问题及时处理。

（6）冬期施工混凝土要适合冬期施工要求，加入混凝土外加剂，并保证混凝土浇筑入管的温度。冻层与非冻层交接处要采取局部反插（应超过 1m 以上）措施。

5. 治理措施

（1）经低应变或超声波检测出质量有问题的Ⅲ、Ⅳ类桩缩颈、夹泥、断裂、离析等缺陷的位置，若缺陷仅存在于桩身上部 3m 以内，可采用在桩四周人工开挖后凿去桩身缺陷部位，重新支模浇筑混凝土。

（2）检测出的Ⅳ类桩和缺陷位置较深的Ⅲ类桩，则一般应按设计处理方案采取补桩法治理。

3.4.2 吊脚桩

1. 现象

桩底混凝土脱空，或桩底部混入泥土杂质形成较弱的桩端，俗称吊脚桩，从而削弱了桩的承载力。

2. 规范规定

《建筑桩基技术规范》JGJ 94－2008：

> 6.5.2 锤击沉管灌注桩施工应符合下列规定：
> 2 桩管、混凝土预制桩尖或钢桩尖的加工质量和埋设位置应与设计相符，桩管与桩尖的接触应有良好的密封性。

3. 原因分析

（1）桩端进入低压缩性的粉质黏土层等，拔管时，活瓣桩尖被周围的土包住而打不开，开始拔管时混凝土无法流出套管，造成桩底混凝土脱空。

（2）地下水位较高，封底混凝土浇灌过早，封底混凝土经长时间振动被振实，在套管底部形成"塞子"，使混凝土无法流出。

（3）预制桩尖强度低，在沉管时破损，被挤入套管内，拔管时振动冲击未能将桩尖及时振出，管拔出至一定高度时才落下，未落到孔底而形成吊脚桩。

（4）活瓣式桩尖合拢不严密，沉管下沉时，泥水挤入桩管内。

4. 预防措施

（1）严格控制混凝土预制桩尖的强度和规格，确保混凝土预制桩尖在沉管过程中不打坏。

（2）拔管过程中用吊锤检查混凝土灌注量是否有异常,发生混凝土下不去的情况,若有应拔出重打。

（3）参见 3.4.1 节预防措施之（1）~（3）条。

（4）护壁短桩管法。在桩管端部增设扩壁短桩管,沉桩管时,短桩管随之下沉;拔桩管时,短桩管下落,起到护孔和减振的作用,从而防止桩的吊脚缩颈。

5. 治理措施

通过桩身完整性检测桩长不够的桩按设计处理方案处理,处理后应进行完整性或承载力检测符合要求。

3.4.3 钢筋笼上浮、下沉、偏位

1. 现象

钢筋笼放入后,浇筑混凝土过程中,钢筋笼随着混凝土的灌注产生上浮、下沉、偏位现象。

2. 规范规定

《建筑桩基技术规范》JGJ 94－2008:

> 6.2.5 钢筋笼制作、安装的质量应符合下列要求:
>
> 3 加劲箍宜设在主筋外侧,当因施工工艺有特殊要求时也可置于内侧;
>
> 4 导管接头处外径应比钢筋笼的内径小 100mm 以上;
>
> 5 搬运和吊装钢筋笼时,应防止变形,安放应对准孔位,避免碰撞孔壁和自由落下,就位后应立即固定。

3. 原因分析

（1）钢筋笼顶端未采取固定措施或固定不牢,定位不准,导致钢筋笼上浮或下沉。

（2）钢筋笼在下沉时保护层定位混凝土滚轮设置不符合要求,导致钢筋笼偏位。

（3）混凝土浇筑过快,当钢筋笼在混凝土中产生的浮力大于钢筋笼自重时,会产生钢筋笼上浮。

（4）拔管时钩挂住钢筋笼,导致钢筋笼上浮。

4. 预防措施

（1）在套管中放入钢筋笼后,一定要固定住钢筋笼顶吊筋,用型钢连接固定钢筋笼,以防止上浮或下沉,在浇筑混凝土时,注意观察钢筋笼的位置变化情况。

（2）使钢筋笼中心与套管中心重合并固定。钢筋笼保护层一般采用在加强箍上安装钢筋保护层混凝土滚轮,在每隔 2m 加强箍上均匀布置 3~4 个,防止钢筋笼偏位。

5. 治理措施

对钢筋笼下沉的 1m 以内的,破除桩头混凝土到暴露钢筋笼,按原钢筋笼规格要求焊接至符合要求;对钢筋笼下沉很深的,按设计处理方案处理,一般在桩身混凝土上植筋,保证植筋锚固进入混凝土长度。

3.4.4 沉桩最终控制指标达不到设计要求

1. 现象

沉桩达不到设计桩长或贯入度等设计最终控制指标,影响单桩承载力。

2. 规范要求

《建筑桩基技术规范》JGJ 94 – 2008：

> 6.1.4 成桩机械必须经鉴定合格,不得使用不合格机械。
>
> 6.2.3 成孔的控制深度应符合下列要求:
>
> 1 摩擦型桩:摩擦桩应以设计桩长控制成孔深度;端承摩擦桩必须保证设计桩长及桩端进入持力层深度。当采用锤击沉管法成孔时,桩管入土深度控制应以标高为主,以贯入度控制为辅。
>
> 2 端承型桩:当采用钻(冲)、挖掘成孔时,必须保证桩端进入持力层的设计深度;当采用锤击沉管法成孔时,管桩入土深度控制以贯入度为主,以控制标高为辅。

3. 原因分析

(1)勘察点数量、深度不够,对工地地质情况不明,尤其是持力层的埋深标高起伏大、层厚不明,致使有的部位桩施工难以达到设计要求。

(2)桩机设备配重或沉桩功率不够,即振动锤振力或压力不足,导致桩达不到位。

(3)桩管长细比大,刚度差,使传至桩尖的振动冲击能量减小,造成沉桩达不到设计标高。

(4)群桩施工时,遇砂土层,越打越挤密实,最后会有沉不下套管的现象,或遇地下障碍物(石块、混凝土等)。

4. 预防措施

(1)分析工程地质资料,对复杂地质条件应进行补勘。对可能穿不透的硬夹层或地下障碍物,应采取措施,例如预钻孔后沉管等措施清除。

(2)根据基桩承载力和工程地质资料,选择具有相应能力的沉桩机械,套管的长细比不宜大于40。

(3)控制沉管灌注桩的最小中心距,详见表3-2所列。

桩的最小中心距　　　　　　　　　　　　　表3-2

土的类别	一般情况	排数超过3排,桩数超过9根的摩擦型桩基础
	最小中心距	最小中心距
饱和黏性土	4.0D	4.5D
非饱和土、饱和非黏性土	3.5D	4.0D

注:D——沉管灌注桩的桩管外径。

(4)合理规划沉桩顺序,当桩中心距小于3倍桩径或布桩平面系数较大时,可采用由中间向两侧对称施打或自中央向四周施打的顺序。

5. 治理措施

(1)根据工程地质条件,选择合适的振动桩机设备参数和锤重。沉桩时,如因压力不够而沉不下,可用加配重或加压的办法来增加压力。

(2)对较厚的硬夹层,可先把硬夹层钻透(钻孔取土),然后再把套管植入沉下。也可辅以射水法一起沉管。

(3)因挤土效应无法下沉到设计标高时,可在沉桩桩位预先钻孔取土,然后再沉管,将产生较小的挤土作用。

3.5 正反循环钻孔灌注桩

泥浆护壁成孔是用泥浆保护孔壁并排出土渣而成孔,地下水位高或低的土层皆适用,多用于含水量高的软土地区。泥浆具有保护孔壁、防止塌孔、排出土渣以及冷却与润滑钻头的作用。泥浆一般需专门配制,当在黏土中成孔时,也可用孔内钻渣原土自造泥浆。成孔机械有回转钻机、潜水钻机等。

3.5.1 塌孔或扩孔

1. 现象

在成孔过程中或成孔后,孔壁土体坍落,造成局部扩孔,桩底部有很厚的沉渣泥土。

2. 规范规定

《建筑桩基技术规范》JGJ 94-2008:

6.3.2 泥浆护壁应符合下列规定:

1 施工期间护筒内的泥浆面应高出地下水位1.0m以上,在受水位涨落影响时,泥浆面应高出最高水位1.5m以上;

2 在清孔过程中,应不断置换泥浆,直至灌注水下混凝土;

3 浇注混凝土前,孔底500mm以内的泥浆相对容度应小于1.25;含砂率不得大于8%;黏度不得大于28s;

4 在容易产生泥浆渗漏的土层中应采取维持孔壁稳定的措施。

6.3.5 泥浆护壁成孔时,宜采用孔口护筒,护筒设置应符合下列规定:

3 护筒的埋设深度:在黏性土中不宜小于1.0m;砂土中不宜小于1.5m。护筒下端外侧应采用黏土填实;其高度尚应满足孔内泥浆面高度的要求;

4 受水位涨落影响或水下施工的钻孔灌注桩,护筒应加高加深,必要时应打入不透水层。

3. 原因分析

(1)泥浆密度等其他泥浆性能指标不符合要求,使孔壁土体稳定性差。

(2)钻孔时,钻头进尺太快,尤其在松软砂层孔壁不稳定造成塌孔。

(3)护筒埋置深度不够,下端孔口漏水坍塌或孔口附近地面受水浸湿泡软,或钻机装置在护筒上钻进振动使孔口坍塌。

(4)地层松软,泥浆水位高度不够,或孔内漏失泥浆,水位下降造成水头压力低。

(5)反循环清孔时,用空气吸泥机,泥浆吸走后未及时补水,或吸力大。清孔时间过久或清孔后停顿过久。

(6)吊放钢筋笼入孔不规范,碰撞孔壁。

4. 预防措施

(1)控制进尺速度,在粉砂土或砂土等易塌孔土层中钻进时,应调整泥浆指标,选用密度、黏度较大的泥浆。

(2)护筒埋置深度要够,四周应用黏土回填压实,保证护筒埋置稳固。发生孔口坍塌时,可立即拆除护筒,回填钻孔,并重新埋设护筒后再钻。

（3）控制泥浆水位标高，水位下降时及时补充泥浆。

（4）反循环清孔时，控制空气吸泥机吸力。应扶正吸泥机，防止触动孔壁。不宜使用过大的风压，不宜超过1.5～1.6倍钻孔中水柱压力。

（5）吊入钢筋笼时应对准钻孔中心，稳定缓慢竖直插入。

5. 治理措施

发生孔内坍塌，回填砂和黏土（或砂砾和黄土）混合物到塌孔处1m以上；如塌孔严重，应全部回填，待回填物沉积密实后再行钻进。

3.5.2 成孔垂直度超标

1. 现象

钻孔垂直度偏差过大，成孔垂直度超标。

2. 规范规定

《建筑桩基技术规范》JGJ 94－2008：

> 6.2.2 成孔设备就位后，必须平整、稳固，确保在成孔过程中不发生倾斜和偏移。应在成孔钻具上设置控制深度的标尺，并应在施工中进行观测记录。
>
> 6.2.4 灌注桩成孔施工的允许偏差应满足表6.2.4的要求。
>
> 灌注桩成孔施工允许偏差　　　　　　　表6.2.4
>
> | 成孔方法 | | 桩径偏差（mm） | 垂直度允许偏差（%） | 桩位允许偏差（mm） | |
> | --- | --- | --- | --- | --- | --- |
> | | | | | 1～3根桩、条形桩基沿垂直轴线方向和群桩基础中的边桩 | 条形桩基沿轴线方向和群桩基础的中间桩 |
> | 泥浆护壁钻、挖、冲孔桩 | $d \leqslant 1000mm$ | ±50 | 1 | $d/6$且不大于100 | $d/4$且不大于150 |
> | | $d > 1000mm$ | ±50 | | $100+0.01H$ | $150+0.01H$ |
>
> 6.3.7 钻机设置的导向装置应符合下列规定：
>
> 1 潜水钻的钻头上应有不小于$3d$长度的导向装置；
>
> 2 利用钻杆加压的正循环回转钻机，在钻具中应加设扶正器。

3. 原因分析

（1）场地不平整，地面不具备承受桩机设备足够的承载力。

（2）桩机底盘未调水平，引起钻杆不垂直。或钻进过程中未对垂直度两个方向检测，并及时调整垂直度。

（3）成孔较长时，在后续加钻杆钻进过程中，两节钻杆不在同一轴线上，难以保证垂直度一致。

（4）土层软硬不均，桩机钻进速度未按实际土层的不同予以调整。

（5）遇有坚硬大块石等障碍物，把钻杆挤向一边。

4. 预防措施

（1）场地要平整并具有承受桩机设备足够的承载力。如场地不平，施工时，应在打桩机行走轮下加垫板等物，使打桩机底盘保持水平。场地承载力不够要预先进行处理。

（2）调整桩机底盘至水平，使钻杆和桩机导向龙门垂直，钻孔过程中要两个方向观测钻杆垂直度。

（3）开钻前应检查钻杆质量，对弯曲的钻杆及时更换。

（4）严格控制钻进速度，开始入土时，下钻速度要慢，严格控制钻杆垂直度小于0.25%。钻进速度应根据土情况来确定：杂填土、砂层、砂卵石层为0.2～1.0m/min；素填土、黏土、粉土为1.0～1.5m/min。遇到土层软硬不均交接处，应放慢钻进速度，轻轻加压，慢速钻进。

（5）根据地质情况选择合适类型的钻头，尖底钻头适用于黏性土，平底钻头适用于松散土，耙式钻头适用于含有大量砖块、碎混凝土块、瓦块的回填土。

5. 治理措施

用验孔器检孔，查明钻孔倾斜超标的位置和倾斜情况后，可在倾斜处通过钻头上下反复扫孔，使钻孔垂直，倾斜严重时应回填砂黏土，再重新钻进。

图3-7 钢筋笼保护层不符

3.5.3 钢筋笼位置上浮、下沉或保护层不符

1. 现象

钢筋笼偏向一侧、保护层不够，或钢筋笼发生上浮、下沉，如图3-7所示。

2. 规范规定

《建筑桩基技术规范》JGJ 94-2008：

> 6.2.5 钢筋笼制作、安装的质量应符合下列要求：
>
> 2 分段制作的钢筋笼，其接头宜采用焊接或机械式接头（钢筋直径大于20mm），并应遵守国家现行标准《钢筋机械连接通用技术规程》JGJ 107、《钢筋焊接及验收规程》JGJ 18和《混凝土结构工程施工质量验收规范》GB 50204的规定；
>
> 3 加劲箍宜设在主筋外侧，当因施工工艺有特殊要求时也可置于内侧；
>
> 4 导管接头处外径应比钢筋笼的内径小100mm以上；
>
> 5 搬运和吊装钢筋时，应防止变形，安放应对准孔位，避免碰撞孔壁和自由落下，就位后应立即固定。

3. 原因分析

（1）钢筋笼堆放、起吊、运输过程中不规范，造成变形扭曲。

（2）钢筋笼保护层滚轮等措施不到位，或采用定位钢筋抽入孔壁土。

（3）钢筋笼入孔后对顶部钢筋未定位固定牢固，造成混凝土灌注过程中钢筋笼下沉或上浮。

（4）采用水下混凝土灌注方式，灌注过程中导管埋深大，流动混凝土对钢筋笼向上推力大，造成钢筋笼上浮。

4. 预防措施

（1）如钢筋笼过长，应分段制作，吊放钢筋笼入孔时进行孔口分段焊接。

（2）钢筋笼每隔 2.0m 左右设置加强箍一道，并在钢筋笼内每隔 3~4m 装一个可拆卸的十字形临时加劲架，在钢筋笼吊放入孔后再拆除。运输和吊放过程中防止拖拉冲撞变形。

（3）钢筋笼每个加强筋上设置 4 个混凝土保护层滚轮，混凝土滚轮直径应根据保护层的厚度确定。

（4）钢筋笼入孔后对顶部钢筋定位固定牢固。

5. 治理措施

参见 3.4.4 节。

3.5.4 桩身混凝土夹泥或断桩

1. 现象

成桩后，桩身局部混凝土质量差，夹泥夹渣，严重的断桩。

2. 规范规定

《建筑桩基技术规范》JGJ 94-2008：

> 6.2.6 粗骨料可选用卵石或碎石，其粒径不得大于钢筋间最小净距的 1/3。
>
> 6.3.30 灌注水下混凝土的质量控制应满足下列要求：
>
> 1 开始灌注混凝土时，导管底部至孔底的距离宜为 300~500mm；
>
> 2 应有足够的混凝土储备量，导管一次埋入混凝土灌注面以下不应少于 0.8m；
>
> 3 导管埋入混凝土深度宜为 2~6m。严禁将导管提出混凝土灌注面，并应控制提拔导管速度，应有专人测量导管埋深及管内外混凝土灌注面的高差，填写水下混凝土灌注记录；
>
> 4 灌注水下混凝土必须连续施工，每根桩的灌注时间应按初盘混凝土的初凝时间控制，对灌注过程中的故障应记录备案；

3. 原因分析

（1）混凝土骨料太大或混凝土灌注过程中导管埋深过大，使导管堵塞，形成桩身混凝土断桩。

（2）水下混凝土灌注过程中导管埋深不够，提升导管时，使导管底拔离混凝土面，再次插入导管时，将浮浆和泥浆带入，造成夹渣夹泥土。

（3）预拌混凝土供应不及时，不能连续浇筑，中断时间过长。

4. 预防措施

（1）混凝土坍落度应严格按规范要求控制。

（2）浇筑混凝土前应检查预拌混凝土的准备工作，保证混凝土供货连续及时。

（3）严格控制混凝土首灌量，导管底部至孔底距离宜为 300~500mm，确保首灌一次埋深符合要求。

（4）控制导管埋入混凝土的深度 2~6m，每次拔导管前应检测桩顶混凝土面标高，避免导管埋入过深或导管脱离混凝土面。

（5）水下混凝土的配合比应具备良好的和易性，钢筋笼主筋接头要焊平，避免提拔导管时,法兰挂住钢筋笼。

5.治理措施

(1)当发生导管堵塞,迅速反复提插导管,使混凝土流出导管。

(2)用钻机起吊设备,吊起一节钢轨等其他重物在导管内冲击,把堵塞的混凝土冲开。

(3)当混凝土在地下水位以上堵管时,如果桩直径较大(一般在1m以上),可抽掉孔内水,采用钢护筒等,对原混凝土面进行凿毛并清洗再继续浇筑混凝土。

(4)当混凝土在地下水位以下堵管时,可用较小钻头在原桩位上重新钻孔,至断桩部位1m以下,重新清孔,在断桩部位增加一节钢筋笼,其下部埋入新钻的孔中,然后继续浇筑混凝土。

(5)按照设计处理方案补桩。

3.5.5 桩端沉渣厚度超标

1.现象

孔底泥土等沉渣或混凝土灌注后桩端沉渣超标。

2.规范规定

《建筑桩基技术规范》JGJ 94-2008:

> 6.3.4 对孔深较大的端承型桩和粗粒土层中的摩擦型桩,宜采用反循环工艺成孔或清孔,也可根据土层情况采用正循环钻进,反循环清孔。
>
> 6.3.9 钻孔达到设计深度,灌注混凝土之前,孔底沉渣厚度指标应符合下列规定:
>
> 1 对端承型桩,不应大于50 mm;
>
> 2 对摩擦型桩,不应大于100 mm;
>
> 3 对抗拔、抗水平力桩,不应大于200 mm。
>
> 6.3.26 钢筋笼吊装完毕后,应安置导管或气泵管二次清孔,并应进行孔位、孔径、垂直度、孔深、沉渣厚度等检验,合格后应立即灌注混凝土。

3.原因分析

(1)成孔到位后,进行清孔时,泥浆相对密度、含砂率指标高,导致短时间内沉渣超标。

(2)二次清孔沉渣符合要求后,混凝土未来得及灌注,间隔时间较长。

(3)下放钢筋笼后未进行二次清孔,就灌注混凝土,但钢筋笼下放过程中碰撞孔壁,导致泥土等沉渣过厚。

(4)清孔方法不当,对沉渣较重较多的情况,未采用反循环清孔。

4.预防措施

(1)清孔方法应符合设计要求,对沉渣较重、较多的情况,需采用反循环清孔。

(2)下放钢筋笼后应进行二次清孔,二次清孔沉渣合格后方可灌注混凝土。

(3)二次清孔沉渣符合要求后,应及时灌注桩身混凝土,间隔时间不超过30min,否则重新清孔,测沉渣至符合要求。

5.治理措施

对灌注混凝土后桩端沉渣超标,从桩身钻孔到桩端,采用高强度等级砂浆注浆处理,并对该桩进行承载力检测。

3.6 人工挖孔灌注桩

大直径人工挖孔灌注桩在建筑工程中,应用较为普遍,其优点是较为经济,质量能够保证。但它一般在地下水位以上的土层中,干作业成孔较为理想,在有丰富的上层滞水或地下水的易塌孔的土层中,不宜选用。能直观检查持力层,加之有护壁,因此质量稳定性高,单桩承载力大。

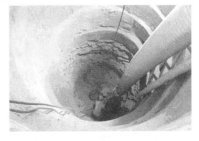

图 3-8 挖孔桩护壁不符合要求

3.6.1 护壁质量不符合要求或坍塌

1. 现象

人工挖孔过程中,护壁质量不符合要求或出现塌孔,如图 3-8 所示。

2. 规范规定

《建筑桩基技术规范》JGJ94-2008

> 6.6.6 人工挖孔桩混凝土护壁的厚度不应小于100mm,混凝土强度等级不应低于桩身混凝土强度等级,并应振捣密实;护壁应配置直径不小于8mm 的构造钢筋,竖向筋应上下搭接或拉接。
>
> 6.6.11 当遇有局部或厚度不大于1.5m 的流动性淤泥和可能出现涌土涌砂时,护壁施工可按下列方法处理:
> 　1 将每节护壁的高度减小到300~500mm,并随挖、随验、随灌注混凝土;
> 　2 采用钢护筒或有效的降水措施。

3. 原因分析

(1)设计采用混凝土护壁,实际施工采用砖护壁,不符合设计要求。

(2)按设计施工的砖护壁干码,未采用砂浆砌筑,遇上层滞水,易渗水或塌孔。

(3)地下水位高,遇含水的流砂或淤泥,造成护壁困难,难以成孔。

(4)地质报告粗糙,勘探孔较少,实际施工发现地质情况复杂,又未按规定补勘。

4. 预防措施

(1)应按照设计要求采用相应的护壁形式。

(2)采用砖护壁时不得干码,应采用砂浆砌筑,砖护壁与孔壁之间的孔隙应采用砂浆填满。

(3)遇到地下水高,出现流砂或淤泥土层时,应降低混凝土护壁的高度,一般用50cm 高,混凝土强度等级同桩身,并使用速凝剂,随挖随验随浇筑混凝土。

(4)孔口应做混凝土护圈,防止地表水土流入孔内。

(5)扩大头部位若砂层或强风化岩较厚,地下水或承压水又丰富,可采用高压喷浆技术进行处理。

5. 治理措施

遇到易塌孔土层,可采用钢套管、沉管护壁的办法护

图 3-9 人工挖孔,孔底虚土多

壁后再挖土。

对于采取相应措施还是难以成孔时,设计同意后采用钻孔灌注桩。

3.6.2 孔底虚土多

1. 现象

孔壁局部塌土或验孔后长时间未灌注混凝土,渣土从孔口滑落,出现孔底虚土过多,如图 3 - 9 所示。

2. 规范规定

《建筑桩基技术规范》JGJ94 - 2008:

> 6.6.9 第一节井圈护壁应符合下列规定:
> 1 井圈中心线与设计轴线的偏差不得大于 20mm;
> 2 井圈顶面应比场地高出 100 ~ 150mm,壁厚应比下面井壁厚度增加 100 ~ 150mm。
> 6.6.12 挖至设计标高后,应清除护壁上的泥土和孔底残渣、积水,并应进行隐蔽工程验收。验收合格后,应立即封底和灌注桩身混凝土。

3. 原因分析

(1)孔口混凝土护圈高度不够,渣土从孔口落下。

(2)地下水位高,遇到砂层土,出现塌孔。

(3)桩底部扩大头部分为强风化岩或砂卵土层,未采取加强措施,局部土体脱落。

(4)地下水位高,孔内渗水严重,长时间浸泡导致孔壁塌漏。

4. 防治措施

(1)孔口周围应按规定设置有效高度的混凝土护圈。

(2)堆土应距孔口至少 2m 以外,并及时运出。停止作业或成孔后,应立即盖好孔口盖板,以防回落渣土。

(3)桩底部扩大头部分为强风化岩或砂卵土层,要采取加强措施。

(4)孔内渗水严重时,成孔验收后,立即放钢筋笼,及时水下灌注混凝土,避免长时间浸泡。

5. 治理措施

下放钢筋笼后,灌注混凝土前应检查孔底情况,虚土过多应清除。

3.6.3 桩身混凝土夹渣不实

1. 现象

桩身混凝土出现松散、离析夹渣。

2. 规范规定

《建筑桩基技术规范》JGJ94 - 2008:

> 6.6.13 灌注桩身混凝土时,混凝土必须通过溜槽;当落距超过 3m 时,应采用串筒,串筒末端距孔底高度不宜大于 2m;也可采用导管泵送;混凝土宜采用插入式振捣器振实。
> 6.6.14 当渗水量过大时,应采取场地截水、降水或水下灌注混凝土等有效措施。严禁在桩孔中边抽水边开挖,同时不得灌注相邻桩。

3. 原因分析

(1)桩底渣土在浇筑桩身混凝土之前没有清理干净。

158

（2）桩孔渗水较快，来不及抽干的情况下未采用水下混凝土灌注方法。

（3）清孔完成至混凝土浇筑时间间隔较长，造成孔壁不稳塌孔，孔底沉渣超标未清。

（4）采用水下混凝土灌注时，导管拔离混凝土面后再次插入。

4. 防治措施

（1）浇筑桩身混凝土前要确保将孔底沉渣清理彻底，采用干灌注时要及时抽干孔壁渗水。

（2）如果孔壁渗水大，无法采取抽水时，桩身混凝土的施工就应当采取水下浇筑施工工艺。

（3）采用水下混凝土灌注时，导管上拔前要测混凝土面标高和导管埋深。

（4）采用干灌注时，对扩大头混凝土进行振捣，对桩身混凝土要通长振捣。

5. 治理措施

（1）对孔壁渗水问题进行封堵处理，无法处理时，桩身混凝土应当采取水下浇筑施工工艺。

（2）对检测出现的离析夹渣或断桩按照设计方案处理。

3.6.4 成孔截面大小不一或扭曲

1. 现象

成孔截面尺寸大小不一或扭曲。

2. 规范规定

《建筑桩基技术规范》JGJ 94－2008：

> 6.6.8 开孔前，桩位应准确定位放样，在桩位外设置定位基准桩，安装护壁模板必须用桩中心点校正模板位置，并应由专人负责。
>
> 6.6.10 修筑井圈护壁应符合下列规定：
> 7 同一水平面上的井圈任意直径的极差不得大于50mm。

3. 原因分析

（1）挖孔过程中未每节对中量测桩中心轴线及孔半径。

（2）遇软弱土层或流砂层难以控制半径。

4. 防治措施

（1）挖孔工程中对每段孔应对中量测桩中心轴线及孔半径。

（2）遇软弱土层或流砂层，孔壁支护应严格控制尺寸。

5. 治理措施

对孔径负偏差超过规范的进行扩孔处理。

3.7 长螺旋钻孔灌注桩

长螺旋钻孔灌注桩是由长螺旋钻机成孔，钻杆芯管内泵压混凝土或水泥浆成桩，然后利用振动器将钢筋笼沉入桩身混凝土中。长螺旋钻孔灌注桩施工时无振动，无泥浆污染，机械设备简单，移动方便，施工速度快。在地下水位以下施工时，容易塌孔。适用于地下水位以上的黏性土、粉土、素填土、中等密实以上的砂土。桩孔直径一般为400～800mm，桩长一般为30m左右,钢筋笼插入长度不大于12m,属非挤土成桩工艺。

3.7.1 钻孔困难

1．现象

长螺旋钻孔灌注桩钻进时很困难,甚至钻不进。

2．规范规定

《建筑桩基技术规范》JGJ 94－2008：

> 6.1.2 钻孔机具及工艺的选择,应根据桩型、钻孔深度、土层情况、泥浆排放及处理条件综合确定。
>
> 6.4.1 当需要穿越老黏土、厚层砂土、碎石土以及塑性指数大于25的黏土时,应进行试钻。

3．原因分析

(1)桩机钻进遇有坚硬土层,或有地下障碍物,钻杆刚度不够,导致钻杆被挤弯而钻进困难。

(2)钻机设备的功率不够,在钻到一定深度后或遇有坚硬土层,难以钻进。

(3)钻头的倾角、转速选择不合理或钻进速度太快造成卡钻,因而钻不进去。

4．预防措施

(1)施工前对场地进行清理,挖除块石等地下障碍物。

(2)选择大功率钻机,在硬土层中钻进可适当加水以减小阻力。

(3)保持钻杆垂直度,控制钻进速度与钻杆钻速匹配,遇钻杆弯曲损坏,更换钻机的钻杆。

5．治理措施

当遇到较大较深的孤石地下障碍物时,在设计同意情况下,做移桩位处理或变更为人工挖孔桩。

3.7.2 钻孔倾斜超标

1．现象

桩孔垂直度偏差过大,超过规定值。

2．规范规定

《建筑桩基技术规范》JGJ 94－2008：

6.2.4 灌注桩成孔施工的允许偏差应满足表6.2.4的要求。

灌注桩成孔施工允许偏差　　　　　　　　　表6.2.4

成孔方法	桩径允许偏差(mm)	垂直度允许偏差(％)	桩位允许偏差(mm)	
			1～3根桩、条形桩基沿垂直轴线方向和群桩基础中的边桩	条形桩基沿轴线方向和群桩基础的中间桩
螺旋钻、机动洛阳铲干作业成孔	−20	1	70	150

3．原因分析

(1)桩机底盘不水平或桩机前面的导向龙门不垂直引起钻杆倾斜。

(2)钻头的定位尖与钻杆中心线不在同一轴线上。

（3）桩机钻进过程中未对钻杆垂直度进行检测，发现垂直度超标未及时调整。

（4）地下遇有坚硬大块障碍物，把钻杆挤向一边。

4. 预防措施

（1）开钻前严格调整桩机底盘至水平，严格控制钻杆和桩机导向龙门垂直度。

（2）设备进场前应检查钻杆，将弯曲的钻杆更换。

（3）设置侧向稳定装置，增加钻杆的侧向刚度，防止钻杆纵向弯曲。

（4）严格控制钻进速度，钻头刚开始入土时，下钻速度要慢。钻进速度一般根据土的情况来确定：杂填土、软弱土、砂卵石层为 0.2～0.5m/min；素填土、黏土、粉土、砂层为 1.0～1.5m/min。遇到土层软硬不均处，应放慢钻进速度，轻轻加压，慢速钻进。

（5）选择合适类型的钻头，尖底钻头适用于黏性土，平底钻头适用于松散土，耙式钻头适用于含有大量砖块、碎混凝土块、瓦块的回填土。

5. 治理措施

（1）对倾斜严重的桩孔，用素土填夯实，然后重新钻孔。

（2）遇埋深不大的石块、混凝土等地下障碍物，可清理完障碍物回填后重新钻进。遇埋深较大的石块、障碍物，可改变桩位或采用人工挖孔方法或冲击钻将块石冲碎挤入侧壁土体。

3.7.3 塌孔

1. 现象

成孔过程中或成孔后，孔壁局部坍落。

2. 规范规定

《建筑桩基技术规范》JGJ 94－2008：

> 6.4.6 桩身混凝土的泵送压灌应连续进行，当钻机移位时，混凝土泵料斗内的混凝土应连续搅拌，泵送混凝土时，料斗内混凝土的高度不得低于 400 mm。
>
> 6.4.9 钻至设计标高后，应先泵入混凝土并停顿 10～20s，再缓慢提升钻杆。提钻速度应根据土层情况确定，且应与混凝土泵送量相匹配，保证管内有一定高度的混凝土。

3. 原因分析

（1）在饱和砂、砂卵石、卵石或淤泥质土夹层中成孔，孔壁不能直立而坍落。

（2）孔壁有上层滞水渗漏作用，使该层土坍塌。

（3）成孔后没有及时压注混凝土，孔壁土在压力不平衡状态下塌孔。

4. 预防措施

（1）在正式施工前，应进行试成孔，以核对地质情况、检验设备、施工工艺、设计要求是否合适，并提出改进措施。

（2）遇有上层滞水可能造成的塌孔时，可采用降水处理。

（3）在砂卵石、卵石或淤泥质土夹层等土层中施工时，变更采用人工挖孔施工方法。

（4）成孔后要立即浇筑混凝土。

5. 治理措施

（1）先钻至塌孔以下 1～2m，用 3:7 灰土夯实填至塌孔以上 1m，防止继续坍塌，再钻至设计标高。

（2）采用中心压灌水泥浆护壁工法，可解决滞水所造成的塌孔问题。

3.7.4 孔底虚土超标

1. 现象

成孔后孔底虚土超过规范规定。

2. 规范规定

《建筑桩基技术规范》JGJ 94 – 2008：

> 6.3.9 钻孔达到设计深度，灌注混凝土之前，孔底沉渣厚度指标应符合下列规定：
>
> 1 对端承型桩，不应大于 50 mm；
>
> 2 对摩擦型桩，不应大于 100 mm；
>
> 3 对抗拔、抗水平力桩，不应大于 200 mm。
>
> 6.4.9 钻至设计标高后，应先泵入混凝土并停顿 10～20s，再缓慢提升钻杆。提钻速度应根据土层情况确定，且应与混凝土泵送量相匹配，保证管内有一定高度的混凝土。

3. 原因分析

（1）松散填土以及流塑淤泥、松散砂、石夹层等土中，成孔过程中及成孔后孔壁土体容易坍落。

（2）钻杆在使用过程中变形，或拼接后弯曲。在钻进过程中钻杆产生晃动，造成孔径局部增大，提钻时，土从叶片和孔壁之间的空隙掉落到孔底。钻头及叶片的螺距或倾角太大，提钻时部分土易滑落孔底。

（3）孔口堆积钻出的土没有及时清理，孔口积土回落。

（4）放钢筋笼时，钢筋笼碰撞孔口土或孔壁土掉入孔内。

（5）孔底虚土没有按照规定清理干净。

（6）成孔到位后，未先泵送混凝土并停顿 10～20s，再缓慢提升钻杆。

4. 预防措施

（1）仔细探明工程地质条件，对不合适的土层条件，应选择其他施工方法。

（2）施工前对钻杆、钻头应进行检查，不符合要求的应及时更换。

（3）钻出孔口的土应及时清理，提钻杆前，防止孔口土回落到孔底。

（4）混凝土漏斗及钢筋笼应竖直地放入孔中，防止把孔壁碰塌掉到孔底。

5. 治理措施

采用孔底压力灌浆法、压力灌混凝土法解决。

3.7.5 桩身混凝土夹泥、缩颈或断桩

图 3 – 10　桩身混凝土缩颈

1. 现象

桩体或桩端处存在混凝土不密实,或桩身混凝土夹泥、缩颈,如图 3 - 10 所示。

2. 规范规定

《建筑桩基技术规范》JGJ 94 - 2008:

6.4.4 根据桩身混凝土的设计强度等级,应通过试验确定混凝土配合比;混凝土坍落度宜为 180 ~ 220 mm;粗骨料可采用卵石或碎石,最大粒径不宜大于 30 mm;可掺加粉煤灰或外加剂。

6.4.9 钻至设计标高后,应先泵入混凝土并停顿 10 ~ 20s,再缓慢提升钻杆。提钻速度应根据土层情况确定,且应与混凝土泵送量相匹配,保证管内有一定高度的混凝土。

6.4.11 压灌桩的充盈系数宜为 1.0 ~ 1.2。桩顶混凝土超灌高度不宜小于 0.3 ~ 0.5m。

3. 原因分析

(1)饱和淤泥质黏土中,土在孔隙水土压力的作用下会挤入混凝土中,导致桩身缩颈或裂缝。

(2)在软土层中提钻速度快和注浆速度不匹配,形成负压,造成孔壁土进入桩孔中,导致桩身夹泥、缩颈或裂缝。

(3)注送混凝土前提拔钻杆,造成桩端处存在虚土及混凝土不实。提钻过程中注浆混凝土停顿,桩孔受土水挤压缩颈、断桩或混凝土不实。

4. 预防措施

(1)应通过试验确定混凝土配合比,坍落度宜为 180 ~ 220mm,粗骨料最大粒径不宜大于 3cm,保证其和易性和流动性。

(2)振动用钢管和振动锤提升时,应尽量缓慢,每提升 3m,开启振动锤一次,边拔边振。

(3)混凝土泵送应连续进行,边泵送混凝土边提钻,当桩机移位时混凝土泵料斗高度不得低于 40cm。

(4)压灌桩的充盈系数宜为 1.0 ~ 1.2。桩顶混凝土超灌高度不宜小于 0.5m。

(5)钻杆提升前应按确定的泵送压力(宜为 6 ~ 8MPa)压灌混凝土,压灌孔 30 ~ 60s 后提升钻杆,并确认钻头阀门打开后,方可缓慢提钻。提钻速率按试桩工艺参数控制。

5. 治理措施

对于低应变检测结果发现的Ⅲ、Ⅳ类桩,应进行加固或补桩处理。根据桩体缺陷的具体位置,可选择桩周压力注浆或桩截面中央钻芯引孔后压力注浆等方法加固。

3.7.6 钢筋笼下插困难

1. 现象

桩孔内混凝土灌注完毕后,插入钢筋笼困难。

2. 规范规定

《建筑桩基技术规范》JGJ 94 - 2008:

6.4.13 混凝土压灌结束后,应立即将钢筋笼插至设计深度。钢筋笼插设宜采用专用插筋器。

3. 原因分析

（1）钢筋笼制作不牢固，首节钢筋笼顶端散架，导致钢筋笼插入孔壁。

（2）在淤泥质软土层中，下插钢筋笼时顶端容易滑向孔壁，无法下插。

（3）当淤泥质土相邻土层为较硬土时，边提钻边泵压混凝土，在淤泥质软土层受挤压易形成一个台阶。

（4）混凝土泵压后停止时间过长，或钢筋笼下插过迟，混凝土已初凝。

4. 预防措施

（1）钢筋笼应采用焊接固定，保证有一定整体刚度，首节钢筋笼锥形底端宜进行加固焊接。

（2）插入钢筋笼应采用专用机械，一般在混凝土灌注完成后立即开始插钢筋笼。混凝土的坍落度及初凝时间应通过外加剂控制合理。

（3）下插钢筋笼必须对准孔位，并严格控制钢筋笼垂直度，发现垂直度偏差过大，及时通知下笼作业人员扶正钢筋笼。

（4）必要时设置振动用钢管（又称传力杆）穿入钢筋笼内，钢筋笼顶部与振动锤应进行连接。

（5）下插笼过程中必须使用振动锤及钢筋笼自重压入，至无法压入时再启动振动锤，避免由于振动锤振动导致钢筋笼偏移。插入速度宜控制在 12～15m/min。

3.8　旋挖钻孔灌注桩

旋挖钻孔灌注桩适用范围广，自动化和机械化程度高，钻进效率高，环境污染小，最大成孔直径可达 1.5～4m，最大成孔深度为 60～90m。目前成孔设备有斗筒式钻头和短螺旋钻头两种，前者是利用带有斗筒式钻头的钻杆旋转，将土切削进斗筒内，提升斗筒至卸土孔外；后者通过螺旋钻头钻进，土进入螺纹中，将钻头提出孔口后，将土卸在孔外。

3.8.1　塌孔

1. 现象

成孔过程中或成孔后，孔壁土体塌落。

2. 规范规定

《建筑桩基技术规范》JGJ 94－2008：

> 6.3.5 泥浆护壁成孔时，宜采用孔口护筒，护筒设置应符合下列规定：
>
> 1 护筒埋设应准确、稳定，护筒中心与桩位中心的偏差不得大于 50mm；
>
> 2 护筒可用 4～8mm 厚钢板制作，其内径应大于钻头直径100mm，上部宜开设 1～2 个溢浆孔；
>
> 3 护筒的埋设深度：在黏性土中不宜小于 1.0m；砂土中不宜小于 1.5m。护筒下端外侧应采用黏土填实；其高度尚应满足孔内泥浆面高度的要求；
>
> 4 受水位涨落影响或水下施工的钻孔灌注桩，护筒应加高加深，必要时应打入不透水层；
>
> 6.3.22 每根桩均应安设钢护筒，护筒应满足本规范第 6.3.5 条的规定。
>
> 6.3.24 旋挖钻机成孔应采用跳挖方式，钻斗倒出的土距桩孔口的最小距离应大于6m，并应及时清除。应根据钻进速度同步补充泥浆，保持所需的泥浆面高度不变。

3. 原因分析

（1）在淤泥土或松散土质中成孔，孔壁土体坍落。

（2）在松软土体中及地下水位高的土层钻孔，未采用泥浆护壁。

（3）钻头钻进速度或提钻筒速度过快，引起钻孔下部坍塌。

（4）旋挖成孔后至混凝土灌注时间间隔过长或成孔过程中停钻等待时间过长也容易造成塌孔。

（5）护筒周围回填土未压实填密，护筒内泥浆的位差过大，筒壁下端孔壁土质松散。

（6）钢筋笼下放时，碰撞孔壁至土体坍落。

4. 预防措施

（1）在松软土体中及地下水位高的易塌孔土层钻孔，应采用泥浆护壁措施。

（2）严格控制钻头钻进速度和提钻筒速度。

（3）成孔及终孔后应及时补给泥浆，保持满足要求的水头高度，如图 3 - 11 所示。

（4）加强对护筒内泥浆面水位高度的巡视，灵活控制，对钻进过程中出现停钻等待时间过长的孔，要进行回填处理，待再次钻进条件成熟后进行成孔施工。

图 3 - 11　安排专人随时观察泥浆浆面高度

图 3 - 12　在土层上部有较深回填土或土层松散区域埋设加长型护筒

（5）在土层上部有较深回填土或土层松散区域埋设加长型护筒（护筒长建议超过松散土层深度），护筒埋设好后，四周回填黏土，分层压实，如图 3 - 12 所示。

（6）保证钢筋笼制作质量，防止变形。吊设时要对准孔位，吊直扶稳，缓缓下沉，防止碰撞孔壁。

5. 治理措施

发生孔内坍塌，回填砂和黏土（或砂砾和黄土）混合物到塌孔处 1m 以上；如塌孔严重，应全部回填，待回填物沉积密实后再行钻进。

3.8.2 孔底沉渣厚度超标

1. 现象

孔底沉泥砂厚度超标。

2. 规范规定

《建筑桩基技术规范》JGJ 94 - 2008：

3. 原因分析

(1) 未按规定采用泥浆循环清孔。

(2) 钢筋笼吊放过程中，碰撞孔壁，导致泥土坍落，孔底沉渣过厚。

(3) 清孔沉渣符合要求后，灌注混凝土间隔时间过长，灌注前未二次清孔及测量泥浆厚度。

4. 预防措施

(1) 终孔后按规定采用泥浆护壁循环清孔。

(2) 严格控制上提钻筒速度，防止提筒过快，导致孔壁土坍落。

(3) 应按要求二次清孔，沉渣符合要求后立即灌注混凝土。

(4) 提高混凝土初灌时对孔底的冲击力，导管底端距孔底控制在 30～40cm，初灌混凝土量须满足导管底端能埋入混凝土中 1.0m 以上，利用隔水塞和混凝土冲刷残留沉渣。

(5) 保证钢筋笼制作质量，防止变形，下笼防止碰撞孔壁。

5. 治理措施

按照设计处理方案，采用孔底压力灌浆法、压力灌混凝土法解决。

3.8.3 桩身混凝土缩颈或夹渣

1. 现象

局部缩颈是指局部孔径小于设计孔径，或桩身混凝土类泥夹渣，如图 3-13 所示。

图 3-13 桩身混凝土局部夹渣

2. 规范规定

《建筑桩基技术规范》JGJ 94-2008：

3. 原因分析

(1) 软土层地下水高，孔内外水压不平衡，造成局部桩身缩颈。

(2) 钻具磨损过甚，钻头直径小，未及时焊补。

166

（3）成孔后，混凝土灌注过程中，在淤泥土或松散土质中孔壁土体坍落，存在夹泥。

4.预防措施

（1）严格控制泥浆密度和黏度等指标，孔内泥浆水位及时补充。

（2）钻孔前及时检查钻具磨损情况，及时焊补。

（3）在淤泥土或松散土质中控制提钻速度，减少孔壁土体因负压缩颈，防治桩身混凝土夹泥。

5.治理措施

如出现缩颈，采用在钻头钻进和起钻上下反复扫孔的办法，以扩大孔径。

3.8.4 卡钻

1.现象

在钻孔过程中，出现钻头卡死现象。

2.规范规定

无。

3.原因分析

（1）提钻时钻头与孔壁形成真空。

（2）砂层密实，钻进深度大，砂层坍塌。

（3）在施工较硬土层或岩层时，如果岩面斜坡较大，再强行钻进时，容易出现卡钻现象。

（4）在施工黏土层、粉砂质黏土层时，容易出现卡钻现象，钻头提起困难。

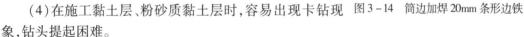

图 3-14　筒边加焊 20mm 条形边铁

4.预防措施

（1）保证钻头边缘的空隙和钻孔的孔径，对钻头进行加工，如 1200mm 钻孔，钻头筒径宜用 1160mm，筒边加焊 20mm 条形边铁，可有效防止由于钻筒与孔壁接触面积过大而产生吸力，如图 3-14 所示。

（2）控制提升速度，保证泥浆的质量。

（3）在施工钻进过程中加强对施工机械的稳定性观察，结合地质勘察报告，如在岩面倾斜度较大处，钻进时钻杆出现偏斜抖动幅度较大，及时停止钻进，在孔中偏斜方向投入青石，再换冲击钻进行施工。

5.治理措施

进行上下及正反转扫空，慢慢提升钻头；采用吊机提升。

钻进过程中由于在中风化岩面处钻孔偏斜，卡钻后设备提引器损坏，运用两台吊车逐步将钻杆拔出，如图 3-15 所示。

图 3-15　卡钻后采用两台吊车拔出钻杆

3.9　冲击成孔灌注桩

冲击成孔灌注桩是一种利用冲击钻头的冲击力，使土岩石破碎成泥或渣，利用泥浆循环护壁成孔并带出泥岩渣的灌注桩施工工艺。该工艺是重锤冲击成孔,在土层中成孔速度不及钻机快,但对坚硬岩石的破碎能力强,冲钻速度快,冲击成孔是成桩过程中的关键工序,冲击钻头是冲击成孔的主要施工机具,常用形式有十字形、一字形、圆形等,以十字形应用最为广泛。

3.9.1 成孔不圆

1. 现象

桩孔不圆,呈梅花形。

2. 规范规定

《建筑桩基技术规范》JGJ 94-2008:

> 6.3.10 在钻头锥顶和提升钢丝绳之间应设置保证钻头自动转向的装置。
>
> 6.3.13 冲击成孔质量控制应符合下列规定:
>
> 6 每钻进 4~5m 应验孔一次,在更换钻头前或容易缩孔处,均应验孔;
>
> 6.3.15 冲孔中遇到斜孔、弯孔、梅花孔、塌孔及护筒周围冒浆、失稳等情况时,应停止施工,采取措施后方可继续施工。

3. 原因分析

(1)冲击锥顶转向装置失灵,冲击时不能转动,在一个方向上下冲击。

(2)泥浆密度和黏度过高,冲击转动阻力太大,不利钻头转动。

(3)冲击时冲程太短,钻头转动时间不够,转动幅度小。

4. 预防措施

(1)应经常检查转向装置的灵活性,发现问题及时修理转向装置。

(2)调整泥浆黏度和相对密度,适时掏渣。

(3)采用低冲程时,每冲击一段换用高冲程冲击,修整孔形。

5. 治理措施

冲孔出现梅花孔时,可回填碎石混合黏土,重新冲击。

3.9.2 塌孔

1. 现象

成孔过程中或成孔后,孔壁坍落。

2. 规范规定

《建筑桩基技术规范》JGJ 94-2008:

> 6.3.13 冲击成孔质量控制应符合下列规定:
>
> 5 应采取有效的技术措施防止扰动孔壁、塌孔、扩孔、卡钻和掉钻及泥浆流失等事故;
>
> 6.3.14 排渣可采用泥浆循环或抽渣筒等方法,当采用抽渣筒排渣时,应及时补给泥浆。
>
> 6.3.17 清孔宜按下列规定进行:
>
> 1 不易塌孔的桩孔,可采用空气吸泥清孔;
>
> 2 稳定性差的孔壁应采用泥浆循环或抽渣筒排渣,清孔后灌注混凝土之前的泥浆指标应按本规范第6.3.1条执行。

3. 原因分析

(1)由于出渣后未及时补充泥浆,或遇砂层等强透水层,孔内水流失等而造成孔内水头高度太低。

（2）冲击锤或掏渣筒倾斜，撞击孔壁，导致塌孔。

（3）终孔后至灌注混凝土前间隔时间过长，孔内水压力不平衡，软土层塌孔。

4. 预防措施

（1）在软弱淤泥或松散粉砂土中钻进时，应控制进尺速度，选用较大密度、黏度、胶体率的泥浆，冲击钻成孔时也可以投入黏土、碎石，低冲程冲击，使黏土碎卵石挤入孔壁起护壁作用。

（2）及时补充泥浆，保证孔内泥浆顶面标高。

（3）成孔后验孔符合要求，安放钢筋笼，二次测沉渣符合要求后立即浇筑桩身混凝土。

5. 治理措施

对塌孔严重的桩，可回填碎石混合黏土，重新冲击。

3.9.3 斜孔

1. 现象

冲孔过程中出现斜孔现象。

2. 规范规定

《建筑桩基技术规范》JGJ 94－2008：

6.3.13 冲击成孔质量控制应符合下列规定：

1. 开孔时，应低锤密击，当表土为淤泥、细砂等软弱土层时，可加黏土块夹小片石反复冲击造壁，孔内泥浆面应保持稳定；

2. 在各种不同的土层、岩层中成孔时，可按照表6.3.13的操作要点进行；

冲击孔操作要点　　　　　　　　　　　　表6.3.13

项目	操作要点
在护筒脚以下2m范围内	小冲程1m左右，泥浆相对密度1.2～1.5，软弱土层投入黏土块夹小片石
黏性土层	中、小冲程1～2m，泵入清水或稀泥浆，经常消除钻头上的泥块
粉砂或中粗砂层	中冲程2～3m，泥浆相对密度1.2～1.5，投入黏土块、勤冲、勤掏渣
砂卵石层	中、高冲程3～4m，泥浆相对密度1.3左右，勤掏渣
软弱土层或塌孔回填重钻	小冲程反复冲击加黏土块夹小片石，泥浆相对密度1.3～1.5

注：1 土层不好时提高泥浆相对密度或加黏土块；
　　 2 防黏钻可投入碎砖石。

3. 进入基岩后，应采用大冲程、低频率冲击，当发现成孔偏移时，应回填片石至偏孔上方300～500 mm处，然后重新冲孔；

4. 当遇到孤石时，可预爆或采用高低冲程交替冲击，将大孤石击碎或挤入孔壁；

6.3.15 冲孔中遇到斜孔、弯孔、梅花孔、塌孔及护筒周围冒浆、失稳等情况时，应停止施工，采取措施后方可继续施工。

3. 原因分析

（1）冲击中遇孤石、漂石，使钻头受力不均。

（2）遇岩面起伏较大或斜坡处，冲击锤容易滑向一侧。

(3)钻机底座未安置水平或产生不均匀沉陷

4. 预防措施

(1)冲击钻在施工过程中,随时观察钢丝绳下放时的垂直情况,如发现下冲过程中发生偏斜现象,及时处理。

(2)发现孤石后,应回填碎石,用高冲程猛击探头石,破碎探头石后再钻进。

5. 治理措施

施工现场准备充足的碎石料,发现下冲过程中

图 3 – 16　施工现场准备充足的碎石料

发生偏斜现象及时向孔中偏斜位置填入碎石料,使冲击岩面处于水平状态,这样既能保证冲击效率,也能使孔的垂直度得到保障,如图 3 – 16 所示。

3.9.4 卡钻

1. 现象

钻头被卡在桩孔中,如图 3 – 17 所示。

2. 规范规定

无。

3. 原因分析

(1)成孔形状不圆,呈梅花形,钻头被狭窄部位卡住。

(2)钻头未及时焊补,钻孔直径逐渐变小,焊补后的冲锥变大,上提易发生卡锥。

(3)孔壁边的探头石未被打碎,卡住钻头。

(4)石块或其他杂物掉在钻头和孔壁

图 3 – 17　冲击钻头
卡钻后脱落

之间,卡住冲锥。

(5)在黏土层中冲击的冲程大,泥浆太黏稠,导致冲锥被吸住。

(6)吊绳松放太多,致使钻头倾倒,顶住孔壁。

4. 预防措施

(1)控制成孔质量,钻头磨小后及时焊补,保证成孔直径,确保成圆形,若孔不圆,钻头向下有活动余地,可使钻头向下活动并转动至孔径较大方向提起钻头,如图 3 – 18 所示。

图 3 – 18　钻头底加焊
加宽爪铁

(2)卡钻不宜强提,以防塌孔,缓慢使钻头上下活动,以脱离卡点或使掉入的石块落下。

(3)遇探头石用小的冲锥冲击,将卡锥的石块挤进孔壁,或把冲锥撞活脱离卡点后,再将冲锥提出。

(4)将压缩空气管或高压水管下入孔内,对准卡锥部位进行冲射,使卡点松动后提出。

(5)使用专门加工的工具将顶住孔壁的钻头拨正。

5. 治理措施

(1)当卡钻时,若锥头向下有活动余地,可使钻头向下活动并转动至孔径较大方向提起钻头。或放松吊绳,使钻锥转动一个角度,将钻锥提出。

（2）用较粗的钢丝绳带打捞钩放进孔内，将冲锥钩住后，进行多次上下、左右摆动钻头，将冲锥提出。

（3）用以上方法提升钻头无效时，可试用水下爆破提锥法，将防水炸药放到锥底，而后引爆，振松卡锥，再用卷扬机提拉。

3.9.5 孔底沉渣过厚

1. 现象

成孔后孔底沉渣厚度超标。

2. 规范规定

《建筑桩基技术规范》JGJ 94 – 2008：

> 6.3.9 钻孔达到设计深度，灌注混凝土之前，孔底沉渣厚度指标应符合下列规定：
> 1 对端承型桩，不应大于 50 mm；
> 2 对摩擦型桩，不应大于 100 mm；
> 3 对抗拔、抗水平力桩，不应大于 200 mm。
> 6.3.17 清孔宜按下列规定进行：
> 1 不易塌孔的桩孔，可采用空气吸泥清孔；
> 2 稳定性差的孔壁应采用泥浆循环或抽渣筒排渣，清孔后灌注混凝土之前的泥浆指标应按本规范第 6.3.1 条执行；
> 3 清孔时，孔内泥浆面应符合本规范第 6.3.2 条的规定；

3. 原因分析

（1）未按规定采用空气吸泥清空、泥浆循环或抽渣筒清孔。

（2）钢筋笼吊放过程中，碰撞孔壁，导致泥土坍落，孔底沉渣过厚。

（3）清孔方式不合理，下钢筋笼后未二次清空至沉渣符合要求。

（4）二次清孔沉渣符合要求后到混凝土浇灌的时间间隔过长，使原来已处于悬浮状态的泥砂岩渣沉到桩孔底部。

4. 防治措施

（1）对不宜塌孔的桩孔，可采用空气吸泥清空，稳定性差的孔壁应采用泥浆循环或抽渣筒清孔。

（2）下钢筋笼后应二次清孔，沉渣符合要求后应立即灌注混凝土，若时间超过 1h 应灌注混凝土前测沉渣。

（3）控制导管下端到桩孔底部的距离，通常为 50cm 左右。确保混凝土首次灌注量能埋过导管深度不小于 1m。

5. 治理措施

对于桩底沉渣过厚而影响质量时，常用的有效的处理方法是利用抽芯检测的抽芯孔或超声探测的探测管作通道，采用高压灌浆对桩底进行补强。

第4章 混凝土结构工程

4.1 模板及支架

模板及支架工程是混凝土结构工程的重要分项工程,而扣件式钢管支撑架是我国常见的模板支撑架之一,搭设简易、灵活,使用范围广,但由于是临时施工措施,质量管理人员若重视不够,在模板及支架的荷载计算、选材、搭设、拆除等方面不遵守规范要求,易导致模板及支架变形,引起现浇混凝土结构外观质量差、几何尺寸偏差、裂缝等质量缺陷。

图4-1 优质胶合板

4.1.1 混凝土模板用木(竹)胶合板质量不符合要求

1.现象

未采购优质胶合板(图4-1),木(竹)胶合模板厚度负偏差超过产品标准允许偏差,胶合强度低,出现分层、翘曲变形、脱皮等缺陷,减少模板周转次数。

2.规范规定

(1)《混凝土结构工程施工规范》GB 50666-2011:

4.2.1 模板及支架材料的技术指标应符合国家现行有关标准的规定。

(2)《混凝土模板用胶合板》GB/T 17656-2008:

3.1.1 混凝土模板用胶合板的规格尺寸应符合表1的规定。

规格尺寸 (单位为mm) 表1

| 幅面尺寸 | | | | 厚度 |
| 模数制 | | 非模数制 | | |
宽度	长度	宽度	长度	
—	一	915	1830	≥12~<15
900	1800	1220	1830	≥15~<18
1000	2000	915	2135	≥18~<21
1200	2400	1220	2440	≥21~<24
—	—	1250	2500	

注:其他规格尺寸由供需双方协议。

3.1.2 对于模数制的板,其长度和宽度公差为 $^0_3$mm;对于非模数制的板,其长度和宽度公差为±2 mm。

3.1.3 板的厚度允许偏差应符合表2的规定。

3.1.4 板的垂直度不得超过0.8mm/m。

3.1.5 板的四边边缘直度不得超过1mm/m。

3.1.6 板的翘曲度A等品不得超过0.5%,B等品不得超过1%。

3.6.1 各等级混凝土模板用胶合板出厂时的物理力学性能应符合表6的规定。

厚度公差　（单位为mm）　表2

公称厚度	平均厚度与公称厚度间允许偏差	每张板内厚度最大允许偏差
≥12 ~ <15	±0.5	0.8
≥15 ~ <18	±0.6	1.0
≥18 ~ <21	±0.7	1.2
≥21 ~ <24	±0.8	1.4

物理力学性能指标值　表6

项目		单位	厚度/mm			
			≥12 ~ <15	≥15 ~ <18	≥18 ~ <21	≥21 ~ <24
含水率		%	6 ~ 14			
胶合强度		MPa	≥0.70			
静曲强度	顺纹	MPa	≥50	≥45	≥40	≥35
	横纹		≥30	≥30	≥30	≥25
弹性模量	顺纹	MPa	≥6 000	≥6 000	≥5 000	≥5 000
	横纹		≥4 500	≥4 500	≥4 000	≥4 000
浸渍剥离性能		—	浸渍胶膜纸贴面与胶合板表层上的每一边累计剥离长度不超过25mm			

(3)《竹胶合板模板》JG/T 156-2004:

5.4.1 厚度的允许偏差应符合表2的规定。

竹模板厚度允许偏差　（单位:mm）　表2

厚度	等级	
	优等品	合格品
9、12	±0.5	±1.0
15	±0.6	±1.2
18	±0.7	±1.4

5.4.2 长度、宽度的允许偏差为 +2mm

5.4.3 对角线长度之差应符合表3的规定。

竹模板对角线长度之差　（单位为mm） 表3

长　度	宽　度	两对角线长度之差
1 830	915	≤2
1 830	1 220	≤3
2 000	1 000	
2 135	915	
2 440	1 220	≤4
3 000	1 500	

5.4.4 竹模板的板面翘曲度允许偏差，优等品不应超过0.2%，合格品不应超过0.8%。

5.4.5 竹模板的四边不直度均不应超过1mm/m。

5.6 物理力学性能应符合表5的规定。

竹模板物理力学性能要求 表5

项　目		单　位	优等品	合格品
含水率		%	≤12	≤14
静曲弹性模量	板长向	N/mm²	≥7.5×10³	≥6.5×10³
	板宽向	N/mm²	≥5.5×10³	≥4.5×10³
静曲强度	板长向	N/mm²	≥90	≥70
	板宽向	N/mm²	≥60	≥50
冲击强度		kJ/m²	≥60	≥50
胶合性能		mm/层	≤25	≤50
水煮、冰冻、干燥的保存强度	板长向	N/mm²	≥60	≥50
	板宽向	N/mm²	≥40	≥35
折减系数		——	0.85	0.80

3. 原因分析

（1）采购的木（竹）胶合模板厚度负偏差超过产品标准。

（2）木（竹）胶合模板进场验收不严格，未测量模板的尺寸及对模板的主要物理性能未进行见证取样复试。

4. 预防措施

（1）从正规渠道采购混凝土模板用胶合板和竹模板，模板进场时应提供合格证、出厂检验报告等质量证明资料。

（2）模板材料进场后应对模板规格尺寸、厚度、外观质量初步检查验收。模板的外观质量、长、宽尺寸偏差影响使用时，应人工剔除，当数量较多时可整批退场，重新采购模板。

（3）抽样检测模板的含水率、胶合强度、静曲强度、弹性模量等主要性能指标，合格后方可使用。

5.治理措施

（1）采购程序不明或无合格证、出厂检验报告等质量证明资料的模板不应进场使用，对已进场的应严格检查验收、检测。

（2）模板的含水率、胶合强度、静曲强度、弹性模量等主要性能指标不合格时应退场处理。

（3）不得使用厚度负偏差超过允许偏差的模板，对已使用的，可采取更换模板、减小背楞间距等措施进行控制，因模板质量影响到混凝土外观质量时，按混凝土外观质量缺陷处理。

4.1.2 脱模剂使用不当，影响混凝土及钢筋性能

1.现象

一些混凝土结构工程脱模剂选用不恰当，如选用了废机油类或脱模效果差的脱模剂，导致混凝土表面和钢筋污染或脱模困难、混凝土表面出现麻面等缺陷。

2.规范规定

（1）《混凝土结构工程施工规范》GB 50666－2011：

4.2.4 脱模剂应能有效减小混凝土与模板间的吸附力，并应有一定的成膜强度，且不应影响脱模后混凝土表面的后期装饰。

（2）《混凝土制品用脱模剂》JC/T 949－2005：

4.1 基本要求

脱模剂应无毒、无刺激性气味，不应对混凝土表面及混凝土性能产生有害影响。

4.3 施工性能

脱模剂的施工性能应符合表2的规定。

5.7 脱模性能

按本标准附录A进行。

5.9 对钢模具锈蚀影响

将脱模剂涂刷于试验所用钢筋，待干燥成膜后，按GB 8076－1997附录B的规定进行。

7.3.2 脱模剂应存放在专用仓库或固定的场所，并妥善保管，以易于识别和便于检查、提货，贮存期限为自生产之日起不超过一年。超过贮存期限，产品应重新检验，合格的仍允许使用。

施工性能指标 表2

	检验项目	指标
施工性能	干燥成膜时间	10min～50min
	脱模性能	能顺利脱模，保持棱角完整无损，表面光滑；混凝土粘附量不大于5g/m²
	耐水性能ᵃ	按试验规定水中浸泡后不出现溶解、粘手现象
	对钢模具锈蚀作用	对钢模具无锈蚀危害
	极限使用温度	能顺利脱模，保持棱角完整无损，表面光滑；混凝土粘附量不大于5g/m²
a 脱模剂在室内使用时，耐水性能可不检。		

3.原因分析

（1）施工企业片面节约成本，容易忽视脱模剂对混凝土结构的影响，选用的脱模剂不符

合工程特点、使用环境和混凝土结构的要求。

(2)混凝土脱模剂种类繁多,生产厂家众多,脱模剂进场时检查验收不严格,"三无"产品易流入施工现场,脱模剂质量得不到保证。

(3)盲目相信厂家对脱模剂效果的宣传,未试用就使用于工程,出现异常情况时未及时查找原因和纠正。

(4)未按产品说明书或相关工艺要求涂刷脱模剂,达不到应有的脱模效果。

4.预防措施

(1)选用脱模剂时,应主要根据脱模剂的特点、模板的材料、施工条件、混凝土表面装饰的要求,以及成本等因素综合考虑。

(2)禁止使用废机油类的脱模剂,油类脱模剂虽然涂刷方便,脱模效果也好,但对结构构件表面有一定污染,影响装饰装修效果,所以应慎用,冬雨期施工不宜用水性脱模剂。

(3)成品脱模剂进场验收时应检查产品说明书、产品合格证。产品说明书应包括主要特性及成分、有无毒性、腐蚀性及易燃性状况、贮存条件及期限、使用条件及方法、注意事项等。产品合格证应包括生产厂名、产品名称及型号、执行标准、生产日期及使用有效期、检验结果及检验人员签章,检查核对无误后方可进场。

(4)首次使用的脱模剂应在施工样板中试用,观察是否引起钢筋污染、加速钢筋锈蚀以及导致混凝土表面风化起灰,妨碍洒水养护时混凝土表面的湿润和对混凝土表面强度等性能产生不利影响,存在异常时应立即停用,查找原因并处理。

(5)涂刷脱模剂可以采用喷涂或刷涂,操作要迅速,涂层应薄而均匀,结膜后不要回刷,以免起胶。涂刷时所有与混凝土接触的板面均应涂刷,不可只涂大面而忽略小面及阴阳角。在阴角处不得涂刷过多,否则会造成脱模剂积存或流坠。

(6)在首次涂刷甲基硅树脂脱模剂前,应将板面彻底擦洗干净,打磨出金属光泽,擦去浮锈,然后用棉纱沾酒精擦洗。板面处理越干净,则成膜越牢固,周转使用次数越多。采用甲基硅树脂脱模剂,模板表面不准刷防锈漆。当钢模重刷脱模剂时,要趁拆模后板面潮湿,用扁铲、棕刷、棉丝将浮渣清干净,否则干固后清理较困难。

(7)不管用何种脱模剂,均不得涂刷在钢筋上,以免影响钢筋的握裹力。

(8)现场配制脱模剂时要随用随配,以免影响脱模剂的效果和造成浪费。

(9)涂刷时要注意周围环境,防止污染。

(10)脱模后应及时清理板面的浮渣,并用棉丝擦净,然后再涂刷脱模剂。

(11)涂刷脱模剂后的模板不能长时间放置,以防雨淋或落上灰尘,影响脱模效果。

5.治理措施

(1)应及时更换脱模效果差或对钢筋混凝土结构有损害的脱模剂,改用质量稳定可靠的脱模剂产品。

(2)脱模剂污染钢筋部位应采用棉纱等擦拭干净,混凝土面层被脱模剂污染部位应砂磨干净。

4.1.3 模板工程不依据专项施工方案施工

1.现象

模板工程施工中,施工现场操作人员为了施工方便,减少模板制作安装工作量,往往存在不针对工程特点编制专项施工方案,或为了应付质量检查,套用其他工程的模板工程施工方案,或者根据经验随意进行模板工程的制作与安装的现象。

2. 规范规定

《混凝土结构工程施工规范》GB 50666－2011：

> 4.1.1 模板工程应编制专项施工方案。滑模、爬模等工具式模板工程及高大模板支架工程的专项施工方案,应进行技术论证。

3. 原因分析

(1)施工人员对模板工程专项施工方案重要性认识不足,忽视了不同建筑间结构形式、层高、施工荷载、施工设备、材料供应及混凝土浇筑等方面存在的差异,认为模板工程制作安装都差不多,施工方案可有可无。

(2)承包模板工程的作业班组为了施工方便和抢工,凭经验进行模板工程制作安装,不愿意依据方案施工。

4. 预防措施

(1)加强培训教育,提高施工人员对编制模板工程专项施工方案重要性的认识。模板工程专项施工方案一般包括下列内容:模板及支架的类型;模板及支架的材料要求;模板及支架的计算书和施工图;模板及支架安装、拆除相关技术措施;施工安全和应急措施(预案);文明施工、环境保护等技术要求。混凝土结构工程施工前,施工单位质量技术负责人应检查模板工程专项施工方案的编制、审批情况,监理单位应核查模板工程专项施工方案是否符合本工程的特点,检查方案中模板及支架设计内容是否齐全,不符合要求的方案不得审批通过。

(2)强化模板工程的质量检查,重点检查模板及支架搭设是否符合专项施工方案的要求。模板工程专项施工方案及相关施工、质量验收规范是质量检查验收的主要依据,施工、监理单位应加强模板及支架工程的质量检查验收,质量检查验收时应核查支撑架的立杆间距、步距、斜撑及连接件等是否符合专项施工方案的要求以及是否在规范的允许偏差范围内。

5. 治理措施

(1)无模板工程专项施工方案或方案不符合工程特点、未经审批通过的工程,施工单位不得组织模板工程施工,待方案编制、审批符合要求后再组织模板工程施工。

(2)对于无方案、依据经验擅自施工的模板工程,施工、监理单位应计算复核,尽快完成模板工程施工方案,同时注意观察,必要时采取暂停施工或临时加固措施。方案编制审批完成后,各责任方应依据方案,对照实物进行整改,符合方案及规范要求后方可浇筑混凝土。

4.1.4 钢管扣件式模板支撑体系不牢固、稳定性差,变形较大

1. 现象

混凝土结构施工过程中,当模板的支架搭设不牢固、整体刚度和稳定性较差或支撑在松软的土层上,无施工荷载时,支架看似稳定,当浇筑混凝土后,由于施工荷载和混凝土自重增加,支架各节点受力变形或者支承的松软泥土地面下沉,支架随之发生下沉等位移、变形情况,造成现浇混凝土构件不平、现浇梁板局部下挠、外形尺寸改变,甚至坍塌(图4－2)。

图4-2 模板支撑架失稳坍塌

2. 规范规定

(1)《混凝土结构工程施工质量验收规范》GB 50204-2015：

> 4.1.2 模板及支架应根据安装、使用和拆除工况进行设计,并应满足承载力、刚度和整体稳固性要求。
>
> 4.2.1 模板及支架用材料的技术指标应符合国家现行有关标准的规定。进场时应抽样检验模板和支架材料的外观、规格和尺寸。
>
> 检查数量:按国家现行有关标准的规定确定。
>
> 检验方法:检查质量证明文件,观察,尺量。
>
> 4.2.2 现浇混凝土结构模板及支架的安装质量,应符合国家现行有关标准的规定和施工方案的要求。
>
> 检查数量:按国家现行有关标准的规定确定。
>
> 检验方法:按国家现行有关标准的规定执行。

(2)《混凝土结构工程施工规范》GB 50666-2011：

> 4.4.4 支架立柱和竖向模板安装在土层上时,应符合下列规定:
>
> 1 应设置具有足够强度和支承面积的垫板;
>
> 2 土层应坚实,并应有排水措施;对湿陷性黄土、膨胀土,应有防水措施;对冻胀性土,应有防冻胀措施;
>
> 3 对软土地基,必要时可采用堆载预压的方法调整模板面板安装高度。

3. 原因分析

(1)模板工程施工前,施工、监理单位对普通荷载或非高大模板支架的施工方案普遍重视不够,往往套用其他项目的施工方案。

(2)在住宅等工程中,由于施工荷载、楼层高度相对不是很大,施工人员往往认为模板及支架仅仅是临时性的施工措施,只需要满足安全不垮塌,忽视了模板支架对混凝土现浇构件质量的影响,在实际搭设模板及支架时通常依据经验,搭设较随意,不符合施工规范及施工方案的情况较普遍。模板及支架搭设安装中存在的主要问题有:

1)钢管立杆间距过大,立杆搭接位置随意,搭接部位扣件紧固不牢。

2)只单向设置横向或纵向水平杆;水平杆设置不连续,不设或少设扫地杆(图4-3)。

3)首层模板支架安装在虚土或填土上,在模板及支架自重和施工荷载作用下发生整体或局部沉陷变形。

图4-3 缺少立杆与水平杆的支持

4）对扣件螺栓拧紧扭力矩不复验；

5）模板及支架搭设完成后不注意检查支架搭设是否符合施工方案、施工规范要求。

6）模板及支架工程的检验批质量验收流于形式，存在的质量问题未及时整改纠正。

上述这些施工中存在的问题如果不认真研究解决，是引起模板支撑体系不牢固、稳定性差，变形较大的主要因素，必须严格控制。

4. 预防措施

模板及支架工程在保证安全的前提下，应从质量角度进行控制，在模板工程施工前，必须对模板及支架进行设计，编制专项施工方案，方案应具有针对性，监理单位应审核批准。根据工期要求，工程应配备足够数量的模板，确保模板拆除时混凝土强度满足设计和规范的要求。

（1）模板及支架工程搭设施工应具备以下基本要求：

1）模板支架搭设所采用的钢管、扣件规格，应符合设计要求；立杆纵距、立杆横距、支架步距以及构造要求，应符合专项施工方案的要求。

2）立杆纵距、立杆横距不应大于1.5m，支架步距不应大于2.0m，立杆纵向和横向宜设置扫地杆，当对现浇板裂缝控制有要求时应设置扫地杆，纵向扫地杆距立杆底部不宜大于200mm，横向扫地杆宜设置在纵向扫地杆的下方；立杆底部宜设置底座或垫板（图4-4）。

图4-4 设置垫板的支撑

3）立杆接长除顶层步距接头可采用搭接外，其余各层步距接头应采用对接扣件连接，两

179

个相邻立杆的接头不应设置在同一步距内。

4）立杆步距的上下两端应设置双向水平杆,水平杆与立杆的交错点应采用扣件连接,双向水平杆与立杆的连接扣件之间的距离不应大于150mm。

5）支架周边应连续设置竖向剪刀撑。支架长度或宽度大于6m时,应设置中部纵向或横向的竖向剪刀撑,剪刀撑的间距和单幅剪刀撑的宽度均不宜大于8m,剪刀撑与水平杆的夹角宜为45°～60°;支架高度大于3倍步距时,支架顶部宜设置一道水平剪刀撑,剪刀撑应延伸至周边。

6）立杆、水平杆、剪刀撑的搭接长度,不应小于0.8m,且不应少于2个扣件连接,扣件盖板边缘至杆端不应小于100mm。

7）扣件螺栓的拧紧力矩不应小于40N·m,且不应大于65N·m。

8）支架立杆搭设的垂直偏差不宜大于1/200。

（2）对于搭设高度8m及以上;搭设跨度18m及以上,施工总荷载15kN/m² 及以上;集中线荷载20kN/m 及以上的高大模板支架工程,采用扣件式钢管作高大模板支架时,支架搭设除应符合上述模板及支架工程搭设施工的基本要求外,尚应符合下列规定:

1）宜在支架立杆顶端插入可调托座,可调托座螺杆外径不应小于36mm,螺杆插入钢管的长度不应小于150mm,螺杆伸出钢管的长度不应大于300mm,可调托座伸出顶层水平杆的悬臂长度不应大于500mm。

2）立杆纵距、横距不应大于1.2m,支架步距不应大于1.8m。

3）立杆顶层步距内采用搭接时,搭接长度不应小于1m,且不应少于3个扣件连接。

4）立杆纵向和横向应设置扫地杆,纵向扫地杆距立杆底部不宜大于200mm。

5）宜设置中部纵向或横向的竖向剪刀撑,剪刀撑的间距不宜大于5m;沿支架高度方向搭设的水平剪刀撑的间距不宜大于6m。

6）立杆的搭设垂直偏差不宜大于1/200,且不宜大于100mm。

7）应根据周边结构的情况,采取有效的连接措施加强支架整体稳固性（图4－5）。

图4－5 模板支撑架的杆件设置

（3）采用扣件式钢管作模板支架时,应对下列安装偏差进行检查:

1）混凝土梁下支架立杆间距的偏差不宜大于50mm,混凝土板下支架立杆间距的偏差不宜大于100mm;水平杆间距的偏差不宜大于50mm。

2）应全数检查承受模板荷载的水平杆与支架立杆连接的扣件。

3）采用双扣件构造设置的抗滑移扣件,其上下顶紧程度应全数检查,扣件间隙不应大于2mm。

5. 治理措施

混凝土浇筑时,应设专人监视模板、螺栓、锚固板的变化,如发现变形、移动时,立即停止浇筑,并查明原因及时加固,在已浇筑的混凝土初凝前整修完成。

4.1.5 混凝土现浇楼板模板安装底模不平整,接缝不严密

1. 现象

施工过程中,由于楼板模板安装表面不平整,接缝不严密(图4-6),引起现浇混凝土板底错台、板底面混凝土不平整、漏浆、麻面或局部钢筋保护层厚度不足等缺陷。

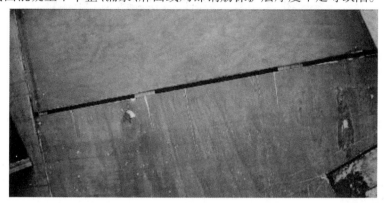

图4-6 现浇板模板拼接缝

2. 规范规定

《混凝土结构工程施工质量验收规范》GB 50204-2015:

> 4.2.5 模板安装应符合下列规定:
> 1 模板的接缝应严密;
> 2 模板内不应有杂物、积水或冰雪等;
> 3 模板与混凝土的接触面应平整、清洁;
> 4 用作模板的地坪、胎模等应平整、清洁,不应有影响构件质量的下沉、裂缝、起砂或起鼓;
> 5 对清水混凝土及装饰混凝土构件,应使用能达到设计效果的模板。

3. 原因分析

(1)模板周转次数过多,表面起翘,接缝间隙较大。

(2)采用木模板或胶合板模板施工,经验收合格后未及时浇筑混凝土,长期日晒雨淋,模板干缩造成变形,接缝间隙过大。

(3)模板支撑体系不牢固,局部沉陷变形过大。

(4)模板背楞间距过大,胶合模板厚度不足,模板刚度差,在施工荷载作用下,模板在背楞间发生变形,现浇板底出现波浪状起伏。

(5)现浇楼板模板安装完成后未采用水准仪抄平,调整板面高低差。

4. 预防措施

(1)当模板表面有破损(图4-7)、起翘、边角缺损等缺陷时应及时更换,当周转次数超过方案的设计次数或明显不能保证混凝土成型后的外观质量时应整体更换。对模板接缝应

采用观察和楔尺量测的方法进行检查验收,当接缝宽度大于2.5mm时应及时调整。

图4-7 模板破损

(2)现浇板模板制作安装完成并验收合格后应及时进行钢筋工程和现浇混凝土工程的浇筑施工,防止模板长期日晒雨淋,引起模板收缩变形,起翘,影响接缝质量。

(3)模板支撑体系应按"钢管扣件式模板支撑体系不牢固、稳定性差,变形较大"的预防措施进行控制,保证支撑体系牢固,对于局部沉陷变形而引起板面高低差部位应及时加强、修复,保证板面平整。

(4)模板厚度、模板背楞截面尺寸、间距应符合模板专项施工方案要求,不得随意更改。

(5)应设立标高控制点,现浇楼板模板安装完成后应采用水准仪或拉通线抄平,调整板面高低差。

5.治理措施

对现浇板模板制作安装引起的板底不平整、漏浆引起的麻面、疏松等一般质量缺陷,应凿除不平整或胶结不牢固的混凝土,清理表面,洒水湿润后应用1:2~1:2.5水泥砂浆抹平。

4.1.6 墙、柱模板根部封闭不严密,混凝土漏浆不密实

1.现象

混凝土墙、柱模板安装时,墙、柱模板与混凝土楼板面接缝不严密,为防止漏浆,采用低强度等级的砂浆填塞缝隙(图4-8),由于低强度等级的砂浆充填进墙、柱模板内,

图4-8 墙模根部低强度等级的砂浆塞缝

引起混凝土墙、柱根部夹渣、不密实(图4-9)、表面混凝土强度低等质量缺陷。

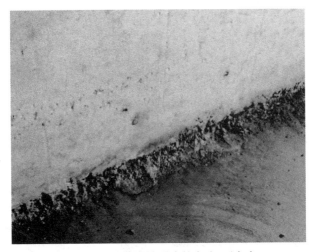

图 4 - 9　砂浆塞缝形成的夹渣、不密实

2. 规范规定

《混凝土结构工程施工规范》GB 50666 - 2011：

> 4.4.13 模板安装应保证混凝土结构构件各部分形状、尺寸和相对位置准确,并应防止漏浆。

3. 原因分析

墙板根部,特别是厨房、卫生间等楼面有高低差的部位,墙板模板根部封闭不严密,墙底混凝土夹渣、不密实的现象主要是由于支撑墙板模板的现浇板面平整度不足,而上层现浇板面模板铺设完成后,板面位置(标高)已固定。木工为了能顺利安装墙板模板,会将墙模高度减小,加大墙板与支承面的缝隙(个别处缝隙甚至达到 30～50mm),为了不漏浆,又往往采用低强度等级的水泥砂浆或混合砂浆进行封堵,造成接缝处夹渣。

4. 预防措施

(1)在浇筑混凝土楼面时必须严格控制现浇板的平整度,保证墙板周边现浇板支承面的标高和板面平整,采用2m靠尺和塞尺检查,允许偏差不得超过8mm。

(2)模板支承面上预先铺板条(图 4 - 10),控制墙(柱)模位置,填充模板缝隙。

图 4 - 10　墙柱模根部预铺板条

（3）计算并调整墙模的高度，减小与支承面的缝隙。

（4）若模板与支承面间隙大于5mm，禁止使用低强度等级的砂浆填塞模板缝隙。

5.治理措施

（1）清理填塞入模板缝隙内的低强度等级的砂浆，采用多层胶合板平塞封闭模板根部缝隙，并用短钢筋头、木楔加以固定（图4-11）。

背楞底部预留缝隙宽度20mm，插入胶合板止浆条

插入胶合板止浆条

图4-11 平塞胶合板封闭模板根部缝隙

（2）对于柱墙根部已形成夹渣等一般缺陷的部位则应剔除填塞的砂浆、松散夹渣的混凝土，清理表面，洒水湿润后应用1：2~1：2.5水泥砂浆抹平。

4.1.7 上下楼层柱、剪力墙模板接缝不严密，混凝土漏浆，墙体挂浆

1.现象

上下楼层剪力墙或柱接缝处有混凝土鼓胀凸出、漏浆、混凝土不密实（图4-12）、下层墙体挂浆的现象。

图4-12 剪力墙接缝漏浆、挂浆

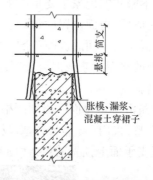
悬挑 简支

胀模、漏浆、混凝土穿裙子

图4-13 上下楼层墙板接缝处胀模、漏浆

2.规范规定

（1）《混凝土结构工程施工质量验收规范》GB 50204-2015：

4.2.5 模板安装应符合下列规定：

1 模板的接缝应严密；

2 模板内不应有杂物、积水或冰雪等；

3 模板与混凝土的接触面应平整、清洁；

4 用作模板的地坪、胎膜等应平整、清洁，不应有影响构件质量的下沉、裂缝、起砂或起鼓；

5 对清水混凝土及装饰混凝土构件，应使用能达到设计效果的模板。

检查数量：全数检查。

检验方法：观察。

（2）《混凝土结构工程施工规范》GB 50666 – 2011：

4.4.13 模板安装应保证混凝土结构构件各部分形状、尺寸和相对位置准确，并应防止漏浆。

3. 原因分析

（1）上下楼层剪力墙接缝处由于下一层混凝土墙板表面的残浆没清理干净，致使模板不能与下一层混凝土面拼接严密。

（2）由于支设墙板模板时，仅在已浇筑下层混凝土墙体上预留短钢筋来搁置墙模，而未预留夹紧螺栓，墙板模板高度不足，未下挂到接缝下方，墙模在接缝处呈悬挑状态，浇灌混凝土时，墙板根部的侧压力又最大，该处易胀模，形成"穿裙子"现象（图 4 – 13）。

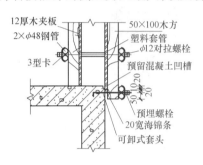

图 4 – 14　下楼层墙柱接缝处理

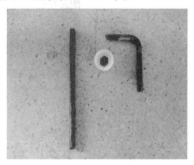

图 4 – 15　预埋的可拆卸螺栓

4. 预防措施

（1）及时复核下层柱、墙几何尺寸及表面平整度，偏差较大的应修复，接缝处混凝土棱角应顺直，不得破损。

（2）应及时清除下层混凝土墙、柱表面的挂浆，防止结硬后难以清理。

（3）钢筋混凝土剪力墙墙体水平施工缝下口应预埋工具式螺母，预埋的位置应在已浇筑完的下层竖向剪力墙构件上口，距上端水平施工缝往下 100mm 的位置处，间距宜为 300 ~ 400mm，用于上层构件模板的固定拉结。

（4）模板面层应下挂至施工缝下方100mm，并与已浇筑剪力墙混凝土面贴紧。

（5）固定模板的背衬宜选用不小于 50mm × 100mm 的方木或不小于 50mm × 50mm × 3mm 的方钢管，间距不大于 250mm；与已完成构件的搭接不少于 200mm，并与已成型构件的最上一道预埋的工具式连接螺母进行固定，保证接槎处平整光滑，不漏浆，已浇筑混凝土面不挂浆（图 4 – 14 ~ 图 4 – 17）。

图 4 – 16　预埋工具式螺栓

图 4 – 17　墙板接缝处模板固定

185

（6）可在接缝附近的下层混凝土柱、墙上粘贴双面胶条，减少漏浆情况的发生。

上下层墙柱结构施工过程中如能按上述措施严格检查控制，就能取得较好的效果（图4-18）。

图4-18　上下楼层墙板接缝严密

5. 治理措施

（1）混凝土浇筑时，当由于上层柱、墙模板固定不牢，接缝不严密引起胀模、漏浆时应及时进行支撑加固，防止产生更严重的质量缺陷。

（2）墙板表面挂浆应在结硬前及时清除，接缝处疏松混凝土、蜂窝等一般质量缺陷应按预先制定的缺陷处理方案进行处理。

4.1.8 楼梯施工缝处模板配置不当，杂物不易清理

1. 现象

混凝土结构施工中，现浇混凝土楼梯在楼层部位需留设施工缝，待下一楼层施工时再完成剩余梯段施工，施工缝部位模板通常配置不当，浇筑完混凝土后会形成夹渣、不密实等质量缺陷（图4-19）。

图4-19　楼梯施工缝夹渣

图4-20　无清扫口的楼梯模板

2. 规范规定

《混凝土结构工程施工规范》GB 50666-2011：

> 4.4.13 模板安装应保证混凝土结构构件各部分形状、尺寸和相对位置准确，并应防止漏浆。

3. 原因分析

（1）模板制作安装工人为方便施工，形成上人通道，在施工缝处采用整块模板一次支设完成，未考虑后续施工要求。

（2）楼梯施工缝处没有设置清扫口（图4－20），混凝土浇筑施工时产生的混凝土碎屑、锯木屑等杂物容易自然堆积在该施工缝处，难以清理，二次混凝土浇筑后，容易在楼梯板底处形成夹渣等缺陷。

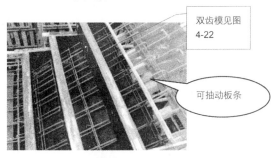

图4－21　楼梯施工缝模板

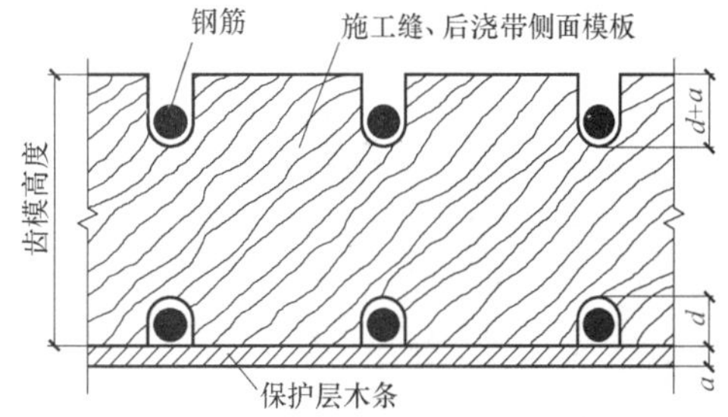

图4－22　可固定钢筋位置的双齿模

图4－23　设置抽拉式活动模板

图4－24　观感质量好的楼梯

4. 预防措施

（1）施工缝侧面可定型加工配置能重复使用的"双齿模"（图4－21），安放于板面与板底钢筋之间，并垂直于楼梯板设置，防止漏浆，保证施工缝一侧混凝土棱角顺直不破损。

（2）配制楼梯板模板时，可在楼梯梯段等混凝土施工缝处的板底设置一块约200mm宽的可抽拉式活动模板（4－23），便于清除垃圾。

（3）楼梯段二次混凝土浇筑前应先抽出施工缝处活动板条，凿毛施工缝侧面混凝土，清理完施工缝处积存的杂物后再复原。

（4）垫好楼梯段板底钢筋保护层垫块或保护层木条，提前浇水润湿模板，并浇筑施工缝另一侧混凝土。

预控措施落实到位，浇筑完成的楼梯观感好，施工缝接缝密实（图4－24）。

4.1.9 柱、墙、梁模板变形过大，构件几何尺寸或位置偏差超过规范要求

1. 现象

混凝土构件若施工质量控制不严格，浇筑完成拆模后，经常会形成构件表面局部凹凸不平，截面尺寸不一致，轴线位置超过允许偏差的质量缺陷。

2. 规范规定

（1）《混凝土结构工程施工质量验收规范》GB 50204－2015：

4.2.10 现浇结构模板安装的偏差及检验方法应符合表4.2.10的规定。

检查数量:在同一检验批内,对梁、柱和独立基础,应抽查构件数量的10%,且不应少于3件;对墙和板,应按有代表性的自然间抽查10%,且不应少于3间;对大空间结构,墙可按相邻轴线间高度5m左右划分检查面,板可按纵、横轴线划分检查面,抽查10%,且均不应少于3面。

(2)《混凝土结构工程施工规范》GB 50666－2011:

4.4.13 模板安装应保证混凝土结构构件各部分形状、尺寸和相对位置准确,并应防止漏浆。

4.6.1 模板、支架杆件和连接件的进场检查,应符合下列规定:

1 模板表面应平整;胶合板模板的胶合层不应脱胶翘角;支架杆件应平直,应无严重变形和锈蚀,连接件应无严重变形和锈蚀,并不应有裂纹;

2 模板的规格和尺寸,支架杆件的直径和壁厚,及连接件的质量,应符合设计要求;

3 施工现场组装的模板,其组成部分的外观和尺寸,应符合设计要求;

4 必要时,应对模板、支架杆件和连接件的力学性能进行抽样检查;

5 应在进场时和周转使用前全数检查外观质量。

4.6.2 模板安装后应检查尺寸偏差。固定在模板上的预埋件、预留孔和预留洞,应检查其数量和尺寸。

现浇结构模板安装的允许偏差及检验方法 表4.2.10

项目		允许偏差(mm)	检验方法
轴线位置		5	尺量
底模上表面标高		±5	水准仪或拉线、尺量
模板内部尺寸	基础	±10	尺量
	柱、墙、梁	±5	尺量
	楼梯相邻踏步高差	5	尺量
柱、墙垂直度	层高≤6m	8	经纬仪或吊线、尺量
	层高>6m	10	经纬仪或吊线、尺量
相邻模板表面高差		2	尺量
表面平整度		5	2m靠尺和塞尺量测

注:检查轴线位置,当有纵横两个方向时,沿纵、横两个方向量测,并取其中偏差的较大值。

3. 原因分析

模板工程原材料质量、制作加工、安装固定、支撑系统的稳定程度、节点部位模板的细部处理等方面质量控制不严格,是引起梁、柱、墙板等混凝土结构件胀模、漏浆、节点部位缩颈及几何尺寸不准确等缺陷的主要因素,具体分析如下:

(1)模板周转次数过多,未按要求清理、保养。

（2）模板的厚度不足、安装固定模板的背楞或钢管壁厚偏小或钢管间距过大。

（3）在高深构件浇筑混凝土时，预拌混凝土的坍落度及流动性都比较大，而一次浇筑混凝土量又较多较快，混凝土本身对模板下口的侧向压力较大，模板对拉固定不牢，造成模板下口发生胀模现象。

（4）柱、墙的二次接槎和模板拼缝处模板不易加固、模板拼缝处预留间隙大，上下或左右模板在制作或安装时未按要求加固（图 4 - 25 ~ 图 4 - 27），也是易发生胀模的一个重要原因。

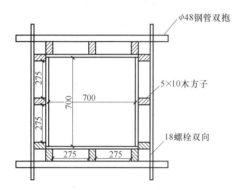

图 4 - 25　柱模板加固示意图

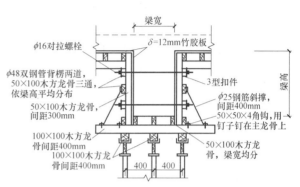

图 4 - 26　梁模板加固示意图

图 4 - 27　梁模板加固

图 4 - 28　模板周边刨边

（5）墙的洞口中部、梁的跨中由于不按要求起拱，在混凝土等施工荷载作用下会发生下沉，带动洞口边缘模板变形，在节点处极易出现缝隙，而在节点处模板的加固质量难以控制，不是模板不到边，就是模板相互吃进以及在加固时模板背楞或顶杆有时也顶不到位等因素，引起该部位胀模、漏浆。

4.预防措施

（1）模板板材应有出厂合格证，木质胶合板最小厚度为 16mm，竹质胶合板最小厚度为 12mm，板材胶粘剂应为溶剂型。

（2）在合理工期下，底模不少于 2.5 套，侧模不少于 2 套；当工期少于合理工期时，应增加模板的套数。

（3）严格控制木模板含水率，模板周边应刨边平直（图 4 - 28），接缝严密，接缝高低差不大于 2mm，平整度不大于 3mm，现浇板模板背楞尺寸不小于 50mm × 100mm，间距不大于300mm。不规则和复杂部位模板应进行试拼装（图 4 - 29）。

图4-29　模板试拼装　　　　　　　　　图4-30　剪力墙模板

（4）木模板安装周期不宜过长，当浇筑混凝土时，木模板要提前浇水湿润，使其胀开密缝。

（5）剪力墙和梁的侧模应采用定型限位措施，并采用间距为300～500mm的对穿螺栓固定，螺栓直径不小于12mm，螺栓与模板拼缝的距离不大于150mm（图4-30）；对于截面大于600mm×600mm的柱、高度大于800mm的梁及剪力墙等结构，其下部3～4排螺栓应使用双螺母（图4-31）。

成型效果较好的混凝土构件如图4-32所示。

图4-31　对穿螺栓设双螺母　　　　　　图4-32　成型效果好的混凝土构件

5. 治理措施

（1）模板工程检验批验收时应对模板安装表面不平整，接缝不严密，几何尺寸、垂直度、标高控制不准确等常见质量问题的各项预防措施的落实情况进行检查验收，若各项预防措施未落实，该模板工程检验批不得验收。

（2）因模板制作安装引起的混凝土结构缺陷可按《混凝土结构工程施工规范》GB 50666-2011"8.9混凝土缺陷修整"内容进行处理。

4.1.10　柱、墙板等竖向构件模板垂直度偏差超过允许偏差

1. 现象

墙体、立柱等竖向构件模板安装完后，不经过垂直度校正，成型后的混凝土竖向构件垂直度偏差超过允许偏差，构件歪斜，影响观感和使用，严重时，构件受力性能明显降低。

2. 规范规定

《混凝土结构工程施工质量验收规范》GB 50204-2015：

参见4.1.9节。

3. 原因分析

（1）检验批检查验收不严格，每层墙体、立柱等竖向构件模板安装完后，不认真检查垂直度偏差，各层垂直度累积偏差过大造成构体向一侧倾斜。

（2）各层垂直度累积偏差不大，但相互间相对偏差较大，导致混凝土构件实测垂直度不合格，给面层装饰找平带来困难和隐患。

4. 预防措施

（1）竖向构件每层施工模板安装好后，均须在立面内外侧用线锤吊测垂直度，并校正模板垂直度，垂直度的偏差应在允许偏差范围内。

（2）每施工一定层数后须从顶到底统一吊垂直线检查垂直度，从而控制整体垂直度在允许的偏差范围内，如发现墙体有向一侧倾斜的趋势，应立即纠正。

（3）对每层模板垂直度校正后须及时加支撑固定，以防在浇捣混凝土过程中模板受力后再次偏位。

4.1.11 混凝土现浇板高低差处无定型模板，混凝土棱角破损

1. 现象

混凝土现浇板高低差处吊模尺寸不准确，成型后混凝土板厚尺寸偏差大，棱角破损（图4－33）。

图4－33　降板处棱角破损　　　　　图4－34　降板部位工具式吊模

2. 规范规定

参见4.1.8节。

3. 原因分析

（1）楼面现浇板处采用常规吊模安装固定困难，混凝土浇筑过程容易移动，不能准确控制现浇板高低差两侧混凝土厚度。

（2）施工中设置的吊模易变形，或仅采用木楞在板四周压出高低差，拆模后高低差处界面不明显，混凝土棱角歪斜、破损。

4. 预防措施

（1）现浇楼面高低差变化处（室外与室内，厨卫间与房间等）应采用方钢或角钢制作成工具式定型模板（图4－34），或在门洞口采用∟30×3角钢与钢筋焊接的措施来保证高差处的边角整齐（图4－35）。

（2）高低差两侧混凝土板厚应控制准确，防止角钢或定型模具凹陷入混凝土内，造成脱模困难或损坏高低差处混凝土棱角。

图4-35 楼面降板部位定型模板及效果

5. 治理措施

采用人工修凿剔除偏差较大处混凝土,破损棱角应清理、湿润,然后用1:2~1:2.5水泥砂浆粉补平整,保证线条顺直。

4.1.12 现场锯割加工模板,构件内夹杂锯木屑等杂物

1. 现象

模板工程施工中,木工在已基本支设完成的模板平台上锯割加工模板(图4-36),且模板上无清扫口,锯木屑等杂物积存在模板内,引起混凝土现浇构件夹杂锯木屑、泥土等缺陷。

图4-36 现场锯割模板

2. 规范规定

《混凝土结构工程施工质量验收规范》GB 50204-2015:

> 4.2.5 模板安装应符合下列规定:
> 2 模板内不应有杂物、积水或冰雪等。

3. 原因分析

(1)木工为模板加工方便省事,不愿在加工车间内预配模板,直接在施工现场的模板平台上刨锯木模。

(2)现浇板、柱、墙模板根部不设置清扫口,作业面加工模板产生的锯木屑或者施工中堆积的杂物不易清理,模板浇水润湿后,杂物顺水流淌积聚在构件的底部,脱模后形成夹渣缺陷。

4. 预防措施

(1)模板应在木工车间制作,并进行试拼装,符合要求后方可在现场安装,严禁在作业面

192

锯割加工制作模板。

（2）及时清除附着在钢筋或模板上的土块、冰雪等杂物。

（3）柱模根部等合适位置设置清扫口（图4－37），模板内杂物清除干净后再封闭。

5. 治理措施

（1）对于一般的夹渣缺陷，可人工剔除混凝土构件表面附着的锯木屑等杂物，清理表面，洒水湿润后应用1：2～1：2.5水泥砂浆粉补平整。

（2）当夹渣面积过大或形成现浇结构外观质量严重缺陷，影响结构安全时，应制定相关技术处理方案并经设计单位认可后进行处理，经处理的部位应重新验收。

图4－37　柱根部设置清扫口

4.1.13 现浇混凝土结构未达到拆模条件即进行模板拆除工作

1. 现象

现浇混凝土构件浇筑完成后，很短时间内就拆除混凝土构件的模板和支撑，此时混凝土的早期强度较低，不足以承受结构自重和施工荷载，引起构件开裂损坏等现象。

2. 规范规定

《混凝土结构工程施工规范》GB 50666－2011：

4.5.1 模板拆除时，可采取先支的后拆、后支的先拆，先拆非承重模板、后拆承重模板的顺序，并应从上而下进行拆除。

4.5.2 底模及支架应在混凝土强度达到设计要求后再拆除；当设计无具体要求时，同条件养护的混凝土立方体试件抗压强度应符合表4.5.2的规定。

底模拆除时的混凝土强度要求　　　　　　　　　　　表4.5.2

构件类型	构件跨度（m）	达到设计混凝土强度等级值的百分率（%）
板	≤2	≥50
	>2, ≤8	≥75
	>8	≥100
梁、拱、壳	≤8	≥75
	>8	≥100
悬臂结构		≥100

4.5.3 当混凝土强度能保证其表面及棱角不受损伤时，方可拆除侧模。

4.5.4 多个楼层间连续支模的底层支架拆除时间，应根据连续支模的楼层间荷载分配和混凝土强度的增长情况确定。

4.5.5 快拆支架体系的支架立杆间距不应大于2m。拆模时，应保留立杆并顶托支承楼板，拆模时的混凝土强度可按本规范表4.5.2中构件跨度为2m的规定确定。

4.5.6 后张预应力混凝土结构构件，侧模宜在预应力筋张拉前拆除；底模及支架不应在结构构件建立预应力前拆除。

4.5.7 拆下的模板及支架杆件不得抛掷，应分散堆放在指定地点，并应及时清运。

3. 原因分析

(1) 操作工人凭借施工经验确定拆模时间。

操作工人不了解结构混凝土早期强度受水泥、外加剂、温度环境等因素影响而不同,某些预拌混凝土强度龄期关系与普通混凝土完全不一样,如某些掺加了复合外加剂和高掺量粉煤灰的预拌混凝土,其早期强度低,若按普通混凝土的拆模时间经验来拆模,易引起质量问题。

(2) 周转模板数量不足,操作工人为抢工期而提前拆模。

(3) 操作工人忽视了预应力结构或大跨、悬挑构件对拆模条件要求,按普通结构件拆除模板及支撑。

4. 预防措施

(1) 加强对模板拆除工作重要性的认识,应针对项目特点编制模板拆除的施工技术方案,并向操作班组做详细的技术交底,强调拆除条件及相关注意事项。

(2) 加强施工管理,拆模必须提出书面申请,施工技术负责人、专业监理工程师复核符合拆模条件后方可批准拆模。

(3) 在合理工期下,结构底模不少于 2.5 套,侧模不少于 2 套;当工期少于合理工期时,应增加模板的套数。

(4) 底模及支架必须在混凝土强度达到设计要求后再拆除,当设计无具体要求时,现场制作的代表拆模时混凝土强度的同条件养护试件抗压强度应符合《混凝土结构工程施工规范》GB 50666 - 2011 表 4.5.2 的要求。

(5) 拆除模板时不得野蛮施工,不可用力过猛、过急,重力碰撞结构件;拆除的木料、钢管应当整理好及时运走,不宜过于集中堆放,做到"活完地清";模板坠落应采取缓冲措施,不应对楼层形成冲击荷载;在拆除模板过程中,若发现混凝土有影响结构安全的质量问题时,应暂停拆除,做好记录和报告工作,经处理后方可继续拆除。

5. 治理措施

(1) 由于提前拆模形成的混凝土结构件表面缺棱掉角、裂纹、麻面、掉皮、起砂等一般质量缺陷时,应封闭裂缝,凿除或砂磨去除混凝土表面胶结不牢固部分,清理表面,洒水润湿后采用加胶高强度等级的水泥砂浆粉补,耐久性要求较高的构件应按耐久性要求进行处理。

(2) 由于过早拆模、混凝土强度不足而造成混凝土结构构件沉降变形、开裂损坏等严重质量缺陷时应立即停止继续拆模,采取应急措施,按规范规定的程序进行相关处理工作。

4.1.14 混凝土后浇带或悬臂构件模板提前拆除

1. 现象

(1) 后浇带两侧梁板的模板及支撑与同层的现浇梁板的模板与支撑一同拆除后,因后浇带处暂时不能补浇混凝土,而后浇带两侧又不设支撑,其两侧梁板长期接近悬挑状态。

(2) 后浇带两侧梁板、阳台等悬臂构件的模板及支撑拆除后,为防止构件受力变形,施工人员进行二次支撑(图 4 - 38)。

2. 规范规定

《混凝土结构工程施工规范》GB 50666 - 2011:

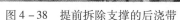

图4-38　提前拆除支撑的后浇带　　图4-39　独立设置的后浇带模板及支架

3. 原因分析

（1）某些混凝土结构需要按照设计要求留设后浇带，由于后浇带处混凝土需依据设计要求，待结构变形基本稳定后才能浇筑封闭，结构在后浇带处不能形成整体。

（2）楼层现浇梁板模板支设时，为了方便施工，操作工人通常将后浇带处的模板支架与周边同楼层的现浇梁板模板支架一同搭设、拉结形成整体，当现浇梁板强度符合拆模要求后，后浇带两侧模板支架则被一同拆除，此时后浇带两侧梁板若不加支撑，受力状态将与原设计不一致，易形成裂缝。

（3）如果进行第二次支撑，首先后浇带两侧梁板在原支撑架拆除时，梁板构件已受力变形，其次二次支撑由于无法准确控制顶撑程度，当支撑不足时，梁板构件仍相当于悬臂构件，当反向支撑过度时，则相当于给梁板构件施加了反向荷载，极端情况下甚至造成构件开裂破坏等问题。

图4-40　设清扫口的后浇带支撑模型

4. 预防措施

（1）后浇带的支撑应采用分离式独立体系（图4-39、图4-40），避免周边模板拆除时对该部位产生影响，从而消除后浇带两侧结构悬臂造成混凝土开裂等现象发生。

（2）后浇带两侧梁下设置临时支撑构造柱，构造柱的截面、配筋由设计确定，构造柱混凝土与后浇带两侧梁板混凝土一同浇筑完成。当后浇带按照设计要求，浇筑混凝土封闭完成且符合拆模条件后，再将支撑构造柱拆除。

5. 治理措施

（1）因提前拆除支撑或反向撑顶引起后浇带两侧现浇梁板构件开裂、受损的，应按相关混凝土质量缺陷处理规定进行处理。

（2）必要时，可采用二次支撑，现浇梁、板面及其底面均应设置垫板，支架必须牢固，底部垫实，但严禁反向过度顶撑，使现浇梁、板受到集中荷载而受力变形。上下楼层的后浇带两侧支撑架应基本对齐，以可靠传递施工等荷载。

4.2 钢筋工程

混凝土结构工程中,钢筋工程具有隐蔽性强的特点,施工质量直接影响结构的承载力、抗震性能等,关系到结构安全,因此是混凝土结构工程质量控制的重要内容之一。钢筋工程施工中,施工人员如果质量意识不强或对钢筋工程的一些知识掌握不够或者抢工期、贪图施工方便,对钢筋工程的质量控制和验收不严格,钢筋工程施工就会存在较多的常见质量问题,如擅自变更钢筋、减小钢筋直径、钢筋连接不符合技术规范标准要求,钢筋安装位置、尺寸偏差超过规范允许偏差等,给结构工程留下质量隐患。

4.2.1 钢筋的品种、级别或规格擅自变更,未办理设计变更手续

1. 现象

在施工过程中,当施工单位缺乏设计所要求的钢筋品种、级别或规格时,或为了使用剩余或调配的钢筋时,施工或其他非设计人员在并不了解原设计配筋的条件和设计意图的情况下,用所谓"等强或等面积"进行验算,擅自进行钢筋代换,致使局部或全部构件实际配备的钢筋品种、级别或规格与设计图纸不一致。

2. 规范规定

《混凝土结构工程施工规范》GB 50666 - 2011:

> **5.1.3 当需要进行钢筋代换时,应办理设计变更文件。**

3. 原因分析

在施工过程中,由于我国地域较广,各地钢材供应情况并不完全一致,当施工中缺乏设计所要求的某品种、级别或规格的钢筋时,可进行钢筋代换,但规定当需要钢筋代换时应办理设计变更文件,并明确钢筋代换由设计单位负责,以确保满足原结构设计的要求。这是因为钢筋代换可能出现下列影响混凝土结构性能的问题:

(1)钢筋直径变化以后,在截面配筋率不变的情况下,钢筋配筋间距发生变化,对某些要求细而密配筋的构件不利,易引起构件裂缝。同时,钢筋直径变化也会引起保护层厚度变化,可能引起耐久性问题或裂缝宽度的变化。

(2)钢筋品种、强度级别代换可能引起构件的应力变化,从而影响构件的变形、挠度和裂缝控制。

(3)钢筋品种、强度级别代换可能引起钢筋延性的变化,考虑结构构件内力重分布的设计条件可能不再满足。这时再用所谓"等强或等面积"进行验算和钢筋代换可能出错,为了保证对设计意图的理解不产生偏差,因此规范作出了"当需要进行钢筋代换时,应办理设计变更文件"规定,应严格遵守。

4. 预防措施

(1)钢筋工程施工前组织相关施工技术人员学习规范中关于钢筋变更的规定,了解其作为强制性条文的重要性和随意变更给工程质量带来的结构安全隐患。

(2)工程施工图会审时,应尽量一次性提出需要变更的钢筋品种、级别和规格,并及时办理好设计变更文件。

(3)钢筋下料和安装时应严格检查图纸中对钢筋品种、级别、规格的要求,变更应有书面

手续,不得依据任何人的口头通知而擅自变更。

(4)施工中,当检查发现钢筋品种、级别、规格不符合设计图纸又无相应设计变更时,应立即停止钢筋工程的施工,更不得隐蔽,并追查质量管理中的漏洞,待依据规范完善相关钢筋设计变更手续后,对钢筋品种、级别和规格核查无误后方可继续施工。

5.治理措施

(1)经原设计单位核算后若钢筋的变更符合结构安全和使用功能的要求,由原设计单位办理钢筋设计变更文件。

(2)钢筋的变更不符合结构安全、使用功能或相关规定要求的,应请原设计单位出具限制使用、返修或加固等处理方案,并按返修或加固处理方案组织施工与验收。

图4-41　带"E"牌号钢筋

4.2.2 抗震等级较高的框架和斜撑构件等未按设计要求采用牌号带"E"的钢筋

1.现象

钢筋采购时,工程相关人员未注意设计人员对一、二、三级抗震结构和斜撑构件的钢筋的具体要求,未使用抗震性能较好的带"E"钢筋(图4-41)。

2.规范规定

(1)《建筑抗震设计规范》GB 50011-2010:

> 3.9.2 结构材料性能指标,应符合下列最低要求:
> 2 混凝土结构材料应符合下列规定:
> 2)抗震等级为一、二、三级的框架和斜撑构件(含梯段),其纵向受力钢筋采用普通钢筋时,钢筋的抗拉强度实测值与屈服强度实测值的比值不应小于1.25;钢筋的屈服强度实测值与屈服强度标准值的比值不应大于1.3,且钢筋在最大拉力下的总伸长率实测值不应小于9%。

(2)《混凝土结构工程施工质量验收规范》GB 50204-2015:

> 5.2.3 对按一、二、三级抗震等级设计的框架和斜撑构件(含梯段)中的纵向受力普通钢筋应采用HRB335E、HRB400E、HRB500E、HRBF335E、HRBF400E 或 HRBF500E 钢筋,其强度和最大力下总伸长率的实测值应符合下列规定:
> 1 抗拉强度实测值与屈服强度实测值的比值不应小于1.25;
> 2 屈服强度实测值与屈服强度标准值的比值不应大于1.30;
> 3 最大力下总伸长率不应小于9%。
> 检查数量:按进场的批次和产品的抽样检验方案确定。
> 检验方法:检查抽样检验报告。

(3)《钢筋混凝土用钢　第2部分:热轧带肋钢筋》GB 1499.2-2007:

> 4 分类、牌号
> 4.1 钢筋按屈服强度特征值分为335、400、500级。
> 4.2 钢筋牌号的构成及其含义见表1。

表1

类别	牌号	牌号构成	英文字母含义
普通热轧钢筋	HRB335	由 HRB + 屈服强度特征值构成	HRB—热轧带肋钢筋的英文(Hot rolled Ribbed Bars)缩写。
	HRB400		
	HRB500		
细晶粒热轧钢筋	HRBF335	由 HRBF + 屈服强度特征值构成	HRBF—在热轧带肋钢筋的英文缩写后加"细"的英文(Fine)首位字母。
	HRBF400		
	HRBF500		

7.3.3 有较高要求的抗震结构适用牌号为:在表1中已有牌号后加E(例如:HRB400E、HRBF400E)的钢筋。该类钢筋除应满足以下 a)、b)、c)的要求外,其他要求与相对应的已有牌号钢筋相同。

a)钢筋实测抗拉强度与实测屈服强度之比 $R°_m/R°_{eL}$ 不小于1.25。

b)钢筋实测屈服强度与表6规定的屈服强度特征值之比 $R°_{eL}/R_{eL}$ 不大于1.30。

c)钢筋的最大力总伸长率 A_{gt} 不小于9%。

注:$R°_m$ 为钢筋实测抗拉强度;$R°_{eL}$ 为钢筋实测屈服强度。

3. 原因分析

(1)施工人员未仔细阅读结构设计说明,或未询问设计人员,按常规做法采购了普通钢筋。

(2)牌号后加"E"的钢筋每吨价格比不加"E"牌号的钢筋贵不少,为降低工程造价,责任单位不愿使用牌号后带"E"的钢筋。

(3)施工、监理人员未理解相关规范,对带"E"的钢筋的性能认识了解不足,不按要求使用带"E"的钢筋或片面强调使用带"E"的钢筋。

许多人对带"E"的钢筋比较陌生,或者是知之甚少,甚至与普通钢筋混为一谈。有人认为带"E"的钢筋是增加了某种化学元素,其实不然,带"E"的钢筋的核心是钢筋屈服强度实测值与屈服强度标准值的比值(工程中习惯称为"超强比")不能过大,而钢筋抗拉强度实测值与屈服强度实测值的比值(工程中习惯称为"强屈比")和最大力下总伸长率指标不能太小。相关单位在进行钢筋的采购、施工和检测时,往往存在不认真对待的现象,如钢筋进场时没有强屈比证明资料,检测报告中没有对强屈比计算复核等。此外,钢筋即使有标识,工人用错钢筋现象也较普遍。

在高烈度地区的抗震设计首先要老虑钢筋混凝土框架结构具有足够的延性,即结构在地震荷载作用下,通过结构塑性变形,消耗和吸收地震能量,使结构仍有一定的承载力,不至于发生瞬间性倒塌和脆性破坏,从而给人以逃生时间和机会。框架结构延性设计原则是"强柱弱梁、强剪弱弯,强节点",通过控制一些部位形成塑性铰来提高框架的延性,避免塑性铰过于集中于某一部位。

强屈比不小于1.25,是为了保证当构件某个部位出现塑性铰后,塑性铰处有足够的转动能力与耗能能力。如果强屈比实测值足够大,随钢筋应变所增加的强化段抗力足以形成塑性铰并适当扩大,钢筋在大变形条件下具有必要的强度潜力,从而保证结构具有吸收地震能量的能力,所以有强屈比不小于1.25的限制。

而要求超强比大于1.30,主要是因为抗震结构的纵向受力钢筋屈服强度过大,导致钢筋屈服强度离散性过大,从而会造成构件破坏形态的改变,应该形成塑性铰的位置不能出现塑性铰,导致钢筋延性破坏转为脆性破坏的严重后。超强比的规定主要配合框架设计中"强柱弱梁、强剪弱弯"所规定的内力调整。不是说钢筋强度越高越好,它有个临界点,太高了反而是有害的。

钢筋最大力下的总伸长率不应小于9%,主要是为了保证在抗震大变形情况下,钢筋仍具有足够的塑性变形能力。我国是地震高发地区,对抗震设计切不可掉以轻心。使用带"E"钢筋就是提高结构延性、增加结构抗震性能的措施。

对比《建筑抗震设计规范》GB 50011-2010、《混凝土结构工程施工质量验收规范》GB 50204-2015、《钢筋混凝土用钢 第2部分:热轧带肋钢筋》GB 1499.2-2007中关于抗震等级为一、二、三级的框架和斜撑构件(含梯段)钢筋的强度和最大力下总伸长率的实测值要求是一致的。因此,符合强屈比、超强比、最大力下总伸长率这些力学性能指标的钢筋,可以理解为带"E"的钢筋,可应用于有较高抗震要求的结构中。

4.预防措施

(1)加强图纸会审,根据设计要求选用钢材。

(2)加强材料采购和施工管理人员的培训学习,掌握牌号后加"E"的钢筋性能、适用范围。

(3)施工招投标时应考虑钢材性能要求需增加的材料费用,不得因降低费用而选购不符合设计要求的钢材。

(4)钢筋进场时应认真检查钢筋标牌及质量证明书,分类堆放。当钢筋的"强屈比、超强比、最大力下总伸长率"检测结果不符合带"E"的钢筋的力学性能要求时不应使用在有较高抗震要求的结构部位。

5.治理措施

(1)对已使用、非带"E"的钢筋的"屈强比、超强比、最大力下总伸长率"进行检测,调查了解使用的部位。

(2)由设计人员复核相应部位构件是否满足抗震要求,必要时加固处理。

4.2.3 钢材进场后未分类堆放,无检查验收标识牌

1.现象

施工现场钢材混杂堆放(图4-42),进场检查验收情况不明确,加工与安装时容易错用,使结构工程存在质量隐患。

图4-42 混杂堆放的钢筋

2.规范规定

《混凝土结构工程施工规范》GB 50666-2011:

5.2.3 施工过程中应采取防止钢筋混淆、锈蚀或损伤的措施。

3.原因分析

（1）钢筋进场后，由于没有场地，施工人员为了方便省事，就近随意堆放。

（2）施工人员对钢筋牌号、规格、炉批号概念不清，质量意识不强，不了解混杂、随意堆放钢筋的危害。

钢筋牌号、规格、炉批号众多，随意堆放钢筋，在加工、制作安装过程中容易发生错用钢筋现象，甚至引起结构安全问题。HRB（热轧带肋钢筋）、HRBF（细晶粒钢筋）、RRB（余热处理钢筋）是三种常用带肋钢筋品种的英文缩写，钢筋牌号为该缩写加上代表强度等级的数字。各种钢筋表面的轧制标志各不相同，HRB335、HRB400、HRB500分别为3、4、5，HRBF335、HRBF400、HRBF500分别为C3、C4、C5，RRB400为K4。对于牌号带"E"的热轧带肋钢筋，轧制标志上也带"E"，如HRB335E为3E、HRBF400E为C4E。

（3）没有严格的质量验收管理制度，未按要求组织钢筋进场检查验收。

混凝土结构采用的钢筋应按进场批次进行检验，采用抽样方法检测有关力学性能，如果进场钢筋混乱堆放则影响钢筋检验的抽样方法、检验数量。同时，由于钢筋混乱堆放、无严格的管理制度，当钢筋检验不合格或出现异常时，也无法及时追溯、发现所代表批次的钢筋。

图4-43　钢筋分类堆放和检验

4. 预防措施

（1）工程开工前，施工现场布置时应组织设计钢筋堆放及加工制作场地，地面应采取硬化措施，不得积水。

（2）加强对操作人员的质量技术培训教育，使其了解混杂、随意堆放钢筋的危害。

（3）制定钢筋堆放、材料进场验收方面的管理制度并检查落实，钢筋在运输和存放时，不得损坏包装和标志，并应按牌号、规格、炉批分别堆放。钢筋加工后用于施工的过程中，要能够区分不同强度等级和牌号的钢筋，堆放、加工制作、安装等过程中均应使用检查验收标识牌（图4-43、图4-44），避免混用。

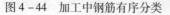

图4-44　加工中钢筋有序分类　　图4-45　有延伸功能的调直设备

4.2.4 盘卷钢筋调直后，力学性能和重量偏差不符合规范要求

1. 现象

（1）场外加工厂或施工现场的工人质量意识不强，采用有延伸功能的机械设备调直钢筋（图4-45），过度冷拉（拔）加工，减小了钢筋直径，改变了钢筋的力学性能。

（2）调直后钢筋未进行力学性能和重量偏差的检验，擅自使用。

2. 规范规定

(1)《混凝土结构工程施工质量验收规范》GB 50204-2015：

> 5.3.4 盘卷钢筋调直后应进行力学性能和重量偏差检验，其强度应符合国家现行有关标准的规定，其断后伸长率、重量偏差应符合表5.3.4的规定。力学性能和重量偏差检验应符合下列规定：
>
> 1 应对3个试件先进行重量偏差检验，再取其中2个试件进行力学性能检验。
>
> 2 重量偏差应按下式计算：
>
> $$\triangle = \frac{W_d - W_0}{W_0} \times 100 \qquad (5.3.4)$$
>
> 式中：$\triangle$——重量偏差(%)；
>
> $\quad\quad W_d$——3个调直钢筋试件的实际重量之和(kg)；
>
> $\quad\quad W_0$——钢筋理论重量(kg)，取每米理论重量(kg/m)与3个调直钢筋试件长度之和(m)的乘积。
>
> 3 检验重量偏差时，试件切口应平滑并与长度方向垂直，其长度不应小于500mm；长度和重量的量测精度分别不应低于1mm和1g。
>
> 采用无延伸功能的机械设备调直的钢筋，可不进行本条规定的检验。
>
> **盘卷钢筋调直后的断后伸长率、重量偏差要求** 表5.3.4
>
> | 钢筋牌号 | 断后伸长率 A(%) | 重量偏差(%) | |
> |---|---|---|---|
> | | | 直径 6mm~12mm | 直径 14mm~16mm |
> | HPB300 | ≥21 | ≥-10 | — |
> | HRB335、HRBF335 | ≥16 | ≥-8 | ≥-6 |
> | HRB400、HRBF400 | ≥15 | | |
> | RRB400 | ≥13 | | |
> | HRB500、HRBF500 | ≥14 | | |
>
> 注：断后伸长率A的量测标距为5倍钢筋直径。
>
> 检查数量：同一设备加工的同一牌号、同一规格的调直钢筋，重量不大于30t为一批，每批见证抽取3个试件。
>
> 检验方法：检查抽样检验报告。

(2)《混凝土结构工程施工规范》GB 50666-2011：

> 5.3.3 钢筋宜采用机械设备进行调直，也可采用冷拉方法调直。当采用机械设备调直时，调直设备不应具有延伸功能。当采用冷拉方法调直时，HPB300光圆钢筋的冷拉率不宜大于4%；HRB335、HRB400、HRB 500、HRBF335、HRBF400、HRBF500及RRB400带肋钢筋的冷拉率，不宜大于1%。钢筋调直过程中不应损伤带肋钢筋的横肋。调直后的钢筋应平直，不应有局部弯折。

3. 原因分析

(1)由于施工现场条件所限，无法布置钢筋调直车间或调直能力不能满足施工进度要求,施工单位往往将盘卷钢筋委托场外调直加工或委托专业化加工厂调直生产成型钢筋。某些加工厂(小作坊)受经济利益驱使,打着免费加工的幌子,采用超张拉或冷拔方法有意将钢筋拉细、拉长,使得加工后的钢筋直径过细、变脆,变成通常所说的"瘦身钢筋",而且钢筋调直过程中损伤了带肋钢筋的横肋,调直后的断后伸长率等力学性能指标降低明显,重量负偏差超标,不能符合规范的要求,若不加以控制,其危害非常严重。

(2)施工现场调直钢筋时,管理与操作人员质量意识不强,采用的张拉设备具有延伸功能或冷拉率超过规定。

4. 预防措施

(1)加强钢筋的进场检查验收,特别是直径12mm及以下的钢筋可采用游标卡尺进行测量(图4-46),当直径超过允许偏差或有怀疑时,应进一步检测。

(2)盘圆钢筋加工不得冷拔、冷挤压,并不得外加工。因场地确有困难,经建设单位同意的场外钢筋加工,进场时应按批次验收和复试,外观及物理力学性能应符合规范要求。

(3)对钢筋调直机械设备是否有延伸功能的判定,可由施工单位检查并经监理(建设)单位确认;当不能判定或对判定结果有争议时,应按规定进行力学性能和重量偏差的检验。对于场外委托加工或专业化加工厂生产的成型钢筋,相关人员应到加工设备所在地进行检查。

(4)目前小直径钢筋基本采用盘卷形式供货,如果进场的钢筋是小直径直条钢筋,施工现场必须加强管理,核查是否为场外加工(部分场外加工钢筋横肋损伤明显),若对调直钢筋性能有怀疑时,应加强检测,未检测合格不得使用。

5. 治理措施

对于未检测或检测不合格且已使用于工程的钢筋应制定专项处理方案进行处理,排除隐患。主要方法有:进一步检测(结构实体检测或功能性检测)、设计单位确认降低等级使用、加固(加强)处理并组织专项验收、拆除等。

图4-46 钢筋直径测量

4.2.5 钢筋机械连接开始前不按要求进行钢筋机械连接接头工艺检验

1. 现象

现场施工中,施工、监理单位对钢筋机械连接接头的工艺试验概念模糊,认为只要随机截取3个接头试件做抗拉强度试验合格,就可判定验收批合格,接头的质量就符合要求了,而不按规范要求对钢筋机械连接接头进行工艺检验。

2. 规范规定

《钢筋机械连接技术规程》JGJ 107-2010:

> 7.0.2 钢筋连接工程开始前,应对不同钢筋生产厂的进场钢筋进行接头工艺检验;施工过程中,更换钢筋生产厂时,应补充进行工艺检验。工艺检验应符合下列规定:
> 1 每种规格钢筋的接头试件不应少于3根;
> 2 每根试件的抗拉强度和3根接头试件的残余变形的平均值均应符合本规程表3.0.5和表3.0.7的规定;

接头等级	Ⅰ级	Ⅱ级	Ⅲ级
抗拉强度	$f^\circ_{mst} \geq f_{stk}$ 断于钢筋 或 $f^\circ_{mst} \geq 1.10 f_{stk}$ 断于接头	$f^\circ_{mst} \geq f_{stk}$	$f^\circ_{mst} \geq 1.25 f_{yk}$

3 接头试件在测量残余变形后可再进行抗拉强度试验,并宜按本规程附录 A 表 A.1.3 中的单向拉伸加载制度进行试验;

4 第一次工艺检验中 1 根试件抗拉强度或 3 根试件的残余变形平均值不合格时,允许再抽 3 根试件进行复检,复检仍不合格时判为工艺检验不合格。

	接头等级	Ⅰ级	Ⅱ级	Ⅲ级
单向拉伸	残余变形(mm)	$u_0 \leq 0.10 (d \leq 32)$ $u_0 \leq 0.14 (d > 32)$	$u_0 \leq 0.14 (d \leq 32)$ $u_0 \leq 0.16 (d > 32)$	$u_0 \leq 0.14 (d \leq 32)$ $u_0 \leq 0.16 (d > 32)$
	最大力 总伸长率(%)	$A_{sgt} \geq 6.0$	$A_{sgt} \geq 6.0$	$A_{sgt} \geq 3.0$
高应力 反复拉压	残余变形(mm)	$u_{20} \leq 0.3$	$u_{20} \leq 0.3$	$u_{20} \leq 0.3$
大变形 反复拉压	残余变形(mm)	$u_4 \leq 0.3$ 且 $u_8 \leq 0.6$	$u_4 \leq 0.3$ 且 $u_8 \leq 0.6$	$u_4 \leq 0.6$

注:当频遇荷载组合下,构件中钢筋应力明显高于 $0.6 f_{yk}$ 时,设计部门可对单向拉伸残余变形 u_0 的加载峰值提出调整要求。

3. 原因分析

(1)不按要求进行钢筋机械连接接头工艺检验,主要是施工、监理单位对该检验概念模糊,未区分工艺检验与现场验收批抗拉强度试验的区别,或不清楚工艺检验的作用等,从而不重视工艺检验。

(2)钢筋连接工程开始前,应对不同钢厂的进场钢筋进行接头工艺检验,主要是检验接头技术提供单位所确定的工艺参数是否与本工程中的进场钢筋相适应,并可提高实际工程中抽样试件的合格率,减少在工程应用后再发现问题造成的经济损失,施工过程中如更换钢筋生产厂,应补充进行工艺检验。

(3)工艺检验中增加了测定接头残余变形的要求,这是控制现场接头加工质量,克服钢筋接头型式检验结果与施工现场接头质量严重脱节的重要措施;某些钢筋机械接头尽管其强度满足了规程的要求,接头的残余变形不一定能满足要求,尤其是螺纹加工质量较差时;增加接头的残余变形要求后可以大大促进接头加工单位的自律,或淘汰一部分技术和管理水平低的加工企业。工艺检验中,用残余变形作为接头变形的控制值,测量接头试件的单向拉伸残余变形比较简单,较为适合各施工现场的检验条件。

(4)验收批的接头抗拉强度试验是接头在施工现场连接安装完成后,按质量验收批进行的质量检验复试,规定对接头的每一验收批,必须在工程结构中随机截取 3 个接头试件做抗拉强度试验,按设计要求的接头等级进行评定,二者从检验目的、检验指标和抽样方法均不相同,因此不能相互替代。

4. 预防措施

（1）钢筋机械连接工程施工前应编制方案，方案中应明确机械连接接头工艺检验的方法、流程，施工前应进行技术交底，使操作人员清楚相关机械连接的工艺参数，提高机械连接的接头质量。

（2）钢筋机械连接开始前应检查钢筋机械连接接头工艺检验报告，无接头工艺检验报告或工艺检验不合格时不得进行钢筋机械连接施工。

5. 治理措施

（1）对所代表的检验批钢筋机械连接接头加强外观质量检查和力学性能检测，必要时可增加抽样数量。

（2）根据检查和试验结果报设计单位提出处理意见，例如可采取降级使用、增补钢筋、拆除后重新制作以及其他有效措施进行处理，施工单位应依据设计处理方案进行施工。

4.2.6 钢筋直螺纹接头外观质量不符合要求，螺纹接头安装后未进行拧紧扭矩校核

1. 现象

钢筋直螺纹接头连接完毕后，由于连接安装质量控制不严格，标准型接头在连接套筒外无外露螺纹，或未有效拧入，外露有效螺纹超过 2P（图 4-47）。对施工完毕的钢筋直螺纹接头验收批未抽取接头进行拧紧扭矩校核。

图 4-47 套筒外的有效螺纹超允许偏差

2. 规范规定

（1）《滚压直螺纹钢筋连接接头》JG 163-2004：

6.3.3 钢筋连接接头

a 钢筋连接完毕后，标准型接头连接套筒外应有外露有效螺纹，且连接套筒单边外露有效螺纹不得超过 2P，其他连接形式应符合产品设计要求。

（2）《钢筋机械连接技术规程》JGJ 107-2010：

6.2.1 直螺纹钢筋接头的安装质量应符合下列要求：

1 安装接头时可用管钳扳手拧紧，应使钢筋丝头在套筒中央位置相互顶紧。标准型接头安装后的外露螺纹不宜超过 2P。

2 安装后应用扭力扳手校核拧紧扭矩，拧紧扭矩值应符合本规程表 6.2.1 的规定。

直螺纹接头安装时的最小拧紧扭矩值　　　　　　　　表 6.2.1

钢筋直径（mm）	≤16	18～20	22～25	28～32	36～40
拧紧扭矩（N·m）	100	200	260	320	360

3 校核用扭力扳手的准确度级别可选用 10 级。

7.0.1 工程中应用钢筋机械接头时，应由该技术提供单位提交有效的型式检验报告。

7.0.5 接头的现场检验应按验收批进行。同一施工条件下采用同一批材料的同等级、同型式、同规格接头，应以 500 个为一个验收批进行检验与验收，不足 500 个也应作为一个验收批。

7.0.6 螺纹接头安装后应按本规程第7.0.5条的验收批,抽取其中10%的接头进行拧紧扭矩校核,拧紧扭矩值不合格数超过被校核接头数的5%时,应重新拧紧全部接头,直到合格为止。

7.0.7 对接头的每一验收批,必须在工程结构中随机截取3个接头试件作抗拉强度试验,按设计要求的接头等级进行评定。当3个接头试件的抗拉强度均符合本规程表3.0.5中相应等级的强度要求时,该验收批应评为合格。如有1个试件的抗拉强度不符合要求,应再取6个试件进行复检。复检中如仍有1个试件的抗拉强度不符合要求,则该验收批应评为不合格。

7.0.8 现场检验连续10个验收批抽样试件抗拉强度试验一次合格率为100%时,验收批接头数量可扩大1倍。

3. 原因分析

(1)现场钢筋连接施工时,施工人员不认真操作,追求快速或省事,忽视了丝头加工不平整、螺纹长度不一致等缺陷(图4-48)和连接安装外观质量对连接传力性能的重大影响。

(2)滚轧直螺纹钢筋连接接头的连接性能,除了要满足强度的性能要求,还应满足一定的刚度(抗变形能力)要求。滚轧直螺纹钢筋连接接头属于螺纹连接形式的钢筋连接方式,丝头与套筒螺纹配合间隙是一般螺纹配合时难以避免的现象。因为只要螺纹能够旋入,就必然有空隙(负公差)。而在受力以

图4-48 直螺纹连接丝口不平整

后最早形成的非弹性变形,就是螺纹的间隙。从宏观受力的角度而言,即刚度蜕化(割线模量减小)并造成残余变形。滚轧直螺纹连接可以通过被连接钢筋端部的对顶而减小这种间隙,这对提高接头连接的传力性能无疑是十分有利的。这也就是为什么滚轧直螺纹连接接头的刚度蜕化比较小(割线模量降低少,非弹性变形小),而且残余变形也很小的原因。这种作用与混凝土结构中预应力的作用有些相似。

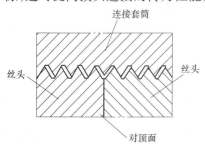

图4-49 套筒内钢筋对顶连接

(3)在保证强度要求的前提下,提高接头刚度最有效的方法就是消除钢筋丝头与连接套筒的螺纹配合间隙。消除或减小螺纹配合间隙,通常采用钢筋丝头在连接套筒中对顶,使钢筋丝头在对顶力的作用下,丝头螺纹与连接套筒螺纹紧密贴合,减少或消除旋入丝头与套筒之间螺纹配合负公差的方法来实现(图4-49)。

(4)直螺纹连接接头施工中,根据设计的套筒长度及丝头长度,规定了螺纹的扣数,并使其在正常满扣咬合的情况下每边有两扣外露螺纹。这样,在连接施工完成以后的质量检验时,就可以根据套筒两侧外露螺纹是否对称,以及外露丝扣数目是否符合要求,准确地判断套筒内螺纹是否完全咬合,不留空隙。甚至还可判断两侧丝头是否已在中央对顶,这对于保证连接质量至关重要。

（5）直螺纹的配合允许套筒、丝头相对位置有可以调节的余地，而外露螺纹又可以判断和保证两根被连接钢筋断头的相对位置。在标准中，丝头加工时，要求钢筋端面平整且与钢筋轴线垂直，因此就可以实现两根被连接钢筋的端面在套筒中央对顶。

（6）施工中，套筒两端的丝头拧入套筒长度不足、丝头端面不平整、拧紧力矩不够等均会影响连接钢筋的丝头在套筒中央对顶，影响连接传力性能。当然，过大的对顶力会引起螺纹的"自锁"，而在套筒和丝头内引起自锁内应力，使传递拉力的螺纹咬合齿承受额外的应力。如果不加以控制，最终可能导致套筒断裂或螺纹"倒牙"。规范中要求，螺纹接头安装后应按验收批，抽取其中10%的接头进行拧紧扭矩校核，其一方面是要求丝头必须在套筒内拧紧，另一方面使用力矩扳手可以通过控制拧紧力矩值而使拧紧程度得到有效的控制，使对顶力不至于过大而形成不利影响。

4. 预防措施

通过上述分析，钢筋直螺纹接头外观质量不符合要求会严重影响接头连接传力性能，因此需对接头的外观质量缺陷进行预防。

（1）滚轧直螺纹丝头加工外观质量应达到以下要求：

1）丝头表面不得有影响接头性能的损坏及锈蚀。丝头有效螺纹数量不得少于设计规定；标准型接头的丝头有效螺纹长度不小于1/2连接套筒长度，且允许误差为 $+2P$（图4-50）。

2）丝头的尺寸采用专用的螺纹环规检验（图4-51），其环通规应能顺利地旋入，环止规旋入长度不得超过 $3P$。

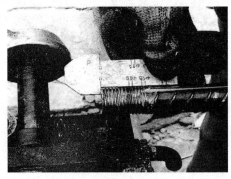

图4-50　丝头长度检验

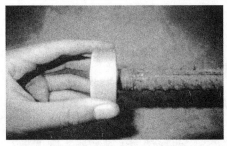

图4-51　螺纹环规检验

（2）加工的滚轧直螺纹丝头应现场逐个进行自检，不合格的丝头应切去重新加工。

（3）自检合格的丝头，应由现场质检员随机抽样进行检验。以一个加工班加工的丝头为一个检验批，随机抽检10%，且不少于10个。

（4）现场丝头的抽检合格率不应小于95%。当抽检合格率小于95%时，应另抽取同样数量的丝头重新检验。当两次检验的总合格率不小于95%时，该批产品合格。若合格率仍小于95%时，则应对全部丝头进行逐个检验，合格者方可使用。

（5）直螺纹接头连接安装完成后，应逐个进行外观质量检查，并点红油漆进行标记（图4-52），丝头螺纹外露异常的，应重新安装连接或按不合格接头处理。

（6）现场必须配备扭力扳手，校核直螺纹接头的拧紧扭矩。

5. 治理措施

对抽检不合格的接头验收批，应由建设单位会同设计单位等有关各方研究后对其提出处理方案。例如：可在采取补救措施后再按上述检验要求重新检验；或设计单位根据接头在结构中所处部位和接头百分率研究能否降级使用；或增补钢筋；或拆除后重新制作以及采取其他有效措施。

4.2.7 钢筋直螺纹接头不安装保护套或未拧上连接套筒,丝头锈蚀,影响接头的安装连接质量

1. 现象

钢筋直螺纹接头在加工完成检验后以及施工过程中不及时安装保护套或拧上连接套筒,随意堆放,丝头碰撞损坏、锈蚀等,导致丝头外观质量不合格,影响接头的安装连接质量(图4－53)。

图4－52　标记合格的直螺纹接头　　　　图4－53　无保护套的直螺纹接头

2. 规范规定

《滚轧直螺纹钢筋连接接头》JG 163－2004:

> 6.2.2 丝头加工
>
> 丝头加工完毕经检验合格后,应立即带上丝头保护帽或拧上连接套筒,防止装卸钢筋时损坏丝头。

3. 原因分析

现场钢筋连接施工时,由于每个丝头装卸保护帽或拧上连接套筒,不但耗时,还会给钢筋安装带来不便,当施工人员质量意识不强,不了解丝头损坏和锈蚀对接头连接传力性能的直接影响时,为了追求快速或省事,就会不加丝头保护套或不拧上连接套筒。丝头损坏或锈蚀会影响丝头拧入套筒的长度、力矩扳手施加的拧紧力矩等(相关分析可参考本章4.2.6原因分析),引起接头连接的其他质量问题。

4. 预防措施

钢筋机械连接工程开始前应组织技术交底,明确进行丝头保护的作用,施工中不得省去装卸丝头保护套的工序(图4－54)。

 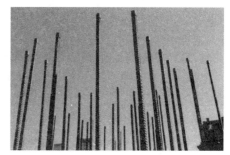

图4－54 安装了保护套的丝头

5. 治理措施

（1）对未加丝头保护套，丝头损坏或锈蚀明显的丝头应割除重新加工。

（2）对该批直螺纹接头加强力学性能检测。

（3）根据检查和试验结果报设计单位出具处理方案并依据设计处理方案进行施工。

4.2.8 钢筋闪光对焊接头未焊透，有裂纹、轴线偏移等缺陷

1. 现象

采用闪光对焊的焊口局部区域未能相互结晶，焊合不良，接头镦粗变形量很小，挤出的金属毛刺极不均匀，多集中于上口，并产生严重的胀开现象，从断口上可看到如同有氧化膜的黏合面存在（图4-55）。在使用过程中，钢筋闪光对焊接头未焊透、裂纹等外观质量缺陷会造成钢筋传力性能降低等严重质量问题。

对焊接头有裂纹

图4-55 有裂纹的对焊接头

2. 规范规定

《钢筋焊接及验收规程》JGJ 18-2012：

> 5.3.2 闪光对焊接头外观质量检查结果，应符合下列规定：
>
> 1 对焊接头表面应呈圆滑、带毛刺状，不得有肉眼可见的裂纹；
>
> 2 与电极接触处的钢筋表面不得有明显烧伤；
>
> 3 接头处的弯折角度不得大于2°；
>
> 4 接头处的轴线偏移不得大于钢筋直径的1/10，且不得大于1mm。

3. 原因分析

（1）焊接方法应用不当或焊接参数选择不合适。当截面较大的钢筋采用连续闪光对焊时，若焊接参数选择不当，尤其是烧化留量太小、变压器级数过高以及烧化速度太快等，会导致焊件端面加热不足，受热不均，没能形成比较均匀的熔化金属层，致使顶锻过程生硬，焊合面不完整，未焊透，形成胀口，焊接接头不合格。

（2）闪光对焊时，烧化过程不连续；顶段留量较小，接头处结合面积较小；焊接时接头处塑性变形较小引起对焊口发生氧化。

（3）由于钢筋端头歪斜、电极变形太大或安装不准确、焊机夹具晃动过大、操作不当等原因，钢筋闪光对焊接头处产生弯折，折角超过2°，或者接头处偏心，轴线偏移大于0.1d或者1mm。

4. 预防措施

（1）应按照钢筋品种、直径和所用焊机功率大小分别选用连续闪光焊、预热闪光焊和闪光—预热闪光焊三种工艺（表4-1），对截面较大的钢筋应采用预热闪光工艺对焊，即钢筋直径超过表4-2中的规定，且钢筋端面较平整的，宜采用预热闪光焊。钢筋对焊焊接工艺方法宜按下列规定选择：

1）当钢筋直径<25mm、钢筋级别不大于HRB400级，可选用连续闪光焊。但连续闪光焊工艺的使用范围应适当限制，其焊接的钢筋范围，应按照焊机容量、钢筋级别等具体情况而定，并应符合表4-2的规定。

2）当钢筋直径＞25mm、级别大于 HRB400 级，且钢筋端面较平整，宜采用预热闪光焊，预热温度约 1450°C，预热频率宜用 2~4 次/s。

3）当钢筋端面不平整，应采用"闪光—预热—闪光焊"。

钢筋闪光对焊工艺过程及适用范围 表 4-1

工艺名称	工艺及适用条件	操作方法
连续闪光焊	连续闪光顶锻 适用于直径 18mm 以下的 HRB335、HRB400 级钢筋	（1）先闭合一次电路，使两钢筋端面轻微接触，促使钢筋间隙中产生闪光，接着徐徐移动钢筋，使两钢筋端面仍保持轻微接触，形成连续闪光过程。 （2）当闪光达到规定程度后（烧平端面，闪掉杂质，热至熔化），即以适当压力迅速进行顶锻挤压
预热闪光焊	预热、连续闪光顶锻 适用于直径 20mm 以上的 HRB335、HRB400 级钢筋	（1）在连续闪光前增加一次预热过程，以扩大焊接热影响区。 （2）闪光与顶锻过程同连续闪光焊
闪光-预热-闪光焊	一次闪光、预热二次闪光、顶锻 适用于直径 20mm 以上的 HRB335、HRB400 级钢筋及 HRB500 级钢筋	（1）一次闪光：将钢筋端面闪平。 （2）预热：使两钢筋端面交替地轻微接触和分开，使其间隙发生断续闪光来实现预热，或使两钢筋端面一直紧密接触用脉冲电流或交替紧密接触与分开，产生电阻热（不闪光）来实现预锻。 （3）二次闪光与顶锻过程同连续闪光焊
电热处理	闪光、预热-闪光、通电热处理 适用于 HRB500 级钢筋	（1）焊毕松开夹具，放大钳口距，再夹紧钢筋。 （2）焊后停歇 30~60s，待接头温度降至暗黑色时，采取低频脉冲通电加热（频率 0.5~1.5 次/s，通电时间 5~7s）。 （3）当加热至 550~600°C 呈暗红或桔红色时，通电结束松开夹具

连续闪光焊钢筋上限直径 表 4-2

焊机容量（kVA）	钢筋牌号	钢筋直径（mm）
160 （150）	HPB300	22
	HRB335 HRBF335	22
	HRB400 HRBF400	20
100	HPB300	20
	HRB335 HRBF335	20
	HRB400 HRBF400	18
80 （75）	HPB300	16
	HRB335 HRBF335	14
	HRB400 HRBF400	12

（2）钢筋闪光对焊未焊透缺陷的预防：

1）重视预热作用，掌握预热要领，力求扩大沿焊件纵向的加热区域，减小温度梯度。需要预热时，宜选用电阻预热法，其操作要领如下：第一，按照钢筋级别采取相应的预热方式。随着钢筋级别的提高，预热频率应逐渐降低。预热次数应为 1～4 次，每次预热时间应为 1.5～2s，间歇时间应为 3～4s。第二，预热压紧力应该不小于 3MPa。当具有充足的压紧力时，焊件端面上的凸出处会逐渐被压平，更多的部位则发生接触，于是，沿焊件截面上的电流分布就比较均匀，从而使加热比较均匀。

2）采取正常的烧化过程，让焊件获得符合要求的温度分布，尽可能平整的端面，以及比较均匀的熔化金属层，为提高接头质量创造良好的条件。

3）避免采用过高的变压器级数施焊，以提高加热效果。

（3）为了防止接头发生弯折或偏心，可采取如下防治措施：

1）钢筋端头弯曲时，焊前应予以矫直或者切除。

2）经常保持电极的正常外形，变形较大时应当及时修理或更新，安装时应力求位置准确。

3）夹具如因磨损晃动较大，应当及时维修。

4）接头焊毕，稍冷却后再小心地移动钢筋。

（4）为了获得良好的对焊接头，应选择恰当的焊接参数，包括闪光留量、闪光速度、顶锻留量、顶锻速度、顶锻压力、调伸长度及变压器级数等，选用预热闪光焊时，还需增加预热留量和预热频率等参数。

1）闪光留量与闪光速度：闪光留量应使闪光结束时，钢筋端部能均匀加热，并达到足够的温度。当选用闪光、预热闪光焊时，一次闪光留量等于两根钢筋在断料时切断机刀口严重压伤部分，二次闪光留量不应小于 10mm；预热闪光焊时的闪光留量不应该小于 10mm。闪光速度开始时近于零，而后约 1mm/s，终止时为 1.5～2.0mm/s。

2）预热留量与预热频率：需要预热时，宜采用电阻预热法，加热比较均匀，预热留量应为 1～2mm，预热次数应为 1～4 次，每次预热时间应该为 1.5～2.0s，间歇时间应为 3～4s。

3）顶锻留量、顶锻压力和顶锻速度：顶锻留量应让钢筋焊口完全密合并产生一定的塑性变形。顶锻留量宜取 4～10mm，并随钢筋直径的增大和钢筋级别的提高而增加，其中有电顶锻留量约占 1/3。焊接 RRB400 级钢筋时，顶锻留量宜增大 30%。顶锻速度应越快越好，尤其是顶锻开始的 0.1s 应将钢筋压缩 2～3mm，使焊口迅速闭合不致氧化，而后断电并以 6mm/s 的速度继续顶锻至结束。顶锻压力应该足以将全部的熔化金属从接头内挤出，而且还要让邻近接头处（约 10mm）的金属产生适当的塑性变形。

4）调伸长度：调伸长度应随着钢筋级别的提高和钢筋直径的加大而增长，应使接头能均匀加热，并使钢筋顶锻时不致发生旁弯，通常取值：HPB300 级钢筋为 $0.75d～1.25d$（d 为钢筋直径），HRB335、HRB400、RRB400 级钢筋为 $1.0d～1.5d$，直径小的钢筋取较大值。

5）变压器级次：用以调节焊接电流大小。钢筋级别高或直径大，变压器级次要高。焊接时若火花过大并有强烈声响时，应降低变压器级次；当电压降低 5% 左右时，应该提高变压器级次 1 级。

异常现象和缺陷种类	产生原因	防治措施
烧化过分剧烈并产生强烈的爆炸声	(1)变压器级数过高; (2)烧化速度太快	(1)降低变压器级数; (2)减慢烧化速度
闪光不稳定	(1)电极底部或钢筋表面有氧化物; (2)变压器级数太低; (3)烧化速度太慢	(1)消除电极底部和表面的氧化物; (2)提高变压器级数; (3)加快烧化速度
接头中有氧化膜、未焊透或夹渣	(1)预热程度不足; (2)临近顶锻时的烧化速度太慢; (3)带电顶锻不够; (4)顶锻加压力太慢; (5)顶锻压力不足	(1)增加预热程度; (2)加快临近顶锻时的烧化速度; (3)确保带电顶锻过程; (4)加快顶锻速度; (5)增大顶锻压力
接头中有缩孔	(1)变压器级数过高; (2)烧化过程过分强烈; (3)顶锻留量或顶锻压力不足	(1)降低变压器级数; (2)避免烧化过程过分强烈; (3)适当增大顶锻留量及顶锻压力
焊缝金属过烧	(1)预热过分; (2)烧化速度太慢,烧化时间过长; (3)带电顶锻时间过长	(1)减低预热程度; (2)加快烧化速度,缩短焊接时间; (3)避免过多带电顶锻
接头区域裂纹	(1)钢筋母材碳、硫、磷可能超标; (2)预热程度不足	(1)检验钢筋的碳、硫、磷含量,若不符合规定时,应更换钢筋; (2)采取低频预热方法,增加预热程度
钢筋表面微熔及烧伤	(1)钢筋表面有铁锈或油污; (2)电极内表面有氧化物; (3)电极钳口磨损; (4)钢筋未夹紧	(1)清除钢筋被夹紧部位的铁锈和油污; (2)消除电极内表面的氧化物; (3)改进电极槽口形状,增大接触面积; (4)夹紧钢筋
接头弯折或轴线偏移	(1)电极位置不当; (2)电极变形; (3)钢筋端头弯折	(1)正确调整电极位置; (2)修整电极钳口或更换已变形的电极; (3)切除或校直钢筋的弯头

5. 治理措施

(1)焊工对所焊接头或制品进行外观质量自检,剔出不合格的接头,并切除重焊。

(2)当接头检验批验收外观质量检查不合格时,应认真分析查找原因(表4－3),对外观质量检查不合格接头采取修整或补焊措施后,可提交二次验收。

4.2.9 竖向钢筋电渣压力焊接头外观质量不符合要求

1. 现象

施工中,钢筋电渣压力焊接头(图4－56)容易发生轴线偏移和倾斜、接头处轴线偏移过大、接头弯折、四周焊包凸出钢筋表面的高度较小、焊包不均匀等缺陷(图4－57、图4－58)。

2. 规范规定

图4-56 电渣压力焊接头

图4-57 电渣压力焊焊包不匀

《钢筋焊接及验收规程》JGJ 18-2012:

> 4.1.2 电渣压力焊应用于柱、墙等构筑物现浇混凝土结构中竖向受力钢筋的连接;不得用于梁、板等构件中水平钢筋的连接。
>
> 5.6.2 电渣压力焊接头外观质量检查结果,应符合下列规定:
>
> 1 四周焊包凸出钢筋表面的高度,当钢筋直径为25mm及以下时,不得小于4mm;当钢筋直径为28mm及以上时,不得小于6mm;
>
> 2 钢筋与电极接触处,应无烧伤缺陷;
>
> 3 接头处的弯折角度不得大于2°;
>
> 4 接头处的轴线偏移不得大于1mm。

3. 原因分析

(1)操作工技术不过关,工作不细心,或焊接参数未掌握,没有按规范要求进行焊接工艺试验合格,形成接头外观质量不合格现象较多。

(2)钢筋端头不平整、歪斜。

(3)接头施工过程中,钢筋端部倾斜过大,焊接熔化量过小,会造成加压时金属液体在接头四周分布不一致,形成的焊缝厚薄不均匀,或者焊包凸出钢筋表面的高度,在一侧很多,另外一侧却不足2mm。

(4)焊接电流不稳定。

(5)其他操作原因。

上述原因引起的电渣压力焊接头外观质量缺陷,均可能导致电渣压力焊接头的力学性能不合格。

4. 预防措施

电渣压力焊焊接缺陷及消除措施表4-4所列。

电渣压力焊焊接缺陷及消除措施 表4-4

焊接缺陷	产生原因	消除措施
轴线偏移	(1)钢筋端头歪斜; (2)夹具和钢筋未安装好; (3)顶压力太大; (4)夹具变形	(1)矫直钢筋端部; (2)正确安装夹具和钢筋; (3)避免过大的顶压力; (4)及时修理或更换夹具

焊接缺陷	产生原因	消除措施
弯折	(1)钢筋端部弯折; (2)上钢筋未夹牢放正; (3)拆卸夹具过早; (4)夹具损坏松动	(1)矫直钢筋端部; (2)注意安装和扶持上钢筋; (3)避免焊后过快拆卸夹具; (4)修理或者更换夹具
咬边	(1)焊接电流太大; (2)焊接通电时间太长; (3)上钢筋顶压不到位	(1)减小焊接电流; (2)缩短焊接时间; (3)注意上钳口的起点和止点,确保上钢筋顶压到位
未焊合	(1)焊接电流太小; (2)焊接通电时间不足; (3)上夹头下送不畅	(1)增大焊接电流; (2)避免焊接时间过短; (3)检修夹具,确保上钢筋下送自如
焊包不均	(1)钢筋端面不平整; (2)焊剂填装不匀; (3)钢筋熔化量不足	(1)钢筋端面应平整; (2)填装焊剂尽量均匀; (3)延长电渣过程时间,适当增加熔化量
烧伤	(1)钢筋夹持部位有锈; (2)钢筋未夹紧	(1)钢筋导电部位除净铁锈; (2)尽量夹紧钢筋
焊包下淌	(1)焊剂筒下方未堵严; (2)回收焊剂太早	(1)彻底封堵焊剂筒的漏孔; (2)避免焊后过快回收焊剂

(1)施焊前,应将钢筋端部120mm范围内的铁锈和杂质刷净。

(2)当钢筋端部歪扭和倾斜过大时,在焊前应用气割切除或矫正,力求平整。

(3)焊药应经250℃烘烤,并保持清洁、干燥。钢筋接头必须在焊剂盒正中部位,四周焊剂填充均匀。

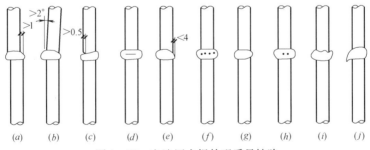

图4-58 电渣压力焊外观质量缺陷

(a)偏心;(b)倾斜;(c)咬口;(d)未熔合;(e)焊包不均;(f)气孔;(g)烧伤;(h)夹渣;(i)焊包上翻;(j)焊包下流

(4)夹具的滑杆和导管之间如有较大间隙,会造成夹具上下不同心时,应修整后再用。

(5)焊接时应增大电焊电流,延长焊接时间,适当加大熔化量,钢筋下送加压时,顶压力应适当,不得过大,保证钢筋端面均匀熔化,避免未焊合和焊包不匀。

(6)焊接完成后,不能立即卸下夹具,应在停焊2min后再卸夹具,以免钢筋倾斜。

5.治理措施

经外观检查,电渣压力焊接头具有以下情况时应切除重焊:

(1)四周焊包凸出钢筋表面明显不均匀(偏包明显)。

(2)四周焊包凸出钢筋表面的高度小于4mm(钢筋直径为25mm及以下)或小于6mm(钢筋直径为28mm及以上)时。

(3)接头处的轴线偏移大于1mm。

(4)接头处的弯折角度大于2°。

(5)钢筋与电极接触处,烧伤缺陷明显。

4.2.10 钢筋工程焊接开工之前,未进行现场条件下的焊接工艺试验

1. 现象

为保证钢筋焊接工程质量,施工单位焊工、质量人员基本能依据规范要求抽取一定的钢筋焊接试件进行力学性能复试,合格后才能进行焊接施工,但忽视了《钢筋焊接及验收规程》中要求的焊接工艺试验,因此,一些工程项目中的钢筋焊接工程会发生未进行现场条件下的焊接工艺试验的现象,不利于提高焊接质量。

2. 规范规定

《钢筋焊接及验收规程》JGJ 18 – 2012:

> 4.1.3 在钢筋工程焊接开工之前,参与该项工程施焊的焊工必须进行现场条件下的焊接工艺试验,应经试验合格后,方准予焊接生产。

3. 原因分析

不同的焊接方法有不同的焊接工艺。焊接工艺主要根据被焊工件的材质、牌号、化学成分、焊件结构类型、焊接性能要求来确定。首先要确定焊接方法,如闪光对焊、电弧搭接焊、电渣压力焊、气压焊等,焊接方法的种类非常多,只能根据具体情况选择。确定焊接方法后,再制定焊接工艺参数,焊接工艺参数的种类各不相同,如手弧焊主要包括:焊条型号(或牌号)、直径、电流、电压、焊接电源种类、极性接法、检验方法等,焊工应通过试焊掌握相关因素对焊接质量的影响,并优化调整,争取批量焊接质量合格。不进行焊接工艺试验的因素有:

(1)焊工质量意识不强,不了解不同施工条件,如钢材、焊材(剂)、温度、风力、气温等变化均会引起焊接质量波动。

(2)焊工凭经验施焊,存在侥幸心理。

(3)施工现场质量人员只关心送检的试件是否合格,不重视钢筋焊接的过程质量控制,不关心送检焊接试件是否与现场实际焊接质量一致,不了解焊接工艺、参数、焊接性能,盲目要求焊接施工。

4. 预防措施

在工程开工或者每批钢筋正式焊接之前,无论采用何种焊接工艺方法,均须采用与生产相同的条件进行焊接工艺试验,以便了解钢筋焊接性能,选择最佳焊接参数,以及掌握担负生产的焊工的技术水平。每种牌号、每种规格钢筋试件数量和要求应符合《钢筋焊接及验收规程》JGJ 18 – 2012 中质量检验与验收中的规定。若第 1 次未通过,应改

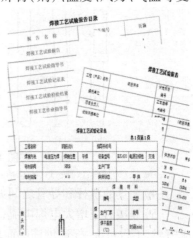

图 4 – 59　钢筋焊接工艺试验报告

进工艺,调整参数,直至合格为止。采用的焊接工艺参数应做好记录,以备查考。在焊接过程中,如果钢筋牌号、直径发生变更,应同样进行焊接工艺试验。

(1)钢筋焊接连接工程施工前应编制方案,方案中应明确焊接连接接头工艺检验的方法、流程,施工前应进行技术交底,使参焊人员清楚相关焊接连接的工艺参数,提高焊接连接的接头质量。

(2)钢筋焊接连接开始前应检查钢筋焊接连接接头工艺检验报告(图4-59),无接头工艺检验报告或工艺检验不合格时不得进行钢筋焊接连接施工。

5.治理措施

(1)对代表的检验批钢筋焊接接头加强外观质量检查和力学性能检测。

(2)根据检查和试验结果报设计单位出具处理方案并依据设计处理方案进行施工。

4.2.11 钢筋弯折的弯弧内直径不符合规定

1.现象

钢筋弯钩或其他部位弯折的弯弧内直径过大,纵向受力钢筋难以准确安装固定在设计截面部位,或引起绑扎完成的钢筋骨架不符合质量要求,钢筋外露出混凝土构件等现象(图4-60)。

图4-60 不符合要求的弯弧内直径

2.规范规定

《混凝土结构工程施工规范》GB 50666-2011:

> 5.3.4 钢筋弯折的弯弧内直径应符合下列规定:
>
> 1 光圆钢筋,不应小于钢筋直径的2.5倍;
>
> 2 335MPa级、400MPa级带肋钢筋,不应小于钢筋直径的4倍;
>
> 3 500MPa级带肋钢筋,当直径为28mm以下时不应小于钢筋直径的6倍,当直径为28mm及以上时不应小于钢筋直径的7倍;
>
> 4 位于框架结构顶层端节点处的梁上部纵向钢筋和柱外侧纵向钢筋,在节点角部弯折处,当钢筋直径为28mm以下时不宜小于钢筋直径的12倍,当钢筋直径为28mm及以上时不宜小于钢筋直径的16倍;
>
> 5 箍筋弯折处尚不应小于纵向受力钢筋直径;箍筋弯折处纵向受力钢筋为搭接钢筋或并筋时,应按钢筋实际排布情况确定箍筋弯弧内直径。

3.原因分析

(1)下料不准确,配料长度未根据不同直径的弯曲半径精确计算断料长度或按实际操作经验调整,或制作加工钢筋弯弧时,操作人员未进行偏差控制。

钢筋因弯曲或弯钩会使其长度变化,在配料中不能直接根据图纸中尺寸下料;必须了解混凝土保护层、钢筋弯曲、弯钩等规定,再根据图中尺寸计算其下料长度。

各种钢筋下料长度计算如下:

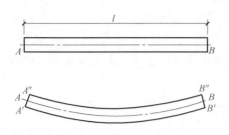
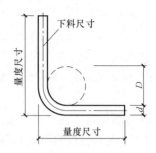

图 4 - 61　钢筋弯曲变形示意图　　　　　图 4 - 62　钢筋弯曲时的量度方法

直钢筋下料长度 = 构件长度 - 保护层厚度 + 弯钩增加长度

弯起钢筋下料长度 = 直段长度 + 斜段长度 - 弯曲调整值 + 弯钩增加长度

箍筋下料长度 = 箍筋周长 + 箍筋调整值

上述钢筋如需搭接,应增加钢筋搭接长度。

1)弯曲调整值

① 钢筋弯曲后的特点:一是沿钢筋轴线方向会产生变形,主要表现为长度的增加或减小,即以轴线为界,往外凸的部分(钢筋外皮)受拉伸而长度增加,而往里凹的部分(钢筋内皮)受压缩而长度减小;二是弯曲处形成圆弧(图 4 - 61)。而钢筋的量度方法一般沿直线量外包尺寸(图 4 - 62),因此,弯曲钢筋的量度尺寸大于下料尺寸,而两者之间的差值称为弯曲调整值。

② 对钢筋进行弯折时,图 4 - 62 中用 D 表示弯折处圆弧所属圆的直径,通常称为"弯弧内直径"。钢筋弯曲调整值与钢筋弯弧内直径和钢筋直径有关。

③ 光圆钢筋末端应做 180° 弯钩,其弯弧内直径不应小于钢筋直径的 2.5 倍;当设计要求钢筋末端需做 135° 弯钩时,HRB335、HRB400、HRB500 级钢筋的弯弧内直径不应小于钢筋直径的 4 倍;钢筋做不大于 90° 弯折时,弯折处的弯弧内直径不应小于钢筋直径的 5 倍。据理论推算并结合实践经验,钢筋弯曲调整值列于表 4 - 5 中。

钢筋弯曲调整值　　　　　　　　　　表 4 - 5

钢筋弯曲角度	30°	45°	60°	90°	135°
光圆钢筋弯曲调整值	0.3d	0.54d	0.9d	1.75d	0.38d
热轧带肋钢筋调整值	0.3d	0.54d	0.9d	2.08d	0.11d

注:d 为钢筋直径。

④对于弯起钢筋,中间部位弯折处的弯曲直径 D 不应小于 $5d$。按弯弧内直径 $D = 5d$ 推算,并结合实践经验,可得常见弯起钢筋的弯曲调整值见表 4 - 6 所列。

常见弯起钢筋的弯曲调整值　　　　　　表 4 - 6

弯起角度	30°	45°	60°
弯曲调整值	0.34d	0.67d	1.22d

2)弯钩增加长度

钢筋的弯钩形式有三种:半圆弯钩、直弯钩及斜弯钩(图 4 - 63)。半圆弯钩是最常用的一种弯钩。直弯钩一般用在柱钢筋的下部、板面负弯矩筋、箍筋和附加钢筋中。斜弯钩只用在直径较小的钢筋中。

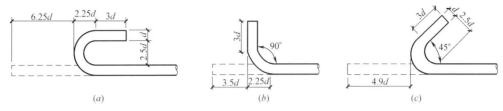

图 4 - 63　钢筋弯钩计算简图

(a)半圆弯钩；(b)直弯钩；(c)斜弯钩

光圆钢筋的弯钩增加长度,按图 4 - 63 所示的简图(弯弧内直径为 2.5d、平直部分为 3d)计算:对半圆弯钩为 6.25d,对直弯钩为 3.5d,对斜弯钩为 4.9d。

半圆弯钩增加长度参考表(用机械弯)　　　　　　　　　　　　　　　表 4 - 7

钢筋直径(mm)	≤6	8 ~ 10	12 ~ 18	20 ~ 28	32 ~ 36
一个弯钩长度(mm)	40	6d	5.5d	5d	4.5d

在生产实践中,由于实际弯弧内直径与理论弯弧内直径有时不一致,钢筋粗细和机具条件不同等而影响平直部分的长短(手工弯钩时平直部分可适当加长,机械弯钩时可适当缩短),因此在实际配料计算时,对弯钩增加长度常根据具体条件,采用经验数据,见表 4 - 7 所列。

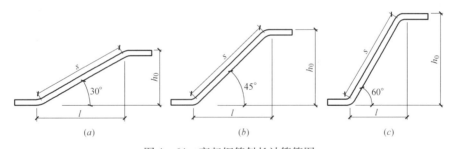

图 4 - 64　弯起钢筋斜长计算简图

(a)弯起角度 30°；(b)弯起角度 45°；(c)斜弯角度 60°

3)弯起钢筋斜长

弯起钢筋斜长计算简图,如图 4 - 64 所示。弯起钢筋斜长系数见表 4 - 8 所列。

弯起钢筋斜长系数　　　　　　　　　　　　　　　　　　　　　表 4 - 8

弯起角度	$\alpha = 30°$	$\alpha = 45°$	$\alpha = 60°$
斜边长度 s	$2h_0$	$1.41h_0$	$1.15h_0$
底边长度 l	$1.732h_0$	h_0	$0.575h_0$
增加长度 $s - l$	$0.268h_0$	$0.41h_0$	$0.575h_0$

注:h_0 为弯起高度。

4)箍筋下料长度

箍筋的量度方法有"量外包尺寸"和"量内皮尺寸"两种。箍筋尺寸的特点是一般以量内皮尺寸计值,并且采用与其他钢筋不同的弯钩大小。

① 箍筋形式

一般情况下,箍筋做成"闭式",即四面都为封闭。箍筋的末端一般有半圆弯钩、直弯钩、斜弯钩三种。用热轧光圆钢筋或冷拔低碳钢丝制作的箍筋,其弯钩的弯曲直径应大于受力钢筋直径,且不小于箍筋直径的2.5倍;弯钩平直部分的长度:对一般结构,不宜小于箍筋直径的5倍,对有抗震要求的结构,不应小于箍筋直径的10倍和75mm。

②箍筋下料长度

按量内皮尺寸计算,并结合实践经验。

(2)钢筋弯曲前,各弯曲点位置未准确画出或画线方法不正确、误差大。

(3)操作工人图方便,未根据钢筋直径不同而选用不同的弯曲机芯轴。

(4)人工弯曲时,扳距选择不当。

(5)钢筋安装时受相邻钢筋或预埋件影响,不能正常安装,随手扳弯。

大直径钢筋弯折的弯弧内直径如果太小,有可能引起钢筋表面裂纹或脆断,但弯弧内径过大,箍筋的角会出现半圆,在绑扎时主筋靠不到位,无法有效固定纵筋位置,降低构件的有效高度和宽度,影响受力性能和模板安装等。

4. 预防措施

(1)利用数学或CAD软件进行电脑放样的方法准确计算钢筋下料长度,并按实际经验调整,保证弯弧内直径符合要求。

(2)钢筋弯曲加工前准确量出和标记弯曲点位置,减小偏差。

(3)对不同直径范围的钢筋应选用不同的弯曲机芯轴(表4-9)。

钢筋弯曲机芯轴的选用(mm)　　　　　　　　　　　　表4-9

钢筋直径	6	8~10	12~14	16~18	20~22	25~30	32~40
芯轴外径	15	25	35	45	55	75	100

(4)人工弯曲时,钢筋弯曲点线和扳子的内侧对卡盘柱中心的距离可按表4-10采用,人工弯曲点、位置示意,如图4-65所示。

人工弯曲钢筋和扳子的位置(mm)　　　　　　　　　　表4-10

弯曲角度	30°	45°	60°	90°	180°
钢筋弯曲点线对卡盘柱中心距离	0.5d	0.75d	1.0d	1.5d	2.5d
扳子内侧对卡盘柱中心距离	2.5d	3.0d	3.5d	4.5d	5.5d

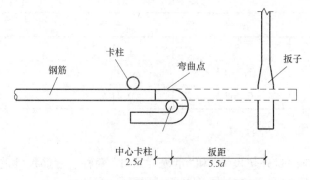

图4-65　钢筋人工弯曲点、位置示意

(5)当钢筋尺寸不准确或需避让时,应采取合理的方法进行调整,不应擅自改变弯弧内

218

径和随意扳弯。

(6)加强对钢筋加工人员的操作培训和上岗前的质量交底工作,同时强化半成品的质量检验。

4.2.12 抗震结构箍筋弯钩的弯折角度小于135°,平直段长度不符合要求

1. 现象

当箍筋加工制作不准确或结构件配筋量较大时,由于局部钢筋密集,箍筋弯钩的弯折角度小于135°,平直段长度小于10d(图4-66)。

2. 规范规定

《混凝土结构工程施工质量验收规范》GB 50204-2015:

> 5.3.2 纵向受力钢筋的弯折后平直段长度应符合设计要求。光圆钢筋末端做180°弯钩时,弯钩的平直段长度不应小于钢筋直径的3倍。
>
> 检查数量:同一设备加工的同一类型钢筋,每工作班抽查不应少于3件。
>
> 检验方法:尺量。
>
> 5.3.3 箍筋、拉筋的末端应按设计要求做弯钩,并应符合下列规定:
>
> 1 对一般结构构件,箍筋弯钩的弯折角度不应小于90°,弯折后平直段长度不应小于箍筋直径的5倍;对有抗震设防要求或设计有专门要求的结构构件,箍筋弯钩的弯折角度不应小于135°,弯折后平直段长度不应小于箍筋直径的10倍;
>
> 2 圆形箍筋的搭接长度不应小于其受拉锚固长度,且两末端弯钩的弯折角度不应小于135°,弯折后平直段长度对一般结构构件不应小于箍筋直径的5倍,对有抗震设防要求的结构构件不应小于箍筋直径的10倍;
>
> 3 梁、柱复合箍筋中的单肢箍筋两端弯钩的弯折角度均不应小于135°,弯折后平直段长度应符合本条第1款对箍筋的有关规定。
>
> 检查数量:同一设备加工的同一类型钢筋,每工作班抽查不应少于3件。
>
> 检验方法:尺量。

图4-66 弯折角度小于135°箍筋　　图4-67 箍筋弯钩平直段长度检查

3. 原因分析

(1)箍筋弯钩的弯折角度小于135°及平直段长度较小时,在有地震力作用时,箍筋易散开,丧失箍筋对主筋的约束,不能发挥主筋的受力作用。

(2)箍筋绑扎安装时,当弯钩处有两排纵筋时,会形成障碍,箍筋无法弯折到位。

(3)某些部位的箍筋,当两端均设置135°弯钩时,无法直接安装,一般设置成一端135°,

一端90°,当安装就位后,再将90°弯钩人工扳至135°,但因为施工较繁杂,若现场操作工人不重视箍筋弯钩的锚固作用以及弯曲直径和平直部分的设计构造要求,就会图省事,省去人工扳弯工序,使钢筋的弯钩或弯折不符合规范规定,影响结构的受力性能。

4.预防措施

(1)箍筋翻样时应准确计算下料长度。

(2)箍筋弯折加工时应根据不同直径的钢筋及时更换匹配直径的弯曲机中心销轴,弯折处圆弧的弯曲直径应符合下料计算和规范要求。

(3)针对二排筋等部位,加工制作专门的弯曲直径箍筋,保证弯钩角度、平直段长度。

(4)按每工作班同一类型钢筋、同一加工设备抽查不应少于3件。尺量检查箍筋弯后平直部分长度(图4-67)。

箍筋加工中如果尺寸控制准确,当串挂在架子上时,箍筋四个角均形成一条直线(图4-68)。

5.治理措施

(1)对局部特殊部位应预先加工专用箍筋,弯钩角度可由施工人员手工扳至135°,不得遗漏。

(2)采用焊接封闭环式箍筋加强处理。

4.2.13 箍筋间距超过允许偏差或间距不均匀

1.现象

梁柱箍筋绑扎安装完成后,箍筋之间的间距控制不严格,或大或小,与设计的间距偏差超过±20mm(图4-68、图4-69)。

图4-68 尺寸控制准确的箍筋

2.规范规定

《混凝土结构工程施工质量验收规范》GB 50204-2015:

5.5.3 钢筋安装偏差及检验方法应符合表5.5.3的规定,受力钢筋保护层厚度的合格点率应达到90%及以上,且不得有超过表中数值1.5倍的尺寸偏差。

检查数量:在同一检验批内,对梁、柱和独立基础,应抽查构件数量的10%,且不应少于3件;对墙和板,应按有代表性的自然间抽查10%,且不应少于3间;对大空间结构,墙可按相邻轴线间高度5m左右划分检查面,板可按纵、横轴线划分检查面,抽查10%,且均不应少于3面。

钢筋安装允许偏差和检验方法　　　　　　　　　　表5.5.3

项　目		允许偏差(mm)	检验方法
绑扎钢筋网	长、宽	±10	尺量
	网眼尺寸	±20	尺量连续三档,取最大偏差值
绑扎钢筋骨架	长	±10	尺量
	宽、高	±5	尺量

项 目		允许偏差(mm)	检验方法
纵向受力钢筋	锚固长度	−20	尺量
	间距	±10	尺量两端、中间各一点,取最大偏差值
	排距	±5	
纵向受力钢筋、箍筋的混凝土保护层厚度	基础	±10	尺量
	柱、梁	±5	尺量
	板、墙、壳	±3	尺量
绑扎箍筋、横向钢筋间距		±20	尺量连续三档,取最大偏差值
钢筋弯起点位置		20	尺量
预埋件	中心线位置	5	尺量
	水平高差	+3,0	塞尺量测

注:检查中心线位置时,沿纵、横两个方向量测,并取其中偏差的数大值。

3.原因分析

(1)施工人员对箍筋的重要性认识不够,梁内箍筋间距偏大,削弱了梁的受剪能力,特别是弯起钢筋部分的箍筋间距过于稀疏,或应加密的部分不加密,对防止斜裂缝的发生极为不利,可能导致梁的脆性破坏。

柱内箍筋对柱的纵筋有防止压屈、增强柱混凝土抗压能力和约束纵筋不向外凸出的套箍作用,箍筋间距偏大则套箍作用被削弱。

当梁、柱等箍筋外包尺寸加工过大时,箍筋与纵筋不能垂直安装,箍筋只能斜放,易引起箍筋歪斜和钢筋骨架变形。

图4-69 箍筋间距超过允许偏差

(2)施工时,未采取量距、划线标记等控制钢筋间距的措施(图4-70)。

(3)为抢工期,对临时套箍筋处、箍筋间距偏差超过允许偏差处未返工处理。

4.预防措施

(1)箍筋要通过计算确定数量和间距,扎箍筋时应先在通长纵筋上划线,然后按线距进行绑扎。当箍筋间距有变化时,应事先交底清楚。

(2)梁、柱纵向钢筋搭接处的箍筋间距应加密,当搭接钢筋受拉时,不应大于100mm;当搭接钢筋受压时,不应大于10l且不应大于200mm(l为受力钢筋中的最小直径)。

(3)梁支座处的箍筋应从梁边(或墙边)50mm

图4-70 皮数杆控制箍筋间距

221

开始设置。

(4)箍筋的设置必须符合设计要求,该加密的部位要进行加密,箍筋数量要准确。绑扎箍筋时,其间距应做标记,分隔均匀,绑扣位置准确。

(5)梁或柱的箍筋,除设计有特殊要求外,应与受力钢筋垂直设置;箍筋弯钩叠合处应沿受力钢筋方向错开设置。多工种交叉作业时易损坏钢筋绑扣,所以浇捣混凝土前进行隐蔽工程验收时,应检查钢筋的绑扣,如有缺漏,应将钢筋整理后补上绑扣。

5. 治理措施

对箍筋间距偏差超过规范允许偏差的部位应返工重新安装固定,或适当增加箍筋加密处理。

4.2.14 梁柱节点区内柱箍筋少设或漏设

1. 现象

梁柱节点核心区内无箍筋,或仅1~2道箍筋,或者间距不符合加密设置的要求。

2. 规范规定

(1)《混凝土结构设计规范》GB 50010 - 2010:

> 9.3.9 在框架节点内应设置水平箍筋,箍筋应符合本规范第9.3.2条柱中箍筋的构造规定,但间距不宜大于250mm。对四边均有梁的中间节点,节点内可只设置沿周边的矩形箍筋。当顶层端节点内有梁上部纵向钢筋和柱外侧纵向钢筋的搭接接头时,节点内水平箍筋应符合本规范第8.4.6条的规定。

(2)《建筑抗震设计规范》GB 50011 - 2010:

> 6.3.10 框架节点核芯区箍筋的最大间距和最小直径宜按本规范第6.3.7条采用;一、二、三级框架节点核芯区配箍特征值分别不宜小于0.12、0.10和0.08,且体积配箍率分别不宜小于0.6%、0.5%和0.4%。柱剪跨比不大于2的框架节点核芯区,体积配箍率不宜小于核芯区上、下柱端的较大体积配箍率。

3. 原因分析

(1)在抗震设防结构中,梁柱节点区受力很复杂,首先它起承压作用,传递上层柱、梁、板的竖向荷载,承受楼层产生的偏心压力,更重要的是外来荷载或地震作用下它承担剪切应力。柱箍筋除了固定柱纵向受力筋的位置,形成钢筋骨架外,主要是防止柱纵向钢筋压弯,提高柱的承载力,因此箍筋的数量和间距必须符合要求。

(2)由于梁柱节点核心主梁上层、下层钢筋纵横交错,数量较多,柱子主筋在纵横梁形成的平面的垂直面上,因此要保证该区域内的加密箍筋符合设计要求,施工时难度很大,若先绑柱箍筋则梁筋不能穿过,若先安装梁筋则柱筋无法后套。同时由于施工难度较大,易造成其节点核心区域柱箍筋漏设或仅设1~2道箍筋,不能满足设计要求,对抗震设防不利,影响结构安全。

(3)因设计人员一般不会对梁柱节点区域钢筋排布(锚固)做细部设计,节点区域钢筋密布拥挤现象常见,造成核心部位箍筋绑扎困难。

(4)安装过程中为了套箍方便,采用集中套箍方法,核心区柱箍筋未绑扎就位,梁筋绑扎锚固已完成,无法将先套入的柱箍筋复位至核心区内。

4. 预防措施

（1）施工前,应结合工程实际情况,合理确定梁柱节点区域的钢筋绑扎顺序,可参照:梁底板支模→钢筋绑扎平台的搭设→梁钢筋的就位绑扎→梁柱节点区的箍筋加密处理→梁侧模板及楼板支模→梁柱节点区钢筋检修→楼层钢筋绑扎→梁柱节点区再检修→钢筋模板验收→浇筑混凝土的工序进行,这样可为梁柱节点处箍筋施工创造条件,不受模板阻隔。木工应与钢筋工协调施工进度,并在钢筋安装过程中严格遵照执行。

（2）当柱梁节点处梁的高度较高或实际操作中个别部位确实存在绑扎节点柱箍筋困难时,经原设计人员核准后,可采用如下方法设置梁柱节点核心区内箍筋:

1）可将此部分柱箍做成两个相同的两端带135°弯钩的L形箍从柱侧向插入,钩住四角柱箍,或采用两相同的开口半箍,套入后用点焊焊牢柱箍的接头。

2）采用预制箍筋笼的方法解决该质量问题。由专人按设计要求计算组成箍筋笼的箍筋个数,箍筋之间采用同型号的钢筋与每个箍筋临时点焊。梁柱节点处加密箍筋的施工步骤如下:

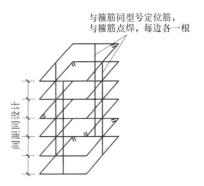

图4-71 节点位置预制箍筋笼

① 安装梁、板模板（柱钢筋与模板工程同时施工）;

② 安装梁柱节点处预制箍筋笼（图4-71）并临时绑扎于柱竖向钢筋上;

③ 搭设简易固定架,绑扎梁上铁、箍筋、梁下铁;

④ 拆除简易固定架,梁整体下降并绑扎节点处加密箍筋。

5.治理措施

钢筋工程隐蔽验收时,应重点检查梁柱节点区域,发现问题及时改正后,再浇筑混凝土。

4.2.15 箍筋加密区范围内未按要求设置箍筋

1.现象

抗震结构工程施工中,钢筋操作工人习惯按经验或图纸示例配置箍筋,在梁边、柱顶、柱脚等箍筋需加密设置的范围内,箍筋加密长度范围、间距不满足要求。

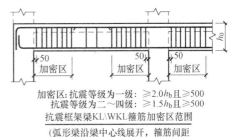

加密区:抗震等级为一级:≥2.0h_b且≥500
抗震等级为二~四级:≥1.5h_b且≥500
抗震框架梁KL\WKL箍筋加密区范围
（弧形梁沿梁中心线展开,箍筋间距沿凸面线量度,h_b为梁截面高度）

图4-72 箍筋加密区范围示例

2.规范规定

《建筑抗震设计规范》GB 50011-2010:

6.3.7 柱的钢筋配置,应符合下列各项要求:

2 柱箍筋在规定的范围内应加密,加密区的箍筋间距和直径,应符合下列要求:

1）一般情况下,箍筋的最大间距和最小直径,应按表6.3.7-2采用。

6.3.9 柱的箍筋配置,尚应符合下列要求:

1 柱的箍筋加密范围,应按下列规定采用:

1）柱端,取截面高度（圆柱直径）、柱净高的1/6和500mm三者的最大值;

2）底层柱的下端不小于柱净高的1/3;

3）刚性地面上下各500mm;

4)剪跨比不大于2的柱、因设置填充墙等形成的柱净高与柱截面高度之比不大于4的柱、框支柱、一级和二级框架的角柱,取全高。

柱箍筋加密区的箍筋最大间距和最小直径　　　　　　　表6.3.7-2

抗震等级	箍筋最大间距(采用较小值,mm)	箍筋最小直径(mm)
一	6d,100	10
二	8d, 100	8
三	8d,150 (柱根 100)	8
四	8d,150(柱根 100)	6 (柱根8)

注:1 d 为柱纵筋最小值径;
　　2 柱根指底层柱下端施筋加密区。

3.原因分析

(1)施工图中对箍筋加密范围交待不清楚,施工前图纸会审或设计交底时也未明确。

(2)施工管理和操作人员没有认真熟悉图纸,不知道抗震结构中箍筋的重要作用,更不了解相关规范中箍筋加密范围的基本要求,根据经验安装箍筋。

(3)绑扎安装方式不当,没有控制箍筋加密范围及箍筋直径、间距的方法。

(4)质量检查验收不认真,未针对柱顶、柱根部及梁端钢筋加密范围重点检查。

4.预防措施

(1)设计图纸中一般会交待箍筋加密范围或引用图集(图4-72、图4-73),施工管理人员应加强读图和学习,对一些受力复杂或无法确定箍筋加密范围的地方应通过图纸会审或设计交底等方式明确。

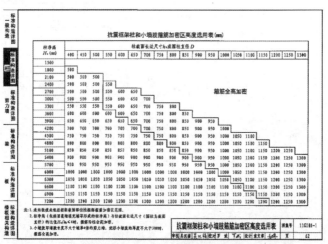

图4-73　表格化的箍筋加密区范围

注:摘自《混凝土结构施工图平面整体表示方法制图规则和构造详图(现浇混凝土框架、剪力墙、梁、板)》11G 101-1。

(2)加强管理人员和操作工人的培训,使其掌握结构中箍筋加密范围、要求等知识。

(3)钢筋工程施工前,组织制作箍筋安装样板,技术交底时,将不同构件箍筋加密区范围、箍筋直径、间距、配箍方式等详细交底。

(4)依据加密区范围,在箍筋加密区两侧绑扎界面箍筋并标记,界面箍筋范围内按加密区箍筋设置,范围外按普通箍筋绑扎安装。

（5）箍筋安装过程中及时组织质量、技术人员和钢筋安装班组长对加密区箍筋安装质量进行检查验收，不符合要求的应返工处理，不得进入下道工序施工。

5. 治理措施

（1）箍筋加密区长度或高度不足的，应增加绑扎箍筋。

（2）施工时，箍筋安装配置不符合加密区要求，混凝土已隐蔽的，应由原设计人员复核，提出处理意见并落实处理。

4.2.16 箍筋、水平分布钢筋、板中钢筋距构件边缘的起始距离大于50mm

1. 现象

梁及柱中箍筋、墙中水平分布钢筋、板中钢筋排布绑扎时距构件边缘的起始距离按$S/2$或S（设计钢筋间距）排布安装，构件边缘易产生裂缝。

2. 规范规定

（1）《混凝土结构设计规范》GB 50010-2010：

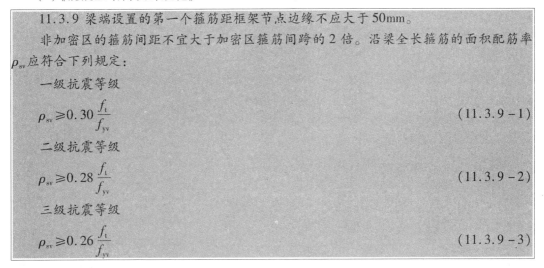

11.3.9 梁端设置的第一个箍筋距框架节点边缘不应大于50mm。

非加密区的箍筋间距不宜大于加密区箍筋间跨的2倍。沿梁全长箍筋的面积配筋率ρ_{sv}应符合下列规定：

一级抗震等级

$$\rho_{sv} \geqslant 0.30 \frac{f_t}{f_{yv}} \qquad (11.3.9-1)$$

二级抗震等级

$$\rho_{sv} \geqslant 0.28 \frac{f_t}{f_{yv}} \qquad (11.3.9-2)$$

三级抗震等级

$$\rho_{sv} \geqslant 0.26 \frac{f_t}{f_{yv}} \qquad (11.3.9-3)$$

（2）《混凝土结构工程施工规范》GB 50666-2011：

5.4.7 钢筋绑扎应符合下列规定：
梁及柱中箍筋、墙中水平分布钢筋、板中钢筋距构件边缘的起始距离宜为50mm。

3. 原因分析

（1）操作工人绑扎箍筋时简单按构件支座间距离除以箍筋间距算出所需箍筋，绑扎时误认为从梁边按设计箍筋间距绑扎箍筋。

（2）由于支座边缘的剪力通常较大，构件截面变化明显，配置较密的箍筋有利于抑制该部位的混凝土裂缝。因此，墙中水平分布钢筋、板中钢筋距构件边缘的起始距离统一为50mm，加密了节点附近箍筋，也符合施工习惯，方便施工质量控制与验收（图4-74）。

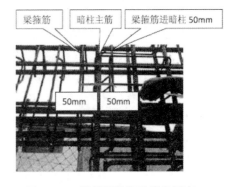

图4-74 箍筋距构件边缘的距离

225

4.预防措施

（1）横向钢筋配筋下料计算时应按起排间距50mm计算,预先算好横向钢筋实际分布间距,若计算出的横向钢筋间距超过允许偏差,应调整增加,保证间距偏差满足允许偏差要求。

（2）钢筋绑扎安装前应对操作工人进行技术交底,明确横向钢筋起排间距要求。

（3）在模板上按横向钢筋间距划线或采用专用"皮数杆"进行标记。

（4）施工中加强巡视检查,发现不符合要求处及时调整。

5.治理措施

在构件边缘50mm处增加横向钢筋或由设计人员确定处理方案。

4.2.17 主梁与次梁交叉重叠处,应在主梁上正常设置的箍筋未安装

1.现象

主梁与次梁交叉处,主梁上的次梁两侧的附加箍筋,施工中一般能按设计要求进行绑扎,而对于相交重叠部位,应在主梁上按原设计所配箍筋（或附加箍筋）却被忽视,未安装绑扎,不符合设计横向钢筋配置要求。

2.规范规定

《混凝土结构设计规范》GB 50010 – 2010:

9.2.11 位于梁下部或梁截面高度范围内的集中荷载,应全部由附加横向钢筋承担;附加横向钢筋宜采用箍筋。

箍筋应布置在长度为 $2h_1$ 与 $3b$ 之和的范围内（图9.2.11）。当采用吊筋时,弯起段应伸至梁的上边缘,且末端水平段长度不应小于本规范第9.2.7条的规定。

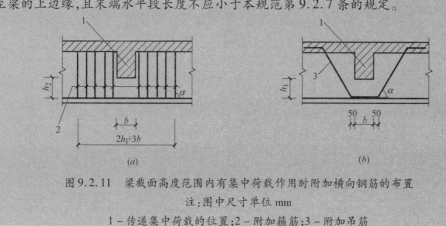

图9.2.11 梁截面高度范围内有集中荷载作用时附加横向钢筋的布置

注:图中尺寸单位mm

1—传递集中荷载的位置;2—附加箍筋;3—附加吊筋

《混凝土结构施工图平面整体表示方法制图规则和构造详图(现浇混凝土框架、剪力墙、梁、板)》11G 101 –1 第87页附加箍筋范围如图4 –75所示。

3.原因分析

（1）操作工人对主次梁交叉处附加箍筋的作用和要求不了解,根据经验设置或仅根据示意图施工。

该处次梁下的主梁混凝土既要作为次梁的支座,又要承受主梁自身的剪力。因为主次梁相交的混凝土结构,主梁抗剪计算是先按全梁长度范围进行抗剪计算并配置箍筋的,后计算在次梁的集中荷载作用下承担该荷载所需的附加箍筋。也就是说,在主次梁相交处的主梁内也还要按主梁原配箍筋要求进行绑扎（图4 –76）,施工中正确对待,安装绑扎箍筋。

226

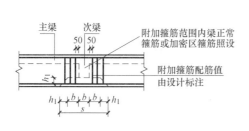

图 4-75　附加箍筋范围

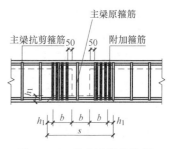

图 4-76　叠合区绑扎箍筋

（2）主次梁交叉处箍筋影响穿筋、绑扎不方便，操作工人不愿绑扎。

4. 预防措施

（1）图纸会审时，设计人员、施工、监理单位质量技术负责人应会商一致，明确主次梁重叠部位箍筋配置要求。

（2）责任单位应组织技术培训，提高操作工人业务技能水平，增强主次梁交叉处箍筋配置重要性认识，优化钢筋排布。

（3）钢筋工程施工前，施工管理人员应做好技术交底，加强叠合区箍筋配置的质量检查验收。

5. 治理措施

（1）在叠合区增设箍筋。

（2）若已浇筑混凝土隐蔽，则应由设计人员复核，必要时应加固处理。

4.2.18 现浇钢筋混凝土楼（墙）板钢筋网眼尺寸超过允许偏差

1. 现象

现浇钢筋混凝土楼（墙）板钢筋在施工安装完成后，钢筋之间的间距不均匀，局部偏大或偏小，钢筋绑扎后形成的网眼尺寸偏差超过规范的允许偏差。

2. 规范规定

《混凝土结构工程施工质量验收规范》GB 50204-2015：

> 5.5.3 钢筋安装偏差及检验方法应符合表 5.5.3 的规定，受力钢筋保护层厚度的合格品率应达到 90% 及以上，且不得有超过表中数值 1.5 倍的尺寸偏差。
>
> 钢筋安装允许偏差和检验方法　　　　　　　　　　　表 5.5.3

项目		允许偏差（mm）	检验方法
绑扎钢筋网	长、宽	±10	尺量
	网眼尺寸	±20	尺量继续三挡，取最大偏差值
绑扎钢筋骨架	长	±10	尺量
	宽、高	±5	尺量
纵向受力钢筋	锚固长度	-20	尺量
	间距	±10	尺量两端、中间各一点，取最大偏差值
	排距	±5	

227

项目		允许偏差(mm)	检验方法
纵向受力钢筋、箍筋的混凝土保护厚度	基础	±10	尺量
	柱、梁	±5	尺量
	板、挡、壳	±3	尺量
绑扎箍筋、横向钢筋		±20	尺量继续三挡,取最大偏差值
钢筋弯起点位置		20	尺量
预埋件	中心线位置	5	尺量
	水平高差	+3.0	塞尺量测

3. 原因分析

规范要求,对于绑扎钢筋网的网眼尺寸,尺量连续三档,取最大偏差值,允许偏差±20mm。现浇钢筋混凝土楼(墙)板钢筋在施工安装时,操作工人为了省事与方便,依据经验估算间距,或在布设板筋时调整和绕越梁柱钢筋、预留洞口等障碍,易造成钢筋网眼尺寸不符合规范的允许偏差。

4. 预防措施

(1)在模板上按照设计图纸要求的间距弹钢筋定位线(图4-77),板四边第一根钢筋的位置在距离同方向梁或剪力墙边50mm处。

(2)在模板上采用与板筋同直径的钢筋试排放位置,并注意避让梁柱钢筋及板预留洞口等障碍,间距偏差较大处应均匀分布至各档,复核间距并调整,然后标记板筋位置。

(3)按标记位置弹线或采用皮数杆配合钢筋绑扎(图4-78)。

图4-77 模板上弹线　　　　图4-78 皮数杆控制钢筋间距

(4)摆放板下部钢筋网片,如双向钢筋直径相同,先摆短跨;如双向钢筋直径不同,先摆放直径大的,下部钢筋两端伸入梁或剪力墙内锚固,并应伸至梁或剪力墙的远端,板下部钢筋与梁纵向钢筋相交处,板下部钢筋应在梁纵向钢筋上。

(5)双向板钢筋交叉点应绑扎牢固。应注意板上部的负弯矩钢筋(板面钢筋)位置准确,防止被踩下或反翘外露;特别是雨篷、挑檐、阳台等悬臂板,要严格控制负筋位置及高度。

5. 治理措施

钢筋绑扎完成后,应注意成品保护,配合工种操作工人不得随意变动钢筋位置,混凝土浇筑前应复核现浇楼(墙)板钢筋位置(间距),超过规范允许偏差的部位应返工调整至允许偏差范围内。

4.2.19 混凝土现浇楼(墙)板钢筋网的交叉点未全数绑扎

1. 现象

绑扎混凝土现浇楼(墙)板钢筋时,操作人员为抢工期,减少绑扎安装工作量,采用"梅花"绑扎的方式"跳花"绑扎钢筋网。

2. 规范规定

《混凝土结构工程施工规范》GB 50666-2011:

> 5.4.7 钢筋绑扎应符合下列规定:
> 墙、柱、梁钢筋骨架中各竖向面钢筋网交叉点应全数绑扎;板上部钢筋网的交叉点应全数绑扎,底部钢筋网除边缘部分外可间隔交错绑扎。

3. 原因分析

绑扎混凝土现浇楼(墙)板钢筋时,采用"梅花"绑扎的方式"跳花"绑扎钢筋网可减少绑扎安装工作量,提前完成钢筋绑扎,但一般情况下,普通楼(墙)面板的设计配筋直径通常较小,若采用"跳花"绑扎,钢筋网绑扎不牢固,整体性较差,极易变形,钢筋绑扎完成后如果成品保护不当,当多工种交叉作业或浇筑混凝土时,在操作工人的踩踏下、机械设备或施工荷载作用下会形成两层钢筋网片叠合、钢筋移位超过允许偏差等质量隐患。

4. 预防措施

(1)墙、柱、梁钢筋骨架中各竖向面钢筋网交叉点应全数绑扎。

(2)板上部钢筋网的交叉点应全数绑扎,底部钢筋网除边缘部分外可间隔交错绑扎。

(3)板面筋与梁、柱骨架钢筋的交叉点至少应"跳花"绑扎,增加网片钢筋的整体性,防止变形、散乱。

5. 治理措施

(1)钢筋安装质量检验批验收时应加强钢筋网交叉点绑扎情况的检查,对漏扎或"跳花"扎的应要求返工补扎,未满扎的网片钢筋不得进行隐蔽验收。

(2)按照结构实体检验的要求,采用钢筋扫描仪或半破损方法加强对板面钢筋保护层厚度的检测,探明钢筋位置,若检测不合格,则应由设计单位提出处理意见,落实返修施工。

4.2.20 钢筋接头位置不恰当,未尽量避开受力最大处

1. 现象

(1)钢筋连接接头位置未避开接头的非连接区,设在受力较大处。

(2)钢筋接头在同一连接区段的接头面积百分率不符合设计或规范要求(图4-79)。

图4-79 绑扎接头未错开

2. 规范规定

《混凝土结构工程施工规范》GB 50666－2011：

5.4.1 钢筋接头宜设置在受力较小处;有抗震设防要求的结构中,梁端、柱端箍筋加密区范围内不宜设置钢筋接头,且不应进行钢筋搭接。同一纵向受力钢筋不宜设置两个或两个以上接头。接头末端至钢筋弯起点的距离,不应小于钢筋直径的10倍。

5.4.4 当纵向受力钢筋采用机械连接接头或焊接接头时,接头的设置应符合下列规定:

1 同一构件内的接头宜分批错开。

2 接头连接区段的长度为35d,且不应小于500mm,凡接头中点位于该连接区段长度内的接头均应属于同一连接区段;其中d为相互连接两根钢筋中较小直径。

3 同一连接区段内,纵向受力钢筋接头面积百分率为该区段内有接头的纵向受力钢筋截面面积与全部纵向受力钢筋截面面积的比值;纵向受力钢筋的接头面积百分率应符合下列规定:

1)受拉接头,不宜大于50%;受压接头,可不受限制;

2)板、墙、柱中受拉机械连接接头,可根据实际情况放宽;装配式混凝土结构构件连接处受拉接头,可根据实际情况放宽;

3)直接承受动力荷载的结构构件中,不宜采用焊接;当采用机械连接时,不应超过50%。

5.4.5 当纵向受力钢筋采用绑扎搭接接头时,接头的设置应符合下列规定:

1 同一构件内的接头宜分批错开。各接头的横向净间距s不应小于钢筋直径,且不应小于25mm。

2 接头连接区段的长度为1.3倍搭接长度,凡接头中点位于该连接区段长度内的接头均应属于同一连接区段;搭接长度可取相互连接两根钢筋中较小直径计算。纵向受力钢筋的最小搭接长度应符合本规范附录C的规定。

3 同一连接区段内,纵向受力钢筋接头面积百分率为该区段内有接头的纵向受力钢筋截面面积与全部纵向受力钢筋截面面积的比值(图5.4.5);纵向受压钢筋的接头面积百分率可不受限制;纵向受拉钢筋的接头面积百分率应符合下列规定:

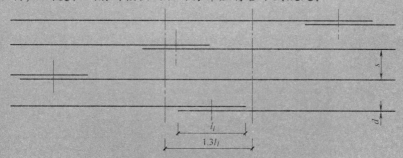

图5.4.5 钢筋绑扎搭接接头连接区段及接头面积百分率

注:图中所示搭接接头同一连接区段内的搭接钢筋为两根,当各钢筋直径相同时,接头面积百分率为50%。

1)梁类、板类及墙类构件,不宜超过25%;基础筏板,不宜超过50%。

3.原因分析

（1）由于钢筋的任何一种连接方式对钢筋的传力性能都是一种削弱,因此钢筋接头应选择在构件受力较小的部位,"尽可能避开"节点区、箍筋加密区、弯矩较大区域等,在同一根钢筋上宜少设接头。从而减少对传力性能的影响。

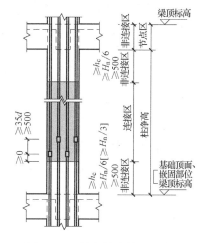

（2）虽然混凝土结构工程施工质量验收规范中对钢筋接头的位置有一些定性描述,但对于墙、梁、柱、板等具体构件中,往往由于施工方片面强调节约钢材或钢筋加工下料、安装过程中对连接部位认识不足,导致钢筋验收时对接头部位是否恰当的争议仍较多,施工时应对照结合相关图集,钢筋翻样加工与安装时预先注意控制,避免造成损失。

图4-80 柱钢筋连接区示意

4.预防措施

当施工中对接头的连接部位、连接方式、接头百分率不清楚或存在争议时应及时报告设计人员,寻找解决方法。

钢筋工程接头连接时接头的连接区与非连接区应符合下列要求:

（1）柱钢筋接头

1）柱接头的连接区与非连接区如图4-80所示。

2）柱根部（基础顶面、嵌固面）以上和梁底面以下≥500mm 且 ≥$H_n/6$（$H_n/3$）和 ≥hc 区域为非连接区,且属于柱端箍筋加密区,此范围内不应设置柱钢筋接头,施工中应注意避开。

3）柱纵向钢筋应贯穿中间层节点,不应在中间各层节点内截断,接头应设在节点区以外。

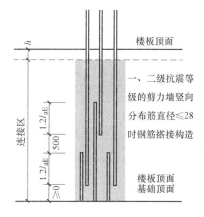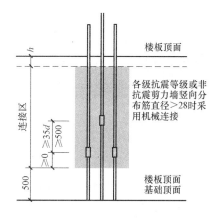

图4-81 墙板钢筋连接区示意

（2）墙板钢筋接头

1）墙板钢筋的连接区域如图4-81所示。

2）h为楼板、暗梁或边框梁高度的较大值，剪力墙竖向钢筋应连续通过h高度范围。

3）端柱竖向钢筋连接和锚固要求与框架柱相同。矩形截面独立墙肢，当截面高度不大于截面厚度4倍时，其竖向钢筋连接和锚固要求与框架柱相同或按设计要求设置。

（3）梁接头的设置要求

1）框架梁纵向钢筋连接范围如图4-82所示。

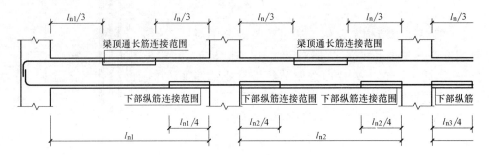

图4-82　框架梁贯通纵筋连接区示意

2）当有抗震要求时，应采用等强度高质量的机械连接接头。

3）梁下部纵筋贯穿中间支座时，可在梁端$l_n/4$范围内连接，在此范围内连接钢筋面积百分率不应大于50%，相邻钢筋连接接头应在支座左右错开设置。

4）梁的同一根纵筋在同一跨内设置连接接头不得多于一个。

5）悬臂梁的纵向钢筋不得设置连接接头。

6）梁下部纵向钢筋可在中间节点处锚固，也可贯穿中间节点（能通则通，减少节点区拥挤），不宜在节点内设置接头。

7）筏板基础梁钢筋连接范围与上部框架梁相反，基础梁下部纵筋贯穿中间支座时，可在梁跨中$l_n/3$范围内连接，上部纵筋则在梁端$l_n/4$范围内连接（图4-83）。

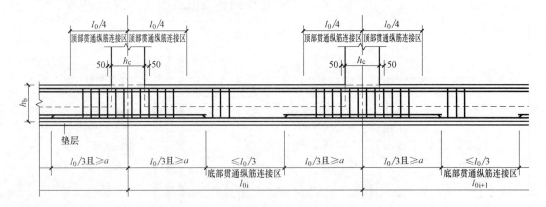

图4-83　基础主梁贯通纵筋连接区示意

（4）混凝土现浇板钢筋接头的设置要求

1）有梁楼盖楼面板钢筋接头连接区如图4-84所示。

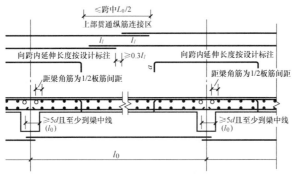

图 4 - 84　有梁楼盖楼面板钢筋接头连接区示意

2）单向或双向连续板的中间支座上部同向贯通纵筋,不应在支座位置连接或分别锚固。

3）当相邻两跨的板上部贯通纵筋配置相同,且跨中部位有足够空间连接时,可在两跨任意一跨的跨中连接部位连接。

4）当相邻两跨的上部贯通纵筋配置不同时,应将配置较大者越过其标注的跨数终点或起点伸至相邻跨的跨中连接区域连接。

5）梁板式、平板式筏形基础,箱基平板贯通纵筋连接区如图 4 - 85 所示。

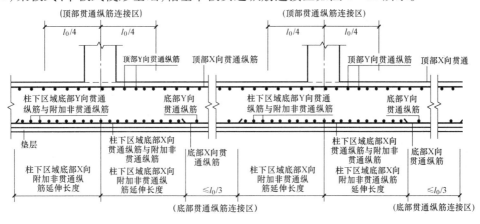

图 4 - 85　平板式筏形基础钢筋接头连接示意图

对钢筋工程接头连接时应按下列要求进行控制:

(1)结合工程特点,选用合适的定尺钢材,精确下料、加工。

(2)钢筋工程下料、加工过程中应预估接头连接部位,按上述要求避让非连接区,同时避免同一连接区段内接头面积百分率大于规范或设计要求。

(3)图纸会审或设计交底时,对工程某些特殊部位的钢筋接头,确需在非连接区连接的应预先提出,经设计人员书面核定后方可实施。

(4)钢筋安装过程中,施工、监理人员应加强钢筋连接部位、接头面积百分率的检查,及时调整。

(5)对于钢筋接头构造原因产生的钢筋损耗,预算人员应增补一定的钢筋用量。

钢筋工程接头连接时应符合以下规定:

(1)钢筋的接头宜设置在受力较小处。

(2)同一纵向受力钢筋不宜设置两个和两个以上接头。

（3）接头末端至钢筋弯起点的距离不应小于钢筋直径的 10 倍。

（4）接头不宜设置在有抗震设防要求的框架梁端、柱端的箍筋加密区，当无法避开时，对等强度高质量机械连接接头，不应大于 50%。

（5）钢筋的接头宜设置在规定的连接区，非连接区不应设置接头，如果实在避不开非连接区，需要结构设计师同意并对此规定作出变更。

（6）同一连接区段内，纵向受力钢筋的接头面积百分率应符合设计、规范要求。

5. 治理措施

当接头的连接部位、同一截面接头面积百分率等不符合要求时可在设计人员指导下增加连接部位钢筋或采取其他补强措施，并由设计人员同意和作出变更后实施。

4.2.21 钢筋绑扎连接，搭接长度不足，或在接头搭接长度范围内箍筋未加密

1. 现象

钢筋绑扎连接，搭接长度小于规定要求。

2. 规范规定

《混凝土结构工程施工规范》GB 50666 - 2011：

5.4.6 在梁、柱类构件的纵向受力钢筋搭接长度范围内应按设计要求配置箍筋，并应符合下列规定：

1 箍筋直径不应小于搭接钢筋较大直径的 25%；

2 受拉搭接区段的箍筋间距不应大于搭接钢筋较小直径的 5 倍，且不应大于 100mm；

3 受压搭接区段的箍筋间距不应大于搭接钢筋较小直径的 10 倍，且不应大于 200mm；

4 当柱中纵向受力钢筋直径大于 25mm 时，应在搭接接头两个端面外 100mm 范围内各设置两个箍筋，其间距宜为 50mm。

5.5.5 钢筋连接施工的质量检查应符合下列规定：

5 钢筋焊接接头和机械连接接头应全数检查外观质量，搭接连接接头应抽检搭接长度。

附录 C 纵向受力钢筋的最小搭接长度

C.0.1 当纵向受拉钢筋的绑扎搭接接头面积百分率不大于 25% 时，其最小搭接长度应符合表 C.0.1 的规定。

纵向受拉钢筋的最小搭接长度 表 C.0.1

钢筋类型		混凝土强度等级								
		C20	C25	C30	C35	C40	C45	C50	C55	≥ C60
光面钢筋	300 级	$48d$	$41d$	$37d$	$34d$	$31d$	$29d$	$28d$	—	—
带肋钢筋	335 级	$46d$	$40d$	$36d$	$33d$	$30d$	$29d$	$27d$	$26d$	$25d$
	400 级	—	$48d$	$43d$	$39d$	$36d$	$34d$	$33d$	$31d$	$30d$
	500 级	—	$58d$	$52d$	$47d$	$43d$	$41d$	$39d$	$38d$	$36d$

注：d 为搭接钢筋直径，两根直径不同钢筋的搭线长度，以较细钢筋的直径计算。

C.0.2 当纵向受拉钢筋搭接接头面积百分率为 50% 时，其最小搭接长度应按本规范表 C.0.1 中的数值乘以系数 1.15 取用；当接头面积百分率为 100% 时，应按本规范表 C.0.1

中的数值乘以系数 1.35 取用;当接头面积百分率为 25% ～100% 的其他中间值时,修正系数可按内插取值。

C.0.3 纵向受拉钢筋的最小搭接长度根据本规范第 C.0.1 和 C.0.2 条确定后,可按下列规定进行修正。但在任何情况下受拉钢筋的搭接长度不应小于 300mm:

1 当带肋钢筋的直径大于 25mm 时,其最小搭接长度应按相应数值乘以系数 1.1 取用;

2 环氧树脂涂层的带肋钢筋,其最小搭接长度应按相应数值乘以系数 1.25 取用;

3 当施工过程中受力钢筋易受扰动时,其最小搭接长度应按相应数值乘以系数 1.1 取用;

4 末端采用弯钩或机械锚固措施的带肋钢筋,其最小搭接长度可按相应数值乘以系数 0.6 取用;

5 当带肋钢筋的混凝土保护层厚度为搭接钢筋直径的 3 倍,且配有箍筋时,其最小搭接长度可按相应数值乘以系数 0.8 取用;当带肋钢筋的混凝土保护层厚度为搭接钢筋直径的 5 倍,且配有箍筋时,其最小搭接长度可按相应数值乘以系数 0.7 取用;当带肋钢筋的混凝土保护层厚度大于搭接钢筋直径 3 倍且小于 5 倍,且配有箍筋时,修正系数可按内插取值;

6 有抗震要求的受力钢筋的最小搭接长度,一、二级抗震等级应按相应数值乘以系数 1.15 采用;三级抗震等级应按相应数值乘以系数 1.05 采用。

注:本条中第 4 和 5 款情况同时存在时,可仅选其中之一执行。

C.0.4 纵向受压钢筋绑扎搭接时,其最小搭接长度应根据本规范第 C.0.1～C.0.3 条的规定确定相应数值后,乘以系数 0.7 取用。在任何情况下,受压钢筋的搭接长度不应小于 200mm。

3. 原因分析

由于钢筋下料长度误差太大或者施工人员不了解规范对钢筋绑扎搭接接头的搭接长度规定,致使钢筋绑扎搭接接头长度不足,梁柱类构件的纵向受力钢筋搭接长度范围内未按设计或规范要求配置箍筋。

4. 预防措施

(1)施工人员应依据规范要求计算绘制本项目钢筋绑扎连接搭接长度表,便于检查验收。

(2)纵向受拉钢筋绑扎搭接接头的搭接长度可根据位于同一连接区段内的钢筋搭接接头面积百分率按下列公式计算:

非抗震设计时:$l_l = \zeta_l l_a$

抗震设计时:$l_{lE} = \zeta_l l_{aE}$

式中　l_l——纵向受拉钢筋的搭接长度;

l_{lE}——纵向受拉钢筋的抗震搭接长度;

l_a——纵向受拉钢筋的锚固长度;

l_{aE}——纵向受拉钢筋的抗震锚固长度;

图 4 – 86　锚固在保护层内的弯钩

ζ_l——纵向受拉钢筋搭接长度修正系数。当纵向受拉钢筋搭接接头面积百分率≤25%时取1.2;当纵向受拉钢筋搭接接头面积百分率为50%时取1.4;当纵向受拉钢筋搭接接头面积百分率为100%时取1.6。当纵向受力钢筋搭接接头百分率在25%～50%之间时按公式(4-1)计算,在50%～100%之间时按公式(4-2)计算。

$$\zeta_l = 1 + 0.2 \times \text{实际百分率}/25\% \tag{4-1}$$

$$\zeta_l = 1.2 + 0.2 \times \text{实际百分率}/50\% \tag{4-2}$$

5. 治理措施

对于直径较小的钢筋绑扎连接接头,搭接长度不足时可采用焊接、加筋方法进行处理,当钢筋直径较大可改用可靠性较好的机械连接接头进行连接,必要时应报告设计单位,由设计人员出具处理方案,并依据方案进行施工验收。

4.2.22 混凝土现浇板面层钢筋的锚固弯钩设置在梁保护层内

1. 现象

施工中由于现浇板钢筋下料不准确,局部现浇板面筋或负弯矩筋端部弯钩锚入了梁角筋(墙外侧水平分布筋)外面的混凝土保护层内(图4-86)。

2. 规范规定

《混凝土结构施工图平面整体表示方法制图规则和构造详图(现浇混凝土框架、剪力墙、梁、板)》11G101-1:

第92页"有梁楼盖楼(屋)面板配筋构造"。注:纵筋在端支座应伸至支座(梁、圈梁或剪力墙)外侧纵筋内侧后弯折,当直段长度≥l_a时可不弯折(图4-87)。

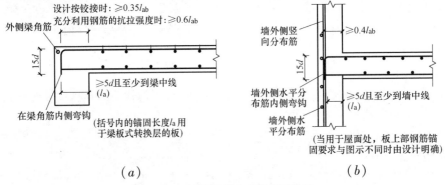

图4-87　板在端部支座的锚固构造

(括号内的锚固长度 l_a 用于梁板式转换层的板)

(a)端部支座为梁;(b)端部支座为剪力墙

3. 原因分析

(1)钢筋工程下料或加工时计算不准确,现浇板钢筋过长。

(2)钢筋安装时现浇板钢筋在一端锚固偏短,另一端则过长,无法锚入梁(墙)内。

(3)施工人员不了解钢筋锚固约束机理,认为平直端锚固越长越好。

受力钢筋通过端部90°或135°弯钩锚入混凝土内来提高锚固能力,共同受力,也就是说,钢筋弯钩内侧对混凝土产生局部压力,而弯钩尾部斜直段外侧混凝土对弯钩的"扳直"趋势具有约束效应,由此提高了混凝土对钢筋的锚固能力。这种锚固方式要求弯钩周围应有相应的箍筋或有足够厚度的混凝土,否则,混凝土会因弯弧对混凝土所引起的劈裂力过大而大面积剥落。混凝土保护层越厚,对锚固钢筋的约束力越大,因此钢筋锚固端应有一定强度和厚度的混凝土,不适合锚固在混凝土保护层内。

4. 预防措施

(1)钢筋翻样必须准确,加强下料及加工时的尺寸控制。

(2)施工人员必须学习和掌握设计图纸及相关标准、图集对钢筋锚固的要求和节点构造施工方法。

(3)施工前做好钢筋安装节点构造做法的技术交底工作,避免施工中的不良习惯做法。

(4)现浇板面钢筋安装时加强钢筋锚固质量的检查,及时纠正错误做法。

图 4-88   无支架的混凝土泵管

5. 治理措施

(1)钢筋锚固一端较少,另一端偏长时,可将钢筋两边锚固长度进行调整,保证弯钩均从梁(板)筋最外侧纵筋的内侧锚入构件的混凝土核心区内。

(2)对下料过长的钢筋,可人工重新扳弯,加长弯钩尾部的平直端,从梁(板)筋最外侧钢筋的内侧锚入构件的混凝土核心区内。

4.2.23 现浇板面层钢筋位置偏差超过允许偏差

1. 现象

现浇板面钢筋绑扎不牢或成品保护不当,被施工设备压变形或被施工人员踩踏变形、移位,造成面筋与底筋叠合,钢筋位置、间距偏差超过规范允许偏差,形成质量缺陷。

2. 规范规定

《混凝土结构工程施工规范》GB 50666-2011:

> 5.4.9 钢筋安装应采用定位件固定钢筋的位置,并宜采用专用定位件。定位件应具有足够的承载力、刚度、稳定性和耐久性。定位件的数量、间距和固定方式,应能保证钢筋的位置偏差符合国家现行有关标准的规定。混凝土框架梁、柱保护层内,不宜采用金属定位件。

3. 原因分析

(1)现浇板面层钢筋直径较小,未满扎或扎扣、松动脱落,绑扎不牢固,整体刚度差。

(2)混凝土现浇板面层钢筋(负弯矩筋)、悬臂梁负弯矩钢筋处的撑筋或支架高度不够、数量太少或未扎牢。

(3)支撑现浇板面层钢筋(负弯矩钢筋)的定位件(间隔件)强度、刚度、稳定性较低,在施工荷载的作用下被压碎或折断变形、移位。

(4)泵管、布料机等施工设备无支架,直接放置于现浇板面层钢筋上,板面钢筋被压变形,偏离位置(图 4-88)。

(5)施工中未搭设马道,水电安装人员或混凝土浇筑工人随意踩踏板面钢筋且无钢筋工配合及时整修,造成面层钢筋偏离设计位置。

4. 预防措施

（1）现浇板面钢筋（负弯矩钢筋）应有可靠的固定措施，板内负弯矩钢筋可用撑筋，也可用铁丝吊在楞木上，利用一些套箍或钢筋制成的支架将双层网片的上、下网片绑在一起，形成整体。负弯矩钢筋必须扎牢（图4-89）。

（2）板内预埋管应在负弯矩钢筋之下、弯矩钢筋之上，避免将现浇板面钢筋（负弯矩钢筋）压弯下移。

（3）选用的定位件（间隔件）应具有足够的承载力、刚度、稳定性和耐久性，定位件（间隔件）安装间距、数量应符合要求，不得歪斜、倒伏或压碎、变形（图4-90）。

（4）对连续梁中间支座处的钢筋布置和板内主副筋的正反方向等易出错构件的钢筋布置，必须交底清楚，做好标注，避免产生差错。

图4-89　工字形钢筋支架

（5）钢筋绑扎、安装完成后，必须认真进行隐蔽工程验收，仔细检查现浇板面钢筋（负弯矩钢筋）的位置。在浇捣混凝土时注意保护钢筋，避免钢筋移位、变形，并不得随意移动钢筋。

（6）当多层钢筋叠加排布时，如果按照原设计要求布置的钢筋在实际施工时无法满足其有效高度，应及时向设计单位提出修改意见，以保证构件内钢筋的有效高度。

图4-90　钢筋支架使用

（7）板面钢筋安装时必须搭设马道（图4-91、图4-92），施工人员必须站立、行走于马道，不得踩踏钢筋，混凝土浇筑完成一段后方可移除该段马道。

5. 治理措施

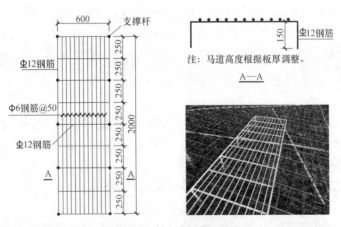

图4-91　马道制作示意

现浇板拆模后，应及时对板面钢筋位置进行检查，可按照《混凝土结构工程施工质量验收规范》GB 50204-2015附录E《结构实体钢筋保护层厚度检验》，采用局部破损法或钢筋扫描仪检测板面钢筋的保护层厚度，并计算板面钢筋实际位置。若偏差较大，应按《建筑工程施工质量验收统一标准》GB 50300-2013中第5.0.6款进行处理。

4.2.24 剪力墙中水平分布钢筋安装位置不符合设计要求，未在墙端弯折锚固

1. 现象

结构工程中，剪力墙中水平分布钢筋的安装位置是放在竖向钢筋的外侧，还是内侧，会产生一定的争议，施工操作人员会依据其他工程的经验来设置，往往不符合设计意图。

2. 规范规定

《混凝土结构工程施工规范》GB 50666－2011：

> 5.4.8 构件交接处的钢筋位置应符合设计要求。当设计无具体要求时，应保证主要受力构件和构件中主要受力方向的钢筋位置。框架节点处梁纵向受力钢筋宜放在柱纵向钢筋内侧；当主次梁底部标高相同时，次梁下部钢筋应放在主梁下部钢筋之上；剪力墙中水平分布钢筋宜放在外侧，并宜在墙端弯折锚固。

3. 原因分析

(1)施工人员不了解墙中水平筋的受力机理。剪力墙主要承担平行于墙面的水平地震力和竖向荷载作用，主要受力方式是抗剪。抗剪的主要受力钢筋是水平分布钢筋，是剪力墙身的主筋，剪力墙的水平分布筋在竖向分布筋的外侧和内侧都是可以的。剪力墙水平筋与混凝土一起，起抗剪作用，这和其位置是在竖向分布筋内外没有关系，但放置外侧对抗裂有利且施工方便，因此图集及规范中建议剪力墙的水平分布筋宜放在竖向分布筋的外侧。

图4－92　钢筋表面铺设马道

(2)地下室内墙，与上部结构的剪力墙一样，水平筋放置在外侧是可以的。地下室外墙可视其厚度和深度，具体分析，如果墙厚较大，埋深较小，土压力小，水平筋既可放置在外侧，也可放置在内侧；墙厚较小，埋深大(10m及以上)，土压力很大，就要争取竖向钢筋之间的大距离，来抵御土压力。当土压力不大，墙较厚时，竖向钢筋放里侧，对安全储备没有影响；反之，当土压力较大，墙较薄，水平分布筋在外侧，竖向钢筋在内侧，对安全储备影响很大，所以，对于承受平面内弯矩较大的挡土墙等构件，水平分布筋也可放在内侧。此外，地下室外墙由于钢筋保护层较大，水平分布筋放置在竖向钢筋内侧，对抗裂不利，为防止地下室外墙裂缝渗水，宜采取其他防裂措施。

图4－93　柱钢筋偏位

4. 预防措施

(1)图纸会审、设计人员技术交底时，设计人员应向施工、监理人员说明墙中水平筋设计计算目的，明确地下室墙板、地上剪力墙结构水平分布钢筋的安装位置，并记录签章确认后，作为施工依据。

(2)施工中，质量管理人员不应依据经验或仅为了施工方便来确定水平分布筋的位置，必要时应向设计人员询问了解设计意图后再施工。

5.治理措施

剪力墙的水平分布钢筋安装位置若不符合设计要求,应拆除重新安装,或由原设计人员提出技术处理方案后实施。

4.2.25 混凝土墙、柱竖向钢筋间距不一致,偏位,影响钢筋连接安装和受力性能

1.现象

混凝土柱、剪力墙等构件中的竖向钢筋固定不牢,偏离设计的位置,引起受力钢筋的间距、排距、保护层厚度超过允许偏差,影响结构受力性能(图4-93)。

2.规范规定

《混凝土结构用钢筋间隔件应用技术规程》JGJ/T 219-2010:

> 3.0.1 混凝土结构及构件施工前均应编制钢筋间隔件的施工方案,施工方案应包括钢筋间隔件的选型、规格、间距及固定方式等内容。
>
> 3.0.2 钢筋安装应设置固定钢筋位置的间隔件,并宜采用专用间隔件,不得用石子、砖块、木块等作为间隔件。

3.原因分析

(1)柱、墙板竖向钢筋安装时钢筋间距、保护层厚度控制与检查不严格,超过允许偏差。

(2)纵向钢筋安装时避让障碍后未纠偏处理。

(3)浇灌、振捣混凝土时振动棒触碰、混凝土挤压绑扎固定不牢的钢筋,引起纵向钢筋偏位。

(4)纵向钢筋自由端(甩头)长度大,未有效支撑,纵向钢筋自重作用下形成的弯曲、歪斜,在混凝土凝固后不能纠正,形成偏位。

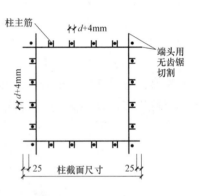

图4-94 柱用定距框

4.预防措施

(1)纵向钢筋应与横向钢筋绑扎牢固,混凝土内撑条等各向间隔件安装固定到位,必要时加密设置,保证竖向钢筋与骨架无任何方向移位。

(2)采用根部加焊定位筋、角码顶撑、制作专用定距框(图4-94)、绑扎"梯子筋"(图4-95)等措施,对柱、墙钢筋骨架定型限位(图4-96),防止混凝土浇筑过程中振动棒、泵管碰撞、混凝土冲击等使竖向钢筋产生左右或内外移动偏位现象。

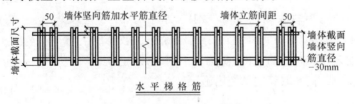

图4-95 墙板钢筋用定距框(梯子筋)

(3)混凝土初凝前对钢筋移位情况进行检查,必要时顶撑纠正。

5.治理措施

(1)钢筋位置超过允许偏差,偏位数量较少且不大于50mm时,可按1:6坡度缓慢校正纠偏,禁止急弯。

(2)当钢筋偏位数量较多或大于50mm时,可采用重新植筋等纠偏和加强、加固方式进

行处理,处理方案需经设计人员同意后方可实施。

（3）偏位严重,影响结构安全或使用功能时应拆除构件,重新施工。

图 4-96　采用定距框的墙柱

4.2.26 钢筋保护层厚度偏差超过允许偏差

1. 现象

混凝土结构实体检验要求检验钢筋保护层厚度,施工中由于未采取有效措施控制钢筋保护层厚度,往往导致结构实体的纵向钢筋保护层厚度不符合规范要求（允许偏差:对梁类构件为 +10mm, -7mm;对板类构件为 +8mm, -5mm）,现浇板出现下表面露筋,上表面保护层过厚的现象。

2. 规范规定

（1）《混凝土结构工程施工规范》GB 50666-2011:

> 5.4.9　钢筋安装应采用定位件固定钢筋的位置,并宜采用专用定位件。定位件应具有足够的承载力、刚度、稳定性和耐久性。定位件的数量、间距和固定方式,应能保证钢筋的位置偏差符合国家现行有关标准的规定。混凝土框架梁、柱保护层内,不宜采用金属定位件。

（2）《混凝土结构用钢筋间隔件应用技术规程》JGJ/T 219-2010:

> 3.0.2　钢筋安装应设置固定钢筋位置的间隔件,并宜采用专用间隔件,不得用石子、砖块、木块等作为间隔件。
>
> 3.0.3　钢筋间隔件应具有足够的承载力、刚度。在有抗渗、抗冻、防腐等耐久性要求的混凝土结构中,钢筋间隔件应符合混凝土结构的耐久性要求。
>
> 3.0.4　钢筋间隔件所用原材料应有产品合格证,使用制作前应复验,合格后方可使用。
>
> 3.0.6　在混凝土结构施工中,应根据不同结构类型、环境类别及使用部位、保护层厚度或间隔尺寸等选择钢筋间隔件。混凝土结构用钢筋间隔件可按表3.0.6选用。
>
> 4.1.2　水泥基类钢筋间隔件的规格应符合下列规定:
>
> 1　可根据混凝土构件和被间隔钢筋的特点选择立方体或圆柱体等实心的钢筋间隔件。
>
> 2　普通混凝土中的间隔件与钢筋接触面的宽度不应小于 20mm,且不宜小于被间隔钢筋的直径。
>
> 3　应设置与被间隔钢筋定位的绑扎铁丝、卡扣或槽口,绑扎铁丝、卡扣应与砂浆或混凝土基体可靠固定。
>
> 4　水泥砂浆间隔件的厚度不宜大于 40mm。

4.1.3 水泥基类钢筋间隔件的材料和配合比应符合下列规定：

1 水泥砂浆间隔件不得采用水泥混合砂浆制作,水泥砂浆强度不应低于20MPa。

2 混凝土间隔件的混凝土强度应比构件的混凝土强度等级提高一级,且不应低于C30。

3 水泥基类钢筋间隔件中绑扎钢筋的铁丝宜采用退火铁丝。

4.1.4 不应使用已断裂或破碎的水泥基类钢筋间隔件,发生断裂和破碎应予以更换。

4.1.6 水泥基类钢筋间隔件的养护时间不应小于7d。

混凝土结构用钢筋间隔件选用表

表3.0.6

序号	混凝土结构的环境类别	使用部位	钢筋间隔件			
			类型			
			水泥基类		塑料类	金属类
			砂浆	混凝土		
1	一	表层	○	○	○	○
		内部	×	△	△	○
2	二	表层	○	○	△	×
		内部	×	△	△	○
3	三	表层	○	○	△	×
		内部	×	△	△	○
4	四	表层	○	○	×	×
		内部	×	△	△	○
5	五	表层	○	○	×	×
		内部	×	△	△	○

注:1 混凝土结构的环境类别的划分应符合现行国家标准《混凝土结构设计规范》GB 50010 的有关规定;

2 表中○表示宜选用;△表示可以选用;×表示不应选用。

4.2.1 塑料类钢筋间隔件必须采用工厂生产的产品,其原材料不得采用聚氯乙烯类塑料,且不得使用二级以下的再生塑料。

4.3.6 金属类钢筋间隔件在混凝土表面有外露的部分均应设置防腐、防锈涂层。涂层应符合现行国家标准《涂层自然气候曝露试验方法》GB/T 9276 的要求。用于清水混凝土的表层间隔件宜套上与混凝土颜色接近的塑料套。涂层或塑料套的高度不宜小于20mm。

(3)《混凝土结构工程施工质量验收规范》GB 50204-2015:

10.1.1 对涉及混凝土结构安全的有代表性的部位应进行结构实体检验。结构实体检验应包括混凝土强度、钢筋保护层厚度、结构位置与尺寸偏差以及合同约定的项目;必要时可检验其他项目。

结构实体检验应由监理单位组织施工单位实施,并见证实施过程。施工单位应制定结构实体检验专项方案,并经监理单位审核批准后实施。除结构位置与尺寸偏差外的结构实

　10.1.3 钢筋保护层厚度检验应符合本规范附录 E 的规定。

3. 原因分析

(1)钢筋的混凝土保护层厚度关系到结构的承载力、耐久性、防火等性能,钢筋保护层不能过小,一方面容易造成钢筋露筋或钢筋受力时表面混凝土剥落,另一方面随着时间的推移,表面的混凝土将逐渐碳化,用不了多久,钢筋外混凝土就失去了保护作用,从而导致钢筋锈蚀,断面减小,强度降低,钢筋与混凝土之间失去粘结力,构件整体性受到破坏,严重时还会导致整个结构体系的破坏。钢筋保护层也不能过大,钢筋保护层过大,保护层部位的素混凝土会出现裂缝、构件有效截面减小,导致构件的力学性能降低,甚至倒塌。最常见的如:住宅楼工程建设中楼板负弯矩钢筋保护层偏大,以及现浇框架结构中主次梁交界处主梁的上部负弯矩钢筋保护层偏大的问题,容易出现混凝土裂缝;梁构件的受力保护层偏大,使钢筋混凝土构件的刚度下降;悬挑阳台板、雨篷板等的上部钢筋网被压下或错放在板的下部时,结构拆模时就会发生倒塌事故。因此除在施工过程中应进行钢筋安装尺寸偏差检查和保护层检查外,还应在混凝土浇筑完成后,对结构实体中钢筋的保护层厚度进行检验。

图 4 - 97　钢筋间隔件

(2)钢筋间隔件是混凝土结构中用于控制钢筋保护层厚度或钢筋间距的物件。施工过程中,当专用的钢筋间隔件准备不充分,操作工人会顺手使用石子、木块、砖块、短钢筋头等作为钢筋间隔件,支垫钢筋,但由于其形状、尺寸偏差大,易碎、无法固定等,起不到钢筋间隔件的作用。例如:钢筋稍有振动,石子就会产生移动,砖块强度低、易碎,短钢筋头易在混凝土表面留下锈斑和渗水通道,引起钢筋保护层间距、钢筋位置偏差过大、混凝土夹渣等问题。

(3)对于住宅等现浇板配筋直径较小的工程,当间隔件间距过大时,现浇板钢筋在施工中易变形、移位,严重时钢筋直接接触模板,引起露筋及保护层厚度偏差问题。

(4)操作工人对钢筋保护层厚度理解不正确,按经验施工,钢筋间隔件尺寸选用和安放位置不当引起钢筋保护层厚度偏差过大。

《混凝土结构设计规范》GB 50010 - 2010 8.2.1 条文说明:根据我国对混凝土结构耐久性的调研及分析,并参考《混凝土结构耐久性设计规范》GB/T 50476 - 2008 以及国外相应规范、标准的有关规定,对混凝土保护层的厚度进行了以下调整:

混凝土保护层厚度不小于受力钢筋直径(单筋的公称直径或并筋的等效直径)的要求,是为了保证握裹层混凝土对受力钢筋的锚固。

从混凝土碳化、脱钝和钢筋锈蚀的耐久性角度考虑,不再以纵向受力钢筋的外缘,而以最外层钢筋(包括箍筋、构造筋、分布筋等)的外缘计算混凝土保护层厚度。因此本次修订后的保护层实际厚度比原规范实际厚度有所加大。

4. 预防措施

(1)混凝土结构用钢筋间隔件应符合《混凝土结构用钢筋间隔件应用技术规程》JGJ/T 219 的要求,不得使用石子、砖块、木块等作为间隔件。

(2)施工应符合下列规定:

1)钢筋间隔件安放后应进行保护,不应使之受损或错位。作业时应避免物件对钢筋间隔件的撞击。钢筋保护层的厚度应符合要求。

图 4-98 抗震墙钢筋用混凝土内撑条

2)当板面受力钢筋和分布钢筋的直径均小于10mm 时,应采用混凝土、塑料或钢筋支架间隔件支撑钢筋,支架间距为:当采用直径 6mm 分布筋时,不大于 500mm;当采用直径 8mm 分布筋时,不大于 800mm。当板面受力钢筋和分布钢筋的直径均不小于 10mm 时,可采用混凝土或金属间隔件作支架。间隔件在纵横两个方向的间距均不大于 800mm。当板厚 h 不大于200mm 时,间隔件可用直径 10mm 的钢筋制作;当板厚 h 介于 200~300mm 时,间隔件应用直径 12mm 的钢筋制作;当 h 大于 300mm 时,制作间隔件的钢筋应适当加大。

3)宜采用质量好的塑料、混凝土等专用间隔件(图 4-97、图 4-98)。这类间隔件由专业工厂生产,梁、板、柱都有专用的保护层间隔件,成品质量能得到控制,目前这类间隔件已用于各类房屋建筑,而且脱模后在混凝土表面不留任何疤痕,使用效果比较好。成品间隔件进场时应检查产品合格证和说明书,有承载力要求的间隔件应提供承载力试验报告。当采用砂浆做间隔件时,要保证砂浆的强度、受力面积、厚度和绑扎要求。

4)板类构件表面间隔件的安放应加强成品保护,在混凝土浇筑前应对钢筋间隔件的安放质量进行检查,其形式、规格、数量及固定方式应符合施工方案的要求。钢筋保护层的厚度从最外层钢筋(包括箍筋、构造筋、分布筋等)的外缘计算混凝土保护层厚度,间隔件应安放在构件最外层钢筋表面或采取其他同等效果的措施,保证钢筋保护层厚度符合要求。

5)采用钢筋支架和马凳,保证钢筋在混凝土构件中的位置,防止施工中人为踩踏造成钢筋移位,不能充分发挥钢筋的作用。施工中宜制作专用的钢筋支架和钢筋马凳(图 4-99)。钢筋马凳易晃动,安装时应与周边钢筋绑扎牢固。钢筋支架和钢筋马凳与支承面间均应加设垫块并保证稳定,防止直接接触支承模板,造成脱模后金属件外露锈蚀。

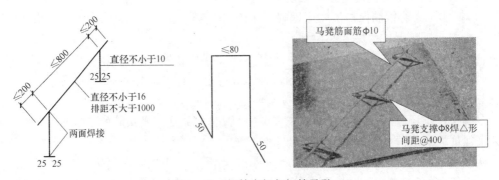

图 4-99 钢筋支架与钢筋马凳

5. 治理措施

244

结构实体钢筋保护层厚度偏差较大,验收不合格时,应进行处理。结构实体钢筋的混凝土保护层厚度不足的几种处理方式:

(1)对保护层厚度不足的构件,进行构件表面抹灰处理,但不是以上所说的简单抹灰(其一,一般抹灰砂浆强度远达不到保护层混凝土的强度;其二,抹灰层不会像混凝土保护层那样与钢筋共同受力;其三,抹灰层易开裂、空鼓,与混凝土构件的粘结牢固性会受到各种因素的影响)。因此,抹灰层不能简单地等同于保护层,而应该有特殊的抹灰处理方案。首先构件表面应进行打磨处理,即处理面应是粗糙面以便于粘接;其次应提高砂浆强度且不易开裂(必要时在砂浆中增加抗裂材料),同时也可在构件底部敷设钢丝网片以增强抗裂性。这是目前采取较多的处理方式。

(2)考虑到与(保护层不足)构件的粘结性能或不便于抹灰处理的,采用高压设备对构件表面多遍喷射高强度砂浆或细石混凝土等材料。

(3)对保护层厚度不足的构件,当设计吊顶隐蔽时,一般不采取抹灰处理,但应考虑在构件表面涂刷一层防水涂膜或粘贴其他防水、防火材料,或粘贴碳纤维材料以对保护层厚度不符合要求处进行封闭,减少与空气接触以延长混凝土的碳化时间,增加构件耐久性。

(4)对于钢筋保护层偏厚导致的不合格及由此引起的构件有效截面减少,应由原结构设计人员进行严格验算。对不满足设计承载力要求的,应要求责任方进行加固甚至返工处理,不应迁就。特别对于一些重要构件,如悬挑构件负弯矩筋下移严重(钢筋保护层厚度相应超厚)的,更应严格对待。对于在检测评定不合格的情况下,出现不合格点中有近一半不合格点属超出正偏差的不合格、另一半则属超出负偏差的不合格,即不合格点呈现"两极分化"的趋势等特殊情况时,应由设计人员制定专门处理方案或对相关方案组织专家论证后实施。

(5)因结构实体钢筋保护层厚度不合格不仅涉及耐久性问题,严重时更影响结构安全,因此无论采取何种方案处理,均应经原设计人员认可,不得擅自实施处理。

4.3 预应力工程

预应力工程中,曲线预应力的孔道标高偏差、孔道堵塞、有粘结预应力筋管道灌浆不密实等常见质量问题在施工过程中应加以控制,保证预应力工程质量。

4.3.1 曲线预应力筋孔道竖向位置不准确

1.现象

图 4-100　波纹管安装

预应力混凝土结构中,曲线预应力筋在构件内呈波浪形布置,采用波纹管等方式成型

(图4-100)的孔道竖向位置定位较困难,孔道成型后竖向位置偏差较大,不符合设计预应力筋的位置要求。

2. 规范规定

《混凝土结构工程施工规范》GB 50666-2011:

6.3.7 预应力筋或成孔管道应按设计规定的形状和位置安装,并应符合下列规定:

1 预应力筋或成孔管道应平顺,并与定位钢筋绑扎牢固。定位钢筋直径不宜小于10mm,间距不宜大于1.2m,板中无粘结预应力筋的定位间距可适当放宽,扁形管道、塑料波纹管或预应力筋曲线曲率较大处的定位间距,宜适当缩小。

2 凡施工时需要预先起拱的构件,预应力筋或成孔管道宜随构件同时起拱。

3 预应力筋或成孔管道控制点竖向位置允许偏差应符合表6.3.7的规定。

预应力筋或成孔管道控制点竖向位置允许偏差　　　　　　表6.3.7

构件截面高(厚)度 h(mm)	$h \leq 300$	$300 < h \leq 1500$	$h > 1500$
允许偏差(mm)	±5	±10	±15

3. 原因分析

(1)节点处纵横向钢筋较多,波纹管与梁柱钢筋位置冲突,难以安装到位。

(2)定位波纹管的钢筋支托位置计算有误或安装不准,预理的波纹管位置偏差较大。

(3)在钢筋安装与绑扎过程中,操作工人贪图方便,定位波纹管的钢筋支托间距较大,波纹管安装变形,引起孔道竖向位置偏差。

4. 预防措施

(1)在设计图纸会审期间,应复核曲线预应力筋的坐标高度是否会引起波纹管与梁柱纵横向钢筋相碰,对于影响波纹管通过的钢筋可按如下情况调整:

1)影响较小时可将梁柱钢筋适当偏移,保证波纹管穿过。

2)影响较大时,可局部变更钢筋的排布方式、间距、直径或数量,优先保证波纹管穿过,并由设计人员审核批准,出具设计变更后实施。施工中,

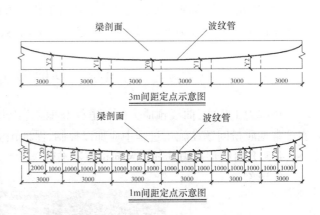

图4-101　波纹管的定位示意

严格执行穿好波纹管后再绑扎内箍筋的程序,确保每一道箍筋的设置既满足结构的要求,又能满足钢绞线的波纹管顺利穿过。

(2)利用CAD绘出波纹管曲线的大样图,按每1m间距计算定出波纹管底面的竖向位置,现场架立水准仪,通过水平控制点测放波纹管的底部竖向位置,并用红油漆标注在外肢箍筋上。

(3)预应力筋留孔用波纹管的定位,可采用钢筋支托,钢筋支托的间距由通常3m间距加密为1.0m,设置时根据标注的波纹管底部位置,将钢筋支托点焊在箍筋上,托起波纹管,并将波纹管绑扎在支托上(图4-101)。

5.治理措施

(1)波纹管的坐标高度超出允许偏差,但不大于5mm,可不必调整。

(2)波纹管的坐标高度偏差如大于5mm,应局部拆开调整至允许偏差内。

(3)波纹管的坐标高度超出允许偏差较大而又无法调整时,应会同设计人员根据实际受力情况商讨解决办法。

4.3.2 预应力管道不畅通,预应力筋穿束或张拉困难

1.现象

浇筑混凝土时,金属波纹管(螺旋管)孔道破损(图4-102)漏进水泥浆,减小了孔道截面面积,使预应力钢筋穿束困难,甚至无法穿入。当采用先穿束工艺时,一旦漏入浆液将钢束铸固,造成无法张拉。

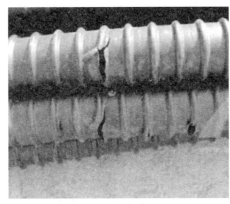

图4-102 波纹管破裂

2.规范规定

《混凝土结构工程施工规范》GB 50666-2011:

> 6.2.4 预应力筋等材料在运输、存放、加工、安装过程中,应采取防止其损伤、锈蚀或污染的措施,并应符合下列规定:
>
> 1 有粘结预应力筋展开后应平顺,不应有弯折,表面不应有裂纹、小刺、机械损伤、氧化铁皮和油污等;
>
> 2 预应力筋用锚具、夹具、连接器和锚垫板表面应无污物、锈蚀、机械损伤和裂纹;
>
> 3 无粘结预应力筋护套应光滑、无裂纹、无明显褶皱;
>
> 4 后张预应力用成孔管道内外表面应清洁,无锈蚀,不应有油污、孔洞和不规则的褶皱,咬口不应有开裂或脱落。

3.原因分析

(1)金属波纹管没有出厂合格证,进场时又未验收,混入不合格产品。波纹管刚度差、咬口不牢、表面锈蚀等。

(2)节段处波纹管包扎不牢或者上一节段没有预留接头,造成波纹管对接缝隙过大,混凝土浇筑过程中发生漏浆。

(3)由于预应力管道采用薄壁波纹管,在进行钢筋安装或焊接时,波纹管遭意外破损,如焊渣烧穿波纹管、先进行预应力筋穿束时戳撞波纹管接口,引起咬口开裂后没有检查处理,容易造成漏浆。

（4）波纹管定位间隙过大，特别是节段处波纹管接头异常薄弱，如果浇筑过程中被混凝土砸中，管道很容易发生弯曲变形，内撑管都无法抽出。

（5）弯曲管道前后两块预留波纹管不平顺，拐弯处折死角，或反复弯曲等，引起管壁开裂。

（6）波纹管弯折较大处内撑管管径过小、内撑管长度不足或无内撑管。

（7）波纹管接长处、波纹管与喇叭管连接处、波纹管与灌浆排气管接头处等接口封闭不严密，流入浆液。

4. 预防措施

（1）金属波纹管出厂时，应有产品合格证并附有质量检验单，其各项指标应符合行业标准《预应力混凝土用金属波纹管》JG 225-2007 的要求。

金属波纹管进场时，应从每批中抽取 6 根，先检查管的内径 d，再将其弯成半径为 30d 的圆弧，高度不小于 1m，检查有无开裂与脱扣现象；同时进行灌水试验，检查管壁有无渗漏现象，合格后，方可使用。

（2）金属波纹管搬运时应轻拿轻放，不得抛甩或在地上拖拉；吊装时不得以 1 根绳索拦腰捆扎起吊。

波纹管在室外保管的时间不可过长，应架空堆放并用苫布等遮挡，以防止雨露和各种腐蚀性气体或介质的影响，堆放高度不宜超过 3m。

（3）金属波纹管可采用大一号的同型波纹管接长。接头管的长度为 200～400mm，在接头处波纹管应居中碰口；接头管两端用密封胶带或塑料热塑管封裹。

（4）波纹管与张拉端喇叭管连接时，波纹管应顺着孔道线型，插入喇叭口内至少 50mm，并用密封胶带封裹。波纹管与埋入式固定端钢绞线连接时，可采用水泥胶泥或棉丝与胶带封堵。

（5）灌浆排气管与波纹管的连接（图 4-103），其做法是在波纹管上开洞，用带嘴的塑料弧形压板与海绵垫片覆盖并用铁丝扎牢，再将增强塑料管（外径 20mm，内径 16mm）插在嘴上用铁钉固定并伸出梁面约 400mm。

为防止排气管与波纹管连接处漏浆，波纹管上可先不开洞，并在外接塑料管内插 1 根钢筋，待孔道灌浆前再用钢筋打穿波纹管，拔出钢筋。

（6）波纹管在安装过程中，应尽量避免反复弯曲；如遇到折线孔道，应采取圆弧线过渡，不得折死角，以防管壁开裂。

（7）加强对波纹管的保护。防止电焊火花烧伤管壁；防止普通钢筋戳穿或压伤管壁；防止先穿束使管壁受损；浇筑混凝土时应有专人值

图 4-103 灌浆排气管的连接

班，保护张拉端埋件、管道、排气孔等。如发现波纹管破损，应及时修复。

5. 治理措施

（1）对后穿束的孔道，在浇筑混凝土过程中及混凝土凝固前，可用通孔器通孔或用水冲

孔,及时将漏进孔道的水泥浆散开或冲出。

（2）对先穿束的孔道,应在混凝土终凝前,用捯链拉动孔道内的预应力束,以免水泥浆堵孔。

（3）如金属波纹管孔道堵塞,应查明堵塞位置,凿开疏通。对后穿束的孔道,可采用细钢筋插入孔道,探出堵塞位置。对先穿束的孔道,细钢筋不易插入,可改用张拉千斤顶从一端试拉,利用实测伸长值推算堵塞位置。试拉时,另一端预应力筋要用千斤顶楔紧,防止堵塞砂浆被拉裂后,张拉端千斤顶飞出。

4.3.3 后张法有粘结预应力筋孔道灌浆不密实

1. 现象

后张法有粘结预应力筋竖直孔道的顶部和大曲率曲线孔道的顶部,孔道灌浆后会产生较大的孔洞或月牙形空隙,水泥浆液充填不密实,易引起腐蚀,给工程造成隐患。

2. 规范规定

《混凝土结构工程施工规范》GB 50666－2011L

> 6.5.1 后张法有粘结预应力筋张拉完毕并经检查合格后,应尽早进行孔道灌浆,孔道内,水泥浆应饱满、密实。

3. 原因分析

曲线孔道较长或曲折多的地方在折弯处容易堵塞或孔道内壁过于粗糙,摩阻力大,水泥砂浆不容易压入充实。

（1）孔道灌浆后,水泥浆中的水泥向下沉,水向上浮,泌水趋向于聚集在曲线孔道的上曲部位或竖向孔道的顶部,随后蒸发或被吸收,留下空隙或空洞。

（2）孔道灌浆后,钢绞线比钢丝泌水多。这种现象是由于高的液体压力迫使泌水进入钢绞线的缝隙里,并由此向上流动而被限制在顶部锚头的下面。

（3）水泥浆的水灰比大,没有掺减水剂与膨胀剂等,在竖向孔道内泌水更为明显。

（4）梁体中的排气孔设置不当,尤其是连续梁,在一些曲线孔道段,排气孔之间不连通,特别容易造成空气无法排除而滞留孔道之中,阻止浆液的进入而形成一些空洞。

（5）灌浆设备（图4－104）的压力不足,使水泥浆不能压送到位。

图4－104　孔道灌浆设备

（6）操作工操作技术不正确或熟练程度低,难以保证灌浆质量。

4. 预防措施

对重要的预应力工程,孔道灌浆用水泥浆应根据不同类型的孔道要求进行试配,合格后方可使用。

(1)对高差大于 0.5m 的曲线孔道,应在其上曲线部位设置泌水管(也可作灌浆用)。泌水管应伸出梁顶面 400mm,以便泌水向上浮,水泥向下沉,使曲线孔道的上曲线部位灌浆密实。

(2)对高度大的竖向孔道,可在孔道顶部设置重力灌补浆装置;也可在低于孔道顶部处用手动灌浆泵进行二次灌浆排除泌水,使孔道顶部浆体密实。

(3)竖向孔道的灌浆方法,可采取一次灌浆到顶或分段接力灌浆,根据孔道高度与灌浆的压力等确定。孔道灌浆的压力最大限制为 1.0MPa。分段灌浆时要防止接浆处憋气。

(4)灌浆操作工人应经过培训上岗,严格执行灌浆操作规程,确保孔道灌浆密实。

5.治理措施

孔道灌浆后,应检查孔道顶部灌浆密实情况。如有空隙,应采用人工徐徐补入水泥浆,使空气逸出,孔道密实。

4.4 混凝土工程

影响混凝土质量的因素较多,混凝土在拌制、运输、浇筑的各个环节均应依据规范严格控制,其工艺性能和力学性能才能得到保证。混凝土工程中海砂、外加剂利用不当、原材料碱含量超标、随意给预拌混凝土加水等情况易发生,易引发混凝土工程质量问题,应引起各方重视。

4.4.1 混凝土中氯离子总含量超过规定

1.现象

施工中,不注意混凝土中氯离子含量的计算,特别是采用海砂、海水拌制混凝土的地区,混凝土拌合物中氯离子总含量超过规定,影响混凝土的耐久性。

图 4-105 淡化利用海砂

2.规范规定

(1)《混凝土结构工程施工规范》GB 50666-2011:

7.2.4 细骨料宜选用级配良好、质地坚硬、颗粒洁净的天然砂或机制砂,并应符合下列规定:

2 混凝土细骨料中氯离子含量,对钢筋混凝土,按干砂的质量百分率计算不得大于 0.06%;对预应力混凝土,按干砂的质量百分率计算不得大于 0.02%;

250

(2)《混凝土结构设计规范》GB 50010 – 2010：

3. 原因分析

混凝土氯离子超过限量,是导致钢筋锈蚀的主要原因。钢筋锈蚀是影响钢筋混凝土及预应力钢筋混凝土结构耐久性的重要因素,混凝土中氯离子的来源及氯离子参与的电化学腐蚀过程如下:

(1)使用天然海砂,由于海水中氯离子较高,使得海砂的表面吸附的氯离子也比较多,如果不加处理用在混凝土中,将会使混凝土中氯离子含量增多(图4 – 105)。

(2)水泥中掺加的混合材料和外加剂(如:工业废渣、助磨剂等)氯离子超过限量。水泥熟料在煅烧过程中,氯离子大部分在高温下挥发而排出窑外,掺留在熟料中的氯离子含量极少。然而,水泥生产工艺中掺加的工业废渣、助磨剂等材料中氯离子含量控制不当,就会超过限量。

(3)拌制混凝土如果采用地表水、地下水、再生水、海水等,这时就应该考虑和测定其中的氯离子含量,最后确定水源是否可用,否则,有可能使混凝土氯离子超标。

(4)在混凝土外加剂中,特别是早强剂、防冻剂、防水剂这类外加剂,它们都含有以氯盐为早强、防冻、防水的组分,在使用这些外加剂时,如果只考虑混凝土的使用功能而不严格控制掺量,就可能致使混凝土中氯离子含量超标。

(5)水泥在没有 Cl^- 或 Cl^- 含量极低的情况下,由于混凝土碱性很强,钢筋表面形成钝化膜,使锈蚀难以深入,氯离子在钢筋混凝土中的有害作用是破坏钢筋钝化膜,加速锈蚀反应。当钢筋表面存在 Cl^-、O_2 和 H_2O 的情况下,在钢筋的不同部位发生如下电化学反应:

$$Fe + 2Cl^- \rightarrow FeCl_2 + 2e \rightarrow Fe^{2+} + 2\ Cl^- + 2e$$

$$O_2 + 2H_2O + 4e \rightarrow 4OH^-$$

进入水中的 Fe^{2+} 与 OH^- 作用生成 $Fe(OH)_2$，在一定的 H_2O 和 O_2 条件下，可进一步生成 $Fe(OH)_3$ 产生膨胀，破坏混凝土。

4.预防措施

（1）选用符合标准的水泥产品，必要时应分析检查水泥中氯离子含量是否符合《通用硅酸盐水泥》GB 175 - 2007 中氯离子限量要求。

（2）外加剂选用应符合《混凝土外加剂应用技术规范》GB 50119 - 2013 的规定，含有氯盐的早强型普通减水剂、早强剂、防水剂和氯盐类防冻剂，严禁用于预应力混凝土、钢筋混凝土和钢纤维混凝土结构。

（3）用于配制混凝土的海砂应做净化处理，并符合表 4 - 11 的要求。海砂不得用于预应力混凝土。

（4）拌制混凝土宜采用饮用自来水，否则应检测和控制氯离子含量。

（5）采用海砂或混凝土拌合物中氯离子含量较高的地区应抽样检验混凝土拌合物中水溶性氯离子最大含量实测值且不得超过限量要求。

海砂的质量要求

表 4 - 11

项目	指标
水溶性氯离子含量(%，按质量计)	≤0.03
含泥量(%，按质量计)	≤1.0
泥块含量(%，按质量计)	≤0.5
坚固性指标(%)	≤8
云母含量(%，按质量计)	≤1.0
轻物质含量(%，按质量计)	≤1.0
硫化物及硫酸盐含量(%，折算为 SO_3，按质量计)	≤1.0
有机物含量	符合现行行业标准《普通混凝土用砂、石质量及检验方法标准》JGJ 52 - 2006 的规定

注:摘自《海砂混凝土应用技术规范》JGJ 206 - 2010。

4.4.2 混凝土中碱总含量超过限值，引起混凝土构件开裂

1.现象

当混凝土拌合物中碱总含量超过规范限值，在高碱、潮湿环境下，混凝土构件表面会出现呈网状(龟背纹)的裂纹，有时裂缝表面会渗出类似于树脂状、呈透明或浅黄色的新鲜凝胶。

2.规范规定

《混凝土结构工程施工质量验收规范》GB 50204 - 2015：

> 7.3.3 混凝土中氯离子含量和碱总含量应符合现行国家标准《混凝土结构设计规范》GB 50010 的规定和设计要求。
>
> 检查数量:同一配合比的混凝土检查不应少于一次。
>
> 检验方法:检查原材料试验报告和氯离子、碱的总含量计算书。

3. 原因分析

(1)混凝土碱骨料反应是指混凝土中的碱(包括外界掺入的碱)与骨料中的碱活性矿物成分发生化学反应,导致混凝土膨胀开裂等现象。碱-骨料反应的类型主要有:

1)碱-硅酸反应(ASR),混凝土中的碱(包括外界掺入的碱)与骨料中活性 SiO_2 发生化学反应,导致混凝土膨胀开裂等现象,其反应式如下:

$$2NaOH + SiO_2 + nH_2O \rightarrow Na_2O \cdot SiO_2 \cdot (n+1)H_2O$$

反应生成的碱硅酸类会在混凝土表面形成凝胶,干燥后为白色的沉淀物,具有强烈吸水膨胀的特性,此类反应一般发生在骨料与水泥石界面处,致使混凝土产生不均匀膨胀引起开裂。

2)碱-碳酸盐反应,混凝土中的碱(包括外界掺入的碱)与碳酸盐骨料中活性白云石晶体发生化学反应,导致混凝土膨胀开裂等现象,其反应式如下:

$$CaMg(CO_3)_2 + 2NaOH \rightarrow Mg(OH)_2 + CaCO_3 + Na_2CO_3$$

$$Na_2CO_3 + Ca(OH)_2 \rightarrow 2NaOH + CaCO_3$$

这种反应持续进行,直至白云石被完全作用或碱浓度降到足够低为止,其特点是反应较快,而且反应少见凝胶产物,多呈龟裂或开裂。

3)发生碱骨料反应需要具备三个条件:

① 混凝土的原材料水泥、混合材、外加剂和水中含碱量高。

② 骨料中有相当数量的活性成分。

③ 潮湿环境,有充分的水分或湿空气供应。

4. 预防措施

(1)在满足工程要求的强度及耐久性前提下选择合适的水泥用量,尽量减少单位水泥用量,控制水泥碱含量在规范规定的最大限值范围内。

(2)控制混凝土中各种原材料(包括混合材、外加剂、水以及骨料等)总碱量。

(3)骨料进场时,应按规定批量进行骨料碱活性检验,砂、石骨料的碱活性检验应按每 3000m³ 或 4500t 为一个检验批,当来源稳定且连续两次检验合格,可每 6 个月检验一次,不同批次或非连续供应的不足一个检验批量的骨料应作为一个检验批。混凝土工程宜采用非碱活性骨料,在盐渍土、海水和受除冰盐作用等含碱环境中,重要结构的混凝土不得采用碱活性骨料。

5. 治理措施

(1)因碱骨料反应引起的混凝土构件裂缝等一般缺陷应先按混凝土结构缺陷处理方法进行处理,封闭混凝土裂缝,然后采用有机硅防水剂对构件表面进行处理,防止水分渗入,抑制碱骨料反应。

(2)当混凝土碱骨料反应已影响混凝土结构安全时,应由设计单位提出加固方案和抑制碱骨料反应的综合措施并落实。

4.4.3 混凝土多种外加剂之间及与水泥等拌合物之间不相容

1. 现象

当混凝土中水泥、外加剂、掺合料等品种或配合比发生变化时,外加剂虽然按规定的剂量掺入混凝土中,却不能产生应有的作用或效果,使混凝土流动度降低或流动度经时损失加大;外加剂掺量过多时,虽然混凝土流动性变好,但又出现离析、泌水、板结等不正常现象,不仅使混凝土匀质性得不到保证,严重时还会导致硬化混凝土出现塑性收缩裂纹等工程质量问题。

2. 规范规定

(1)《混凝土结构工程施工规范》GB 50666 – 2011:

> 7.2.8 外加剂的选用应根据设计、施工要求,混凝土原材料性能以及工程所处环境条件等因素通过试验确定,并应符合下列规定:
>
> 2 不同品种外加剂首次复合使用时,应检验混凝土外加剂的相容性。

(2)《混凝土质量控制标准》GB 50164 – 2011:

> 2.5.3 外加剂的应用除应符合现行国家标准《混凝土外加剂应用技术规范》GB 50119 的有关规定外,尚应符合下列规定:
>
> 1 在混凝土中掺用外加剂时,外加剂应与水泥具有良好的适应性,其种类和掺量应经试验确定。

3. 原因分析

(1)未根据工程设计、施工要求和技术指标进行比较,选择适合的混凝土外加剂产品。

(2)外加剂品种、生产厂家众多,性能与质量可靠度不一致。不同的外加剂由于品种不同、结构官能团的不同、聚合度不同、复配组分不同,在参与混凝土水化反应过程中,发生复杂的反应,影响与水泥的适应性。

(3)水泥的矿物组成对外加剂的影响很大,水泥的矿物组成主要有铝酸三钙($C3A$)、铁铝酸四钙($C4AF$)、硅酸三钙($C3S$)、硅酸二钙($C2S$)等,不同矿物组成主要是由生产水泥的原材料和生产工艺决定的,水泥的矿物组成中对外加剂影响因素大小依次为 $C3A > C4AF > C3S > C2S$。$C3A$ 水化反应快,早期强度提高快,需水量大,$C3A$ 含量过高(质量分数大于 8%),吸附外加剂量大,外加剂作用损失大。

(4)水泥掺合料等对外加剂性能也会产生影响,如水泥熟料中添加不同的调凝石膏、水泥细度和颗粒级配和水泥的碱含量不同,也可能导致与外加剂不适应。

(5)粉煤灰影响外加剂的适应性。粉煤灰过细,也会要多一些的外加剂分散粉煤灰颗粒;粉煤灰烧失量越大(即含碳量越大),需水量越大,对外加剂影响越大;碳粒粗大多孔,容易吸水,吸附外加剂的能力强,使外加剂的掺量增加。

(6)骨料及不同外加剂间的相互影响。两种或两种以上外加剂复合使用时,可能会发生某些化学反应,造成相容性不良的现象,从而影响混凝土的工作性,甚至影响混凝土的耐久性能。

4. 预防措施

解决外加剂与水泥的不相适应问题,重在预防,注重材料的选择和进场材料的检测。外加剂与水泥的适应性是个较复杂的问题,出现外加剂与水泥的不相适应问题,应及时采取对策,根据情况,以实验为基础,分析查找原因,调整混凝土配合比。

(1)进场的外加剂应按外加剂产品标准规定对其主要匀质性指标和掺加外加剂混凝土性能指标进行检验。同一品种外加剂不超过 50t 应为一检验批。

(2)不同生产工艺、种类或配方与掺量的外加剂对水泥适应性有差别,应通过试验确定,选用质量稳定、适应性好的外加剂。

（3）根据设计与施工要求,结合现场实际使用材料,进行试配,确定合理施工配合比与外加剂适宜掺量。

（4）及时进行混凝土外加剂的相容性试验,外加剂与水泥及其他混凝土拌合物相容性好时,方可使用。混凝土外加剂相容性快速试验方法参见《混凝土外加剂应用技术规范》GB 50119－2013 附录 A。

5.治理措施

外加剂适应性差时应及时查找原因,当只能调整外加剂时,宜更换使用稳定可靠的外加剂产品。

4.4.4 首次使用的混凝土未进行开盘鉴定

1.现象

混凝土工程施工中,相关单位不按规范要求组织对首次使用的混凝土配合比进行开盘鉴定,没有开盘鉴定资料和强度试验报告。

2.规范规定

《混凝土结构工程施工质量验收规范》GB 50204－2015:

> 7.3.4 首次使用的混凝土配合比应进行开盘鉴定,其原材料、强度、凝结时间、稠度等应满足设计配合比的要求。
>
> 检查数量:同一配合比的混凝土检查不应少于一次。
>
> 检验方法:检查开盘鉴定资料和强度试验报告。

3.原因分析

（1）相关单位不了解开盘鉴定的内容及其作用。

混凝土开盘鉴定,就是指混凝土正式生产前期、生产过程、出机等方面的质量控制和记录。即前期配合比的确定、录入、含水的调整;生产过程中计量误差的调整;根据实际需求,对配合比进行的微调;以及出机混凝土坍落度的控制和目测混凝土的和易性、可泵性等工作性能,以便进一步调整,更好地满足施工要求。

（2）质量管理不严格,相关单位不按要求组织开盘鉴定。

4.预防措施

（1）对责任单位的质量管理人员培训,增强对首次使用的混凝土配合比开盘鉴定工作重要性的认识,掌握开盘鉴定的具体工作内容。

（2）首次使用的混凝土配合比设计完成后应及时组织开盘鉴定。

施工现场拌制的混凝土,其开盘鉴定由监理工程师组织,施工单位项目部技术负责人、混凝土专业工长和试验室代表等共同参加。预拌混凝土搅拌站的开盘鉴定,由预拌混凝土搅拌站总工程师组织,搅拌站技术、质量负责人和试验室代表等参加,当有合同约定时应按照合同约定进行。

（3）混凝土开盘鉴定内容应真实完整,记录翔实,开盘鉴定核对和记录的主要内容有:

1）混凝土的原材料与配合比设计所采用原材料的一致性;

2）出机混凝土工作性与配合比设计要求的一致性;

3）混凝土强度;

4）工程有要求时,尚应包括混凝土耐久性能等。

4.4.5 预拌混凝土泵送和浇筑过程中随意加水

1. 现象

预拌混凝土运输、施工过程中,当坍落度损失过大,混凝土不能满足泵送、浇筑性能时,运输人员或施工人员擅自采用给预拌混凝土加水的方式达到方便施工的目的,严重危害预拌混凝土的质量。

2. 规范规定

《混凝土结构工程施工规范》GB 50666－2011:

> 8.1.3 混凝土运输、输送、浇筑过程中严禁加水;混凝土运输、输送、浇筑过程中散落的混凝土严禁用于混凝土结构构件的浇筑。

3. 原因分析

(1)预拌混凝土运输人员、施工操作工人质量意识不强,不了解随意加水的危害性。

预拌混凝土配合比都是经过试配确定好的,已经考虑施工现场影响因素,现场加水后改变了原来的配合比,导致水灰比变大,混凝土强度降低;其次,预拌混凝土现场加水后搅拌不均匀,易产生浮浆,导致混凝土形成薄弱层,强度不均匀,最终影响混凝土的整体强度。

(2)影响预拌混凝土坍落度因素主要有:

1)减水剂、泵送剂等外加剂的质量性能影响。

2)预拌混凝土车在运输中或在现场等待的时间过长。

3)暑期施工的混凝土,气温过高,使混凝土中的水分蒸发。

4)使用早强型水泥配制的混凝土,由于混凝土早期水化的速度快,容易出现坍落度损失过大的现象。

预拌混凝土运输、施工过程中,坍落度损失过大,混凝土拌合物逐渐变稠,流动度逐渐降低,泵送和浇筑成型都很困难,混凝土不容易振捣密实,影响了预拌混凝土的施工性能。因此,运输人员担心施工现场拒收预拌混凝土或操作工人为了尽快完成施工任务,图方便而擅自加水。

4. 预防措施

(1)加强预拌混凝土运输人员、施工操作人员教育,强化质量责任,使其了解随意加水的严重危害。

(2)预拌混凝土生产厂家应使用质量可靠稳定、适应性好的外加剂,采用合理配合比,保证到达预拌混凝土施工现场后的工作性能。

(3)混凝土施工时,预拌混凝土使用方可委派驻预拌混凝厂代表,见证记录预拌混凝土生产过程,每车混凝土出厂时间、车号等。

(4)预拌混凝土进场后应按规定做好交货检验,及时做好坍落度检查,偏差应符合要求。

图 4-106　后浇带设置与清理

(5)超过运送时间未卸料的或已初凝的混凝土不得使用,发现使用超过规定运送时间混凝土的,监理单位应责令其停止使用,及时通知施工单位、预拌混凝土厂家技术负责人查明情况,共同确定处理方案。

5. 治理措施

(1)对于运输过程中随意加水的预拌混凝土应拒绝接受,退回生产厂家处理。

(2)应对采用随意加水的预拌混凝土浇筑的构件进行全面质量排查,发生质量事故的,应按质量事故程序进行处理。

4.4.6 混凝土结构后浇带浇筑混凝土封闭时间不符合设计规定

1. 现象

现浇混凝土结构后浇带封闭时间未经设计确认或不符合设计规定,提前浇筑混凝土封闭。

2. 规范规定

《混凝土结构工程施工规范》GB 50666 – 2011:

> 8.3.11 超长结构混凝土浇筑应符合下列规定:
> 1 可留设施工缝分仓浇筑,分仓浇筑间隔时间不应少于7d;
> 2 当留设后浇带时,后浇带封闭时间不得少于14d;
> 3 超长整体基础中调节沉降的后浇带,混凝土封闭时间应通过监测确定,应在差异沉降稳定后封闭后浇带;
> 4 后浇带的封闭时间尚应经设计单位确认。

3. 原因分析

(1)设计图纸中对后浇带封闭时间无要求,图纸会审时也未明确,操作人员无依据擅自封闭后浇带。

(2)施工质量技术人员未对后浇带技术质量要求进行交底,操作工人随意施工。

(3)相关操作人员不了解后浇带的作用,不了解提前封闭后浇带的危害。

后浇带是为适应环境温度变化、混凝土收缩、结构不均匀沉降(如主楼与裙房基础间后浇带)等因素影响,在梁、板(包括基础底板)、墙等结构中预留的具有一定宽度且经过一定时间后再浇筑的混凝土带(图4 – 106)。后浇带两侧混凝土结构完成后,如果停滞时间过短,后浇带两侧混凝土收缩未结束,结构随环境温度变化的变形未稳定,而沉降后浇带两侧结构沉降未稳定或差异沉降量仍较大时就浇筑混凝土封闭后浇带,则可能引起后浇带附近混凝土开裂等现象,失去了设置后浇带的意义。

(4)后浇带未封闭前,地下水、雨水、杂物会通过后浇带渗漏到地下室,给施工管理和现场文明施工带来不方便,施工管理人员要求提前封闭。

4. 预防措施

(1)设计图纸中要明确各种后浇带的作用及其不同的封闭时间,设计图纸中未明确的,应在图纸会审时交待清楚。

(2)施工方案中应注明后浇带混凝土灌注封闭时结构状态、封闭时间等相关质量技术要求,不得提前封闭。

(3)加强现场施工、操作人员的培训教育,学习了解后浇带相关知识以及提前浇筑封闭后浇带的危害。

(4)后浇带封闭时间提前,或不符合设计要求时,应经设计变更,设计人员书面确认后方可封闭。后浇带封闭前应清理(图4－107),落实防裂措施,按质量隐蔽验收程序,经过自检、监理检查验收符合要求后方可封闭。

5. 治理措施

(1)后浇带的留设一般都会有相应的设计要求,所以后浇带的封闭时间应征得设计单位确认。

(2)由设计人员分析,提出处理方案。若后浇带两侧结构变形明显,或引起结构件开裂等异常情况时,必要时应凿除封闭后浇带的混凝土。

满涂混凝土界面剂
随即浇灌混凝土

图4－107 后浇带处理与封闭

4.5 现浇混凝土结构工程

现浇混凝土结构是指在现场原位支模并整体浇筑而成的混凝土结构,其结构的整体性能与刚度较好,适合于抗震设防及整体性要求较高的建筑。混凝土是组成现浇混凝土结构的主要材料,由于混凝土是一种多相复合材料,其结构中存在孔隙、界面微裂缝等先天缺陷,施工中如果混凝土原材料拌制、运输、浇筑、养护等方面质量控制不严格,浇筑完成的混凝土结构容易出现较多的裂缝、混凝土强度低于设计要求、几何尺寸超过允许偏差等常见质量问题,因此施工中应做好预控处理。

4.5.1 钢筋混凝土现浇(墙)板裂缝

1. 现象

钢筋混凝土现浇楼板或地下室墙(顶)板刚浇筑完成,或者模板拆除时间不长,楼板或墙板表面就会出现或多或少的裂隙,当结构表面存水时,水会从构件的另一侧沿裂隙渗出(图4－108)。

2. 规范规定

《混凝土结构工程施工质量验收规范》GB 50204－2015:

8.2.1 现浇结构的外观质量不应有严重缺陷。

对已经出现的严重缺陷,应由施工单位提出技术处理方案,并经监理单位认可后进行处理;对裂缝或连接部位的严重缺陷及其他影响结构安全的严重缺陷,技术处理方案尚应经设计单位认可。对经处理的部位应重新验收。

检查数量:全数检查。

检验方法:观察,检查处理记录。

8.2.2 现浇结构的外观质量不应有一般缺陷。

对已经出现的一般缺陷,应由施工单位按技术处理方案进行处理。对经处理的部位应重新验收。

检查数量:全数检查。

检验方法:观察,检查处理记录。

图 4 - 108　现浇板裂缝

3. 原因分析

裂缝是指缝隙从混凝土表面延伸至混凝土内部。依据混凝土结构外观缺陷分类,构件主要受力部位有影响结构性能或使用功能的裂缝为严重缺陷,其他部位有少量不影响结构性能或使用功能的裂缝为一般缺陷。本节主要讨论的是现浇混凝土施工中常见的温湿胀缩裂缝、早期自生裂缝、变形失调裂缝等非荷载裂缝。

近代科学关于混凝土强度的细观研究以及大量工程实践所提供的经验都说明,结构物的裂缝是不可避免的,裂缝是一种人们可以接受的材料特征,科学的要求应是将其有害程度控制在允许范围内。

(1)按裂缝成因可将裂缝分为荷载超限裂缝、地基下沉裂缝、变形失调裂缝、温湿胀缩裂缝、早期自生裂缝、其他特殊反应裂缝等。

(2)变形失调裂缝可分为温湿度变化引起的变形失调、线胀系数(材料性能)不同引起的变形失调、构件刚度分布不均引起的变形失调、梁板之间的变形失调等。

(3)温湿胀缩裂缝是建筑物上最常见的裂缝。有人宣称"世界上没有不裂缝的建筑物",指的就是温湿胀缩裂缝实在很难避免。因为温湿度是客观环境赋予结构构件的一种物理属性,它既无处不在,无时不在,又随时在变化着,导致了结构构件内部微结构(分子)的胀缩变形,因而产生内应力,引起裂缝。

(4)混凝土在浇筑后,会出现早期的自生裂缝,根据形成机理的不同,分为早期自生微裂缝、早期吸附分离裂缝、早期沉落阻滞裂缝。

1)混凝土的早期自生微裂缝发生在水泥水化过程中,由于水泥水化形成的水泥石的收缩作用,混凝土会形成裸眼难辨的微裂缝,出现在水泥石与粗细骨料接触的界面上。这种微裂缝系水泥薄膜的化学作用收缩所致,并不会影响混凝土的后期强度。

2)早期吸附分离裂缝是由于含水量偏高的塑性混凝土在初凝前后的失水干燥过程中,受周围干燥模板的吸附作用,在毛细吸附作用影响半径范围内的边沿混凝土向模板移动。而在吸附半径以外的混凝土则保持原地不动,甚至由于内聚力作用,还向中央地带(相反方向)蠕动聚集。因而在中间地带形成了一条沿周边走向的塑性混凝土裂缝,称之为塑性分离缝。

3)早期沉落阻滞裂缝是因为混凝土的流动性不足或流动过大,当混凝土入模捣固成型后 $1 \sim 3h$,水分大量蒸发,尚处于塑性阶段混凝土,沿着梁上面和板上面钢筋的位置发生激烈的收缩和不均匀沉缩,同时混凝土还有一个相当长的依靠自重作用沉落的过程,在其自动沉落过程中,如果遇到贴近侧模板的水平钢筋或水平预埋件的阻滞或遇到模板水平接口的阻滞作用,使沉落作用不能顺利地连续地完成,就会在阻滞线以下形成一条水平的阻滞裂缝,以及沿着上表面钢筋方向的保护层裂缝。

(5)其他特殊反应裂缝是指由于材料、环境等原因,钢筋混凝土由于电化学腐蚀反应而形成的裂缝,如碱骨料反应裂缝、氯离子腐蚀裂缝、酸腐蚀裂缝等。

经过对工程施工过程中出现的裂缝以及新建投入使用约 1～2 年住宅工程中,用户投诉反映的现浇混凝土裂缝的综合分析,由于荷载超限、地基下沉或特殊反应引起的混凝土结构裂缝所占比例较低,而变形失调裂缝、温湿胀缩裂缝、早期自生裂缝所占比例较高,构件中尤其以现浇混凝土板(墙)的裂缝比例最高,梁、柱的裂缝比例则较低。

混凝土现浇楼板、墙板、梁、柱的裂缝成因虽然多种多样,与设计、施工、材料、环境等均有关,但根据实践经验,现浇混凝土构件常见裂缝的部位和主要因素如下:

(1)设计方面的因素

1)建筑平面不规则而导致的现浇楼板裂缝。设计中为了体现建筑效果,结构平面会变得较复杂,因为住宅的建筑平面不规则,如楼板缺角的凹角处或带有外挑转角阳台的凸角板端、楼板在相邻板跨连接处厚薄相差过于悬殊、局部开洞、错层等情况下,都会产生应力集中现象,易于形成钢筋混凝土现浇楼板裂缝。

2)楼板设计厚度过薄,则楼板刚度小,易变形,引起裂缝。另外,现浇楼板厚度不足也不能满足建筑物正常使用功能的要求,对现浇板配筋和板内预埋管线布置、楼层隔声等都有影响。

3)悬臂现浇钢筋混凝土板式阳台,面层受力钢筋移位形成裂缝。这种阳台经常由于上表面的钢筋在施工过程中,受施工人员的踩踏影响,钢筋严重移位,使构件截面有效高度减少,从而使板式阳台开裂、甚至垮塌,造成质量事故。

4)端开间及转角单元在山墙与纵墙相交的阳角处,因温度变化产生的裂缝。这些部位由于温度变化致使板角产生较大的主拉应力而产生裂缝,房屋顶层由于温差变化更大,这种裂缝现象愈加明显。

5)梁腹板高度大于等于 450mm 时,如果腰筋配制不足,钢筋混凝土梁受温度及混凝土自身特性的影响,常常在钢筋混凝土梁上产生梭子形竖向裂缝。

6)地下室钢筋混凝土现浇墙板的竖向裂缝。这种裂缝经常发生,该裂缝与构件的长度、温度、混凝土的养护措施以及混凝土的特性有关,同时,抗裂钢筋构造措施不到位也是一个重要因素,在配筋率不变的情况下,减小钢筋直径和钢筋间距,对减少该裂缝的效果很好。《工程结构裂缝控制》有一经验公式如下:

$$\varepsilon_{pa} = 0.5R_f(1 + p/d) \times 10^{-4}$$

式中　ε_{pa}——配筋后的混凝土极限拉伸;

　　　R_f——混凝土抗裂设计强度(MPa);

　　　p——截面配筋率 $\mu \times 100$,例如配筋率 $\mu = 0.2\%$,则 $p = 0.2$;

　　　d——钢筋直径(cm)。

7)现浇混凝土楼板设计强度过高,成为裂缝的诱因。当混凝土强度过高,水泥用量和用水量势必增加,会导致现浇板后期收缩加大,使现浇板产生裂缝。

(2)混凝土组成材料的因素

1)混凝土的用水量是影响现浇混凝土楼板裂缝最主要,也是最关键的因素。根据工程实践,结合有关对混凝土用水量的研究成果,混凝土的用水量会从三个方面影响现浇楼板裂缝的产生。第一,混凝土用水量的增加不仅会增加混凝土结构内部毛细孔的数量,而且会增加混凝土浇筑成型后毛细孔内含水量,从而将增大混凝土的塑性收缩和干燥收缩。第二,在保证混凝土强度不变的情况下,混凝土用水量的增加会相应增加水泥用量,而水泥用量的增加同样会增加混凝土结构内部毛细孔的数量,也会增大混凝土的塑性收缩和干燥收缩。第三,混凝土用水量增加,使混凝土中泌水增加,而泌水增加,促使混凝土中有更多的毛细孔相贯通,使毛细孔中水分蒸发得更快,从而增加混凝土的塑性收缩和干燥收缩。用水量减少后,早期强度增加,也会提高混凝土的抗裂能力。

2)砂的细度对混凝土裂缝的影响是众所周知的,砂越细,其表面积越大,需要越多的水泥等胶凝材料包裹,由此带来水泥用量和用水量的增加,使混凝土的收缩加大。因此,现浇板的混凝土应采用中粗砂。

3)混凝土中粗骨料是抵抗收缩的主要材料,在其他原材料用量不变的情况下,混凝土的干燥收缩随砂率增大而增大。砂率降低,即增加粗骨料用量,这对控制混凝土干燥收缩有利。

4)预拌混凝土为满足泵送和振捣要求,其坍落度一般在100mm以上,坍落度过大会增加混凝土的用水量与水泥用量,从而加大混凝土的收缩。统计数据表明,混凝土坍落度每增加20mm,每立方米混凝土用水量增加5kg。另一方面,混凝土沉缩变形的大小与混凝土的流态有关,混凝土流动性越大,相对沉缩变形越大,越容易出现沉缩裂缝。因此,在满足混凝土运输和泵送的前提下,坍落度应尽可能减小。

(3)现浇混凝土结构施工因素

1)模板支撑不牢或拆除不当引起的裂缝。模板支撑未经计算或水平、竖向连系杆设置不合理,造成支撑刚度不够,当混凝土强度尚未达到一定值时,由于楼面荷载的影响,模板支撑变形加大,楼板产生超值挠曲,引起裂缝。由于工期短,加之模板配备数量不足,出现非预期的早拆模,拆模时混凝土强度未达到规范要求,导致挠曲增大,也会引起裂缝。

2)施工中混凝土材料的用水量增加易诱发裂缝,且导致施工荷载增加。现场采用自拌混凝土时,由于砂、石的含水率和试验室的混凝土配合比的砂、石含水率不同,故施工配合比要根据现场砂、石的含水率进行调整,应出具现场施工配合比。现场拌制混凝土时,原材料要进行计量,是重量配合比,不是体积配合比。

3)现浇楼板近支座处的上部负弯矩钢筋移位诱发的裂缝。由于不注意加强施工管理,在钢筋绑扎结束后,楼板混凝土浇筑前,部分现浇楼板近支座处的上部负弯矩钢筋常常被工作人员踩踏下沉,使其不能有效发挥抵抗负弯矩的作用,使板的实际有效高度减少,结构抵抗外荷载的能力降低,裂缝就容易出现。

4)现浇板中线管十字交叉,出现沿预埋线管方向的楼面裂缝。现浇板中线管十字交叉的现象较多,对混凝土板断面的削弱过多,若无其他措施,造成楼板易出现沿预埋线管方向的楼面裂缝。

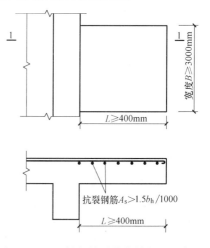

图4-109 悬挑板抗裂分布筋布置示意

261

5)施工中人为踩踏造成钢筋移位,使构件抵抗外荷载的能力降低,在现浇板上产生裂缝。

6)混凝土水化反应,凝固过程中生成的早期自生裂缝。早期裂缝的成因前面已分析,这种裂缝可在混凝土终凝前采用木蟹压抹消除。

7)混凝土养护不当产生的裂缝。混凝土浇捣完后未进行表面覆盖或浇水养护或养护时间不足时,由于受风吹日晒,混凝土板表面游离水分蒸发过快,水泥缺乏必要的水化水,而产生急剧的体积收缩,由收缩而产生拉应力,此时混凝土早期强度低,不能抵抗这种应力而产生开裂。特别是夏冬两季,因昼夜温差大,不少施工单位对养护工作不够重视、养护不当,最容易产生温差裂缝。

此外,施工缝、后浇带处新老混凝土结合部位的收缩裂缝、施工中在混凝土未达到规定强度或者在混凝土未达到终凝时就上荷载而造成混凝土楼板的变形裂缝均是施工中常见的裂缝,应加以控制。

4. 预防措施

对于常见的现浇板(墙)、梁等裂缝,设计中有针对性的预控措施如下:

(1)住宅的建筑平面宜简单、规则,避免平面形状突变。当平面有凹口时,凹口周边钢筋混凝土现浇楼(屋面)板的配筋应适当加强。当现浇板平面形状不规则时,应调整平面形状或采取构造措施。

(2)钢筋混凝土现浇楼(屋面)板的设计厚度不应小于120mm,厨房、浴厕、阳台板不应小于90mm。

(3)当阳台挑出长度大于等于1.5m时,应采用梁板式结构;当阳台挑出长度小于1.5m且采用悬挑板式结构时,悬挑板根部板厚不应小于外挑长度的1/10,且不应小于120mm,板面受力钢筋直径不应小于10mm。

高层建筑阳台的转角柱必须设计成钢筋混凝土构造柱。

(4)建筑物两端开间及变形缝两侧的现浇板应设置双层双向钢筋,钢筋直径不应小于8mm(630MPa及以上带肋高强钢筋不应小于6mm),间距不应大于100mm,其他开间宜设置双层双向钢筋。未设置双层双向钢筋板块的阳角处应设置放射形钢筋,钢筋的数量不应少于7φ10,长度应大于板跨的1/3,且不应小于2000mm。

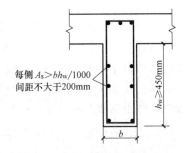

每侧 $A_s > bh_w/1000$
间距不大于200mm

$h_w \geq 450$mm

b

图4-110 ($h_w \geq 450$mm时在梁的两侧面设置腰筋示意)

(5)在现浇板的板宽急剧变化、大开洞削弱等易引起应力集中处,钢筋直径不应小于8mm,间距不应大于100mm,洞口削弱处应每侧配置附加钢筋,并应在板的上表面布置纵横两个方向的抗温度收缩钢筋,洞口削弱处应每边配置附加钢筋,上下层钢筋数量不宜少于2φ12且不小于同向被切断纵向钢筋总面积的50%。

(6)室外悬臂板挑出长度大于等于400mm、宽度大于等于3000mm时,应配抗裂分布筋,直径不应小于6mm,间距不应大于200mm,抗裂分布筋如图4-109所示。

(7)梁腹板高度 h_w 大于等于450mm时,应在梁的两侧面设置腰筋,钢筋直径不应小于12mm,每侧腰筋配筋率 A_s 应大于 $bh_w/1000$,间距不大于200mm(图4-110)。

钢筋混凝土现浇墙板长度超过20m时,钢筋应采用细而密的布置方式,钢筋的间距不宜大于150mm。现浇板混凝土强度等级不宜大于C30。

混凝土用材料与模板及支架应符合下列规定：

（1）混凝土应采用减水率高、分散性能好、对混凝土收缩影响较小的外加剂，其减水率不应低于12%。掺用矿物掺合料的质量应符合相关标准规定，掺量应根据试验确定。

图4-111 管线上方铺设钢筋网片

（2）现浇板的混凝土应采用中、粗砂。

（3）预拌混凝土的含砂率、粗骨料的用量应根据试验确定。

（4）预拌混凝土交货时应检查坍落度，检查频率同混凝土试块的取样频率，但对坍落度有怀疑时应随时检查，并填写检查记录。

（5）模板及支架应根据工程结构形式、荷载大小、地基土类别、施工设备和材料供应等条件进行设计。模板及支架应具有足够的承载能力、刚度和稳定性，能可靠地承受浇筑混凝土的质量、侧压力以及施工荷载，且应符合本书4.1节要求。

施工应符合下列规定：

（1）模板和支撑应编制专项施工方案，根据工期要求，工程应配备足够数量的模板，确保模板拆除时，混凝土强度满足设计和规范要求。

悬挑构件、后浇带的模板及支架应独立设置。后浇带的支撑拆除时间应符合设计文件的要求，设计文件无明确要求时，应待后浇带施工完毕且混凝土强度达到设计强度时方可拆除。

（2）应严格控制现浇板的厚度和现浇板中钢筋保护层的厚度。现浇的阳台、雨篷等悬挑板负弯矩钢筋部位，应设置间距不大于500mm的钢筋间隔件，在浇筑混凝土时钢筋不应位移。

（3）现浇板内预埋管线必须布置在上下层钢筋网片之间，交叉布线处应采用线盒，线管的直径应小于1/3楼板厚度，若预埋管线上部没有上层钢筋网片时，则应沿预埋管线长度方向增设 ϕ6@100、宽度不小于450mm的钢筋网片（图4-111）。水管严禁水平埋设在现浇板中。

图4-112 布料机边钢筋移位

（4）钢筋混凝土现浇楼（屋）面板浇筑前，必须搭设可靠的施工平台、走道。混凝土浇筑过程中钢筋不应移位、变形（图4-112）。

（5）现浇板浇筑时，在混凝土初凝前宜采用平板振动器进行二次振捣；在混凝土终凝前进行两次压抹（图4-113），且宜采用机械磨光机抹平（图4-114）。

（6）施工缝的位置和处理、后浇带的位置和混凝土浇筑应严格按设计要求和施工技术方案执行。后浇带混凝土宜采用提高一个强度等级的补偿收缩混凝土浇筑，浇筑时，其两侧混凝土龄期不应少于60d。

混凝土养护除应符合本书4.5.2节要求外，还应符

图4-113 混凝土面二次压抹

合下列要求：

（1）应在混凝土浇筑完毕后的 12h 以内，对混凝土加以覆盖和保湿养护。

1）根据气候条件，淋水次数应能使混凝土处于湿润状态。养护用水应与拌制用水相同。每次淋水应有书面记录。

2）用塑料布覆盖养护时，应将混凝土盖严，并保持塑料布内有凝结水。

3）日平均气温低于 5℃ 时，不应淋水。

4）对不便淋水和覆盖养护的，宜涂刷保护层（如薄膜养生液等）养护，减少混凝土内部水分蒸发。

图 4-114　磨光机收面

（2）对掺用缓凝型外加剂或有抗渗性能要求的混凝土，养护时间不应少于 14d。

（3）现浇板养护期间，当混凝土强度小于 1.2MPa 时，不应进行后续施工。当混凝土强度小于 10MPa 时，不应在现浇板上吊运、堆放重物。吊运、堆放重物时应采取措施，减轻对现浇板的冲击影响。

混凝土结构构件裂缝修补处理的宽度限值（mm）　　　　表 4-12

区分	构件类别		环境类别和环境作用等级			防水防气防射线要求
			I-C（干湿交替环境）	I-B（非干湿交替的室内潮湿环境及露天环境、长期湿润环境）	I-A（室内干燥环境、永久的静水浸没环境）	
（A）应修补的弯曲、轴拉和大偏心受压荷载裂缝及非荷载裂缝的裂缝宽度（mm）	钢筋混凝土构件	主要构件	>0.4	>0.4	>0.5	>0.2
		一般构件	>0.4	>0.5	>0.6	>0.2
	预应力混凝土构件	主要构件	>0.1(0.2)	>0.1(0.2)	>0.2(0.3)	>0.2
		一般构件	>0.1(0.2)	>0.1(0.2)	>0.35(0.5)	>0.2
（B）宜修补的弯曲、轴拉和大偏心受压荷载裂缝及非荷载裂缝的裂缝宽度（mm）	钢筋混凝土构件	主要构件	0.2~0.4	0.3~0.4	0.35~0.5	0.05~0.2
		一般构件	0.3~0.4	0.3~0.4	0.4~0.6	0.05~0.2
	预应力混凝土构件	主要构件	0.05~0.1(0.02~0.2)	0.05~0.1(0.02~0.2)	0.1~0.2(0.05~0.3)	0.05~0.2
		一般构件	0.05~0.1(0.02~0.2)	0.05~0.1(0.02~0.2)	0.3~0.35(0.1~0.5)	0.05~0.2
（C）不需要修补的弯曲、轴拉和大偏心受压荷载裂缝及非荷载裂缝的裂缝宽度（mm）	钢筋混凝土构件	主要构件	<0.2	<0.3	<0.35	<0.05
		一般构件	<0.3	<0.3	<0.4	<0.05
	预应力混凝土构件	主要构件	<0.05(0.02)	<0.05(0.02)	<0.1(0.05)	<0.05
		一般构件	<0.05(0.02)	<0.05(0.02)	<0.3(0.1)	<0.05

5. 治理措施

（1）裂缝处理应综合考虑不同的结构特点、材料性能及技术经济效果，合理选择方法，对影响结构、构件承载力的裂缝，以及地基不均匀沉降引起的裂缝，修补前，应先采取必要的加固措施,消除裂缝产生的根源,混凝土结构构件的荷载裂缝可按现行国家标准《混凝土结构加固设计规范》GB 50367-2013的要求进行裂缝处理。

(2)当混凝土结构构件的荷载裂缝宽度小于国家标准《混凝土结构设计规范》GB 50010-2010的规定时,构件可不做承载能力验算。

(3)非荷载裂缝处理

混凝土结构构件的非荷载裂缝应按裂缝宽度限值,并按表4-12的要求进行裂缝修补处理。

混凝土结构的非荷载裂缝修补可采用表面封闭法、注射法、压力注浆法、填充密封等方法。

混凝土结构构件的非荷载裂缝修补方法,可按下列情况分别选用:

(1)钢筋混凝土构件沿受力主筋处的弯曲、轴拉和大偏心受压应修补的非荷载裂缝,其宽度在$0.4 \sim 0.5mm$时可使用注射法进行处理,宽度大于或等于$0.5mm$时可使用压力注浆法进行处理。

(2)对于宜修补的钢筋混凝土构件沿受力主筋处

图4-115　注射修补裂缝

的弯曲、轴拉和大偏心受压修补的非荷载裂缝,其宽度在$0.2 \sim 0.5mm$时可使用填充密封法进行处理,宽度在$0.5 \sim 0.6mm$时可使用压力注浆法进行处理。

(3)有防水、防气、防射线要求的钢筋混凝土构件或预应力混凝土构件的非荷载裂缝,其宽度在$0.05 \sim 0.2mm$时,可使用注射法并结合表面封闭法进行处理;其宽度大于$0.2mm$时,可使用填充密封法进行处理。

(4)钢筋混凝土构件或预应力混凝土构件受剪(斜拉、剪压、斜压)、轴压、小偏心受压、局部受压、受冲切、受扭产生的非荷载裂缝,可使用注射法进行处理。

(5)裂缝修补应根据混凝土结构裂缝深度h与构件厚度H的关系选择处理方法。h小于或等于$0.1H$的表面裂缝,应按表面封闭法进行处理;h在$0.1H \sim 0.5H$时的浅层裂缝,应按填充密封法进行处理;h大于或等于$0.5H$的纵深裂缝以及h等于H的贯穿裂缝,应按压力注浆法进行处理,并保证注浆处理后界面的抗拉强度不小于混凝土抗拉强度。

(6)有美观、防渗漏和耐久性要求,以及使用者较关注的住宅工程的裂缝修补,应结合表面封闭法进行处理。

裂缝修补的施工程序应符合下列规定:

裂缝复查→制订修补技术方案→清理、修整原结构、构件→界面处理及原构件含水率控制→裂缝修补施工→修补质量检验。

裂缝处理施工的基本规定:

(1)裂缝处理的施工除应符合《房屋裂缝检测与处理技术规程》CECS 293-2011规定要求外,还应遵守现行国家标准《建筑结构加固工程施工质量验收规范》GB 50550-2010的规定。

(2)在对结构构件进行裂缝处理时,施工单位应针对裂缝修补和加固方案制定施工技术措施。

(3)裂缝处理所用材料的性能,应满足设计要求。

（4）原结构构件表面，应按下列要求进行界面处理：

1）原构件表面的界面处理，应沿裂缝走向及两侧各100mm范围内，打磨平整、清除油垢直至露出坚实的基材新面，用压缩空气或吸尘器清理干净。

2）当设计要求沿裂缝走向骑缝凿槽时，应按施工图规定的剖面形式和尺寸进行开凿、修整并清理干净。

3）裂缝内的粘合面处理，应按胶粘剂产品说明书的规定进行。

（5）胶体材料的调制和使用应按产品说明书的规定进行。

（6）裂缝表面封闭完成后，应根据结构使用环境和设计要求做好防护层。

（7）裂缝处理施工的全过程，应有可靠的安全措施。

裂缝处理的施工方法和检验：

采用注射法施工时，应按下列要求进行处理及检验：

（1）在裂缝两侧的结构构件表面应每隔一定距离粘接注射筒的底座，并沿裂缝的全长进行封缝（图4-115、图4-116）。

图4-116 裂缝修补

（2）封缝胶固化后方可进行注胶操作。

（3）灌缝胶液可用注射器注入裂缝腔内，并应保持低压、稳压。

（4）注入裂缝的胶液固化后，可撤除注射筒及底座，并用砂轮磨平构件表面。

（5）采用注射法的现场环境温度和构件温度不宜低于12℃，且不应低于5℃。

（6）封缝胶泥固化后立即进行压气试验，检查密封效果；观察注浆嘴压入压缩空气压力值等于注浆压力值时是否有漏气的气泡出现。若有漏气，应用胶泥修补，直至无气泡出现。

采用压力注浆法施工时，应按下列要求进行处理及检验：

（1）进行压力注浆前应骑缝或斜向钻孔至裂缝深处，并埋设注浆管，注浆嘴应埋设在裂缝端部、交叉处和较宽处，间隔为300~500mm，对贯穿性深裂缝应每隔1~2m加设一个注浆管。

（2）封缝应使用专用的封缝胶，胶层应均匀无气泡、砂眼，厚度应大于2mm，并与注浆嘴连接密封。

（3）封缝胶固化后，应使用洁净无油的压缩空气试压，确认注浆通道是否通畅、密封、无泄漏。

（4）注浆应按由宽到细、由一端到另一端、由低到高的顺序依次进行。

（5）缝隙全部注满后应继续稳定压力一定时间，待吸浆率小于50ml/h后停止注浆，关闭注浆嘴。

（6）封缝胶泥固化后立即进行压气试验，检查密封效果；观察注浆嘴压入压缩空气，压力等于注浆压力，观察是否有漏气的气泡出现。若有漏气，应用胶泥修补，直至无气泡出现。

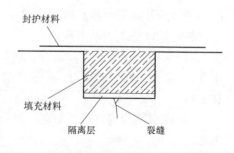

图4-117 裂缝处开U形槽充填修补材料

采用填充密封法施工时,应按下列要求进行处理及检验:

(1)进行填充密封前应沿裂缝走向骑缝开凿 V 形槽或 U 形槽,并仔细检查凿槽质量。

(2)当有钢筋锈胀裂缝时,凿出全部锈蚀部分,并进行除锈和防锈处理。

(3)当需设置隔离层时,U 形槽的槽底应为光滑的平底,槽底铺设的隔离层(图 4 – 117)应紧贴槽底,且不应吸潮膨胀,填充材料不应与基材相互反应。

(4)向槽内灌注液态密封材料,应灌至微溢并抹平。

(5)静止的裂缝和锈蚀裂缝可采用封口胶或修补胶等进行填充,并用纤维织物或弹性涂料封护;活动裂缝可采用弹性和延性良好的密封材料进行填充封护。

采用表面封闭法施工时,应按下列要求进行处理及检验:

(1)进行表面封闭前应先清洗结构构件表面的水分,干燥后进行裂缝的封闭。

(2)涂刷底胶应使胶液在结构构件表面充分渗透,微裂纹内应含胶饱满,必要时可沿裂缝多道涂刷。

(3)粘贴时应排除气泡,使布面平整、含胶饱满均匀。

(4)织物沿裂缝走向骑缝粘贴,当使用单向纤维织物时,纤维方向应与裂缝走向相垂直。

(5)多层粘贴时应重复上述步骤,纤维织物表面所涂的胶液达到指干状态时应粘贴下一层。

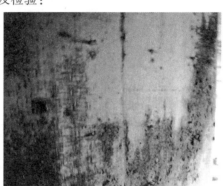

图 4 – 118　混凝土麻面缺陷

采用化学材料浇筑法施工时,应按下列要求进行处理及检验:

(1)进行化学材料浇筑前,结构构件应做临时支撑。

(2)浇筑槽应分段开凿,每段不得超过 1m,开凿宽度可沿裂缝两侧各 50mm,剔除槽内酥松部分并清除杂物,漏浆液的洞、缝可用环氧树脂腻子封堵。

(3)材料制备应按产品说明书的要求进行(环氧树脂添加固化剂搅拌均匀后添加促进剂,继续搅拌均匀后添加石英粉),并保持适当的温度,材料制备完成后可进行浇筑。

采用密实法施工时,应按下列要求进行处理及检验:

(1)裂缝两侧 10 ~ 20mm 范围应清理干净,并用水冲洗,保持湿润。

(2)采用环氧树脂腻子修补裂缝应堵抹严实,并清理表面。

4.5.2　现浇结构有麻面、蜂窝、孔洞、夹渣、疏松等外观质量缺陷

1. 现象

混凝土结构模板拆除后,在混凝土构件表面常常会出现面积大小、数量不一的麻面、蜂窝、孔洞、夹

图 4 – 119　混凝土蜂窝缺陷

渣、疏松等外观质量缺陷,影响混凝土构件的观感质量,严重时会影响到结构性能和使用功能。

麻面:混凝土表面出现缺浆和许多小凹坑与麻点,形成粗糙面,影响外表美观,但无钢筋外露现象(图4-118)。

蜂窝:混凝土表面缺少水泥砂浆而形成石子外露,石子之间形成类似蜂巢的大量空隙、窟窿(图4-119)。

孔洞:混凝土结构内部有尺寸较大的窟窿,局部或全部没有混凝土;或蜂窝空隙特别大,钢筋局部或全部裸露;孔穴深度和长度均超过保护层厚度。

夹渣:混凝土中夹有松散砂浆、泥土、木屑等杂物且深度超过保护层厚度(图4-120)。

疏松:混凝土中局部不密实,局部强度较低,可成碎块状脱落。

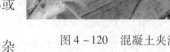

图4-120 混凝土夹渣缺陷

2. 规范规定

《混凝土结构工程施工质量验收规范》GB 50204-2015:

8.1.2 现浇结构的外观质量缺陷应由监理单位、施工单位等各方根据其对结构性能和使用功能影响的严重程度按表8.1.2确定。

现浇结构外观质量缺陷 表8.1.2

名称	现象	严重缺陷	一般缺陷
露筋	构件内钢筋未被混凝土包裹而外露	纵向受力钢筋有露筋	其他钢筋有少量露筋
蜂窝	混凝土表面缺少水泥砂浆而形成石子外露	构件主要受力部位有蜂窝	其他部位有少量蜂窝
孔洞	混凝土中孔穴深度和长度均超过保护层厚度	构件主要受力部位有孔洞	其他部位有少量孔洞
夹渣	混凝土中夹有杂物且深度超过保护层厚度	构件主要受力部位有夹渣	其他部位有少量夹渣
疏松	混凝土中局部不密实	构件主要受力部位有疏松	其他部位有少量疏松
裂缝	裂缝从混凝土表面延伸至混凝土内部	构件主要受力部位有影响结构性能或使用功能的裂缝	其他部位有少量不影响结构性能或使用功能的裂缝
连接部位缺陷	构件连接处混凝土有缺陷或连接钢筋、连接件松动	连接部位有影响结构传力性能的缺陷	连接部位有基本不影响结构传力性能的缺陷
外形缺陷	缺棱掉角、棱角不直、翘曲不平、飞边凸肋等	清水混凝土构件有影响使用功能或装饰效果的外形缺陷	其他混凝土构件有不影响使用功能的外形缺陷
外表缺陷	构件表面麻面、掉皮、起砂、沾污等	具有重要装饰效果的清水混凝土构件有外表缺陷	其他混凝土构件有不影响使用功能的外表缺陷

8.2.1 现浇结构的外观质量不应有严重缺陷。

对已经出现的严重缺陷,应由施工单位提出技术处理方案,并经监理单位认可后进行处理;对裂缝或连接部位的严重缺陷及其他影响结构安全的严重缺陷,技术处理方案尚应经设计单位认可。对经处理的部位应重新验收。

3. 原因分析

(1)形成麻面的原因

1)模板表面粗糙或粘附有水泥浆渣等杂物未清理干净,或清理不彻底,拆模时混凝土表面被粘坏。

2)木模板未浇水湿润或湿润不够,混凝土构件表面的水分被吸去,使混凝土表面失水过多,而出现麻面。

3)模板拼缝不严,局部漏浆,使混凝土表面沿模板缝位置出现麻面。

4)模板隔离剂涂刷不匀,或局部漏刷隔离剂,或隔离剂变质失效,拆模时混凝土表面与模板粘结,造成麻面。

5)混凝土未振捣密实或振捣过度,造成气泡停留在模板表面形成麻面。

6)拆模过早,使混凝土表面的水泥浆粘在模板上,也会产生麻面。

(2)形成蜂窝的原因

1)混凝土配合比不当,或砂、石子、水泥材料计量错误,加水量不准确,造成砂浆少、石子多。

2)混凝土搅拌时间不足,未拌均匀,和易性差,振捣不密实。

3)混凝土下料一次下料过多或过高,未设加长软管,使石子集中,造成石子与砂浆离析。

4)混凝土未分段分层下料,振捣不实或靠近模板处漏振,或使用干硬性混凝土,振捣时间不够;或下料与振捣未很好配合,未及时振捣就下料,因漏振而造成蜂窝。

5)模板缝隙未堵严,振捣时水泥浆大量流失;或模板未支牢,振捣混凝土时模板松动或位移,或振捣过度造成严重漏浆。

6)结构构件截面小,钢筋较密,使用的石子粒径过大或坍落度过小,混凝土被卡住,造成振捣不实。

(3)形成孔洞的原因

1)在钢筋较密的部位或预留孔洞和埋设件处,混凝土下料被搁住,未振捣就继续浇筑上层混凝土,而在下部形成孔洞。

2)混凝土离析,砂浆分离,石子成堆,严重跑浆,又未进行振捣,从而形成特大的蜂窝。

3)混凝土一次下料过多、过厚或过高,振捣器振动不到,形成松散孔洞。

4)混凝土内掉入工具、木块、泥块等杂物,混凝土被卡住。

(4)混凝土结构夹渣形成的原因

1)施工缝或后浇缝带,未经接缝处理,未将表面水泥浆膜和松动石子清除掉,或未将软弱混凝土层及杂物清除,或未充分湿润,就继续浇筑混凝土。

2）大体积混凝土分层浇筑,在施工间歇时,施工缝处掉入锯屑、泥土、木块、砖块等杂物,未认真检查和清除干净,就浇筑混凝土,使施工缝处夹有杂物。

3）混凝土浇筑高度过大,未设加长软管、溜槽下料,造成底层混凝土离析。

4）底层交接处未灌接缝砂浆层,接缝处混凝土未很好振捣密实;或浇筑混凝土接缝时,留槎或接槎时振捣不足。

5）柱头浇筑混凝土时,当间歇时间很长,常掉进杂物,未认真处理就浇筑上层柱混凝土,造成施工缝处形成夹渣。

（5）现浇结构混凝土疏松形成的原因

1）木模板未浇水湿透,或湿润不够,混凝土表层水泥水化的水分被吸去,造成混凝土脱水,产生酥松、脱落。

2）炎热刮风天浇筑混凝土,脱模后未适当护盖浇水养护,造成混凝土表层快速脱水产生酥松。

3）冬期低温浇筑混凝土,浇灌温度低,未采取保温措施,结构混凝土表面受冻,造成酥松、脱落。

4. 预防措施

（1）麻面缺陷的预防

1）模板表面应清理干净,不得粘有干硬水泥砂浆等杂物。

2）浇筑混凝土前,模板应浇水充分湿润,并清扫干净。

3）模板拼缝应严密,如有缝隙,应用海绵条、塑料条、纤维板或密封条堵严。

4）模板隔离剂应选用长效的,涂刷要均匀,并防止漏刷。

5）混凝土应分层均匀振捣密实,严防漏振,每层混凝土均应振捣至排除气泡为止。

6）拆模不应过早。

（2）蜂窝缺陷的预防

1）认真设计并严格控制混凝土配合比,加强检查,保证材料计量准确。

2）混凝土应拌合均匀,坍落度应适宜。

3）混凝土下料高度如超过3m,应设加长软管或设溜槽。

4）浇筑应分层下料,分层捣固,分层浇筑的最大厚度见表4-13所列,并防止漏振。

混凝土分层浇筑层的最大厚度　　　　　　　　　　　　　　表4-13

振捣方法	混凝土分层振捣最大厚度
振动棒	振动棒作用部分长度的1.25倍
平板振动器	200mm
附着振动器	根据设置方式,通过试验确定

5）混凝土浇筑宜采用带浆下料法或赶浆捣固法。捣实混凝土拌合物时,插入式振动器移动间距不应大于其作用半径的1.5倍;振动器至模板的距离不应大于振动器有效作用半径的1/2。为保证上下层混凝土良好结合,振动棒应插入下层混凝土50mm;平板振动器在相邻两段之间应搭接振捣30～50mm。

6）混凝土每点的振捣时间,根据混凝土的坍落度和振捣有效作用半径,可参考表4-14采用。合适的振捣时间一般是:当振捣到混凝土不再显著下沉出现气泡和混凝土表面出浆呈水平状态,并将模板边角填满密实即可。

混凝土振捣时间与混凝土坍落度、振捣有效作用半径的关系　　　表 4 - 14

坍落度(mm)	0 ~ 30	40 ~ 70	80 ~ 120	130 ~ 170	180 ~ 200	200 以上
振捣时间(s)	22 ~ 28	17 ~ 22	13 ~ 17	10 ~ 13	7 ~ 10	5 ~ 7
振捣有效作用半径(cm)	25	25 ~ 30	25 ~ 30	30 ~ 35	35 ~ 40	35 ~ 40

7)模板缝应堵塞严密。浇筑混凝土过程中,要经常检查模板、支架、拼缝等情况,发现模板变形、走动或漏浆,应及时修复。

(3)孔洞缺陷的预防

1)在钢筋密集处及复杂部位,采用细石混凝土浇筑,使混凝土易于充满模板,并仔细捣实,必要时,辅以人工捣实。

2)预留孔洞、预埋铁件处应在两侧同时下料,下部浇筑应在侧面加开浇灌口下料;振捣密实后再封好模板,继续往上浇筑,防止出现孔洞。

3)采用正确的振捣方法,防止漏振。插入式振动器应采用垂直振捣方法,即振动棒与混凝土表面垂直或成 40° ~ 45° 角斜向振捣。插点应均匀排列,可采用行列式或交错式顺序移动,不应混用,以免漏振。每次移动距离不应大于振动棒作用半径(R)的 1.5 倍。一般振动棒的作用半径为 300 ~ 400mm。振动器操作时应快插慢拔。

4)控制好下料,混凝土自由倾落高度不应大于 3m,大于 3m 时应采用加长软管或设溜槽、串筒的方法下料,以保证混凝土浇筑时不产生离析。

5)砂石中混有的黏土块、模板、工具等杂物掉入混凝土内,应及时清除干净。

6)加强施工技术管理和质量控制工作。

(4)夹渣缺陷的预防

1)认真按施工验收规范要求处理施工缝及后浇缝表面;接缝处的锯屑、木块、泥土、砖块等杂物必须彻底清除干净,并将接缝表面洗净。

2)混凝土浇筑高度大于 3m 时,就应设加长软管或设溜槽下料。

3)在施工缝或后浇缝处继续浇筑混凝土时,应注意以下几点:

浇筑柱、梁、楼板、墙、基础等,应连续进行,如间歇时间超过规定,则按施工缝处理,应在混凝土抗压强度不低于 1.2MPa 时,才允许继续浇筑。

大体积混凝土浇筑,如接缝时间超过规定的时间,可采取对混凝土进行二次振捣,以提高接缝的强度和密实度。方法是对先浇筑的混凝土终凝前后 4 ~ 6h 再振捣一次,然后再浇筑上一层混凝土。

在已硬化的混凝土表面上,继续浇筑混凝土前,应清除水泥薄膜和松动石子以及软弱混凝土层,并加以充分湿润和冲洗干净,且不得积水。

接缝处浇筑混凝土前应铺一层水泥浆或浇 50 ~ 100mm 厚与混凝土内成分相同的水泥砂浆,或 100 ~ 150mm 厚减半石子混凝土,以利良好结合,并加强接缝处混凝土振捣使之密实。

在模板上沿施工缝位置通条开口,以便于清理杂物和冲洗。全部清理干净后,再将通条开口封板,并抹水泥浆或减半石子混凝土砂浆,再浇筑混凝土。

(5)疏松缺陷的预防

1）模板要清理干净,充分润湿。

2）脱模后要及时护盖养护,尤其在炎热、大风天气,必要时可覆盖一层塑料薄膜保湿养护。

3）冬期施工应注意模板保温,以及脱模后的保温保湿。

5. 治理措施

（1）麻面缺陷的治理

1）表面尚需做装饰抹灰的,可不做处理。

2）表面不再做装饰的,应在麻面部分浇水充分湿润后,用原混凝土配合比（去石子）砂浆,将麻面抹平压光,使颜色一致。修补完后,应保湿养护。

（2）蜂窝缺陷的治理

1）对小蜂窝,用水洗刷干净后,用1:2或1:2.5水泥砂浆压实抹平。

2）对较大蜂窝,先凿去蜂窝处薄弱松散的混凝土和突出的颗粒,刷洗干净后支模,用高一强度等级的细石混凝土堵塞捣实,并认真养护。

3）较深蜂窝如清除困难,可埋压浆管和排气管,表面抹砂浆或支模灌混凝土封闭后,进行水泥压浆处理。

（3）孔洞缺陷的处理

1）对混凝土孔洞的处理,应经有关单位共同研究,制定修补或补强方案,经批准后方可处理。

2）一般孔洞处理方法是:将孔洞周围的松散混凝土和软弱浆膜凿除,用压力水冲洗,支设带托盒的模板,洒水充分湿润后,用比结构高一强度等级的半干硬性细石混凝土仔细分层浇筑,强力捣实,并养护。突出结构面的混凝土,须待达到50％强度后再凿去,表面用1:2水泥砂浆抹光。

3）对面积大且比较深的孔洞,按2）项清理后,在内部埋压浆管、排气管,填清洁的碎石（粒径10～20mm）,表面抹砂浆或浇筑薄层混凝土,然后用水泥压力灌浆方法进行处理,使之密实。

（4）夹渣缺陷的处理

1）缝隙夹渣不深时,可将松散混凝土凿去,洗刷干净后,用1:2或1:2.5水泥砂浆强力填嵌密实。

2）缝隙夹渣较深时,应清除松散部分和内部夹杂物,用压力水冲洗干净后支模,浇灌细石混凝土并捣实,或将表面封闭后进行压浆处理。

（5）疏松缺陷的处理:

1）表面较浅的酥松缺陷,可将酥松部分凿去,洗刷干净充分湿润后,用1:2或1:2.5水泥砂浆抹平压实。

图4-121　过早上人的现浇板面

2）较深的酥松缺陷,可将酥松和突出颗粒凿去,刷洗干净,充分湿润后支模,用比结构高一强度等级的细石混凝土浇筑密实,并加强养护。

4.5.3 现浇混凝土表面养护不符合要求

1. 现象

现浇混凝土板面未浇水或覆盖养护,竖向构件拆模后未喷水养护,混凝土表面失水过快,水化反应不足,造成混凝土表面强度不足、开裂或测定的混凝土碳化深度不准确。

图 4 - 122　竖向构件包裹塑料膜养护　　　图 4 - 123　专人喷水养护

2. 规范规定

《混凝土结构工程施工规范》GB 50666 - 2011:

8.5.1 混凝土浇筑后应及时进行保湿养护,保湿养护可采用洒水、覆盖、喷涂养护剂等方式。养护方式应根据现场条件、环境温湿度、构件特点、技术要求、施工操作等因素确定。

8.5.2 混凝土的养护时间应符合下列规定:

1 采用硅酸盐水泥、普通硅酸盐水泥或矿渣硅酸盐水泥配制的混凝土,不应少于7d;采用其他品种水泥时,养护时间应根据水泥性能确定;

2 采用缓凝型外加剂、大掺量矿物掺合料配制的混凝土,不应少于14d;

3 抗渗混凝土、强度等级C60及以上的混凝土,不应少于14d;

4 后浇带混凝土的养护时间不应少于14d;

5 地下室底层墙、柱和上部结构首层墙、柱,宜适当增加养护时间;

6 大体积混凝土养护时间应根据施工方案确定。

8.5.3 洒水养护应符合下列规定:

1 洒水养护宜在混凝土裸露表面覆盖麻袋或草帘后进行,也可采用直接洒水、蓄水等养护方式;洒水养护应保证混凝土表面处于湿润状态;

2 洒水养护用水应符合本规范第7.2.9条的规定;

3 当日最低温度低于5℃时,不应采用洒水养护。

8.5.4 覆盖养护应符合下列规定:

1 覆盖养护宜在混凝土裸露表面覆盖塑料薄膜、塑料薄膜加麻袋、塑料薄膜加草帘进行;

2 塑料薄膜应紧贴混凝土裸露表面,塑料薄膜内应保持有凝结水;

3 覆盖物应严密,覆盖物的层数应按施工方案确定。

8.5.5 喷涂养护剂养护应符合下列规定:

1 应在混凝土裸露表面喷涂覆盖致密的养护剂进行养护;

2 养护剂应均匀喷涂在结构构件表面,不得漏喷;养护剂应具有可靠的保湿效果,保湿

效果可通过试验检验;

3 养护剂使用方法应符合产品说明书的有关要求。

8.5.6 基础大体积混凝土裸露表面应采用覆盖养护方式;当混凝土浇筑体表面以内40mm~100mm位置的温度与环境温度的差值小于25℃时,可结束覆盖养护。覆盖养护结束但尚未达到养护时间要求时,可采用洒水养护方式直至养护结束。

8.5.7 柱、墙混凝土养护方法应符合下列规定:

1 地下室底层和上部结构首层柱、墙混凝土带模养护时间,不应少于3d;带模养护结束后,可采用洒水养护方式继续养护,也可采用覆盖养护或喷涂养护剂养护方式继续养护;

2 其他部位柱、墙混凝土可采用洒水养护,也可采用覆盖养护或喷涂养护剂养护。

8.5.8 混凝土强度达到1.2MPa前,不得在其上踩踏、堆放物料、安装模板及支架。

3. 原因分析

混凝土不按要求精心养护,会因为构件表面过快失水,混凝土的水化反应终止或减缓,形成构件表面不密实、裂缝、强度不足及耐久性差等问题,混凝土养护不符合要求的主要原因有:

(1)施工管理人员对混凝土养护工作不重视,疏于检查管理,不能落实混凝土养护措施。

(2)工程建设工期不合理,施工单位盲目抢工期,有时楼层结构混凝土刚刚浇筑完成,楼层就开始上人和安装钢管支撑等施工荷载,浇水或覆盖养护对放线等后续施工有一定影响,施工人员不愿意浇水或覆盖养护。

(3)柱(墙)竖向构件拆模后,构件表面失水过快,由于楼层较长及内部支撑钢管多等影响通行,浇水或覆盖养护不方便。

(4)炎热、大风条件下,水分蒸发快,浇水养护频次不够,养护效果不好。

(5)混凝土养护剂质量不合格、养护剂内兑水或没有将构件表面全部喷涂覆盖或喷涂遍数不符合要求,养护效果不好。

图4-124 覆盖土工布保水养护

图4-125 现浇板覆盖薄膜养护

4. 预防措施

(1)施工前应针对不同混凝土构件、部位制定混凝土保湿养护的专项施工方案,方案应符合《混凝土结构工程施工规范》GB 50666-2011"8.5 混凝土养护"要求。大体积混凝土、冬季混凝土防冻养护措施应符合相关方案的要求。

(2)混凝土养护应安排专人负责,定期检查养护效果。

(3)禁止因为抢工期等原因而疏于养护。

(4)现浇板面宜蓄水养护。其他养护方法有覆盖土工布、塑料膜、喷水、涂刷养护剂等(图4-122~图4-125)。有条件时,针对现浇板底面、墙面等保湿养护困难部位,在楼层内宜设计布置自动喷淋水网(图4-126、图4-127)进行混凝土喷淋水养护。

（5）混凝土养护剂使用前应检验合格，并按使用说明书要求使用，及时检查养护效果。

5. 治理措施

（1）混凝土养护不当，造成混凝土强度低于设计要求的质量问题时，应由原设计单位核算是否符合结构安全和使用功能的要求，当需要返修或加固时，应由原设计单位出具返修或加固处理方案，施工按加固方案实施。

图4-126　自动喷淋水装置示意

（2）混凝土养护不当，引起混凝土裂缝时，可参照本书4.5.1节钢筋混凝土现浇（墙）板裂缝的治理措施进行治理。

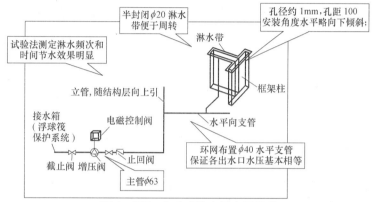
图4-127　自动喷淋水网布置示意

（3）混凝土养护不当，引起混凝土结构耐久性问题时，应报原设计单位复核，当需要返修或采取有关措施时，应由原设计单位出具返修或技术处理方案，并按方案实施。

4.5.4 柱、墙上的节点核心区浇筑梁板低强度混凝土

1. 现象

（1）混凝土结构施工时，由于混凝土浇筑施工组织不恰当，或者为了施工方便，一些施工单位会先浇筑柱、墙混凝土至梁底，再浇筑楼面梁板混凝土，此时，梁高范围内的柱节点核心区实际浇筑的是强度等级较低的梁板混凝土，另外前后两次混凝土若浇筑间隔时间长，混凝土交界面会形成施工冷缝，形成结构质量问题。

（2）浇筑柱混凝土时，若先将柱的混凝土浇筑至现浇板表面，再浇筑梁板混凝土，由于预拌混凝土坍落度较大，混凝土会自然流淌至梁板内，前后两次混凝土浇筑若间隔时间长，同样会在梁上形成施工冷缝，而且柱顶混凝土标高也不容易控制准确。

2. 规范规定

《混凝土结构工程施工规范》GB 50666-2011：

> 8.3.8 柱、墙混凝土设计强度等级高于梁、板混凝土设计强度等级时，混凝土浇筑应符合下列规定：
>
> 1 柱、墙混凝土设计强度比梁、板混凝土设计强度高一个等级时，柱、墙位置梁、板高度范围内的混凝土经设计单位确认，可采用与梁、板混凝土设计强度等级相同的混凝土进行浇筑；

2 柱、墙混凝土设计强度比梁、板混凝土设计强度高两个等级及以上时，应在交界区域采取分隔措施；分隔位置应在低强度等级的构件中，且距高强度等级构件边缘不应小于500mm；

　　3 宜先浇筑强度等级高的混凝土，后浇筑强度等级低的混凝土。

3. 原因分析

（1）高层建筑中，柱、墙的混凝土设计强度等级通常很高，而现浇板设计采用较低强度等级的混凝土则有利于防裂，因此墙、柱设计混凝土抗压强度高于现浇梁板一个（C5）或多个等级是设计采用的常见方法。

（2）柱、墙位置梁板高度范围内的混凝土是侧向受限的，相同强度等级的混凝土在侧向受限条件下的强度等级会提高。但由于缺乏试验数据，无法说明这个区域的混凝土强度可以提高两个等级。此外由于节点区域受力更复杂，抗震设计要求实现"强柱弱梁"、"强节点弱杆件"，要求构件节点的破坏，不应先于其连接的构件等，因此不应过多削弱节点区混凝土强度。

（3）传统施工方法中通常先浇筑高强度等级的柱身混凝土至梁底，然后再浇筑强度等级稍低的梁板混凝土，梁高范围内的柱（节点核心区）混凝土实际使用的是低强度等级的梁板混凝土，且当浇筑时措施不当，将会在梁底形成"冷缝"，形成"夹层饼干"式的质量隐患。

图4-128　高低强度混凝土间钢丝网分隔　　　　图4-129　强度高的柱混凝土先浇筑

4. 预防措施

（1）施工前应编制方案，做好梁柱节点区域混凝土施工的技术交底工作。

（2）柱与梁板混凝土应一次浇筑，不应擅自留设施工缝，或因浇筑不连续而形成"冷缝"。

（3）当梁板与柱混凝土强度等级相差两个及以上时，在离柱边500mm处，拦设密目钢丝网，一次性埋入混凝土中，密目钢丝网孔为5mm×5mm～8mm×8mm，钢丝直径为0.5～0.9mm（图4-128），混凝土浇筑时可使高强度等级混凝土中的混凝土浆体流入低强度等级混凝土中，这样使梁板、柱节点，柱边向四周1m范围内的混凝土从高强度等级混凝土逐渐降低至低强度等级混凝土（图4-129），从而可避免高低强度等级混凝土交界处由于混凝土高低强度等级骤变，而形成高低强度等级交界处线膨胀系数骤变而产生的混凝土裂缝，加强钢筋混凝土结构的整体性。

（4）不同强度等级混凝土所用水泥应相同，所掺粉煤灰及外加剂一致，使高低强度等级混凝土初、终凝时间基本保持同步。

（5）混凝土浇筑时可采用塔吊配合运送混凝土下料浇筑，即随楼面混凝土的施工顺序，采用塔吊运送高强度等级混凝土，先行浇筑附近的柱核心区混凝土至板面位置，范围不宜超过密目钢丝网围挡区域，完成后随即摊铺浇筑现浇梁板混凝土。密目钢丝网分隔位置两侧的混凝土虽然分别浇筑，但应保证在一侧混凝土浇筑后的初凝前，完成另一侧混凝土的覆盖。因为分隔位置不是施工缝，而是临时隔断，因此两次浇筑时间间隔不宜过长。

（6）梁板、柱节点处混凝土采用二次振捣法，即在初凝前再振捣一次，增强交界面混凝土的密实度。

5. 治理措施

当梁柱节点核心区混凝土不符合原设计强度等级时，应由原设计对此重新核算，必要时采取加固补强措施。

4.5.5 混凝土现浇板的厚度偏差超过允许偏差

1. 现象

混凝土现浇板浇筑完成后，由于摊铺混凝土时，板面标高控制不准确，造成局部板厚偏差大于规范允许偏差（图4-130）。

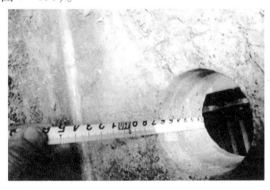

图4-130 板厚偏差超标

2. 规范规定

（1）《混凝土结构工程施工质量验收规范》GB 50204-2015：

> 8.3.2 现浇结构的位置和尺寸偏差及检验方法应符合表8.3.2的规定。
>
> 检查数量：按楼层、结构缝或施工段划分检验批。在同一检验批内，对梁、柱和独立基础，应抽查构件数量的10%，且不应少于3件；对墙和板，应按有代表性的自然间抽查10%，且不应少于3间；对大空间结构，墙可按相邻轴线间高度5m左右划分检查面，板可按纵、横轴线划分检查面，抽查10%，且均不应少于3面；对电梯井，应全数检查。

现浇结构位置和尺寸允许偏差及检验方法 表8.3.2

项目		允许偏差（mm）	检验方法
轴线位置	整体基础	15	经纬仪及尺量
	独立基础	10	经纬仪及尺量
	柱、墙、梁	8	尺量

项目			允许偏差(mm)	检验方法
垂直度	层高	≤6m	10	经纬仪或吊线、尺量
		>6m	12	经纬仪或吊线、尺量
	全高(H)≤300m		$H/30000+20$	经纬仪、尺量
	全高(H)>300m		$H/10000$ 且 ≤80	经纬仪、尺量
标高	层高		±10	水准仪或拉线、尺量
	全高		±30	水准仪或拉线、尺量
截面尺寸	基础		+15,-10	尺量
	柱、梁、板、墙		+10,-5	尺量
	楼梯相邻踏步高差		6	尺量
电梯井	中心位置		10	尺量
	长、宽尺寸		+25,0	尺量
表面平整度			8	2m靠尺和塞尺量测
预埋件中心位置	预埋板		10	尺量
	预埋螺栓		5	尺量
	预埋管		5	尺量
	其他		10	尺量
预留洞、孔中心线位置			15	尺量

注:1 检查柱轴线、中心线位置时,沿纵、横两个方向测量,并取其中偏差的较大值。
　　2 H 为全高,单位为 mm。

(2)《混凝土结构工程施工规范》GB 50666－2011:

4.4.6 对跨度不小于4m的梁、板,其模板施工起拱高度宜为梁、板跨度的1/1000~3/1000。起拱不得减少构件的截面高度。

8.9.5 混凝土结构尺寸偏差一般缺陷,可结合装饰工程进行修整。

8.9.6 混凝土结构尺寸偏差严重缺陷,应会同设计单位共同制定专项修整方案,结构修整后应重新检查验收。

3. 原因分析

(1)支设模板时,模板表面标高控制不准确,模板面不在同一标高面。

(2)模板支撑不牢固,混凝土浇筑施工时,在施工荷载作用下,支撑体系变形,引起板厚不符合预设要求。

(3)浇筑摊铺现浇板混凝土时,未采取板厚测量控制措施,混凝土表面标高控制不严格,浇筑的混凝土厚薄不均或表面不平整、不水平。

4. 预防措施

(1)安装模板时,应进行测量放线,并应采取保证现浇板面模板位置准确的定位措施,现浇板模板安装完成后,应使用水准仪进行抄平,确保模板表面水平,标高准确。

(2)对于现浇楼板等水平构件的模板及支架,应结合不同的支架和模板面板形式,采取支架间、模板间及模板与支架间的有效固定和拉结措施,保证模板及支架在施工荷载作用下不变形。

（3）现浇板钢筋绑扎完成后,浇筑混凝土前应再次采用水准仪校核模板面是否水平,标高是否准确,超过允许偏差处应及时调整,并将标高控制点引测标记于相应部位。

（4）采用 A10 通丝螺杆加工成 L 形板厚控制器,尾部设置操作柄,操作端根据现浇板厚通过调节螺母来控制木板下口与螺杆端部距离。混凝土浇筑时,将板厚控制器直接插入混凝土中,通过量测木板下口与混凝土板面距离动态控制板厚(图 4 −131)。

图 4 −131　L 形板厚检查与控制工具

（5）浇筑现浇板混凝土时应采取拉通线(图 4 −132),设置板厚控制标识和校核点(图 4 −133、图 4 −134),多点实测校核板厚等措施,保证现浇板混凝土厚度均匀一致。

图 4 −132　拉通线校核板面标高　　图 4 −133　预留板厚测孔　　图 4 −134　板厚控制标识

5. 治理措施

现浇板厚度偏差若构成结构尺寸偏差一般缺陷可结合装饰工程进行修整。若混凝土现浇板厚度偏差构成严重缺陷,应会同设计单位共同制定专项修整方案,结构修整后应重新检查验收,也可按照《建筑工程施工质量验收统一标准》GB 50300 −2013 第 5.0.6 款进行处理。

4.5.6　现浇混凝土空心楼盖的内置填充体漂移,位置偏差大

1. 现象

采用内置填充体的现浇混凝土空心楼盖在混凝土浇筑后,内置填充体位置发生变化,不符合原设计排放位置,导致受力钢筋紧贴填充体,形成无钢筋保护层或者截面尺寸不符合设计要求等现象。

2. 规范规定

《现浇混凝土空心楼盖技术规程》JGJ/T 268 −2012:

> 8.1.2 内置填充体现浇混凝土空心楼盖的施工除应满足本规程第 8.1.1 条规定外,尚应符合下列规定:
> 1 内置填充体底部应有定位措施,保证下翼缘厚度和板底受力钢筋混凝土保护层厚度;
> 2 内置填充体应有可靠的抗浮和防水平漂移措施;
> 3 内置填充体空心楼板的混凝土用粗骨料的最大粒径不宜大于 25mm;
> 4 当填充体为填充管(棒)时,浇筑混凝土宜顺填充管(棒)方向推进。

3. 原因分析

(1)内置填充体(图4-135)固定不当,在混凝土浮力作用下发生上浮现象。

(2)填充体之间卡箍及间隔件设置不当。

(3)上下层钢筋与填充体间缺少保护层间隔件,内置填充体有可移动变形空间。

(4)混凝土浇筑时,振动棒过度触碰填充体或在外力冲击下,内置填充体发生漂移。

(5)面层钢筋或填充体与模板支撑体系锚拉措施不到位,发生整体上浮。

图4-135 空心楼盖填充体安装

4. 预防措施

(1)内置填充体必须有可靠的抗浮和移位措施,下层钢筋网、内置填充体均应与模板支撑可靠固定拉结。

(2)在内置填充体上方采用20mm×20mm的方管作为压管,压住填充体,方管之间可采用短钢筋焊接,增强整体性。压管通常采用钢丝拉结穿过模板固定在模板支撑架上,为防止拉结固定压管的钢丝受力后拉长,内填充体整体上浮,压管还应采用一定数量的拉结钢筋或对拉螺栓与钢管支撑架可靠连接。

(3)在内置填充体之间,每边均应设置不少于2个"U"形钢筋卡箍进行定位。

(4)每个内填充箱体下部安放不少于4个方凳形支架,高度符合设计要求,上下层钢筋网与内填充体间安放符合设计要求厚度的保护层垫块(图4-136、图4-137)。

5. 治理措施

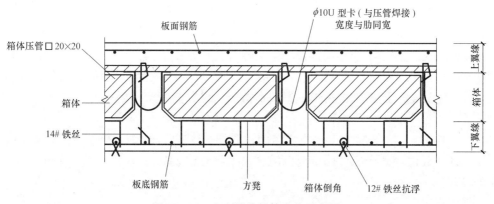

图4-136 空心楼盖箱体定位示意图

现浇混凝土空心楼盖内填充体出现上浮等偏离设计位置后,可能每个板块都不一样,需通过制定较详细可行的检测方案来判别,处理也较困难,因此应重点预防。

4.5.7 混凝土施工缝留设位置不当,结合面缝隙明显

1. 现象

施工缝是指在现浇混凝土工程中由于设计要求或施工需要分段浇筑,先浇筑混凝土达到一定强度后继续浇筑混凝土所形成的接缝。混凝土基础底板与地下室墙板接缝部位、先浇筑的混凝土柱与后浇筑梁接缝部位、楼梯段前后浇筑混凝土部位均会形成施工缝。现浇

混凝土工程中,施工缝留设过于随意,位置不加以选择,有时留在结构受力较大部位的情况仍常见。另外,由于施工控制不当,浇筑混凝土梁不连续,前后间隔时间过长等意外情况则产生另一种情况——"冷缝"(图4-138)。

2. 规范规定

《混凝土结构工程施工质量验收规范》GB 50204-2015:

> 7.4.2 后浇带的留设位置应符合设计要求,后浇带和施工缝的留设及处理方法应符合施工方案要求。
>
> 检查数量:全数检查。
>
> 检验方法:观察。

3. 原因分析

(1)施工管理和操作人员对混凝土施工缝的概念不清,不了解不同类型结构件和结构件不同部位受力特性。

(2)施工方案中未预先设计确定施工缝的留设位置,混凝土施工前对结构特殊部位留设施工缝未经设计确认。

(3)对具体操作工人培训和技术交底不足,施工过程中管理不严格,施工缝未能按预定方案实施。

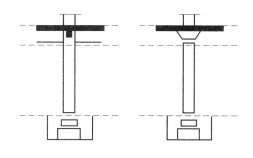

图4-137 施工缝

(4)混凝土施工期间意外中断,施工缝不能按要求设置。

4. 预防措施

施工缝的位置应在混凝土浇筑之前确定,并宜留在结构受剪力较小且便于施工的部位。受力复杂的结构构件或有防水抗渗要求的结构构件,施工缝留设位置应经设计单位确认。当施工期间因意外中断必须留设施工缝时,也应参照以下要求留设。

(1)水平施工缝的留设位置应符合下列规定:

1)柱、墙施工缝可留设在基础、楼层结构顶面,柱施工缝与结构上表面的距离宜为0~100mm,墙施工缝与结构上表面的距离宜为0~300mm。

2)柱、墙施工缝也可留设在楼层结构底面,施工缝与结构下表面的距离宜为0~50mm;当板下有梁托时,可留设在梁托下0~20mm。

3)高度较大的柱、墙、梁以及厚度较大的基础,可根据施工需要在其中部留设水平施工缝;当因施工缝留设改变受力状态而需要调整构件配筋时,应经设计单位确认。

4)特殊结构部位留设水平施工缝应经设计单位确认。

(2)竖向施工缝留设位置应符合下列规定:

1)有主次梁的楼板施工缝应留设在次梁跨度中间1/3范围内。

2)单向板施工缝应留设在与跨度方向平行的任何位置。

3)楼梯梯段施工缝宜设置在梯段板跨度端部1/3范围内。

4)墙的施工缝宜设置在门洞口过梁跨中1/3范围内,也可留设在纵横墙交接处。

5)特殊结构部位留设竖向施工缝应经设计单位确认。

6)竖向施工缝留设,可用临时模板挡牢,不得随浇筑坡度留置。当有止水要求时,可留成凹凸企口缝。

(3)设备基础施工缝留设位置应符合下列规定:

1)水平施工缝应低于地脚螺栓底端,与地脚螺栓底端的距离应大于150mm;当地脚螺栓直径小于30mm时,水平施工缝可留设在深度不小于地脚螺栓埋入混凝土部分总长度的3/4处。

2)竖向施工缝与地脚螺栓中心线的距离不应小于250mm,且不应小于螺栓直径的5倍。

(4)承受动力作用的设备基础,不宜留置施工缝,当必须留设时,应符合下列规定:

1)标高不同的两个水平施工缝,其高低结合处应留设成台阶形,台阶的高宽比不应大于1.0。

2)竖向施工缝或台阶形施工缝的断面处应加插钢筋,插筋数量和规格应由设计确定。

3)施工缝的留设应经设计单位确认。

(5)施工缝留设界面,应垂直于结构构件和纵向受力钢筋。结构构件厚度或高度较大时,施工缝界面宜采用专用材料封挡。

(6)混凝土浇筑过程中,因特殊原因需临时设置施工缝时,施工缝留设应规整,并宜垂直于构件表面,必要时可采取增加插筋、事后修凿等技术措施。

(7)双向受力板(或楼梯)、大截面梁、厚板、高度超过6m的柱、大体积混凝土、拱、穹拱、薄壳、水池、地下室、斗仓及其他复杂的结构,应根据其受力特点,按设计要求留设施工缝。当设计无规定时,可按下列规定留设。

1)斗仓施工缝可留在漏斗根部及上部或漏斗斜板与漏斗主壁交接处。

2)球形薄壳的施工缝应避免设置在与下部结构的结合部位、四周的边缘附近,可按周边为等距离的圆环形设置;扁壳结构的施工缝应避免设置在与下部结构的结合部位、四面横隔与壳板的结合部位、扁壳的四角处。

3)厚大结构的垂直施工缝应留成台阶形,台阶的高宽比不得大于1.0;垂直面上应加插钢筋(或钢轨),钢筋的直径为12~16mm,长度为500~600mm,间距为500mm。水平面上可设键槽加强连接。

4)水池及地下室的水平施工缝可留在壁上距顶板或底板混凝土面300~500mm的范围内。断面形状可留凹凸企口槽或(和)按规定埋设止水带。

为了保证施工缝处混凝土结合牢固、不开裂,施工缝的处理应符合下列要求:

1)在施工缝处继续浇筑混凝土前,已浇筑的混凝土其抗压强度不应小于1.2 MPa。一般处理程序:基层处理→洒水湿润→抹结合层→浇筑混凝土→保湿养护。

2)基层处理:先清除施工缝处的垃圾(当回弯整理钢筋时,注意不要使混凝土松动或破坏,钢筋上的水泥浆、油污等要清理干净),再凿除松动的石子和软弱混凝土层,一般还要凿毛并用水冲洗干净。

3)洒水湿润:在清理好的混凝土表面用喷壶洒水,充分湿润并排除积水。

4)抹结合层:在施工缝处刷一层水灰比为0.37~0.40的水泥浆或抹(浇)一层30~50 mm厚与混凝土内成分相同的水泥砂浆(主要用于水平施工缝)或抹一层混凝土界面剂。

5)浇筑混凝土:应避免直接靠近缝边下料,振捣时逐渐向施工缝推进,并细致捣实,使新旧混凝土紧密结合。

6）保湿养护：施工缝处的混凝土要加强养护，一般延长 5～7d。

7）埋入钢板网或快易网处理：适用于留设不规则形状施工缝的结构或不易拆除模板进行施工缝处理的部位。用钢筋或型钢做成（异型）支架，表面绑（焊）上钢板网或快易网做成永久模板。混凝土浇筑前，施工缝不再需凿毛和抹结合层处理。

（8）施工缝应采取钢筋防锈或阻锈等保护措施。

（9）按不同强度等级混凝土设计的现浇构件相连接且分先后施工时，两种混凝土的接缝应设置在低强度等级的构件中，并离开高强度等级构件一段距离。可沿预定的接缝位置设置固定的钢板网或快易网做永久模板处理施工缝，先浇筑高强度等级混凝土，后浇筑低强度等级混凝土。

（10）有防水要求的施工缝除应满足以上 1）～7）要求外，还应根据设计要求设置止水钢板或止水带并留设凹凸企口缝。混凝土浇至垂直施工缝处的止水钢板或止水带底部时，先将钢板或止水带底部浇筑至饱满，振捣密实。再浇筑其余部分的混凝土，防止钢板或止水带底部的混凝土不密实。

（11）承受动力作用的设备基础的施工缝处理，除按 1）～7）的方法处理外，尚应符合下列规定：

1）在水平施工缝上继续浇筑混凝土前，应对地脚螺栓进行一次校正。

2）垂直施工缝处应加插钢筋，其直径为 12～16mm，长度为 500～600mm，间距为 500mm，在台阶式施工缝的垂直面上也应补插钢筋。

5. 治理措施

（1）因施工缝设置不当引起构件抗剪能力降低明显时，需经设计验算评估后确定处理方案并落实处理。

（2）施工缝处一般外观质量缺陷可参照混凝土外观质量缺陷进行处理。

4.5.8 混凝土试块制作与养护不符合要求

1. 现象

随着预拌混凝土的应用普及，建筑工程施工单位由过去的自拌混凝土变成如今以采购预拌混凝土为主的方式进行施工，施工单位往往认为预拌混凝土厂家会保证混凝土的质量，对运送至施工现场的预拌混凝土不严格按规范要求进行质量检查验收，发生由预拌混凝土厂家为施工单位代做试块，或制作无部位、日期的"万能试块"，以及随意堆放试块，不认真养护的现象（图 4-138）。

图 4-138　制作与养护不合格试块

2. 规范规定

（1）《混凝土结构工程施工质量验收规范》GB 50204-2015：

7.4.1 混凝土的强度等级必须符合设计要求。用于检验混凝土强度的试件应在浇筑地点随机抽取。

检查数量：对同一配合比混凝土，取样与试件留置应符合下列规定：

1 每拌制 100 盘且不超过 100m³ 时，取样不得少于一次；

2 每工作班拌制不足100盘时,取样不得少于一次;

3 连续浇筑超过1000m³时,每200m³取样不得少于一次;

4 每一楼层取样不得少于一次;

5 每次取样应至少留置一组试件。

检验方法:检查施工记录及混凝土强度试验报告。

(2)《混凝土结构工程施工规范》GB 50666-2011:

8.5.10 施工现场应具备混凝土标准试件制作条件,并应设置标准试件养护室或养护箱。标准试件养护应符合国家现行有关标准的规定。

(3)《建筑工程检测试验技术管理规范》JGJ 190-2010:

3.0.4 施工单位及其取样、送检人员必须确保提供的检测试样具有真实性和代表性。

5.2.3 施工现场试验环境及设施应满足检测试验工作的要求。

5.2.4 单位工程建筑面积超过10000m²或造价超过1000万元人民币时,可设立现场试验站,现场试验站的基本条件应符合表5.2.4的规定。

现场试验站基本条件   表5.2.4

项 目	基本条件
现场试验人员	根据工程规模和试验工作的需要配备,宜为1至3人
仪器设备	根据试验项目确定。一般应配备:天平、台(案)称、温度计、湿度计、混凝土振动台、试模、坍落度筒、砂浆稠度仪、钢直(卷)尺、环刀、烘箱等
设 施	工作间(操作间)面积不宜小于15m²,温、湿度应满足有关规定
	对混凝土结构工程,宜设标准养护室,不具备条件时可采用养护箱或养护池。温、湿度应符合有关规定

5.4.1 进场材料的检测试样,必须从施工现场随机抽取,严禁在现场外制取。

5.4.2 施工过程质量检测试样,除确定工艺参数可制作模拟试样外,必须从现场相应的施工部位制取。

5.4.4 试样应有唯一性标识,并应符合下列规定:

1 试样应按照取样时间顺序连续编号,不得空号、重号;

2 试样标识的内容应根据试样的特性确定,宜包括:名称、规格(或强度等级)、制取日期等信息;

3 试样标识应字迹清晰、附着牢固。

(4)《普通混凝土力学性能试验方法标准》GB/T 50081-2002:

5.2.2 采用标准养护的试件,应在温度为20±5℃的环境中静置一昼夜至二昼夜,然后编号、拆模。拆模后应立即放入温度为20±2℃,相对湿度为95%以上的标准养护室中养护,或在温度为20±2℃的不流动的Ca(OH)₂饱和溶液中养护。标准养护室内的试件应放在支架上,彼此间隔10~20mm,试件表面应保持潮湿,并不得被水直接冲淋。

3. 原因分析

(1)现场施工图省事,浇筑预拌混凝土时不留试块,用预拌混凝土搅拌站留置的试块作为评定结构构件混凝土质量的试件,这种做法不符合规范要求,因为预拌混凝土搅拌站留置的试块只能作为生产方控制和检验其生产质量的依据,预拌混凝土出厂后在运输中会发生混凝土坍落度损失,混凝土工作性能变化等情况,甚至个别运输人员擅自加水,致使混凝土的性能和工况完全改变。因此使用方在浇筑预拌混凝土时均应检验把关,浇筑时按要求留置试块,才能真实地反映预拌混凝土进入施工现场时的质量状况,也可避免当结构混凝土发生质量问题时,预拌混凝土生产厂家与使用方互相推诿扯皮,逃避质量责任。

（2）个别试验人员不按要求制作试块,担心试块强度试验不合格,对同批混凝土擅自多做一些备用试块,当试块抗压强度不合格后,弄虚作假,用备用试块重复送检,直至合格。

（3）施工现场管理人员质量意识不强,贪图方便,试块不进行唯一性标识,不建立标准养护室（箱）,应标准养护的试块脱模后未按要求标准养护（图4-139）,同养试块随意放置施工现场,未同条件养护。试块制作养护记录不完整。

4. 预防措施

图4-139　温湿度不符合要求的养护室

（1）施工单位必须加强对进场混凝土的检查验收,预拌混凝土厂方应向使用混凝土的项目部提供混凝土质量保证资料,包括原材料质保单、混凝土配合比单、混凝土强度试验报告单及每车携带的混凝土出厂时间记录等。

（2）现场管理人员应核对混凝土配合比是否符合混凝土供应合同的有关技术要求,并检查混凝土的出厂时间,抽查混凝土坍落度（见图4-140）。

（3）用于检查结构构件混凝土强度的试件,必须在混凝土的浇筑地点（施工现场）随机抽取,建设（监理）人员见证取样,不应委托混凝土生产厂家等代制作试块,且应按规定留置混凝土试块。

图4-140　坍落度测量

（4）试块应有唯一性标识,不得弄虚作假。

（5）施工现场宜建立标准养护室（图4-141）,试件成型后应立即用不透水的薄膜覆盖表面。采用标准养护的试件,应在温度为20±5℃的环境中静置一昼夜至二昼夜,然后编号、拆模。拆模后应立即放入温度为20±2℃、相对湿度为95%以上的标准养护室中养护,或在温度为20±2℃的不流动的Ca(OH)$_2$饱和溶液中养护。标准养护室内的试件应放在支架上,彼此间隔10~20mm,试件表面应保持潮湿,并不得被水直接冲淋。

图4-141　标准养护室

同条件养护试件的拆模时间可与实际构件的拆模时间相同,拆模后,试件仍需保持同条件养护(图4-142)。

5.治理措施

无论混凝土标准养护试块还是同条件养护试块,如果不按照相关规范取样、制作、养护,其检测结果不能代表混凝土的质量,成为无效试块,也会失去混凝土强度检验评定主要依据。对混凝土强度的检验需采用钻芯法或回弹法等检测混凝土强度技术来进行,具体可参见《钻芯法检测混凝土强度技术规程》CECS03-2007、《回弹法检测混凝土抗压强度技术规程》JGJ/T 23-2011等。

图4-142 同条件养护试块

4.6 装配式结构工程

近年来,新型装配式结构克服了传统装配式房屋抗震性能较弱的特点,结构预制构件之间连接的性能和结构整体性能得到提升,并且伴随着预制装配式剪力墙(大板)结构、预制装配式框架结构、内浇外挂等结构形式应用发展,装配式结构在中、高层住宅、公共建筑、工业建筑中得到广泛应用,推动了建筑工程产业化发展。装配式结构由于其自身特点,在构件生产加工、性能检验、吊装固定等方面还存在一些质量问题,施工过程中应加强控制。

4.6.1 工厂预制的梁板类简支受弯构件进场时无结构性能检验报告

1.现象

随着我国预制装配式结构的发展,预制结构构件越来越大型化,种类越来越齐备(图4-143~图4-145)。工厂预制的构件进场时,施工、监理人员一般只进行外观检查验收、核查构件出厂合格证等资料,而对于梁板类简支受弯预制构件的实际承载力、挠度和抗裂性能等却不关注,不按要求结构性能检验(图4-146)合格就投入安装使用,给预制装配式结构带来质量隐患。

图4-143 工厂预制的剪力墙

图4-144 预制柱底套

图4-145 预制中柱底部连接节点

2.规范规定

《混凝土结构工程施工质量验收规范》GB 50204-2015:

9.2.2 专业企业生产的预制构件进场时,预制构件结构性能检验应符合下列规定:

1 梁板类简支受弯预制构件进场时应进行结构性能检验,并应符合下列规定:

1)结构性能检验应符合国家现行有关标准的有关规定及设计的要求,检验要求和试验方法应符合本规范附录 B 的规定。

2）钢筋混凝土构件和允许出现裂缝的预应力混凝土构件应进行承载力、挠度和裂缝宽度检验；不允许出现裂缝的预应力混凝土构件应进行承载力、挠度和抗裂检验。

3）对大型构件及有可靠应用经验的构件，可只进行裂缝宽度、抗裂和挠度检验。

4）对使用数量较少的构件，当能提供可靠依据时，可不进行结构性能检验。

2 对其他预制构件，除设计有专门要求外，进场时可不做结构性能检验。

3 对进场时不做结构性能检验的预制构件，应采取下列措施：

1）施工单位或监理单位代表应驻厂监督生产过程；

2）当无驻厂监督时，预制构件进场时应对其主要受力钢筋数量、规格、间距、保护层厚度及混凝土强度等进行实体检验。

检验数量：同一类型预制构件不超过 1000 个为一批，每批随机抽取 1 个构件进行结构性能检验。

检验方法：检查结构性能检验报告或实体检验报告。

注："同类型"是指同一钢种、同一混凝土强度等级、同一生产工艺和同一结构形式。抽取预制构件时，宜从设计荷载最大、受力最不利或生产数量最多的预制构件中抽取。

3. 原因分析

（1）现场施工、监理人员过分依赖厂家的产品质量保证体系，忽视了进场工厂预制构件实物的检查验收。

（2）施工现场管理人员对工厂预制构件结构性能检验的作用和内容不熟悉。

（3）施工现场管理人员不了解工厂预制构件实体检验的作用和内容。

（4）工程项目抢工期，结构性能试验需耗费一些时间和费用，管理人员不愿意等待检测合格而擅自使用。

（5）某些工厂预制构件外观复杂，尺寸较大，受检测条件限制，不便进行结构性能试验。

图 4-146　预制构件结构性能检验

4. 预防措施

（1）加强对施工现场质量管理人员预制装配式结构相关知识的教育培训，完善装配式结构构件进场时的质量检查验收制度，强化检查验收。

（2）结构性能检验是针对结构构件的承载力、挠度、裂缝控制性能等各项指标所进行的检验，这些性能指标均应符合相关设计和规范要求，若未经检测合格而擅自使用，将会给结构质量安全带来重大隐患，因此，施工前应依据相关规范制定工厂预制构件结构性能检测方案，明确抽样方法、数量和检测标准依据等，并认真落实。

（3）预制装配式结构的构件销售合同中应商定预制构件的结构性能试验时间、地点、费用结算、检测单位、检测方法依据等，避免生产厂家与施工等采购方之间互相推诿扯皮，不落实该项试验。

图 4-147　预制梁吊装

(4)当结构性能检验不能按要求进行时,施工单位或监理单位代表应驻厂监督制作过程,加强预制构件主要受力钢筋数量、规格、间距及混凝土强度等检查复核。

(5)对于结构性能检验不能按要求落实且无施工单位或监理单位代表驻厂监督制作过程时,预制构件进场时应对预制构件主要受力钢筋数量、规格、间距及混凝土强度、几何尺寸、外观质量等进行实体检验。

5.治理措施

(1)委托有资质的检测单位,在已进场或已安装的构件中抽取试样进行结构性能试验。

(2)委托有资质的检测单位,在已进场或已安装的构件中抽取试样进行结构实体检验。

图4-148 预制板安装

4.6.2 预制构件的临时固定措施不符合要求

1.现象

预制构件在安装就位后,受工艺、施工条件或天气环境等因素影响不能及时永久固定,此时,如果临时固定措施不符合要求,已吊装就位的构件(图4-147~图4-152)就有可能发生偏移、侧向歪斜、构件扭转变形等问题,严重时甚至引起倒塌等预制构件安装质量事故。

2.规范规定

(1)《混凝土结构工程施工质量验收规范》GB 50204-2015:

> 9.3.1 预制构件临时固定措施应符合施工方案的要求。
>
> 检查数量:全数检查。
>
> 检验方法:观察。

(2)《混凝土结构工程施工规范》GB 50666-2010:

> 9.5.4 预制构件安装过程中应根据水准点和轴线校正位置,安装就位后应及时采取临时固定措施。预制构件与吊具的分离应在校准定位及临时固定措施安装完成后进行。临时固定措施的拆除应在装配式结构能达到后续施工承载要求后进行。
>
> 9.5.5 采用临时支撑时,应符合下列规定:
>
> 1 每个预制构件的临时支撑不宜少于2道;
>
> 2 对预制柱、墙板的上部斜撑,其支撑点距离底部的距离不宜小于高度的2/3,且不应小于高度的1/2;
>
> 3 构件安装就位后,可通过临时支撑对构件的位置和垂直度进行微调。

图4-149 剪力墙临时固定支撑

图4-150 预制柱的位置调节

3. 原因分析

（1）施工组织设计或者结构吊装方案中没有考虑各类预制构件在安装就位脱钩后的临时固定措施。

（2）套用其他工程项目的构件临时固定方案或措施，未针对拟实施工程项目特点编制，临时固定方案或措施不可靠。

（3）施工管理及操作人员对临时固定的风险认识不足，施工中没有认真落实临时固定措施。

4. 预防措施

（1）在编制施工组织设计或者结构吊装方案中，须考虑并包含各类预制构件在安装就位脱钩后的临时固定措施，经批准后在施工中认真实施。

（2）必须针对工程项目特点编制预制装配式结构的吊装方案，方案中应明确不同类型构件的临时固定方法。不同构件首次吊装临时固定后，应由专人检查是否符合方案要求，并对构件临时固定方法组织交底，保证后续构件临时固定时得到落实。

图 4-151　临时支撑架上的预制梁板

（3）预制构件临时固定不当易引起质量事故，施工管理及操作人员应增强认识，管控好相关风险的同时重点做好以下工作：

1）重型或高 10m 以上细长柱及杯口较浅的柱或遇刮风天气，宜在柱大面两侧加缆风绳或者支撑来临时固定。

2）屋架的临时固定是在第一榀屋架就位和校正后，马上用缆风绳或脚手杆临时固定，固定点不少于两个，并且随即将屋架端头与柱预埋件进行定位焊接。跨度不大的屋架，可将屋架上弦固定在山墙抗风柱顶部；对大跨度屋架，在校正临时固定后，随即进行最后焊接固定。

第二榀及以后的屋架，则可用杉木杆绑扎固定或者用工具式校正器支撑与已经安装屋架连接，临时固定。若两榀屋架间设计有支撑件，且屋架已检验校正，宜及时连接完成屋架间的支撑杆件，形成稳定的空间单元。

3）梁、柱、墙、板等在节点未连接完成及具备相应强度前，不得松动或拆除任何支撑设施，在大风等恶劣天气前，对高大或侧向稳定性较差的构件应采用缆风绳等措施加强，防止倒塌。

图 4-152　节点连接固定

5. 治理措施

加强过程检查，当临时固定措施未落实或存在隐患时应采取增强加固方法，保证预制构件不损坏、不倒塌。

4.7　混凝土结构实体检验

结构实体检验是在分项工程验收基础上，对混凝土强度及受力钢筋位置等重要项目进行的验证性检查，能较真实地反映实物质量，及时发现存在的问题，施工中若重视程度不够，易发生不组织进行结构实体检验或检验记录弄虚作假、应付检查等情况，不能及时发现结构存在的缺陷，带来工程质量隐患。

图4-153　现浇板厚度测量

4.7.1 不按要求进行结构实体位置与尺寸偏差检验

1. 现象

现浇混凝土构件模板拆除后，未依据规范要求选择有代表性的构件测量截面尺寸、轴线位置、标高偏差，不能发现存在的结构实体质量缺陷。

2. 规范规定

《混凝土结构工程施工质量验收规范》GB 50204-2015：

> 10.1.1　对涉及混凝土结构安全的有代表性的部位应进行结构实体检验。结构实体检验应包括混凝土强度、钢筋保护层厚度、结构位置与尺寸偏差以及合同约定的项目；必要时可检验其他项目。
>
> 结构实体检验应由监理单位组织施工单位实施，并见证实施过程。施工单位应制定结构实体检验专项方案，并经监理单位审核批准后实施。除结构位置与尺寸偏差外的结构实体检验项目，应由具有相应资质的检测机构完成。

3. 原因分析

（1）施工、监理单位管理人员质量责任意识不强，对因现浇楼板厚度、层高偏差超过允许偏差产生的质量隐患和质量纠纷认识不足，怕麻烦，不愿意落实截面尺寸等实体检验。

图4-154　截面尺寸偏差测量

（2）未制定相应的结构实体检验方案，明确截面尺寸、垂直度、标高、轴线位置偏差的检验方法。

（3）缺乏相应的仪器设备，无法开展实体检验。

（4）责任人员应付质量监督检查，检测数据弄虚作假。

4. 预防措施

（1）加强责任单位管理人员建筑法律法规学习，提高其质量责任意识和对落实结构实体检验工作重要性的认识，对不按要求进行结构实体检验的行为加强检查，督促整改。

（2）结构工程施工前，施工、监理等单位应结合工程实际编制结构实体检验的施工自检方案或监理平行检验方案，明确构件选择和截面尺寸、轴线位置、标高偏差等检验方法。

图4-155　激光测距仪测量高度

（3）应配备经过编号登记和校准的激光测距仪、卷尺等检测仪器。

（4）结构实体检验的每个构件或部位均应留有痕迹，痕迹反映检验的位置，痕迹应全数留置，检验数据可标注在痕迹附近。检验构件附近还应留有截面尺寸、垂直度等检验标识，标识应反映检验的人员、项目、检验数据、检验结论等信息。

（5）为核实结构实体检验数据的真实性,监理单位平行检验时,应有不少于50%的检验数据用于复核施工单位同项目的自检数据,必要时由质量监督部门抽检复核(图4－153～图4－156)。

5.治理措施

（1）依据质量验收规范要求重新组织截面尺寸、垂直度、层高等结构实体检验。

（2）委托具有相应资质的检测机构完成结构位置与尺寸偏差的实体检验。

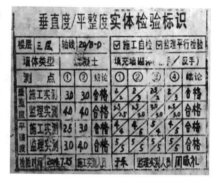

图4－156　构件垂直度/平整度检验标识

4.7.2 不按要求进行结构实体钢筋保护层厚度检验

1.现象

现浇混凝土梁板钢筋保护层厚度控制不严格,虽未露筋,但实际保护层厚度偏差已超出允许偏差,责任单位质量检查验收时不按要求进行结构实体钢筋保护层厚度检验,不能及时发现并对超过允许偏差的部位进行处理,建筑物投入使用后,缺陷一旦暴露则难以返修处理。

2.规范规定

《混凝土结构工程施工质量验收规范》GB 50204－2015:

10.1.3 钢筋保护层厚度检验应符合本规范附录E的规定。

10.1.5 结构实体检验中,当混凝土强度或钢筋保护层厚度检验结果不满足要求时,应委托具有资质的检测机构按国家现行有关标准的规定进行检测。

3.原因分析

（1）钢筋保护层厚度过小,钢筋易腐蚀,保护层过大,构件计算高度减小,若不合格点分布较广,影响结构承载力、耐久性且返修处理困难。施工、监理单位质量管理人员对钢筋保护层厚度超过允许偏差的危害认识不足,认为检验费工费时,不愿意落实钢筋保护层厚度检验或应付了事。

（2）缺乏相应的钢筋保护层厚度检测仪器(图4－157),采用敲凿混凝土的半破损方法检测效率又较低,不利于坚持落实。

（3）不熟悉钢筋保护层厚度的检测方法和相关规定,检测结果不准确或无代表性。

4.预防措施

（1）制定质量管理措施,提高责任人对钢筋保护层厚度检测重要性认识,对钢筋保护层厚度实体检验未完成的项目不得组织结构质量验收。

（2）施工单位应根据承接的工程项目数配备适当数量的钢筋保护层厚度检测仪并进行相应的培训学习,保证检测方法规范。

图4－157　钢筋扫描仪

（3）对构件进行钢筋保护层厚度检测时也应留有痕迹,痕迹反映检验的位置,痕迹应全数留置,检验数据可标注在痕迹附近。检验构件附近还应留有钢筋保护层厚度的检验标识,标识应反映检验的人员、项目、检验数据、检验结论等信息(图4-158)。

5. 治理措施

(1)依据质量验收规范要求重新组织钢筋保护层厚度的结构实体检验。

(2)委托具有相应资质的检测机构完成钢筋保护层厚度的实体检验。

图4-158　钢筋保护层厚度检验

4.7.3 不按要求进行结构实体混凝土强度检验

1. 现象

施工现场混凝土同条件养护试块制作、养护、试压过程中质量控制不严格,失去结构实体混凝土强度代表性,责任单位图省事,又不按要求采用回弹-取芯法进行检验,不能及时判别结构实体混凝土强度是否达到设计要求。

2. 规范规定

《混凝土结构工程施工质量验收规范》GB 50204-2015:

10.1.2 结构实体混凝土强度应按不同强度等级分别检验,检验方法宜采用同条件养护试件方法;当未取得同条件养护试件强度或同条件养护试件强度不符合要求时,可采用回弹-取芯法进行检验。

结构实体混凝土同条件养护试件强度检验应符合本规范附录C的规定;结构实体混凝土回弹-取芯法强度检验应符合本规范附录D的规定。

混凝土强度检验时的等效养护龄期可取日平均温度逐日累计达到600℃·d时所对应的龄期,且不应小于14d。日平均温度为0℃及以下的龄期不计入。

冬期施工时,等效养护龄期计算时温度可取结构构件实际养护温度,也可根据结构构件的实际养护条件,按照同条件养护试件强度与在标准养护条件下28d龄期试件强度相等的原则由监理、施工等各方共同确定。

3. 原因分析

(1)施工现场质量管理不严格,对结构混凝土同条件养护试块制作、养护、试压等过程不重视,导致同养试块制作、养护、试压等不符合要求,同养试块强度不能真实反映结构混凝土的实体强度。

(2)施工、监理企业缺乏回弹仪等设备,无法及时开展强度自查工作。

(3)施工、监理企业责任人对混凝土强度检验相关规范不了解,未掌握检测方法,导致检测记录弄虚作假或不准确。

4. 预防措施

(1)结构混凝土同条件养护试块制作、养护、试压均应符合相关规范要求。

(2)施工、监理单位宜配备回弹仪等仪器,及时

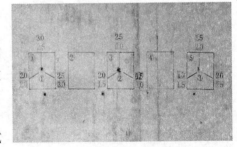

图4-159　混凝土强度回弹检验痕迹

开展结构混凝土强度自查工作。

（3）施工、监理单位应加强结构实体混凝土回弹－取芯法强度检验相关规范培训学习，掌握检测方法，保证检测结果准确。

（4）检验部位应有检测标设和检测痕迹，便于追溯复查(图4－159)。

5.治理措施

当施工现场采用同条件养护试块、结构实体混凝土回弹－取芯法等检验方法失效时，可委托具有相应资质的检测机构综合考虑合适的方案并完成结构实体混凝土强度检验。

第5章　砌体结构工程

5.1　砌筑砂浆

砌筑砂浆是砌体结构工程的组成材料之一。由于砌体强度是由砌块(砖)、砌筑砂浆强度以及砌筑质量综合确定的,砌筑砂浆质量对砌体强度的影响不是太直观,因此人们对砂浆质量缺乏足够的重视。在砂浆的品种、配合比、计量、搅拌、使用时间以及试块制作、养护等方面没有严格按规范规定执行,从而产生一些质量通病。

5.1.1　砂浆的品种不符合设计图纸要求

1. 现象

设计图纸要求采用水泥混合砂浆,但施工现场未采购石灰膏、黏土膏、电石膏、粉煤灰和磨细石灰粉等无机掺合料及有机塑化剂,采用纯水泥砂浆代替水泥混合砂浆,用有机塑化剂完全代替无机掺合料。

2. 规范规定

(1)《砌体结构工程施工质量验收规范》GB 50203 – 2011:

> 4.0.6 施工中不应采用强度等级小于 M5 水泥砂浆替代同强度等级水泥混合砂浆,如需替代,应将水泥砂浆提高一个强度等级。

(2)《砌体结构工程施工规范》GB 50924 – 2014:

> 5.1.1 工程中所用砌筑砂浆,应按设计要求对砌筑砂浆的种类、强度等级、性能及使用部位核对后使用,其中对设计有抗冻要求的砌筑砂浆,应进行冻融循环试验,其结果应符合现行行业标准《砌筑砂浆配合比设计规程》JGJ/T 98 的要求。
>
> 5.1.2 砌体结构工程施工中,所用砌筑砂浆宜选用预拌砂浆,当采用现场拌制时,应按砌筑砂浆设计配合比配制。对非烧结类块材,宜采用配套的专用砂浆。
>
> 5.1.3 不同种类的砌筑砂浆不得混合使用。
>
> 5.1.4 砂浆试块的试验结果,当与预拌砂浆厂的试验结果不一致时,应以现场取样的试验结果为准。

3. 原因分析

(1)施工现场缺乏管理,技术交底不清,没有工程技术人员和质量管理人员把关或责任心不强,把关不严。

(2)缺乏对水泥砂浆和水泥混合砂浆之间的不同性能认识,只要强度符合设计要求即可。

4. 预防措施

(1)加强管理,提高工程技术人员和质量管理人员的责任心。

(2)加强学习,认识水泥砂浆和水泥混合砂浆之间的性能差别,水泥混合砂浆的和易性及保水性要优于纯水泥砂浆,当用纯水泥砂浆代替水泥混合砂浆时,砌体的抗压强度和抗剪强度分别降低15%和25%。

(3)水泥石灰砂浆中掺入有机塑化剂可降低石灰膏的用量,但石灰膏的用量减少不能超过一半,掺有机塑化剂时,砌体的开裂荷载高于水泥石灰砂浆,但破坏荷载低于水泥石灰砂浆,掺入有机塑化剂时应考虑砌体的抗压强度降低10%的不利影响。有机塑化剂的掺量、搅拌方法等应符合现行行业标准《砌筑砂浆增塑剂》JG/T 164 – 2004的规定。

5. 治理措施

(1)查验砂浆的检测报告,用纯水泥砂浆代替水泥混合砂浆是否提高一个强度等级,如提高一个强度等级,则符合要求。

(2)经原设计单位核算是否符合结构安全和使用功能的要求。

(3)请原设计单位出具返修或加固处理方案,施工按加固方案实施。

5.1.2 砂浆的配合比不符合要求

1. 现象

砂浆强度的波动性较大,匀质性差,其中低强度等级的砂浆特别严重,强度低于设计要求的情况较多。

2. 规范规定

(1)《砌体结构工程施工质量验收规范》GB 50203 – 2011:

> 4.0.1 水泥使用应符合下列规定:
>
> 1 水泥进场时应对其品种、等级、包装或散装仓号、出厂日期等进行检查,并应对其强度、安定性进行复验,其质量必须符合现行国家标准《通用硅酸盐水泥》GB 175 的有关规定。
>
> 2 当在使用中对水泥质量有怀疑或水泥出厂超过三个月(快硬硅酸盐水泥超过一个月)时,应复查试验,并按复验结果使用。
>
> 3 不同品种的水泥,不得混合使用。
>
> 抽检数量:按同一生产厂家、同品种、同等级、同批号连续进场的水泥,装袋水泥不超过200t为一批,散装水泥不超过500t为一批,每批抽样不少于一次。
>
> 检验方法:检查产品合格证、出厂检验报告和进场复验报告。
>
> 4.0.2 砂浆用砂宜采用过筛中砂,并应满足下列要求:
>
> 1 不应混有草根、树叶、树枝、塑料、煤块、炉渣等杂物;
>
> 2 砂中含泥量、泥块含量、石粉含量、云母、轻物质、有机物、硫化物、硫酸盐及氯盐含量(配筋砌体砌筑用砂)等应符合现行行业标准《普通混凝土用砂、石质量及检验方法标准》JGJ 52 的有关规定;
>
> 3 人工砂、山砂及特细砂,应经试配能满足砌筑砂浆技术条件要求。
>
> 4.0.5 砌筑砂浆应进行配合比设计。当砌筑砂浆的组成材料有变更时,其配合比应重新确定。砌筑砂浆的稠度宜按表4.0.5的规定采用。
>
> 砌筑砂浆的稠度 表4.0.5
>
> | 砌体种类 | 砂浆稠度(mm) |
> | --- | --- |
> | 烧结普通砖砌体
蒸压粉煤灰砖砌体 | 70 ~ 90 |

砌体种类	砂浆稠度(mm)
混凝土实心砖、混凝土多孔砖砌体 普通混凝土小型空心砌块砌体 蒸压灰砂砖砌体	50～70
烧结多孔砖、空心砖砌体 轻骨料小型空心砌块砌体 蒸压加气混凝土砌块砌体	60～80
石砌体	30～50

注:1 采用薄灰砌筑法砌筑蒸压加气混凝土砌块砌体时,加气混凝土粘结砂浆的加水量按照其产品说明书控制;

2 当砌筑其他块体时,其砌筑砂浆的稠度可根据块体吸水特性及气候条件确定。

4.0.7 在砂浆中掺入的砌筑砂浆增塑剂、早强剂、缓凝剂、防冻剂、防水剂等砂浆外加剂,其品种和用量应经有资质的检测单位检验和试配确定。所用外加剂的技术性能应符合国家现行有关标准《砌筑砂浆增塑剂》JG/T 164、《混凝土外加剂》GB 8076、《砂浆、混凝土防水剂》JC 474 的质量要求。

4.0.8 配制砌筑砂浆时,各组分材料应采用质量计量,水泥及各种外加剂配料的允许偏差为 ±2%;砂、粉煤灰、石灰膏等配料的允许偏差为 ±5%。

4.0.9 砌筑砂浆应采用机械搅拌,搅拌时间自投料完起算应符合下列规定:

1 水泥砂浆和水泥混合砂浆不得少于 120s;

2 水泥粉煤灰砂浆和掺用外加剂的砂浆不得少于 180s;

3 掺增塑剂的砂浆,其搅拌方式、搅拌时间应符合现行行业标准《砌筑砂浆增塑剂》JG/T 164 的有关规定;

4 干混砂浆及加气混凝土砌块专用砂浆宜按掺用外加剂的砂浆确定搅拌时间或按产品说明书采用。

(2)《砌体结构工程施工规范》GB 50924 – 2014:

4.2.1 砌筑砂浆所用水泥宜采用通用硅酸盐水泥或砌筑水泥,且应符合现行国家标准《通用硅酸盐水泥》GB 175 和《砌筑水泥》GB/T 3183 的规定。水泥强度等级应根据砂浆品种及强度等级的要求进行选择,M15 及以下强度等级的砌筑砂浆宜选用 32.5 级的通用硅酸盐水泥或砌筑水泥;M15 以上强度等级的砌筑砂浆宜选用 42.5 级普通硅酸盐水泥。

5.2.1 砌体结构工程使用的预拌砂浆,应符合设计要求及国家现行标准《预拌砂浆》GB/T 25181、《蒸压加气混凝土用砌筑砂浆与抹面砂浆》JC 890 和《预拌砂浆应用技术规程》JGJ/T 223 的规定。

5.2.2 不同品种和强度等级的产品应分别运输、储存和标识,不得混杂。

5.2.3 湿拌砂浆应采用专用搅拌车运输,湿拌砂浆运至施工现场后,应进行稠度检验,除直接使用外,应储存在不吸水的专用容器内,并应根据不同季节采取遮阳、保温和防雨雪措施。

5.2.4 湿拌砂浆在储存、使用过程中不应加水。当存放过程中出现少量泌水时,应拌合均匀后使用。

5.2.5 干混砂浆及其他专用砂浆在运输和储存过程中,不得淋水、受潮、靠近火源或高温。袋装砂浆应防止硬物划破包装袋。

5.2.6 干混砂浆及其他专用砂浆储存期不应超过3个月;超过3个月的干混砂浆在使用前应重新检验,合格后使用。

5.2.7 湿拌砂浆、干混砂浆及其他专用砂浆的使用时间应按厂方提供的说明书确定。

5.3.1 现场拌制砂浆应根据设计要求和砌筑材料的性能,对工程中所用砌筑砂浆进行配合比设计,当原材料的品种、规格、批次或组成材料有变更时,其配合比应重新确定。

5.3.2 配制砌筑砂浆时,各组分材料应采用质量计量。在配合比计量过程中,水泥及各种外加剂配料的允许偏差为±2%;砂、粉煤灰、石灰膏配料的允许偏差为±5%。砂子计量时,应扣除其含水量对配料的影响。

5.3.3 改善砌筑砂浆性能时,宜掺入砌筑砂浆增塑剂。

5.4.2 砌筑砂浆的稠度、保水率、试配抗压强度应同时符合要求;当在砌筑砂浆中掺用有机塑化剂时,应有其砌体强度的型式检验报告,符合要求后方可使用。

5.4.3 现场拌制砌筑砂浆时,应采用机械搅拌,搅拌时间自投料完起算,应符合下列规定:

1 水泥砂浆和水泥混合砂浆不应少于120s;

2 水泥粉煤灰砂浆和掺用外加剂的砂浆不应少于180s;

3 掺液体增塑剂的砂浆,应先将水泥、砂干拌混合均匀后,将混有增塑剂的拌合水倒入干混砂浆中继续搅拌;掺固体增塑剂的砂浆,应先将水泥、砂和增塑剂干拌混合均匀后,将拌合水倒入其中继续搅拌。从加水开始,搅拌时间不应少于210s;

4 预拌砂浆及加气混凝土砌块专用砂浆的搅拌时间应符合有关技术标准或产品说明书的要求。

3. 原因分析

(1)水泥的质量不稳定、安定性不好或强度较低,加料顺序颠倒,不同品种的水泥混用。

(2)在砌筑砂浆中超过规定添加增塑剂、早强剂、缓凝剂、防冻剂或防水剂等外加剂。

(3)施工中为增加砌筑砂浆的和易性,无机掺合料的掺量常常超过有关规定,因而降低了砂浆的强度。

(4)在配制砌筑砂浆时,多数工地使用体积比来代替重量配合比,不知由于砂子含水率的变化,可导致砂子体积变化幅度达10%~20%。

4. 预防措施

(1)水泥进场时应对其品种、等级、包装或散装仓号、出厂日期等进行检查,并应对其强度、安定性进行复验,当在使用中对水泥质量有怀疑或水泥出厂超过三个月(快硬硅酸盐水泥超过一个月)时,应复查试验,并按复验结果使用。不同品种的水泥,不得混合使用。

(2)施工现场应加强对砌筑砂浆的搅拌人员的管理,并由技术负责人对其交底。

(3)搅拌台前,要将砂浆的品种、强度等级及配合比进行挂牌公示,要求工作人员严格执行。

(4)砂浆如掺入有机塑化剂、早强剂、缓凝剂、防冻剂等,应经检验和试配,符合要求后,方可使用。有机塑化剂应有砌体的型式检验报告。

(5)无机掺合料一般为湿料,计量称重比较困难,而其计量误差对砂浆强度影响很大,故应严格控制。计量时,应以标准稠度120±5mm为准,如供应的无机掺合料的稠度小于

120mm 时,应调成标准稠度,或者进行折算后称重计量,建筑生石灰、建筑生石灰粉熟化为石灰膏的熟化时间不得少于 7d 和 28d。

(6)建立施工计量器具校验、维修、保管制度,以保证计量的准确性。

(7)砂浆配合比的确定,应结合现场材质情况进行试配,试配时应采用重量计量,水泥及外加剂的计量偏差为 ±2%,砂及粉煤灰、石灰膏等配料的允许误差为 ±5%。

(8)对于预拌砂浆,应对照符合设计要求及国家现行标准《预拌砂浆》GB/T 25181 - 2010、《蒸压加气混凝土用砌筑砂浆与抹面砂浆》JC 890 - 2001 和《预拌砂浆应用技术规程》JGJ/T 223 - 2010 的规定进行现场进货检验,合格后方可使用。

(9)现场拌制用水泥、外加剂或预拌砂浆等应按规定储存,并应采取遮阳、保温和防雨雪措施。

5. 治理措施

查验砂浆的检测报告,并对其试块强度进行验收评定,不符合要求的应按《建筑工程施工质量验收统一标准》的有关规定进行处理。

5.1.3 砂浆试块制作、养护不符合要求

1. 现象

试块制作、养护过程没有专人负责和管理,试块取样、制作的方式、方法和数量不规范,试块养护方法不规范,未采用标准方法养护,随意放置在自然环境中。当采用自然养护时,没有养护期间的试块环境温度、湿度、龄期记录。

2. 规范规定

(1)《建筑砂浆基本性能试验方法标准》JGJ/T 70 - 2009:

9.0.1 立方体抗压强度试验应使用下列仪器设备:

1 试模:应为 70.7mm×70.7mm×70.7mm 的带底试模,应符合现行行业标准《混凝土试模》JG 237 的规定选择,应具有足够的刚度并拆装方便。试模的内表面应机械加工,其不平度应为每 100mm 不超过 0.05mm,组装后各相邻面的不垂直度不应超过 ±0.5°;

2 钢制捣棒:直径为 10mm,长度为 350mm,端部磨圆;

3 压力试验机:精度应为 1%,试件破坏荷载应不小于压力机量程的 20%,且不应大于全量程的 80%;

4 垫板:试验机上、下压板及试件之间可垫以钢垫板,垫板的尺寸应大于试件的承压面,其不平度应为每 100mm 不超过 0.02mm;

5 振动台:空载中台面的垂直振幅应为 0.5±0.50mm,空载频率应为 50±3Hz,空载台面振幅均匀度不应大于 10%,一次试验应至少能固定 3 个试模。

9.0.2 立方体抗压强度试件的制作及养护应按下列步骤进行:

1 应采用立方体试件,每组试件应为 3 个;

2 应采用黄油等密封材料涂抹试模的外接缝,试模内应涂刷薄层机油或隔离剂。应将拌制好的砂浆一次性装满砂浆试模,成型方法应根据稠度而确定。当稠度大于 50mm 时,宜采用人工插捣成型,当稠度不大于 50mm 时,宜采用振动台振实成型;

1)人工插捣:应采用捣棒均匀地由边缘向中心按螺旋方式插捣 25 次,插捣过程中当砂浆沉落低于试模口时,应随时添加砂浆,可用油灰刀插捣数次,并用手将试模一边抬高 5

~10mm 各振动 5 次,砂浆应高出试模顶面 6~8mm;

2)机械振动:将砂浆一次装满试模,放置到振动台上,振动时试模不得跳动,振动 5~10s 或持续到表面泛浆为止,不得过振;

3 应待表面水分稍干后,再将高出试模部分的砂浆沿试模顶面刮去并抹平;

4 试件制作后应在温度为 20±5℃ 的环境下静置 24±2h,对试件进行编号、拆模。当气温较低时,或者凝结时间大于 24h 的砂浆,可适当延长时间,但不应超过 2d。试件拆模后应立即放入温度为 20±2℃,相对湿度为 90% 以上的标准养护室中养护。养护期间,试件彼此间隔不得小于 10mm,混合砂浆、湿拌砂浆试件上面应覆盖,防止有水滴在试件上;

5 从搅拌加水开始计时,标准养护龄期应为 28d,也可根据相关标准要求增加 7d 或 14d。

(2)《砌体结构工程施工质量验收规范》GB 50203-2011:

4.0.12 检验方法:在砂浆搅拌机出料口或在湿拌砂浆的储存容器出料口随机取样制作砂浆试块(现场拌制的砂浆,同盘砂浆只应作 1 组试块),试块标养 28d 后作强度试验。预拌砂浆中的湿拌砂浆稠度应在进场时取样检验。

3. 原因分析

(1)施工现场没有建立“两块”管理制度,制度中应明确试块的制作、养护、送检等整个过程应有专人负责,技术负责人应对试块管理的过程及要求进行交底,落实工程质量责任制。

(2)没有充分认识到试块的重要性,即试块质量代表工程实体质量,对保证工程质量具有可追溯性。

4. 预防措施

(1)建立健全施工现场“两块”管理制度,对试块的制作管理应认真交底,使试块制作人员充分认识到试块的重要性。

(2)砂浆试块的取样应在砂浆搅拌机出料口或在湿拌砂浆的储存容器出料口随机取样制作砂浆试块,现场拌制的砂浆,同盘砂浆只应做 1 组试块。

(3)砂浆试块的制作及养护应符合《建筑砂浆基本性能试验方法标准》9.0.2 条的要求。

当缺乏标准养护条件时,也可采用自然养护,即水泥混合砂浆在正温度,相对湿度为 60%~80% 的条件下养护,或在养护箱或不通风的室内养护。水泥砂浆和微沫砂浆在正温度并保持试块表面湿润的状态下(如湿砂堆中)养护。自然养护期间的温度应予以记录,以便试块试压后按养护期间的平均温度进行换算。

(4)砂浆试块达到规定养护龄期后应及时进行见证条件下的送检。

5. 治理措施

查验砂浆制作台账及养护期间的温度、湿度记录,核查砂浆试块检测报告,并对该批试块强度进行验收评定,不符合要求的应按国家现行标准《建筑工程施工质量验收统一标准》的有关规定进行处理。

5.1.4 超时使用砂浆或落地砂浆不做处理继续使用

1. 现象

在砌筑砌体时,砂浆超过规定时间继续使用,或砂浆掉落在地面上,为节省材料,砂浆不做任何处理继续使用。

2. 规范规定

《砌体结构工程施工质量验收规范》GB 50203－2011:

> 4.0.10 现场拌制的砂浆应随拌随用,拌制的砂浆应在3h内使用完毕;当施工期间最高气温超过30℃时,应在2h内使用完毕。预拌砂浆及蒸压加气混凝土砌块专用砂浆的使用时间应按照厂方提供的说明书确定。
>
> 4.0.11 砌体结构工程使用的湿拌砂浆,除直接使用外必须储存在不吸水的专用容器内,并根据气候条件采取遮阳、保温、防雨雪等措施,砂浆在储存过程中严禁随意加水。

3. 原因分析

(1)没有认识到砂浆中主要胶凝材料是水泥,水泥初凝后再扰动,对砂浆的强度影响较大。

(2)砂浆的配合比变化,砂浆的保水性和砂浆的和易性发生变化,对砌体的质量影响较大,从而影响砌体的强度。

4. 预防措施

(1)技术管理部门应对砌筑工人进行交底,使其认识到砂浆配合比的重要性。

(2)砂浆拌合物应随拌随用。现场拌制的砂浆应在3h内使用完毕;当施工期间最高气温超过30℃时,应在2h内使用完毕。预拌砂浆及蒸压加气混凝土砌块专用砂浆的使用时间应按照厂方提供的说明书确定。

(3)落地砂浆应随时收集使用,对超过规定时间的落地砂浆或隔夜砂浆现场质量管理人员应加强巡视检查,禁止使用。

5. 治理措施

查验砌体工程施工日记和砂浆的检测报告,并对其试块强度进行验收评定,不符合要求的应按国家现行标准《建筑工程施工质量验收统一标准》GB 50300－2013 的有关规定进行处理。

5.1.5 砂浆和易性、保水性差

1. 现象

(1)砂浆和易性不好,砌筑时铺浆和挤浆都比较困难,影响灰缝的砂浆饱满度,因为和易性不好使砂浆与砖的粘结力减弱。

(2)砂浆保水性差,容易产生分层、泌水现象。

2. 规范规定

(1)《砌体结构工程施工质量验收规范》GB 50203－2011:

> 4.0.3 拌制水泥混合砂浆的粉煤灰、建筑生石灰、建筑生石灰粉及石灰膏应符合下列规定:
>
> 1 粉煤灰、建筑生石灰、建筑生石灰粉的品质指标应符合现行行业标准《粉煤灰在混凝土及砂浆中应用技术规程》JGJ 28、《建筑生石灰》JC/T 479、《建筑生石灰粉》JC/T 480 的有关规定;

2　建筑生石灰、建筑生石灰粉熟化为石灰膏,其熟化时间分别不得少于7d和2d;沉淀池中储存的石灰膏,应防止干燥、冻结和污染,严禁采用脱水硬化的石灰膏;建筑生石灰粉、消石灰粉不得替代石灰膏配制水泥石灰砂浆;

　　3　石灰膏的用量,应按稠度120mm±5mm计量,现场施工中石灰膏不同稠度的换算系数,可按表4.0.3确定。

石灰膏不同稠度的换算系数　　　　　　　　　　　　　表4.0.3

稠度(mm)	120	110	100	90	80	70	60	50	40	30
换算系数	1.00	0.99	0.97	0.95	0.93	0.92	0.90	0.88	0.87	0.86

　　(2)《砌体结构工程施工规范》GB 50924-2014:

　　4.6.1　砌体结构工程中使用的生石灰及磨细生石灰粉应符合现行行业标准《建筑生石灰》JC/T 479的有关规定。

　　4.6.2　建筑生石灰、建筑生石灰粉制作石灰膏应符合下列规定:

　　1　建筑生石灰熟化成石灰膏时,应采用孔径不大于3mm×3mm的网过滤,熟化时间不得少于7d;建筑生石灰粉的熟化时间不得少于2d;

　　2　沉淀池中贮存的石灰膏,应防止干燥、冻结和污染,严禁使用脱水硬化的石灰膏;

　　3　消石灰粉不得直接用于砂浆中;

　　4.6.3　在砌筑砂浆中掺入粉煤灰时,宜采用干排灰。

　　4.6.4　建筑生石灰及建筑生石灰粉保管时应分类、分等级存放在干燥的仓库内,且不宜长期储存。

　　4.7.2　砌体砂浆中使用的增塑剂、早强剂、缓凝剂、防水剂、防冻剂等外加剂,应符合国家现行标准《混凝土外加剂》GB 8076,《混凝土外加剂应用技术规范》GB 50119和《砌筑砂浆增塑剂》JG/T 164的规定,并应根据设计要求与现场施工条件进行试配。

　　5.3.3　改善砌筑砂浆性能时,宜掺入砌筑砂浆增塑剂。

　　5.4.2　砌筑砂浆的稠度、保水率、试配抗压强度应同时符合要求;当在砌筑砂浆中掺用有机塑化剂时,应有其砌体强度的形式检验报告,符合要求后方可使用。

3.原因分析

　　(1)强度等级低的水泥砂浆由于采用高强度等级水泥和过细的砂子,使砂子颗粒间起润滑作用的胶结材料(水泥量)减少,因而砂子间的摩擦力较大,砂浆和易性较差,砌筑时,压薄灰缝很费劲。而且,由于砂粒之间缺乏足够的胶结材料起悬浮支托作用,砂浆容易产生沉淀和出现表面泛水现象。

　　(2)水泥混合砂浆中掺入的石灰膏等塑化材料质量差,含有较多灰渣、杂物,或因保存不好发生干燥和污染,不能起到改善砂浆和易性的作用。

　　(3)砂浆搅拌时间短,拌合不均匀。

4.预防措施

　　(1)低强度等级砂浆应采用水泥混合砂浆,如确有困难,可掺增塑剂或掺水泥用量5%~10%的粉煤灰,以达到改善砂浆和易性的目的。

（2）水泥混合砂浆中的塑化材料，应符合试验室试配时的质量要求，现场的石灰膏、黏土膏等，应在池中妥善保管，防止暴晒、风干结硬，并经常浇水保持湿润。

（3）宜采用强度等级较低的水泥和中粗砂拌制砂浆，拌制时应严格执行施工配合比，并保证搅拌时间。

（4）灰槽中的砂浆，使用中应经常用铲翻拌、清底，并将灰槽内角边处的砂浆刮净，堆于一侧继续使用，或与新拌砂浆混在一起使用。

5. 治理措施

分析原因，在砂浆中掺入适量外加剂或增塑剂并充分拌合后，改善砂浆的性能。

5.1.6 雨期、冬期施工未采取相应季节性措施

1. 现象

整个冬期施工期间使用统一不变的砂浆配合比和掺盐量；未考虑砂浆的适用范围，均采用氯盐砂浆法进行砌筑；雨季刚砌筑的砌体未及时进行覆盖而遭雨淋。

2. 规范规定

（1）《砌体结构工程施工规范》GB 50924－2014：

> 5.1.1 工程中所用砌筑砂浆，应按设计要求对砌筑砂浆的种类、强度等级、性能及使用部位核对后使用，其中对设计有抗冻要求的砌筑砂浆，应进行冻融循环试验，其结果应符合现行行业标准《砌筑砂浆配合比设计规程》JGJ/T 98 的要求。
>
> 5.2.3 湿拌砂浆应采用专用搅拌车运输，湿拌砂浆运至施工现场后，应进行稠度检验，除直接使用外，应储存在不吸水的专用容器内，并应根据不同季节采取遮阳、保温和防雨雪措施。
>
> 5.2.4 湿拌砂浆在储存、使用过程中不应加水。当存放过程中出现少量泌水时，应拌合均匀后使用。
>
> 5.2.5 干混砂浆及其他专用砂浆在运输和储存过程中，不得淋水、受潮、靠近火源或高温。袋装砂浆应防止硬物划破包装袋。
>
> 5.2.6 干混砂浆及其他专用砂浆储存期不应超过 3 个月；超过 3 个月的干混砂浆在使用前应重新检验，合格后使用。
>
> 5.2.7 湿拌砂浆、干混砂浆及其他专用砂浆的使用时间应按厂方提供的说明书确定。

（2）《砌体结构工程施工质量验收规范》GB 50203－2011：

> 3.0.17 雨天不宜在露天砌筑墙体，对下雨当日砌筑的墙体应进行遮盖。继续施工时，应复核墙体的垂直度，如果垂直度超过允许偏差，应拆除重新砌筑。

3. 原因分析

（1）对规范的有关规定和要求缺乏了解。

（2）不清楚砂浆掺盐量与施工环境温度密切相关，掺盐量过多或过少都会对砂浆强度和砌体强度造成不良影响和危害。

（3）砂浆在运输和储存过程中，不得淋水、受潮、靠近火源或高温。袋装砂浆应防止硬物划破包装袋。

4. 预防措施

（1）技术主管部门应组织有关施工、试验人员进行冬期施工的业务培训。学习有关规范

和规程。明确各级施工、技术管理人员的职责,认真做好冬期施工技术措施,做好技术交底。质检部门和质检人员应对冬期施工技术措施的落实和执行情况进行经常性的督促和检查,以杜绝因违反冬雨季节性施工规定而导致质量事故发生。

(2)在进度安排上,尽可能把对装饰有特殊要求的砌体工程避开冬期施工,尤其是严寒季节对砌体强度有较大影响的时段,可考虑采用材料加热和提高砂浆强度等级等措施。严寒季节施工,则可采用暖棚法或冻结法砌筑,但应遵循相关规定和要求。做好相应的技术措施和必要的计算工作。对于接近高压电线的建筑物,亦可采取提高砂浆强度等级,错开施工时节,提高环境温度和材料加热等措施进行施工。

(3)对有配筋或预埋铁件的砌体,其配筋和铁件应进行防腐处理。一般可采用防腐涂料予以处理,如涂刷防锈漆(二道),或预先在拉结筋表面浸涂水泥净浆,作为防腐保护层。也可采用无氯盐类防冻剂代替氯盐防冻剂,如亚硝酸钠、硝酸钠和碳酸钾等。应用时应遵守有关规定和要求,其适宜掺量由试验确定。

(4)掺盐砂浆用于水位变化范围内而又没有防水措施的砌体时,则应对砌体进行防水处理。如采用防水砂浆,可分层涂抹2~3遍,厚度不超过25mm。也可采用卷材防水。

5. 治理措施

因掺盐量不当(偏少),影响砌体强度的,可考虑砂浆后期强度的增长,或请监理单位共同取样,做砌体强度试验,如结果能满足设计要求,可不做处理。如砌体强度虽有降低,但降低在5%以内,可请设计单位复核,并经同意,可不予加固。如砌筑强度降低较大,则应会同设计单位研究确定是否需要加固处理。

5.2 砖砌体工程

砖砌体因具有就地取材容易、施工简单和耐久性较好等优点,在工程建设中特别是量大面广的住宅工程,得到了广泛应用。但在工程建设过程中由于管理不到位,原材料及操作工人的技术达不到要求等,往往砖砌体工程还存在着质量通病,应该引起工程技术人员的足够重视。

5.2.1 冻胀地区在地面或防潮层下及有水的环境使用多孔砖

1. 现象

在冻胀地区和有冻胀条件的情况,地面以下或防潮层以下,采用多孔砖砌体,砌体遭受冻害后,砌体强度下降。

2. 规范规定

(1)《砌体结构工程施工质量验收规范》GB 50203 – 2011:

> 5.1.4 有冻胀环境和条件的地区,地面以下或防潮层以下的砌体,不应采用多孔砖。

(2)《砌体结构工程施工规范》GB 50924 – 2014:

> 6.2.9 水池、水箱和有冻胀环境的地面以下工程部位不得使用多孔砖。

3. 原因分析

施工人员没有认识到,地面以下或防潮层以下处于潮湿环境或有地下水的多孔砖砌体,在遇冻胀环境和条件时,砌体会受到冻害。多孔砖砌体在遇到有侵蚀性的地下水时还会遭受侵蚀灾害。砌体受到冻胀、侵蚀时,砌体强度和耐久性会大大降低。

4. 预防措施

在冻胀地区和有冻胀条件的情况时,地面以下或防潮层以下,采用实心砖砌体。若该部位已采用多孔砖时,应对该部位砌体抹防水砂浆或贴防水卷材等防水措施进行处理。

5. 治理措施

在冻胀地区和有冻胀条件的情况,地面以下或防潮层以下,采用多孔砖砌体,砌体遭受冻害或侵蚀后,应按设计单位提出的方案加固处理。

5.2.2 不同品种的砖在同一片墙上混砌

1. 现象

在同一楼层同一片墙体上,不同品种的砖混合搭砌。

2. 规范规定

《砌体结构工程施工质量验收规范》GB 50203 - 2011:

> 5.1.5 不同品种的砖不得在同一楼层混砌。

3. 原因分析

施工人员不了解不同品种的砖的吸水率是不一样的,不同品种的砖的规格、模数也是不一致的,如果混砌,造成砌体灰缝厚度不一,咬槎搭接不符合要求,影响砌体的强度,如果是清水墙,会影响清水墙砌体的美观效果。

4. 预防措施

(1)加强对操作人员的技能培训和考核,达不到技能要求者,不能上岗操作。

(2)在同一楼层同一片墙体要求采用同一生产厂家、同品种、同规格的砖砌筑,以避免因砖的规格尺寸误差而经常变动组砌方式。

(3)加强技术交底和现场过程质量检查。

5. 治理措施

混水墙砌体应按设计方案采取加固处理,清水墙砌体应返工重做。

5.2.3 砌筑时砖的含水率不符合要求

1. 现象

砖砌体砌筑时,砖的含水率或湿润程度不符合要求,采用干砖或者处于吸水饱和状态的砖进行砌筑。

2. 规范规定

《砌体结构工程施工质量验收规范》GB 50203 - 2011:

> 5.1.6 砌筑烧结普通砖、烧结多孔砖、蒸压灰砂砖、蒸压粉煤灰砖砌体时,砖应提前1d～2d适度湿润,严禁采用干砖或处于吸水饱和状态的砖砌筑,块体湿润程度宜符合下列规定:
> 　　1 烧结类块体的相对含水率60%～70%;
> 　　2 混凝土多孔砖及混凝土实心砖不需浇水湿润,但在气候干燥炎热的情况下,宜在砌筑前对其喷水湿润。其他非烧结类块体的相对含水率40%～50%。

3. 原因分析

没有认识到砖的含水率对砌体的质量和强度有较大的影响。砖砌筑前浇水是砖砌体施工工艺的一个部分,砖的湿润程度对砌体的施工质量影响较大。对比试验证明,适宜的含水率不仅可以提高砖与砂浆之间的粘结力,提高砌体的抗剪强度,也可以使砂浆强度保持正常增长,提高砌体的抗压强度。同时,适宜的含水率还可以使砂浆在操作面上保持一定的摊铺流动性能,便于施工操作,有利于保证砂浆的饱满度。这些对确保砌体施工质量和力学性能都是十分有利的。

4. 预防措施

(1)施工前技术人员应进行交底,使操作人员充分认识到砖含水率对砌体的质量和强度有较大的影响。

(2)现场检验砖含水率的简易方法可采用断砖法,当砖截面四周融水深度为15～20mm时,视为符合要求的适宜含水率。

5. 治理措施

及时对砖砌体进行养护或按设计单位提出的方案处理。

5.2.4 砖砌体组砌混乱

1. 现象

混水墙组砌方法混乱,出现通缝或"瞎缝",砖柱采用包心砌法,降低了砌体强度和整体性;砖规格尺寸误差较大,使得砌体灰缝大小不一,影响清水墙面美观。

2. 规范规定

《砌体结构工程施工规范》GB 50924－2014:

6.1.1 砖砌体的灰缝应横平竖直,厚薄均匀。水平灰缝厚度和竖向灰缝宽度宜为10mm,但不应小于8mm,且不应大于12mm。

6.1.2 与构造柱相邻部位砌体应砌成马牙槎,马牙槎应先退后进,每个马牙槎沿高度方向的尺寸不宜超过300mm,凹凸尺寸宜为60mm。砌筑时,砌体与构造柱间应沿墙高每500mm设拉结钢筋,钢筋数量及伸入墙内长度应满足设计要求。

6.1.3 夹心复合墙用的拉结件形式、材料和防腐应符合设计要求和相关技术标准规定。

6.2.6 砌体组砌应上下错缝,内外搭砌;组砌方式宜采用一顺一丁、梅花丁、三顺一丁(图6.2.6)。

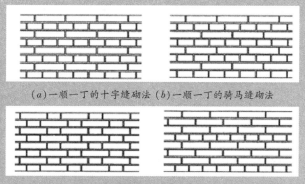

(a)一顺一丁的十字缝砌法　(b)一顺一丁的骑马缝砌法

(c)梅花丁砌法　(d)三顺一丁砌法

图6.2.6 砌体组砌方式示意图

6.2.7 砖砌体的下列部位不得使用破损砖:

1 砖柱、砖垛、砖拱、砖碹、砖过梁、梁的支承处、砖挑层及宽度小于1m的窗间墙部位;

2 起拉结作用的丁砖;

3 清水砖墙的顺砖。

6.2.8 砖砌体在下列部位应使用丁砌层砌筑,且应使用整砖:

1 每层承重墙的最上一皮砖;

2 楼板、梁、柱及屋架的支承处;

3 砖砌体的台阶水平面上;

4 挑出层。

6.2.10 砌砖工程宜采用"三一"砌筑法。

6.2.11 当采用铺浆法砌筑时,铺浆长度不得超过750mm;当施工期间气温超过30℃时,铺浆长度不得超过500mm。

6.2.12 多孔砖的孔洞应垂直于受压面砌筑。

6.2.13 砌体灰缝的砂浆应密实饱满,砖墙水平灰缝的砂浆饱满度不得小于80%,砖柱的水平灰缝和竖向灰缝饱满度不应小于90%;竖缝宜采用挤浆或加浆方法,不得出现透明缝、瞎缝和假缝。不得用水冲浆灌缝。

6.2.17 砖柱和带壁柱墙砌筑应符合下列规定:

1 砖柱不得采用包心砌法;

2 带壁柱墙的壁柱应与墙身同时咬槎砌筑;

3 异形柱、垛用砖,应根据排砖方案事先加工。

3. 原因分析

(1)因混水墙面要抹灰,操作人员容易忽视组砌形式,或者操作人员缺乏砌筑基本技能,因此,砌体出现通缝或"瞎缝"现象。

(2)砌筑砖柱需要大量的七分砖来满足内外砖层错缝的要求,打制七分砖会增加工作量,影响砌筑效率,而且砖损耗很大。当操作人员思想不够重视,又缺乏严格检查的情况下,三七砖柱习惯于用包心砌法。

4. 预防措施

(1)应使操作者了解砌体组砌形式不单是为了墙体美观,同时也是为了使墙体具有较好的受力性能。因此,墙体中砖缝搭接不得少于1/4砖长;内外皮砖层最多隔200mm就应有一层丁砖拉结。烧结普通砖采用一顺一丁、梅花丁或三顺一丁砌法,多孔砖采用一顺一丁或梅花丁砌法均可满足这一要求。

(2)加强对操作人员的技能培训和考核,达不到技能要求者,不能上岗操作。

(3)砖柱的组砌方法,应根据砖柱断面尺寸和实际使用情况统一考虑,但不允许采用包心砌法。

(4)砌筑砖柱所需的异形尺寸砖,宜采用无齿锯切割,或在砖厂生产。

(5)砖柱横竖向灰缝的砂浆都必须饱满,每砌完一层砖,都要进行一次竖缝刮浆塞缝工作,以提高砌体强度。

(6)墙体组砌形式的选用,可根据受力性能和砖的尺寸误差确定。一般清水墙面常选用一顺一丁和梅花丁组砌方法;砖砌蓄水池宜采用三顺一丁组砌方法;双面清水墙,如工业厂房围护墙、围墙等,可采取三七缝组砌方法。在同一幢工程中,应尽量使用同一砖厂的砖,以避免因砖的规格尺寸误差而经常变动组砌方法。

5. 治理措施

混水墙砌体如影响砌体的承载能力时应按设计方案采取加固处理,若不影响承载能力的应加强管理,下不为例。清水墙砌体组砌混乱或砖柱采用包心砌筑时应返工重做。

5.2.5 砌体灰缝砂浆不饱满或饱满度不符合要求

1. 现象

砌体水平灰缝砂浆饱满度低于80%;竖缝出现瞎缝;砌筑清水墙采取大缩口铺灰,缩口缝深度甚至达20mm以上,影响砂浆饱满度。

2. 规范规定

(1)《砌体结构工程施工质量验收规范》GB 50203-2011:

> 5.1.7 采用铺浆法砌筑砌体,铺浆长度不得超过750mm;当施工期间气温超过30℃时,铺浆长度不得超过500mm。
>
> 5.1.9 弧拱式及平拱式过梁的灰缝应砌成楔形缝,拱底灰缝宽度不宜小于5mm,拱顶灰缝宽度不应大于15mm,拱体的纵向及横向灰缝应填实砂浆;平拱式过梁拱脚下面应伸入墙内不小于20mm;砖砌平拱过梁底应有1%的起拱。
>
> 5.1.13 砖砌体施工临时间断处补砌时,必须将接槎处表面清理干净,洒水湿润,并填实砂浆,保持灰缝平直。
>
> 5.2.2 砌体灰缝砂浆应密实饱满,砖墙水平灰缝的砂浆饱满度不得低于80%;砖柱水平灰缝和竖向灰缝饱满度不得低于90%。

(2)《砌体结构工程施工规范》GB 50924-2014:

> 6.1.1 砖砌体的灰缝应横平竖直,厚薄均匀。水平灰缝厚度和竖向灰缝宽度宜为10mm,但不应小于8mm,且不应大于12mm。
>
> 6.2.13 砌体灰缝的砂浆应密实饱满,砖墙水平灰缝的砂浆饱满度不应小于80%,砖柱的水平灰缝和竖向灰缝饱满度不应小于90%;竖缝宜采用挤浆或加浆方法,不得出现透明缝、瞎缝和假缝。不得用水冲浆灌缝。

3. 原因分析

(1)低强度等级的砂浆,如使用水泥砂浆,因水泥砂浆和易性差,砌筑时挤浆费劲,操作者用大铲或瓦刀铺刮砂浆后,使底灰产生空穴,砂浆不饱满。

(2)用干砖砌墙,使砂浆早期脱水而降低强度,且与砖的粘结力下降,而干砖表面的粉屑又起隔离作用,减弱了砖与砂浆层的粘结。

(3)用铺浆法砌筑,有时因铺浆过长,砌筑速度跟不上,砂浆中的水分被底砖吸收,使后砌的砖与砂浆失去粘结。

(4)砌清水墙时,为了省去刮缝工序。采取了大缩口的铺灰方法,使砌体砖缝缩口深度达20mm以上,既降低了砂浆饱满度,又增加了勾缝工作量。

4. 预防措施

(1)改善砂浆和易性是确保灰缝砂浆饱满度和提高粘结强度的关键。

(2)改进砌筑方法。不宜采取铺浆法或摆砖砌筑,应推广"三一砌砖法",即使用大铲,一块砖、一铲灰、一挤揉的砌筑方法。

(3)当采用铺浆法砌筑时,必须控制铺浆的长度,一般气温情况下不得超过750mm,当施工期间气温超过 30℃时,铺浆长度不得超过 500mm。

（4）冬期施工时,在正温度条件下也应将砖面适当湿润后再砌筑。负温下施工无法浇砖时,应适当增加砂浆的稠度;对于 9 度抗震设防地区,在严冬无法浇砖情况下,不能进行砌筑。

5. 治理措施

混水墙砌体如影响砌体的承载能力时应按设计方案采取加固处理,若不影响承载能力的应加强管理,下不为例。清水墙砌体若影响美观的应返工重做。

5.2.6 墙体留槎形式不符合规定,接槎不严

1. 现象

砌筑时不按规范执行,随意留直槎,且多留置阴槎,槎口部位用砖碴填砌,留槎部位接槎砂浆不严,灰缝不顺直,使墙体拉结性能严重削弱。

2. 规范规定

《砌体结构工程施工质量验收规范》GB 50203 – 2011:

> 5.1.13 砖砌体施工临时间断处补砌时,必须将接槎处表面清理干净,洒水湿润,并填实砂浆,保持灰缝平直。
>
> 5.2.3 砖砌体的转角处和交接处应同时砌筑,严禁无可靠措施的内外墙分砌施工。在抗震设防烈度为 8 度及 8 度以上地区,对不能同时砌筑而又必须留置的临时间断处应砌成斜槎,普通砖砌体斜槎水平投影长度不应小于高度的 2/3,多孔砖砌体的斜槎长高比不应小于 1/2。斜槎高度不得超过一步脚手架的高度。
>
> 5.2.4 非抗震设防及抗震设防烈度为 6 度、7 度地区的临时间断处,当不能留斜槎时,除转角处外,可留直槎,但直槎必须做成凸槎,且应加设拉结钢筋,拉结钢筋应符合下列规定:
>
> 1 每 120mm 墙厚放置 1Φ6 拉结钢筋(120mm 厚墙应放置 2Φ6 拉结钢筋);
>
> 2 间距沿墙高不应超过 500mm,且竖向间距偏差不应超过 100mm;
>
> 3 埋入长度从留槎处算起每边均不应小于 500mm,对抗震设防烈度 6 度、7 度的地区,不应小于 1000mm;
>
> 4 末端应有 90°弯钩(图 5.2.4)。

3. 原因分析

（1）操作人员对留槎形式与抗震性能的关系缺乏认识,习惯于留直槎,认为留斜槎不如留直槎方便,而且多数留阴槎。有时由于施工操作不便,如外脚手砌墙,横墙留斜槎较困难而留置直槎。

（2）施工组织不当,造成留槎过多。由于重视不够,留直槎时,漏放拉结筋,或拉结筋长度、间距未按规定执行;拉结筋部位的砂浆不饱满,使钢筋锈蚀。

（3）后砌 120mm 厚隔墙留置的阳槎(马牙槎)不正不直,接槎时由于咬槎深度较大(砌十字缝时咬槎深 120mm),使接槎砖上部灰缝不易塞严。

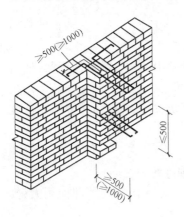

图 5.2.4　直槎处拉结钢筋示意图

（4）斜槎留置方法不统一。留置大斜槎工作量大，斜槎灰缝平直度难以控制，使接槎部位不顺直。

（5）施工洞随意留设。运料小车将混凝土、砂浆撒落到洞口留槎部位，影响接槎质量。填砌施工洞的砖，色泽与原墙不一致，影响清水墙面的美观。

4. 预防措施

（1）在安排施工组织计划时，对施工留槎应作统一考虑。外墙大角尽量做到同步砌筑不留槎，或一步架留槎，二步架改为同步砌筑，以加强墙角的整体性。纵横墙交接处，有条件时尽量安排同步砌筑，如外脚手砌纵墙，横墙可以与此同步砌筑，工作面互不干扰。这样可尽量减少留槎，有利于房屋的整体性。

（2）砖砌体的转角处和交接处应同时砌筑，严禁无可靠措施的内外墙分砌施工。在抗震设防烈度为 8 度及 8 度以上地区，对不能同时砌筑而又必须留置的临时间断处应砌成斜槎。普通砖砌体斜槎水平投影长度不应小于高度的 2/3，多孔砖砌体的斜槎长高比不应小于 1/2。

（3）应注意接槎的质量。首先应将接槎处清理干净，然后浇水湿润，接槎时，槎面要填实砂浆，并保持灰缝平直。

（4）非抗震设防及抗震设防烈度为 6 度、7 度地区，当临时间断处不能留斜槎时，除转角处外，可留直槎，但直槎必须做成凸槎，且应加设拉结钢筋，拉结钢筋应符合下列规定：

1）每 120mm 墙厚放置 1Φ6 拉结钢筋（120mm 厚墙应放置 2Φ6 拉结钢筋）。

2）间距沿墙高不应超过 500mm，且竖向间距偏差不应超过 100mm。

3）埋入长度从留槎处算起每边均不应小于 500mm，对抗震设防烈度 6 度、7 度的地区，不应小于 1000mm。

4）末端应有 90°弯钩。

（5）清水墙施工洞口（人货电梯、井架上料口）留槎部位，应加以保护和覆盖，防止运料小车碰撞槎口和撒落混凝土、砂浆造成污染。为使填砌施工洞口用砖的规格和色泽与墙体保持一致，在施工洞口附近应保存一部分原砌墙用砖，供填砌洞口时使用。

5. 治理措施

混水墙砌体未按规范要求留槎时，若影响砌体结构整体性能应对该部位在装饰前采取加固措施；清水墙留槎影响美观的应返工重做。

5.2.7 清水墙面游丁走缝

1. 现象

大面积的清水墙面常出现丁砖竖缝歪斜、宽窄不匀，丁不压中（丁砖在下层顺砖上不居中），清水墙窗台部位与窗间墙部位的上下竖缝发生错位，直接影响到清水墙面的美观。

2. 规范规定

《砌体结构工程施工质量验收规范》GB 50203-2011：

> 5.3.3 清水墙游丁走缝允许偏差 20mm。
> 检验方法：以每层第一支砖为准，用吊线和尺检查
> 抽检数量：不应少于 5 处。

3. 原因分析

（1）砖的长、宽尺寸误差较大，如砖的长为正偏差，宽为负偏差，砌一顺一丁时，竖缝宽度

不易掌握,稍不注意就会产生游丁走缝。

(2)开始砌墙摆砖时,未考虑窗口位置对砖竖缝的影响,当砌窗台以上窗间墙时,窗的边线不在竖缝位置,使窗间墙的竖缝上下错位。

(3)里脚手砌外清水墙,未检查外墙面的竖缝垂直度。

4.预防措施

(1)砌筑清水墙,应选取边角整齐、色泽均匀的砖。

(2)砌清水墙前应进行统一摆底,并先对现场砖的尺寸进行实测,以便确定组砌方法和调整竖缝宽度。

(3)摆底时应将窗洞位置引出,使砖的竖缝尽量与窗洞边线相齐,如安排不开,可适当移动窗洞位置(一般不大于20mm)。当窗洞宽度不符合砖的模数时,应将七分头砖留在窗洞下部的中央,以保持窗间墙处上下竖缝不错位。

(4)游丁走缝主要是丁砖游动所引起的,因此在砌筑时,必须强调丁压中,即丁砖的中线与下层顺砖的中线重合。

(5)在砌大面积清水墙(如山墙)时,在开始砌的几皮砖中,沿墙角1m处,用线坠吊一次竖缝的垂直度,至少保持一步架高度有准确的垂直度。

(6)沿墙面每隔一定间距,在竖缝处弹墨线,墨线用经纬仪或线坠引测。当砌至一定高度(一步架或一层墙)后,将墨线向上引伸,以作为控制游丁走缝的基准。

(7)采用里脚手架时,应经常探身察看外墙面的竖缝垂直度。

5.治理措施

返工重做。

5.2.8 砖砌体出现开裂

1.现象

砌体砌筑完成后,在不同的部位出现裂缝。砌体裂缝根据不同的产生原因,大致可分为以下三类:

(1)沉降裂缝

房屋建筑地基基础的不均匀沉降,使墙体内产生附加应力;当墙体内应力超过砌体的极限抗拉强度时,首先在墙体的薄弱处出现沉降裂缝,并将随不均匀沉降量的增大而不断扩大,按破坏形态区分,常见的砌体沉降裂缝有整体弯曲裂缝和剪切裂缝两类。裂缝的走向,以斜向竖向裂缝较多、也有水平裂缝。大多数情况下,斜裂缝通过窗口两对角,在仅靠窗口处缝宽较大,向两边和上下逐渐缩小;其走向往往是由沉降较小的一边向沉降较大的一边逐渐向上发展。这种裂缝主要是由于不均匀沉降使墙体受到较大的剪应力,造成砌体受主拉应力的破坏。竖向裂缝一般产生在纵墙的顶部或底层窗台上。墙顶的竖向裂缝是由于墙的两端沉降值较大、中间沉降值较小的反向弯曲使墙体上端形成受拉情况而产生的,缝的宽度一般上端较大,下端较小。在多层房屋中,当底层窗口过宽时,也往往因房屋不均匀沉降而使窗台产生反向弯曲,引起窗台处的竖向裂缝。

(2)温度和收缩裂缝

一般材料均有热胀冷缩的性质。由于环境温度变化而引起热胀冷缩变形,称为温度变形。如果构件不受任何约束,在温度变化时,构件中就不会产生附加应力;当构件受到约束,在温度变化时不能自由变形时,则将在构件中产生附加应力或称温度应力。

在混合结构房屋中,屋盖或楼盖常为钢筋混凝土结构搁在砖石墙柱上,彼此连成一体。当温度变化时,由于材料的线膨胀系数不同,必然彼此互相牵制而产生温度应力。当房屋的平面尺寸超过一定限度时,这种应力可使房屋开裂或破坏。

减少和预防温度裂缝,应减少温差、控制并降低附加应力,适当提高砌体抗剪、抗拉强度。为此,对钢筋混凝土屋盖加设通风隔热层,圈梁尽量不露在室外。屋面设置柔性分格缝,提高砌体和砂浆强度等级,或加设部分补强钢筋等。

（3）荷载裂缝

砌体出现荷载裂缝的原因有多种:有的由于对承担的荷重考虑不周,造成砌体局部应力超限;有的是由于块材、砂浆等材质不良或砌筑质量差而降低了砌体强度;有的是由于使用单位任意吊挂重物,或任意改变使用性质,增加荷载或随意开墙凿洞、削弱了砌体的截面积;有的则是结构构造有缺陷,如漏设梁垫或梁垫面积不够等。

常见的荷载裂缝有受压裂缝、受弯裂缝、稳定性裂缝、局部受压裂缝、受拉裂缝和受剪裂缝。

2. 规范规定

（1）《砌体结构工程施工质量验收规范》GB 50203 - 2011:

> 11.0.4 有裂缝的砌体应按下列情况进行验收:
> 　1 对不影响结构安全性的砌体裂缝,应予以验收,对明显影响使用功能和观感质量的裂缝,应进行处理;
> 　2 对有可能影响结构安全性的砌体裂缝,应由有资质的检测单位检测鉴定,需返修或加固处理的,待返修或加固处理满足使用要求后进行二次验收。

（2）《民用建筑可靠性鉴定标准》GB 50292 - 1999:

> 4.4.5 当砌体结构的承重构件出现下列受力裂缝时,应视为不适于继续承载的裂缝,并应根据其严重程度评为 c_u 级或 d_u 级:
> 　1 桁架、主梁支座下的墙、柱的端部或中部、出现沿块材断裂(贯通)的竖向裂缝。
> 　2 空旷房屋承重外墙的变截面处,出现水平裂缝或斜向裂缝。
> 　3 砌体过梁的跨中或支座出现裂缝;或虽未出现肉眼可见的裂缝,但发现其跨度范围内有集中荷载。
> 　注:块材指砖或砌块。
> 　4 筒拱、双曲筒拱、扁壳等的拱面、壳面,出现沿拱顶母线或对角线的裂缝。
> 　5 拱、壳支座附近或支承的墙体上出现沿块材断裂的斜裂缝。
> 　6 其他明显的受压、受弯或受剪裂缝。
> 　4.4.6 当砌体结构、构件出现下列非受力裂缝时,也应视为不适于继续承载的裂缝,并应根据其实际严重程度评为 c_u 级或 d_u 级:
> 　1 纵横墙连接处出现通长的竖向裂缝。
> 　2 墙身裂缝严重,且最大裂缝宽度已大于 5mm。
> 　3 柱已出现宽度大于 1.5mm 的裂缝,或有断裂、错位迹象。
> 　4 其他显著影响结构整体性的裂缝。
> 　注:非受力裂缝系指由温度、收缩、变形或地基不均匀沉降等引起的裂缝。

(3)《工业建筑可靠性鉴定标准》GB 50144 - 2008：

6.4.5 砌体构件的裂缝项目应根据裂缝的性质，按表6.4.5的规定评定。裂缝项目的等级应取各类裂缝评定结果中的较低等级。

砌体构件裂缝评定等级　　　　　　　　　　　表6.4.5

类型		等级		
		a	b	c
变形裂缝、温度裂缝	独立柱	无裂缝	—	有裂缝
	墙	无裂缝	小范围开裂，最大裂缝宽度不大于1.5mm，且无发展趋势	较大范围开裂，或最大裂缝宽度大于1.5mm，或裂缝有继续发展的趋势
受力裂缝		无裂缝		有裂缝

注：1 本表仅适用于砖砌体构件，其他砌体构件的裂缝项目可参考本表评定。
　　2 墙包括带壁柱墙。
　　3 对砌体构件的裂缝有严格要求的建筑，表中的裂缝宽度限值可乘以0.4。

(4)《危险房屋鉴定标准》JGJ 125 - 1999(2004年版)：

4.3.3 砌体结构应重点检查砌体的构造连接部位，纵横墙交接处的斜向或竖向裂缝状况，砌体承重墙体变形和裂缝状况以及拱脚裂缝和位移状况。注意其裂缝宽度、长度、深度、走向、数量及其分布，并观测其发展状况。

4.3.4 砌体结构构件有下列现象之一者，应评定为危险点：

1 受压构件承载力小于其作用效应的85%($R/\gamma_0 S < 0.85$)；

2 受压墙、柱沿受力方向产生缝宽大于2mm、缝长超过层高1/2的竖向裂缝，或产生缝长超过层高1/3的多条竖向裂缝；

3 受压墙、柱表面风化、剥落，砂浆粉化，有效截面削弱达1/4以上；

4 支承梁或屋架端部的墙体或柱截面因局部受压产生多条竖向裂缝，或裂缝宽度已超过1mm；

5 墙柱因偏心受压产生水平裂缝，缝宽大于0.5mm；

6 墙、柱产生倾斜，其倾斜率大于0.7%，或相邻墙体连接处断裂成通缝；

7 墙、柱刚度不足，出现挠曲鼓闪，且在挠曲部位出现水平或交叉裂缝；

8 砖过梁中部产生明显的竖向裂缝，或端部产生明显的斜裂缝，或支承过梁的墙体产生水平裂缝，或产生明显的弯曲、下沉变形；

9 砖筒拱、扁壳、波形筒拱、拱顶沿母线裂缝，或拱曲面明显变形，或拱脚明显位移，或拱体拉杆锈蚀严重，且拉杆体系失效；

10 石砌墙(或土墙)高厚比：单层大于14，二层大于12，且墙体自由长度大于6m。墙体的偏心距达墙厚的1/6。

3.原因分析

(1)砌体强度不足

砖砌体抗压强度高、抗拉强度较小、脆性较大。裂缝荷载比较接近或几乎相等于破坏荷载，将引起砌体裂缝。造成砖石砌体强度不足的原因较多，缺乏全面考虑的改建、砌体损伤、

312

裂缝、材料破坏等。引起砌体裂缝一般主要是抗拉强度、抗剪强度不足,当然抗压强度也至关重要,砌体强度不足可由强度验算进行分析。

（2）砌体结构的稳定性不够

砌体结构除应具有足够的强度外,尚应具有足够的稳定性。砌体丧失稳定前,有的可见明显的裂缝、变形、歪斜等预兆。有的则并没有明显的预兆而突然发生,造成较大的损失和伤害。墙、柱的高厚比是保证结构稳定的重要指标。一般竖向结构,只要构造措施得当,高厚比满足要求,结构稳定性都能得到保证。

4. 预防措施

（1）设计

1）建筑物长度大于40m时,应设置变形缝;当有其他可靠措施时,可在规范范围内适当放宽。房屋长度减少时,剪应力有一定程度的降低,对墙体抗裂有一定的作用。对于有保温整体式钢筋混凝土结构楼盖的砌体结构,《砌体结构设计规范》规定伸缩缝最大间距为50m,当采用蒸压灰砂砖、蒸压粉煤灰砖和混凝土砌块时,伸缩缝间距不大于40m（0.8倍伸缩缝最大间距）,对温差较大且变化频繁的地区,其间距应适当减少。对采取可靠有效的保温措施及构造措施（后浇带、约束砌体等）的住宅工程,伸缩缝间距可适当放宽,但不宜大于50m。

2）顶层和底层应设置通长现浇钢筋混凝土窗台梁,高度不宜小于120mm,混凝土强度等级不应小于C20,纵向配筋不少于4φ10,箍筋φ6@200;其他层在窗台标高处,应设置通长现浇钢筋混凝土板带,板带的厚度不小于60mm,宽度与墙等宽,混凝土强度等级不应小于C20,纵向配筋不宜少于3φ8。由于温差的影响,外墙特别是顶层外墙,是温度影响的敏感部位,墙体在洞口削弱处易发生应力集中现象,出现裂缝并产生渗漏。采用现浇混凝土窗台梁及板带,可有效地改变墙体受力性状,控制裂缝的产生。底层增强窗台梁,主要是防止不均匀沉降造成的窗台处竖向和斜向裂缝。

3）顶层门窗洞口采用单独过梁时,过梁伸入两端墙内每边不少于600mm。

4）顶层及女儿墙砌筑砂浆的强度等级不应小于M7.5。粉刷砂浆中宜掺入抗裂纤维或采用预拌抹灰砂浆。

5）屋面女儿墙不应采用轻质墙体材料砌筑。当采用砌体结构时,应设置间距不大于3m的构造柱和厚度不少于120mm的钢筋混凝土压顶。由于女儿墙受外部环境（温度、湿度等）影响较大,极易出现裂缝,从而引起屋面渗漏。

6）门窗洞口较大时,会削弱墙体的整体性。洞口宽度大于2m时,两边应设置构造柱。

7）砌体结构工程中,为了减小角部构造柱及圈梁对现浇板收缩的约束,减小造成现浇板角部产生45°剪切裂缝的拉应力,顶层圈梁、卧梁的高度不宜超过300mm。外墙转角处构造柱的截面积不应大于240mm×240mm;与楼板同时浇筑的外墙圈梁,其截面高度应不大于300mm。

8）混凝土结构工程填充墙,当墙长大于5m时,应增设间距不大于3m的构造柱;砌体无约束的端部必须增设构造柱;除烧结普通砖、烧结多孔砖及混凝土多孔砖外,每层墙高的中部应增设高度为120mm,与墙体同宽的混凝土腰梁。

9）填充墙砌体材料线膨胀系数及体积变形系数相对较大,受温度和湿度的影响,墙体的变形较大,易产生收缩裂缝。同时门窗框边由于门窗开闭的动荷载作用,易出现开裂和松动,因此,对烧结空心砖、混凝土小型空心砌块、蒸压加气混凝土砌块等轻质墙体的门窗洞口应采取钢筋混凝土框加强。但采用烧结普通砖、烧结多孔砖及混凝土多孔砖等砌体材料时，预留的门窗洞口宽度大于2000mm应采取钢筋混凝土框加强。

10）石膏砌块内隔墙的抗震构造措施必须满足国家、行业及地方标准规范。按照《石膏砌块内隔墙》（04J114-2标准图集）的规定："石膏砌块墙体应根据建筑抗震设计规范要求设置配筋带、混凝土圈梁、构造柱。其设置间距，一般当墙厚80～100mm时，墙体高度超过3m时应设置配筋带、圈梁；当墙厚超过100mm时，墙体高度超过4m时应设置配筋带、圈梁；砌块墙长度超过6m时应按照《砌体结构设计规范》的有关规定设置配筋带、混凝土圈梁和构造柱。"《石膏砌块砌体技术规程》JGJ/T 201-2010规定："当石膏砌块砌体长度大于5m时，砌体顶与梁或顶板应有拉结；当砌体长度超过层高2倍时、厚度200mm以上石膏砌块长度超过10m时应设置钢筋混凝土构造柱；当砌体高度超过4m时，砌体高度1/2处应设置与主体结构柱或墙连接且沿砌体全长贯通的钢筋混凝土水平系梁。"石膏砌块内隔墙抹面措施、构造柱间距以及水平系梁设置等构造措施按照上述标准执行。需要指出的是石膏砌块与加气混凝土砌块在性能上存在较大差异，石膏砌块内隔墙的干缩变形、湿涨变形以及温度变形都较小，在满足抗震构造要求基础上，石膏内隔墙抹面措施、构造柱间距、水平系梁等构造措施可适当放宽。

（2）材料

1）砌筑砂浆应采用中、粗砂，严禁使用山砂、石（屑）粉和海砂。

山砂和石（屑）粉含泥量一般较大，不但会增加砌筑砂浆的水泥用量，还可能使砂浆的收缩值增大，耐久性降低，影响砌体质量，产生收缩裂缝。而M5以上的砂浆，如砂子含泥量过大，有可能导致塑化剂掺量过多，造成砂浆强度降低，因此，应严格控制。砂按细度模数分为粗、中、细三种规格，其细度模数分别为：粗砂：3.1～3.7；中砂：2.3～3.0；细砂：1.6～2.2。海砂中的氯离子，会引起砌体中拉结筋锈蚀，大大降低钢筋的抗震性能，因此，应严格控制使用。

2）蒸压灰砂砖、粉煤灰砖、加气混凝土砌块的出釜停放期不应小于28d，不宜小于45d；混凝土小型空心砌块的龄期不应小于28d。

轻质砌块多为水泥胶凝增强的块材，以28d强度为标准设计强度。龄期达到28d之前，含水量较高，自身收缩较快，28d后收缩趋缓。为有效控制砌体收缩裂缝，对砌筑时的轻质砌块龄期进行了规定，其龄期宜控制大于45d，不应小于28d，因龄期越长，其体积越趋于稳定。

3）石膏砌块在满足《石膏砌块》JC/T 698-2010标准的同时，还应满足以下要求：含水率不大于8%，软化系数不小于0.6，潮湿环境不小于0.90，断裂荷载不小于5.0kN。

（3）施工

1）填充墙砌至接近梁底、板底时，应留有一定的空隙，填充墙砌筑完并间隔15d以后，优先采用水平塞方法将其塞紧嵌实。填充墙砌完后，砌体还将产生一定变形，施工不当，不仅会影响砌体与梁或板底的紧密结合，还会在该部位产生水平裂缝。为了更有效地减少裂缝，使砌筑砂浆的收缩进一步稳定，延长到15d。水平塞方施工简便，也便于监管填塞质量，其施工工艺如下：

① 倒画皮数杆，即从梁或板底开始往下画，便于控制预留缝口厚度。

② 预留塞方缝口厚度，半砖墙20mm，一砖墙30mm。

③ 干硬细石混凝土拌制。先拌制1:3水泥砂浆,然后掺干瓜子片拌匀后,即可获得手握成团落地就散的干硬细石混凝土。

④ 分两次塞方,先从两侧往中间填塞紧,每侧留出15～20mm深的槽口,待管理人员(含监理)检查验收符合要求后,再用1:2.5水泥砂浆嵌缝,用抽条反复抽压密实、光滑。

2)框架柱间填充墙拉结筋应满足砖模数要求,不应折弯压入砖缝。框架柱间填充墙拉结筋,既是抗震设计的要求,又对防止柱边竖向裂缝也有一定的作用。折弯压入砖缝后,钢筋拉结力的作用将大大削弱。预埋钢筋拉结筋能有效保证拉结效果,应优先采用,如不符合砖模数要求,可采取化学植筋等有效措施进行补救,但为保证质量,植筋应先试验后使用,抽检数量应符合《砌体结构工程施工质量验收规范》GB 50203－2011 第9.2.3 条规定。

3)填充墙在框架柱与墙的交接处的竖向灰缝两侧,砌筑时应用抽缝条勒出15～20mm深的槽口,在加贴网片前浇水湿润,再用1:2.5水泥砂浆嵌实。

4)为了增强墙体的整体性,通长现浇钢筋混凝土板带应一次浇筑完成。

5)砌体结构砌筑完成后宜60d后再抹灰,并不应少于30d。墙体充分沉实稳定后再抹灰,能确保抹灰质量,应尽量延迟开始抹灰的时间,否则,砌筑砂浆收缩未稳定,极易产生裂缝和空鼓。

6)每天砌筑高度宜控制在1.5m或一步脚手架高度内,并应采取严格的防风、防雨措施。控制每天墙体砌筑高度,一是为了考虑砌筑砂浆的沉实变形;二是考虑特殊气候(风、雨、雪等)施工过程中的安全和质量,三是为了保证混凝土窗台梁的一次浇筑。

7)严禁在墙体上交叉埋设和开凿水平槽;竖向槽须在砂浆强度达到设计要求后,用机械开凿,且在粉刷前,加贴抗裂网片等抗裂材料。

8)宽度大于300mm的预留洞口应设钢筋混凝土过梁,并且伸入每边墙体的长度应不小于250mm。

5. 治理措施

砌体结构裂缝的修补应根据其种类、性质及出现的部位进行设计,选择适宜的修补材料、修补方法和修补时间。

对承载能力不足引起裂缝的加固可根据结构特点、实际条件和使用要求选择适宜的加固方法及配合使用的技术。分为直接加固与间接加固两类。直接加固宜根据工程的实际情况选用外加面层加固法、外包型钢加固法、粘贴纤维复合材加固法和外加扶壁柱加固法等。间接加固宜根据工程的实际情况选用外加预应力撑杆加固法和改变结构计算图形的加固方法。与结构加固方法配合使用的技术应采用符合要求的裂缝修补技术和拉结、锚固技术。这里不再赘述。

对于影响砌体结构、构件正常使用性的裂缝常用的裂缝修补方法有填缝法、压浆法、外加网片法和置换法等。根据工程的需要,这些方法也可组合使用。

砌体裂缝修补后,其墙面抹灰的做法应符合现行国家标准《建筑装饰装修工程质量验收规范》GB 50210 的有关规定。在抹灰层砂浆或细石混凝土中加人短纤维可进一步减少和限制裂缝的出现。

(1)填缝法

填缝法适用于处理砌体中宽度大于0.5mm的裂缝。

修补裂缝前,首先应剔凿干净裂缝表面的抹灰层,然后沿裂缝开凿U形槽。对凿槽的深度和宽度,并应符合下列规定:当为静止裂缝时,槽深不宜小于15mm,槽宽不宜小于20mm。当为活动裂缝时,槽深宜适当加大,且应凿成光滑的平底,以利于铺设隔离层;槽宽宜按裂缝预计张开量 t 加以放大,通常可取为$(15 + 5t)$ mm。另外,槽内两侧壁应凿毛。当为钢筋锈蚀引起的裂缝时,应凿至钢筋锈蚀部分完全露出为止,钢筋底部混凝土凿除的深度,以能使除锈工作彻底进行。

对静止裂缝,可采用改性环氧砂浆、改性氨基甲酸乙酯胶泥或改性环氧胶泥等进行充填(图5-1a)。对活动裂缝,可采用丙烯酸树脂、氨基甲酸乙酯、氯化橡胶或可挠性环氧树脂等为填充材料,并可采用聚乙烯片、蜡纸或油毡片等为隔离层(图5-1b)。

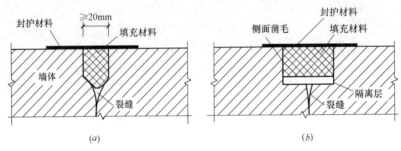

图5-1　填缝法裂缝修补图

对锈蚀裂缝,应在已除锈的钢筋表面上,先涂刷防锈液或防锈涂料,待干燥后再充填封闭裂缝材料。对活动裂缝,其隔离层应干铺,不得与槽底有任何粘结。其弹性密封材料的充填,应先在槽内两侧表面上涂刷一层胶粘剂,以使充填材料起到既密封又能适应变形的作用。

修补裂缝充填封闭裂缝材料前,应先将槽内两侧凿毛的表面浮尘清除干净。采用水泥基修补材料填补裂缝,应先将裂缝及周边砌体表面润湿。采用有机材料不得湿润砌体表面,应先将槽内两侧面上涂刷一层树脂基液。充填封闭材料应采用搓压的方法填入裂缝中,并应修复平整。

(2)压浆法

压浆法即压力灌浆法,适用于处理裂缝宽度大于0.5mm且深度较深的裂缝。压浆的材料可采用无收缩水泥基灌浆料、环氧基灌浆料等。

压浆工艺流程:清理裂缝→安装灌浆嘴→封闭裂缝→压气试漏→配浆→压浆→封口处理。

压浆法的操作应符合下列规定:

1)清理裂缝时,应在砌体裂缝两侧不少于100mm范围内,将抹灰层剔除。若有油污也应清除干净;然后用钢丝刷、毛刷等工具,清除裂缝表面的灰土、浮渣及松软层等污物;用压缩空气清除缝隙中的颗粒和灰尘。

2)灌浆嘴安装应符合下列规定:当裂缝宽度在2mm以内时,灌浆嘴间距可取200~250mm;当裂缝宽度在2~5mm时,可取350mm;当裂缝宽度大于5mm时,可取450mm,且应设在裂缝端部和裂缝较大处。应按标示位置钻深度30~40mm的孔眼,孔径宜略大于灌浆嘴的外径。钻好后应清除孔中的粉屑。灌浆嘴应在孔眼用水冲洗干净后进行固定。固定前先涂刷一道水泥浆,然后用环氧胶泥或环氧树脂砂浆将灌浆嘴固定,裂缝较细或墙厚超过240mm时,应在墙的两侧均安放灌浆嘴。

3)封闭裂缝时,应在已清理干净的裂缝两侧,先用水浇湿砌体表面,再用纯水泥浆涂刷一道,然后用 M10 水泥砂浆封闭,封闭宽度约为 200mm。

4)试漏应在水泥砂浆达到一定强度后进行,并采用涂抹皂液等方法压气试漏。对封闭不严的漏气处应进行修补。

5)配浆应根据灌浆料产品说明书的规定及浆液的凝固时间,确定每次配浆数量。浆液稠度过大,或者出现初凝情况,应停止使用。

6)压浆应符合下列要求:压浆前应先灌水;空气压缩机的压力宜控制在 0.2~0.3MPa;将配好的浆液倒入储浆罐,打开喷枪阀门灌浆,直至邻近灌浆嘴(或排气嘴)溢浆为止;压浆顺序应自下而上,边灌边用塞子堵住灌浆的嘴,灌浆完毕且已初凝后,即可拆除灌浆嘴,并用砂浆抹平孔眼。

压浆时应严格控制压力,防止损坏边角部位和小截面的砌体,必要时,应做临时性支护。

(3)外加网片法

外加网片法适用于增强砌体抗裂性能,限制裂缝开展,修复风化、剥蚀砌体。外加网片所用的材料应包括钢筋网、钢丝网、复合纤维织物网等。当采用钢筋网时,其钢筋直径不宜大于 4mm。当采用无纺布替代纤维复合材料修补裂缝时,仅允许用于非承重构件的静止细裂缝的封闭性修补上。

网片覆盖面积除应按裂缝或风化、剥蚀部分的面积确定外,尚应考虑网片的锚固长度。网片短边尺寸不宜小于 500mm。网片的层数:对钢筋和钢丝网片,宜为单层;对复合纤维材料,宜为 1~2 层;设计时可根据实际情况确定。

(4)置换法

置换法适用于砌体受力不大,砌体块材和砂浆强度不高的开裂部位,以及局部风化、剥蚀部位的加固(图 5-2)。置换用的砌体块材可以是原砌体材料,也可以是其他材料,如配筋混凝土实心砌块等。

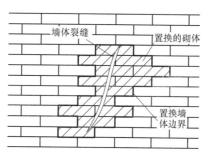

图 5-2 置换法处理裂缝图

置换砌体时应符合下列规定要求:把需要置换部分及周边砌体表面抹灰层剔除,然后沿着灰缝将被置换砌体凿掉。在凿打过程中,应避免扰动不置换部分的砌体。仔细把粘在砌体上的砂浆剔除干净,清除浮尘后充分润湿墙体。修复过程中应保证填补砌体材料与原有砌体可靠嵌固。砌体修补完成后,再做抹灰层。

5.3　混凝土小型空心砌块砌体工程

混凝土小砌块是用混凝土制成的一种空心、薄壁的硅酸盐制品。小砌块标准外形尺寸为390mm×190mm×190mm，并备有辅助规格砌块。小砌块可分为单排孔和多排孔两种。它的抗压强度等级有 MU5、MU7.5、MU10、MU15 和 MU20 这 5 种，密度为 1300～1400kg/m³；砌筑砂浆的强度等级有 M15、M10、M7.5 和 M5 等，混凝土小砌块砌体是由小砌块和混凝土芯柱共同组成的。

混凝土小砌块的优点是：施工适应性强，重量轻，大小适宜，砌筑方便；小砌块墙体重量轻，可降低基础造价；小砌块墙与粉刷层粘结牢固，粉刷不易起壳。但因小砌块在外形尺寸和材性方面与黏土砖有较大差异，故混凝土小砌块工程的质量通病与砖砌体工程不同。

5.3.1　砌体强度低

1. 现象

墙体抗压强度偏低，出现墙体局部压碎或断裂，造成结构破坏。

2. 规范规定

（1）《砌体结构工程施工质量验收规范》GB 50203－2011：

6.1.2 施工前，应按房屋设计图编绘小砌块平、立面排块图，施工中应按排块图施工。

6.1.3 施工采用的小砌块的产品龄期不应小于28d。

6.1.4 砌筑小砌块时，应清除表面污物，剔除外观质量不合格的小砌块。

6.1.5 砌筑小砌块砌体，宜选用专用小砌块砌筑砂浆。

6.1.6 底层室内地面以下或防潮层以下的砌体，应采用强度等级不低于C20（或Cb20）的混凝土灌实小砌块的孔洞。

6.1.7 砌筑普通混凝土小型空心砌块砌体。不需对小砌块浇水湿润，如遇天气干燥炎热，宜在砌筑前对其喷水湿润；对轻骨料混凝土小砌块，应提前浇水湿润，块体的相对含水率宜为 40%～50%。雨天及小砌块表面有浮水时，不得施工。

6.1.8 承重墙体使用的小砌块应完整、无破损、无裂缝。

6.1.9 小砌块墙体应孔对孔、肋对肋错缝搭砌。单排孔小砌块的搭接长度应为块体长度的1/2；多排孔小砌块的搭接长度可适当调整，但不宜小于小砌块长度的1/3，且不应小于90mm。墙体的个别部位不能满足上述要求时，应在灰缝中设置拉结钢筋或钢筋网片，但竖向通缝仍不得超过两皮小砌块。

6.1.10 小砌块应将生产时的底面朝上反砌于墙上。

6.1.11 小砌块墙体宜逐块坐（铺）浆砌筑。

6.1.12 在散热器、厨房和卫生间等设备的卡具安装处砌筑的小砌块，宜在施工前用强度等级不低于C20（或Cb20）的混凝土将其孔洞灌实。

6.1.13 每步架墙（柱）砌筑完后，应随即刮平墙体灰缝。

6.2.1 小砌块和芯柱混凝土、砌筑砂浆的强度等级必须符合设计要求。

6.2.2 砌体水平灰缝和竖向灰缝的砂浆饱满度，按净面积计算不得低于90%。

6.2.3 墙体转角处和纵横交接处应同时砌筑。临时间断处应砌成斜槎,斜槎水平投影长度不应小于斜槎高度。施工洞口可预留直槎,但在洞口砌筑和补砌时,应在直槎上下搭砌的小砌块孔洞内用强度等级不低于C20(或Cb20)的混凝土灌实。

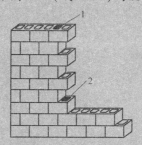

图 6.1.2　施工临时洞口直槎砌筑示意图

1-先砌洞口灌孔混凝土(随砌随灌);2-后砌洞口灌孔混凝土(随砌随灌)

(2)《砌体结构工程施工规范》GB 50924-2014:

7.2.9 厚度为190mm的自承重小砌块墙体宜与承重墙同时砌筑。厚度小于190mm的自承重小砌块墙宜后砌,且应按设计要求预留拉结筋或钢筋网片。

7.2.10 砌筑小砌块时,宜使用专用铺灰器铺放砂浆,且应随铺随砌。当未采用专用铺灰器时,砌筑时的一次铺灰长度不宜大于2块主规格块体的长度。水平灰缝应满铺下皮小砌块的全部壁肋或单排、多排孔小砌块的封底面;竖向灰缝宜将小砌块一个端面朝上满铺砂浆,上墙应挤紧,并应加浆插捣密实。

7.2.11 砌筑小砌块墙体时,对一般墙面,应及时用原浆勾缝,勾缝宜为凹缝,凹缝深度宜为2mm;对装饰夹心复合墙体的墙面,应采用勾缝砂浆进行加浆勾缝,勾缝宜为凹圆或V形缝,凹缝深度宜为4~5mm。

7.2.12 小砌块砌体的水平灰缝厚度和竖向灰缝宽度宜为10mm,但不应小于8mm,也不应大于12mm,且灰缝应横平竖直。

7.2.13 需移动砌体中的小砌块或砌筑完成的砌体被撞动时,应重新铺砌。

7.2.14 砌入墙内的构造钢筋网片和拉结筋应放置在水平灰缝的砂浆层中,不得有露筋现象。钢筋网片应采用点焊工艺制作,且纵横筋相交处不得重叠点焊,应控制在同一平面内。

7.2.15 直接安放钢筋混凝土梁、板或设置挑梁墙体的顶皮小砌块应正砌,并应采用强度等级不低于Cb20或C20混凝土灌实孔洞,其灌实高度和长度应符合设计要求。

7.2.16 固定现浇圈梁、挑梁等构件侧模的水平拉杆、扁铁或螺栓所需的穿墙孔洞,宜在砌体灰缝中预留,或采用设有穿墙孔洞的异型小砌块,不得在小砌块上打洞。利用侧砌的小砌块孔洞进行支模时,模板拆除后应采用强度等级不低于Cb20或C20混凝土填实孔洞。

7.2.17 砌筑小砌块墙体应采用双排脚手架或工具式脚手架。当需在墙上设置脚手眼时,可采用辅助规格的小砌块侧砌,利用其孔洞作脚手眼,墙体完工后应采用强度等级不低于Cb20或C20的混凝土填实。

7.2.18 小砌块夹心复合墙的砌筑应符合本规范第6.2.20~6.2.26条的规定。

7.2.19 正常施工条件下,小砌块砌体每日砌筑高度宜控制在1.4m或一步脚手架高度内。

3. 原因分析

（1）小砌块强度偏低，不符合设计要求，小砌块断裂、缺棱掉角。

（2）小砌块排列不合理，组砌混乱。上下皮砌块没有对孔错缝搭接，纵横墙没有交错搭砌；与其他墙体材料混砌，造成砌体整体性差，降低了砌体的承载能力，在外力作用下导致破坏。

（3）由于操作工艺不合理，如铺灰面过大，砂浆失去塑性，造成水平灰缝不密实；竖缝没有采用加浆法砌筑，竖缝砂浆不饱满，影响砌体强度。

（4）小砌块砌体不能满足砌体截面局部均匀受力，特别是梁端支承处砌体局部受压，在集中荷载作用下，砌体的局部受压强度不能满足承载力的要求。

（5）由于小砌块壁肋较薄，墙体上随意留洞和打凿，会严重削弱墙体受力的有效面积，并增大偏心距，影响墙体的承载能力。

（6）芯柱混凝土在砌体抗压强度中起主导作用，但芯柱混凝土质量差，也直接影响砌体的抗压强度。

4. 预防措施

（1）认真做好小砌块、水泥、石子、砂、石灰膏和外掺剂等原材料的质量检验；在砌筑过程中，外观和尺寸不合格的小砌块要剔除，使用在主要受力部位的小砌块要经过挑选。

（2）小砌块一般应优先采用集装箱或集装托板装车运输；要求装车均匀、平整，防止运输过程中小砌块相互碰撞而损坏。小砌块到工地后，不允许用翻斗车倾卸和任意抛掷，避免造成小砌块缺棱掉角和产生裂缝。现场堆放场地应平整、坚实，并有排水，小砌块堆置高度不宜超过 1.6m。

（3）砌墙前应根据小砌块尺寸和灰缝厚度设计好砌块排列图和皮数杆。砌筑皮数、灰缝厚度、标高应与该工程的皮数杆相应标志一致。皮数杆应竖立在墙的转角和交接处，间距宜小于 1.5m。建筑尺寸与砌块模数不相符，需要镶砌时，应用与砌块强度等级相同的混凝土块，不可与其他墙体材料混砌，也不可用断裂砌块。

（4）小砌块的底部应底面朝上砌筑（即反砌）。正常情况下，小砌块的每日砌筑高度宜控制在 1.4m 或一步脚手架高度内。砌筑小砌块时砂浆应随铺随砌。砌体灰缝应横平竖直，水平灰缝宜用坐浆法铺满小砌块全部壁肋或多排孔小砌块的封底面；竖向灰缝应采取满铺端面法。即将小砌块端面朝上铺满砂浆再上墙挤紧，然后加浆捣实。砂浆饱满度均不宜低于 90%；灰缝宽度宜为 10mm，不得小于 8mm。也不应大于 12mm，同时，不得出现瞎缝、透明缝。

（5）使用单排孔小砌块时。上下皮小砌块应孔对孔、肋对肋错缝搭接；试验证明，错孔砌筑要比对孔砌筑时的强度降低 20%。使用多排孔小砌块时，也应错缝搭接。搭接长度均不应小于 90mm。个别部位墙体达不到上述要求时，应在灰缝设置拉结筋或焊接网片。钢筋和网片两端距离垂直缝不小于 400mm，但竖向通缝仍不能超过二皮小砌块。

（6）190mm 厚度的小砌块内外墙和纵横墙要同时砌筑并相互搭接。临时间断处应设置在门窗洞口处或砌成阶梯形斜槎，斜槎水平投影长度不应小于斜槎高度（严禁留直槎）。接槎时，必须将接槎处表面清理干净，填实砂浆，保持灰缝平直。施工洞口可预留直槎，但在洞口砌筑和补砌时，应在直槎上下搭砌的小砌块内用强度等级不低于 Cb20 或 C20 的混凝土灌实。

（7）小砌块墙与其他隔墙交界处,应沿墙高每400mm在水平灰缝内设置不少于2φ4,横距不大于200mm的焊接钢筋网片。

（8）砌体受集中荷载处应加强。在砌体受局部均匀压力或集中荷载(例如梁端支承处)作用时,应根据设计要求用与小砌块强度等级相同的混凝土(不低于Cb20或C20)填实一定范围内的砌块孔洞。如设计无规定,底层室内地面以下或防潮层以下的砌体;无圈梁的檩条和钢筋混凝土楼板支承面下的一皮砌块;未设置混凝土垫块的屋架、梁等构件支承面等部位应采用Cb20或C20混凝土灌实砌体的孔洞。灌实宽度不应小于600mm,高度不应小于600mm的砌块;挑梁支承面下,其支承部位的内外墙交接处,纵横各灌实3个孔洞,灌实高度不小于3皮砌块。

（9）预留洞应在砌筑时预先留置,并在洞周围采取加强措施。照明、电信、闭路电视等线路水平管线宜埋置于专供水平管用的实心带凹槽小砌块内,也可敷设在圈梁或现浇混凝土楼板内;垂直管设置于小砌块孔洞内,施工时可采用先立管后砌墙,此部位砌块采取套砌法,也可采用先砌墙后插管的方法。接线盒和开关盒可嵌埋在预制U形小砌块内,然后用水泥砂浆填实,窝牢铁盒。冷、热水水平管可采用实心带凹槽的小砌块进行敷设。立管宜安装在E字形小砌块中的一个开口孔洞中。待管道试水合格后,采用Cb20或C20混凝土封闭或用1:2水泥砂浆嵌平并覆盖钢丝网等增强网。安装后的管道表面应低于墙面4~5mm,并与墙体卡牢固定。

（10）混凝土砌块房屋纵横墙交接处,距墙中心线每边不小于300mm范围内的孔洞,应采用不低于Cb20或C20混凝土灌实,灌实高度应为墙身全高。

（11）小砌块墙体砌筑应采用双排脚手架或里脚手架进行施工,严禁在砌筑的墙体上设脚手孔洞。

（12）木门窗框与小砌块墙体两侧连接处的上、中、下部位应砌入埋有沥青木砖的小砌块(190mm×190mm×190mm)或实心小砌块或预制混凝土块,并用铁钉、射钉或膨胀螺栓固定。门窗洞口两侧的小砌块孔洞灌填Cb20或C20混凝土后,其门窗与墙体的连接方法可按实心混凝土墙体施工。

（13）冬期施工不得使用水浸后受冻的小砌块,并且不得采用冻结法施工,不得使用受冻的砂浆。每日砌筑后,应使用保温材料覆盖新砌的砌体。解冻期间应对砌体进行观察,发现异常现象,应及时采取措施。

5. 治理措施

（1）对已砌筑于砌体中的不合格砌块,如条件许可时,应拆除重砌。特别是在受力部位,即使上部结构已经完成,但砌的数量不多,面积不大时,一般应在做好临时支撑以后,将不合格砌块拆除,重新砌筑;待砌体达到一定强度以后,方能撤去临时支撑。

（2）如果砌体中已砌进较多的不合格砌块或分布面较广,又难于拆除时,需要在结构验算后,进行加固补强。

补强时,一般均应铲除原有抹灰层,清理干净后,采用钢筋混凝土增大结构断面的方法。对柱、垛等部位,可通过计算,确定适当厚度的钢筋混凝土围箍进行加固补强。对于墙体等部位,可以通过计算,在墙体两侧用适当厚度的钢筋混凝土板墙进行加固补强。混凝土施工方法可采用支模浇筑方法,也可采用喷射混凝土的工艺施工。墙体上每隔适当距离钻孔(孔距一般控制在500mm左右),放置拉结筋,使加固以后的墙体形成整体。

在加固过程中,绑扎钢筋、立模板、浇水湿润、浇筑混凝土、喷射混凝土等施工工艺和要求与钢筋混凝土相同。

5.3.2 混凝土芯柱质量差

1. 现象

芯柱混凝土出现缺陷,如空洞、缩颈、不密实,或与小砌块粘结不好;芯柱钢筋位移,搭接长度不够,或绑扎不牢;芯柱上下不贯通。芯柱质量差影响砌体的整体性,砌体容易产生裂缝。又因小砌块建筑抵抗地震水平剪力主要由砌体的水平灰缝抗剪强度和现浇混凝土芯柱的横截面抗剪强度共同承担,因此混凝土芯柱质量差也影响建筑物的抗震能力。

2. 规范规定

(1)《砌体结构工程施工质量验收规范》GB 50203-2011:

> 6.1.14 芯柱处小砌块墙体砌筑应符合下列规定:
>
> 1 每一楼层芯柱处第一皮砌块应采用开口小砌块;
>
> 2 砌筑时应随砌随清除小砌块孔内的毛边,并将灰缝中挤出的砂浆刮净。
>
> 6.1.15 芯柱混凝土宜选用专用小砌块灌孔混凝土。浇筑芯柱混凝土应符合下列规定:
>
> 1 每次连续浇筑的高度宜为半个楼层,但不应大于1.8m;
>
> 2 浇筑芯柱混凝土时,砌筑砂浆强度应大于1MPa;
>
> 3 清除孔内掉落的砂浆等杂物,并用水冲淋孔壁;
>
> 4 浇筑芯柱混凝土前,应先注入适量与芯柱混凝土成分相同的去石砂浆;
>
> 5 每浇筑400~500mm高度捣实一次,或边浇筑边捣实。
>
> 6.2.1 小砌块和芯柱混凝土、砌筑砂浆的强度等级必须符合设计要求。
>
> 6.2.4 小砌块砌体的芯柱在楼盖处应贯通。不得削弱芯柱截面尺寸;芯柱混凝土不得漏灌。

(2)《砌体结构工程施工规范》GB 50924-2014:

> 7.3.1 砌筑芯柱部位的墙体,应采用不封底的通孔小砌块。
>
> 7.3.2 每根芯柱的柱脚部位应采用带清扫口的U型、E型、C型或其他异型小砌块砌留操作孔。砌筑芯柱部位的砌块时,应随砌随刮去孔洞内壁凸出的砂浆,直至一个楼层高度,并应及时清除芯柱孔洞内掉落的砂浆及其他杂物。
>
> 7.3.3 芯柱混凝土宜采用符合现行行业标准《混凝土砌块(砖)砌体用灌孔混凝土》JC 861的灌孔混凝土。
>
> 7.3.4 浇筑芯柱混凝土,应符合下列规定:
>
> 1 应清除孔洞内的杂物,并应用水冲洗,湿润孔壁;
>
> 2 当用模板封闭操作孔时,应有防止混凝土漏浆的措施;
>
> 3 砌筑砂浆强度大于1.0MPa后,方可浇筑芯柱混凝土,每层应连续浇筑;
>
> 4 浇筑芯柱混凝土前,应先浇50mm厚与芯柱混凝土配比相同的去石水泥砂浆,再浇筑混凝土;每浇筑500mm左右高度,应捣实一次,或边浇筑边用插入式振捣器捣实;
>
> 5 应预先计算每个芯柱的混凝土用量,按计量浇筑混凝土;
>
> 6 芯柱与圈梁交接处,可在圈梁下50mm处留置施工缝。

3. 原因分析

(1)小砌块砌筑时,最底下的一皮砌块未留清扫孔,造成芯柱内的垃圾无法清理;或虽有清扫孔未能认真做好清扫工作,使芯柱施工缝处出现夹渣层;或虽清理干净但未用水泥砂浆或去石混凝土接合,影响芯柱的整体性。

(2)芯柱断面一般只有 125mm×125mm,如果芯柱混凝土的材料和级配选择不当(如石子过大,坍落度过小),浇捣困难,芯柱很容易出现空洞和不密实现象。

(3)芯柱混凝土浇筑未严格按照分段浇筑的原则,而是灌满一层再振捣,或采用人工振捣,这样容易引起混凝土不密实和与小砌块粘结不良的现象。

(4)芯柱部位小砌块底部毛边没有清理或砌筑时多余砂浆未及时清理,这样会出现芯柱缩颈现象。

(5)施工过程中未及时校正芯柱钢筋位置,钢筋偏位;钢筋加工长度不符合要求,芯柱钢筋搭接长度达不到要求;底皮小砌块清扫孔过小,或排列不合理,影响钢筋绑扎,部分钢筋未绑扎或绑扎不牢。

(6)在抗震地区施工漏放芯柱与墙体拉结钢筋网片,影响芯柱与墙体共同受力。

(7)楼盖使用预制楼板时,预制楼板芯柱部位未留缺口,使芯柱无法贯通。

4. 预防措施

(1)每层每根芯柱柱脚应采用竖砌双孔 E 形、单孔 U 形或 L 形小砌块留设清扫口。

(2)每层墙体砌筑到要求标高后,应及时清扫芯柱孔洞内壁及芯柱孔道内掉落的砂浆等杂物。

(3)芯柱混凝土应选用小砌块专用灌孔混凝土。浇筑芯柱混凝土应符合以下规定:

① 浇筑芯柱混凝土时,砌筑砂浆强度应大于 1MPa。

② 清除孔内掉落的砂浆等杂物,并用水冲淋孔壁。

③ 浇筑芯柱混凝土前,应先注入适量与芯柱混凝土成分相同的去石混凝土或水泥砂浆。

④ 每浇筑 400~500mm 高度捣实一次,或边浇边捣实。

(4)浇灌芯柱混凝土宜采用坍落度 70~80mm 的细石混凝土,当采用泵送时,坍落度宜为 140~160mm,以便于混凝土浇捣密实,不易出现空洞和蜂窝麻面。芯柱混凝土必须按连续浇灌、分层(300~500mm 高度)捣实的原则进行操作。直至浇到离该芯柱最上一皮小砌块顶面 50mm 止,不得留施工缝。振捣时宜选用微形插入式振动棒振捣。

(5)有现浇圈梁的工程,虽然芯柱和圈梁混凝土一次浇筑整体性好,但因有圈梁钢筋而浇捣芯柱混凝土较困难,故宜采用芯柱和圈梁分开浇筑。可采取芯柱混凝土浇筑到低于顶皮砌块表面 30~50mm 处,使每层圈梁与每根芯柱交接处均形成凹凸形暗键,以增加圈梁和芯柱的整体性,加强房屋的抗震能力。

(6)砌筑前,芯柱部位所用的小砌块孔洞底的毛边要清除。砌筑时,应砌好一皮后用棍或其他工具在芯柱孔内搅动一圈,使孔内多余砂浆脱落,保证芯柱的断面尺寸。

(7)钢筋接头至少应绑扎两点,上部要采取固定措施,芯柱混凝土浇筑好后,要及时校正钢筋。

（8）房屋墙体交接处或芯柱与墙体连接处应设置拉结钢筋网片，网片可采用直径4mm的钢筋点焊而成，沿墙高间距不大于600mm，并应沿墙体水平通长设置。

5. 治理方法

（1）芯柱钢筋位移，可在每层楼面标高处按不超过1/6弯折角度，逐步校正到正确位置。

（2）发现芯柱混凝土强度达不到设计要求或浇筑不密实，可将芯柱部位的小砌块和混凝土凿除（用人工凿除，避免影响周围墙体），然后清理干净，重新立模板浇筑混凝土，其要求与钢筋混凝土工程相同。

5.3.3 墙体产生裂缝，整体性差

1. 现象

小砌块墙体产生各种裂缝，如水平裂缝、竖向裂缝、阶梯形裂缝和砌块周边裂缝。一般情况下，在顶部内外纵墙及内横墙端部出现正八字裂缝；窗台左右角部位和梁下部局部受压部位出现裂缝，裂缝主要是沿灰缝开展；在顶层屋面板底、圈梁底出现水平裂缝。这些裂缝影响建筑物的整体性，对抗震不利，影响建筑物的美观，严重的墙面会出现渗水现象。

2. 规范规定

参见5.3.1节。

3. 原因分析

（1）小砌块的块体比黏土砖大，相应灰缝少，故砌体的抗剪强度低，只有砖砌体的40%～50%左右，仅为0.23MPa；另外竖缝190mm高，砂浆难以嵌填饱满，如果砌筑中不注意操作质量，抗剪强度还会降低。

（2）小砌块表面沾有黏土、浮灰等污物，砌筑前没有清理干净，在砂浆和小砌块之间形成隔离层，影响小砌块砌体的抗剪强度。

（3）混凝土小砌块收缩率在0.35～0.5mm之间，比黏土砖的温度线膨胀系数大60倍以上。混凝土收缩一般需要180d后才趋于稳定，养护28d的混凝土仅完成收缩值的60%，其余的收缩值将在28d后完成。因此，采用没有适当存放期的小砌块砌筑，小砌块将继续收缩。如果遇砌筑砂浆强度不足、粘结力差或某部位灰缝不饱满，此时收缩应力大于砌体的抗拉和抗剪强度，小砌块墙体就必然产生裂缝。

（4）小砌块在现场淋雨后，没有充分干燥，含水率高，砌到墙体上后，小砌块会在墙体中继续失水而再次产生干缩，收缩值为第一次干缩值的80%左右。因此，施工中用雨水淋湿的小砌块砌筑墙体容易沿砌块周边灰缝出现细小裂缝。

（5）室内与室外、屋面与墙体存在温差，小砌块墙体因温差变形差异而引起裂缝。屋面的热胀冷缩对砌体产生很大的推力，造成房屋端部墙体开裂。另外，顶层内外纵墙及内横墙端部产生正八字斜裂缝，还有，屋面板与圈梁之间、圈梁与梁底砌体之间，在温度作用下出现水平剪切，也会出现水平裂缝。

（6）小砌块建筑因块体大，灰缝较少，对地基不均匀沉降特别敏感，容易产生墙体裂缝。建筑物的不均匀沉降会引起砌体结构内的附加应力，从而产生剪拉斜裂缝或垂直弯曲裂缝。另外，因窗间墙在荷载作用下沉降较大，而窗台墙荷载较轻，沉降较小，这样在房屋的底层窗台墙中部会出现上宽下窄的垂直裂缝。

（7）小砌块排列不合理，在窗口的竖向灰缝正对窗角，裂缝容易从窗角处的灰缝向外延

伸。

（8）砂浆质量差造成小砌块间粘结不良；砂浆中有较大的石子，造成灰缝不密实；砌筑时铺灰长度太长，砂浆失水，影响粘结；小砌块就位校正后，又受到碰撞、撬动等，影响砂浆与小砌块的粘结。由于上述种种原因，造成小砌块之间粘结不好，甚至在灰缝中形成初期裂缝。

（9）圈梁施工没有做好垃圾清理和浇水湿润，使混凝土圈梁与墙体不能形成整体，失去圈梁的作用。

（10）楼板安装前，没有做好墙顶或圈梁顶清理、浇水湿润、找平以及安装时的坐浆等工作，在温度应力作用下，容易在墙顶面或圈梁顶面产生水平裂缝。

（11）墙体、圈梁、楼板之间没有可靠连接，使某一构件或某一部位受力后，力不能传递，也就不能共同承受外力，很容易在局部破坏，产生裂缝甚至最后造成整个建筑物破坏。

（12）小砌块外形尺寸不符合要求，尺寸误差大，引起水平灰缝弯曲和波折，使小砌块受力不均匀，砌体抗剪能力大为减弱，容易产生裂缝。

（13）砂浆强度低于1MPa就浇筑芯柱混凝土，造成墙体位移产生初始裂缝。

4. 预防措施

（1）配制砌筑砂浆的原材料必须符合质量要求。做好砂浆配合比设计，砂浆应具有良好的和易性和保水性，故宜采用混合砂浆，避免因砂浆干缩而引起裂缝。

（2）控制小砌块的含水率，改善砌块生产工艺，采用干硬性混凝土，减小水灰比；在混凝土配合比中多用粗骨料；小砌块生产中要振捣密实；生产后用蒸汽养护，小砌块在出厂时含水率控制在45%以内。

（3）控制铺灰长度、灰缝厚度和砂浆饱满度。

（4）小砌块进场不宜贴地堆放，底部应架空垫高，雨天上部应遮盖。

（5）为了减少小砌块在砌体中收缩而引起的周边裂缝，小砌块应在厂内至少存放28d后再送往现场，有条件的最好存放40d，使小砌块基本稳定后再上墙砌筑。

（6）小砌块吸水率很小，吸水速度缓慢，砌筑前不宜浇水；在天气特别炎热干燥时，砂浆铺摊后会失水过快，影响砌筑砂浆和小砌块的粘结，故在砌筑前要稍喷水湿润。

（7）绘制砌块排列图。

（8）选择合理的小砌块强度等级和砂浆强度等级，使之互相匹配，充分发挥小砌块的作用。当用强度等级低的砂浆砌筑时，在砌体受压时，砌体的变形主要发生在砂浆中，小砌块发挥不了作用，故应适当提高砂浆强度等级。

（9）不在墙体上随意留洞和凿槽。

（10）建筑物设计时应采取措施减少不均匀沉降量，如对暗浜、明浜和软土地基进行适当加固处理或打桩，并加强地基圈梁的刚度；提高底层窗台下砌筑砂浆的强度等级、设置水平钢筋网片或用Cb20或C20混凝土灌实砌块孔洞；对荷载及体型变化复杂的建筑物宜设置沉降缝；为保证结构的整体性，应按规范规定设置足够的圈梁和芯柱；施工过程中要加强管理，做好基坑验槽工作。

（11）为减少因材料收缩、温度变化等引起建筑物伸缩而出现的裂缝，必须按规定设置伸缩缝。

（12）在小砌块建筑的外墙转角、楼梯间四角的纵横墙处的砌块3个孔洞，宜设置混凝土芯柱；5层及5层以上的房屋也应在上述部位设置钢筋混凝土芯柱；在抗震设防地区应按规范要求设置钢筋混凝土芯柱。

(13)小砌块建筑可采用以下措施防止顶层墙体裂缝和渗水：

1)采用坡形屋面，减少屋面对墙面的水平推力，从而减少顶层墙体的裂缝。

2)钢筋混凝土屋盖可在适当位置设置分隔缝和在屋盖上设置保温隔热层，以减少屋面板热胀产生的水平推力。

3)在非抗震区降低屋面板坐浆的砂浆强度，或在板底设置"滑动层"。

4)屋顶优先选用外挑天沟。

5)在顶层端开间门窗洞口边设置钢筋混凝土芯柱，窗台下设置水平钢筋网片或现浇混凝土窗台板。

6)顶层内外墙适当增加芯柱，重点放在内外墙转角部位和东、西山墙。

7)顶层每隔400mm高加通长 ϕ4 钢筋网片一道，也可在 1/2 墙高处增加一道 200mm 高的现浇混凝土圈梁。

8)加强顶层屋面圈梁；适当提高顶层墙体砌筑砂浆强度等级，强度等级宜大于 M5。

9)结构施工完毕后，及时进行屋面保温层施工；待保温层施工完后，再进行内外墙抹灰。

(14)在炎热地区的东、西山墙应考虑隔热措施，如外挂隔热板；在寒冷地区应考虑提高外墙保温性能，以减少墙体不同伸缩所造成的裂缝，或使裂缝控制在允许范围内。

(15)在墙面设控制缝，即在指定位置设置消除墙体收缩应力和裂缝控制措施。控制缝应设在砌体干缩变形可能引起应力集中处、砌体产生裂缝可能性较大部位，如墙高度、厚度变化处、门窗洞口处等。控制缝处可用弹性防水胶进行嵌缝。

(16)圈梁应尽量设在同一平面上，并与楼板同一标高，形成封闭状，以便对楼板平面起到箍紧作用；如构造上不许可时，也可设在楼板下。当不能在同一水平闭合时，应增设附加圈梁，其搭接长度不小于两倍圈梁的垂直距离，并不应小于 lm。基础部位和屋盖处圈梁宜现浇，楼盖处圈梁可以设计成"花篮梁"，有抗震设防要求的房屋内均应设置现浇钢筋混凝土圈梁。

(17)预制楼板要安装牢固。预制楼板搁置在墙上或圈梁上的支承长度不应小于80mm。如果不能满足要求，应采取加固措施，如在与墙或梁垂直板缝内配置钢筋（ϕ6～ϕ8），钢筋两端伸入板缝内的长度为 1/4 跨。

板底缝隙一般不应小于20mm，在清理、湿润以后分二次进行灌缝；第一次用 1∶2 水泥砂浆灌 30mm 左右，第二次用 C20 细石混凝土灌满缝隙，并捣实、压平。如果板缝过大，应加钢筋或网片，这样，不仅能增加楼面的整体性，也可防止板缝渗漏。

(18)为了使建筑物有较好的空间刚度和受力性能，要做好墙体、圈梁、楼板之间的连接，包括沿板的纵向设置锚固筋、板的横向设置锚固筋、阳台板的锚固筋等。

沿板的纵向设置锚固筋可用 ϕ8 钢筋放在板缝中。板端空隙应用 C20 细石混凝土灌实。板的横向设置锚固筋用于连接与楼板平行方向的小砌块砌体和楼板，锚固筋一般用 ϕ8 间距小于或等于1200mm，非支承向楼板不允许进墙，避免削弱墙体局部承载力。

(19)为防止窗台下两侧产生垂直裂缝或八字缝，砌块排列时应注意窗台的竖向灰缝不要正对窗角；对窗台下墙体应采取加强措施，设置水平钢筋网片或钢筋混凝土窗台板带。

5.治理措施

参见 5.3.1 节。

5.4　石砌体挡土墙工程

石砌体挡土墙工程是指用砂浆砌筑各种毛石、毛料石、粗料石、细料石等挡土的砌体工程。为确保砌石工程质量,砌筑前应做好下述各项准备工作:挑选形状尺寸合适的石块,再适当加工和必要的清洗;校核测量与抄平放线工作,如标高误差过大,应用细石混凝土找平;拉准线逐皮砌石。

5.4.1　石材质量差,表面污染

1. 现象

(1)石材的岩种和强度等级不符合设计要求;料石表面色差大、色泽不均匀,表面凹入深度大于施工规范的规定,疵斑较多;石材外表面有风化层,内部有隐裂纹。

(2)卵石大小差别过大,外观呈针片状,长厚比大于4。

(3)石材表面有泥浆或油污。

2. 规范规定

《砌体结构工程施工质量验收规范》GB 50203－2011:

> 7.1.2　石砌体采用的石材应质地坚实,无裂纹和无明显风化剥落;用于清水墙、柱表面的石材,尚应色泽均匀;石材的放射性应经检验,其安全性应符合现行国家标准《建筑材料放射性核素限量》GB 6566 的有关规定。
>
> 7.1.3　石材表面的泥垢、水锈等杂质,砌筑前应清除干净。
>
> 7.2.1　石材及砂浆强度等级必须符合设计要求。

3. 原因分析

(1)未按设计要求采购石料,石材实际质量与材质证明不一致。

(2)不按规定检查材质证明。

(3)采石场石材等级分类不清,优劣大小混杂。

(4)外观质量检查马虎,混入风化石等不合格品。

(5)运输、装卸方法和保管不当。

4. 预防措施

(1)按施工图规定的石材质量要求采购。

(2)认真按规定查验材质证明或试验报告,必要时应抽样复验。

(3)加强石材外观质量的检查验收,风化石等不合格品不准进场。

(4)对于经过加工的料石,装卸、运输和堆放贮存时,均应有规则地叠放。为避免运输过程中损坏,应用竹木片或草绳隔开。

(5)各种料石的宽度、厚度均不宜小于200mm,长度宜大于厚度的4倍。

(6)贮存石材的堆场场地应坚实,排水良好,防止泥浆污染。

5. 治理措施

(1)强度等级不符合要求或质地疏松的石材应予以更换。

(2)已进场的个别石块,如表面有局部风化层,应凿除后方可砌筑。

(3)色泽差和表面疵斑的石块,不宜砌在裸露面。

（4）少量形状、尺寸不良的石块应在砌筑前进行再加工。

（5）清洗被泥浆污染的石块。对石材表面的铁锈斑可用2%～3%的稀盐酸或3%～5%的磷酸溶液涂刷石面2～3遍，然后用清水冲洗干净。

5.4.2 毛石和料石组砌不良

1. 现象

（1）毛石墙上下各皮的石缝连通，形成垂直通缝。

（2）石墙各皮砌体中的石块相互没有拉结，形成两片薄墙，施工中易出现坍塌。

2. 规范规定

《砌体结构工程施工规范》GB 50924－2014：

8.2.2 毛石砌体宜分皮卧砌，错缝搭砌，搭接长度不得小于80mm，内外搭砌时，不得采用外面侧立石块中间填心的砌筑方法，中间不得有铲口石、斧刃石和过桥石（图8.2.2）；毛石砌体的第一皮及转角处、交接处和洞口处，应采用较大的平毛石砌筑。

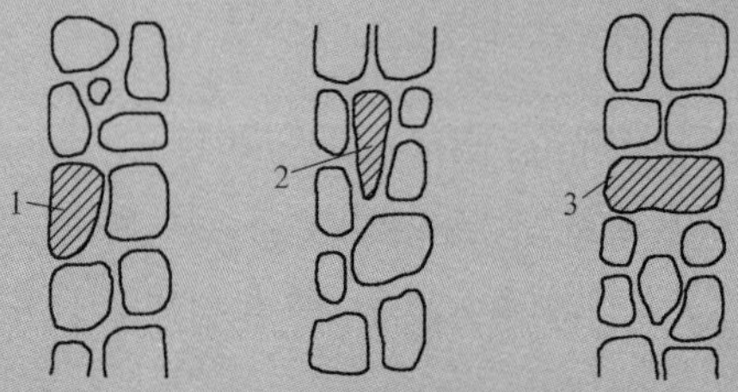

图8.2.2　铲口石、斧刃石、过桥石示意
1－铲口石；2－斧刃石；3－过桥石

3. 原因分析

（1）石块体型过小，造成砌筑时压搭过少。

（2）砌筑时没有针对已有砌体状况，选用了不适当体型的石块。

（3）对形状不良的石块砌筑前没有加工。

（4）石块砌筑方法不正确，造成墙体稳定性降低。

4. 预防措施

（1）毛石过分凸出的尖角部分应用锤打掉；斧刃石（刀口石）必须加工后，方可砌筑。

（2）应将大小不同的石块搭配使用，不得将大石块全部砌在外面，而墙心用小石块填充。

（3）毛石砌体宜分皮卧砌，石块经修凿应能与先砌石块错缝搭砌。

（4）砌乱毛石墙时，毛石宜平砌，不宜立砌。每一石块要与左右、上下的石块有叠靠，与前后的石块有交搭，砌缝要错开，使每一石块既稳定又与其四周的其他石块交错搭接，不能有松动、孤立的石块。

（5）毛石砌体必须设置拉结石。拉结石应均匀分布，相互错开，每0.7m² 墙面至少设置1块，且同皮内的中距不应大于2m。拉结石的长度，当墙厚不大于400mm 时，应与墙厚相等，当墙厚大于400mm，可用两块拉结石内外搭接，搭接长度不应小于150mm，且其中1块长度不应小于墙厚的2/3。

（6）毛石墙的第一皮及转角处、交接处和洞口处，应用较大的平毛石砌筑。

5. 治理措施

（1）墙体两侧表面若形成独立墙体，并在墙厚方向无拉结的毛石墙，其承载力低，稳定性差，在水平荷载作用下极易倾倒，因此，必须返工重砌。

（2）对于错缝搭砌和拉结石设置不符合规定的毛石墙，应及时局部修整重砌。

5.4.3 石砌挡土墙里外层拉结不良

1. 现象

挡土墙里外两侧用毛料石，中间填砌乱毛石，两种石料间搭砌长度不足，甚至未搭砌，砌体中无拉结石，形成几张皮，使石砌体的承载力大大降低。

2. 规范规定

《砌体结构工程施工质量验收规范》GB 50203 - 2011：

> 7.1.6 毛石砌筑时，对石块间存在较大的缝隙，应先向缝内填灌砂浆并捣实，然后再用小石块嵌填，不得先填小石块后填灌砂浆，石块间不得出现无砂浆相互接触现象。
>
> 7.1.8 料石挡土墙，当中间部分用毛石砌筑时，丁砌料石伸入毛石部分的长度不应小于200mm。

3. 原因分析

（1）砌毛料石时，未砌拉结石或拉结石数量太少，长度太短。

（2）中间的乱毛石部分不是分层砌筑，而是采用抛投方法填砌。

4. 预防措施

（1）料石与毛石组砌的挡土墙中，料石与毛石应同时砌筑，并每隔2~3皮料石层用丁砌层与毛石砌体拉结砌合。丁砌料石的长度与组合墙厚度相同。

（2）采用分层铺灰分层砌筑的方法，不得采取投石填心的做法。

（3）料石与毛石组砌的挡土墙，宜采用同皮内丁顺相间的组合砌法，中间部分砌筑的乱毛石必须与料石砌平，保证丁砌料石伸入毛石部分的长度不小于200mm。

5. 治理措施

参见5.4.2节。

5.4.4 石砌体灰缝厚度不一致，通缝、瞎缝，砂浆粘结不牢

1. 现象

（1）石砌体灰缝厚度不一，石块之间无砂浆形成"瞎缝"，上下皮间灰缝连通形成"通缝"。

（2）石块与砂浆粘结不牢，个别石块出现松动。

（3）石块叠砌面的粘灰面积（砂浆饱满度）小于80%。

2. 规范规定

（1）《砌体结构工程施工质量验收规范》GB 50203 - 2011：

> 7.1.6 毛石砌筑时，对石块间存在较大的缝隙，应先向缝内填灌砂浆并捣实，然后再用小石块嵌填，不得先填小石块后填灌砂浆，石块间不得出现无砂浆相互接触现象。
>
> 7.1.9 毛石、毛料石、粗料石、细料石砌体灰缝厚度应均匀，灰缝厚度应符合下列规定：
>
> 1 毛石砌体外露面的灰缝厚度不宜大于40mm；
>
> 2 毛料石和粗料石的灰缝厚度不宜大于20mm；
>
> 3 细料石的灰缝厚度不宜大于5mm。
>
> 7.2.2 砌体灰缝的砂浆饱满度不应小于80%。

（2）《砌体结构工程施工规范》GB 50924－2014：

8.1.3 石砌体应采用铺浆法砌筑，砂浆应饱满，叠砌面的粘灰面积应大于80%。

8.2.3 毛石砌体的灰缝应饱满密实，表面灰缝厚度不宜大于40mm，石块间不得有相互接触现象。石块间较大的空隙应先填塞砂浆，后用碎石块嵌实，不得采用先摆碎石后塞砂浆或干填碎石块的方法。

8.2.4 砌筑时，不应出现通缝、干缝、空缝和孔洞。

8.2.5 砌筑毛石基础的第一皮毛石时，应先在基坑底铺设砂浆，并将大面向下。阶梯形毛石基础的上级阶梯的石块应至少压砌下级阶梯的1/2，相邻阶梯的毛石应相互错缝搭砌。

8.2.10 料石砌体的水平灰缝应平直，竖向灰缝应宽窄一致，其中细料石砌体灰缝不宜大于5 mm，粗料石和毛料石砌体灰缝不宜大于20mm。

3. 原因分析

（1）施工前没有认真进行技术交底，严格按规范的要求控制好砂浆的厚度。

（2）石块表面有风化层剥落，或表面有泥垢、水锈等，影响石块与砂浆的粘结力。毛石砌体未用铺浆法砌筑，有的采用先铺石、后灌浆的方法，还有的采用光摆碎石块后塞砂浆或干填碎石块的方法。这些均造成砂浆饱满度低，石块粘结不牢。

（3）料石砌体采用有垫法（铺浆加垫法）砌筑，砌体以垫片（金属或石）来支承石块自重和控制砂浆层厚度，砂浆凝固后会产生收缩，使料石与砂浆层之间形成缝隙。

（4）砌体灰缝过大，砂浆收缩后形成缝隙。

（5）砌筑砂浆凝固后，碰撞或移动已砌筑的石块。

（6）毛石砌体当日砌筑高度过高。

4. 预防措施

（1）石砌体所用石块应质地坚实，无风化剥落和裂纹。石块表面的泥垢和影响粘结的水锈等杂质应清除干净。

（2）石砌体应采用铺浆法砌筑。砂浆必须饱满，其饱满度应大于80%。

（3）料石砌筑不准用先铺浆后加垫，即先按灰缝厚度铺上砂浆，再砌石块，最后用垫片来调整石块的位置。也不得采用先加垫后塞砂浆的砌法，即先用垫片按灰缝厚度将料石垫平，再将砂浆塞入灰缝内。

（4）毛石墙砌筑时，平缝应先铺砂浆，后放石块，禁止不先坐浆而由外面向缝内填灰的做法；竖缝必须先刮碰头灰，然后从上往下灌满竖缝砂浆。

（5）毛石墙石块之间的空隙（即灰缝）不大于35mm时，可用砂浆填满；大于35mm时，应用小石块填稳填牢，同时填满砂浆，不得留有空隙。严禁用成堆小石块填塞。

（6）控制砂浆层厚度。砌体外露面的灰缝不宜大于40mm；毛料石和粗料石砌体的灰缝厚度不宜大于20mm；细料石的灰缝厚度不宜大于5mm。

（7）砌筑砂浆凝固后，不得再移动或碰撞已砌筑的石块。如必须移动，再砌筑时应将原砂浆清理干净，重新铺砂浆。

（8）毛石砌体每日的砌筑高度不应超过1.2m。

5. 治理措施

（1）当出现石块松动，敲击墙体听到空洞声，以及砂浆饱满度严重不足时，这些情况将大大降低墙体的承载力和稳定性，因此必须返工重砌。

（2）对个别松动石块或局部小范围的空洞，也可局部掏去缝隙内的砂浆，重新用砂浆填实。

5.4.5 墙面垂直度及表面平整度误差过大

1. 现象

（1）墙面垂直度偏差超过规范规定值。

（2）墙表面凹凸不平，表面平整度超过规范规定值。

2. 规范规定

《砌体结构工程施工质量验收规范》GB 50203－2011：

7.3.1 石砌体尺寸、位置的允许偏差及检验方法应符合表7.3.1的规定。

石砌体尺寸、位置的允许偏差及检验方法　　表7.3.1

项次	项目		允许偏差（mm）							检验方法
			毛石砌体		料石砌体					
					毛料石		粗料石		细料石	
			基础	墙	基础	墙	基础	墙	墙、柱	
1	轴线位置		20	15	20	15	15	10	10	用经纬仪和尺检查，或用其他测量仪器检查
2	基础和墙砌体顶面标高		±25	±15	±25	±15	±15	±15	±10	用水准仪和尺检查
3	砌体厚度		+30	+20，−10	+30	+20，−10	+15	+10，−5	+10，−5	用尺检查
4	墙面垂直度	每层	—	20	—	20	—	10	7	用经纬仪、吊线和尺检查或用其他测量仪器检查
		全高	—	30	—	30	—	25	10	
5	表面平整度	清水墙、柱	—	—	—	20	—	10	5	细石料用2m靠尺和楔形塞尺检查，其他用两直尺垂直于灰缝拉2m线和尺检查
		混水墙、柱	—	—	—	20	—	15	—	
6	清水墙 水平灰缝平直度		—	—	—	—	—	10	5	拉10m线和尺检查

3. 原因分析

（1）砌墙未挂线。砌乱毛石时，未将石块的平整大面放在正面。

（2）砌筑时没有随时检查砌体表面的垂直度，以致出现偏差后，未能及时纠正。

（3）砌乱毛石墙时，将大石块全部砌在外面，里面全部用小石块，以致墙里面灰缝过多，造成墙面向内倾斜。

（4）在浇筑混凝土构造柱或圈梁时，墙体未采取必要的加固措施，以致将部分石砌体挤动变形，造成墙面倾斜。

4. 预防措施

（1）砌筑时必须认真跟线。在满足墙体里外皮错缝搭接的前提下，尽可能将石块较平整的大面朝外砌筑。球形、蛋形、粽子形或过于扁薄的石块未经修凿不得使用。

（2）砌筑中认真检查墙面垂直度，发现偏差过大时，及时纠正。

（3）砌乱毛石墙时，应将大小不同石块搭配使用。禁止外表面全用大石块和里面用小石块填心的做法。

（4）浇筑混凝土构造柱和圈梁时，必须加好支撑。混凝土应分层浇筑，振捣不过度。

5. 治理措施

（1）墙面垂直度偏差过大，影响承载力和稳定性，应返工重砌。个别检查点的垂直度偏差超出规定不多，又不便处理时，可不做处理。

（2）表面严重凹凸不平影响外观时，应返修或修凿处理。

5.4.6 石砌体挡土墙没有留泄水孔、泄水孔不通畅，坡顶排水坡度不正确

1. 现象

石砌体挡土墙没有留泄水孔、泄水孔堵塞，挡土墙顶面排水坡度不正确，造成挡土墙内侧长期积水，酿成墙体开裂、沉降或倒塌。

2. 规范规定

（1）《砌体结构工程施工质量验收规范》GB 50203－2011：

> 7.1.10 挡土墙的泄水孔当设计无规定时，施工应符合下列规定：
>
> 1 泄水孔应均匀设置，在每米高度上间隔2m左右设置一个泄水孔；
>
> 2 泄水孔与土体间铺设长宽各为300mm、厚200mm的卵石或碎石作疏水层。
>
> 7.1.11 挡土墙内侧回填土必须分层夯填，分层松土厚度宜为300mm。墙顶土面应有适当坡度使流水流向挡土墙外侧面。

（2）《砌体结构工程施工规范》GB 50924－2014：

> 8.3.4 砌筑挡土墙，应按设计要求架立坡度样板收坡或收台，并应设置伸缩缝和泄水孔，泄水孔宜采取抽管或埋管方法留置。
>
> 8.3.5 挡土墙必须按设计规定留设泄水孔；当设计无具体规定时，其施工应符合下列规定：
>
> 1 泄水孔应在挡土墙的竖向和水平方向均匀设置，在挡土墙每米高度范围内设置的泄水孔水平间距不应大于2m；
>
> 2 泄水孔直径不应小于50mm；
>
> 3 泄水孔与土体间应设置长宽不小于300mm、厚不小于200mm的卵石或碎石疏水层。
>
> 8.3.6 挡土墙内侧回填土应分层夯填密实，其密实度应符合设计要求。墙顶土面应有排水坡度。

3. 原因分析

（1）未按图纸和规范要求留泄水孔，或未及时清理泄水孔中砂浆等杂物。

（2）泄水孔与土体间未留设疏水层或留设疏水层不符合要求。

（3）挡土墙内侧回填土未夯实，墙顶产生倒坡或坡度不明显。

4. 预防措施

（1）应按图纸和规范的要求收坡并留设泄水孔。

（2）泄水孔宜采用预埋管的形式放置，在泄水孔与土体间铺设长宽各为300mm，厚

200mm 的卵石或碎石作为疏水层,以便土内积水能顺利排出。

（3）墙内侧回填土应分层夯实,分层松土厚度应不大于 300mm,墙顶面应有适当向外的坡度,使坡顶的水能顺利流出。

5. 治理措施

（1）没有留设泄水孔或泄水孔堵塞的部位应重新钻孔埋设泄水孔。

（2）挡土墙的顶部土体应夯实,并且留设明显向外的排水坡度。

5.4.7 勾缝砂浆粘结不牢

1. 现象

勾缝砂浆与砌体结合不良,甚至开裂和脱落。

2. 规范规定

《砌体结构工程施工规范》GB 50924 – 2014：

> 8.1.5 石砌体勾缝时,应符合下列规定：
>
> 1 勾平缝时,应将灰缝嵌塞密实,缝面应与石面相平,并应把缝面压光;
>
> 2 勾凸缝时,应先用砂浆将灰缝补平,待初凝后再抹第二层砂浆,压实后应将其捋成宽度为 40mm 的凸缝;
>
> 3 勾凹缝时,应将灰缝嵌塞密实,缝面宜比石面深 10mm,并把缝面压平溜光。

3. 原因分析

（1）砂浆的配合比不符合要求,水泥掺量过大或养护不及时发生干裂脱落,勾缝砂浆所用砂子含泥量过大,影响石材和砂浆间的粘结。

（2）砌体的灰缝过宽,勾缝时采取一次成活的做法,勾缝砂浆因自重过大而引起滑坠开裂。当勾缝砂浆硬结后,由于雨水或湿气渗入,促使勾缝砂浆从砌体上脱落。

（3）砌石过程中未及时刮缝,影响勾缝挂灰。从砌石到勾缝,其间停留时间过长,灰缝内有积灰,勾缝前未清扫干净。

4. 预防措施

（1）要严格掌握勾缝砂浆配合比（宜用 1 ∶ 1.5 水泥砂浆）,禁止使用不合格的材料,宜使用中粗砂。

（2）勾缝砂浆的稠度一般控制在 40 ~ 50mm。

（3）凸缝应分两次勾成,平缝应顺石缝进行,缝与石面抹平。

（4）勾缝前要进行检查,如有孔洞应填浆加塞适量石块修补,并先洒水湿缝。刮缝深度宜大于 20mm。

（5）勾缝后早期应洒水养护,以防干裂、脱落,个别缺陷要返工修理。

5. 治理措施

凡勾缝砂浆严重开裂或脱落处,应将勾缝砂浆铲除,按要求重新勾缝。

5.5 配筋砌体工程

配筋砌体工程是由配置钢筋的砌体作为建筑物主要受力构件的结构配筋砌体。是网状配筋砌体柱、水平配筋砌体墙、砖砌体和钢筋混凝土面层或钢筋砂浆面层组合砌体柱（墙）、砖砌体和钢筋混凝土构造柱组合墙和配筋小砌块砌体剪力墙结构的统称。因此,配筋砌体工程的施工方法,既不同于一般的小砌块砌体,又不同于现浇钢筋混凝土结构工程,故有其特殊的质量通病。

5.5.1 上下层间构造柱错位、断柱、根部夹渣,马牙槎未按要求留设

1. 现象

上下层间构造柱在施工时不在同一位置,发生错位,构造柱混凝土和圈梁的混凝土一起浇筑,没有认真振捣,构造柱混凝土出现孔洞或断柱现象,构造柱根部不清理,马牙槎先进后退造成根部不好清理,构造柱根部夹渣,影响工程的整体性能。

2. 规范规定

(1)《砌体结构工程施工质量验收规范》GB 50203 - 2011:

> 8.2.3 构造柱与墙体的连接应符合下列规定:
>
> 1 墙体应砌成马牙槎,马牙槎凹凸尺寸不宜小于60mm,高度不应超过300mm,马牙槎应先退后进,对称砌筑;马牙槎尺寸偏差每一构造柱不应超过2处;

(2)《砌体结构工程施工规范》GB 50924 - 2014:

> 9.2.4 组合砌体构件的面层施工,应在砌体外围分段支设模板,每段支模高度宜在500mm以内,浇水润湿模板及砖砌体表面,分层浇筑混凝土或砂浆,并振捣密实;钢筋砂浆面层施工,可采用分层抹浆的方法,面层厚度应符合设计要求。
>
> 9.2.5 墙体与构造柱的连接处应砌成马牙槎,其砌筑要求应符合本规范第6.1.2条规定。
>
> 9.2.6 设置钢筋混凝土构造柱的砌体,应按先砌墙后浇筑构造柱混凝土的顺序施工。浇筑混凝土前应将砖砌体与模板浇水润湿,并清理模板内残留的杂物。
>
> 9.2.7 构造柱混凝土可分段浇筑,每段高度不宜大于2m。浇筑构造柱混凝土时,应采用小型插入式振动棒边浇筑边振捣的方法。

3. 原因分析

(1)由于未认真调整钢筋骨架,导致下层砌筑完毕而进行上一层放线时,发现下层柱偏移,而此时又无法修正回原位,便造成上下不贯通,轴线错位的现象。

(2)因为构造柱内的箍筋、墙体拉结筋、圈梁钢筋等交织在一起,如果钢筋绑扎又不规则的话,在浇筑混凝土时会阻碍混凝土的下落,而且浇筑圈梁构造柱的混凝土往往是一些级配不好的粗骨料,里面难免混杂有大粒径的石子,这样就卡在中间下不去,造成断层。

(3)构造柱施工时应先砌墙后浇柱。但当本层墙体砌筑完之后,构造柱的根部往往有一些废弃的砂浆、砖渣等建筑垃圾没有及时清理,木工支模时便埋在里面,浇筑混凝土后便在此形成夹渣现象。

4. 预防措施

(1)加强工程管理,认真进行技术交底,提高技术工人的责任心。

(2)每层墙体砌筑前应先对构造柱进行放线定位并留出马牙槎的位置,砌筑时应随着墙体高度的增加将柱中线逐步引至墙及上层圈梁的模板上,以便及时校核,确保钢筋骨架、构造柱和砖墙三者中心线(轴线)符合施工要求。

(3)构造柱与砌体墙之间是通过马牙槎连接,从每层柱脚开始,严格执行先退后进的原

则,保证柱脚为大断面。每一马牙槎的齿高一般约为300mm,进退深度不应小于60mm。

(4)木工支模时应将构造柱内杂物全部清理干净,不可遗留碎砖、木屑、落地灰等杂物。其次应凿去表面松动不密实的混凝土然后用水清洗,再用素水泥浆或同等强度等级的水泥砂浆作结合层,最后再浇灌混凝土。

(5)严格执行混凝土的配合比和搅拌工艺。粗骨料粒径宜选用20mm以下,坍落度宜控制在50~70mm。切不可用施工中所用砂头充当石子来拌合混凝土,同时留设同条件的试块。最好使用专用灌孔混凝土来浇筑构造柱或芯柱。

5. 治理措施

凿除有缺陷的混凝土如孔洞、夹渣等,重新支模板浇筑混凝土,浇筑混凝土前应该制定方案并做好缺陷修补验收工作。

5.5.2 水平钢筋安放质量缺陷

1. 现象

水平钢筋放置混乱,钢筋漏放、漏绑扎、规格不符、放置位置不对和锚固搭接长度不符合要求。

2. 规范规定

(1)《砌体结构工程施工质量验收规范》GB 50203-2011:

8.1.3 设置在灰缝内的钢筋,应居中置于灰缝内,水平灰缝厚度应大于钢筋直径4mm以上。

8.2.1 钢筋的品种、规格、数量和设置部位应符合设计要求。

8.2.4 配筋砌体中受力钢筋的连接方式及锚固长度、搭接长度应符合设计要求。

8.3.2 设置在砌体灰缝中钢筋的防腐保护应符合本规范第3.0.16条的规定,且钢筋防护层完好,不应有肉眼可见裂纹、剥落和擦痕等缺陷。

8.3.3 网状配筋砖砌体中,钢筋网规格及放置间距应符合设计规定。每一构件钢筋网沿砌体高度位置超过设计规定一皮砖厚不得多于一处。

8.3.4 钢筋安装位置的允许偏差及检验方法应符合表8.3.4的规定。

钢筋安装位置的允许偏差和检验方法　　　　　　　　　　　　　　　表8.3.4

项目		允许偏差(mm)	检验方法
受力钢筋保护层厚度	网状配筋砌体	±10	检查钢筋网成品,钢筋网放置位置局部剔缝观察,或用探针刺入灰缝内检查,或用钢筋位置测定仪测定
	组合砖砌体	±5	支模前观察与尺量检查
	配筋小砌块砌体	±10	浇筑灌孔混凝土前观察与尺量检查
配筋小砌块砌体墙凹槽中水平钢筋间距		±10	钢尺量连续三档,取最大值

(2)《砌体结构工程施工规范》GB 50924-2014:

9.1.2 配筋砖砌体构件、组合砌体构件和配筋砌块砌体剪力墙构件的混凝土、砂浆的强度等级及钢筋的牌号、规格、数量应符合设计要求。

9.1.3 配筋砌体中钢筋的防腐应符合设计要求。

9.1.4 设置在砌体水平灰缝内的钢筋,应沿灰缝厚度居中放置。灰缝厚度应大于钢筋直径6mm以上;当设置钢筋网片时,应大于网片厚度4mm以上,但灰缝最大厚度不宜大于15mm。砌体外露面砂浆保护层的厚度不应小于15mm。

9.1.5 伸入砌体内的拉结钢筋,从接缝处算起,不应小于500mm。对多孔砖墙和砌块墙不应小于700mm。

9.1.6 网状配筋砌体的钢筋网,不得用分离放置的单根钢筋代替。

9.2.2 网状配筋砌体的钢筋网,宜采用焊接网片。

9.2.3 由砌体和钢筋混凝土或配筋砂浆面层构成的组合砌体构件,其连接受力钢筋的拉结筋应在两端做成弯钩,并在砌筑砌体时正确埋入。

9.3.5 配筋砌块砌体剪力墙两平行钢筋间的净距不应小于50mm。水平钢筋搭接时应上下搭接,并应加设短筋固定(图9.3.5)。水平钢筋两端宜锚入端部灌孔混凝土中。

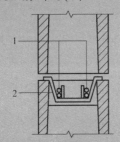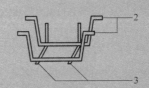

图 9.3.5 水平钢筋搭接示意图
1-水平搭接钢筋;2-搭接部位固定支架的兜筋;3-固定支架加设的短筋

9.3.8 当剪力墙墙端设置钢筋混凝土柱作为边缘构件时,应按先砌砌块墙体,后浇筑混凝土柱的施工顺序,墙体中的水平钢筋应在柱中锚固,并应满足钢筋的锚固长度要求。

3. 原因分析

(1)交底不清,操作人员不清楚水平钢筋设置的部位、搭接长度等;施工过程中管理不严格,未进行钢筋验收,发生钢筋漏扎、漏放等现象。

(2)钢筋未按图纸加工,尺寸不足或短筋长用,造成钢筋搭接倍数不够。

(3)设置在水平灰缝中的钢筋,未居中放置,钢筋在砂浆中的保护层厚度不够或暴露在外面,不利于钢筋保护,造成钢筋锈蚀,影响结构的耐久性。

(4)使用污染和有锈的钢筋造成钢筋与砂浆或混凝土结合不好,影响钢筋性能的发挥。

4. 预防措施

(1)由于小砌块配筋砌体水平钢筋的施工是与小砌块砌筑交叉进行的,在砌体砌好后,钢筋就难以进行检查和校正;因此与一般工程不同,水平钢筋应分皮进行隐蔽工程验收,质量检查人员要跟班检查。

(2)根据设计图编制钢筋加工单,钢筋的规格、尺寸和弯钩应符合设计和规范要求;加工好的钢筋应编号,注明使用部位后,再运往楼面,避免操作人员用错位置。

(3)小砌块排列图上应标明水平钢筋长度、规格和搭接长度等;并满足下列要求:

1)在凹槽砌块混凝土带中,钢筋锚固长度不宜小于30d,且其水平或垂直弯折的长度不宜小于15d或200mm;钢筋的搭接长度不宜小于35d。

2)在砌体水平灰缝中,钢筋锚固长度不宜小于50d,且其水平或垂直弯折的长度不宜小

336

于 $20d$ 或 150mm；钢筋的搭接长度不宜小于 $55d$；

3）在隔皮或错缝搭接的灰缝中为 $50d+2h$，其中 d 为受力钢筋直径，h 为灰缝间距。

（4）2 根水平钢筋之间的距离要满足设计要求，要用 S 钩绑扎固定。若使用钢筋网片，则网片要平整。

（5）设置在水平灰缝内的钢筋或网片，应居中放在砂浆层中。当用钢筋时，水平灰缝厚度应超过钢筋直径 6mm 以上；当用钢筋网片时，水平灰缝应超过网片厚度 4mm 以上，但水平灰缝总厚度不宜超过 15mm。

（6）设置在砌体水平灰缝内的钢筋应进行适当保护，可在其表面涂刷钢筋防腐涂料或防锈剂。

5. 治理措施

（1）砌体中的钢筋与混凝土中的钢筋一样，都属于隐蔽工程项目，应加强检查，并填写检查记录存档。

（2）施工中，对所砌部位需要的配筋应一次备齐，以备检查有无遗漏。

（3）对遗漏钢筋的部位应按设计要求进行加固处理。

5.5.3 垂直钢筋位移，锚固不符合要求

1. 现象

竖向钢筋不在芯孔中间，偏向一侧，严重的与上部钢筋搭接不上，使钢筋一侧混凝土保护层厚度不足，削弱了混凝土和钢筋共同工作的能力，也不利于荷载传递。

2. 规范规定

《砌体结构工程施工质量验收规范》GB 50203－2011：

8.2.4 配筋砌体中受力钢筋的连接方式及锚固长度、搭接长度应符合设计要求。

8.3.1 构造柱一般尺寸允许偏差及检验方法应符合表 8.3.1 的规定。

构造柱一般尺寸允许偏差及检验方法　　　　　　　　　　　表 8.3.1

项次	项目			允许偏差（mm）	检验方法
1	中心线位置			10	用经纬仪和尺检查或用其他测量仪器检查
2	层间错位			8	用经纬仪和尺检查或用其他测量仪器检查
3	垂直度	每层		10	用 2m 托线板检查
		全高	≤10mm	15	用经纬仪、吊线和尺检查或用其他测量仪器检查
			>10mm	20	

3. 原因分析

（1）由于竖筋一般是一层 1 根，由上面插入，钢筋在根部搭接绑扎。因绑扎不牢或漏绑，在浇捣混凝土时将钢筋挤向一边，造成一边混凝土保护层不够，或钢筋本身不直、弯曲和歪斜，一面紧靠小砌块。

（2）钢筋上部未进行固定，混凝土浇捣完，初凝前，未对竖向钢筋进行整理。

4. 预防措施

（1）小砌块第一皮要用 E 形或 U 形小砌块砌筑，保证每根竖筋的部位都有缺口，利于钢筋绑扎。

（2）钢筋搭接处绑扎不能少于2点，且要绑扎牢固。

（3）混凝土浇捣时，振动棒不允许触碰竖向钢筋。

（4）可在小砌体顶层放置一根统长的水平钢筋，将竖筋与水平钢筋进行焊接连接。

（5）混凝土浇捣完，在初凝前，对个别移位的钢筋进行校正，确保钢筋位置准确。

（6）竖向钢筋接头、锚固长度、搭接长度应满足以下要求：

1）钢筋直径大于22mm时，宜采用机械接头，接头的质量应符合有关标准的规定；其他直径的钢筋可采用搭接接头，并符合下列要求：

①钢筋的接头位置应设置在受力较小处。

②受拉钢筋的搭接接头长度不小于 $1.1l_a$，受拉钢筋的搭接接头长度不小于 $0.7l_a$，且不应小于300mm（l_a 为钢筋的锚固长度）。

③当相邻接头钢筋的间距不大于75mm时，其搭接长度为 $1.2l_a$；当钢筋间的接头错开 $20d$ 时，搭接长度可不增加。

2）钢筋在灌孔混凝土中的锚固，应符合下列规定：

①当计算中充分利用竖向受拉钢筋强度时，其锚固长度 l_a，对HRB335级钢筋不宜小于 $30d$；对HRB400和RRB400级钢筋不宜小于 $35d$；任何情况下钢筋（包括钢筋网片）锚固长度不应小于300mm。

②竖向受拉钢筋不宜在受拉区截断。如必须截断时，应延伸至按正截面受弯承载力水平计算不需要该钢筋的截面以外，延伸长度不小于 $30d$。

③竖向受压钢筋在跨中截断时，必须伸至按计算不需要该钢筋截面以外，延伸长度不应小于 $20d$；对绑扎骨架中末端无弯钩的钢筋，不应小于 $25d$。

④钢筋骨架中的受力光面钢筋，应在钢筋末端做弯钩，在焊接骨架、焊接网以及轴心受压构件中，可不做弯钩；绑扎骨架中的受力变形钢筋，在钢筋末端可不做弯钩。

5. 治理措施

当配筋砌体的钢筋工程质量不符合要求时，应按现行国家标准《建筑工程施工质量验收统一标准》GB 50300－2013 的规定执行。

5.6　填充墙砌体工程

烧结空心砖、蒸压加气混凝土砌块、轻骨料混凝土小型空心砌块等因其重量轻、隔声和保温性能好，用做填充墙可以减轻建筑物自重，降低工程投资，因此，在框架结构、剪力墙等结构中得到广泛应用。但因其材性和施工的特殊性，墙体裂缝、抗震构造和门窗固定不牢等质量通病也时有发生。

5.6.1 填充墙砌体拉结筋的施工不符合抗震要求

1. 现象

混凝土柱、墙、梁未按规定预埋拉结筋，或偏位、规格不符合要求，影响钢筋的拉结能力。后锚固钢筋的拉拔力不符合要求。

2. 规范规定

（1）《建筑抗震设计规范》GB 50011－2010：

> 13.3.4 钢筋混凝土结构中的砌体填充墙,尚应符合下列要求:
>
> 3 填充墙应沿框架柱全高每隔500～600mm设2ϕ6拉筋,拉筋伸入墙内的长度,6、7度时宜沿墙全长贯通,8、9度时应全长贯通。
>
> 4 墙长大于5m时,墙顶与梁宜有拉结;墙长超过8m或层高2倍时,宜设置钢筋混凝土构造柱;墙高超过4m时,墙体半高宜设置与柱连接且沿墙全长贯通的钢筋混凝土水平系梁。

(2)《砌体结构工程施工质量验收规范》GB 50203－2011:

> 9.1.7 填充墙拉结筋处的下皮小砌块宜采用半盲孔小砌块或用混凝土灌实孔洞的小砌块;薄灰砌筑法施工的蒸压加气混凝土砌块砌体,拉结筋应放置在砌块上表面设置的沟槽内。
>
> 9.2.2 填充墙砌体应与主体结构可靠连接,其连接构造应符合设计要求,未经设计同意,不得随意改变连接构造方法。每一填充墙与柱的拉结筋的位置超过一皮块体高度的数量不得多于一处。
>
> 9.2.3 填充墙与承重墙、柱、梁的连接钢筋,当采用化学植筋的连接方式时,应进行实体检测。锚固钢筋拉拔试验的轴向受拉非破坏承载力检验值应为6.0kN。抽检钢筋在检验值作用下应基材无裂缝、钢筋无滑移宏观裂损现象;持荷2min期间荷载值降低不大于5%。检验批验收可按本规范表B.0.1通过正常检验一次、二次抽样判定。填充墙砌体植筋锚固力检测记录可按本规范表C.0.1填写。
>
> 检验批抽检锚固钢筋样本最小容量　　　　　　　　　表9.2.3
>
> | 检验批的容量 | 样本最小容量 | 检验批的容量 | 样本最小容量 |
> |---|---|---|---|
> | ≤90 | 5 | 281～500 | 20 |
> | 91～150 | 8 | 501～1200 | 32 |
> | 151～280 | 13 | 1201～3200 | 50 |
>
> 9.3.3 填充墙留置的拉结钢筋或网片的位置应与块体皮数相符合。拉结钢筋或网片应置于灰缝中,埋置长度应符合设计要求,竖向位置偏差不应超过一皮高度。

3. 原因分析

(1)工程施工时由于施工人员认为是墙体拉结筋,非主要结构构件,未要求有专业资质的单位进行施工,施工时未能按技术要领进行操作,造成植筋不满足设计要求,直接拔出。

(2)植筋时钻孔深度未达到结构胶性能所需的锚固长度。

(3)钻孔后未清扫干净,孔壁尚留有灰粉,影响孔壁与结构胶的粘结力。

(4)施工中不是往孔内先注胶,后插筋,而是将结构胶抹在钢筋表面,再随便插入孔内,导致植筋孔内结构胶不密实而影响其粘结力。

(5)植入孔内的钢筋未按规定时间养护,而已经砌筑墙体,致使已植钢筋松动,影响其粘结力。

4. 预防措施

(1)对混凝土结构砌体填充墙拉结筋优先采用预埋法留置,后植拉结筋应具有相关资质的专业单位施工,施工前应根据砌体模数要求在需植筋部位做好标志,防止拉结筋折弯压入砖缝。

(2)专业队伍施工中,要求项目部根据施工技术控制要点进行检查、督促,保证其植筋质量满足设计要求。植筋施工与填充墙砌筑时间应保证 7d 以上,且应留有检验、检测和养护期。

(3)专业队伍施工完成后,应自行检测,合格后再委托第三方检测。

(4)项目部应做好墙体拉结筋的隐蔽验收记录,包括柱与墙拉结筋数量、长度、规格及设置情况。

5. 治理措施

对于拉结筋的规格、位置偏差较大及钢筋拉拔力不符合要求时,重新植钢筋并严格控制工序,加强工程验收。

5.6.2 填充墙砌体裂缝

1. 现象

砌体填充墙体裂缝,严重时外墙产生渗漏水。

2. 规范规定

(1)《砌体结构工程施工质量验收规范》GB 50203 - 2011:

> 9.1.2 砌筑填充墙时,轻骨料混凝土小型空心砌块和蒸压加气混凝土砌块的产品龄期不应小于 28d,蒸压加气混凝土砌块的含水率宜小于 30%。
>
> 9.1.3 烧结空心砖、蒸压加气混凝土砌块、轻骨料混凝土小型空心砌块等的运输、装卸过程中,严禁抛掷和倾倒;进场后应按品种、规格堆放整齐,堆置高度不宜超过 2m。蒸压加气混凝土砌块在运输及堆放中应防止雨淋。
>
> 9.1.4 吸水率较小的轻骨料混凝土小型空心砌块及采用薄灰砌筑法施工的蒸压加气混凝土砌块,砌筑前不应对其浇(喷)水湿润;在气候干燥炎热的情况下,对吸水率较小的轻骨料混凝土小型空心砌块宜在砌筑前喷水湿润。
>
> 9.1.5 采用普通砌筑砂浆砌筑填充墙时,烧结空心砖、吸水率较大的轻骨料混凝土小型空心砌块应提前 1～2d 浇(喷)水湿润。蒸压加气混凝土砌块采用蒸压加气混凝土砌块砌筑砂浆或普通砌筑砂浆砌筑时,应在砌筑当天对砌块砌筑面喷水湿润。块体湿润程度宜符合下列规定:
>
> 1 烧结空心砖的相对含水率 60%～70%;
>
> 2 吸水率较大的轻骨料混凝土小型空心砌块、蒸压加气混凝土砌块的相对含水率 40%～50%。
>
> 9.1.6 在厨房、卫生间、浴室等处采用轻骨料混凝土小型空心砌块、蒸压加气混凝土砌块砌筑墙体时,墙底部宜现浇混凝土坎台,其高度宜为 150mm。
>
> 9.1.8 蒸压加气混凝土砌块、轻骨料混凝土小型空心砌块不应与其他块体混砌,不同强度等级的同类块体也不得混砌。
>
> 注:窗台处和因安装门窗需要,在门窗洞口处两侧填充墙上、中、下部可采用其他块体局部嵌砌;对与框架柱、梁不脱开方法的填充墙,填塞填充墙顶部与梁之间缝隙可采用其他块体。

9.1.9 填充墙砌体砌筑,应待承重主体结构检验批验收合格后进行。填充墙与承重主体结构间的空(缝)隙部位施工,应在填充墙砌筑14d后进行。

9.2.1 烧结空心砖、小砌块和砌筑砂浆的强度等级应符合设计要求。

9.3.2 填充墙砌体的砂浆饱满度及检验方法应符合表9.3.2的规定。

填充墙砌体的砂浆饱满度及检验方法　　　　　表9.3.2

砌体分类	灰缝	饱满度及要求	检验方法
空心砖砌体	水平	≥80%	采用百格网检查块体底面或侧面砂浆的粘结痕迹面积
	垂直	填满砂浆,不得有透明缝、瞎缝、假缝	
蒸压加气混凝土砌块、轻骨料混凝土小型空心砌块砌体	水平	≥80%	
	垂直	≥80%	

9.3.4 砌筑填充墙时应错缝搭砌,蒸压加气混凝土砌块搭砌长度不应小于砌块长度的1/3;轻骨料混凝土小型空心砌块搭砌长度不应小于90mm;竖向通缝不应大于2皮。

9.3.5 填充墙的水平灰缝厚度和竖向灰缝宽度应正确,烧结空心砖、轻骨料混凝土小型空心砌块砌体的灰缝应为8~12mm;蒸压加气混凝土砌块砌体当采用水泥砂浆、水泥混合砂浆或蒸压加气混凝土砌块砌筑砂浆时,水平灰缝厚度和竖向灰缝宽度不应超过15mm;当蒸压加气混凝土砌块砌体采用蒸压加气混凝土砌块粘结砂浆时,水平灰缝厚度和竖向灰缝宽度宜为3~4mm。

(2)《砌体结构设计规范》GB 50003－2011:

6.5.2 房屋顶层墙体,宜根据情况采取下列措施:

1 屋面应设置保温、隔热层;

2 屋面保温(隔热)层或屋面刚性面层及砂浆找平层应设置分隔缝,分隔缝间距不宜大于6m,其缝宽不小于30mm,并与女儿墙隔开;

3 采用装配式有檩体系钢筋混凝土屋盖和瓦材屋盖;

4 顶层屋面板下设置现浇钢筋混凝土圈梁,并沿内外墙拉通,房屋两端圈梁下的墙体内宜设置水平钢筋;

5 顶层墙体有门窗等洞口时,在过梁上的水平灰缝内设置2~3道焊接钢筋网片或2根直径6mm钢筋,焊接钢筋网片或钢筋应伸入洞口两端墙内不小于600mm;

6 顶层及女儿墙砂浆强度等级不低于M7.5(Mb7.5,Ms7.5);

7 女儿墙应设置构造柱,构造柱间距不宜大于4m,构造柱应伸至女儿墙顶并与现浇钢筋混凝土压顶整浇在一起;

8 对顶层墙体施加竖向预应力。

3. 原因分析

(1)轻骨料混凝土小型空心砌块和蒸压加气混凝土砌块上墙时,产品的龄期较短。

(2)轻骨料混凝土小型空心砌块和蒸压加气混凝土砌块填充墙砌体砌筑未按规范要求施工。

4. 预防措施

(1)填充墙砌体烧结空心砖、小砌块和砌筑砂浆的强度等级应符合设计要求。

（2）砌筑填充墙时,轻骨料混凝土小型空心砌块和蒸压加气混凝土砌块的产品龄期不应小于28d。

（3）应严格控制砌筑时块体材料的含水率。应提前1~2d浇水湿润,砌筑时块体材料表面不应有浮水。各种砌体砌筑时,块体材料含水率应符合以下要求:

1）烧结普通砖、页岩砖:10%~15%。

2）灰砂砖:8%~12%。

3）轻骨料混凝土小型空心砌块:5%~8%。

4）加气混凝土砌块:≤15%。

5）粉煤灰加气混凝土砌块:≤20%。

6）混凝土砖和小型砌块:自然含水率。

砌筑施工时,监理人员应在现场对含水率进行抽查。

（4）顶层和底层应设置通长现浇钢筋混凝土窗台梁,高度不宜小于120mm,混凝土强度等级不应小于C20,纵向配筋不少于4φ10,箍筋φ6@200;其他层在窗台标高处,应设置通长现浇钢筋混凝土板带,板带的厚度不小于60mm,混凝土强度等级不应小于C20,纵向配筋不宜少于3φ8。

（5）顶层门窗洞口采用单独过梁时,过梁伸入两端墙内每边不少于600mm。

（6）当填充墙长大于5m时,应增设间距不大于3m的构造柱;砌体无约束的端部必须增设构造柱;除烧结普通砖、烧结多孔砖及混凝土多孔砖外,每层墙高的中部应增设高度为120mm,与墙体同宽的混凝土腰梁。

对混凝土小型空心砌块、蒸压加气混凝土砌块等轻质墙体预留的门窗洞口宽度大于1500mm时,应采取钢筋混凝土框加强。

（7）在厨房、卫生间、浴室等处采用轻骨料混凝土小型空心砌块、蒸压加气混凝土砌块砌筑墙体时,墙底部宜现浇混凝土坎台,其高度宜为150mm。

5. 治理措施

参见5.3.1节。

5.6.3 填充墙砌体与混凝土柱、墙 梁、板连接处节点处理不符合要求

1. 现象

填充墙砌体交付使用一段时间后,填充墙砌体与混凝土柱、墙 梁、板连接处出现裂缝现象。

2. 规范规定

（1）《砌体结构设计规范》GB 50003－2011:

6.3 框架填充墙

6.3.1 框架填充墙墙体除应满足稳定要求外,尚应考虑水平风荷载及地震作用的影响。地震作用可按现行国家标准《建筑抗震设计规范》GB 50011 中非结构构件的规定计算。

6.3.2 在正常使用和正常维护条件下,填充墙的使用年限宜与主体结构相同,结构的安全等级可按二级考虑。

6.3.3 填充墙的构造设计,应符合下列规定:

1 填充墙宜选用轻质块体材料，其强度等级应符合本规范第3.1.2条的规定；

2 填充墙砌筑砂浆的强度等级不宜低于M5（Mb5、Ms5）；

3 填充墙墙体墙厚不应小于90mm；

4 用于填充墙的夹心复合砌块，其两肢块体之间应有拉结。

6.3.4 填充墙与框架的连接，可根据设计要求采用脱开或不脱开方法。有抗震设防要求时宜采用填充墙与框架脱开的方法。

1 当填充墙与框架采用脱开的方法时，宜符合下列规定：

1）填充墙两端与框架柱、填充墙顶面与框架梁之间留出不小于20mm的间隙；

2）填充墙端部应设置构造柱，柱间距宜不大于20倍墙厚且不大于4000mm，柱宽度不小于100mm。柱竖向钢筋不宜小于$\phi10$，箍筋宜为ϕ^R5，竖向间距不宜大于400mm。竖向钢筋与框架梁或其挑出部分的预埋件或预留钢筋连接，绑扎接头时不小于30d，焊接时（单面焊）不小于10d（d为钢筋直径）。柱顶与框架梁（板）应预留不小于15mm的缝隙，用硅酮胶或其他弹性密封材料封缝。当填充墙有宽度大于2100mm的洞口时，洞口两侧应加设宽度不小于50mm的单筋混凝土柱；

3）填充墙两端宜卡入设在梁、板底及柱侧的卡口铁件内，墙侧卡口板的竖向间距不宜大于500mm，墙顶卡口板的水平间距不宜大于1500mm；

4）墙体高度超过4m时宜在墙高中部设置与柱连通的水平系梁。水平系梁的截面高度不小于60mm。填充墙高不宜大于6m；

5）填充墙与框架柱、梁的缝隙可采用聚苯乙烯泡沫塑料板条或聚氨酯发泡材料充填，并用硅酮胶或其他弹性密封材料封缝；

6）所有连接用钢筋、金属配件、铁件、预埋件等均应作防腐防锈处理，并应符合本规范第4.3节的规定。嵌缝材料应能满足变形和防护要求。

2 当填充墙与框架采用不脱开的方法时，宜符合下列规定：

1）沿柱高每隔500mm配置2根直径6mm的拉结钢筋（墙厚大于240mm时配置3根直径6mm），钢筋伸入填充墙长度不宜小于700mm，且拉结钢筋应错开截断，相距不宜小于200mm。填充墙墙顶应与框架梁紧密结合。顶面与上部结构接触处宜用一皮砖或配砖斜砌楔紧；

2）当填充墙有洞口时，宜在窗洞口的上端或下端、门洞口的上端设置钢筋混凝土带，钢筋混凝土带应与过梁的混凝土同时浇筑，其过梁的断面及配筋由设计确定。钢筋混凝土带的混凝土强度等级不小于C20。当有洞口的填充墙尽端至门窗洞口边距离小于240mm时，宜采用钢筋混凝土门窗框；

3）填充墙长度超过5m或墙长大于2倍层高时，墙顶与梁宜有拉结措施，墙体中部应加设构造柱；墙高度超过4m时宜在墙高中部设置与柱连接的水平系梁，墙高超过6m时，宜沿墙高每2m设置与柱连接的水平系梁，梁的截面高度不小于60mm。

6.5.6 填充墙砌体与梁、柱或混凝土墙体结合的界面处（包括内、外墙），宜在粉刷前设置钢丝网片，网片宽度可取400mm，并沿界面缝两侧各延伸200mm，或采取其他有效的防裂、盖缝措施。

（2）《砌体结构工程施工质量验收规范》GB 50203－2011：

9.1.8 蒸压加气混凝土砌块、轻骨料混凝土小型空心砌块不应与其他块体混砌,不同强度等级的同类块体也不得混砌。

注:窗台处和因安装门窗需要,在门窗洞口处两侧填充墙上、中、下部可采用其他块体局部嵌砌;对与框架柱、梁不脱开方法的填充墙,填塞填充墙顶部与梁之间缝隙可采用其他块体。

9.1.9 填充墙砌体砌筑,应待承重主体结构检验批验收合格后进行。填充墙与承重主体结构间的空(缝)隙部位施工,应在填充墙砌筑14d后进行。

9.2.2 填充墙砌体应与主体结构可靠连接,其连接构造应符合设计要求,未经设计同意,不得随意改变连接构造方法。每一填充墙与柱的拉结筋的位置超过一皮块体高度的数量不得多于一处。

3. 原因分析

(1)填充墙砌体与混凝土柱、墙、梁、板连接处的拉结钢筋未与砌体可靠连接,拉结筋未调直、偏位或规格不符。

(2)填充墙砌体与混凝土柱、墙、梁、板连接处节点的处理未按规范和图集的要求实施。

4. 预防措施

(1)填充墙砌至拉结钢筋部位时,将拉结钢筋调直,平铺在墙身上,然后铺灰砌墙;严禁把拉结钢筋折断或未进入墙体灰缝中。

(2)填充墙与混凝土柱、墙、梁可采用不脱开或脱开两种连接方式。具体采用何种连接方式应符合《砌体结构设计规范》GB 50003 – 2011 第6.3.4 条要求,但有抗震设防要求时宜采用填充墙与框架脱开的方法。

5. 治理措施

(1)柱、梁、板或承重墙内漏放拉结筋时,可采用后植筋的方法,即采用冲击钻在混凝土构件上钻孔、清孔、冲洗,然后用环氧树脂将锚入的钢筋与混凝土构件固定。

(2)柱、梁、板或承重墙与填充墙之间出现裂缝,可凿除原有嵌缝砂浆,重新嵌缝。

第6章 钢结构工程

6.1 原材料及成品进场

6.1.1 钢材表面(包括断面)出现裂纹、夹渣、分层、缺棱等缺陷

1. 现象

裂纹——钢材表面在纵横方向上呈现断断续续、形状不同的发状细纹(图6-1、图6-2)。

夹渣——钢材内部夹杂有非金属物质。

分层——在钢材的断面上出现顺钢材厚度方向分成两层或多层的现象。

缺棱——沿钢材某侧面长度方向通长或局部缺少金属棱角,缺棱处表面较粗糙。

图6-1 铸钢件母材裂纹   图6-2 方管母材转角处纵向开裂

2. 规范规定

《钢结构工程施工质量验收规范》GB 50205-2001:

> 4.2.5 钢材的表面外观质量除应符合国家现行有关标准的规定外,均应符合下列规定:
>
> 3 钢材端边或断口处不应有分层、夹渣等缺陷。
>
> 7.2.1 钢材切割面或剪切面应无裂纹、夹渣、分层和大于1mm的缺棱。

3. 原因分析

(1)裂纹产生的主要原因是钢材轧制冷却过程中产生的应力而造成的。

(2)夹渣产生的主要原因是钢材生产轧制过程中夹杂有非金属物质,在轧制时未脱落;或是在冶炼、烧铸过程中带入夹杂物,轧制后暴露出来的。

(3)分层产生的原因有两种情况,一种是非金属夹杂物存在于钢材内部,使钢材沿厚度方向产生隔离层,造成分层;另一种是厚度方向拉力不足,使用时造成的分层。

(4)缺棱产生的原因主要是剪切机的刀刃损伤或间隙过大。

4. 预防措施

(1)采购钢材的规格、牌号、等级应符合现行国家产品标准设计要求,对于一些比较特殊

的钢材,需要了解和掌握其性能和特点:如对厚度方向性能有要求的钢板,不仅要求沿宽度方向和长度方向的力学性能应满足要求,而且沿钢材厚度方向应具有良好的抗层状撕裂的性能。

(2)做好原材料入库前的检验工作;必要时可采用超声波等无损检测手段检测。

(3)重视钢材的复验,对于下列情况之一的钢材,应进行抽样复验,其结果应符合现行国家产品标准和设计要求:国外进口的钢材;混批的钢材;板厚等于或大于40mm,且设计有 Z 向要求的厚钢板;建筑结构安全等级为一级,大跨度钢结构中主要受力构件所采用的钢材;设计有复验要求的钢材;对质量有疑义的钢材。

5. 治理措施

(1)钢材上述缺陷在气割、剪切和焊接后都能较明显地暴露出来,一般采用放大镜观察检查即可;对有特殊要求的气割面、剪切面,应按要求进行外观检查,必要时应采用渗透、磁粉或超声波探伤检查。

(2)凡质量缺陷超标的钢材,应拒绝使用。

(3)凡是在控制范围内的缺陷,可采用打磨等措施进行修补。

(4)应根据不同板厚,调整剪切机的刀刃间隙,损伤的刀片应及时调换。

6.1.2 钢材表面存在结疤、裂纹、氧化铁皮压入等对使用有害的缺陷

1. 现象

结疤——钢材表面呈现局部薄皮状重叠;

氧化铁皮压入——钢材表面粘附着以铁为主的金属氧化物;

裂纹——钢材表面呈现深浅不等的分散或成簇分布的发状细纹,多与轧制方向一致(图6-3)。

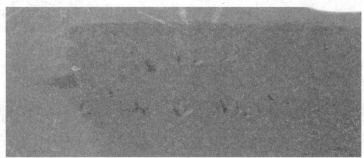

图6-3 钢材表面缺陷未处理已涂装

2. 规范规定

《碳素结构钢和低合金结构钢 热轧厚钢板和钢带》GB/T 3274-2007:

5.5.1 钢材表面不应有结疤、裂纹、折叠、夹杂和氧化铁皮压入等对使用有害的缺陷;

5.5.2 钢材表面允许有不影响使用的薄层氧化铁皮、铁锈和轻微的麻点、划痕等局部缺陷,其凹凸度不得超过钢材厚度公差之半,并应保证钢材的允许最小厚度。

3. 原因分析

(1)结疤是在铸锭期间产生的,也可能是在轧制过程中因材料表面位移或滑动而造成的,结疤中有较多的非金属夹杂物或氧化皮,不规则地分布在轧件上,而且局部与基本金属相连接。

（2）压痕是由于轧辊上粘贴异物造成的。

（3）氧化皮压入,造成钢板表面凹坑的原因是由于热轧和加工过程中没有彻底清除氧化铁皮。

4. 预防措施

（1）做好原材料入库前的检验工作。

（2）凡表面质量缺陷超标的材料,应拒绝使用。

5. 治理措施

凡是在控制范围内的缺陷,可采用打磨等措施作修补,清理深度不得超过钢材厚度负允许偏差的1/2。

6.1.3 钢材表面锈蚀、麻点、划痕

1. 现象

锈蚀——钢材轧制后受潮氧化产生的氧化物。

麻点——钢材表面呈凹凸不平的粗糙度,有局部的,也有持续的和周期性分布的。

划痕——钢材表面有低于轧制面的沟状缺陷,高温划痕表面有氧化皮。

2. 规范规定

《钢结构工程施工质量验收规范》GB 50205－2001:

4.2.5 钢材的表面外观质量除应符合国家现行有关标准的规定外,尚应符合下列规定:

1 当钢材的表面有锈蚀、麻点或划痕等缺陷时,其深度不得大于该钢材厚度负允许偏差值的1/2;

2 钢材表面的锈蚀等级应符合现行国家标准《涂装前钢材表面锈蚀等级和除锈等级》GB8923 规定的 C 级及 C 级以上;

7.3.3 矫正后的钢材表面,不应有明显的凹面或损伤,划痕深度不得大于 0.5mm,且不应大于该钢材厚度负允许偏差值的1/2。

3. 原因分析

（1）钢材轧制后堆放保管不当,长期受潮;露天堆放,风吹雨淋或处在空气中腐蚀性强的环境条件而产生氧化反应造成麻点或片状锈蚀。

（2）划痕和沟槽是由于轧件和设备之间摩擦运动造成的机械损伤。这种损伤通常平行或垂直于轧制方向。

4. 预防措施

（1）做好原材料采购与入库前的检验工作。

（2）应重视材料的保管工作。钢材堆放应注意防潮,避免雨淋;有条件的应在室内（或棚内）堆放,对长期露天堆放不用的钢材宜做表面防腐处理。

（3）钢材表面锈蚀等级按现行国家标准《涂覆涂装前钢材表面处理表面清洁度的目视评定》GB/T 8923 区分,应优先选用 A、B 级,使用 C 级应彻底除锈。

5. 治理措施

（1）凡在质量控制范围内缺陷,可以用砂轮打磨等措施进行修补,但严重锈蚀和麻点的钢材不得使用。

(2)在制作、安装过程应加强机械、工具的正确使用,减少对钢材表面的损伤;对产生的划痕和吊痕可采用补焊后打磨进行整修。

6.1.4 钢材尺寸偏差不符合要求

1. 现象

尺寸超差——钢板和型钢规格、尺寸及偏差不符合规范或相应产品标准规定。

2. 规范规定

(1)《钢结构工程施工质量验收规范》GB 50205－2001:

> 4.2.3 钢板厚度及允许偏差应符合其产品标准的要求。
>
> 4.2.4 型钢的规格尺寸及允许偏差应符合其产品标准的要求。

(2)《热轧钢板和钢带的尺寸、外形、重量及允许偏差》GB/T 709－2006 的条文相关规定。

3. 原因分析

钢材截面尺寸超过允许偏差的原因主要是钢材生产厂家在钢材轧制过程中轧辊调整不当引起的。

4. 预防措施

(1)采购钢材的规格、牌号、等级应符合设计文件要求。

(2)做好原材料入库前的检验工作。

5. 治理措施

(1)对钢材截面变形或平面度超差的材料应进行机械或火焰矫正;

(2)凡钢材截面尺寸超过允许偏差又无法矫正的,不应使用。

6.1.5 钢材混批或有疑义时未按规定进行复验

1. 现象

钢材的炉号和批号与原产品质量证明书不吻合或有疑义,质量证明书中的检测项目少于设计要求的,未按规定对该批次钢材进行见证取样、送样复验。

2. 规范规定

《钢结构工程施工质量验收规范》GB 50205－2001:

> 4.2.2 对属于下列情况之一的钢材,应进行抽样复验,其复验结果应符合现行国家产品标准和设计要求:
>
> 1 国外进口钢材;
>
> 2 钢材混批;
>
> 3 板厚等于或大于 40mm,且设计有 Z 向性能要求的厚板;
>
> 4 建筑结构安全等级为一级,大跨度钢结构中主要受力构件所采用的钢材;
>
> 5 设计有复验要求的钢材;
>
> 6 对质量有疑义的钢材。

3. 原因分析

(1)未按设计文件要求采购钢材,未能掌握钢材的规格、牌号、等级,特别是一些有特殊要求的钢材性能和特点。

(2)由于钢材经过转运、调剂等方式,供应到钢结构施工单位后容易产生混炉号,而钢材质量证明书(合格证)是按炉号和批号发放的。

(3)钢材入库和保管等管理工作不严,不同品种、牌号、型号、等级的钢材混放。

(4)在工作实际中,有关作业技术管理人员对哪些钢材需要复验和试验的项目不是太清楚。

4. 预防措施

(1)钢结构工程所采购、选用的钢材,应附有钢材的质量证明书,质量证明书各项指标应符合设计文件和产品质量标准的要求。

(2)对规范规定的6种情况之一的钢材,应进行见证取样、送样复验,其复验结果应符合现行国家产品标准和设计要求。

(3)对于混炉号、批号的钢材应符合下列规定:

1)钢材为同一强度等级的,应按质量证明书中材质较差者使用。

2)钢材为不同强度等级的,应逐张进行力学性能试验,确定等级。

(4)当钢材质量证明上保证项目少于设计要求时,在征得设计单位同意可对所缺项目的钢材,每批抽样两张补做所缺项目试验,试验合格后方可使用。

(5)钢材代用应征得设计单位同意,所替代钢材同样应符合现行国家产品标准的要求。

5. 治理措施

(1)钢材入库和发放应有专人负责,并及时记录验收和发放情况。

(2)钢材应按种类、材质、炉号(批号)、规格等分类堆放,并做好标记。

(3)钢结构工程下料的余料应及时做好标记移植,并按种类、钢号和规格分类堆放,做好标记,记入台账,妥善保管。

6.2　钢结构焊接工程

6.2.1　焊接材料运输、保管或选用不当产生的质量问题

1. 现象

(1)手工电弧焊焊条的药皮涂覆不完整、开裂、缺损,焊条不挺直,焊条端头有锈斑。

(2)药芯焊丝外表有缺损,镀铜层剥落,端头有锈斑,焊丝盘绕不整齐,或未盘绕在钢质的焊丝盘上。

(3)焊剂的包装袋有破损,焊剂中混有灰尘、铁屑及其他杂物,焊剂受潮结块,熔焊过的、已经结成块状的焊剂混入新焊剂中。

(4)熔化嘴的使用长度未达到300mm,溶化嘴端部不挺直,熔化嘴的端头有锈斑,熔化嘴的药皮涂覆不完整、不均匀,有缺损、开裂。

2. 规范规定

(1)《钢结构工程施工质量验收规范》GB 50205－2001:

4.3.4 焊条外观不应有药皮脱落、焊芯生锈等缺陷;焊剂不应受潮结块;

(2)《钢结构焊接规范》GB 50661－2011:

7.2.5 焊丝和电渣焊的熔化或非熔化导管表面及栓钉焊接端面应无油污、锈蚀。

3. 原因分析

（1）焊材在运输过程中受损。

（2）焊材在进仓库时，没有仔细检查焊材外观质量和包装受损情况；

（3）焊材仓库设施不符合规范要求，或仓库保管不善。

4．预防措施

重视焊材进库时的检查和入库后的保管。

5．治理措施

应仔细审核焊剂材料的质量证明文件或试验报告，发现不合格的数据或对数据有疑问时，应提出复验或复试要求。

按批检验焊接材料的外观质量，发现有疑点时应抽查和复验，以试验的结果为依据，确定该批焊接材料能否在工程上使用。

外观不符合要求的焊接材料不应在工程中使用。

6.2.2 焊接材料存放条件不符合要求

1．现象

（1）焊接材料未存放在二级库房内，或二级库房内的相对湿度超过70%，通风不好，库内的温度不符合要求。

（2）焊接材料未放置在架子上，或架子的离地、离墙以及架子间的距离达不到规定的要求。

（3）二级库房内没有足够的照明，未安装温度计，没有烘焙设备等。

2．规范规定

《钢结构工程施工质量验收规范》GB 50205－2001：

> 4.3.4 焊条外观不应有药皮脱落、焊芯生锈等缺陷；焊剂不应受潮结块。
>
> 7.2.2 焊接材料贮存场所应干燥、通风良好，应由专人保管、烘干、发放和回收，并应有详细记录。

3．原因分析

未意识到库房设施达不到规定要求，保管不到位，会影响焊材质量，并影响焊接工程质量。

4．预防措施

（1）要求设置专门的二级库房，库房内应保持良好的通风。架子应离地300mm，离墙300mm，架子之间距离保持600mm。

（2）随时抽查，用肉眼观察存放状况，用钢卷尺测量存放位置，用温度计和湿度计检查存放环境。

6.2.3 焊材烘焙不良

1．现象

（1）焊材未按规定烘焙、保温。

（2）没有烘焙记录。

（3）烘焙重复次数超过规定（图6-4、图6-5）。

图 6 - 4　焊条未烘烤、未用保温筒(1)　　图 6 - 5　焊条未烘烤、未用保温筒(2)

2. 规范规定

《钢结构焊接规范》GB 50661 - 2011：

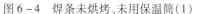

> 7.2.3 焊条的保存、烘干应符合下列要求：
>
> 1 酸性焊条保存时应有防潮措施,受潮的焊条使用前应在 100 ~ 150℃范围内烘焙 1 ~ 2h。
>
> 2 低氢型焊条应符合下列要求：
>
> 1)焊条使用前应在 300 ~ 430℃范围内烘焙 1 ~ 2h,或按厂家提供的使用说明书进行烘干。焊条放入烘箱的温度不应超过规定最高烘焙温度的一半,烘焙时间以烘箱达到最高烘焙温度后开始计算；
>
> 2)烘干后的低氢焊条应放置在温度不低于 120℃的保温箱中存放、待用；使用时应置于保温桶中,随用随取；
>
> 3)焊条烘干后在大气中放置的时间不应超过 4h,用于焊接Ⅲ、Ⅳ类的钢材的焊条,烘干后在大气中放置的时间不应超过 2h。重新烘干的次数不应超过 1 次。

3. 原因分析

(1)质保体系不健全,执行制度不严格,管理不到位。

(2)焊接材料不去除内部结晶水和吸附水,在焊接过程中水分经电弧分解而给焊缝金属带入氢,而氢是焊接延迟裂缝产生的主要因素之一。

(3)焊条烘干有利于减少产生气孔,并使电弧稳定、柔和、减少飞溅物。

4. 预防措施

(1)加强管理,健全质保体系,建立和健全焊材烘干、发放和使用制度。

(2)烘干员要熟悉焊材和设备的管理规定,并做好各项记录。

(3)焊工必须带焊条保温筒领焊条,并将剩余焊条及时交回烘干室。

(4)焊条保温筒盖应及时盖好,不得敞盖使用。

5. 治理措施

(1)查阅自动烘焙记录纸,能查到某年、某月、某日、某时的温度。

(2)用测量仪表随时抽查烘箱里的实际温度,一旦发现问题,及时整改。

(3)焊材应严格按规范要求烘焙和保温,并及时使用。

(4)对于因储存或使用不当造成焊接材料含氢量过高,则可以采用焊后进行去氢处理的办法。

6.2.4 焊缝裂纹

1. 现象

在焊接过程中或焊接后,在焊缝中心、根部、弧坑或热影响区出现纵或横向的裂纹。

2. 规范规定

《钢结构工程施工质量验收规范》GB 50205-2001:

> 5.2.6 焊缝表面不得有裂纹、焊瘤等缺陷。一级、二级焊缝不得有表面气孔、夹渣、弧坑裂纹、电弧擦伤等缺陷。且一级焊缝不得有咬边、未焊满、根部收缩等缺陷。
>
> 8.2.1、8.3.1 焊缝的外观应无裂纹。

3. 原因分析

(1)厚工件施焊前预热不到位,焊道间温度控制不严,是导致焊缝出现裂缝的原因之一。

(2)熔池里存在偏析现象,偏析出来的元素多数为低熔点共晶体和杂质。这种低熔点共晶体和杂质往往最后才凝固,而它们凝固后的强度极低,焊道就是在这个时候被工件的拘束力拉裂的,这就是厚工件焊接时会出现凝固裂纹的原因。

(3)焊丝焊剂的组配对母材不合适(母材含碳过高、焊缝金属含锰量过低)会导致焊缝出现裂纹。

(4)焊接中执行焊接工艺参数不当(例:电流大、电压低、焊接速度太快)引起的焊缝裂纹。

(5)没有有效地控制钢材和焊接材料中的硫(S)和磷(P)的含量,也是导致焊缝中出现裂纹的原因之一。

(6)不注重焊缝的形状系数,为加快进度而任意减少焊缝的道数,也会造成裂纹。

(7)焊接工艺规程(WPS)规定该用多道焊的,擅自改为多层焊,往往会导致焊缝开裂。

(8)未按焊接工艺规程(WPS)的规定烘焙焊接材料,往往会使焊缝中出现氢导致裂纹。

4. 预防措施

(1)厚工件焊前要预热,并达到规范要求的温度。厚工件在焊接过程中,要严格控制道间温度。厚工件焊后应按焊接工艺规程(WPS)规定立即进行后热(去氢)处理,并确保后热处理的温度合适和保温的时间足够。

(2)注重焊接环境。在相对湿度大于90%时应暂停施焊,手工电弧焊在风速超过8m/s,气体保护焊在风速超过2m/s时施焊,应采取挡风措施。

(3)焊接热输入,以及焊接参数应严格按焊接工艺评定报告(PQR)确定,并在焊接工艺规程(WPS)中加以规定,施焊时应严格执行。

(4)严格审核钢材和焊接材料的质量证明文件,控制钢材和焊接材料中的硫(S)和磷(P)的含量,必要时应抽样复验。

(5)焊材的选用与被焊接的钢材(母材)相匹配。

(6)焊材应按焊接工艺规程(WPS)的规定烘焙、保温。

(7)严格地做好焊前的坡口清洁工作。

(8)不得使用镀铜层脱落的焊丝。

5. 治理措施

(1)加强焊工技能培训、规范焊接作业及必要措施,同时加强检查。

(2)表面裂纹如很浅,可用角向砂轮将其磨去,磨至能向周边的焊缝平顺过渡,向母材圆滑过渡为止,如裂纹很深,则必须按处理焊缝内部缺陷的办法进行返修。

（3）无损检测检测出的裂纹,应按焊接返修工艺要求做返修焊补。同时,当检查出一处裂纹缺陷时,应扩大检查的范围、数量;当检查出多处裂纹缺陷或加倍抽查又发现裂纹缺陷时,应对该批余下焊缝的全数进行检查,以排除隐患。

6.2.5 焊缝气孔

1. 现象

在焊接中,熔池中气体来不及逸出,焊缝中液体金属凝固后,在焊缝内部或表面形成小孔(图6-6、图6-7)。

图6-6　气孔(1)　　　　　　图6-7　气孔(2)

2. 规范规定

《钢结构焊接规范》GB 50661-2011:

> 8.2.1 一、二级焊缝不允许有表面气孔,三级焊缝每50mm长度焊缝内允许存在直径 <0.4t且<3mm的气孔2个;孔距应大于6倍孔径。
>
> 8.3.1 一、二级焊缝不允许有表面气孔,三级焊缝中气孔直径小于1.0mm,每米不多于3个,间距不小于20mm。

3. 原因分析

（1）气孔是由于焊接熔池在高温时,熔融金属中气体溶解度大,而吸收了过多的气体,在凝固时溶解度降低,气体大量逸出,但又来不及全部逸出而残留在焊缝金属内部和表面形成的,其形状一般为球形、椭圆球形,但有时也呈针状和柱状。按分布情况分为分散单个气孔、密集气孔、链状气孔等。

（2）坡口及其周边一定范围内有油迹、锈斑、水渍、污物,是导致焊缝出现气孔的又一原因。

（3）焊丝镀铜层局部脱落,以致该部位生锈,也会使焊缝产生气孔。

（4）厚工件焊后未及时进行后热(去氢),或后热温度不够,或保温时间不够,都有可能使焊缝残留气孔。

（5）表面气孔与焊材烘焙温度不够、升温速度太快、保温时间不够有直接的关系。

（6）保护气体的含水量应<0.05%,否则过量的水会给熔池和焊缝带进氢气,不及时逸出的氢会形成气孔。

4. 预防措施

（1）焊接材料应按规定进行烘焙与保温,领用后,在大气中不宜超过4h。

（2）注重焊接的环境,在相对湿度大于90%时应暂停施焊;手工电弧焊在风速超过8m/s,气体保护焊在风速超过2m/s时施焊,应采取挡风措施;环境温度低于0℃时,应将工件加热到20℃,原需预热的工件此时应多预热20℃,加热范围为长宽各大于2倍工件的厚度,且各不小于100mm。

(3)注意执行焊接工艺参数,提高焊工技能。

(4)气体保护焊的枪管内要经常用压缩空气吹通,以排除污物。

5.治理措施

(1)加强焊工技能培训、规范焊接作业及必要措施,同时加强检查。

(2)数量少而直径小的表面气孔,可用角向砂轮磨去,磨至该部位能同整条焊缝平顺过渡,向母材圆滑过渡;无损检测不合格的气孔应做返修焊补。

(3)厚工件焊前要预热,并达到规范要求的温度,厚工件应严格控制道间温度,厚工件焊后应按焊接工艺规程(WPS)规定立即进行后热,并确保后热的温度合适和保温的时间足够。

6.2.6 焊缝夹渣

1.现象

夹渣是指焊缝金属表面和内部存在着非金属物质。

2.规范规定

《钢结构焊接规范》GB 50661－2011:

> 8.2.1 一、二级焊缝不允许有表面夹渣,三级焊缝允许存在深≤0.2t,长≤0.5t,且≤20mm 的表面夹渣。
>
> 8.3.1 一、二级焊缝不允许有表面夹渣,三级焊缝允许存在深≤0.2t,长≤0.5t,且≤20mm 的表面夹渣。

3.原因分析

(1)厚工件清根后不做打磨处理,坡口及其近侧的清洁工作不到位,特别是切割残渣和飞溅物未清除,混入熔池。

(2)气体保护焊的枪管内混有污秽物质,随保护气体吹入熔池。

(3)施焊时焊接电流太大,焊接速度太快,使焊缝的冷却速度加快,熔渣来不及上浮排出;手工操作时,焊条或焊丝的倾角不对,焊条运条方法不当,造成熔渣难以上浮排出。

(4)焊接坡口小,焊材直径大,焊接时熔渣被堵在坡口根部。

4.预防措施

(1)注意坡口及焊层间的清洁,凹凸不平的地方应铲除。

(2)提高焊工焊接操作技能,严格执行焊接工艺。

(3)仔细清理熔渣。

(4)控制焊接电流和焊接速度。

(5)加大坡口角度,增加根部间隙,正确掌握运条方法。

5.治理措施

(1)加强焊工技能培训、规范焊接作业及必要措施,同时加强检查;

(2)用尖凿凿去表面夹渣,并用焊缝卡规测量表面夹渣的深度。浅的表面夹渣,可在凿除后用角向砂轮磨去其凹坑,并使该部位同整体焊缝平顺过渡,能向母材圆滑过渡。

6.2.7 焊缝未熔合以及未焊透

1.现象

未熔合是指一个焊道同另一个焊道之间或与母材之间出现未熔化的现象;未焊透是指

单面或双面焊缝根部母材有未熔化的现象(图6-8、图6-9)。

图6-8 对接焊缝成型差、未焊透

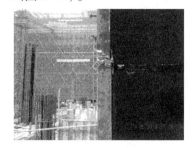
图6-9 对接缝未焊满

2.规范规定

《钢结构焊接规范》GB 50661-2011：

> 8.2.1 一级焊缝不允许有未焊满,二级焊缝允许存在≤0.2mm+0.02t 且≤1mm 的未焊满,但每100mm 长度焊缝内未焊满累积长度应≤25mm;三级焊缝允许存在≤0.2nn+0.04t且≤2mm 的未焊满,但每100mm 长度焊缝内未焊满累积长度应≤25mm。
>
> 8.3.1 一、二级焊缝不允许未焊满,三级焊缝允许存在≤0.2mm+0.02t 且≤1mm 的未焊满,但每100mm 长度焊缝内未焊满累计长度应≤25mm。

3.原因分析

(1)焊接电流太小。

(2)焊条或焊丝同工件之间的夹角不对,焊弧偏向一侧。

(3)焊接坡口角度小,钝边太厚,间隙太小,电弧穿不透。

(4)焊接速度快,工件温度低,未等焊件全熔化,焊条(丝)就过去了。

(5)焊缝区有较厚的油漆、氧化铁皮等杂质,影响熔滴过渡。

4.预防措施

(1)正确选用对接坡口,做好坡口两侧和焊层的清根工作,不允许存在杂质脏物。

(2)对接组装和焊接工艺参数要执行焊接工艺要求。

(3)焊条(丝)角度要正确,不应使熔滴向一侧过渡。

5.治理措施

(1)加强焊工技能培训、规范焊接作业及必要措施,同时加强检查。

(2)对未熔合或未焊透的焊缝应进行返修焊补。

6.2.8 焊缝根部收缩

1.现象

根部收缩,指由于对接焊缝的根部收缩而造成的浅的沟槽。

2.规范规定

《钢结构焊接规范》GB 50661-2011：

> 8.2.1 一级焊缝不允许根部收缩,二级焊缝允许存在≤0.2mm+0.02t 且≤1mm 的根部收缩,长度不限;三级焊缝允许存在≤0.2nn+0.04t且≤2mm 的根部收缩,长度不限。
>
> 8.3.1 一、二级焊缝不允许部根收缩,三级焊缝允许存在≤0.2mm+0.02t 且≤1mm 的根部收缩,长度不限。

3. 原因分析

根部收缩是因为工件拘束度大,预热温度不够,焊缝被收缩而造成的。

4. 预防措施

(1)一般打底焊缝采用小的焊接热输入,即用较细的焊条或焊丝、较小的焊接电弧、较低的电压、较快的焊接速度施焊。

(2)钢构件特别是拘束度大的钢构件的预热温度应达到焊接工艺要求的温度及相应预热的范围。

5. 治理措施

(1)加强焊工技能培训、规范焊接作业,同时加强检查验收。

(2)根部收缩时应磨去产生的沟槽,按照对接未焊满的办法做焊接修补。

(3)选择合适的焊接电流。

(4)采取短弧焊。

(5)掌握合适的焊接角度。

6.2.9 焊缝未焊满

1. 现象

未焊满,即焊缝表面填充金属不足,形成连续或断续的沟槽(图6-10、图6-11)。

图6-10　局部漏焊　　　　　　　　　图6-11　焊缝不饱满

2. 规范规定

《钢结构工程施工质量验收规范》GB 50205-2001:

> 5.2.6 一级焊缝不得有咬边、未焊满、根部收缩等缺陷。

《钢结构焊接规范》GB 50661-2011:

> 8.2.1 一级焊缝不允许有未焊满,二级焊缝允许存在≤0.2mm+0.02t 且≤1mm 的未焊满,但每100mm 长度焊缝内未焊满累积长度应≤25mm;三级焊缝允许存在≤0.2nn+0.04t且≤2mm 的未焊满,但每100mm 长度焊缝内未焊满累积长度应≤25mm。
>
> 8.3.1 一、二级焊缝不允许未焊满,三级焊缝允许存在≤0.2mm+0.02t 且≤1mm 的未焊满,但每100mm 长度焊缝内未焊满累计长度应≤25mm。

3. 原因分析

焊缝未焊满是由于盖面焊道的焊接速度太快,焊条、焊丝的直径太细,焊接电流太小,手工操作时手势不稳,突然加快焊接速度等原因造成的。

4. 预防措施

(1)根据钢材的类别和厚度,确定预热与否,如需预热,应按照焊接工艺规程(WPS)的规定预热,并控制道间温度。

(2)选用合适的焊接热输入,即选用合适的焊条或焊丝、焊接电流和焊接速度施焊,如需后热,则应按焊接工艺规程(WPS)的规定执行。

5. 治理措施

(1)加强焊工技能培训、规范焊接作业及必要措施,同时加强检查。

(2)清除焊缝未焊满部位及其近侧周边 30mm 范围内的油、锈、水、污,返修补焊。

6.2.10 焊缝焊穿(烧穿)

1. 现象

焊穿(烧穿)指焊接过程中,熔化金属从焊缝背面流出,形成穿孔,严重时能将熔化金属漏到反面,形成焊瘤。

2. 规范规定

《钢结构工程施工质量验收规范》GB 50205－2001:

> 5.2.6 焊缝表面不得有裂纹、焊瘤等缺陷。

3. 原因分析

焊穿(烧穿)是由于焊接电流太大,工件的装配缝隙太大,焊接速度太慢,焊接区加热过度,或突然放慢焊接速度等原因造成的。

4. 预防措施

(1)坡口加工应有合适的钝边,装配时应注意间隙不能过大。

(2)选用较小的焊接热输入,即选用较细的焊条或焊丝、较小的焊接电流、较短的焊接电弧、较低的电压、较快的焊接速度施焊。

(3)工件有预热、控制道间温度和后热要求的,焊接前后过程中都应按焊接工艺规程(WPS)的规定严格执行。

5. 治理措施

(1)加强焊工技能培训、规范焊接作业及必要措施,同时加强检查。

(2)清理烧穿部位及其附近,进行补焊。

(3)重要焊缝应借助磁粉探伤(MT)或着色探伤(PT)判断修补焊缝有无裂纹。

6.2.11 余高超标

1. 现象

余高超标,即焊缝表面上的焊缝金属过高或过低,超过规范规定的允许偏差值(图 6－12、图 6－13)。

图 6－12　焊缝超标缺陷　　　　图 6－13　焊缝超标缺陷

2. 规范规定

《钢结构焊接规范》GB 50661－2011:

8.2.2 对接焊缝与角焊缝余高及错边允许偏差应符合表8.2.2的规定。

焊缝余高和错边允许偏差 （mm）　　　　表8.2.2

序号	项目	示意图	允许偏差	
			一、二级	三级
1	对接焊缝余高(C)		$B<20$ 时,C 为 $0\sim3$; $B\geqslant20$ 时,C 为 $0\sim4$	$B<20$ 时,C 为 $0\sim3.5$; $B\geqslant20$ 时,C 为 $0\sim5$
2	对接焊缝错边($\triangle$)		$\triangle<0.1t$ 且 $\leqslant2.0$	$\triangle<0.15t$ 且 $\leqslant3.0$
3	角焊缝余高(C)		$h_f\leqslant B$ 时 C 为 $0\sim1.5$; $h_f>B$ 时 C 为 $0\sim3.0$	

3. 原因分析

余高超标是由于没有掌握好焊接电流的大小,手势不稳,没有掌握好焊接速度等原因。

4. 预防措施

提高焊工的操作技能,正确执行焊接工艺参数。

5. 治理措施

(1)焊缝余高太高,应用角向砂轮磨去,磨到尺寸合适,并能向母材圆滑过渡为止。

(2)余高不足的,应按照未焊满缺陷修补要求做补焊。

6.2.12 焊缝焊瘤

1. 现象

焊瘤,指焊接过程中,熔化金属液流淌到焊缝之上或以外的未熔化母材上所形成的金属瘤(图6-14)。

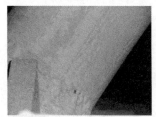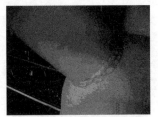

图6-14　焊瘤

2. 规范规定

《钢结构工程施工质量验收规范》GB 50205-2001:

5.2.6 焊缝表面不得有裂纹、焊瘤等缺陷。

3. 原因分析

焊瘤是因为焊接作业时焊接电流、电压不合适,装配间隙过大,或操作工手势不稳,突然放慢速度造成的。

4.预防措施

(1)加强培训,提高焊工操作技能。

(2)合理选择与调整适宜的焊接电流、电压,改变操作方式和电弧长度。

5.治理措施

(1)发现焊瘤,可用角向砂轮磨去焊瘤,直至此部位同整体焊缝平顺过渡,并能向母材平顺过渡。

(2)焊接电流要适当,装配间隙要适当。

(3)加大钝边尺寸,坡口边缘污物清理干净。

6.2.13 焊缝弧坑

1.现象

弧坑是指焊接收断弧时焊缝金属表面出现的凹坑。

2.规范规定

《钢结构焊接规范》GB 50661 – 2011:

> 7.12.1 焊缝凹陷或弧坑等应在完全清除缺陷后进行焊补。

3.原因分析

产生弧坑的原因是操作时突然熄弧造成的,埋弧焊机本身有缓慢熄弧的功能,但此功能如发生故障,也会形成弧坑。

4.预防措施

(1)焊缝应设熄弧板,把弧坑拖到工件以外去。

(2)手工电弧焊要在熔池内做短时间的停留或做几次环形运条,使足够的金属填满熔池,然后断弧。

5.治理措施

(1)加强焊工技能培训、规范焊接作业及必要措施,同时加强检查。

(2)熄弧前焊条回弧填满熔池。

(3)焊接电流要适当。

(4)对于已出现的弧坑,可用肉眼观察(必要时借助5倍放大镜)。如有弧坑裂纹,应用角向砂轮将其磨去;清除弧坑部位及其近侧周边的油、锈、水、污;用较小的焊接热输入,即选用较细的焊条或焊丝直径,较小的焊接电流,较短的电弧长度,较低的电弧电压,较快的焊接速度施焊,填满弧坑。

(5)用角向砂轮打磨修补焊缝表面,使之同原焊缝平顺过渡,并能向母材圆滑过渡。

6.2.14 电弧擦伤

1.现象

在焊缝或坡口以外引弧而造成母材金属表面上的局部损伤(图6 – 15、图6 – 16)。

图6-15 对接焊缝应加引弧板　　　　图6-16 电弧擦伤

2. 规范规定

《钢结构工程施工质量验收规范》GB 50205—2001：

5.2.6 一级、二级焊缝不得有电弧擦伤等缺陷。

3. 原因分析

电弧擦伤的唯一原因是不在引弧板或焊缝与坡口上引弧,而随意地在母材上引弧。

4. 预防措施

(1)为防止电弧擦伤母材,不准随处引弧,可以在始焊点的前端引弧,重要焊缝应在引弧板上引弧。

(2)焊接人员应当经常检查焊接电缆及接地线的绝缘状况,装设接地线要牢固、可靠。

(3)不得在焊道以外的工件上随意引弧,暂时不焊时,应将焊钳放在木板上或适当挂起。

5. 治理措施

(1)加强焊工技能培训、规范焊接作业及必要措施,同时加强检查。

(2)如有裂纹,应按照裂纹返修程序和工艺进行返修。

(3)不重要焊缝旁边的电弧擦伤,可用角向砂轮磨去其痕迹;重要焊缝(特别是厚工件的焊缝)旁边的电弧擦伤;应先磨去其痕迹,然后借助磁粉探伤(MT)或渗透探伤(PT)判断有否因引弧的骤热和骤冷而招致的裂纹。

6.2.15 焊缝高低不匀称

1. 现象

焊缝观感高低不匀,焊缝金属表面不匀称(图6-17)。

图6-17 金属焊缝表面不匀称

2. 规范规定

《钢结构工程施工质量验收规范》GB 50205-2001：

5.2.11 焊缝感观应达到:外形均匀、成型较好,焊道与焊道,焊道与基本金属间过渡较平滑、焊渣和飞溅物基本清除干净。

3. 原因分析

焊缝高低不匀的原因是操作工手势不稳,焊接速度时快时慢。

4. 预防措施

提高焊工操作技能,按其考试认可范围内施焊。

5. 治理措施

(1)加强焊工技能培训、规范焊接作业及必要措施,同时加强检查;

(2)焊缝高出的部分,可以用角向砂轮磨去,并使该部位同原焊缝整体平顺过渡,向母材圆滑过渡,低洼的部分可按照未焊满的修补工艺要求作焊接修补。

6.2.16 焊钉焊接不合格

1. 现象

(1)焊钉焊缝不平整,不成圈,有夹渣、气孔、咬边、局部未熔合等缺陷;

(2)焊钉焊接后弯曲试验检查时,有裂纹或断开。

2. 规范规定

《钢结构工程施工质量验收规范》GB 50205－2001:

> 5.3.2 焊钉焊接后应进行弯曲试验检查,其焊缝和热影响区不应有肉眼可见的裂纹;
>
> 5.3.3 焊钉根部焊脚应均匀,焊脚立面的局部未熔合或不足360°的焊脚应进行修补。

3. 原因分析

(1)焊接电流太小,焊缝不能成圈。

(2)焊前的清洁工作未做到位。

(3)焊接电流和焊接时间搭配不当。

4. 预防措施

(1)待焊栓钉表面不应有锈蚀、油脂、潮湿或其他杂质,保护瓷环应干燥。

(2)应清除工件焊接处的氧化皮、锈、水分、油漆、灰渣、油污或其他杂质。

(3)每个班施工前应以工艺参数施焊2个焊钉,焊后检查合格,才能正式焊接。

5. 治理措施

(1)加强焊工技能培训、规范焊接作业及必要措施,同时加强检查。

(2)控制栓钉焊焊接质量,应控制好焊接电流。

(3)不成圈等焊缝缺陷部位可用手工电弧焊做修补。

(4)断裂的栓钉,先适当打磨该施焊部位,再重新焊栓钉。

6.3 紧固件连接工程

6.3.1 抗滑移系数试验和复验不合格

1. 现象

(1)高强度螺栓连接摩擦面的抗滑移系数试验和复验数量不足;

(2)高强度螺栓连接摩擦面的抗滑移系数试验或复验结果不合格。

2. 规范规定

《钢结构工程施工质量验收规范》GB 50205－2001:

> **6.3.1** 钢结构制作和安装单位应按本规范附录 B 的规定分别进行高强度螺栓连接摩擦面的抗滑移系数试验和复验,现场处理的构件摩擦面应单独进行摩擦面抗滑移系数试验,其结果应符合设计要求。

3. 原因分析

(1)不了解抗滑移系数是高强度螺栓连接的主要设计参数之一。

(2)不了解除设计上明确提出可不进行抗滑移系数试验外,其余在制作时所采用的摩擦面的处理方法,都必须按规范要求进行试验和复验。

(3)不了解制造厂应按分部(子分部)工程划分规定的工程量每 2000t 为一批,不足 2000t 的可视为一批进行抗滑移系数试验,同时应按每批 3 组试件提供现场安装单位做复验。

(4)不清楚规范要求制作与安装单位应分别进行抗滑移系数的试验和复验。

(5)不清楚规范规定的现场构件摩擦面的处理,应单独进行摩擦面抗滑移系数试验。

(6)摩擦面处理方法不当,引起抗滑移系数试验结果值达不到设计要求。

(7)摩擦面已处理完成的试件保管不善、表面沾染脏物、油漆等,引起抗滑移系数试验结果值达不到设计要求。

4. 预防措施

(1)除设计上明确提出可不进行抗滑移系数试验外,其余均应按确定的摩擦面处理方法进行加工处理,对试件见证送检进行抗滑移系数试验,同时提供每批 3 组试件给现场安装单位复验。

(2)制造厂和安装单位应分别以钢结构制造批为单位见证送样,进行抗滑移系数试验;制造批按分部(子分部)工程划分规定的工程量每 2000t 为一批,不足 2000t 的视为一批。

(3)摩擦面的处理时如选用不同的处理方法,则每种处理工艺应单独为批,进行见证送样试验。

(4)抗滑移系数试验用的试件应由制造厂加工,试件与所代表的钢结构构件应为同批、同一性能等级的高强度螺栓连接副,并在同一环境条件下存放。

(5)在安装现场构件进行摩擦面加工处理,由现场安装单位按与构件同一材质、同一摩擦面处理工艺和具有相同的表面状态,单独见证送检,进行摩擦面抗滑移系数试验,其结果应符合设计要求。

5. 治理措施

(1)摩擦面的处理工艺应按抗滑移系数值或设计要求选用相对应的处理方法,详见表6-1所列。

摩擦面的抗滑移系数 μ 表 6-1

构件连接处接触面的处理方法	板厚	构件的钢号		
		Q235 钢	Q345 钢 Q390 钢	Q420 钢
喷丸(砂)	一般	0.45	0.50	0.50
	薄板	0.40	0.45	—

构件连接处接触面的处理方法	板厚	构件的钢号		
		Q235 钢	Q345 钢 Q390 钢	Q420 钢
喷丸(砂)后涂无机富锌漆	一般	0.35	0.40	0.40
	—	—	—	—
喷丸(砂)后生赤锈	一般	0.45	0.50	0.50
	—	—	—	—
钢丝刷清除浮锈或未经处理的干净轧制表面	一般	0.30	0.35	0.40
	热轧薄板	0.30	0.35	—
	冷轧薄板	0.25	—	—

(2)喷丸(砂)的丸(砂)不宜过细成粉状或喷丸(砂)时间过短,以免造成接触面的粗糙度不够而试验结果不合格。

(3)在安装现场局部采用砂轮打磨摩擦面时,打磨范围不小于螺栓孔的4倍,打磨方向应与构件受力方向垂直。

(4)注意构件摩擦面和试板的保护,表面应无油污、脏物,孔与板的边缘无飞边、毛刺,试板板面应平整。

6.3.2 螺栓长度选用不当

1. 现象

(1)永久性普通螺栓紧固后外露丝少于2扣。

(2)高强度螺栓连接副终拧后,外露丝1扣及以下或4扣及以上(图6-18、图6-19)。

 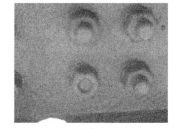

图6-18 螺栓规格过长 　 图6-19 高强度螺栓外露丝扣未出头

2. 规范规定

《钢结构工程施工质量验收规范》GB 50205-2001:

6.2.3 永久性普通螺栓紧固应牢固、可靠,外露丝扣不应少于2扣。

6.3.5 高强度螺栓连接副终拧后,螺栓丝扣外露应为2~3扣,其中允许有10%的螺栓丝扣外露1扣或4扣。

3. 原因分析

(1)螺栓施工时的选用长度不当。

(2)接触面间有杂物、飞边、毛刺等,造成紧固(终拧)后存在间隙。

(3)节点螺栓未进行紧固(终拧)。

(4)节点连接板不平整。

4. 预防措施

（1）高强度螺栓连接副选用长度，可按下列公式进行，螺栓长度小于100mm取整数，为5mm的倍数，螺栓长度大于100mm可以取为10mm的整倍数进行分类。

螺栓长度(L) = 连接节点板的总厚度 + 附加长度。其中，附加长度可参考表6-2选用。

表6-2

高强度螺栓的附加长度（mm）

螺栓品种 \ 螺栓直径（mm）	12	16	20	22	24	27	30
高强度大六角头螺栓连接副	25	30	35	40	45	50	55
扭剪型高强度螺栓连接副	—	25	30	35	40	—	—

（2）在节点连接板安装前应检查并清除浮绣、杂物、飞边、毛刺、飞溅物等，确保施工时接触面的紧贴。

（3）节点连接板应平整，因各种原因引起的弯曲变形应及时矫正平整后再进行安装。

（4）螺栓长度的露丝扣情况应在紧固（终拧）后判定。

（5）对高强度螺栓连接副终拧后，螺栓丝扣外露应为2～3扣，其中允许有10%的螺栓丝扣外露1扣或4扣。

5. 治理措施

（1）高强度螺栓连接副终拧后（或永久性普通螺栓紧固后），对螺栓丝扣不外露的螺栓应逐个进行更换施拧。

（2）预埋地脚螺栓要严格控制标高，不能随意提高或降低。

（3）按实物需要领用长度合适的螺栓，不合适的螺栓要及时更换。

（4）地脚螺栓过长部分可锯掉，重新套丝。

6.3.3 摩擦面外观质量不合格

1. 现象

高强度螺栓连接摩擦面表面外观质量不合格。

2. 规范规定

《钢结构工程施工质量验收规范》GB 50205-2001：

> 6.3.6 高强度螺栓连接摩擦面应保持干燥、整洁，不应有飞边、毛刺、焊接飞溅物、焊疤、氧化铁皮、污垢等，除设计要求外摩擦面不应涂漆。

3. 原因分析

（1）高强度螺栓连接摩擦面的外观质量直接影响摩擦面连接接触的抗滑移系数，从而影响连接节点的强度。

（2）摩擦面如不干燥、结露、积雪、积霜、在雨天进行安装，则连接节点的抗滑移系数下降，导致节点实际强度的下降。

（3）摩擦面如有飞边、毛刺、焊接飞溅物、焊疤、氧化铁皮、污垢等，在安装后将在摩擦面的接触面上产生间隙，导致抗滑移系数下降。

（4）摩擦面如涂油漆，则在处理工艺上与设计要求不符合，直接导致摩擦面抗滑移系数下降。

4.预防措施

安装高强度螺栓连接副前应做好节点摩擦面的清理,不允许有飞边、毛刺、铁屑、油污、焊接飞溅物、焊疤、氧化铁皮,应用钢丝刷沿受力垂直方向除去浮锈。

5.治理措施

(1)摩擦面上误涂的油漆应清除;

(2)摩擦面应保持干燥、整洁,施工时不应结露、积霜、积雪,不得在雨天进行安装。

6.3.4 螺栓孔错位、扩孔不当

1.现象

高强度螺栓的螺栓孔孔距错位,螺栓不能自由穿入;扩孔不当(图6-20)。

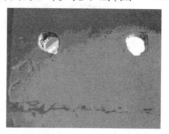

图6-20 螺栓扩孔现象

2.规范规定

《钢结构工程施工质量验收规范》GB 50205-2001:

> 6.3.7 高强度螺栓应自由穿入螺栓孔。高强度螺栓孔不应采用气割扩孔,扩孔数量应征得设计同意,扩孔后的孔径不应超过1.2d(d为螺栓直径)。

3.原因分析

(1)为了防止螺栓丝扣损伤而改变扭矩系数,高强度螺栓应自由穿入螺栓孔。

(2)气割扩孔,表面很不规则,既削弱有效截面,减少了压力传力面积,还会使扩孔处钢材有缺陷,故不得采用气割扩孔。

(3)最大扩孔直径的限制也是考虑到节点有效截面和摩擦传力面积的可靠性。

4.预防措施

(1)高强度螺栓穿入方向力求一致,穿入时不得采用锤击等方式强行穿入。

(2)应采用铰刀等机械方式扩孔,扩孔时,铁屑不得掉入板层间。否则应在扩孔后将连接板拆开清理,重新安装;严禁采用气割方式进行扩孔工作。

(3)扩孔的数量应征得设计同意。

(4)扩孔后的孔径不应超过1.2d(d为螺栓直径)。

5.治理措施

对孔距超差过大的,应采用补孔打磨后重新打孔,或更换连接板。

6.3.5 螺母、垫圈安装方向颠倒

1.现象

(1)高强度螺栓连接副安装时错将螺母带圆台面的一侧朝外。

(2)高强度螺栓连接副安装时错将垫圈有倒角的一侧朝内,无倒角的一侧朝螺母。

(3)大六角头高强度螺栓连接副安装时错将螺栓头下第二个垫圈有倒角的一侧朝内,无

倒角一侧朝螺栓头。

（4）高强度螺栓连接副安装时不放垫圈或放数个垫圈(图6-21)。

图6-21　螺母侧无垫圈

2. 规范规定

《钢结构高强度螺栓连接技术规程》JGJ 82 - 2011：

6.4.7 高强度螺栓连接副组装时,螺母带圆台面的一侧应朝向垫圈有倒角的一侧。对于大六角头高强度螺栓连接副组装时,螺栓头下垫圈有倒角的一侧应朝向螺栓头。

3. 原因分析

（1）对高强度螺栓连接副的构造型式、各自的特征与作用不清楚。

（2）高强度螺栓连接副组装时随意性较大,未严格执行连接副组装要求。

（3）为调整露丝扣随意增减垫圈。

4. 预防措施

（1）严格按照规范规定的螺母、垫圈的方向进行高强度螺栓连接副的组装。

（2）严格按高强度螺栓连接副的批号存放与组装,不同批号的螺栓、螺母、垫圈不得混杂使用。

（3）扭剪型高强度螺栓连接副组合件为一个螺栓、一个螺母和一个垫圈;大六角头高强度螺栓连接副组合件为一个螺栓、一个螺母和两个垫圈。

5. 治理措施

凡组装不正确的应拆除重新组装,扭剪型高强度螺栓连接副如已终拧应拆除更换。

6.3.6 螺栓松动

1. 现象

螺栓全部终拧后出现螺栓松动,欠拧。

2. 规范规定

《钢结构工程施工质量验收规范》GB 50205 - 2001：

6.3.4 高强度螺栓连接副的施拧顺序和初拧、复拧扭矩应符合设计要求和国家现行行业标准《钢结构高强度螺栓连接的设计施工及验收规程》JGJ 82 - 2011 的规定。

3. 原因分析

（1）高强度螺栓连接副未初拧就直接进入终拧,先终拧的螺栓预拉力或扭矩到位后在后续螺栓终拧时,其预拉力减小,引起松动。

（2）节点连接板不平整,施拧顺序不当,在终拧后出现部分螺栓松动。

（3）同一个节点内高强度螺栓连接副终拧的施拧过程间断时间过长,引起螺栓预拉力不一致而松动。

（4）施工用扭矩扳手的扭矩精度误差过大,低于规定扭矩值。

（5）检验用扭矩扳手扭矩精度误差超标。

（6）漏拧。

4. 预防措施

（1）连接板在进入安装时应平整,在高强度螺栓连接副组装施拧前,接触面间隙与处理应符合《钢结构高强度螺栓连接技术规程》JGJ 82-2011 的规定,详见表 6-3 所列。

接触面间隙处理

表 6-3

项目	示意图	处理方法
1		$t < 1.0$mm 时不予处理
2	磨斜面	$t = 1.0 \sim 3.0$mm 时将厚板一侧磨成 $1:10$ 的缓坡,使间隙小于 1.0mm
3		$t > 3.0$mm 时加垫板,垫板厚度不小于 3mm,最多不超过三层,垫板材质和摩擦面处理方法应与构件相同

（2）大六角头高强度螺栓施工所用的扭矩扳手,使用前必须校核,其扭矩误差不得大于 $\pm 5\%$,合格后方可使用。

（3）大六角头高强度螺栓现场检验所用的扭矩扳手其扭矩精度误差应不大于 $\pm 3\%$ 。

（4）大六角头高强度螺栓拧紧时,只准在螺母上施加扭矩。

5. 治理措施

（1）大六角头高强度螺栓的拧紧应分为初拧、终拧。对于大型节点应分为初拧、复拧、终拧。初拧（复拧）扭矩为施工扭矩的 50% 左右,初拧或复拧后的高强度螺栓应在螺母上做好颜色识别标记,终拧后的高强度螺栓应用另一种颜色在螺母上涂上标记。

（2）扭剪型高强度螺栓的拧紧应分为初拧、终拧。对于大型节点应分为初拧、复拧、终拧。初拧和复拧扭矩值为 $0.13 \times P_c \times d$ 的 50% 左右。初拧或复拧后的高强度螺栓应在螺母上做好颜色识别标记,然后用专用扳手进行终拧,直至拧掉螺栓尾部梅花头。

（3）对于个别不能用专用扳手进行终拧的扭剪型高强度螺栓连接副,可按大六角头高强度副施拧方法进行终拧,并做标记。

（4）高强度螺栓在施拧时应按一定顺序进行,一般应由螺栓群中央向外施拧。

（5）高强度螺栓的初拧、复拧、终拧应在同一天完成。

（6）高强度螺栓连接副发生欠拧和漏拧的,应及时按规范的要求进行补拧。

6.3.7 接触面有间隙

1. 现象

高强度螺栓终拧后连接板凸起,有间隙（图 6-22）。

图 6 – 22　接触面不密实

2. 规范规定

《钢结构高强度螺栓连接技术规程》JGJ 82 – 2011：

> 6.2.6 高强度螺栓连接处的钢板表面应平整、无焊接飞溅,无毛刺、无油污。
>
> 6.4.17 高强度螺栓在初拧、复拧和终拧时,连接处的螺栓应按一定顺序施拧,确定施拧的原则为由螺栓群中央顺序向外拧紧,和从接头刚度大的部位向约束小的方向打紧。

3. 原因分析

(1)高强度螺栓初拧、复拧的目的是为了使摩擦面能密贴,且螺栓受力均匀。

(2)同一节点施拧时从四周向中间拧紧,产生四周紧固,连接板处于约束状态,逐步拧紧后中间凸起、有间隙。

(3)节点的局部钢材未平整,有突出现象,终拧后板间不密贴。

(4)个别接触面有焊接飞溅、焊瘤、毛刺、飞边等杂物,造成板间有间隙。

4. 预防措施

(1)一个节点上的高强度螺栓,应从螺栓群中部开始安装,逐个拧紧。初拧、复拧、终拧都应该从螺栓群中部开始向四周扩展逐个拧紧,每拧一遍均应用不同颜色的记号笔做上标记,防止漏拧。

(2)构件安装前应检查连接节点板的质量,节点连接板应矫正平整后才能安装。

(3)高强度螺栓连接板的接触面应进行外观检查,确保板面无焊接飞溅、焊瘤、毛刺、飞边等杂物。

5. 治理措施

凡出现终拧后连接板凸起,接触面有间隙的节点板应拆开,找出原因,重新安装。

6.3.8 螺栓超拧与欠拧

1. 现象

(1)大六角头高强度螺栓连接副紧固检验时出现螺栓超拧或欠拧。

(2)扭剪型高强度螺栓连接副尾部梅花头未拧掉(图 6 – 23)。

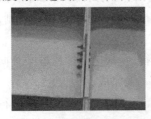

图 6 – 23　高强度螺栓未终拧

2. 规范规定

《钢结构工程施工质量验收规范》GB 50205 – 2001：

> 6.3.2 高强度大六角头螺栓连接副终拧完成 lh 后、48h 内应进行终拧扭矩检查,检查结果应符合本规范附录 B 的规定。
>
> 6.3.3 扭剪型高强度螺栓连接副终拧后,除因构造原因无法使用专用扳手终拧掉梅花头者外,未在终拧中拧掉梅花头的螺栓数不应大于该节点螺栓数的 5%。对所有梅花头未拧掉的扭剪型高强度螺栓连接副应采用扭矩法或转角法进行终拧并作标记,且按本规范第 6.3.2 条的规定进行终拧扭矩检查。

3. 原因分析

(1)高强度螺栓终拧 1h 后,螺栓预拉力的损失已大部分完成,在随后一两天内,损失趋于平稳。但是在外界环境影响下,螺栓扭矩系数将发生变化,超过一定时间后再检验扭矩系数,将影响检查结果的准确性。

(2)施工或检验所用的扭矩扳手其扭矩精度误差校准超过规范规定的偏差值。

(3)未使用钢结构专用扭矩扳手进行施工。

(4)由于设计原因造成空间太小无法使用专用扳手对高强度螺栓进行施拧。

(5)由于安装顺序、方向考虑不周,对电动扳手使用不当,产生尾部梅花头滑牙而无法拧掉梅花头。

4. 预防措施

(1)使用扭矩扳手应按规范规定的要求进行校准,班前应对扭矩扳手进行校准。其中施工用扭矩扳手的扭矩精度误差不得大于 ±5%,检验用扭矩扳手的扭矩精度误差应不大于 ±3%,校准合格后方能使用。

(2)高强度螺栓施拧过程中不得使用普通扳手进行施工。

(3)在制作详图设计时应考虑螺栓施拧的空间,有问题及时与原设计者沟通。

(4)高强度大六角头螺栓连接副终拧完成 lh 后,48h 内应进行终拧扭矩检查。

5. 治理措施

(1)对所有梅花头未拧掉的扭剪型高强度螺栓应采用高强度大六角螺栓施拧方法进行施拧和终拧扭矩检查,并做好标记和记录。

(2)对终拧扭矩检查中出现欠拧、漏拧的螺栓,应及时按规定扭矩进行终拧。

(3)对高强度螺栓终拧扭矩检查中出现的超拧螺栓,应全部拆除更换,重新施拧。但在拆除更换中应逐个进行,对废弃换下来的螺栓,不得重复使用。

6.3.9 高强度螺栓连接副断裂、脱扣

1. 现象

(1)螺栓施拧扭矩过大,产生断裂、拉丝、脱扣。

(2)摩擦面移动产生螺栓剪断。

(3)螺栓施拧还没达到施拧扭矩值但螺栓已断裂。

(4)螺栓施拧结束后一段时间螺栓断裂。

2. 规范规定

《钢结构工程施工质量验收规范》GB 50205－2001:

> 4.4.1 钢结构连接用高强度大六角头螺栓连接副、扭剪型高强度螺栓连接副、钢网架用高强度螺栓、普通螺栓、铆钉、自攻钉、拉铆钉、射钉、锚栓(机械型和化学试剂型)、地脚锚栓与紧固标准件及螺母、垫圈等标准配件,其品种、规格、性能等应符合现行国家产品标准和设计要求。高强度大六角头螺栓连接副和扭剪型高强度螺栓连接副出厂时应分别随箱带有扭矩系数和紧固轴力(预拉力)的检验报告。

3. 原因分析

(1)螺栓终拧扭矩过大(超拧),易产生螺栓拉丝、脱扣或断裂。

(2)因摩擦面抗滑移系数偏小,节点加载时摩擦面出现移动,导致螺栓剪断。

(3)螺栓选材或加工过程中出现氢脆。

(4)螺栓加工过程中产生牙尖尖角、褶纹、凹槽等缺陷,存在潜在裂纹。

(5)螺栓热处理不当,产生脆性断裂。

4. 预防措施

(1)施拧和检查用的扭矩扳手必须班前经过校准标定,合格后才能使用。

(2)高强度螺栓应妥善保管,确保连接副扭矩系数与紧固轴力不受影响。

5. 治理措施

(1)施拧和检验中发现螺栓欠拧、漏拧的应及时补拧,凡出现超拧的螺栓应逐个拆除更换,重新施拧,超拧更换下来的高强度螺栓连接副不得重新使用。

(2)高强度螺栓连接副发生断裂、拉丝、脱扣等情况,应及时作定性分析,判定断裂、拉丝、脱扣原因。

(3)凡个别出现断裂、拉丝、脱扣缺陷的,应及时拆除更换;当出现断裂、拉丝、脱扣数量较多的,则应将该批螺栓全部拆除更换。

6.3.10 斜面不加斜垫板

1. 现象

高强度螺栓连接副在型钢连接时未按型钢类型放设斜垫板。

2. 规范规定

《钢结构高强度螺栓连接技术规程》JGJ 82－2011:

> 4.3.2 当型钢构件的拼接采用高强度螺栓时,其拼接件宜采用钢板;当连接处型钢斜面斜度大于1/20时,应在斜面上采用斜垫板。

3. 原因分析

由于不同类型型钢的内翼面有不同的斜度,不选用或不使用相应的斜垫板,将使螺栓头(或螺母)处由面接触变成点接触,扭矩将有所损失,同时拧紧后,螺栓头横向应力增大,容易产生头部断裂。

4. 预防措施

(1)应根据不同类型型钢的翼面斜度选用相同斜度的垫板。

(2)斜垫板的放设应与型钢翼面斜度相吻合,以保持螺栓紧固的水平面。

(3)型钢翼面连接采用高强度螺栓连接副时,选用螺栓长度时应考虑增加斜垫板的厚度。

5. 治理措施

已组装的高强度螺栓连接副,凡未装斜垫板的应拆除,配上相应的斜垫板后重新组装。

6.3.11 板缝不及时封闭

1. 现象

(1)高强度螺栓终拧检查合格后未及时用涂料或腻子封闭接触面;

(2)高强度螺栓终拧检查合格后未及时进行除锈补漆。

2. 规范规定

《钢结构高强度螺栓连接技术规程》JGJ 82 – 2011:

> 6.4.18 对于露天使用或接触腐蚀性气体的钢结构,在高强度螺栓拧紧、检查验收合格后,连接处板缝应及时用腻子封闭。

3. 原因分析

连接处板缝如不用涂料封闭,特别是露天使用或接触腐蚀性气体的连接节点板缝,如不及时封闭,则潮气、腐蚀性气体从板缝处入侵,使接触面生锈腐蚀,影响使用寿命。

4. 预防措施

对露天使用或接触腐蚀性气体的节点,在螺栓终拧检查合格后,连接板四周板缝应及时用防水或耐腐蚀的腻子封闭。

5. 治理措施

高强度螺栓终拧检验合格后,应按构件除锈防锈要求,及时对节点进行除锈,涂刷除锈涂料。

6.3.12 螺栓球节点螺栓拧入长度不足,节点有间隙、松动

1. 现象

螺栓球节点螺栓紧固不牢,拧入螺纹长度小于$1.0d$(d 为螺栓直径),有间隙、松动的现象。

2. 规范规定

《钢结构工程施工质量验收规范》GB 50205 – 2001:

> 6.3.8 螺栓球节点网架总拼完成后,高强度螺栓与球节点应紧固连接,高强度螺栓拧入螺栓球内的螺纹长度不应小于$1.0d$(d 为螺栓直径),连接处不应出现有间隙、松动等未拧紧情况。

3. 原因分析

(1)高强度螺栓拧入螺栓球内螺纹长度过短后,将直接影响构件内力通过螺纹传递到球节点上。

(2)螺栓球节点的高强度螺栓紧固不牢,出现间隙、松动等未拧紧情况,当下部支撑系统拆除后,由于连接间隙、松动等原因,拱度值将明显加大,易超过规范规定的限值。

4. 预防措施

(1)网架螺栓球节点施拧中,应注意高强度螺栓拧入螺栓球内的螺纹长度应$\geqslant 1.0d$(d 为螺栓直径)。

(2)网架螺栓球节点的高强度螺栓施拧应紧固,连接处不应出现间隙、松动等未拧紧情况。

5. 治理措施

（1）当施拧紧固后出现间隙、松动现象时，应及时配制套筒，进行拆除更换。

（2）对钢管杆件在安装过程发现过长或过短的，应及时更换，避免安装中出现杆件弯曲现象。

6.4 钢零件及钢部件加工工程

6.4.1 钢零件、钢部件切割尺寸偏差不符合规范要求

1. 现象

钢零件、钢部件经气割或剪切后其尺寸偏差超过规范允许偏差，不能满足后道工序边缘加工、组装的要求。

2. 规范规定

《钢结构工程施工质量验收规范》GB 50205－2001：

> 7.2.2 气割的允许偏差应符合表7.2.2的规定。
>
> 气割的允许偏差（mm）　　　　　　　　　　　　表7.2.2
>
> | 项目 | 允许偏差 |
> | --- | --- |
> | 零件宽度、长度 | ±3.0 |
> | 切割面平面度 | 0.05t，且不应大于2.0 |
> | 割纹深度 | 0.3 |
> | 局部缺口深度 | 1.0 |
>
> 注：t为切割面厚度。
>
> 7.2.3 机械剪切的允许偏差应符合表7.2.3的规定。
>
> 机械剪切的允许偏差（mm）　　　　　　　　　　表7.2.3
>
> | 项目 | 允许偏差 |
> | --- | --- |
> | 零件宽度、长度 | ±3.0 |
> | 边缘缺棱 | 1.0 |
> | 型钢端部垂直度 | 2.0 |
>
> 7.4.1 气割或机械剪切的零件，需要进行边缘加工时，其刨削量不应小于2.0mm。

3. 原因分析

（1）两个零件共用一根切割线时，未预留切割余量，加工的零、部件、构件的尺寸偏差不符合要求。

（2）对需要机械加工的部件，未预留加工余量，或余量不足。

（3）焊接件、火焰弯曲加工件或需要校正变形的构件，未预留收缩余量。

（4）放样、号料过程中对工艺不熟悉，错误提供样板（样杆）或号料误读尺寸线。

（5）工艺要求出错，技术交底或文件不清。

（6）钢卷尺未经计量检定，读数误差较大，或计量调整方法有误，长距离测量未用弹簧秤。

4. 预防措施

（1）放样、号料和气割、剪切时应考虑焊接收缩量、气割余量、边缘加工余量以及构件焊接后的变形矫正、加热弯曲以及其他工艺余量。

（2）加工前应做技术交底，明确加工的工艺要求。

（3）编制工艺文件时应考虑零部件之间的关系、加工的要求以及板厚处理等各种因素。

5. 治理措施

（1）应加强工艺文件的审查，认真作业并加强加工制作过程中的自检和互检。

（2）钢卷尺应计量合格，应正确进行计量值修正，长距离测量应使用弹簧秤。

6.4.2 气割表面质量不符合规范要求

1. 现象

钢材气割下料后切割面不平，割纹深度、缺口深度及焊接坡口尺寸偏差超过规范允许偏差。

2. 规范规定

《钢结构工程施工质量验收规范》GB 50205 - 2001：

> 7.2.2 气割的允许偏差应符合表7.2.2的规定。
>
> 气割的允许偏差（mm）　　　　　　　表7.2.2
>
> | 项目 | 允许偏差 |
> | --- | --- |
> | 零件宽度、长度 | 3.0 |
> | 切割面平面度 | 0.05t，且不大于2.0 |
> | 割纹深度 | 0.3 |
> | 局部缺口深度 | 1.0 |
>
> 注：t为切割面厚度
>
> 8.4.2 安装焊缝坡口的允许偏差应符合表8.4.2的规定。
>
> 安装焊缝坡口的允许偏差（mm）　　　　　　　表8.4.2
>
> | 项目 | 允许偏差 |
> | --- | --- |
> | 坡口角度 | ±5° |
> | 钝边 | ±1.0mm |

3. 原因分析

（1）切割嘴风线未调整，与被切割材料面不垂直，或作业平台不水平。

（2）切割嘴选用不当、气割火焰没有调整好，切割氧压力不当、切割嘴高度太高，切割嘴角度位置不当。

（3）气割速度不当，气割设备运行轨道不平直。

4. 预防措施

（1）严格按照气割工艺规程所规定的要求，选用合适的气体配合比和压力、切割速度、预热火焰的能率、割嘴高度、割嘴与工件的倾角等工艺参数，认真切割。

（2）应按被切割件的厚度选用合适的气割嘴，气割嘴在切割前应将风线修整平直，并有超过被割件厚度的长度。

(3)作业平台应保持水平,被气割件下应留有空间距离,不得将被切割物直接垫于被气割件下。

5.治理措施

对气割表面质量不符合要求的钢材可采用打磨或小线能量补焊后再打磨的办法,修正不合格的切割件。

6.4.3 剪切面质量不符合规范要求

1.现象

钢零件机械剪切后剪切面出现边缘缺棱、毛刺、卷边,型钢端部垂直度超出规范规定的允许偏差,剪切边缘有严重冷作硬化现象出现。

2.规范规定

《钢结构工程施工质量验收规范》GB 50205 – 2001:

同6.4.1节规范规定的7.2.3条。

3.原因分析

(1)剪板机上、下刀片间隙不当、间隙过小,会使板材的断裂部位易于挤坏,并增加剪切力;间隙过大,会使板材在剪切处产生变形,形成较大的毛刺或产生卷边。

(2)剪切的板料太厚,剪切边缘会出现严重冷作硬化。

4.预防措施

严格按剪切操作规程操作,刀刃间隙与板厚关系如图6 – 24所示。

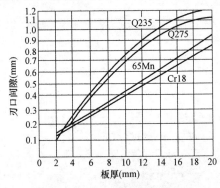

图6 – 24   刀刃间隙与板厚关系

5.治理措施

(1)一般的钢零件缺陷,用砂轮打磨清除;重要的钢零件,用刨边机或铣边机清除缺陷;如估计刨边或铣边后尺寸会不够时,应先按焊接工艺要求,用焊接方法增加相应的尺寸,然后再刨边或铣边。

(2)钢零件剪切时,钢板的剪切厚度不宜超过12mm。

6.4.4 热加工与矫正温度不当

1.现象

钢零件或构件在加热矫正时,温度超过900℃;或在热加工成型时,温度超过1000℃,出现过烘现象或在低热下继续加工。

低合金结构钢零件或构件在加热矫正和热加工成型后,采用急风冷却或加水急冷却。

2.规范规定

《钢结构工程施工质量验收规范》GB 50205－2001：

> 7.3.1 碳素结构钢在环境温度低于－16℃、低合金结构钢在环境温度低于－12℃时，不应进行冷矫正和冷弯曲。碳素结构钢和低合金结构钢在加热矫正时，加热温度不应超过900℃。低合金结构钢在加热矫正后应自然冷却。
>
> 7.3.2 当零件采用热加工成型时，加热温度应控制在 900～1000℃；碳素结构钢和低合金结构钢在温度分别下降到700℃和800℃之前，应结束加工；低合金结构钢应自然冷却。

3. 原因分析

（1）不执行加热矫正和热加工成型的工艺操作要求，或不掌握加热火候的方法或加热温度的目视判断。

（2）没有加热测温的仪器。

（3）热弯曲构件，加热温度太高，造成构件表面熔化，产生过烧。

4. 预防措施

（1）熟悉并正确执行加热温度控制要求，钢材热加工和矫正的温度控制要求见表6－4所列；

钢材热加工的温度控制要求　　　　　　　　　　　　　　　　　　　　　　　　　表6－4

加工方式	加热温度	结束加工温度
热加工	加热温度宜控制在 900～1000℃	碳素结构钢，下降到700℃ 低合金钢，下降到800℃
热矫正	碳素结构钢、低合金钢都不宜超过900℃	

（2）熟悉并正确执行冷却要求：碳素结构钢可以浇水急冷，低合金钢严禁浇水急冷或急风冷却。

5. 治理措施

加强操作人员对加热火候和温度控制的培训，使用测温仪器控制温度。

6.4.5 冷加工温度控制不当

1. 现象

（1）钢材在超出规定的低温下进行冷矫正和冷弯曲。

（2）钢材在超出规定的最小曲率半径和最大弯曲矢高情况下冷矫正和冷弯曲。

（3）钢材冷加工弯曲成型时出现端部或通长裂缝。

2. 规范规定

《钢结构工程施工质量验收规范》GB 50205－2001：

> 7.3.1 碳素结构钢在环境温度低于－16℃、低合金结构钢在环境温度低于－12℃时，不应进行冷矫正和冷弯曲。
>
> 7.3.4 冷矫正和冷弯曲的最下曲率半径和最大弯曲矢高应符合表7.3.4 的规定：

钢材类别	图例	对应轴	矫正		弯曲	
			r	f	r	f
钢板扁钢		$x-x$	$50t$	$\dfrac{l^2}{400t}$	$25t$	$\dfrac{l^2}{200t}$
		$y-y$（仅对扁钢轴线）	$100b$	$\dfrac{l^2}{800b}$	$50b$	$\dfrac{l^2}{400b}$
角钢		$x-x$	$90b$	$\dfrac{l^2}{720b}$	$45b$	$\dfrac{l^2}{360b}$
槽钢		$x-x$	$50h$	$\dfrac{l^2}{400h}$	$25h$	$\dfrac{l^2}{200h}$
		$y-y$	$90b$	$\dfrac{l^2}{720b}$	$45b$	$\dfrac{l^2}{360b}$
工字钢		$x-x$	$50h$	$\dfrac{l^2}{400h}$	$25h$	$\dfrac{l^2}{200h}$
		$y-y$	$50b$	$\dfrac{l^2}{400b}$	$25b$	$\dfrac{l^2}{200b}$

冷矫正和冷弯曲的最小曲率半径和最大弯曲失高(mm)　　表7.3.4

注:r为曲率半径;f为弯曲矢高;l为弯曲弦长;t为钢板厚度。

3. 原因分析

(1)不熟悉冷加工工艺要求,未严格按工艺规程操作。

(2)原材料冲击韧性不合格。

(3)折弯圆角太小或环境温度太低造成通长裂缝。

(4)钢材端部有切纹毛刺等造成应力集中而导致裂缝。

4. 预防措施

(1)熟悉并正确执行冷加工温度控制要求。

(2)掌握并正确执行冷矫正和冷弯曲的最小曲率半径和最大弯曲矢高。

(3)原材料机械性能应合格。

(4)折弯圆角为板厚。

(5)在端部把折弯圆角4倍半径长的范围内的板边缘棱角加工成小圆角。

6.4.6 钢材(构件)加工后表面损伤

1. 现象

钢材(或构件)经冷、热加工后表面损伤、锤痕、压痕较深。

2. 规范规定

《钢结构工程施工质量验收规范》GB 50205-2001:

> 7.3.3 矫正后的钢材表面,不应有明显的凹面或损伤,划痕深度不得大于0.5mm,且不应大于该钢材厚度负允许偏差的1/2。

3. 原因分析

(1)钢材(或构件)在冷、热加工时,锤击角度倾斜或压力太大,引起钢材表面锤痕或压痕。

（2）钢构件过重，起吊夹具紧压钢材表面引起压痕。

4. 预防措施

（1）为防止工件表面出现锤痕，应该用方平锤垫在工件上，让敲击力通过方平锤传递给工件表面。

（2）改进起吊专用夹具，避免钢材表面压痕与损伤。

5. 治理措施

（1）对超出允许偏差的凹面或损伤，应按焊接工艺进行焊接修理。

（2）深度大于该钢材厚度负允许偏差值的 1/2 时，采取局部补焊后再打磨平整，小于 0.5mm 时，予以磨修平整。

6.4.7 螺栓孔制孔粗糙

1. 现象

（1）孔壁表面粗糙度（R_a）超标。

（2）孔的直径和圆度达不到要求。

（3）孔的垂直度不符合要求。

（4）孔边缘有毛刺。

2. 规范规定

《钢结构工程施工质量验收规范》GB 50205－2001：

7.6.1 A、B 级螺栓孔（Ⅰ 类孔）应具有 H12 的精度，孔壁表面粗糙度 R_a 不应大于 12.5μm。其孔径的允许偏差应符合表 7.6.1－1 的规定。

C 级螺栓孔（Ⅱ 类孔），孔壁表面粗糙度 R_a 不应大于 25μm，其允许偏差应符合表 7.6.1－2 的规定。

A、B 级螺栓孔径的允许偏差（mm）　　　　　　　　　　表 7.6.1－1

序号	螺栓公称直径、螺栓直径	螺栓公称直径允许偏差	螺栓孔直径允许偏差
1	10～18	0.00～0.18	＋0.18，0.00
2	18～30	0.00～0.21	＋0.21，0.00
3	30～50	0.00～0.25	＋0.25，0.00

C 级螺栓孔的允许偏差（mm）　　　　　　　　　　表 7.6.1－2

项目	允许偏差
直径	＋1.0，0.0
圆度	2.0
垂直度	0.03t，且不应大于 2.0

3. 原因分析

（1）孔壁粗糙、孔径不对、孔呈椭圆形，主要原因是磨钻头切削刀不到位，锋角、后角、横刃斜角没按规定磨好；用标准麻花钻在薄板上钻孔时，钻出的孔不圆，毛刺多，是没有将麻花钻切削部分三个顶尖磨到要求的缘故。

（2）钢板重叠钻孔厚度太大，重叠钻时钢板未夹紧。

（3）钻孔的平台水平度不准，或工件没有放平引起孔的中心倾斜。

（4）磁座钻的电磁吸盘吸力不够，造成制孔精度超差。

（5）钻孔后孔边缘的毛刺未清除干净。

4. 预防措施

(1)充分做好生产前的准备工作,正确地磨好钻头;熟悉工艺及验收标准;做好工序交接间的检验,发现问题及时纠正。

(2)切削时应注入充足的冷却液。

(3)孔偏离的情况主要出现在侧向钻孔时,可选用强磁力座钻操作,或采用套模钻孔,也可以先用手持电钻钻出4mm小孔,然后再用磁力座钻扩孔。

(4)在条件允许的情况下,尽量在数控平面钻机或数控三向多轴钻床上钻孔。

5. 治理措施

(1)毛刺可用砂轮打磨掉。

(2)在设计允许的前提下,用手工绞刀绞孔,以纠正粗糙度、孔径、椭圆度、孔距、孔中心线垂直度不符合要求等缺陷;对设计不同意用扩孔纠正的孔,应按焊接工艺要求用焊接方法补孔、磨平、重新划线、重新钻孔或用套模钻孔,严禁塞物进行表面焊接。

6.4.8 螺栓孔孔距超标

1. 现象

制孔后孔与孔的中心距离尺寸超出允许偏差。

2. 规范规定

《钢结构工程施工质量验收规范》GB 50205－2001:

> 7.6.2 螺栓孔孔距的允许偏差应符合表7.6.2的规定。
>
> 7.6.3 螺栓孔孔距的允许偏差超过表7.6.2规定的允许偏差时,应采用与母材材质相匹配的焊条补焊后重新制孔。

螺栓孔孔距允许偏差(mm)   表7.6.2

螺栓孔孔距范围	≤500	501～1200	1201～3000	>3000
同一组内任意两孔间距离	±1.0	±1.5	－	－
相邻两组的端孔间距离	±1.5	±2.0	±2.5	±3.0

注:1 在节点中连接板与一根杆件相连的所有螺栓为一组;
    2 对接接头在拼接板一侧的螺栓孔为一组;
    3 在两相邻节点或接头间的螺栓孔为一组,但不包括上述两款所规定的螺栓;
    4 受弯构件翼缘上的连接螺栓,每米长度范围内的螺栓孔为一组。

3. 原因分析

(1)孔距不对,一是没有在钻孔中心打上圆冲印,钻孔时定位不准;二是采用磁座钻时,由于磁性吸力不足而产生滑移。

(2)划线有误差,未采用钻模钻孔。

(3)钢板重叠钻孔时未对准基准线。

4. 预防措施

(1)在条件允许的情况下,尽量在数控平面钻机或数控三向多轴钻床上钻孔。

(2)采用划线钻孔时,应在构件上用划针和钢尺划出孔的中心和直径,在孔的圆周上(90°位置)打上4个圆冲印,以备钻孔后检查用,孔中心的圆冲印应大而深,以作定心用。

(3)钢板重叠钻孔时,应注意钢板的基准线(面)。

(4)当批量大的同类孔群应采用钻模钻孔。

5. 治理措施

（1）设计不同意用扩孔纠正的孔，应按焊接工艺要求用焊接方法补孔、磨平、重新划线、重新钻孔或用套模钻孔，严禁塞物进行表面焊接。

（2）熟悉工艺及验收标准，经常自检，发现超差及时纠正。

6.4.9 端面铣削缺陷

1. 现象

（1）磨平顶紧接触面的面积不够。

（2）铣平后构件长度达不到要求。

（3）两端铣平的加劲板长度超标。

（4）铣平面的平面度达不到要求。

（5）铣平面对轴线的垂直度不对。

（6）外露铣平面没有防护措施。

2. 规范规定

《钢结构工程施工质量验收规范》GB 50205－2001：

7.4.2 边缘加工允许偏差应符合表 7.4.2 的规定。

边缘加工的允许偏差（mm）   表 7.4.2

项目	允许偏差
零件宽度、长度	±1.0
加工边直线度	l/3000，且不应大于 2.0
相邻两边夹角	±6′
加工面垂直度	0.025t，且不应大于 0.5

8.3.3 顶紧接触面应有 75% 以上的面积紧贴。

8.4. 外露铣平面应防锈保护。

8.4.1 端部铣平的允许偏差应符合表 8.4.1 的规定。

端部铣平的允许偏差（mm）   表 8.4.1

项目	允许偏差
两端铣平时构件长度	±2.0
两端铣平时零件长度	±0.5
铣平面的平面度	0.3
铣平面对轴线的垂直度	l/1500

8.4.2 安装焊缝坡口的允许偏差应符合表 8.4.2 的规定。

安装焊缝坡口的允许偏差   表 8.4.2

项目	允许偏差
坡口角度	±5°
钝边	±1.0mm

3. 原因分析

（1）磨平顶紧接触面的面积不够，铣平面的平面度不符合要求，是由于端面铣床的精密度不高，或操作不仔细造成的。

（2）铣平后构件的长度不对,两端铣平的筋板长度不对,是由于铣工在铣削前测量不严格造成的。

（3）铣平面对轴线的垂直度不够,是铣工在放置构件到铣床上,作位置调整和找正的过程中操作不仔细造成的。

（4）铣削结束并经检验后,未及时抹油、包纸,是外露铣平面锈蚀的主要原因。

（5）铲边作业技能欠佳,铲头未经常加机油冷却,铲头角度控制不稳定。

（6）刨削时进刀量过大。

4. 预防措施

（1）构件上刨床铣床后,应找准基准面,仔细校对刨、铣平面与构件中心轴线的垂直度。

（2）选择适当的进刀量,切勿贪图快速。

5. 治理措施

（1）切削过程中勤观察。

（2）刨、铣削结束,并经检验合格后,及时抹油、包纸。

（3）经磨光顶紧检查不合格的铣平面,应吊下用砂轮做精细的修磨。

（4）钢板坡口可选用滚剪倒角机,钢管割断和坡口加工可选用管子割断坡口机。

6.5　钢构件组装工程

6.5.1 组装材料、零部件在现场无序堆放

1. 现象

钢构件组装工程的材料、零部件在现场堆放杂乱,不合格的材料、零部件混入组装现场（图6-25）。

图6-25　现场构件堆放杂乱

2. 规范规定

（1）《钢结构工程施工质量验收规范》GB 50205-2001:

> 3.0.2 各工序应按施工技术标准进行质量控制,每道工序完成后,应进行检查。
>
> 3.0.3 钢结构工程应按下列规定进行施工质量控制:
>
> 3.0.4 采用的原材料及成品应进行进场验收。凡涉及安全、功能的原材料及成品应按本规范规定进行复验,并应经监理工程师(建设单位技术负责人)见证取样、送样;
>
> 3.0.5 各工序应按施工技术标准进行质量控制,每道工序完成后,应进行检查;
>
> 3.0.6 相关各专业工种之间,应进行交接检验,并经监理工程师(建设单位技术负责人)检查认可。

（2）《钢结构工程施工规范》GB 50755 – 2012：

> 5.7.3 检验合格的材料应按品种、规格、批号分类堆放，材料堆放应有标识。
> 5.7.4 材料入库和发放应有记录。发料和领料时应核对材料的品种、规格和性能。

3. 原因分析

现场管理不到位，材料、零件、构件、部件未按要求分类、整齐堆放，材料、零件、构件、部件入库和领用手续不严格，进场验收不严格、工序之间验收交接不认真，是造成上述问题的主要原因。

4. 预防措施

材料、构件、零部件进场应进行验收，合格后方可进场；验收合格的材料、零部件在现场应分门别类，整齐堆放；工序之间应进行交接，应仔细检查质量，清点数量。

5. 治理措施

（1）用错的材料、零件、构件、部件必须重新选用。

（2）不合格的材料、零件、构件和部件，必须清理出来，退场或返修。

（3）缺少的材料、零件、构件和部件应制作补齐。

6.5.2 焊接节点坡口型式差错

1. 现象

节点坡口的形式、角度、间隙、钝边、错边及清根不符合工艺要求（图 6 – 26、图 6 – 27）。

图 6 – 26　对接口错边超标　　图 6 – 27　对接翼板错边

2. 规范规定

《钢结构工程施工质量验收规范》GB 50205 – 2001：

> 8.3.2 焊接连接组装的允许偏差应符合本规范附录 C 中表 C.0.2 的规定。
>
> 焊接连接制作组装的允许偏差（mm）　　　　　　　　　　　　表 C.0.2

项目	允许偏差	图　　　例
对口错边 Δ	$t/10$，且不应大于 3.0	
间隙 a	±1.0	

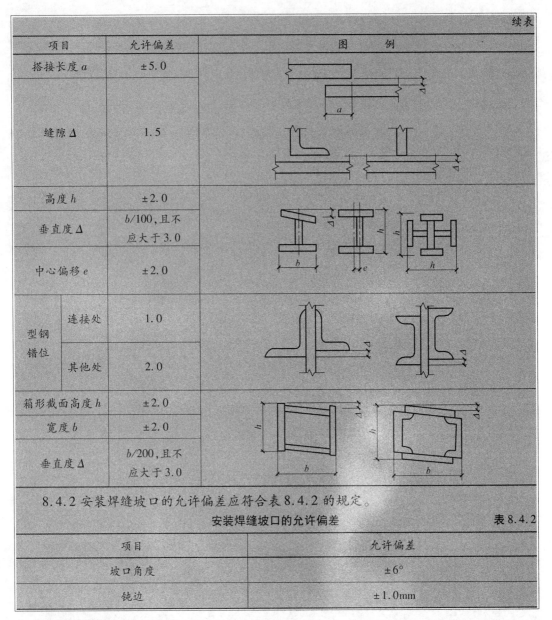

项目		允许偏差	图　　例
搭接长度 a		±5.0	
缝隙 Δ		1.5	
高度 h		±2.0	
垂直度 Δ		$b/100$,且不应大于3.0	
中心偏移 e		±2.0	
型钢错位	连接处	1.0	
	其他处	2.0	
箱形截面高度 h		±2.0	
宽度 b		±2.0	
垂直度 Δ		$b/200$,且不应大于3.0	

8.4.2 安装焊缝坡口的允许偏差应符合表8.4.2的规定。

安装焊缝坡口的允许偏差　　　　　　　　表8.4.2

项目	允许偏差
坡口角度	±6°
钝边	±1.0mm

3. 原因分析

(1)施工前没有看清图纸,没有了解透焊接接头的型式,没有弄清楚坡口的型式以及全焊透要求,匆促施工,是造成各种坡口型式差错的根本原因。

(2)制作粗糙,坡口切割不准确,打磨不精细,甚至不打磨;组装前未经过仔细检查和详细清理,马马虎虎地组装,是造成坡口角度、钝边、间隙不对,错边、组装尺寸不对等缺陷的根本原因。

(3)碳弧气刨时碳棒同工件短路会造成夹碳。

(4)碳弧气刨手势不稳,往往不能在底部刨出规整的圆槽。

4. 预防措施

(1)强化施工前的技术交底,不盲目开工。

382

（2）严格坡口制作（如切割＋打磨，如刨边、铣边）操作。

（3）精化碳弧气刨＋打磨操作，可以考虑使用小车或半自动碳弧气刨，以提高碳刨面的光洁度。

（4）坡口制作和组装两个工序应严格自查与互查检验。

5. 治理措施

（1）开错坡口的节点，应拆下零件，返修坡口部位，直到坡口正确后，再重新组装。

（2）截面形状和尺寸不正确的构件，应拆下修整，符合要求后再重新组装。

（3）坡口返修的办法是：其一，钝边过大、间隙过小、角度过小的，可打磨处理；其二，钝边过小、间隙过大、角度过大的，先用焊接方法堆焊，再打磨到位。堆焊时注意：选用同原材料相当的药皮焊条，选用小的焊接线能量（即细焊条、小电流、短电弧、低电压、不摆动、快速度）施焊，确保堆焊质量。

6.5.3 组装形位达不到规范要求

1. 现象

初次组装的部件（如焊接 H 型钢和箱形截面件）形位达不到规范要求（图 6 - 28、图 6 - 29）。

图 6 - 28　焊缝表面宽窄不一　　图 6 - 29　构件安装间隙过大

2. 规范规定

《钢结构工程施工质量验收规范》GB 50205 - 2001：

8.2.2 焊接 H 型钢的允许偏差应符合本规范附录 C 中表 C.0.1 的规定。

焊接 H 型钢的允许偏差（mm）　　　　　　　　　　表 C.0.1

项　　目		允许偏差	图　　例
截面高度 h	$h < 500$	±2.0	
	$500 < h < 1000$	±3.0	
	$h > 1000$	±4.0	
截面宽度 b		±3.0	
腹板中心偏移		2.0	

项 目		允许偏差	图 例
翼缘板垂直度 Δ		$b/100$，且不应大于 3.0	
弯曲矢高(受压构件除外)		$l/1000$，且不应大于 10.0	
扭 曲		$h/250$，且不应大于 5.0	
腹板局部平面度 f	$t<14$	3.0	
	$t\geqslant14$	2.0	

3. 原因分析

H 型钢和制作组装(初次)件的各种尺寸达不到规范规定的允许偏差要求,往往是由于划线、切割超差或零件未预矫正,以及组装操作不精细而造成的。

4. 预防措施

(1)施工前做好技术交底;

(2)精心划线、切割、平整板条、割制并打磨坡口,精心组装。

5. 治理措施

(1)各种尺寸达不到要求的,如在焊前发现,应拆下来,重新组装,如在焊后发现的,可按焊接变形修复办法加以修复。

(2)有坡口要求而未开坡口的 T 接接头,应拆下来,开制坡口后重新组装。

6.5.4 构件拼接缝位置不当

1. 现象

焊接 H 型钢和箱形柱等的翼腹板拼板焊接缝的位置不符合规范要求。

2. 规范规定

《钢结构工程施工质量验收规范》GB 50205 - 2001:

> 8.2.1 焊接 H 型钢的翼缘板拼接缝和腹板拼接缝的间距不应小于 200mm。翼缘板拼接长度不应小于 2 倍板宽;腹板拼接宽度不应小于 300mm,长度不应小于 600mm。

3. 原因分析

(1)设计图上对拼接位置一般不作规定,但作为加工常识,应把翼板、腹板各自的拼接缝位置布置得符合规范规定。

(2)加工厂没有构件材料对接排版图,随意拼接容易造成对接缝位置不符合规范规定。

（3）虽有构件材料对接排版图，但拼接过程中方向位置产生偏差，也会造成对接缝位置不符合规范规定。

4.预防措施

焊接工作开始前应对焊接 H 型钢、箱形柱等构件的拼板进行排版，避免焊缝拼接位置不符合规范要求（特别是大型、重要的构件），避免加劲板或开孔位置处于拼接缝上。

5.治理措施

拼接位置弄错的，应拆下来，正确拼板后重新组装；对已焊完，无法拆下的，由设计确定是否能同意验收，如不能通过验收，仍应返工。

6.5.5 吊车梁或吊车桁架下挠

1.现象

吊车梁和吊车桁架出现下挠（图6-30、图6-31）。

图6-30　屋面梁安装扭曲　　图6-31　不恰当的弯管工艺造成主受力杆件严重受损

2.规范规定

《钢结构工程施工质量验收规范》GB 50205-2001：

8.3.1 吊车梁和吊车桁架不应下挠。

3.原因分析

（1）腹板下料或桁架组装时应预放拱度，如不放，那么吊车梁和吊车桁架很难有拱度。

（2）实腹梁在 H 形组焊时，焊接顺序搞错了，如先焊上翼板/腹板，后焊下翼板/腹板，就难以制作出带拱的实腹梁。

（3）H 形梁腹板或桁架组装时预放拱度不够。

（4）检验测量方法不正确，在吊车梁或吊车桁架卧放时测出起拱度，但在构件直立（或安装）后将出现下挠。

4.预防措施

（1）腹板下料时预放拱度。

（2）预放拱度值的选定应考虑该构件的重量、焊接的各种影响（例如加劲板、焊道、坡口）。

（3）按规定的组装与焊接顺序进行组装与焊接。

（4）吊车梁和吊车桁架拱度验收测量时，构件应直立，在构件工作时的支撑点附近支撑，在自由状态下，用水准仪（或拉线）和钢尺检查。

5.治理措施

（1）对吊车梁和吊车桁架出现下挠现象应进行火焰矫正，使之达到合格要求。

（2）对下挠值超标的吊车梁和吊车桁架，应同设计商议。在确认同意使用的情况下，做好确认签证手续，才能接受使用。

6.5.6 钢屋架（桁架）组装缺陷

1. 现象

（1）桁架各受力杆件的重心轴线未交于一点。

（2）竖杆、斜杆与节点板的搭接长度未达到要求（图6-32）。

图6-32　钢屋架组装缺陷

2. 规范规定

（1）《钢结构工程施工质量验收规范》GB 50205-2001：

> 8.3.4 桁架结构杆件轴线交点错位的允许偏差不得大于3.0mm；

（2）《钢结构设计规范》GB 50017-2003：

> 8.4.6 当焊接桁架的杆件用节点板连接时，弦杆与腹杆、腹杆与腹杆之间的间隙不应小于20mm，相邻角缝焊趾间净距不应小于5mm。

3. 原因分析

（1）放样草率往往会造成杆件轴线交点不能交汇于一点，杆件实际重心线与理论重心线不重合。

（2）组装粗糙，任意搭放杆件，造成杆件在节点板上的搭接长度不符合设计要求。

（3）杆件下料有误或任取相近杆件材料组装，造成杆件在节点板上的搭接长度不符合设计要求。

4. 预防措施

（1）组装前1:1的放样必须仔细，应确保杆件轴线交汇在一点。

（2）仔细按线组装（钢屋架批量大时，靠挡板组装），确保杆件的实际重心线同理论重心线重合，保证杆件在节点板上的搭接长度符合要求，就能避免形状和尺寸方面的缺陷出现。

（3）对上道工序的杆件尺寸应做检查，组装前杆件应按编号分类堆放。

5. 治理措施

对不合格的钢屋架应拆开修正后，重新按1:1实样进行组装、焊接。

6.5.7 顶紧面不紧贴

1. 现象

（1）零部件刨（铣）平顶紧面不紧贴。

（2）梁的端部支承加劲肋的下端，未按设计要求进行刨平顶紧处理。

2. 规范规定

（1）《钢结构工程施工质量验收规范》GB 50205－2001：

> 8.3.3 顶紧接触面应有75%以上的面积紧贴。

（2）《钢结构设计规范》GB 50017－2003：

> 8.4.12 梁的端部支承加劲肋的下端，按端面承压强度设计值进行计算时，应刨平顶紧。

3. 原因分析

（1）未进行刨铣加工或磨光顶紧工序，擅自进行组装。

（2）操作不精细造成刨铣平面度、垂直度不符合要求。

（3）未掌握刨平顶紧的要求，检验方法不正确。

4. 预防措施

（1）零部件（或构件）上刨床、铣床加工，应找准基准面，认真校对中心线及垂直度等。

（2）顶紧接触面的检验应采用0.3mm塞尺，沿顶紧面四周进行塞测，其塞入面积应小于25%，边缘间隙不应大于0.8mm。

5. 治理措施

对未经刨铣加工（或无此类设备）的切割面（剪切面），或刨铣不合格的接触面，应用砂轮做精细的修磨，达到磨光顶紧的要求。

6.5.8 钢构件外形尺寸超标

1. 现象

钢构件外形尺寸偏差超过规范的允许偏差。

2. 规范规定

《钢结构工程施工质量验收规范》GB 50205－2001：

> 8.5.1 钢构件外形尺寸主控项目的允许偏差应符合表8.5.1的规定。
>
> 钢构件外形尺寸主控项目的允许偏差（mm）　　　　　　　　表8.5.1
>
> | 项　　　　　　　目 | 允许偏差 |
> | --- | --- |
> | 单层柱、梁、桁架受力支托（支承面）表面至第一个安装孔距离 | ±1.0 |
> | 多节柱铣平面至第一个安装孔距离 | ±1.0 |
> | 实腹梁两端最外侧安装孔距离 | ±3.0 |
> | 构件连接处的截面几何尺寸 | ±3.0 |
> | 柱、梁连接处的腹板中心线偏移 | 2.0 |
> | 受压构件（杆件）弯曲矢高 | $l/1000$，且不应大于10.0 |
>
> 8.5.2 钢构件外形尺寸一般项目的允许偏差应符合本规范附录C中表C.0.3～表C.0.9的规定。

表 C.0.3

单层钢柱外形尺寸的允许偏差(mm)

项　　目		允许偏差	检验方法	图　　例
柱底面到柱端与桁架连接的最上一个安装孔距离 l		$\pm l/1500$ ± 15.0	用钢尺检查	
柱底面到牛腿支承面距离 l_1		$\pm l_1/2000$ ± 8.0		
牛腿面的翘曲 Δ		2.0	用拉线、直角尺和钢尺检查	
柱身弯曲矢高		$H/1200$,且不应大于 12.0		
柱身扭曲	牛腿处	3.0	用拉线、吊线和钢尺检查	
	其他处	8.0		
柱截面几何尺寸	连接处	± 3.0	用钢尺检查	
	非连接处	± 4.0		
翼缘对腹板的垂直度	连接处	1.5	用直角尺和钢尺检查	
	其他处	$b/100$,且不应大于 5.0		
柱脚底板平面度		5.0	用1m直尺和塞尺检查	
柱脚螺栓孔中心对柱轴线的距离		3.0	用钢尺检查	

项　　目		允许偏差	检验方法	图　　例
一节柱高度 H		±3.0	用钢尺检查	
两端最外侧安装孔距离 l_3		±2.0		
铣平面到第一个安装孔距离 a		±1.0		
柱身弯曲矢高 f		$H/1500$,且不应大于 5.0	用拉线和钢尺检查	
一节柱的柱身扭曲		$h/250$,且不应大于 5.0	用拉线、吊线和钢尺检查	
牛腿端孔到柱轴线距离 l_2		±3.0	用钢尺检查	
牛腿的翘曲或扭曲 Δ	$l_2 \leqslant 1000$	2.0	用拉线、直角尺和钢尺检查	
	$l_2 > 1000$	3.0		
柱截面尺寸	连接处	±3.0	用钢尺检查	
	非连接处	±4.0		
柱脚底板平面度		5.0	用直尺和塞尺检查	
翼缘板对腹板的垂直度	连接处	1.5	有直角尺和钢尺检查	
	其他处	$b/100$,且不应大于 5.0		
柱脚螺栓孔对柱轴线的距离 a		3.0	用钢尺检查	
箱型截面连接处对角线差		3.0		
箱型柱身板垂直度		$h(b)/150$,且不应大于 5.0	用直角尺和钢尺检查	

389

	焊接实腹钢梁外形尺寸的允许偏差(mm)			表 C.0.5

项　　目		允许偏差	检验方法	图　　例
梁长度 l	端部有凸缘支座板	0， −5.0	用钢尺检查	
	其他形式	±l/2500 ±10.0		
端部高度 h	$h \leqslant 2000$	±2.0		
	$h > 2000$	±3.0		
拱度	设计要求起拱	±l/5000	用拉线和钢尺检查	
	设计未要求起拱	+10.0 −5.0		
侧弯矢高		l/2000，且不应大于 10.0		
扭曲		h/250，且不应大于 10.0	用拉线、吊线和钢尺检查	
腹板局部平面度	$t \leqslant 14$	5.0	用1m直尺和塞尺检查	
	$t > 14$	4.0		
翼缘板对腹板的垂直度		b/100，且不应大于 3.0	用直角尺和钢尺检查	
吊车梁上翼缘与轨道接触面平面度		1.0	用200m、1m直尺和塞尺检查	
箱型截面对角线差		5.0	用钢尺检查	
箱型截面两腹板至翼缘板中心线距离 a	连接处	1.0		
	其他处	1.5		
梁端板的平面度（只允许凹进）		h/500，且不应大于 2.0	用直角尺和钢尺检查	
梁端板与腹板的垂直度		h/500，且不应大于 2.0	用直角尺和钢尺检查	

钢桁架外形尺寸的允许偏差(mm)				表 C.0.6

项 目		允许偏差	检验方法	图 例
桁架最外端两个孔或两端支承面最外侧距离	$l \leqslant 24m$	+3.0, −7.0	用钢尺检查	
	$l > 24m$	+5.0, −10.0		
桁架跨中高度		±10.0		
桁架跨中拱度	设计要求起拱	±l/5000		
	设计未要求起拱	+10.0, −5.0		
相邻节间弦杆弯曲(受压除外)		l/1000		
支承面到第一个安装孔距离 a		±1.0	用钢尺检查	
檩条连接支座间距		±5.0		

钢管构件外形尺寸的允许偏差(mm)			表 C.0.7

项 目	允许偏差	检验方法	图 例
直径 d	±d/500 ±5.0	用钢尺检查	
构件长度 l	±3.0		
管口圆度	d/500,且不应大于5.0		
管面对管轴的垂直度	d/500,且不应大于3.0	用焊缝量规检查	
弯曲矢高	l/1500,且不应大于5.0	用拉线、吊线和钢尺检查	
对口错边	t/10,且不应大于3.0	用拉线和钢尺检查	

注:对方矩形管,d为长边尺寸

墙架、檩条、支撑系统钢构件外形尺寸的允许偏差(mm)		表 C.0.8

项 目	允许偏差	检验方法
构件长度 l	±4.0	用钢尺检查
构件两端最外侧安装孔距离 l_1	±3.0	
构件弯曲矢高	l/1000,且不应大于10.0	用拉线和钢尺检查
截面尺寸	+5.0, −2.0	用钢尺检查

钢平台、钢梯和防护钢栏杆外形尺寸的允许偏差(mm)			表 C.0.9
项 目	允许偏差	检验方法	图 例
平台长度和宽度	±5.0	用钢尺检查	
平台两对角线差 $l_1 - l_2$	6.0		
平台支柱高度	±3.0		
平台支柱弯曲矢高	5.0	用拉线和钢尺检查	
平台表面平面度 (1m 范围内)	6.0	用 1m 直尺和塞尺检查	
梯梁长度 l	±5.0	用钢尺检查	
钢梯宽度 b	±5.0		
钢梯安装孔距离 a	±3.0		
钢梯纵向挠曲矢高	l/1000	用拉线和钢尺检查	
踏步(棍)间距	±5.0	用钢尺检查	
栏杆高度	±5.0		
栏杆立柱间距	±10.0		

3. 原因分析

(1)不了解钢构件部分外形尺寸,特别是主控项目的质量指标,将对钢结构工程安装质量有决定性影响。

(2)对组装零部件的检查工作不重视,初组装部件尺寸控制措施不严。

(3)编制加工工艺和执行工艺的顺序不正确,引起变形收缩等尺寸偏差超标。

(4)计量器具未能正确使用,未能准确反映钢构件外形尺寸的偏差变化。

(5)粗糙的加工操作是导致钢构件外形尺寸质量超标的主要原因。

4. 预防措施

(1)加强对钢构件外形尺寸允许偏差的认识和理解,掌握各种不同钢构件外形尺寸的允许偏差,严格控制主控项目的质量指标。

(2)加强对上道工序的检查,必要工序应设立质量检查停止点。

(3)在编制加工工艺文件时应全面考虑下料、组装、焊接、矫正、钻孔等各道工序的偏差和变形情况,合理安排加工顺序,提出质量控制指标。

(4)严格执行加工工艺规定的顺序和要求,不合格不进入下道工序。

(5)计量器具应检定合格,并能正确调整读数误差值,在长度测量时对过长构件应使用拉力称,并注意温度对测量的影响和调整。

(6)提高员工的质量意识以及操作技能,提高三级检验制的作用,促进产品质量的提高。

5. 治理措施

（1）对外形尺寸超标的部位应按工艺文件要求进行返修，返修后重新检验。

（2）在抛丸（或涂喷砂）前重新校正。注意：中板较薄者，用机械方法矫正效果好，中板较厚或厚板，宜用火焰热矫正。

（3）对外形尺寸超标而又不能返工修整为合格的产品，应会同设计等有关方面协商，进行处理。

6.6 钢构件预拼装工程

6.6.1 支撑平台不符合要求

1. 现象

预拼装支承平台不平整，或基础支承力不够，预拼装后构件处于不同平面位置上。

2. 规范规定

《钢结构工程施工质量验收规范》GB 50205－2001：

> 9.1.3 预拼装所用的支承凳或平台应测量找平，检查时应拆除全部临时固定和拉紧装置。

3. 原因分析

（1）未充分认识预装支承平台找平的重要性。

（2）支承点的位置未垫实或基面承载力较差，构件就位后不水平。

4. 预防措施

（1）选用预拼装场地要有一定的承载力，不易变形。

（2）预拼装平台或支承凳的支承面应测量找平，其高低偏差应在设计允许的范围内，并固定成一个不易变形的平面。

（3）对预拼装平台或支承凳在预拼装中产生的变形应及时垫实调平，防止位移的再发生。

6.6.2 预拼装构件不符合要求

1. 现象

（1）预拼装构件未经检验或检验不合格。

（2）同类批量的构件没有随机抽样进入预拼装。

2. 规范规定

《钢结构工程施工质量验收规范》GB 50205－2001：

> 9.1.4 进行预拼装的钢构件，其质量应符合设计要求和本规范合格质量标准的规定。

3. 原因分析

（1）不了解预拼装的目的是检验出厂构件在现场整体安装中能否顺利安装并达到质量验收标准的要求。

（2）同类批量构件经验收合格后，应是外形尺寸符合验收规范的合格要求，因此其有互换性，如不能互换，则现场安装就会不能顺利安装，即制作构件的整体性不良。

4. 预防措施

（1）进入预拼装的构件应是经验收、符合设计要求和规范规定的允许偏差范围以内的构件。

（2）同类批量构件应随机抽样进入预拼装。

5.治理措施

（1）对预拼装不合格的构件应进行修整，合格后，重新进行预拼装。

（2）对预拼装不合格的构件，如有同类批量构件应随机抽样，用同类其他构件重新进入预拼装，以判定预拼装构件不合格的个性或共性。

6.6.3 强制预拼装

1.现象

（1）预拼装过程中采用大锤锤击或顶紧装置强制装配。

（2）预拼装检验时未拆除全部临时固定和拉紧的装置。

2.规范规定

《钢结构工程施工质量验收规范》GB 50205－2001：

9.1.3 预拼装所用的支承凳或平台应测量找平，检查时应拆除全部临时固定和拉紧装置。

9.2.2 预拼装的允许偏差应符合本规范附录 D 表 D 的规定。

钢构件预拼装的允许偏差（mm）　　　　　　　　　　　　表 D

构件类型	项目		允许偏差	检验方法
多节柱	预拼装单元总长		±5.0	用钢尺检查
	预拼装单元弯曲矢高		$l/1500$，且不应大于 10.0	用拉线和钢尺检查
	接口错边		2.0	用焊缝量规检查
	预拼装单元柱身扭曲		$h/200$，且不应大于 5.0	用拉线、吊线和钢尺检查
	顶紧面至任一牛脚距离		±2.0	用钢尺检查
梁、桁架	跨度最外两端安装孔或两端支承面最外侧距离		+5.0，−10.0	
	接口截面错位		2.0	用焊缝量规检查
	拱度	设计要求起拱	±$l/5000$	用拉线和钢尺检查
		设计未要求起拱	$l/2000$，0	
	节点处杆件轴线错位		4.0	划节后用钢尺检查
管构件	预拼装单元总长		±5.0	用钢尺检查
	预拼装单元弯曲矢高		$l/1500$，且不应大于 10.0	用拉线和钢尺检查
	对口错边		$t/10$，且不应大于 3.0	用焊缝量规检查
	坡口间隙		+2.0，−1.0	
构件平面总体预拼装	各楼层柱距		±4.0	用钢尺检查
	相邻楼层梁与梁之间距离		±3.0	
	各层间框架两对角线之差		$H/2000$，且不应大于 5.0	
	任意两对角线之差		$H/2000$，且不应大于 8.0	

3. 原因分析

（1）不了解预拼装的条件应和安装条件相接近的必要性。

（2）不了解检查时不拆除全部临时固定和拉紧装置，将影响预拼装尺寸的真实性和现场安装的可能性。

（3）因构件尺寸不符合要求，采用强制手段进行预拼装。

4. 预防措施

（1）认清预拼装的目的和要求，自觉按预拼装工艺要求进行预拼装，避免强制预拼装。

（2）检查前应拆除预拼装时所使用的全部临时固定和拉紧装置。

（3）预拼装时，不准使用火焰加热矫正在预拼装位置的构件。

6.6.4 孔通过率不符合规范要求

1. 现象

预拼装中多层板叠节点的螺栓孔通过率不符合要求。

2. 规范规定

《钢结构工程施工质量验收规范》GB 50205－2001：

> 9.2.1 高强度螺栓和普通螺栓连接的多层板叠，应采用试孔器进行检查，并应符合下列规定：
>
> 1 当采用比孔公称直径小 1.0mm 的试孔器检查时，每组孔的通过率不应低于85%。
>
> 2 当采用比螺栓公称直径大 0.3mm 的试孔器检查时，通过率应为100%。

3. 原因分析

（1）制作过程中钻孔工序操作不精细，造成孔的偏位，不垂直等。

（2）预拼装的构件检验中出现偏差。

（3）预拼装的构件在同一区域内出现异向尺寸偏差。

（4）预拼装构件的节点连接处平面没有调整好。

4. 预防措施

（1）制作过程中可尽可能采用数控钻床或套模板进行加工，对直接划线钻孔的应采用划针进行划线，孔位应有可检查对照记号。

（2）构件（或连接板）钻孔时应操作精细，确保孔的偏位和不垂直度在允许偏差之内。

（3）构件安装节点应认真检验，同一区域内的构件螺栓孔位置不应出现异向（ + 、－ ）的偏差。

（4）构件节点连接处平面应处于良好的水平（或垂直）面上。

（5）预拼装应禁止强制拼装，以避免拆除临时固定和拉紧装置后出现反弹变形，引起接口错位。

5. 治理措施

（1）对螺栓孔通过率达不到要求时，可在征得设计同意后进行铰刀扩孔，扩孔后的孔径不应超过螺栓直径的1.2倍。

（2）对孔径超差和孔距超差过大的节点板，在征得设计同意后可单独配制节点板。

（3）对孔径超差和孔距超差过大的孔允许塞焊补后重新钻孔，再次进入预拼装，但孔塞焊时应采用与母材材质相匹配的焊条补焊，补焊时不得塞入填孔物，补焊后孔部位应修磨平整。

(4)对 A、B 级螺栓孔宜先钻小孔,以备正式安装后进行铰孔。

6.6.5 预拼装尺寸偏差不符合规范要求

1. 现象

构件预拼装成整体后几何尺寸超差。

2. 规范规定

参见 6.6.3 节。

3. 原因分析

(1)预拼装场地不平整,未垫实,拼装不在同一平面上,引起孔位偏差,构件间间隙增大。

(2)预拼装构件外形尺寸偏差值超过允许偏差,构件不合格或未经检验就进入预拼装。

(3)预拼装构件强行固定,未处于自由状态,检查时拆除全部临时固定和拉紧装置后,引起预拼装整体尺寸变化。

(4)预拼装过程中,对钢构件使用火焰加热矫正就位,引起尺寸变化。

(5)预拼装放样和测量过程中,不注意日照气温的影响,长度测量未使用拉力称,未能正确使用计量器具,引起尺寸的变化。

4. 预防措施

(1)预拼装场地应平整坚实,构件的支承点应有足够的承载力,保证预拼装构件的水平面不发生变形和位移。

(2)进入预拼装的钢构件的外形尺寸应是检验合格,同规格同类型批量产品应能随机选用。

(3)在加工厂进行预拼装的钢构件不应该先进行涂装。

(4)对外形尺寸不合格的钢构件应先修整处理,待再次检验合格后方能进入预拼装。

(5)预拼装不应使用大锤敲击,不应强制固定,不应在预拼装中对钢构件使用火焰加热矫正。检查时应先拆除全部临时固定和拉紧的装置。

5. 治理措施

(1)预拼装不合格的构件、节点,应拆下来,修整后重新预拼装。

(2)对螺栓连接的多层板叠孔在预拼装尺寸检验合格后用试孔器检验通过率。当通过率达不到规范规定的要求,其通不过的孔应征得设计同意,通过手工铰孔工具进行处理,但扩孔后的孔径不应超过 1.2 倍的螺栓直径。否则应进行补孔、打磨、再钻孔后,重新进行预拼装。

(3)整个预拼装的放样、胎膜水平测量和尺寸检验所使用的计量器具应合格,并根据日照、气温等条件及时调整读数误差,正确使用计量器具。

6.7　单层钢结构安装工程

6.7.1 钢柱安装尺寸偏差不符合规范要求

1. 现象

单层钢柱安装尺寸偏差超过规范规定的允许偏差。

2. 规范规定

《钢结构工程施工质量验收规范》GB 50205－2001:

10.3.4 单层钢结构主体结构的整体垂直度和整体平面弯曲的允许偏差应符合表10.3.4的规定。

整体垂直度和整体平面弯曲的允许偏差(mm)　　　　　表10.3.4

项目	允许偏差	图例
主体结构的整体垂直度	$H/1000$,且不应大于 25.0	
主体结构的整体平面弯曲	$L/1500$,且不应大于 25.0	

10.3.7 钢柱安装的允许偏差应符合本规范附录 E 中表 E.0.1 的规定。

单层钢结构中柱子安装的允许偏差(mm)　　　　　表E.0.1

项目		允许偏差	图例	检验方法
柱脚底座中心线对定位轴线的偏移		5.0		用吊线和钢尺检查
柱基准点标高	有吊车梁的柱	$+3.0$ -5.0		用水准仪检查
	无吊车梁的柱	$+5.0$ -8.0		
弯曲矢高		$H/1200$,且不应大于 15.0		用经纬仪或拉线和钢尺检查
柱轴线垂直度	单层柱 $H \leqslant 10m$	$H/1000$		用经纬仪或吊线和钢尺检查
	单层柱 $H > 10m$	$H/1000$,且不应大于 25.0		
	多节柱 单节柱	$H/1000$,且不应大于 10.0		
	多节柱 柱全高	35.0		

397

3. 原因分析

（1）由于基准标高的偏差,造成柱顶标高偏差;由于钢柱制作中有长度偏差,多根柱子安装后,造成累积误差,导致柱子标高超差。

（2）焊接收缩变形、柱子压缩变形、基础沉降、柱子接触面顶紧误差太大、测量仪器不准等因素都是导致标高和垂直度超差的原因。

（3）测量的时间不统一,由于光照的影响,导致垂直度测量数据不精确。

（4）柱子安装后,长时间处于悬臂状态,又缺乏可靠的临时固定措施,在这种情况下,柱子的垂直度很容易超差。

（5）钢柱制作中产生扭曲、弯曲超差,或运输、堆放时产生永久变形。

4. 预防措施

（1）钢柱进入现场应进行抽查测量,对变形超差的应及时矫正处理,合格后方可进入安装。

（2）检查校准测量仪器是否完好,计量检定是否过期,以确保测量仪器的精度。

（3）钢柱在制作时要考虑荷载对柱的压缩变形值和接头焊缝的收缩变形值,施工中严格控制焊接收缩变形,注意基础沉降变化。

5. 治理措施

（1）选择合适的时间测量,保证测量精度。

（2）柱子安装后,须采取可靠的临时固定措施,或形成稳固的单元,以确保施工安全和柱子的垂直度。

（3）对安装偏差超过允许偏差的钢柱要及时调整,对不能调整的超差钢柱应记录测量数值,经设计和有关单位同意后,签证接收。

6.7.2 基础及支承面轴线与尺寸偏差不符合规范要求

1. 现象

（1）基础交接验收时,其轴线与标高等尺寸允许偏差超出规范和设计的要求;

（2）地脚螺栓(锚栓)安装位置偏移。

2. 规范规定

《钢结构工程施工质量验收规范》GB 50205 - 2001：

10.2.1 建筑物的定位轴线、基础轴线和标高、地脚螺栓的规格及其紧固应符合设计要求。

10.2.2 基础顶面直接作为柱的支承面和基础顶面预埋钢板或支座作为柱的支承面时,其支承面、地脚螺栓(锚栓)位置的允许偏差应符合表10.2.2的规定。

支承面、地脚螺栓(锚栓)位置的允许偏差(mm)　　　　　　表10.2.2

项　　目		允许偏差
支承面	标高	±3.0
	水平度	$l/1000$
地脚螺栓(锚栓)	螺栓中心偏移	5.0
预留孔中心偏移		10.0

10.2.3 采用坐浆垫板时,坐浆垫板的允许偏差应符合表10.2.3的规定。

坐浆垫板的允许偏差(mm)　　　　　　　　　　　　　表10.2.3

项　目	允许偏差
顶面标高	0,-3.0
水平度	l/1000
位置	20.0

10.2.4 采用杯口基础时,杯口尺寸的允许偏差应符合表10.2.4的规定。

杯口尺寸的允许偏差(mm)　　　　　　　　　　　　　表10.2.4

项　目	允许偏差
底面标高	0,-5.0
杯口深度 H	±5.0
杯口垂直度	$H/1000$,且不应大于10.0
位置	10.0

3. 原因分析

(1)仪器原因:使用水平仪与标尺等仪器时,由于仪器受损,或者计量器具超出检定期,使得测量误差增大;

(2)基准点移动:来自各方面的影响都有可能造成基准点的移动;

(3)操作不当:仪器定位不准,或使用钢尺时拉力没有达到标准要求;

(4)预埋件固定不牢靠,混凝土浇捣时发生移动。

4. 预防措施

(1)不使用受损的或计量检定超期的仪器;

(2)基准点必须定期复核,一旦发现基准点移动,必须及时修正;

(3)预埋件固定必须牢固;

(4)对于不在同一水平,而是形成一定角度的支承面,必须有专用的工具与措施,以确保角度位置的准确。

5. 治理措施

对基础偏移尺寸超出允许偏差值时,应在征得设计同意后进行相应的处理。

6.8　多层及高层钢结构安装工程

6.8.1 测量用基准点选取不当

1. 现象

(1)多层及高层每节钢柱的定位轴线没有从地面控制轴线直接引上;

(2)安装柱时随意设置柱的定位轴线和水准点。

2. 规范规定

(1)《钢结构工程施工质量验收规范》GB 50205-2001:

399

> 11.1.4 安装柱时,每节柱的定位轴线应从地面控制轴线直接引上,不得从下层柱的轴线引上。

(2)《钢结构工程施工规范》GB 50755—2012:

> 14.5.1 多层及高层钢结构安装前,应对建筑物的定位轴线、底层柱的轴线、柱底基础标高进行复核,合格后再开始安装;
>
> 14.5.2 每节钢柱的控制轴线应从基准控制轴线的转点引测,不得从下层柱的轴线引出。

3. 原因分析

(1)多层及高层钢结构柱安装时,因为下一节柱顶的标高位置有安装偏差,所以不得将下节柱的柱顶位置线用做上节柱的定位轴线;

(2)安装单位在复核柱基础的定位轴线和水准点时,随意设置二次控制点或高程,将使建筑物定位控制网和高程控制点混乱,影响今后安装过程和使用过程的沉降观测结果。

4. 预防措施

(1)总承包单位测量用的轴线标板和标高基准点,应由市政轴线和标高基准点引入,并应符合国家现行标准规定。钢结构安装单位根据总承包单位提供的轴线标板和标高基准点复核柱基础定位轴线的标高。钢结构安装工程验收测量的定位控制网和标高以总承包提供的轴线标板和标高基准点为准。

(2)复核测量中发现定位轴线控制网或基础标高超过规范规定允许偏差时,应及时会同有关单位商议解决。

5. 治理措施

(1)多层及高层钢结构每节柱的定位轴线,宜用铅直仪的等测量仪器从地面的控制轴线直接引上来,利用传递上来的控制点,通过全站仪或经纬仪进行平面控制网放线,把轴线(坐标)放到柱顶上。

(2)根据标高控制点,采用水准仪和悬吊钢尺的方法引测标高。

6.8.2 验收测量的数据选择不当

1. 现象

将钢柱或梁等安装校正后的测量数值误作为安装验收的测量数值。

2. 规范规定

《钢结构工程施工质量验收规范》GB 50205—2001:

> 10.1.5 安装偏差的检测,应在结构形成空间刚度单元并连接固定后进行。

3. 原因分析

一般钢构件在未完成具有空间刚度的施工区段,由于焊接连接、紧固件连接等工序会对结构精度产生影响,因此安装柱、梁校正时测量的数值不能作为工程验收的依据。

4. 预防措施

(1)验收安装的检测应在结构形成空间刚度单元,并在焊接连接、紧固件连接等分项工程验收合格的基础上进行。

(2)多层或高层钢结构安装工程可按楼层或施工段划分一个或若干个检验批进行。

6.8.3 多层及高层主梁、次梁和受压杆件安装后尺寸偏差超过规范规定

1. 现象

多层及高层主梁、次梁和受压杆件安装后尺寸偏差超过规范规定的允许偏差。

2. 规范规定

《钢结构工程施工质量验收规范》GB 50205-2001：

10.3.3 钢屋(托)架、桁架、梁及受压杆件的垂直度和侧向弯曲矢高的允许偏差应符合表10.3.3的规定；

钢屋(托)架、桁架、梁及受压杆件的垂直度和侧向弯曲矢高的允许偏差(mm)　表10.3.3

项目	允许偏差		图例
跨中的垂直度	$h/250$，且不应大于 15.0		
侧向弯曲矢高 f	$l \leqslant 30m$	$l/1000$，且不应大于 10.0	
	$30m < l \leqslant 60m$	$l/1000$，且不应大于 30.0	
	$l > 60m$	$l/1000$，且不应大于 50.0	

整体垂直度和整体平面弯曲的允许偏差(mm)　表10.3.4

项目	允许偏差	图例
主体结构的整体垂直度	$H/1000$，且不应大于 25.0	
主体结构的整体平面弯曲	$L/1500$，且不应大于 25.0	

10.3.4 单层钢结构主体结构的整体垂直度和整体平面弯曲的允许偏差应符合表10.3.4的规定。

401

3. 原因分析

(1)跨中垂直度超差的原因有两个:1)测量仪器可能有问题,如已损坏或超过计量期限;2)跨中的稳定措施考虑不周,未设置缆风绳或用型钢拉撑。

(2)侧向弯曲垂直度超差主要是出现在大跨度屋架或桁架安装时,未设置多道稳定措施。

4. 预防措施

(1)施工前应检查测量仪器,确保准确完好。

(2)跨中稳定措施应考虑周全,跨中的上弦和下弦必要时需设置揽风绳或用型钢拉撑。

5. 治理措施

大跨度的屋架或桁架的安装,仅仅在跨中控制垂直度是不够的,必须设置多道稳定措施,跨度越大道数越多,每8~10m宜设一道,设置方法是:第一榀屋架或桁架采用缆风绳,第二榀及以后各榀宜采用型钢拉撑。

6.8.4 吊车梁安装偏差不符合规范要求

1. 现象

吊车梁或直接承受动力荷载的类似构件安装偏差超出规范规定的允许偏差。

2. 规范规定

《钢结构工程施工质量验收规范》GB 50205 – 2001:

> 10.3.8 钢吊车梁或直接承受动力荷载的类似构件,其安装的允许偏差应符合本规范附录 E 中表 E.0.2 的规定;

钢吊车梁安装的允许偏差(mm)　　　　　　　　　　表 E.0.2

项 目		允许偏差	图 例	检验方法
梁的跨中垂直度 △		$h/500$		用吊线和钢尺检查
侧向弯曲矢高		$l/1500$,且不应大于10.0		用拉线和钢尺检查
垂直上拱矢高		10.0		
两端支座中心位移 △	安装在钢柱上时,对牛腿中心的偏移	5.0		
	安装在混凝土柱上时,对定位轴线的偏移	5.0		
吊车梁支座加劲板中心与柱子承压加劲板中心的偏移 △		$t/2$		

402

项　目		允许偏差	图　例	检验方法
同跨间内同一横截面吊车梁顶面高差 Δ	支座处	10.0		用经纬仪、水准仪和钢尺检查
	其他处	15.0		
同跨间内同一横截面下挂式吊车梁底面高差 Δ		10.0		
同列相邻两柱间吊车梁顶面高差 Δ		l/1500,且不应大于 10.0		用水准仪和钢尺检查
相邻两吊车梁接头部位 Δ	中心错位	3.0		用钢尺检查
	上承式顶面高差	1.0		
	下承式底面高差	1.0		
同跨间任一截面的吊车梁中心跨距 Δ		±10.0		用经纬仪和光电测距仪检查;跨度小时,可用钢尺检查
轨道中心对吊车梁腹板轴线的偏移 Δ		t/2		用吊线和钢尺检查

11.3.11 多层及高层钢结构中钢吊车梁或直接承受动力荷载的类似构件,其安装的允许偏差应符合本规范附录 E 中表 E.0.2 的规定。

3. 原因分析

(1)钢构件制作精度超过规范规定或运输堆放中产生永久变形。

(2)钢柱安装中没有按吊车梁牛腿支承面作基准调整面,单纯地以柱底面作调整面,产生相邻柱的吊车梁支承面高低超标。

(3)钢柱尚未进行第一次校正或柱间支撑尚未安装,就进行吊车梁安装与校正,到柱校正和柱间支撑安装时产生吊车梁轴线偏移。

(4)钢屋盖安装工作未完成就开始安装、校正吊车梁,当屋盖系统校正时产生吊车梁轴线偏移。

(5)调整吊车梁与牛腿支承面垫板厚度不当,或垫板未焊接固定而移动,引起梁的标高偏差。

(6)吊车梁及轨道中心的测量未考虑钢卷尺的下挠值,造成中心线偏移。

4. 预防措施

(1)对吊车梁等钢构件进场后应进行抽查测量,对变形超差的应及时处理,合格后才能安装。

(2)钢柱安装中应考虑牛腿支承面的标高。

5. 治理措施

(1)吊车梁安装应在钢柱第一次校正和柱间支撑安装后进行。

(2)吊车梁校正应在屋面系统构件安装校正并永久连接固定后进行。

(3)吊车梁调整垫板在调整结束后应及时焊接牢固,垫板间应无间隙。

(4)当吊车梁中心和轨道中心测量采用钢卷尺时,应增加由于钢卷尺下挠而产生的长度值。

6.8.5 钢梁安装质量缺陷

1. 现象

(1)同一根梁两端顶面高低差超过规范规定的允许偏差。

(2)同一主梁与次梁表面高低差超过规范规定的允许偏差。

2. 规范规定

《钢结构工程施工质量验收规范》GB 50205-2001:

11.3.8 钢构件安装的允许偏差应符合本规范附录 E 中表 E.0.5 的规定。

多层及高层钢结构中构件安装的允许偏差(mm)　　　　表 E.0.5

项目	允许偏差	图例	检验方法
上、下柱连接处的错口 Δ	3.0		用钢尺检查
同一层柱的各柱顶高度差 Δ	5.0		用水准仪检查
同一根梁两端顶面的高差 Δ	l/1000,且不应大于 10.0		用水准仪检查

项目	允许偏差	图例	检验方法
主梁与次梁表面的高差Δ	±2.0		用直尺和钢尺检查
压型金属板在钢梁上相邻列的错位Δ	15.00		用直尺和钢尺检查

3. 原因分析

（1）柱子牛腿标高有差异,影响梁的水平度。

（2）混凝土核心筒与钢结构外框架组成的混合结构,由于两者的沉降量和压缩变形量不同,影响梁的水平度。

（3）主次梁连接节点孔距制作超标。

4. 预防措施

钢构件进场后应抽样测量,注意牛腿和节点安装孔的尺寸偏差。不合格的应及时处理后安装。

5. 治理措施

（1）现场安装前应核对两个搁置点的标高。

（2）现场安装时应认真调整连接处的高差,并临时固定。

6.8.6 次结构构件(檩条)的安装偏差不符合规范要求

1. 现象

（1）次结构构件(檩条)安装偏差超过规范规定的允许偏差。

（2）次结构构件(檩条)搁置长度不足。

2. 规范规定

《钢结构工程施工质量验收规范》GB 50205 – 2001:

10.3.9 檩条、墙架等次要构件安装的允许偏差应符合本规范附录E中表E.0.3的规定;

墙架、檩条等次要构件安装的允许偏差(mm)   表E.0.3

	项 目	允许偏差	检验方法
墙架立柱	中心线对定位轴线的偏移	10.0	用钢尺方法
	垂直度	$H/1000$,且不应大于10.0	用经纬仪或吊线和钢尺检查
	弯曲矢高	$H/1000$,且不应大于15.0	用经纬仪或吊线和钢尺检查
	抗风桁架的垂直度	$h/250$,且不应大于15.0	用吊线和钢尺检查
	檩条、墙梁的间距	±5.0	用钢尺检查
	檩条的弯曲矢高	$L/750$,且不应大于12.0	用拉线和钢尺检查
	墙梁的弯曲矢高	$L/750$,且不应大于10.0	用拉线和钢尺检查

405

注:1 H 为墙架立柱的高度;

　2 h 为抗风桁架的高度;

　3 L 为檩条或墙梁的长度。

11.3.12 多层及高层钢结构中檩条、墙架等次要构件安装的允许偏差应符合本规范附录 E 中表 E.0.3 的规定。

3.原因分析

(1)主构件(柱、屋架)安装时出现偏差是造成上述缺陷的主要原因。

(2)拉杆、支撑等拧紧程度不同,将主、次结构构件拉弯。

(3)次结构(檩条)构件长度过短或者由于梁的偏移,产生搁置长度不够。

4.预防措施

(1)严格控制主结构安装的尺寸,防止出现弯曲。

(2)各种拉杆、支撑等拧紧程度,以不将构件拉弯为原则。

5.治理措施

搁置长度过短(<50mm)的搁置节点现象,应分析原因,及时处理,对构件长度不足的应更换。

6.9　钢网架结构安装工程

6.9.1 钢管杆件表面有缺陷或尺寸偏差不符合规范要求

1.现象

(1)钢网架(桁架)用钢管杆件表面有发纹,接口错位,加工尺寸超差;

(2)桁架钢管杆件相贯线的间隙过大,坡口角度不当(图 6-33、图 6-34)。

图 6-33　焊缝宽度超标(管壁厚仅为 6mm)　　图 6-34　相贯口起割点缺口较大

2.规范规定

《钢结构工程施工质量验收规范》GB 50205-2001:

7.5.5 钢网架(桁架)用钢管杆件加工的允许偏差应符合表 7.5.5 的规定。

钢网架(桁架)用钢管杆件加工的允许偏差(mm)　　　　表 7.5.5

项目	允许偏差	检验方法
长度	±1.0	用钢尺和百分表检查
端面对管轴的垂直度	0.005r	用百分表、V 形块检查
管口曲线	1.0	用套模和游标卡尺检查

3. 原因分析

（1）钢管表面发纹是原材料缺陷造成的；

（2）钢管对接错位是组装不精确造成的；

（3）钢管对接衬垫不密贴，坡口间隙太小，都是组装操作不精确造成的。焊前的间隙大小和坡口不正确也会影响焊接的质量；

（4）钢管下料的正确性会直接影响钢网架（钢桁架）的整体质量。

4. 预防措施

（1）用5倍放大镜检查钢管有无发纹，抽样压扁做水压试验，观察有无因发纹而扩展的裂纹；

（2）精心下料，勤量尺寸，勤查坡口，精心组装，避免出现对口错边、坡口角度不合适、衬垫不密贴、坡口间隙不合适等质量问题；

（3）宜采用数控等离子切割机割制钢管构件相贯线及坡口，对一般平接管口的坡口加工应采用机加工。

5. 治理措施

（1）有发纹或已发展成裂纹的钢管，一经查出，应拆换下来，重新制作；或打磨、小能量焊补，再打磨后，经磁粉探伤（MT）确认已经无裂纹后才能使用；

（2）对焊缝不合格的杆件应进行处理，合格后方可使用。

6.9.2 钢网架（空间格构结构）安装尺寸偏差不符合规范要求

1. 现象

钢网架空间结构的小拼单元、中拼单元，安装完成后尺寸偏差超过规范规定的允许偏差。

2. 规范规定

《钢结构工程施工质量验收规范》GB 50205－2001：

12.3.1 小拼单元的允许偏差应符合表12.3.1的规定。 小拼单元的允许偏差（mm） 表12.3.1			
项目			允许偏差
节点中心偏移			2.0
焊接球节点与钢管中心的偏移			1.0
杆件轴线的弯曲矢高			$L1/1000$，且不应大于5.0
锥体型小拼单元	弦杆长度		±2.0
	锥体高度		±2.0
	上弦杆对角线长度		±3.0
平面桁架型小拼单元	跨长	≤24mm	+3.0 −7.0
		>24mm	+5.0 −10.0
	跨中高度		±3.0
	跨中拱度	设计要求起拱	±$L/5000$
		设计未要求起拱	+10.0

407

注:1 L_1 为杆件长度;

2 L 为跨长。

12.3.2 中拼单元的允许偏差应符合表12.3.2的规定。

中拼单元的允许偏差(mm)　　　　　　　　　　　表12.3.2

项目		允许偏差
单元长度≤20m,拼接长度	单跨	±10.0
	多跨连续	±5.0
单元长度>20m,拼接长度	单跨	±20.0
	多跨连续	±10.0

12.3.6 钢网架结构安装完成后,其安装的允许偏差应符合表12.3.6的规定。

钢网架结构安装的允许偏差(mm)　　　　　　　　　表12.3.6

项目	允许偏差	检验方法
纵向、横向长度	$L/2000$,且不应大于30.0 $-L/2000$,且不应大于-30.0	用钢尺实测
支座中心偏移	$L/3000$,且不应大于30.0	用钢尺和经纬仪实测
周边支承网架相邻支座高差	$L/400$,且不应大于15.0	用钢尺和水准仪实测
支座最大高差	30.0	
多点支承网架相邻支座高差	$L_1/800$,且不应大于30.0	

注:1. L 为纵向、横向长度;

2. L_1 为相邻支座间距。

3.原因分析

(1)拼装钢网架(空间格构结构)的平台不稳定而影响拼装精度。

(2)拼装钢网架(空间格构结构)的过程中,杆件强行就位影响拼装精度。

(3)拼装钢网架(空间格构结构)的过程中,螺栓施拧方法不当或焊接工艺不当而引起精度偏差超标。

4.预防措施

(1)拼装钢网架(空间格构结构)前,应在坚实的基础上搭设拼装平台,防止可能产生沉降而影响拼装精度。

(2)拼装过程中应使杆件始终处于非受力状态,严禁不按设计规定的受力状态加载或强迫就位。

(3)不宜在杆件拼装过程中一次性直接将螺栓拧紧,而须待沿建筑结构纵向、横向安装好一排或两排结构单元并经测量无误后,再将螺栓球节点全部拧紧到位。

5.治理措施

(1)施焊时,应按合适的焊接工艺进行,施焊宜从中心向外对称延伸,严禁同一杆件两端同时施焊,宜先焊接下弦节点,后焊上弦节点。

(2)对拼装过程中发现杆件过长、过短、弯曲的应及时更换。

(3)对焊接工作量大的管桁架结构节点可单独先行组装焊接,把已验收过的平面段在总装胎架上进行总装合拢。

6.9.3 钢网架安装后下挠

1. 现象

钢网架结构总拼及屋面工程完成后的挠度值超过设计要求和规范规定的偏差。

2. 规范规定

《钢结构工程施工质量验收规范》GB 50205－2001：

> 12.3.4 钢网架结构总拼完成后及屋面工程完成后应分别测量其挠度值,且所测的挠度值不应超过相应设计值的1.15倍。

3. 原因分析

（1）网架结构的计算模型与实际的情况,存在差异。

（2）网架结构的连接节点实际零件的加工精度,安装精度等对挠度值的影响。

（3）网架结构拆除临时支撑时不注意结构变形的控制,产生变形。

4. 预防措施

（1）测量点的位置应按设计和规范规定的点进行。测量应分总拼完成后和支撑点拆除前。总拼完成并拆除支撑点后,屋面工程完成后三个阶段分别测量测量点的位置值。

（2）杆件安装不得强迫就位,螺栓紧固应使接触面无间隙。

5. 治理措施

（1）安装中如发现制作精度不良的杆件、螺母应及时更换。

（2）临时支撑应逐步均匀地拆除,对大型网架结构拆除临时支撑过程中应进行内力和变形监测。

6.10 压型金属板工程

6.10.1 原材料牌号或规格不符合设计要求和规范规定

1. 现象

原材料牌号或规格不符合设计和规范要求,或不符合工程实际需求;强度等级、涂层规格、金属基板厚度等指标不符合规范或产品标准的规定。

2. 规范规定

《钢结构工程施工质量验收规范》GB 50205－2001：

> 4.8.1 金属压型板及制造金属压型板所采用的原材料,其品种、规格、性能等应符合现行国家产品标准和设计要求。

3. 原因分析

（1）某些钢结构工程设计图纸、招标文件或工程合同对金属板材材料规格的说明不全或不明确,且没有专业人员把关,导致施工企业在设计板型和选择材料规格时出现问题。

（2）施工企业在设计板型和选择材料规格时,按经验和企业实际考虑,未同设计商议,擅自选用不符合要求的板型和材料规格。

4. 预防措施

（1）根据板型确定钢板强度。屋面和墙面外层金属压型钢板要抵抗外部荷载作用,应有明确的屈服强度,即应选用结构用彩涂板或镀层板。

(2)屋面和墙面外板金属材料的总厚不宜小于0.4mm,考虑兼作防雷闪接器时屋面外板金属材料的总厚不应小于0.5mm。

(3)屋面和墙面外板一般宜采用热镀铝锌钢板,且双面镀铝锌量不宜小于150g/㎡;也可采用热镀锌钢板,且双面镀铝锌量不宜小于275g/m²。

5.治理措施

(1)当钢板外表面有涂层时,一般屋面板宜采用PVDF涂层;墙面板宜采用PVDF或HDP、SMP涂层,当墙面有较高洁净度要求时,应采用PVDF涂层。正面涂层总厚应不小于20μm。

(2)对于彩色涂层钢板,涂层主要起装饰作用,在考虑压型钢板的耐腐蚀性时,应只考虑镀层的保护作用。由于涂层容易在施工和使用过程中局部破坏,在耐久性设计时,不应考虑涂层对钢板的耐腐蚀保护作用。

(3)压型钢板的承载能力应基于计算确定,对于暗扣板和锁缝板,由于抗风能力无法计算,应通过实验确定。

(4)发现设计文件上的问题应及时与设计单位沟通,商定选用合适的板型和材料规格。

6.10.2 螺钉、搭接处出现锈蚀

1.现象

在正常使用寿命期间,螺钉、搭接处出现锈蚀或漏水现象。

2.规范规定

《钢结构工程施工质量验收规范》GB 50205－2001:

> 4.8.2 压型金属泛水板、包角板和零配件的品种、规格以及防水密封材料的性能应符合现行国家产品标准和设计要求。

3.原因分析

(1)金属压型板、收边、泛水板、金属天沟等,相互之间的连接主要靠螺钉、拉铆钉机械缝合(锁缝板和暗扣板侧边搭接除外),防水主要靠粘胶、胶带密封实现,如果原材料质量不符合要求,会出现上述问题。

(2)某些钢结构工程设计图纸、招标文件或工程合同对配件规格的说明不全或不明确,且没有专业人员把关。

(3)施工企业在选择以上关键构件和配件的规格时没有匹配。

(4)安装不符合工艺规定也会导致以上问题。

4.预防措施

(1)螺钉的密封性能和耐腐蚀性能应与屋面和墙面板设计寿命相匹配。例如屋面或墙面螺钉应镀锌处理,应带密封橡胶垫圈,且寿命要与设计值相匹配。

(2)密封胶的密封性能、挥发性能、流淌性能、耐老化性能、工作温度应与设计寿命相匹配。

5.治理措施

密封件和紧固件进场应及时验收、注意保管,施工中应正确安装,出现问题应及时更换或维修。

6.10.3 尺寸与外形超过允许偏差

1. 现象

压型金属板断面尺寸偏差过大,表观质量差,中间区和边区出现连续重复性的波纹或凹凸。

2. 规范规定

《钢结构工程施工质量验收规范》GB 50205-2001:

> **4.8.3** 压型金属板的规格尺寸及允许偏差、表面质量、涂层质量等应符合设计要求和本规范的规定。

3. 原因分析

(1)压型金属板的成型设备都有一定的加工能力范围,当加工超出设备设计范围较厚的钢板时,钢板表面容易拉伤,出现划痕。

(2)压型金属板的成型设备加工超出设备设计范围的较薄钢板时,钢板表面特别设计的小波纹不容易压型、板面平整区容易出现重复性的波纹或凹凸。

(3)当原材料展开宽度过大或过小时,板边沿卷边容易出现连续的波纹型或蛇形变形。

(4)原材料内部残余应力大或不均匀时,板面容易出现波纹或凹凸现象,或者出现侧弯现象。

(5)材料强度或厚度与设备设计要求不符合时,或者设备没有调试到合适的状态时,压型板的断面形状偏差也会过大。

(6)钢板涂层或镀层有质量问题时,成型易产生层状剥离。

(7)包装、运输或吊装时未采取合理的防护措施,也会导致压型金属板局部产生过大的变形。

4. 预防措施

(1)根据待加工的压型金属板尺寸与规格,选择合适的成型设备;设备在加工前应调试到合适的状态。

(2)钢板切断或穿孔时,应选择合适的设备减小切断面毛边,并去除过大毛边,同时避免钢板或压型钢板叠加后相互滑动,或在其他板面上滑动。

(3)清除板面剪切后残留的切屑或金属尘,保持钢板或压型钢板表面洁净干燥。

(4)加工时要去除设备上的油污、伤痕、锈迹。

5. 治理措施

(1)钢板成型时,应在正面预先覆盖一层 PE 或 PVC 薄膜保护正面涂层,安装完成后再去除。

(2)压型板端部扩张变形(出现喇叭口),在先剪板后成型工艺条件下比较常见,应调整或修改成型设备参数(角度、圆角半径或轧辊间隙)。

(3)压制压型金属钢板的设备应合适,现场成型时应选择较大型设备。

(4)连续生产的 PU 夹芯板,应设定合理的工艺参数,下线后应在平整状态充分冷却后再叠加包装,避免表面不平整。

6.10.4 压型金属板铺设缺陷

1. 现象

压型金属板安装后覆盖宽度偏差过大,与屋脊线不垂直,端部搭接处有较大变形。

2. 规范规定

(1)《钢结构工程施工质量验收规范》GB 50205-2001:

> 13.3.5 压型金属板安装的允许偏差应符合表13.3.5的规定。

压型金属板安装的允许偏差(mm)   表13.3.5

	项　　目	允许偏差
屋面	檐口与屋脊的平行度	12.0
	压型金属板波纹线对屋脊的垂直度	$L/800$,且不应大于25.0
	檐口相邻两块压型金属板端部错位	6.0
	压型金属板卷边板件最大波浪高	4.0
墙面	墙板波纹线的垂直度	$H/800$,且不应大于25.0
	墙板包角板的垂直度	$H/800$,且不应大于25.0
	相邻两块压型金属板的下端错位	6.0

注:1 L 为屋面半坡或单坡长度;
　　2 H 为墙面高度。

(2)《压型金属板设计施工规程》YBJ 261-1988:

> 7.2.3 屋面、墙面压型金属板安装时,应边铺设,边调整其位置,边固定。

3. 原因分析

压型钢板安装时,由于板本身的变形,覆盖宽度往往与设计值不符合,容易出现大小头或整体偏大的情况,这会导致板的搭接或扣合、锁缝不可靠,抗风能力下降或密封性能下降。

4. 预防措施

(1)板必须调整到与屋脊线垂直,所有压型金属板应边铺设边用板模卡尺定位定宽,然后固定、扣合或锁合。

(2)在平整区较宽的槽形端面面板,端部搭接前,上层板应压出小波纹型皱折,形成小头。

(3)合板和锁缝板,相邻板的端部搭接应错开一个檩条间距。

(4)缝侧边搭接应对下层板肋局部切角处理,减小板肋锁合后总厚度。

(5)面板的铺设顺序,应使侧边搭接缝处于主风向背风侧。

6.10.5 螺钉施工不符合要求

1. 现象

螺钉安装不规范,螺钉与钢板板面不垂直,螺钉定位不准确,螺钉紧固程度过紧或过松,螺钉处漏水或出现锈斑。

2. 规范规定

《钢结构工程施工质量验收规范》GB 50205-2001:

> 13.3.1 压型金属板、泛水板和包角板等应固定可靠、牢固,防腐涂料涂刷和密封材料敷设应完好连接件数量、间距应符合设计要求和国家现行有关标准规定。

3．原因分析

（1）螺钉安装不规范将引起压型金属板固定不牢固（或过紧）、产生渗漏及板掀起损坏等情况。

（2）螺钉施工操作人员不熟悉施工工艺，不掌握施拧技能，造成螺钉倾斜，位置上下不一，紧固情况不一。

（3）钻孔后不及时清除铁屑，易造成板材表面产生浮锈，或划伤涂层后引起板生锈。

4．预防措施

（1）屋面板端部搭接可以在工厂预先定位冲孔或地面预先模板定位钻孔，以便螺钉安装时定位准确或降低安装难度。钻孔后应清除板面铁屑以免产生锈斑。

（2）现场安装螺钉时，应预先用拉线、直尺和铅笔等划定螺钉位置。

（3）必要时，预先在次结构件上钻孔，在压型金属板上穿上螺钉，保证螺钉和面板定位准确。

（4）螺钉不应过松或过紧，以密封垫圈被轻微挤出钢垫圈为准。

（5）应选用细牙螺钉和合适直径的螺钉钻头，以保证螺钉与压型金属板可靠紧固。

（6）安装较厚的夹芯板或较长的螺钉时，宜在板材和次结构上预先钻孔。

（7）安装螺钉时，应保证各层压型金属板之间或压型金属板与次结构之间紧密地叠合在一起。

5．治理措施

（1）当螺钉安装后，因安装质量问题需要更换时，应在同一位置替换安装比原螺钉直径大的螺钉，以保证可靠连接和密封。

（2）螺钉安装后应及时清除产生的铁屑，避免生锈。

（3）应由有经验的专业螺钉安装技术工人负责螺钉安装，并采用专业工具，磨损的螺钉套筒应及时更换，以避免螺钉打滑。

6.10.6 密封材料敷设不符合要求

1．现象

密封胶和堵头安装不规范，搭接密封处水密性和气密性不够。

2．规范规定

《钢结构工程施工质量验收规范》GB 50205－2001：

> 13.3.1 压型金属板、泛水板和包角板等应固定可靠、牢固，防腐涂料涂刷和密封材料敷设应完好，连接件数量、间距应符合设计要求和国家现行有关标准规定。

3．原因分析

（1）密封材料铺设前板面不清洁、不干燥，造成密封材料与板面之间不胶合，有间隙。

（2）密封材料位置不当，螺钉设于密封材料下水位置，密封材料起不到密封作用。

4．预防措施

（1）密封胶应存放在阴凉干燥的库房，施工现场（屋面或墙面处）预存的密封胶应为一天的施工量，不应将多余的密封胶在库房外露天过夜。

（2）铺前，钢板表面应保持清洁干燥，密封胶随时展开、随时铺设，密封胶应处于自然展开状态，不容许拉伸变形或挤压，不容许外物接触密封胶表面，密封胶的铺设应形成完整的密封回路，密封胶需要分断时，应采用剪刀剪切，不容许用手搋断，密封胶搭接应可靠，搭接长度不宜小于 25mm。

(3)密封胶铺设位置应准确,偏离不宜过大,不应暴露在视线之下(洞口处嵌缝罐胶除外);对于面板侧边或端部搭接处,螺钉应与密封胶脱离一定距离(10～15mm),螺钉在密封胶的上水位置,使密封胶在正常使用过程中处于受压状态。

(4)面板和收边、泛水之间一般设计有内外堵头,应安装在设计规定的位置,并双面连续铺设密封胶条,不能漏铺或改变铺设顺序。

(5)天沟、檐口、屋脊、山墙、洞口等处的密封非常重要,应合理设计堵头和密封胶密封形式。

6.10.7 屋面漏水

1. 现象

屋面板铺设完成或使用一段时间后渗漏水。

2. 规范规定

《屋面工程质量验收规范》GB 50207－2012:

> 7.4.7 金属板屋面不得有渗漏现象。

3. 原因分析

螺钉和密封胶的设计、安装和铺设不符合规范或不合理都会导致屋面漏水。

4. 预防措施

(1)大型屋面的铺设,为了消除因温度变化导致的热胀冷缩影响,常采用滑动连接片连接屋面板和次结构,这样,屋面可自由向屋脊处伸长或缩短,相应的,山墙顶部收边也应安装成可随屋面板自由变形的形式,否则,收边与屋面板或收边与墙面板处螺钉连接容易破坏而漏水。

(2)大型屋面开有洞口且布置有轻型设备如屋面自然风机等时,应将设备和屋面洞口支架与屋面板连接成一个整体,使屋面设备和洞口支座可随屋面板自由伸长或缩短,且螺钉与相邻的次结构保持一定间距,避免相互干涉而破坏螺钉的可靠连接。

(3)采光板安装时,要避免引起采光板材料碎裂,宜预先钻孔,再用螺钉或止水拉铆钉连接。

6.10.8 面板掀起

1. 现象

压型金属板被风刮起破坏。

2. 规范规定

《钢结构工程施工质量验收规范》GB 50205－2001:

> 13.3.1 压型金属板、泛水板和包角板等应固定可靠、牢固,防腐涂料涂刷和密封材料敷设应完好,连接件数量、间距应符合设计要求和国家现行有关标准规定。

3. 原因分析

(1)夹芯墙面板在边区和角区,安装时疏漏会导致强风作用下局部墙板脱落。

(2)暗扣板变形或内部支座变形或位置偏差过大,或数量人为减少,会导致屋面抗风能力下降,容易被风掀起破坏。

(3)锁缝板侧边锁缝不完整,不紧,强风下锁缝被解开而破坏。

(4)屋面周边收边和泛水与屋面和墙面连接不可靠,如螺钉或拉铆钉间距过大,没有可靠密封,风可以吹进内部,强风下收边和泛水容易破坏,进而导致屋面或墙面板连锁破坏。

4.预防措施

(1)铺设压型金属板应根据建筑物所在区域主风向逆向铺设。

(2)在屋面边角区域要采用加强型连接节点,加密螺钉数量或采用大直径螺钉。

(3)暗扣板施工时应注意支座距离,防止暗扣板变形和支座变形。

(4)锁缝板的锁缝应完整、紧固。

6.11　钢结构涂装工程

6.11.1 涂料存在结皮、结块和凝胶等现象

1.现象

涂料桶开启后,发现涂料存在结皮、沉淀结块、凝胶等现象。

2.规范规定

《钢结构工程施工质量验收规范》GB 50205 – 2001:

> 4.9.3 防腐涂料和防火涂料的型号、名称、颜色及有效期应与其质量说明文件相符。开启后,不应存在结皮、结块、凝胶等现象。

3.原因分析

(1)结皮:涂料表面因溶剂挥发而干燥,最终结皮;结皮的厚度视放置时间的长短而定。结皮现象一般发生在油基、醇酸、酚醛、氯化橡胶等单组分类涂料。产生结皮的原因主要是涂料桶的桶盖密封性差,或涂料打开桶盖,取用了部分涂料后,较长时间不再使用,又未采取封闭措施。

(2)结块:涂料中颜料成分沉积并结块。结块现象一般发生在含大量防锈颜料类型的防锈底漆内。产生结块的原因有涂料到货后,长期不用,并且堆放不动;涂料生产时添加的稀释剂过量;涂料中含有密度较大的易沉淀的颜料成分;涂料中的某些颜料在生产前即受潮,而在生产时又未完全烘干。

(3)凝胶:涂料丧失了流动性,并呈胶质状态。所有涂料都可能产生这种情况。涂料凝胶是由于贮存时间过长,贮存环境恶劣,涂料内部发生化学反应;也可能是使用了不适当的溶剂,或混入了不同类型的涂料,桶盖密封性不好,使溶剂挥发过量;涂料组合后,超过了使用时间等。

4.预防措施

为防治涂料结皮,涂料应在有效期内使用,对新打开的桶装涂料,在使用期限内如有结皮,应通知涂料生产厂家观察实样,确定不能使用应调换;对已经开桶使用了部分的涂料产生结皮严重的现象,则视为影响涂料的内部质量,应予以报废;如结皮不厚,可将漆皮小心取出(取出时如破碎,则应用60～80目的过滤网过滤),然后经过搅拌后再使用。

5.治理措施

(1)涂料结块,可用搅拌机充分地搅拌,如沉淀物完全打散且无细微颗粒就可以使用,否则应予以报废。对涂料还处于使用期内,但必须予以报废的相同批号的涂料应清理,并通知

涂料生产厂观察实样,确定不能使用后,全部调换。同时应对到货时间接近的其他批号涂料做随机抽查。使用时应严格按照先到货先发放使用的原则;涂料如库存时间较长,应经常"翻桶"。

(2)对于凝胶的处理:对已经凝胶的涂料应予以报废;因密封性不好造成的凝胶,还未使用但处于使用期限内的涂料应通知生产厂观察实样,确定不能使用,做调换处理。

6.11.2 涂料超过有效期使用

1. 现象

涂料已超过储存有效期,但仍在使用。

2. 规范规定

《钢结构工程施工质量验收规范》GB 50205 – 2001:

> 4.9.3 防腐涂料和防火涂料的型号、名称、颜色及有效期应与其质量证明文件相符。

3. 原因分析

(1)涂料进库管理不当,未按先进先用,后进后用的顺序以控制涂料有效期。

(2)涂料一次进库量太大,造成积压,而后继工程长期不采用此型号或颜色的涂料。

4. 预防措施

(1)涂料进库应按型号、名称、颜色及有效期分别堆放,有效期早的应先供应领用。

(2)涂料采购应加强计划性,对使用频率少的涂料,应分批进货控制库存量与采购量。

5. 治理措施

过期后涂料是否可以使用,应会同涂料生产厂家共同做涂料性能的测试确定。

6.11.3 混合比不当

1. 现象

组分涂料未按生产厂家规定的配合比、组成一次性混合,稀释剂的型号和性能未达到生产厂家所规定的品种配套使用。

2. 规范规定

《钢结构工程施工质量验收规范》GB 50205 – 2001:

> 4.9.1 钢结构防腐涂料、稀释剂和固化剂等材料的品牌、规格、性能等应符合现行国家产品标准和设计要求。

3. 原因分析

(1)未了解相关涂料混合比要求和搅拌操作顺序,按自己经验操作,造成搅拌顺序错误或配合比不符合产品标准要求。

(2)未使用计量器具,采用估计方法计量造成配合比不符合产品标准要求。

(3)不了解配套稀释剂特性、类型,擅自选用不当的稀释剂。

4. 预防措施

(1)按产品说明书进行组分料的配合比和先后进行搅拌的顺序进行搅拌,同时应一次性混合、彻底搅拌。并按产品要求在喷涂时间经常搅拌。

(2)采用计量器具进行配合比计量。

(3)应根据涂料品种、型号选用相应的稀释剂,并按作业气温等条件选用合适比例的稀释剂。

6.11.4 涂料超过混合使用期限

1. 现象

非单组分涂料在混合搅拌后,超过产品混合使用期限仍在使用。

2. 规范规定

《钢结构工程施工规范》GB50755-2012:

> 13.1.4 钢结构防腐涂装工程和防火涂装工程的施工工艺和技术应符合规范、设计文件、涂装产品说明书和国家现行有关产品标准的规定。

涂料产品说明书中对混合使用期限的规定:

(1)混合使用期限指非单组分涂料在指定温度下混合后,必须用完的最长期限。

(2)如果在超过混合使用期限后使用,那么涂料性能会降低。

3. 原因分析

(1)不清楚非单组分涂料在指定温度下混合后,有一个必须用完的最长期限,即混合使用期限。

(2)不了解不同类型、品牌、生产厂家的非单组分涂料混合后的使用时间是有变化的,特别是在不同温度条件的施工。

(3)认为涂料混合后过使用时限仍呈液态,就错误判断仍可使用。

4. 预防措施

(1)要充分认识产品说明书上混合使用期限是确保涂料能够发挥最佳性能的时限,如果超过混合使用期限后使用,涂料的性能会降低。

(2)在非单组分涂料混合搅拌之前,应了解施工环境的气温,同时根据喷涂工作量和喷涂速度,确定涂料混合搅拌量。

5. 治理措施

对涂料超过该产品使用说明书规定的混合使用时限的,应停止使用。

6.11.5 返锈、起壳脱落

1. 现象

构件涂层表面逐步出现锈迹、局部涂层"起壳"并脱落(图6-35、图6-36)。

图6-35　油漆返锈

图6-36　油漆起皮脱落

2. 规范规定

《钢结构工程施工质量验收规范》GB 50205-2001:

> 14.2.1 涂装前钢材表面除锈应符合设计要求和国家现行有关标准的规定。处理后的钢材表面不应有焊渣、焊疤、灰尘、油污、水和毛刺等。
>
> 14.2.3 构件表面不应误涂、漏涂,涂层不应脱皮和返锈等。

3. 原因分析

(1)除锈不彻底,未达到设计文件和涂料产品标准的除锈等级要求。

(2)涂装前:构件表面存在残余的氧化皮。构件表面存在残余的毛孔(即点状凹坑)锈蚀,有残余的且分布均匀的毛孔锈蚀。

(3)除锈后未及时涂装,钢材表面受潮返黄。

(4)表面被油污等污染。

4. 预防措施

(1)涂装前应严格按涂料产品除锈标准要求、设计要求和国家现行标准的规定进行除锈。

(2)涂刷油漆前加强除锈质量检查,同时油漆施工不能在雨天、温度不能低于5℃或高于38℃。

5. 治理措施

(1)对残留的氧化皮应返工,重新做表面处理。

(2)严格控制除锈时的环境湿度条件,不宜在高湿度环境条件下做除锈作业。出现点状"返黄"或局部"返黄"时,可用安装了钢砂纸轮的风动工具清除。因湿度较高而可能产生的整体"返黄"应在除锈后尽快涂漆。

(3)除锈后应及时清除构件表面油污等污染物。

6.11.6 构件表面误涂、漏涂

1. 现象

构件表面不该涂装的面涂上涂料(例如高强度螺栓连接的钢材接触面)或涂上异种涂料(例如焊接区域涂上面漆),构件表面(涂层之间)涂料没有全覆盖或未涂(图6-37)。

图6-37 支座底板未涂装

2. 规范规定

《钢结构工程施工质量验收规范》GB 50205-2001:

14.2.3 构件表面不应误涂、漏涂,涂层不应脱皮和返锈等。

3. 原因分析

(1)不了解构件表面涂装的要求,特别是高强度螺栓连接的钢材接触面是否要涂装的要求,不清楚焊接区域涂装的范围和涂装的类型、品种和涂层厚度等要求。

(2)施工时不涂装的表面覆盖保护的材料破损或散落。

(3)操作不当,误涂或漏涂涂料。

4. 预防措施

（1）加强操作责任心,提高操作技能。

（2）涂装开始前应了解掌握构件涂装的要求,对不需要涂装的构件表面进行保护覆盖或其他妥善处理。

5. 治理措施

（1）涂装时发现保护覆盖材料破损或散落,应及时修整处理。

（2）对漏涂的应进行补涂涂料。

（3）对不要求涂装的高强度螺栓连接钢材接触面涂上涂料的,应清除涂料,确保该接触面的抗滑移系数值达到设计要求。

（4）对焊接坡口及周边区域误涂的涂料应打磨清除,并按要求涂上对焊接质量不产生影响的涂料。

6.11.7 涂层厚度达不到设计要求

1. 现象

（1）构件表面涂装的遍数少于设计要求。

（2）涂层厚度未达到设计要求。

2. 规范规定

《钢结构工程施工质量验收规范》GB 50205-2001:

> 14.2.2 涂料、涂装遍数、涂层厚度均应符合设计要求。当设计对涂层厚度无要求时,涂层干漆膜总厚度:室外应为$150\mu m$,室内应为$125\mu m$,其允许偏差为$-25\mu m$。每遍涂层干漆膜厚度的允许偏差为$-5\mu m$。

3. 原因分析

（1）未了解该构件涂装设计要求,错误选用不同型号的涂料。

（2）操作技能欠佳或涂装位置欠佳,引起涂层厚度不均。

（3）涂层厚度的检验方法不正确,或用未做计量校核的干漆膜测厚仪,造成读数有误。

4. 预防措施

（1）正确掌握构件被涂装的设计要求,选用合适类型的涂料,并根据施工现场环境条件加入适量的稀释剂。

（2）被涂装构件的涂装面尽可能平卧,保持水平。

（3）干漆膜测厚仪应定期进行计量校核,保证达到精度要求。

5. 治理措施

（1）正确掌握涂装操作技能,对易产生涂层厚度不足的边缘处先做涂装处理。

（2）涂装厚度检测应在漆膜实干后进行,检验方法按规范规定要求检查。

（3）当设计对图层厚度无要求时,涂层厚度及允许偏差按规范规定执行。

（4）对超过干膜厚度允许偏差的涂层应补涂修整。

6.11.8 热镀锌层起壳、脱落

1. 现象

构件热镀锌层空鼓、起壳、脱落。

2. 规范规定

《钢结构工程施工质量验收规范》GB 50205－2001：

14.2.3 构件表面不应误涂、漏涂,涂层不应脱皮和返锈等。

3. 原因分析

(1)金属表面酸洗除锈不彻底,构件表面沾有的污点、脏物、氧化铁皮未清除干净。

(2)助镀溶剂浓度不当。

(3)锌液温度失控,浸渍时工件表面温度太低。

4. 预防措施

(1)注意酸洗液的配合比,较长时间酸洗后对酸洗槽内酸液应做处理。

(2)金属表面酸洗除锈时间要充分,离开酸洗槽时要检查构件表面的酸洗质量。

(3)锌液温度应保持在 400～480℃ 之间。

(4)构件浸渍时间应控制在 1min 左右。

(5)为了提高附着力强度,可在纯锌液中加入 0.02%～0.04% 的铝。

5. 治理措施

(1)对已镀锌构件出现的空鼓、起壳应清理后补涂,补涂前应除去补涂涂料区域原热浸锌表面的锌盐及油污等,以免影响补涂的附着力。

(2)当采用涂料补涂时,宜选用富锌型涂料作修补底漆。

6.11.9 热镀锌表面有夹杂物

1. 现象

构件镀锌层表面有非锌类杂物等。

2. 规范规定

参见 6.11.8 节。

3. 原因分析

(1)锌槽内锌液表面积尘、杂物未及时清除。

(2)工件从锌液中抽出速度太慢,表面冲洗不干净。

4. 预防措施

(1)锌槽内锌液表面杂物应经常清除。

(2)工件从锌液中抽出时应先赶除锌液表面杂物,抽出后及时冲清构件表面。

6.11.10 热镀锌构件表面有红斑锈迹

1. 现象

构件热镀锌后,焊缝区域有红斑锈迹。

2. 规范规定

参见 6.11.8 节。

3. 原因分析

焊缝区域有针状气孔,酸洗时残留酸液未及时清除,热镀锌后残留酸液腐蚀,引起点状红斑锈迹。

4. 预防措施

(1)钢构件热镀锌前对焊缝区域的飞溅应清除,焊缝表面的气孔应补焊并打磨平整。

(2)出现点状锈斑,应补焊修磨,并进行局部富锌类底漆涂装。

6.11.11 热镀锌构件变形

1. 现象

构件热镀锌后变形严重。

2. 原因分析

构件热镀锌时,由于没合理考虑锌液进入构件内部后(特别是钢管类)的迅速排出通道,在构件抽出锌液时,锌液排出不畅通,由锌的自重迫使构件变形,也有可能是构件本身材质有问题。

3. 预防措施

(1)凡管内不需要镀锌构件应将管口封闭,防止锌液的流入,但管口封闭的构件应在一定位置设置工艺孔,防止封闭构件镀锌时受热膨胀发生危险。

(2)凡要求构件内部镀锌的,应考虑构件从锌液中抽出时锌液的流动畅通。

4. 治理措施

(1)构件镀锌后变形,宜采用冷加工矫正。

(2)构件矫正后镀锌层的损伤,应进行修补。

6.11.12 防火涂料的品种不合格

1. 现象

(1)防火涂料的耐火时间与设计要求不吻合。

(2)防火涂料的型号(品种)改变或超过有效期。

(3)防火涂料的产品检测报告不符合规定要求。

2. 规范规定

《钢结构工程施工质量验收规范》GB 50205－2001:

> 4.9.2 钢结构防火涂料的品种和技术性能应符合设计要求,并应经过具有资质的检测机构检测,符合国家现行有关标准的规定;
>
> 4.9.3 防腐涂料和防火涂料的型号、名称、颜色及有效期应与其质量证明文件相符。开启后,不应存在结皮、结块、凝胶等现象。

3. 原因分析

(1)不了解钢结构防火涂料的产品生产许可证是应注明防火涂料的品种和技术性能,并由专业资质的检测机构检测并出具检测报告,而是简单地采用斜率直接推算出防火涂料的耐火时间。

(2)不了解改变防火涂料的型号(品种),例:用薄涂型替代厚涂型,实质是用膨胀型替代非膨胀型。而膨胀型防火涂料多为有机材料组成,存在老化问题,我国尚未对其使用年限作出明确规定。

(3)防火涂料也有有效期,施工中未注意有效期和堆放不妥,引起过期或结块等质量问题。

(4)室内防火涂料因耐候性、耐水性较差,因此不能替代室外钢构件防火。

4. 预防措施

(1)钢结构防火涂料生产厂家应有防火涂料产品生产许可证,其应注明品种和技术性能,并由专业资质的检测机构出具证明文件。

（2）钢结构防火涂料不能简单地用斜率比直接推算防火涂料的耐火时间。

（3）根据实际要求，选用合适的防火涂料型号。

（4）室外钢构件的防火涂料应选用室外钢结构防火涂料。

5. 治理措施

（1）防火涂料应妥善保管，按批使用。

（2）对超过有效期或开桶（开包）后存在结块、凝胶、结皮等现象应停止使用。

6.11.13 防火涂料未作复验

1. 现象

防火涂料未按规定要求进行粘结强度、抗压强度性能试验就直接使用；膨胀型防火涂料未进行涂层膨胀性能检验。

2. 规范规定

（1）《钢结构工程施工质量验收规范》GB 50205－2001：

> 14.3.2 钢结构防火涂料的粘结强度、抗压强度应符合国家现行标准《钢结构防火涂料应用技术规程》CECS 24：90 的规定。

（2）《建筑钢结构防火技术规范》CECS 200：2006：

> 10.2.2 在防火涂料施工前，应对下列项目进行检验，并由具有检测资质的试验室出具检验后方可进行涂装。
>
> 对膨胀型防火涂料应进行涂层膨胀性检验。

3. 原因分析

（1）没有充分认识对防火涂料进行粘结强度、抗压强度试验的必要性，错误地认为是重大工程或大量使用防火涂料才进行抽样检验。

（2）不清楚膨胀型防火涂料要进行涂层膨胀性能检验的要求。

（3）为了赶工期，防火涂料进入工地后直接施工。

4. 预防措施

（1）要充分认识防火涂料的性能直接关系到结构构件的耐火性能，关系到结构的防火安全。对钢构件的耐火极限设计是根据建筑物的耐火等级要求和构件的位置不同来选择的。不存在重大工程与一般工程之分，也不存在使用量的大小之分。

（2）防火涂料进场后应按规定及时进行粘结强度和抗压强度的抽样复验。

（3）对膨胀型防火涂料进行涂层膨胀性能检验，最小膨胀率不应小于5，当涂层厚度不大于 3mm 时，最小膨胀率不应小于 10，膨胀型防火涂料的检查方法应符合《建筑钢结构防火技术规范》CECS 200：2006 附录 I 的规定。

5. 治理措施

粘结强度或抗压强度抽样复验不合格的防火涂料不得使用，已施工的部分应清除，重新施工。

6.11.14 基层处理不当

1. 现象

（1）防火涂料涂装基层存在油污、灰尘、泥砂等污垢。

（2）防火涂料涂装前钢材表面除锈和防锈底漆施工不符合要求。

2. 规范规定

（1）《钢结构工程施工质量验收规范》GB 50205－2001：

> 14.3.1 防火涂料涂装前钢材表面除锈及防锈底漆涂装应符合设计要求和国家现行有关标准的规定；

（2）《建筑钢结构防火技术规范》CECS 200：2006：

> 10.2.1 涂装时的环境温度和相对湿度应符合涂料产品说明书的要求，当产品说明书无要求时，环境温度宜在5～38℃之间，相对湿度不应大于85%，涂装时构件表面不应有结露；涂料未干前应避免雨淋、水冲等，并应防止机械撞击。

3. 原因分析

（1）对涂装基层存在的污垢、表面除锈和除锈底漆处理不佳等现象会引起防火涂料涂后产生空鼓，粉化松散，浮浆和返锈等缺陷的认识不足。

（2）温度过低或湿度过大，易出现结露，影响防火涂层干燥成膜。

（3）温度过高，易产生防火涂料涂层表面裂纹，增大表面裂纹宽度。

（4）防火涂料涂层未干前的雨淋、水冲等将使涂层发白、无光或脱落。

（5）机械撞击将直接损伤涂层，甚至脱落。

4. 预防措施

（1）按规定要求清洗干净涂装基层存在的油污、灰尘、泥砂等污垢，等其表面干燥后方能进行防火涂料的涂装。

（2）防火涂料涂装前，应对钢材表面除锈及防锈底漆涂装质量进行隐蔽工程验收，办理隐蔽工程交接手续。

（3）应按防火涂料产品说明书的要求，在施工中控制环境温度和相对湿度，构件表面有结露不应施工。

（4）注意天气影响，露天作业要有防雨淋措施。

（5）避免其他构件在吊运中对已涂装的防火涂料的撞击。

6.11.15 防火涂料涂层厚度不够

1. 现象

防火涂料涂层厚度未达到耐火极限的设计要求。

2. 规范规定

（1）《钢结构工程施工质量验收规范》GB 50205－2001：

> 14.3.3 薄涂型防火涂料的涂层厚度应符合有关耐火极限的设计要求。厚涂型防火涂料涂层的厚度，80%及以上面积应符合有关耐火极限的设计要求，且最薄处厚度不应低于设计要求的85%；

（2）《建筑钢结构防火技术规范》CECS 200：2006：

> 10.2.3 防火涂料涂层各测点平均厚度不应小于设计要求，单测点最小值不应小于设计要求的85%。

3. 原因分析

（1）没有认识到防火保护层的厚度是钢结构防火保护设计和施工时的重要参数，其直接影响防火性能。

（2）测量方法和抽查数量不正确。

（3）对防火涂层的厚度施工允许偏差不了解。

4. 预防措施

（1）加强中间质量控制，加强自检和抽检。

（2）检查数量：按同类构件数抽查10%，且均不应少于3件。

检验方法：用涂层厚度测量仪、测针和钢尺检查。测量方法应符合国家现行标准《建筑钢结构防火技术规范》CECS 200:2006 的规定及《钢结构工程施工质量验收规范》GB 50205–2001 中附录 F。

5. 治理措施

对防火涂料涂层厚度不够的区域应作涂层表面清洁处理后补涂，达到验收合格标准。

6.11.16 涂层表面裂纹

1. 现象

防火涂料涂层干燥后，表面出现裂纹。

2. 规范规定

（1）《钢结构工程施工质量验收规范》GB 50205–2001：

> 14.3.4 薄涂型防火涂料涂层表面裂纹宽度不应大于0.5mm，厚涂型防火涂料涂层表面裂纹宽度不应大于1mm。

（2）《建筑钢结构防火技术规范》CECS 200:2006：

> 10.2.4 膨胀型防火涂料涂层表面裂纹宽度不应大于0.5mm，且lm长度内均不得多于1条，当涂层厚度不大于3mm时，涂层表面裂纹宽度不应大于0.1mm。非膨胀型防火涂料涂层表面裂纹宽度不应大于1mm，且lm长度内不得多于3条。

3. 原因分析

（1）涂层过厚，表面已经干燥固结，内部却还在继续固化过程中。

（2）厚涂层未干燥到可以涂装后道涂层时，就涂装新的一层涂料。

（3）防火涂料施工环境温度过高，引起表面迅速固化而开裂。

4. 预防措施

（1）应按防火涂料产品说明书的要求配套混合，按施工工艺规定的厚度多道涂装。

（2）在厚涂层上覆盖新涂层，应在厚涂层完成后的最少涂装间隔时间后进行。

（3）夏天高温下，涂装施工应避免暴晒，并注意保养。

5. 治理措施

（1）对涂层表面局部裂纹宽度大于验收规范要求的涂层应进行返修。

（2）处理涂层裂纹时，可用风动工具或手工工具将裂纹与周边区域涂层铲除，再分层多道进行修补涂装。

6.11.17 误涂与漏涂

1. 现象

钢构件防火涂装后发现涂料品种、型号和涂层厚度等不符合设计要求。

2. 规范规定

《钢结构工程施工质量验收规范》GB 50205-2001：

14.3.6 防火涂料不应有误涂、漏涂,涂层应闭合无胀层、空鼓、明显凹陷、粉化松散和浮浆等外观缺陷,乳突已剔除。

3. 原因分析

(1)施工技术交底不明确,施工中未严格执行自检互检制度,造成厚度误涂、型号误涂、构件误涂。

(2)操作技能欠佳,涂装时未能确保涂层完全闭合,造成漏涂。

(3)隐蔽区域的涂装未按要求进行涂装,造成漏涂。

4. 预防措施

(1)加强施工技术交底,明确各个不同区域的耐火极限与施工选用的品种、型号和厚度等要求。

(2)施工中加强自检与互检,加强专职质检员的巡检。

(3)隐蔽区域覆盖时应进行隐蔽工程验收,办理签证手续。

(4)涂装时应注意涂层的完全闭合,并确保涂层的厚度。

5. 治理措施

(1)对误涂的区域应铲除已涂涂层,重新进行涂装。

(2)对漏涂区域按施工工艺要求进行补涂,其涂层厚度应达到设计要求。

(3)钢结构连接节点处的涂层厚度应不包括连接板、高强度螺栓及焊接衬板的厚度。

6.11.18 涂层外观质量缺陷

1. 现象

(1)涂层干燥后出现脱层或轻敲时发现空鼓。

(2)涂层表面出现明显凹陷。

(3)涂层外观或用手掰,出现粉化松散和浮浆。

(4)涂层表面外观不平整、有乳突现象(图6-38)。

2. 规范规定

参见6.11.17节。

3. 原因分析

(1)一次涂层涂装太厚,由于内外涂层干燥速度不同,易产生开裂、空鼓与脱落(脱层)。

(2)涂层在底层(或基层)存在油污、灰尘、泥砂等污垢或结露等情况下进行涂装;或没按产品要求挂钢丝网,涂刷界面剂,引起涂层空鼓与脱落(脱层)。

图6-38 涂层表面出现明显凹陷

(3)高温烈日下施工,未注意基层处理和涂层养护,引起涂层空鼓与脱落(涂层)。

(4)涂装施工在高温或寒冷环境条件下未采取相应措施,造成涂料施工时就粉化或结冻;或施工后涂层干燥固化不好,造成涂层粘结不牢、粉化松散和浮浆等缺陷。

(5)施工不规范、未做找平罩面,出现乳突也未做铲除处理。

4. 预防措施

(1)防火涂料涂刷前应清除油污、灰尘和泥砂等污垢。

（2）应按防火涂料施工技术要求，采取挂钢丝网、涂刷界面剂等增加附着力的措施。

（3）防火涂料的施工环境温度宜在 5～38℃ 之间，相对湿度不应大于 85%，构件表面不应有结露。

（4）钢构件表面连接处的缝隙应用防火涂料或其他防火涂料填补堵平后，方可进入大面积涂装。

（5）防火涂料的底涂层宜采用喷枪喷涂。

（6）薄型防火涂料喷涂时，每遍厚度不宜超过 2.5mm，并应在前一道涂层干燥后，再喷涂后遍涂层，喷涂应确保涂层完全闭合，涂层应平整、颜色均匀。

（7）厚型防火涂料在喷涂或抹涂时，每遍厚度为 5～8mm，施工层间间隔时间应符合产品说明书的要求。涂层应平整，无明显凹陷。

（8）注意涂料的混合搅拌的充分性，高温或冷寒气温应有防止涂料粉化或结冻的现象产生。

（9）注意高温和冷寒季节施工后的涂层养护工作，确保涂层干燥固化质量。

5. 治理措施

（1）施工过程中应及时剔除乳突，确保表面的均匀平整。

（2）对涂层干燥后出现的脱落（脱层）、空鼓、粉化松散区域应铲除后重新涂装。对明显凹陷应做补涂，对浮浆应做清除处理，处理后厚度达不到设计要求时，应补涂。

第7章 钢—混组合结构

钢—混组合结构是由型钢、钢板或钢管与混凝土组合而成的结构构件组成的受力结构体系,其特点是钢结构与混凝土结构共同受力,充分发挥了钢材抗拉强度高、塑性好和混凝土抗压强度高的优点,具有承载力强、抗震性能好的特点。本章主要是针对型钢、钢板及钢管与钢筋连接的节点通病现象及预防措施进行描述,至于型钢、钢板及钢管的制作、吊装与钢结构的制作、吊装一致,其通病参照第6章钢结构工程;钢筋制作及绑扎、钢筋安装、模板安装、混凝土浇捣等与钢筋混凝土结构一致,其通病参照第4章混凝土结构工程。

7.1 钢—混组合结构管理

7.1.1 设计图纸深化不够

1. 现象

(1)钢—混组合结构未在施工图的基础上进行深化设计,或深化设计未经原设计单位同意。

(2)深化设计未明确钢筋与钢构件的节点处理方法和措施。

(3)深化设计文件中未明确穿钢筋预留洞的位置、数量和规格。

(4)深化设计文件中无预留洞位置的加强处理措施。

(5)深化设计文件中未对钢构件的拼装,吊装及与钢筋混凝土的施工提出具体措施。

2. 规范规定

(1)《钢—混凝土组合结构施工规范》GB 50901-2013:

> 3.1.6 钢—混凝土组合结构工程施工单位应对设计图纸进行深化设计,并应经设计单位认可。
>
> 3.3.2 钢—混凝土组合结构施工中对于重要的复杂节点,施工前宜按1:1的比例进行模拟施工,根据模拟情况进行节点的优化设计,并应进行工艺评定。
>
> 3.4.1 施工深化设计应符合国家现行有关标准的规定,应在施工图的基础上进行,深化设计图应征得设计单位同意后方可施工。
>
> 3.4.2 施工深化设计应在施工工艺、结构构造等相关要求的基础上,应包括下列内容:
>
> 1 配筋密集部位节点的设计放样与细化;型钢梁与型钢柱、型钢柱与梁筋、钢梁与梁筋、带钢斜撑或型钢混凝土斜撑连接与梁柱连接的连接方法、构造要求;
>
> 2 混凝土与钢骨的粘结连接构造、机电预留孔洞布置、预埋件布置等;
>
> 3 混凝土浇筑时需要的灌浆孔、流淌孔、排气孔和排水孔等;
>
> 4 构件加工过程中加劲板的设计;
>
> 5 根据安装工艺要求设置的连接板、吊耳等的设计;
>
> 6 钢—混凝土组合桁架等大跨度构件的预起拱;

7 混凝土浇筑过程中可能引起的型钢和钢板的变形验算及加强措施分析。

3.4.3 当钢—混凝土组合结构工程施工方法或顺序对主体结构的内力和变形产生较大影响，或设计文件有特殊要求时，应进行施工阶段力学分析，并应对施工阶段结构的强度、刚度和稳定性进行验算，其验算结果应得到原设计单位认可。

3.4.4 钢—混凝土组合结构施工阶段的结构分析模型和荷载作用应与实际施工工艺、工况相符合。

3.4.5 钢构件或结构单元吊装时，宜进行强度、稳定性和变形验算，动力系数宜取1.2。当有可靠经验时，动力系数可根据实际受力情况和安全要求适当增减。

3.4.6 施工深化设计图应包括图纸目录、总说明、构件布置图、构件详图、连接构造详图和安装节点详图等。

(2)《钢管混凝土结构技术规范》GB 50936－2014：

9.1.2 钢管的制作应根据设计文件绘制钢结构施工详图，并应按设计文件和施工详图的规定编制制作工艺文件，根据制作厂的生产条件和现场施工条件、运输要求、吊装能力和安装条件，确定钢管的分段或拼焊。

(3)《混凝土结构工程施工规范》GB 50666－2011：

3.1.3 施工前，应由建设单位组织设计、施工、监理等单位对设计文件进行交底和会审。由施工单位完成的深化设计文件应经原设计单位确认。

3. 原因分析

(1)设计文件未明确加工要进行深化设计。

(2)施工单位无深化设计的能力。

(3)建设监理及施工单位质量管理意识不强，对钢—混凝土组合结构的特点缺乏了解，重视不够。

4. 预防措施

(1)建立钢—混组合结构加工制作深化设计的管理体制。

(2)建设单位承担起第一责任人的质量责任，落实设计单位的审核责任，落实施工及监理的管理责任。

(3)加强钢—混组合结构工程的理论技术学习，提高管理人员的业务技术水平。

5. 治理措施

无深化设计图纸或深化设计图纸未经设计认可的不得加工。

7.1.2 设计未交底就加工制作

1. 现象

(1)设计图纸未经审查或审查意见未落实到具体施工图纸中。

(2)设计图纸未进行系统交底就加工制作，导致构件加工偏差。

2. 规范规定

(1)《钢—混凝土组合结构施工规范》GB 50901－2013：

3.1.4 钢—混凝土组合结构工程施工前设计单位应对设计图纸进行技术交底，建设单位应组织参建单位对施工图纸进行会审。

3.3.2 钢—混凝土组合结构施工中对于重要的复杂节点，施工前宜按1:1的比例进行模拟施工,根据模拟情况进行节点的优化设计,并应进行工艺评定。

3.4.3 当钢—混凝土组合结构工程施工方法或顺序对主体结构的内力和变形产生较大影响,或设计文件有特殊要求时,应进行施工阶段力学分析,并应对施工阶段结构的强度、刚度和稳定性进行验算,其验算结果应得到原设计单位认可。

3.4.4 钢—混凝土组合结构施工阶段的结构分析模型和荷载作用应与实际施工工艺、工况相符合。

3.4.5 钢构件或结构单元吊装时,宜进行强度、稳定性和变形验算,动力系数宜取1.2。当有可靠经验时,动力系数可根据实际受力情况和安全要求适当增减。

(2)《钢管混凝土工程施工质量验收规范》GB 50628—2010:

3.0.2 钢管混凝土施工图设计文件应经具有施工图设计审查许可证的机构审查通过。施工单位的深化设计文件应经原设计单位确认。

(3)《混凝土结构工程施工规范》GB 50666—2011:

3.1.3 施工前,应由建设单位组织设计、施工、监理等单位对设计文件进行交底和会审。由施工单位完成的深化设计文件应经原设计单位确认。

3. 原因分析

(1)管理者工程建设的法律意识淡薄,任意压缩工期,边设计边施工。

(2)建设单位专业能力不足,对组织设计交底不重视。

(3)施工监理单位也未及时向建设单位要求组织设计单位进行设计交底。

4. 预防措施

严格执行先设计后施工的基本建设程序,设计图纸经施工图审查机构审查合格,并由建设单位组织设计单位进行技术交底后方可施工。

5. 治理措施

严格施工图审查制度和设计交底制度,未经审查合格的图纸不得作为施工的依据,未经设计交底,钢—混凝土组合结构工程不得加工或施工。

7.1.3 无施工组织设计或专项施工方案

1. 现象

(1)钢—混组合结构施工单位安全质量管理体系不健全,施工前无施工组织设计或专项施工方案。

(2)施工组织设计或专项施工方案未按照程序进行审查。

2. 规范规定

(1)《钢—混凝土组合结构施工规范》GB 50901—2013:

3.1.3 钢—混凝土组合结构工程施工单位应具备相应的工程施工资质,并应建立安全、质量和环境的管理体系。

3.1.5 钢—混凝土组合结构工程施工前应取得经审查通过的施工组织设计和专项施工方案等技术文件。

3.2.2 钢—混凝土组合结构工程施工中垂直运输、安装施工应编制专项方案。

3.2.3 钢—混凝土组合结构工程施工应编制交叉和高空作业安全专项方案。

(2)《钢管混凝土工程施工质量验收规范》GB 50628－2010：

> 3.0.1 钢管混凝土工程的施工应由具备相应资质的企业承担。钢管混凝土工程施工质量检测应由具备工程结构检测资质的机构承担。
>
> 3.0.3 钢管混凝土工程施工前,施工单位应编制专项施工方案,并经监理(建设)单位确认。当冬期、雨期、高温施工时,应制定季节性施工技术措施。

(3)《混凝土结构工程施工质量验收规范》GB 50204－2015：

> 4.1.1 模板工程应编制施工方案。爬升式模板工程、工具式模板工程及高大模板支架工程的施工方案,应按有关规定进行技术论证。
>
> 4.2.8 现浇混凝土结构多层连续支模应符合施工方案的规定。上下层模板支架的竖杆宜对准。竖杆下垫板的设置应符合施工方案的要求。

(4)《混凝土结构工程施工规范》GB 50666－2011：

> 3.1.1 承担混凝土结构工程施工的施工单位应具备相应的资质.并应建立相应的质量管理体系、施工质量控制和检验制度。
>
> 3.1.2 施工项目部的机构设置和人员组成,应满足混凝土结构工程施工管理的需要。施工操作人员应经过培训,应具备各自岗位需要的基础知识和技能水平。
>
> 3.1.5 施工单位应根据设计文件和施工组织设计的要求制定具体的施工方案,并应经监理单位审核批准后组织实施。

3. 原因分析

(1)施工管理者质量管理意识不强,没有按照施工组织设计或方案组织施工的意识。

(2)施工组织设计或方案与现场组织施工脱节。

(3)技术交底流于形式。

4. 预防措施

建立施工组织设计或施工方案制定、审批、学习、交底及执行的系列制度,完善学习、交底及执行情况的检查制定,落实执行责任。

5. 治理措施

审批通过的施工组织设计或施工方案必须组织专项学习、交底,实施过程中常态化检查,对出现偏差及时纠正。

7.1.4 钢—混凝土组合结构工程的计量器具未经校准合格

1. 现象

(1)钢—混凝土组合结构工程施工所采用的各类计量器具,未经校准合格。

(2)各类计量器具超过校准有效期仍在使用。

2. 规范规定

(1)《钢—混凝土组合结构施工规范》GB 50901－2013：

> 3.1.7 钢—混凝土组合结构工程施工所采用的各类计量器具,均应经校准合格,且应在有效期内使用。

(2)《钢管混凝土工程施工质量验收规范》GB 50628－2010：

> 3.0.9 钢管内混凝土施工前应进行配合比设计,并宜进行浇筑工艺试验;浇筑方法应与结构形式相适应。

(3)《混凝土结构工程施工规范》GB 50666－2011:

> 7.3.1 混凝土配合比设计应经试验确定,并应符合下列规定:
> 1 应在满足混凝土强度、耐久性和工作性要求的前提下,减少水泥和水的用量;
> 2 当有抗冻、抗渗、抗氯离子侵蚀和化学腐蚀等耐久性要求时,尚应符合现行国家标准《混凝土结构耐久性设计规范》GB/T 50476 的有关规定;
> 3 应分析环境条件对施工及工程结构的影响;
> 4 试配所用的原材料应与施工实际使用的原材料一致。
> 7.3.4 混凝土的工作性指标应根据结构形式、运输方式和距离泵送高度、浇筑和振捣方式,以及工程所处环境条件等确定。
> 7.3.5 混凝土最大水胶比和最小胶凝材料用量,应符合现行行业标准《普通混凝土配合比设计规程》JGJ 55 的有关规定。
> 7.3.6 当设计文件对混凝土提出耐久性指标时,应进行相关耐久性试验验证。
> 7.3.8 混凝土配合比的试配、调整和确定,应按下列步骤进行:
> 1 采用工程实际使用的原材料和计算配合比进行试配。每盘混凝土试配量不应小于20L;
> 2 进行试拌,并调整砂率和外加剂掺量等使拌合物满足工作性要求,提出试拌配合比;
> 3 在试拌配合比的基础上,调整胶凝材料用量,提出不少于 3 个配合比进行试配。根据试件的试压强度和耐久性试验结果,选定设计配合比;
> 4 应对选定的设计配合比进行生产适应性调整,确定施工配合比;
> 5 对采用搅拌运输车运输的混凝土,当运输时间较长时,试配时应控制混凝土坍落度经时损失值。

3. 原因分析

(1)计量器具管理制度不健全,无专人管理。

(2)无计量仪器检定校核及使用台账。

(3)无计量器具使用检查制度。

4. 预防措施

建立计量器具检定校核使用台账,设定专人管理。

5. 治理措施

仪器未校核或超过校核有效期的不得使用。

7.1.5 钢—混凝土组合结构工程的四新技术未进行试验和检验

1. 现象

(1)应用于钢—混凝土组合结构工程施工中的新技术、新工艺、新材料、新设备,未进行试验和检验。

(2)应用于钢—混凝土组合结构工程施工中的新技术、新工艺、新材料、新设备虽然经过试验和检验,但未经专家论证是否能够用于具体工程。

2. 规范规定

(1)《钢—混凝土组合结构施工规范》GB 50901－2013:

> **3.1.8** 钢—混凝土组合结构工程施工中采用的新技术、新工艺、新材料、新设备,首次使用时应进行试验和检验,其结果须经专家论证通过。

(2)《混凝土结构工程施工规范》GB 50666 - 2011:

> **3.2.3** 混凝土结构工程施工中采用的新技术、新工艺、新材料、新设备,应按有关规定进行评审、备案。施工前应对新的或首次采用的施工工艺进行评价,制定专门的施工方案,并经监理单位核准。

3. 原因分析

对四新技术的理解有偏差,不了解四新技术应用管理的相关制度;四新技术首先应进行相关的检测试验,同时由建设行政主管部门组织专家进行评审,根据评审意见施工单位组织实施,并制定质量控制和验收标准。

4. 预防措施

加强四新技术的宣传,让从业人员了解和熟悉四新技术,一方面大力推广新技术、新工艺、新方法和新设备,另一方面对使用的新技术、新工艺、新方法和新设备加强管理,严格控制工程质量。

7.2 钢—混凝土组合结构栓钉

7.2.1 栓钉材质机械性能不符合要求

1. 现象

(1)栓钉进场的质量证明文件中无机械性能指标;

(2)栓钉检测的机械性能不符合要求。

2. 规范规定

《钢 - 混凝土组合结构施工规范》GB 50901 - 2013:

> **4.3.3** 栓钉应符合现行国家标准《电弧螺柱焊用圆柱头焊钉》GB/T 10433 的有关规定,其材料及力学性能应符合表 4.3.3 的规定。
>
> 栓钉材料及力学性能　　　　　　　　　　　　表 4.3.3
>
> | 材料 | 极限抗拉强度(N/mm²) | 屈服强度(N/mm²) | 伸长率(%) |
> |---|---|---|---|
> | ML1、ML15A1 | ≥400 | ≥320 | ≥14 |

3. 原因分析

(1)加工栓钉的材料选取不符合要求。

(2)加工栓钉所用材料未进行机械性能复试检测。

(3)栓钉进场检查验收不到位。

4. 预防措施

(1)加工栓钉的采用应符合《冷镦和冷挤压用钢》GB/T 6478 - 2001 的规定。

(2)加工栓钉所用钢材进场应对机械性能进行复试。

图 7 - 1　栓钉焊接质量

（3）栓钉进场应对加工所用钢材的机械性能和栓钉的机械性能指标进行核对,当有疑义时,应进行复检。

5. 治理措施

进场的栓钉应按批量进行机械性能检测,未检测或检测不符合要求的严禁使用。

7.2.2 栓钉焊接质量不符合要求

1. 现象

（1）栓钉焊缝高度不足。

（2）焊缝质量不符合要求,有咬肉、夹渣、焊瘤等焊接质量缺陷。

（3）栓钉数量不足(图7-1)。

2. 规范规定

（1）《钢-混凝土组合结构施工规范》GB 50901-2013:

> 9.2.4 栓钉施工应符合下列规定:
>
> 1 栓钉中心至钢梁上翼缘侧边或预埋件的距离不应小于35mm,至设有预埋件的混凝土梁上翼缘侧边的距离不应小于60mm;
>
> 2 栓钉顶面混凝土保护层厚度不应小于15mm,栓钉钉头下表面高出压型钢板底部钢筋顶面不应小于30mm;
>
> 3 栓钉应设置在压型钢板凹肋处,穿透压型钢板并将栓钉焊牢于钢梁或混凝土预埋件上;
>
> 4 栓钉的焊接宜使用独立的电源;电源变压器的容量应100-250kVA;
>
> 5 栓钉施焊应在压型钢板焊接固定后进行;
>
> 6 环境温度在0℃以下时不宜进行栓钉焊接。

（2）《钢结构工程施工规范》GB 50755-2012:

> 6.4.13 栓钉应采用专用焊接设备进行施焊。首次栓钉焊接时,应进行焊接工艺评定试验,并应确定焊接工艺参数。
>
> 6.4.14 每班焊接作业前,应至少试焊3个栓钉,并应检查合格后再正式施焊。
>
> 6.4.15 当受条件限制而不能采用专用设备焊接时,栓钉可采用焊条电弧焊和气体保护电弧焊焊接,并应按相应的工艺参数施焊,其焊缝尺寸应通过计算确定。

3. 原因分析

（1）栓钉未采用专用设备进行施焊。

（2）焊接质量无专人检测验收。

（3）未按焊接工艺评定确定的焊接工艺进行焊接。

4. 预防措施

（1）栓钉必须采用专用设备进行施焊。

（2）焊接质量应设专人检测验收。

（3）全面施焊应严格按焊接工艺评定确定的焊接工艺进行焊接。

5. 治理措施

加强栓钉焊接质量的管理,焊接过程应进行检查,焊接完成后应进行验收,验收合格后方可进行下道工序施工。

7.3 钢—混凝土组合结构钢筋与钢构件连接节点

7.3.1 钢筋绕开法钢筋节点的钢筋不顺直

1. 现象

(1)钢筋在绕开钢构件时,钢筋走向不顺直。

(2)钢筋净距过小或重叠。

(3)钢筋间距不均匀。

2. 规范规定

(1)《钢－混凝土组合结构施工规范》GB 50901－2013:

> 5.2.5 钢管柱与钢筋混凝土梁连接时,可采用下列连接方式:
>
> 1 在钢管上直接钻孔,将钢筋直接穿过钢管;
>
> 2 在钢管外侧设环板,将钢筋直接焊在环板上,在钢管内侧对应位置设置内加劲环板;
>
> 3 在钢管外侧焊接钢筋连接器,钢筋通过连接器与钢管柱相连接。
>
> 6.2.5 当柱内竖向钢筋与梁内型钢采用钢筋绕开法或连接件法连接时,应符合下列规定:
>
> 1 当采用钢筋绕开法时,钢筋应按不小于1:6角度折弯绕过型钢;
>
> 2 当采用连接件法时,钢筋下端宜采用钢筋连接套筒连接,上端宜采用连接板连接,并应在梁内型钢相应位置设置加劲肋(图6.2.5);
>
> 3 当竖向钢筋较密时,部分可代换成架立钢筋,伸至梁内型钢后断开,两侧钢筋相应加大,代换钢筋应满足设计要求。

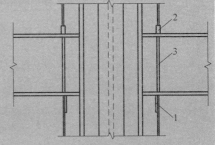

图6.2.5 梁柱节点竖向钢筋连接方式
1－连接板;2－钢筋连接套筒;3－加劲肋

(2)《钢管混凝土工程施工质量验收规范》GB 50628－2010:

> 4.5.1 钢管混凝土柱与钢筋混凝土梁连接节点核心区的构造及钢筋的规格、位置、数量应符合设计要求。
>
> 4.5.2 钢管混凝土柱与钢筋混凝土梁采用钢管贯通型节点连接时,在核心区内的钢管外壁处理应符合设计要求,设计无要求时,钢管外壁应焊接不少于两道闭合的钢筋环箍,环箍钢筋直径、位置及焊接质量应符合专项施工方案要求。
>
> 4.5.3 钢管混凝土柱与钢筋混凝土梁连接采用钢管柱非贯通型节点连接时,钢板翅片、厚壁连接钢管及加劲肋板的规格、数量、位置与焊接质量应符合设计要求。
>
> 4.5.4 梁纵向钢筋通过钢管混凝土柱核心区应符合下列规定:
>
> 1 梁的纵向钢筋位置、间距应符合设计要求;
>
> 2 边跨梁的纵向钢筋的锚固长度应符合设计要求;
>
> 3 梁的纵向钢筋宜直接贯通核心区,且连接接头不宜设置在核心区。
>
> 4.5.5 通过梁柱节点核心区的梁纵向钢筋的净距不应小于40 mm,且不小于混凝土骨料粒径的1.5倍。绕过钢管布置的纵向钢筋的弯折度应满足设计要求。

3.原因分析

(1)钢筋成型弯折点的位置与钢构件位置偏差大。

(2)钢筋加工成型过程中弯折角度不对。

(3)钢筋未加工弯折成角度。

4.预防措施

(1)准确确定钢筋节点绕开的距离,严格按照1:6的角度进行加工。

(2)准确确定钢筋弯折点的高度,绑扎时首先固定弯折点的标高,然后绑扎固定。

5.治理措施

(1)钢筋成型后设定专人检查钢筋成型质量,重点检查绕开位置钢筋弯折角度。

(2)为弯折成型的钢筋严禁绑扎。

7.3.2 钢筋穿孔法钢筋节点的钢筋与预留孔错位

1.现象

(1)钢筋位置与预留孔位错位,导致钢筋无法穿过

(2)穿过钢构件的钢筋数量不符合设计要求。

2.规范规定

《钢–混凝土组合结构施工规范》GB 50901–2013:

> 7.2.1 钢筋加工和安装应符合下列规定:
>
> 1 梁与柱节点处钢筋的锚固长度应满足设计要求;不能满足设计要求时,应采用绕开法、穿孔法、连接件法处理。
>
> 2 箍筋套入主梁后绑扎固定,其弯钩锚固长度不能满足要求时,应进行焊接;梁顶多排纵向钢筋之间可采用短钢筋支垫来控制排距。
>
> 3 梁主筋与型钢柱相交时,应有不小于50%的主筋通长设置;其余主筋宜采用下列方式连接:
>
> 1)水平锚固长度满足$0.4L_{ae}$时,弯锚在柱头内;
>
> 2)水平锚固长度不满足$0.4L_{ae}$时,应在弯起端头处双面焊接不少于$5d$长度、与主筋直径相同的短钢筋;也可采用经设计认可的其他连接方式。
>
> 4 当箍筋在型钢梁翼缘截面尺寸和两侧主纵筋定位调整时,箍筋弯钩应满足135°的要求,当因特殊情况应做成90°弯钩焊接$10d$,应满足现行国家标准《混凝土结构工程施工质量验收规范》GB 50204的相关规定和结构抗震设计要求。
>
> 8.2.3 钢筋与墙体内型钢采用穿孔法时,应符合下列规定:
>
> 1 预留钢筋孔的大小、位置应满足设计要求,必要时应采取相应的加强措施;
>
> 2 钢筋孔的直径宜为$d+4mm$(d为钢筋公称直径);
>
> 3 型钢翼缘上设置钢筋孔时,应采取补强措施。型钢腹板上预留钢筋孔时,其腹板截面损失率宜小于腹板面积25%,且应满足设计要求;
>
> 4 预留钢筋孔应在深化设计阶段完成,并应由构件加工厂进行机械制孔,严禁用火焰切割制孔。

3.原因分析

(1)钢筋安装时,未按照钢构件预留孔洞进行施工。

（2）钢构件预留孔的直径与钢筋直径不匹配,孔径小,钢筋直径大。

（3）钢构件预留孔的数量与钢筋实际数量不一致,钢筋数量多,预留孔数量少。

4.预防措施

（1）严格深化设计图纸,精确钢筋穿过钢构件的规格、位置和数量,准确确定预留孔的位置、数量和孔的大小。

（2）设定专人按照深化图纸检查钢构件预留孔的设置。

（3）钢筋安装时核对预留孔的位置,先穿钢筋,后绑扎固定。

5.治理措施

钢构件进场按照深化图核对预留孔的设置,不符合要求的不得进行下道工序施工。

7.3.3 钢筋连接件法钢筋节点的钢筋焊接质量不符合要求

1.现象

（1）连接件处钢筋焊接锚固长度不符合要求。

（2）钢筋与连接件的焊接质量不符合要求,焊接高度不足,咬肉明显,焊瘤及焊渣未清理。

（3）钢筋连接套筒与钢筋位置错位,导致钢筋无法与连接套进行连接。

2.规范规定

《钢—混凝土组合结构施工规范》GB 50901－2013:

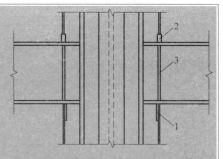

6.2.5 当柱内竖向钢筋与梁内型钢采用钢筋绕开法或连接件法连接时,应符合下列规定:

1 当采用钢筋绕开法时,钢筋应按不小于1:6角度折弯绕过型钢;

2 当采用连接件法时,钢筋下端宜采用钢筋连接套筒连接,上端宜采用连接板连接,并应在梁内型钢相应位置设置加劲肋(图6.2.5);

3 当竖向钢筋较密时,部分可代换成架立钢筋,伸至梁内型钢后断开,两侧钢筋相应加大,代换钢筋应满足设计要求。

图6.2.5 梁柱节点竖向钢筋连接方式
1—连接板;2—钢筋连接套筒;3—加劲肋

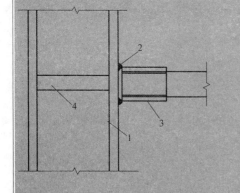

图6.2.6-1 型钢柱与钢筋套筒的连接方式
1—柱内型钢;2—角焊缝;
3—可焊钢筋连接套筒;4—辅助加劲板

6.2.6 当钢筋与型钢采用钢筋连接套筒连接时,应符合下列规定:

1 连接接头抗拉强度应等于被连接钢筋的实际拉断强度或不小于1.10倍钢筋抗拉强度标准值,残余变形小,并具有高延性及反复拉压性能。同一区段内焊接于钢构件上的钢筋面积率不宜超过30%;

2 连接套筒接头应在构件制作期间完成焊接,焊缝连接强度不应低于对应钢筋的抗拉强度;

3 钢筋连接套筒与型钢的焊接应采用贴角焊缝,焊缝高度应按计算确定(图6.2.6-1);

4 当钢筋垂直于钢板时,可将钢筋连接套筒直接焊接于钢板表面[图6.2.6-2(a)];当与钢板成一定角度时,可加工成一定角度的连接板辅助连接[图6.2.6-2(b)];

6 当在型钢上焊接多个钢筋连接套筒时,套筒间净距不应小于30mm,且不应小于套筒外直径。

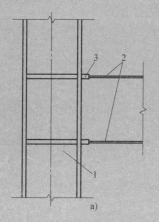 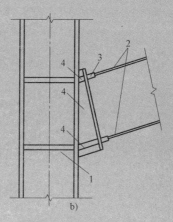

(a)钢筋与钢板垂直 　　　　(b)钢筋与钢板成角度

图6.2.6-2　钢筋连接套筒与型钢连接方式

1-柱内型钢;2-钢筋;3-可焊钢筋连接套筒;4-辅助加劲板

6.2.7 当钢筋与型钢采用连接板焊接连接时,应符合下列规定:

1 钢筋与钢板焊接时,宜采用双面焊。当不能进行双面焊时,方可采用单面焊。双面焊时,钢筋与钢板的搭接长度不应小于5d(d为钢筋直径),单面焊时,搭接长度不应小于10d(图6.2.7)。

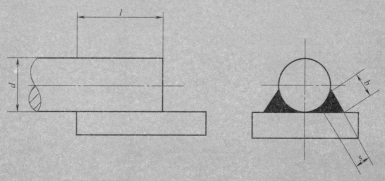

图6.2.7　钢筋与钢板搭接焊接头

l-搭接长度;d-钢筋直径;b-焊缝宽度;s-焊缝厚度

2 钢筋与钢板的焊缝宽度不得小于钢筋直径的0.60倍,焊缝厚度不得小于钢筋直径的0.35倍。

7.2.1 钢筋加工和安装应符合下列规定:

1 梁与柱节点处钢筋的锚固长度应满足设计要求;不能满足设计要求时,应采用绕开法、穿孔法、连接件法处理。

3. 原因分析

(1)钢筋焊接人员未取得焊接上岗证。

(2)焊接设备选型与焊接钢筋不匹配。

(3)焊接电流过大或过小。

(4)套筒安装位置不准确。

4. 预防措施

(1)焊接人员应取得上岗证后方可施焊。

(2)选择适宜的焊接设备并调整合适的电流进行施焊。

5. 治理措施

加强焊接过程和焊接完成后的检查验收。

7.4　钢管混凝土柱

7.4.1 钢管柱拼装后相邻两管段的纵缝未错开

1. 现象

(1)钢管柱拼装完成后相邻两管段的纵缝未错开;

(2)钢管柱拼装完成后相邻两管段的纵缝错开距离小于300mm。

2. 规范规定

(1)《钢－混凝土组合结构施工规范》GB 50901－2013:

3 钢管柱单元柱段在出厂前宜进行工厂预拼装,预拼装检查合格后,宜标注中心线、控制基准线等标记,必要时应设置定位器。

　　(2)《钢管混凝土结构技术规范》GB 50936－2014:

　　7.2.1 等直径钢管对接时宜设置环形隔板和内衬钢管段,内衬钢管段也可兼作为抗剪连接件,并应符合下列规定:

　　1 上下钢管之间应采用全熔透坡口焊缝,坡口可取35°,直焊缝钢管对接处应错开钢管焊缝;

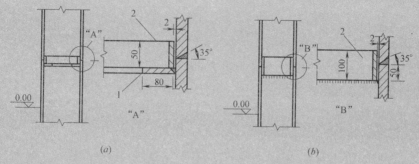

图 7.2.1　等直径钢筋对接构造
(a)仅作为衬管用时;(b)同时作为抗剪连接件时
1—环形隔板;2—内衬钢管

　　2 内衬钢管仅作为衬管使用时(图7.2.1a),衬管管壁厚度宜为4～6mm,衬管高度宜为50mm,其外径宜比钢管内径小2mm;

　　3 内衬钢管兼作为抗剪连接件时(图7.2.1b),衬管管壁厚度不宜小于16mm,衬管高度宜为100mm,其外径宜比钢管内径小2mm;

　　7.2.2 不同直径钢管对接时,宜采用一段变径钢管连接(图7.2.2)。变径钢管的上下两端均宜设置环形隔板,变径钢管的壁厚不应小于所连接的钢管壁厚,变径段的斜度不宜大于1:6,变径段宜设置在楼盖结构高度范围内。

　　7.2.3 钢管分段接头在现场连接时,宜加焊内套圈和必要的焊缝定位件。

　　9.1.5 对于大直径钢管,当采用直缝焊接钢管时,等径钢管相邻纵缝间距不宜少于300mm,纵向焊缝沿圆周方向的数量不宜超过2道。相邻两节管段对接时,纵向焊缝应互相错开,间距不宜小于300mm。

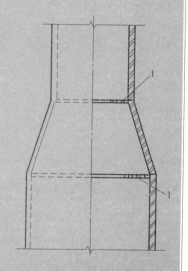

图 7.2.2　不同直径钢管接长
构造示意图
1—环形隔板

3. 原因分析

　　(1)拼装前,质量员未及时进行质量交底,吊装就位时,施工安装人员质量意识不强,未有意的采取相邻管段纵缝错位的控制措施。

　　(2)钢管柱拼装时质量员未跟踪检查,没有及时发现相邻钢管纵缝错位距离不符合要求。

439

4. 预防措施

(1)钢管柱构件拼装时专职质量员均应进行拼装前的质量交底。

(2)拼装过程中及时检查,及时纠偏。

5. 治理措施

拼装时在相邻钢管柱构件表面设置对接标识,对接标识严格按规范规定纵向焊缝的错位距离设置,吊装时相邻关键的吊装标识吻合后进行构件定位固定。

7.4.2 钢管柱的焊接质量不符合要求

1. 现象

钢管柱焊接的焊缝未采用全熔透焊缝,焊缝存在焊瘤、咬肉、夹渣、气泡等质量缺陷。

2. 规范规定

(1)《钢-混凝土组合结构施工规范》GB 50901-2013:

> 5.2.3 钢管柱焊接应符合下列规定:
>
> 1 钢管构件的焊缝均应采用全熔透对接焊缝。其焊缝的坡口形式和尺寸应符合国家现行标准《钢结构焊接规范》GB 50661 的规定。
>
> 2 圆钢管构件纵向直焊缝应选择全熔透一级焊缝,横向环焊缝可选择全熔透一级或二级焊缝。矩形钢管构件纵向的角部组装焊缝应采用全熔透一级焊缝。横向焊缝可选择全熔透一级或二级焊缝。圆钢管的内外加强环板与钢管壁应采用全熔透一级或二级焊缝。

(2)《钢管混凝土工程施工质量验收规范》GB 50628-2010:

> 4.2.2 钢管混凝土构件拼装的方式、程序、施焊方法应符合设计及专项施工方案要求。
>
> 4.2.3 钢管混凝土构件焊接的焊接材料应与母材相匹配,并应符合设计要求和现行国家标准《钢结构工程施工质量验收规范》GB 50205 的有关规定。
>
> 4.2.4 钢管混凝土构件拼装焊接焊缝质量应符合设计要求和现行国家标准《钢结构工程施工质量验收规范》GB 50205 的有关规定。设计要求的一、二级焊缝应符合本规范第 3.0.7 条的规定。
>
> 4.2.6 钢管混凝土构件现场拼装焊接二、三级焊缝外观质量应符合表4.2.6的规定。

二、三级焊缝外观质量标准　　　　　　　　　　　　　　　　表4.2.6

项目	允许偏差（mm）	
缺陷类型	二级	三级
未焊满（指不是设计要求）	≤0.2+0.02t,且不应大于1.0	≤0.2+0.04t,且不应大于2.0
	每100.0焊缝内缺陷总长不应大于25.0	
根部收缩	≤0.2+0.02t,且不应大于1.0	≤0.2+0.04t,且不应大于2.0
	长度不限	
咬边	≤0.05t,且不应大于0.5;连续长度≤100.0,且焊缝两侧咬边总长不应大于10%焊缝全长	≤0.1t,且不应大于1.0,长度不限
弧坑裂纹	—	允许存在个别长度≤5.0的弧坑裂纹
电弧擦伤	—	允许存在个别电弧擦伤

项目	允许偏差(mm)	
接头不良	缺口深度0.05t,且不应大于0.5	缺口深度0.1t,且不应大于1.0
	每1000.0焊缝不应超达1处	
表面夹渣	—	深≤0.2t,长≤0.5t,且不应大于2.0
表面气孔	—	每50.0焊缝长度内允许直径≤0.4t,且不应大于3.0的气孔2个,孔距≥6倍孔径

(3)《钢管混凝土结构技术规范》GB 50936-2014:

> 9.1.6 钢管的接长应采用对接熔透焊缝,焊缝质量等级加工厂制作应为一级;现场焊接不得低于二级。每个制作单元接头不宜超出一个,当钢管采用卷制方式加工成型时,可允许适当增加接头。钢管的接长最短拼接长度应符合现行国家标准《钢结构工程施工规范》GB 50755 的规定。

3. 原因分析

参见第6章"钢结构工程相关"章节。

4. 预防措施

参见第6章"钢结构工程"相关章节。

5. 治理措施

参见第6章"钢结构工程"相关章节。

7.4.3 钢管柱吊装管上口未加盖或包封

1. 现象

(1)钢管柱吊装时,管上口未加盖或包封,导致施工垃圾从管口落入,浇捣混凝土前无法清理,造成混凝土夹渣质量缺陷。

(2)钢管柱吊装完垂直度不符合要求。

2. 规范规定

(1)《钢-混凝土组合结构施工规范》GB 50901-2013:

> 5.2.4 钢管柱安装应符合下列规定:
>
> 1 钢管柱吊装时,管上口应临时加盖或包封。钢管柱吊装就位后,应进行校正,并应采取固定措施。
>
> 2 由钢管混凝土柱—钢框架梁构成的多层和高层框架结构,应在一个竖向安装段的全部构件安装、校正和固定完毕,并应经测量检验合格后,方可浇筑管芯混凝土。
>
> 3 由钢管混凝土柱—钢筋混凝土框架梁构成的多层或高层框架结构,竖向安装柱段不宜超过3层。在钢管柱安装、校正并完成上下柱段的焊接后,方可浇筑管芯混凝土和施工楼层的钢筋混凝土梁板。

(2)《钢管混凝土工程施工质量验收规范》GB 50628-2010:

> 4.4.2 钢管混凝土构件吊装前,基座混凝土强度应符合设计要求。多层结构上节钢管混凝土构件吊装应在下节钢管内混凝土达到设计要求后进行。

4.4.3 钢管混凝土构件吊装前,钢管混凝土构件的中心线、标高基准点等标记应齐全;吊点与临时支撑点的设置应符合设计及专项施工方案要求。

4.4.4 钢管混凝土构件吊装就位后,应及时校正和固定牢固。

4.4.5 钢管混凝土构件焊接与紧固件连接的质量应符合设计要求和现行国家标准《钢结构工程施工质量验收规范》GB 50205的有关规定。

4.4.6 钢管混凝土构件垂直度允许偏差应符合表4.4.6的规定。

钢管混凝土构件安装垂直度允许偏差(mm)　　　　表4.4.6

项目		允许偏差	检验方法
单层	单层钢管混凝土构件的垂直度	$h/1000$,且不应大于10.0	经纬仪、全站仪检查
多层及高层	主体结构钢管混凝土构件的整体垂直度	$H/2500$,且不应大于30.0	经纬仪、全站仪检查

h 为单层钢管混凝土构件的高度,H 为多层及高层钢管混凝土构件全高

3. 原因分析

(1)钢管柱施工各工序间交接验收控制不严,工序界面成品保护意识差。

(2)质量管理意识不强,测量矫正工作滞后或测量偏差大。

4. 预防措施

(1)加强钢管柱工序界面的成品保护意识教育和培养。

(2)强化钢管柱构件吊装前的检查,严格工序间交接检查验收。

(3)测量仪器必须在校验有效期内使用,并严格控制测量偏差。

(4)吊装就位后应建立测量复核机制,防治测量偏差导致垂直度偏差过大。

5. 治理措施

(1)钢管柱吊装时,管上口未加盖或包封的不得吊装。

(2)吊装就位固定前应复核垂直度及轴线,确认无误后再固定。

7.4.4 钢管混凝土柱与梁的连接节点钢筋锚固不符合要求

1. 现象

(1)钢管柱与梁连接处,梁钢筋穿过核心区的钢筋位置偏位,间距过大或过小;

(2)钢管柱与梁连接处,边跨梁的纵向钢筋锚固长度不符合设计要求;

(3)梁的纵向钢筋直接贯通核心区时,接头设在核心区。

2. 规范规定

(1)《钢–混凝土组合结构施工规范》GB 50901–2013:

> 5.2.5 钢管柱与钢筋混凝土梁连接时,可采用下列连接方式:
>
> 1 在钢管上直接钻孔,将钢筋直接穿过钢管;
>
> 2 在钢管外侧预设环板,将钢筋直接焊在环板上,在钢管内侧对应位置设置内加劲环板;
>
> 3 在钢管外侧焊接钢筋连接器,钢筋通过连接器与钢管柱相连接。

(2)《钢管混凝土工程施工质量验收规范》GB 50628–2010:

> 4.5.1 钢管混凝土柱与钢筋混凝土梁连接节点核心区的构造及钢筋的规格、位置、数量应符合设计要求。
>
> 4.5.2 钢管混凝土柱与钢筋混凝土梁采用钢管贯通型节点连接时,在核心区内的钢管

外壁处理应符合设计要求,设计无要求时,钢管外壁应焊接不少于两道闭合的钢筋环箍,环箍钢筋直径、位置及焊接质量应符合专项施工方案要求。

4.5.3 钢管混凝土柱与钢筋混凝土梁连接采用钢管柱非贯通型节点连接时,钢板翅片、厚壁连接钢管及加劲肋板的规格、数量、位置与焊接质量应符合设计要求。

4.5.4 梁纵向钢筋通过钢管混凝土柱核心区应符合下列规定:

1 梁的纵向钢筋位置、间距应符合设计要求;

2 边跨梁的纵向钢筋的锚固长度应符合设计要求;

3 梁的纵向钢筋宜直接贯通核心区,且连接接头不宜设置在核心区。

4.5.5 通过梁柱节点核心区的梁纵向钢筋的净距不应小于40 mm,且不小于混凝土骨料粒径的1.5倍。绕过钢管布置的纵向钢筋的弯折度应满足设计要求。

(3)《钢管混凝土结构技术规范》GB 50936 – 2014:

7.2.4 钢管混凝土柱的直径较小时,钢梁与钢管混凝土柱之间可采用外加强环连接(图7.2.4 – 1),外加强环应为环绕钢管混凝土柱的封闭的满环(图7.2.4 – 2)。外加强环与钢管外壁应采用全熔透焊缝连接,外加强环与钢梁应采用栓焊连接。外加强环的厚度不宜小于钢梁翼缘的厚度、宽度 c 不宜小于钢梁翼缘宽度的0.7倍。外加强环也可按本规范附录 C 中的方法进行设计。

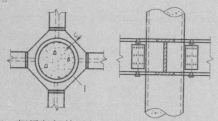

图7.2.4 – 1 钢梁与钢筋混凝土柱采用外加强环连接构造示意图
1 – 外加强环

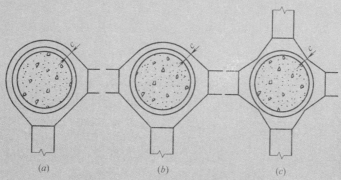

图7.2.4 – 2 外加强环构造示意图

7.2.5 钢管混凝土柱的直径较大时,钢梁与钢管混凝土柱之间可采用内加强环连接。内加强环与钢管内壁应采用全熔透坡口焊缝连接。梁与柱可采用现场直接连接,也可与带有悬臂梁段的柱在现场进行梁的拼接。悬臂梁段可采用等截面悬臂梁段(图7.2.5 – 1),也可采用不等截面悬臂梁段(图7.2.5 – 2,图7.2.5 – 3),当悬臂梁段的截面高度变化时,其坡度不宜大于1:6。

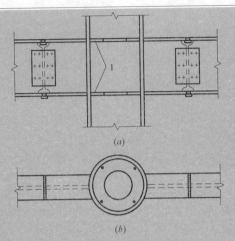

图 7.2.5-1 等截面悬臂钢梁与钢管混凝土柱采用内加强环连接构造示意图
1-内加强环

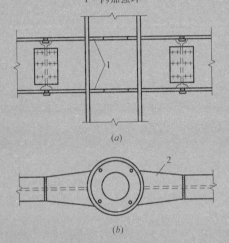

图 7.2.5-2 翼缘加宽的悬臂钢梁与钢管混凝土柱环连接构造示意图
1-内加强环;2-翼缘加宽

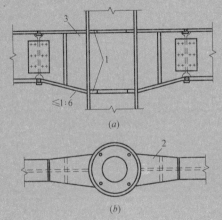

图 7.2.5-3 翼缘加宽、腹板加腋的悬臂钢梁与钢管混凝土柱连接构造示意图
1-内加强环;2-翼缘加宽;3-梁腹板加腋

7.2.6 当钢管柱直径较大且钢梁翼缘较窄的时候可采用钢梁穿过钢管混凝土柱的连接方式，钢管壁与钢梁翼缘应采用全融透剖口焊，钢管壁与钢梁腹板可采用角焊缝(图7.2.6)。

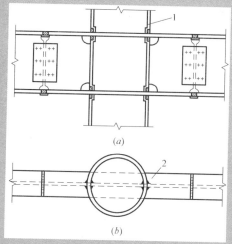

图7.2.6　钢梁-钢管混凝土柱穿心式连接
1-钢管混凝土柱;2-钢梁

7.2.7 钢筋混凝土梁与钢管混凝土柱的连接构造应同时符合管外剪力传递及弯矩传递的受力规定。

7.2.8 钢筋混凝土梁与钢管混凝土柱连接时，钢管外剪力传递可采用环形牛腿或承重销;钢筋混凝土无梁楼板或井式密肋楼板与钢管混凝土柱连接时，钢管外剪力传递可采用台锥式环形深牛腿。

3.原因分析

（1）钢管柱与梁连接处，钢筋穿过钢管的位置，钢管柱开孔偏差大，或随意开孔，开孔数量与钢筋数量不匹配。

（2）钢管柱与梁连接处，边跨梁的纵向钢筋在柱的锚固位置，锚固空间不足，也没有采取相应的措施。

（3）梁的纵向钢筋直接贯通核心区时，施工人员在钢筋加工制作、安装绑扎工序环节未事先考虑钢筋搭接区的位置，没有根据合理搭接区的位置加工制作钢筋，两端钢筋从两个方向安装导致在核心区搭接。

4.预防措施

（1）深化钢管柱与梁节点的钢筋绑扎施工方案。

（2）对于复杂的节点应放大样进行工艺绑扎，形成工艺措施。

（3）加强工序的事前技术交底，施工过程中检查。

5.治理措施

深化节点的连接、锚固及搭接位置的施工方案，按方案确定钢筋下料长度，并进行钢筋试绑扎。

7.4.5 钢管混凝土浇捣不密实或与钢管内壁不贴合

1.现象

（1）钢管柱内混凝土局部不密实。

（2）钢管柱与混凝土之间未贴合。

（3）钢管柱构件环板或隔板位置有气孔或空洞。

（4）钢管柱混凝土内部缺陷难以准确检测确定。

2. 规范规定

（1）《钢–混凝土组合结构施工规范》GB 50901–2013：

5.2.6 混凝土施工应符合下列规定：

1 钢管安装前应对柱芯混凝土施工缝进行处理，安装完成后应对钢柱顶部采取相应措施进行临时覆盖封闭；

2 钢管内混凝土运输、浇筑及间歇的全部时间不应超过混凝土的初凝时间，同一施工段钢管内混凝土应连续浇筑；

3 钢管混凝土柱内的水平加劲板均应设置直径不小于150mm的混凝土浇灌孔和直径不小于20mm的排气孔；当采用泵送顶升法浇筑混凝土时，钢管壁应设置直径为10 mm的观察排气孔；

4 管内混凝土可采用常规浇捣法、泵送顶升浇筑法或自密实免振捣法施工；当采用泵送顶升浇筑法或自密实免振捣法浇筑混凝土时，宜加强浇筑过程管理，确保混凝土浇筑质量；

5 当采用泵送顶升浇筑法或自密实免振捣法浇筑混凝土时，浇筑前应进行混凝土的试配和编制混凝土浇筑工艺，并经过1:1的模拟试验，进行浇筑质量检验，形成浇筑工艺标准后，方可在工程中应用；

6 管内混凝土浇筑后，应对管壁上的浇灌孔进行等强封补，表面应平整，并应进行防腐处理；

7 钢管混凝土柱可采用敲击钢管或超声波的方法来检验混凝土浇筑后的密实度；对有疑问的部位可采取钻取芯样混凝土进行检测，对混凝土不密实的部位应采取措施进行处理；

8 钢管混凝土宜采用管口封水养护。

（2）《钢管混凝土工程施工质量验收规范》GB 50628–2010：

4.7.1 钢管内混凝土的强度等级应符合设计要求。

4.7.2 钢管内混凝土的工作性能和收缩性应符合设计要求和国家现行有关标准的规定。

4.7.3 钢管内混凝土运输、浇筑及间歇的全部时间不应超过混凝土的初凝时间，同一施工段钢管内混凝土应连续浇筑。当需要留置施工缝时应按专项施工方案留置。

4.7.4 钢管内混凝土浇筑应密实。

4.7.5 钢管内混凝土施工缝的设置应符合设计要求，当设计无要求时，应在专项施工方案中作出规定，且钢管柱对接焊口的钢管应高出混凝土浇筑施工缝面500mm以上，以防钢管焊接时高温影响混凝土质量。施工缝处理应按专项施工方案进行。

4.7.6 钢管内的混凝土浇筑方法及浇灌孔、顶升孔、排气孔的留置应符合专项施工方案要求。

4.7.7 钢管内混凝土浇筑前，应对钢管安装质量检查确认，并应清理钢管内壁污物；混凝土浇筑后应对管口进行临时封闭。

4.7.8 钢管内混凝土灌筑后的养护方法和养护时间应符合专项施工方案要求。

4.7.9 钢管内混凝土浇筑后，浇灌孔、顶升孔、排气孔应按设计要求封堵，表面应平整，并进行表面清理和防腐处理。

(3)《钢管混凝土结构技术规范》GB 50936-2014：

9.3.1 钢管内的混凝土浇筑工作，应符合现行国家标准《混凝土结构工程施工规范》GB 50666 的规定。管内混凝土可采用从管顶向下浇筑、从管底泵送顶升浇筑法或立式手工浇筑法。

9.3.2 钢管混凝土结构浇筑应符合下列规定：

1 宜采用自密实混凝土浇筑；

2 混凝土应采取减少收缩的技术措施；

3 钢管截面较小时，应在钢管壁适当位置留有足够的排气孔，排气孔孔径不应小于20mm；浇筑混凝土应加强排气孔观察，并应确认浆体流出和浇筑密实后再封堵排气孔；

4 当采用粗骨料粒径不大于25mm 的高流态混凝土或粗骨料粒径不大于20mm 的自密实混凝土时，混凝土最大倾落高度不宜大于9m；当倾落高度大于9m 时，宜采用串筒、溜槽或溜管等辅助装置进行浇筑；

5 混凝土从管顶向下浇筑时应符合下列规定：

1) 浇筑应有足够的下料空间，并应使混凝土充满整个钢管；

2) 输送管端内径或斗容器下料口内径应小于钢管内径，且每边应留有不小于100mm 的间隙；

3) 应控制浇筑速度和单次下料量，并应分层浇筑至设计标高；

4) 混凝土浇筑完毕后应对管口进行临时封闭。

6 混凝土从管底顶升浇筑时应符合下列规定：

1) 应在钢管底部设置进料输送管，进料输送管应设止流阀门，止流阀门可在顶升浇筑的混凝土达到终凝后拆除；

2) 应合理选择混凝土顶升浇筑设备；应配备上下方通信联络工具，并应采取可有效控制混凝土顶升或停止的措施；

3) 应控制混凝土顶升速度，并应均衡浇筑至设计标高。

7 立式手工浇筑法应符合下列规定：

1) 当钢管直径大于350mm 时，可采用内部振动器（振捣棒或锅底形振动器等），每次振捣时间宜在15~30s，一次浇筑高度不宜大于2m；当钢管直径小于350mm 时，可采用附着在钢管上的外部振动器进行振捣，外部振动器的位置应随混凝土的浇筑进展调整振捣；

2) 一次浇筑的高度不宜大于振动器的有效工作范围，且不宜大于2m。

9.3.3 自密实混凝土浇筑应符合下列规定：

1 应根据结构部位、结构形状、结构配筋等确定合适的浇筑方案；

2 自密实混凝土粗骨料最大粒径不宜大于20mm；

3 浇筑应能使混凝土充填到钢筋、预埋件、预埋钢构周边及模板内各部位；

3. 原因分析

(1)钢管混凝土柱的混凝土的坍落度、泌水性、粗骨料的粒径等性能与钢管构件的工况不匹配。

(2)钢管构件设置的浇灌孔和排气孔不符合要求,或排气孔在混凝土浇捣过程中堵塞。

(3)钢管混凝土的浇捣工艺不合理。

4. 预防措施

(1)合理确定钢管混凝土柱所需混凝土的质量性能指标,并加强施工过程混凝土质量的检查。

(2)加强钢管构件预留排气孔的检查。

(3)制定专项混凝土浇捣方案,确定合理的混凝土浇捣工艺。

5. 治理措施

(1)采用自密实和无收缩的混凝土。

(2)采用泵送顶升浇筑法浇筑混凝土。

(3)混凝土浇筑前进行1:1的模拟试验,检查确认浇筑质量符合要求后,形成浇筑工艺标准和工程质量控制措施,方可进行浇捣。

7.4.6 钢管外水泥砂浆保护层粘结不牢固

1. 现象

钢管外水泥砂浆保护层粘结不牢固,空鼓脱落。

2. 规范规定

(1)《钢管混凝土结构技术规范》GB 50936−2014:

等效外径 (mm)	荷载比 0.3				荷载比 0.4				荷载比 0.5			
	空心率				空心率				空心率			
	0.00	0.25	0.50	0.75	0.00	0.25	0.50	0.75	0.00	0.25	0.50	0.75
200	29	30	31	32	37	39	40	41	47	49	51	51
400	16	22	27	31	26	31	36	40	37	42	46	50
600	5	12	21	29	16	23	31	38	28	35	41	48
800	0	4	15	26	6	15	26	35	19	28	37	46
1000	0	0	9	23	0	8	20	33	11	21	32	43
1200	0	0	4	20	0	2	15	30	4	14	27	41
1400	0	0	0	17	0	0	10	28	0	8	23	38
1600	0	0	0	14	0	0	5	25	0	3	19	36
1800	0	0	0	11	0	0	1	23	0	0	14	34
2000	0	0	0	8	0	0	0	20	0	0	10	32
等效外径 (mm)	荷载比 0.6				荷载比 0.7				荷载比 0.8			
	空心率				空心率				空心率			
	0.00	0.25	0.50	0.75	0.00	0.25	0.50	0.75	0.00	0.25	0.50	0.75
200	60	62	63	63	76	78	80	79	101	104	106	105
400	49	54	58	63	65	70	75	79	88	94	99	104
600	41	47	54	60	56	63	69	76	79	86	93	101
800	33	41	49	58	49	56	65	74	71	79	88	98
1000	26	35	45	56	43	51	60	71	65	73	83	95
1200	20	29	40	53	37	46	56	69	60	68	79	93
1400	13	24	37	51	32	41	52	67	55	63	75	90
1600	6	19	33	49	26	37	49	64	49	59	71	87
1800	0	14	29	46	19	33	46	62	44	55	68	85
2000	0	9	26	44	12	29	42	60	39	42	64	83

注：1 等效外径对于圆形截面为钢管外径；对于多边形截面，按面积相等等效成圆形截面。
　　2 如果保护层厚度小于设计、施工或成品规定的最小厚度，按后者取值。

耐火等级为 3h(180min) 时水泥砂浆保护层厚度 d(mm)取值　　　　表 8.0.3-2

等效外径 (mm)	荷载比 0.3				荷载比 0.4				荷载比 0.5			
	空心率				空心率				空心率			
	0.00	0.25	0.50	0.75	0.00	0.25	0.50	0.75	0.00	0.25	0.50	0.75
200	36	38	39	40	47	48	50	51	59	61	62	63

等效外径 (mm)	荷载比 0.3				荷载比 0.4				荷载比 0.5			
	空心率				空心率				空心率			
	0.00	0.25	0.50	0.75	0.00	0.25	0.50	0.75	0.00	0.25	0.50	0.75
400	21	27	33	39	33	39	45	50	46	52	57	62
600	7	17	27	36	21	30	38	47	35	43	51	59
800	0	6	19	33	8	20	32	44	25	35	45	56
1000	0	0	12	29	1	11	26	41	15	27	40	54
1200	0	0	6	26	0	3	20	38	6	19	34	51
1400	0	0	1	22	0	0	13	35	0	11	29	48
1600	0	0	0	19	0	0	8	32	0	5	24	45
1800	0	0	0	15	0	0	3	29	0	0	19	42
2000	0	0	0	12	0	0	0	26	0	0	13	39

等效外径 (mm)	荷载比 0.6				荷载比 0.7				荷载比 0.8			
	空心率				空心率				空心率			
	0.00	0.25	0.50	0.75	0.00	0.25	0.50	0.75	0.00	0.25	0.50	0.75
200	73	75	77	77	93	95	97	97	123	127	129	127
400	61	66	72	77	80	85	91	96	107	114	120	126
600	50	58	66	74	69	77	85	93	96	104	113	123
800	41	50	60	71	61	69	79	90	87	96	107	119
1000	33	43	55	69	53	62	74	87	80	89	101	116
1200	25	37	50	65	47	56	69	84	73	83	96	113
1400	17	31	45	63	40	51	64	81	67	77	91	109
1600	8	24	41	60	33	46	60	79	61	72	87	106
1800	1	18	37	57	25	41	56	76	54	68	83	104
2000	0	12	32	55	16	36	52	74	48	64	79	101

注：1 等效外径对于圆形截面为钢管外径；对于多边形截面，按面积相等等效成圆形截面。

2 如果保护层厚度小于设计、施工或成品规定的最小厚度，按后者取值。

(2)《矩形钢管混凝土结构技术规程》CECS 159：2004：

10.1.3 矩形钢管混凝土柱的防火涂层宜采用厚涂型钢结构防火涂料或金属网抹 M5 水泥砂浆。当有可靠依据时，亦可采用其他方法进行防火保护。

10.5.1 当采用金属网抹 M5 砂浆或厚涂型钢结构防火涂料时，长细比 λ≤6 的矩形钢管混凝土柱的防火保护层厚度可分别按表 10.5.1-1 和表 10.5.1-2 确定。

表 10.5.1 - 1

金属网抹 M5 水泥砂浆防火保护层厚度

保护层厚度(mm)	截面最小尺寸(mm)	耐火极限(h)	燃烧性能
50	200	1.00	不燃烧体
35	600	1.00	不燃烧体
40		1.17	不燃烧体
50		1.50	不燃烧体
30	1000	1.00	不燃烧体
40		1.50	不燃烧体
50		2.00	不燃烧体
30	1400	1.00	不燃烧体
40		1.65	不燃烧体
50		2.25	不燃烧体

注:当水泥砂浆强度等级高于 M5 时,亦可按本表取值。

厚涂钢结构防火涂料保护层厚度 表 10.5.1 - 2

保护层厚度	截面最小尺寸(mm)	耐火极限(h)	燃烧性能
9	200	1.0	不燃烧性
12		1.50	不燃烧性
15		2.00	不燃烧性
20		2.50	不燃烧性
25		3.00	不燃烧性
5	600	1.00	不燃烧性
8		1.50	不燃烧性
10		2.00	不燃烧性
12		2.50	不燃烧性
15		3.00	不燃烧性
5	1000	1.00	不燃烧性
6		1.50	不燃烧性
8		2.00	不燃烧性
10		2.50	不燃烧性
11		3.00	不燃烧性
4	1400	1.00	不燃烧性
5		1.50	不燃烧性
7		2.00	不燃烧性
8		2.50	不燃烧性
10		3.00	不燃烧性

(3)《钢管混凝土结构技术规程》CECS 28:2012:

7.0.3 钢管混凝土柱采用金属网抹 M5 普通水泥砂浆或非膨胀型防火涂料做防火保护层时,其厚度可按表 7.0.3 - 1 和 7.0.3 - 2 取值。

火灾荷载比 n 为 0.30~0.40 时钢管混凝土柱所需的防火保护层厚度(mm)　　表 7.0.3-1

柱长细比 λ	钢筋外直径 D (mm)	耐火极限 t_r(h)																			
		金属网抹 M5 普通水泥砂浆保护层										非膨胀型防火涂料保护层									
		$n=0.30$					$n=0.40$					$n=0.30$					$n=0.40$				
		1.00	1.50	2.00	2.50	3.00	1.00	1.50	2.00	2.50	3.00	1.00	1.50	2.00	2.50	3.00	1.00	1.50	2.00	2.50	3.00
10	200	0	0	0	0	0	0	0	0	0	0	0	0	0	0	0	0	0	0	0	0
	400	0	0	0	0	0	0	0	0	0	0	0	0	0	0	0	0	0	0	0	0
	600	0	0	0	0	0	0	0	0	0	0	0	0	0	0	0	0	0	0	0	0
	800	0	0	0	0	0	0	0	0	0	0	0	0	0	0	0	0	0	0	0	0
	1000	0	0	0	0	0	0	0	0	0	0	0	0	0	0	0	0	0	0	0	0
	1200	0	0	0	0	0	0	0	0	0	0	0	0	0	0	0	0	0	0	0	0
	1400	0	0	0	0	0	0	0	0	0	0	0	0	0	0	0	0	0	0	0	0
20	200	0	0	7	7	10	7	7	9	13	18	0	0	7	7	7	7	7	7	7	7
	400	0	0	0	0	7	0	7	7	7	8	0	0	0	0	0	0	0	0	0	7
	600	0	0	0	0	0	0	0	0	0	7	0	0	0	0	0	0	0	0	0	7
	800	0	0	0	0	0	0	0	0	0	0	0	0	0	0	0	0	0	0	0	0
	1000	0	0	0	0	0	0	0	0	0	0	0	0	0	0	0	0	0	0	0	0
	1200	0	0	0	0	0	0	0	0	0	0	0	0	0	0	0	0	0	0	0	0
	1400	0	0	0	0	0	0	0	0	0	0	0	0	0	0	0	0	0	0	0	0
40	200	7	10	17	23	26	10	17	24	30	34	7	7	7	7	7	7	7	7	8	9
	400	0	7	8	13	18	7	10	15	21	26	0	7	7	7	7	7	7	7	7	7
	600	0	0	7	7	8	7	7	9	13	17	0	0	0	0	0	0	0	0	0	7
	800	0	0	0	0	0	0	7	7	7	10	0	0	0	0	0	0	0	7	7	7
	1000	0	0	0	0	0	0	0	0	0	7	0	0	0	0	0	0	0	0	0	7
	1200	0	0	0	0	0	0	0	0	0	0	0	0	0	0	0	0	0	0	0	0
	1400	0	0	0	0	0	0	0	0	0	0	0	0	0	0	0	0	0	0	0	0
60	200	9	19	27	30	34	16	27	35	41	46	7	7	7	8	9	7	7	9	10	12
	400	7	10	17	26	32	10	19	27	35	42	0	7	7	7	8	7	7	7	9	11
	600	0	7	7	13	20	7	12	18	25	32	0	0	0	0	0	0	0	7	7	8
	800	0	0	0	7	7	1	7	10	15	21	0	0	0	0	7	0	7	7	7	7
	1000	0	0	0	0	0	0	0	0	7	11	0	0	0	0	0	0	0	7	7	7
	1200	0	0	0	0	0	0	0	0	0	7	0	0	0	0	0	0	0	0	0	0
	1400	0	0	0	0	0	0	0	0	0	0	0	0	0	0	0	0	0	0	0	0

注:1 表内中间值可用插值法求得。2 表中火灾荷载比 n 为火灾下施加在柱上的轴向压力设计值与 N_u 的比值。

火灾荷载比 n 为 0.50~0.60 时钢管混凝土柱所需的防火保护层厚度(mm)　　表 7.0.3-2

柱长细比 λ	钢筋外直径 D (mm)	耐火极限 t_r (h)																			
		金属网抹 M5 普通水泥砂浆保护层										非膨胀型防火涂料保护层									
		n = 0.50					n = 0.60					n = 0.50					n = 0.60				
		1.00	1.50	2.00	2.50	3.00	1.00	1.50	2.00	2.50	3.00	1.00	1.50	2.00	2.50	3.00	1.00	1.50	2.00	2.50	3.00
10	200	0	7	7	7	9	7	10	13	16	20	0	0	7	7	7	7	7	7	7	7
	400	0	0	0	0	7	7	7	8	10	13	0	0	0	0	7	7	7	7	7	7
	600	0	0	0	0	0	7	7	7	7	8	0	0	0	0	0	7	7	7	7	7
	800	0	0	0	0	0	0	7	7	7	7	0	0	0	0	0	0	0	7	7	7
	1000	0	0	0	0	0	0	0	0	0	7	0	0	0	0	0	0	0	0	0	7
	1200	0	0	0	0	0	0	0	0	0	0	0	0	0	0	0	0	0	0	0	0
	1400	0	0	0	0	0	0	0	0	0	0	0	0	0	0	0	0	0	0	0	0
20	200	7	12	16	21	25	13	19	23	28	33	7	7	7	7	8	7	7	7	8	10
	400	7	7	10	13	16	9	13	17	20	24	7	7	7	7	7	7	7	7	7	8
	600	7	7	7	8	10	7	10	13	16	19	7	7	7	7	7	7	7	7	7	7
	800	0	7	7	7	7	7	8	10	12	15	0	0	7	7	7	7	7	7	7	7
	1000	0	0	0	7	7	7	7	8	10	12	0	0	0	0	7	7	7	7	7	7
	1200	0	0	0	0	7	7	7	7	8	10	0	0	0	0	0	7	7	7	7	7
	1400	0	0	0	0	0	7	7	7	7	8	0	0	0	0	0	7	7	7	7	7
40	200	16	24	31	38	43	22	31	38	45	51	7	7	8	10	12	7	7	10	12	14
	400	11	17	23	29	34	17	24	31	37	43	7	7	7	8	10	7	7	8	10	12
	600	6	13	17	22	27	14	20	26	31	36	7	7	7	7	9	7	7	7	8	10
	800	7	9	13	16	20	13	18	22	26	31	7	7	7	7	7	7	7	7	7	9
	1000	7	7	9	12	15	11	15	19	23	27	7	7	7	7	7	7	7	7	7	7
	1200	7	7	7	9	11	10	14	17	20	24	7	7	7	7	7	7	7	7	7	7
	1400	7	7	7	7	9	9	13	16	19	22	7	7	7	7	7	7	7	7	7	7
60	200	23	35	44	51	57	31	43	53	61	69	7	8	11	13	15	7	10	13	15	18
	400	18	28	37	45	53	26	37	46	55	63	7	7	9	11	13	7	8	11	14	16
	600	14	22	29	37	44	23	32	40	48	57	7	7	7	9	11	7	7	9	12	14
	800	11	17	23	29	35	20	28	36	42	50	7	7	7	7	9	7	7	8	10	12
	1000	8	13	17	22	27	18	25	32	38	44	7	7	7	7	7	7	7	7	9	11
	1200	7	10	13	17	21	17	23	28	34	39	7	7	7	7	7	7	7	7	8	10
	1400	7	8	11	14	17	16	22	27	31	36	7	7	7	7	7	7	7	7	7	9

注:表内中间值可用插值法求得。

(4)《钢结构工程施工规范》GB 50755－2012：

> 13.6.3 选用的防火涂料应符合设计文件和国家现行有关标准的规定,具有抗冲击能力和粘结强度,不应腐蚀钢材。
>
> 13.6.5 厚涂型防火涂料,属于下列情况之一时,宜在涂层内设置与构件相连的钢丝网或其他相应的措施:
>
>   1 承受冲击、振动荷载的钢梁;
>
>   2 涂层厚度大于或等于40mm的钢梁和桁架;
>
>   3 涂料粘结强度小于或等于0.05MPa的构件;
>
>   4 钢板墙和腹板高度超过1.5m的钢梁;
>
> 13.6.8 厚涂型防火涂料有下列情况之一时,应重新喷涂或补涂:
>
>   1 涂层干燥固化不良,粘结不牢或粉化、脱落;
>
>   2 钢结构接头和转角处的涂层有明显凹陷;
>
>   3 涂层厚度小于设计规定厚度的85%;
>
>   4 涂层厚度未达到设计规定厚度,且涂层连续长度超过1m。

3. 原因分析

(1)砂浆强度及粘结力不符合要求。

(2)钢丝网与钢管表面未采取措施进行拉结。

(3)砂浆未按照10mm一层的分层粉刷施工工艺进行。

(4)砂浆与钢管柱的温度差异变形导致开裂空鼓。

(5)砂浆粉刷结束后未采取有效的养护措施。

4. 预防措施

(1)钢管柱外表面粉刷砂浆保护层应制定专项施工方案,分层粉刷,分层厚度不大于10mm。

(2)根据设计要求的保护层厚度,砂浆厚度每20mm应设一道钢丝网。

(3)钢柱表面应焊接比砂浆厚度短15mm的钢筋剪力销,间距不大于1m。

(4)钢丝网在剪力销的位置应采用钢丝绑扎固定。

(5)保护砂浆粉刷结束后保湿养护不少于7d。

7.5　型钢混凝土柱

7.5.1 柱内竖向钢筋与梁内型钢节点连接不符合要求

1. 现象

(1)当钢筋采用绕开法连接时钢筋间距不均匀,成型差,搭接位置及搭接长度不足;

(2)当采用连接件法连接时,钢筋与连接件的搭接长度不足;

(3)当采用连接板焊接时,焊缝几何尺寸不符合要求。

2. 规范规定

《钢－混凝土组合结构施工规范》GB 50901－2013：

6.1.3 柱内竖向钢筋的净距不宜小于50mm,且不宜大于200mm;竖向钢筋与型钢的最小净距不应小于30mm。

6.2.5 当柱内竖向钢筋与梁内型钢采用钢筋绕开法或连接件法连接时,应符合下列规定:

　　1 当采用钢筋绕开法时,钢筋应按不小于1:6角度折弯绕过型钢;

　　2 当采用连接件法时,钢筋下端宜采用钢筋连接套筒连接,上端宜采用连接板连接,并应在梁内型钢相应位置设置加劲肋(图6.2.5);

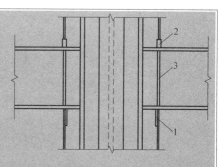

图6.2.5　梁柱节点竖向钢筋连接方式
1－连接板;2－钢筋连接套筒;3－加劲肋

6.2.6 当钢筋与型钢采用钢筋连接套筒连接时,应符合下列规定:

　　1 连接接头抗拉强度应等于被连接钢筋的实际拉断强度或不小于1.10倍钢筋抗拉强度标准值,残余变形小,并应具有高延性及反复拉压性能。同一区段内焊接于钢构件上的钢筋面积率不宜超过30%;

　　2 连接套筒接头应在构件制作期间完成焊接,焊缝连接强度不应低于对应钢筋的抗拉强度;

　　3 钢筋连接套筒与型钢的焊接应采用贴角焊缝,焊缝高度应按计算确定(图6.2.6-1);

　　4 当钢筋垂直于钢板时,可将钢筋连接套筒直接焊接于钢板表面[图6.2.6-2(a)];当钢筋与钢板成一定角度时,可加工成一定角度的连接板辅助连接[图6.2.6-2(b)];

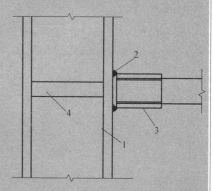

图6.2.6-1　型钢柱与钢筋套筒的连接方式
1－柱内型钢;2－角焊缝;
3－可焊钢筋连接套筒;4－辅助加劲板

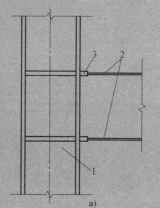
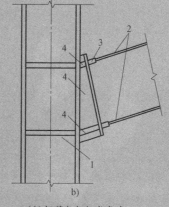

(a)钢筋与钢板垂直　　　　(b)钢筋与钢板成角度
图6.2.6-2　钢筋连接套筒与型钢连接方式
1－柱内型钢;2－钢筋;3－可焊钢筋连接套筒;4－辅助加劲板

6 当在型钢上焊接多个钢筋连接套筒时,套筒间净距不应小于30mm,且不应小于套筒外直径。

6.2.7 当钢筋与型钢采用连接板焊接连接时,应符合下列规定:

1 钢筋与钢板焊接时,宜采用双面焊。当不能进行双面焊时,方可采用单面焊。双面焊时,钢筋与钢板的搭接长度不应小于$5d$(d为钢筋直径),单面焊时,搭接长度不应小于$10d$(图6.2.7)。

2 钢筋与钢板的焊缝宽度不得小于钢筋直径的0.60倍,焊缝厚度不得小于钢筋直径的0.35倍。

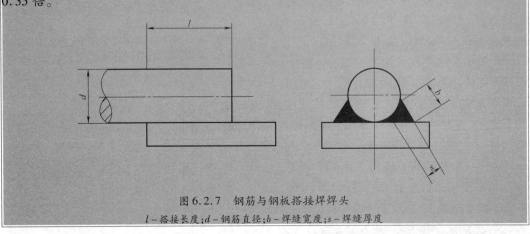

图6.2.7　钢筋与钢板搭接焊焊头

l-搭接长度;d-钢筋直径;b-焊缝宽度;s-焊缝厚度

3.原因分析

(1)钢筋采用绕开法连接时钢筋弯折绕开点与钢梁的位置偏差大。

(2)钢筋采用连接件法连接时,钢筋下料尺寸与连接件之间的距离偏差过大。

(3)钢筋采用连接板焊接时,焊工无上岗证或焊工的焊接技术水平不高,焊接设备不匹配,电流过大或过小,质量检查不及时。

4.预防措施

(1)深化钢筋加工图纸,严格控制加工尺寸,加强钢筋加工的三检制定的落实,严格质量控制。

(2)钢筋焊接应由持证人员施焊,必要时进行钢筋连接板焊接工艺试验,按照工艺试验的要求施焊。

5.治理措施

(1)钢筋安装前由施工人员反复核对钢构件的坐标和加工成型钢筋的尺寸,核对两者偏差是否超过允许误差,超过偏差的成型钢筋不得进行安装(图7-2)。

图7-2　型钢柱钢筋与型钢梁的节点连接

(2)加强施焊人员的持证的检查,严格焊接质量预控,完成焊缝100%进行焊缝外观质量检查。

7.5.2 型钢混凝土柱模板固定不牢靠,导致混凝土胀模

1. 现象

(1)型钢混凝土柱几何尺寸普遍比较大,模板定位难,容易偏位;

(2)型钢混凝土柱混凝土浇捣完成后容易出现跑模胀模,构件几何尺寸偏差大。

2. 规范规定

《钢－混凝土组合结构施工规范》GB 50901－2013:

6.2.11 支设型钢混凝土柱模板,应符合下列规定:

1 宜设置对拉螺栓,螺杆可在型钢腹板开孔穿过或焊接连接套筒;

2 当采用焊接对拉螺栓固定模板时,宜采用 T 形对拉螺杆,焊接长度不宜小于 10d,焊缝高度不宜小于 $d/2$;

3 对拉螺栓的变形值不应超过模板的允许偏差;

4 当无法设置对拉螺杆时,可采用刚度较大的整体式套框固定,模板支撑体系应进行强度、刚度、变形等验算。

3. 原因分析

(1)型钢混凝土柱几何尺寸普遍比较大,模板定位难度大;

(2)型钢混凝土体积大,浇捣混凝土过程中侧向压力大。

4. 预防措施

(1)型钢柱几何尺寸大于 500mm×500mm 的,应在型钢腹板上下端部 300mm 开始,按照 500mm 的间距梅花状设置穿螺杆孔。

(2)模板背撑间距设置不大于 300mm。

(3)采用成型型钢固定模板,间距在根部柱中部以下不大于 300mm,柱中部以上不大于 500mm。

5. 治理措施

型钢混凝土柱采用型钢固定架及对穿螺杆综合固定,并模拟混凝土浇筑,形成模板安装工艺,然后按照模拟工艺进行模板安装固定。

7.6 型钢混凝土梁

7.6.1 型钢混凝土梁与柱节点的钢筋锚固长度不符合要求

1. 现象

(1)型钢混凝土梁与柱节点处的钢筋锚固长度不满足设计要求。

(2)型钢混凝土梁与柱节点处的钢筋为采取预留钢筋孔洞、连接板等有效的锚固措施,导致钢筋与型钢梁节点处无法锚固。

2. 规范规定

《钢－混凝土组合结构施工规范》GB 50901－2013:

7.2.1 钢筋加工和安装应符合下列规定:

1 梁与柱节点处钢筋的锚固长度应满足设计要求;不能满足设计要求时,应采用绕开法、穿孔法、连接件法处理。

3. 原因分析

由于型钢柱与型钢梁交叉,型钢柱的截面的腹板与主筋位置交叉,钢筋在型钢柱位置截断,导致锚固长度不符合设计要求。

4. 预防措施

深化型钢构件制作和钢筋加工详图,在型钢制作时预先设置钢筋连接的预留洞或连接件。

5. 治理措施

钢筋穿过柱的位置设置了连接板或预留钢筋穿过的孔洞。

7.6.2 梁箍筋弯钩锚固长度不足

1. 现象

梁箍筋弯钩锚固长度不符合规范或设计要求,导致锚固长度不足。

2. 规范规定

参见7.6.1节。

3. 原因分析

箍筋弯钩处与型钢梁的翼缘板产生矛盾,翼缘板未预留孔,导致箍筋的锚固长度不足。

4. 预防措施

型钢梁的箍筋开口处采取焊接,单面焊不小于$10d$,双面焊不小于$5d$,加强焊缝外观质量控制。

7.6.3 主筋通常设置的数量不足

1. 现象

梁主筋与型钢柱相交时,主筋通常设置的数量不满足主筋总数量的50%。

2. 规范规定

参见7.6.1节。

3. 原因分析

型钢柱加工制作过程中在与两交叉的位置未设置穿钢筋的预留孔,或设置预留孔数量不足钢筋总数的50%。

4. 预防措施

型钢构件加工时,应按照钢筋数量和位置设置穿钢筋预留孔。

5.治理措施

钢筋通常设置的数量不能满足规范规定最小数量要求时,现场在钢筋相应位置采取机械开孔,严禁用电焊或氧焊吹孔。

7.6.4 梁主筋锚固长度不符合要求

1.现象

梁主筋与型钢梁交叉时,未通长设置的梁主筋锚固长度不符合要求。

2.规范规定

参见7.6.1节。

3.原因分析

钢筋为通长设置时,直接将钢筋断开,未采取焊接、机械锚固等相关措施。

4.预防措施

当梁钢筋在梁柱节点处难以通长设置时,采取连接板或连接件机械连接,也可以在钢筋端头焊接短钢筋进行机械锚固。

7.6.5 模板安装固定不牢固

1.现象

模板安装固定不能满足混凝土浇捣成型的要求,导致混凝土胀模。

2.规范规定

《钢-混凝土组合结构施工规范》GB 50901-2013:

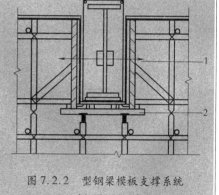

7.2.2 模板支撑应符合下列规定:

1 梁支撑系统的荷载可计入型钢结构重量;侧模板可采用穿孔对拉螺栓,也可在型钢梁腹板上设置耳板对拉固定(图7.2.2);

2 耳板设置或腹板开孔应经设计单位认可,并应在加工厂制作完成;

3 当利用型钢梁作为模板的悬挂支撑时,应经设计单位同意。

图7.2.2 型钢梁模板支撑系统
1-对拉螺栓;2-木方

3.原因分析

型钢梁混凝土侧模板未采用对穿螺杆固定,或对穿螺杆的间距大,导致模板变形大。

4.预防措施

(1)型钢构件加工前应制定型钢梁模板安装专项方案,确定钢构件对拉螺杆位置,工厂构件制作时预留对拉螺杆孔。

(2)模板安装前,应对钢构件预留对拉螺杆孔位置和数量进行检查,不符合方案要求的采取机械进行开孔。

5.治理措施

钢构件对拉螺杆孔应在梁构件上下位置设置,中间垂直间距不大于500mm,水平间距不大于800mm。

7.7 钢—混凝土组合剪力墙

7.7.1 钢筋与型钢连接节点成型不规范

1. 现象

剪力墙中设置型钢的位置，钢筋需要穿过型钢时，钢筋成型不规范。

2. 规范规定

《钢－混凝土组合结构施工规范》GB 50901－2013：

8.2.1 墙体钢筋的绑扎与安装应符合下列规定：

1 墙体钢筋绑扎前，应根据结构特点、钢筋布置形式等因素制定钢筋绑扎工艺；绑扎过程中不得对钢构件污染、碰撞和损坏；

2 墙体纵向受力钢筋与型钢的净间距应大于30mm，纵向受力钢筋的锚固长度、搭接长度应符合现行国家标准《混凝土结构设计规范》GB 50010 的要求；

3 剪力墙的水平分布钢筋应绕过或穿过墙端型钢，且应满足钢筋锚固长度要求；

4 墙体拉结筋和箍筋的位置、间距和数量应满足设计要求；当设计无具体规定时，应符合相关标准的要求。

8.2.2 当钢筋与墙体内型钢采用钢筋绕开法时，宜按不小于1:6角度折弯绕过型钢。当无法绕过时，应满足锚固长度及相关设计要求，钢筋可伸至型钢后弯锚。

8.2.3 钢筋与墙体内型钢采用穿孔法时，应符合下列规定：

1 预留钢筋孔的大小、位置应满足设计要求，必要时应采取相应的加强措施；

2 钢筋孔的直径宜为 $d+4mm$（d 为钢筋公称直径）；

3 型钢翼缘上设置钢筋孔时，应采取补强措施。型钢腹板上预留钢筋孔时，其腹板截面损失率宜小于腹板面积25%，且应满足设计要求；

4 预留钢筋孔应在深化设计阶段完成，并应由构件加工厂进行机械制孔，严禁用火焰切割制孔。

8.2.4 钢筋与墙体内型钢采用钢筋连接套筒连接时，应按本规范第6.2.6条的规定执行。

8.2.5 钢筋与墙体内型钢采用连接板焊接时，应按本规范第6.2.7条的规定执行。

---

3. 原因分析

(1)剪力墙中设置的型钢在工厂加工制作时，未事先预留钢筋穿过孔洞。

(2)剪力墙中钢筋绕过型钢时，未按照1:6的比例合理折弯。

4. 预防措施

(1)型钢剪力墙型钢制作和钢筋加工前按照钢结构加工和钢筋安装的要求先要深化设计图纸，并严格按深化图纸要求进行构件制作和钢筋加工。

(2)现场构件和钢筋安装前，认真核对型钢构件预留孔洞与施工图钢筋的规格数量是否一致，有偏差及时矫正，或采取措施进行整改。

7.7.2 混凝土浇捣不密实

1. 现象

混凝土浇捣完成后型钢位置出现孔洞或不密实。

2. 规范规定

《钢－混凝土组合结构施工规范》GB 50901－2013：

8.2.6 钢—混凝土组合剪力墙中型钢或钢板上设置的混凝土灌浆孔、流淌孔、排气孔和排水孔(图8.2.6)等应符合下列规定：

1 孔的尺寸和位置应在施工深化设计阶段完成，并应征得设计单位同意，必要时应采取相应的加强措施；

2 对型钢混凝土剪力墙和带钢斜撑混凝土剪力墙，内置型钢的水平隔板上应开设混凝土灌浆孔和排气孔；

3 对单层钢板混凝土剪力墙，当两侧混凝土不同步浇筑时，可在内置钢板上开设流淌孔，必要时应在开孔部位采取加强措施；

4 对双层钢板混凝土剪力墙，双层钢板之间的水平隔板应开设灌浆孔，并宜在双层钢板的侧面适当位置开设排气孔和排水孔；

5 灌浆孔的孔径不宜小于150mm，流淌孔的孔径不宜小于200mm，排气孔及排水孔的孔径不宜小于10mm；

6 钢板制孔时，应由制作厂进行机械制孔，严禁用火焰切割制孔。

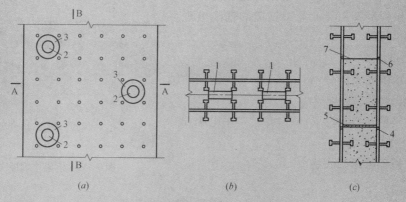

图8.2.6　混凝土灌浆孔、流淌孔、排气孔和排水孔设备

(a)钢板剪力增立面;(b)A－A;(c)B－B

1－灌浆孔;2－流淌孔;3－加强环板;4－排气孔;5－横向隔板;6－排水孔;7－混凝土浇筑面

8.2.7 安装完成的箱形型钢柱和双钢板墙顶部应采取相应措施进行覆盖封闭。

8.2.8 钢—混凝土组合剪力墙的墙体混凝土宜采用骨料较小、流动性较好的高性能混凝土，且应分层浇筑。

8.2.9 墙体混凝土浇筑完毕后，可采取浇水或涂刷养护剂的方式进行养护。

3. 原因分析

(1)钢—混凝土组合剪力墙中型钢或钢板上未设置的混凝土灌浆孔、流淌孔、排气孔和排水孔，或设置的混凝土灌浆孔、流淌孔、排气孔和排水孔不符合要求。

(2)混凝土的骨料过大，混凝土的坍落度等性能不符合要求。

4. 治理措施

(1)加强构件加工的深化设计，合理设置混凝土灌浆孔、流淌孔、排气孔和排水孔。

（2）严格控制混凝土粗骨料的粒径和坍落度等质量性能。

7.8 钢—混凝土组合板

7.8.1 楼承板与钢梁连接锚固长度不足

1. 现象

楼承板与钢梁的焊接不到位或锚固长度不足，导致楼承板与钢梁未有效的锚固连接。

2. 规范规定

《钢－混凝土组合结构施工规范》GB 50901－2013：

> 9.2.3 压型钢板或钢筋桁架板的锚固与连接，应符合下列规定：
> 1 穿透压型钢板或钢筋桁架板的栓钉与钢梁或混凝土梁上预埋件应采用焊接锚固，压型钢板或钢筋桁架板之间、其端部和边缘与钢梁之间均应采用间断焊或塞焊进行连接固定；
> 2 钢筋桁架板侧向可采用扣接方式，板侧边应设连接拉钩，搭接宽度不应小于10mm。

3. 原因分析

（1）栓钉未穿过楼承板与钢梁有效焊接。

（2）楼承板的几何尺寸及型钢梁的轴线出现系统偏差。

4. 预防措施

（1）楼承板安装前核对几何尺寸及型钢梁的轴线。

（2）按照设计要求设置栓钉，并设专用电源和专用电焊机进行焊接。

图7-3 桁架楼承板失稳

7.8.2 桁架楼承板失稳

1. 现象

桁架楼承板浇捣混凝土过程中失稳，楼面板变形或垮塌。

2. 规范规定

（1）《钢－混凝土组合结构施工规范》GB 50901－2013：

> 9.2.6 桁架板的钢筋施工应符合下列规定：
> 1 钢筋桁架板的同一方向的两块压型钢板或钢筋桁架板连接处，应设置上下弦连接钢筋；上部钢筋按计算确定，下部钢筋按构造配置；
> 2 钢筋桁架板的下弦钢筋伸入梁内的锚固长度不应小于钢筋直径的5倍，且不应小于50mm。
> 9.2.7 临时支撑应符合下列规定：
> 1 应验算压型钢板在工程施工阶段的强度和挠度；当不满足要求时，应增设临时支撑，并应对临时支撑体系再进行安全性验算；临时支撑应按施工方案进行搭设；
> 2 临时支撑底部、顶部应设置宽度不小于100mm的水平带状支撑。

（2）《钢筋桁架楼承板》JG/T 368－2012：

6.1.1 钢筋桁架楼承板材料规格与外形尺寸应符合表1的规定,钢筋桁架楼承板构造示意图见图1。

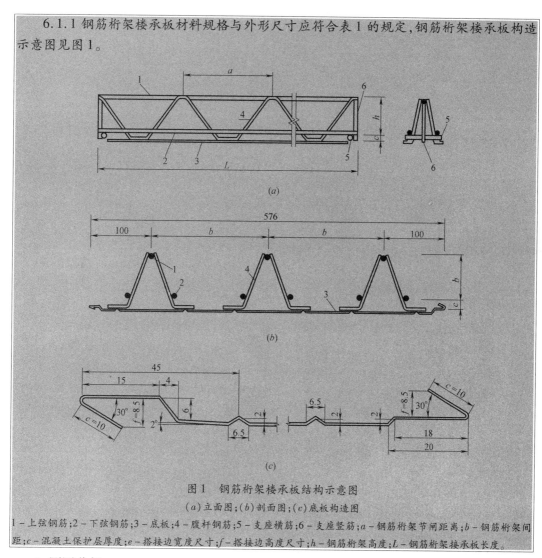

图1 钢筋桁架楼承板结构示意图

(a)立面图;(b)剖面图;(c)底板构造图

1-上弦钢筋;2-下弦钢筋;3-底板;4-腹杆钢筋;5-支座横筋;6-支座竖筋;a-钢筋桁架节间距离;b-钢筋桁架间距;c-混凝土保护层厚度;e-搭接边宽度尺寸;f-搭接边高度尺寸;h-钢筋桁架高度;L-钢筋桁架接承板长度。

3.原因分析

(1)桁架楼承板端头竖筋为与梁焊接,导致桁架未形成稳定的空间单元。

(2)桁架端头横筋与桁架复筋为有效焊接。

(3)桁架楼承板底钢板为有效与型钢梁锚固连接。

(4)未验算楼承板在工程施工阶段的强度和挠度,对不满足要求的,未增设临时支撑。

4.治理措施

(1)桁架楼承板的板端竖筋不能任意切除,并且100%的竖筋必须与型钢梁有效焊接。

(2)对于大于3.6m跨度的桁架楼承板必须验算工程施工阶段的强度和挠度,不满足要求时,必须增设临时支撑。

第8章 木结构工程

8.1 木结构工程施工用木材

木结构施工用木材主要有原木、方木与板材和工厂化生产的规格材、层板胶合木、胶合木构件、结构复合木材及工字形木格栅等。木材的含水率对木构件和木结构的力学性能、外观等影响较大,若不加以控制,将会引起木结构裂缝、构件变形等常见质量问题。现代轻型木结构中使用了较多的工程木产品,由于生产厂家众多,国内外标准不一,性能参差不齐,使用中应对其质量进行检测鉴别(图8-1、图8-2)。

图8-1 加工完成的锯材   图8-2 工厂加工的规格材

8.1.1 木结构施工用木材或木构件的含水率不符合要求

1. 现象

木材或木构件在加工制作、堆放、运输、存贮过程中,受气象环境影响,木材含水率发生变化,引起木材或木构件开裂、翘曲变形、霉变腐蚀,影响木构件的力学性能以及木结构房屋的美观与耐久性。

2. 规范规定

(1)《木结构工程施工质量验收规范》GB 50206-2012:

> 4.2.5 各类构件制作时及构件进场时木材的平均含水率,应符合下列规定:
>
> 1 原木或方木不应大于25%。
>
> 2 板材及规格材不应大于20%。
>
> 3 受拉构件的连接板不应大于18%。
>
> 4 处于通风条件不畅环境下的木构件的木材,不应大于20%。
>
> *检查数量:每一检验批每一树种每一规格木材随机抽取5根。*
>
> *检验方法:本规范附录C。*
>
> 5.2.5 层板胶合木构件平均含水率不应大于15%,同一构件各层板间含水率差别不应大于5%。
>
> *检查数量:每一检验批每一规格胶合木构件随机抽取5根。*
>
> *检验方法:本规范附录C。*

6.2.5 规格材的平均含水率不应大于20%。

附录C 木材含水率检验方法

C.1 一般规定

C.1.1 本检验方法适用于木材进场后构件加工前的木材和已制作完成的木构件的含水率测定。

C.1.2 原木、方木（含板材）和层板宜采用烘干法（重量法）测定，规格材以及层板胶合木等木构件亦可采用电测法测定。

C.2 取样及测定方法

C.2.1 烘干法测定含水率时，应从每检验批同一树种同一规格材的树种中随机抽取5根木料作试材，每根试材应在距端头200mm处沿截面均匀地截取5个尺寸为20mm×20mm×20mm的试样，应按现行国家标准《木材含水率测定方法》GB/T 1931的有关规定测定每个试件中的含水率。

C.2.2 电测法测定含水率时，应从检验批的同一树种，同一规格的规格材，层板胶合木构件或其他木构件随机抽取5根为试材，应从每根试材距两端200mm起，沿长度均匀分布地取三个截面，对于规格材或其他木构件，每一个截面的四面中部应各测定含水率，对于层板胶合木构件，则应在两侧测定每层层板的含水率。

C.2.3 电测仪器应由当地计量行政部门标定认证。测定时应严格按仪表使用要求操作，并应正确选择木材的密度和温度等参数，测定深度不应小于20mm，且应有将其测量值调整至截面平均含水率的可靠方法。

C.3 判定规则

C.3.1 烘干法应以每根试材的5个试样平均值为该试材含水率，应以5根试材中的含水率最大值为该批木料的含水率，并不应大于本规范有关木材含水率的规定。

C.3.2 规格材应以每根试材的12个测点的平均值为每根试材的含水率，5根试材的最大值应为检验批该树种该规格的含水率代表值。

C.3.3 层板胶合木构件的三个截面上各层层板含水率的平均值应为该构件含水率，同一层板的6个含水率平均值应作该层层板的含水率代表值。

（2）《木结构工程施工规范》GB/T 50772－2012：

4.1.6 干燥好的木材，应放置在避雨、遮阳且通风良好的场所内，板材应采用纵向平行堆垛法存放，并应采取压重等防止板材翘曲的措施。

3. 原因分析

（1）工程参建人员对木材特性和含水率的重要性认识不足。我国把木材中所含水分的质量占其烘干后木材质量的百分比，定义为木材含水率，可按下式计算：

$$\omega = \frac{m_1 - m_0}{m_0} \times 100 \qquad (8-1)$$

式中　ω——木材含水率（100%）；

　　　m_1——木材烘干前的质量（g）；

　　　m_0——木材烘干后的质量（g）。

木材的含水率是木材的主要性质之一，含水率的变化会影响木材的强度与干缩湿胀。

由于木材是由无数管状细胞紧密结合而成,存在于木材细胞腔与细胞间隙中的水称为自由水,而被吸附在细胞壁内的水叫做吸附水。木材干燥时,首先失去自由水,然后才失去吸附水。当吸附水处于饱和状态而无自由水存在时,此时对应的含水率称为木材的纤维饱和点。纤维饱和点随树种而异,一般为23%~33%,平均为30%。木材的纤维饱和点是木材物理、力学性质的转折点。木材的含水率是随着环境温度和湿度的变化而改变的。当木材长时间处于一定温度和相对湿度的空气中时,其水分的蒸发和吸收会达到动态平衡状态,此时的含水率相对稳定,称为平衡含水率。

木材在纤维饱和点以下干燥时,随着含水率的降低,吸附水减少,细胞壁的厚度减小,因而细胞外表尺寸缩减,这种现象称为"木材干缩"。反之,干燥木材吸湿时将发生体积膨胀,直到含水量达到纤维饱和点为止。木材的细胞壁越厚,则胀缩变形应越大。所以,表观密度大、夏材含量多的木材,湿胀变形较大。木材湿胀干缩特性对其实际使用具有显著的影响。干缩会使木材翘曲开裂、接榫松弛、拼缝不严,湿胀则造成凸起。这些变形将影响结构的性能。

(2)采用高含水率木材制作构件时,木材的开裂和干缩现象更加突出,将对构件和结构产生不利影响。例如:原木、方木在干燥过程中,切向收缩最大,径向次之,纵向最小。外层木材会先于内层木材干燥,其干缩变形会受到内层木材的约束而受拉。当横纹拉应力超过木材的抗拉强度时,木材就发生开裂;制作构件时,如果干裂裂缝与齿连接或螺栓连接的受剪面接近或重合,就会影响连接的承载力,降低结构的安全度,甚至导致破坏。对于我国常用的齿连接,试验表明,即使裂缝未与受剪面重合,也会降低结构的承载能力。严重的水平裂缝还将使受弯构件承载能力降低。另外含水率过大,木材的弹性模量降低,木材干缩会导致结构的连接松弛,从而产生过大的变形。含水率超过20%而又通风不畅,木材则易发生腐朽。

考虑到普通木结构用原木和方木截面尺寸较大,通常不能采用窑干法,只有气干法较为切实可行,故只能要求尽量提前备料,使木材在合理堆放和不受暴晒的条件下逐渐风干。根据调查,这一工序即使时间很短,也能收到一定的效果。木结构若采用较干的木材制作,在相当程度上减少了因木材干缩而造成的松弛变形和裂缝的危害,对保证工程质量作用很大。

原木和尺寸较大的方木截面,含水率沿截面内外分布很不均匀,较难达到干燥状态,其含水率控制在25%,是指全截面的平均含水率。此时木材表层的含水率往往已降至18%以下,干燥裂缝已经呈现,制作构件选材时已经可以避开裂缝。干缩裂缝对板材的不利影响比方木、原木严重得多,但板材可以窑干,故含水率可控制在20%以下。干缩裂缝对板材受拉工作影响最为不利,用做受拉构件连接板的板材含水率应控制在18%以下。

因此,木结构用木材,原则上均应要求经过干燥,控制含水率并符合规范要求。

4. 预防措施

(1)木结构宜选用经过干燥的成材。若供应原木,应尽可能提前备料,木材运到工地后,按设计要求的尺寸预留干缩量并立即锯割,合理堆放,在不受暴晒的条件下逐渐风干。

(2)木结构用原木或方木以及各种木制品,其含水率必须经检测符合要求后方可使用。

(3)干燥好的木材、木产品进场后应放置在避雨、遮阳且通风良好的场所内,板材应采用纵向平行堆垛法存放,并应采取压重等防止板材翘曲的措施。

(4)使用湿材制作的构件必须采取多种防裂和截面加强构造措施,如采用"破心下料"、

"钢木混合构件"等。

5. 治理措施

（1）对高含水率的木结构构件应由设计检查核定后采取防裂、防变形措施后使用，或限制其使用部位、降低材质等级使用。

（2）对含水率不符合要求的胶合木构件还应检查其胶结情况，耐水情况及抗弯等力学性能（图8-3、图8-4）。

图8-3 胶合木梁　　　　　　　　图8-4 胶合木构件

（3）对因使用高含水率木结构材料而引起的材质标准降低、构件垂直度、轴线、尺寸偏差超过允许偏差的，应更换构件或由设计出具方案进行处理。

8.1.2 木结构工程材料试验项目和参数缺少

1. 现象

木结构工程材料进场后，未按规范要求对材料进行检查验收，或对一些关键性能参数未进行见证检验，给木结构工程带来质量隐患。

2. 规范规定

《木结构工程施工质量验收规范》GB 50206-2012：

> 4.2.3 进场木材均应作弦向静曲强度见证检验，其强度最低值应符合表4.2.3的要求。
>
> 4.2.6 承重钢构件和连接所用钢材应有产品质量合格证书和化学成分的合格证书。进场钢材应见证检验其抗拉屈服强度、极限强度和延伸率，其值应满足设计文件规定的相应等级钢材的材质标准指标，且不应低于现行国家标准《碳素结构钢》GB 700 有关 Q235 及以上等级钢材的规定。-30℃以下使用的钢材不宜低于 Q235D 或相应屈服强度钢材 D 等级的冲击韧性规定。钢木屋架下弦所用圆钢，除应作抗拉屈服强度、极限强度和延伸率性能检验外，尚应作冷弯检验，并应满足设计文件规定的圆钢材质标准。
>
> 检查数量：每检验批每一钢种随机抽取两件。
>
> 检验方法：取样方法、试样制备及拉伸试验方法应分别符合现行国家标准《钢材力学及工艺性能试验取样规定》GB 2975、《金属拉伸试验试样》GB 6397 和《金属材料室温拉伸试验方法》GB/T 228 的有关规定。
>
> 木材静曲强度检验标准　　　　　　　　　　　　表4.2.3

木材种类	针叶材				阔叶材				
强度等级	TC11	TC13	TC15	TC17	TB11	TB13	TB15	TB17	TB20
最低强度（N/mm²）	44	51	58	72	58	68	78	88	98

4.2.9 圆钉应有产品质量合格证书,其性能应符合现行行业标准《一般用途圆钢钉》YB/T 5002的有关规定。设计文件规定钉子的抗弯屈服强度时,应作钉子抗弯强度见证检验。

检查数量:每检验批每一规格圆钉随机抽取10枚。

检验方法:检查产品质量合格证书、检测报告。强度见证检验方法应符合本规范附录D的规定。

5.2.3 胶合木受弯构件应作荷载效应标准组合作用下的抗弯性能见证检验。在检验荷载作用下胶缝不应开裂,原有漏胶缝不应发展,跨中挠度的平均值不应大于理论计算值的1.13倍,最大挠度不应大于表5.2.3的规定。

荷载效应标准组合作用下受弯木构件的挠度限值　　　　　　　　表5.2.3

项次	构件类别		挠度限值(m)
1	檩条	$L \leq 3.3m$	$L/200$
		$L > 3.3m$	$L/250$
2	主梁		$L/250$

注:L为受弯构件的跨度。

检查数量:每一检验批同一胶合工艺、同一层板类别、树种组合、构件截面组坯的同类型构件随机抽取3根。

检验方法:本规范附录F。

5.2.5 层板胶合木构件平均含水率不应大于15%,同一构件各层板间含水率差别不应大于5%。

检查数量:每一检验批每一规格胶合木构件随机抽取5根。

检验方法:本规范附录C。

6.2.3 每批次进场目测分等规格材应由有资质的专业分等人员做目测等级见证检验或做抗弯强度见证检验;每批次进场机械分等规格材应作抗弯强度见证检验,并应符合本规范附录G的规定。

检查数量:检验批中随机取样,数量应符合本规范附录G的规定。

检验方法:本规范附录G。

6.2.6 木基结构板材应有产品质量合格证书和产品标识,用作楼面板、屋面板的木基结构板材应有该批次干、湿态集中荷载、均布荷载及冲击荷载检验的报告,其性能不应低于本规范附录H的规定。

进场木基结构板材应作静曲强度和静曲弹性模量见证检验,所测得的平均值应不低于产品说明书的规定。

检验数量:每一检验批每一树种每一规格等级随机抽取3张板材。

检验方法:按现行国家标准《木结构覆板用胶合板》GB/T 22349的有关规定进行见证试验,检查产品质量合格证书,该批次木基结构板干、湿态集中力、均布荷载及冲击荷载下的检验合格证书。检查静曲强度和弹性模量检验报告。

6.2.7 进场结构复合木材和工字形木格栅应有产品质量合格证书,并应有符合设计文件规定的平弯或侧立抗弯性能检验报告。

进场工字形木格栅和结构复合木材受弯构件,应作荷载效应标准组合作用下的结构性能检验,在检验荷载作用下,构件不应发生开裂等损伤现象,最大挠度不应大于表5.2.3的规定,跨中挠度的平均值不应大于理论计算值的1.13倍。

检验数量:每一检验批每一规格随机抽取3根。

检验方法:按本规范附录F的规定进行,检查产品质量合格证书、结构复合木材材料强度和弹性模量检验报告及构件性能检验报告。

7.2.2 经化学药剂防腐处理后进场的每批次木构件应进行透入度见证检验,透入度应符合本规范附录K的规定。

检查数量:每检验批随机抽取5根~10根构件,均匀地钻取20个(油性药剂)或48个(水性药剂)芯样。

检验方法:现行国家标准《木结构试验方法标准》GB/T 50329。

3. 原因分析

(1)随着现代木结构技术的发展,除原木和锯材外,木产品越来越丰富,但现场施工人员由于不熟悉木制品相关性能或对规范、设计要求不了解,没有完全掌握木制品在使用前应进行哪些必要检查验收和物理力学性能试验。

(2)材料检测需要一定的时间,由于盲目抢工,施工单位忽视质量隐患,先施工,后补检测或不做检测。

(3)木结构的某些检测项目在个别地区受实验室检测能力等因素影响,无法完成检测。

4. 预防措施

木结构工程主要材料进场检查验收与检测项目见表8-1所列。

木结构工程主要材料进场检查验收与检测项目表　　　　　表8-1

分项工程	类别	进场检查	见证检验项目
方木与原木结构	木材	质量合格证书、标识	弦向静曲强度
		目测材质等级	平均含水率
胶合木结构	胶合木受弯构件	产品质量合格证书、产品标识	抗弯性能
	层板胶合木	胶缝完整性检验合格证书、层板指接强度检验合格证书	平均含水率 抗弯性能(用作受弯构件)
轻型木结构	规格材	产品质量合格证书、产品标识	目测等级或抗弯强度、平均含水率
	木基结构板材	产品质量合格证书、产品标识,用做楼面板、屋面板时的干、湿态集中力、均布荷载及冲击荷载检验报告	静曲强度、静曲弹性模量
	工字形木格栅和复合木材受弯构件	产品质量合格证书、产品标识、结构复合木材材料强度和弹性模量检验报告	结构性能、平弯或侧立抗弯性能(平置或侧立受弯构件)
	齿板桁架	产品质量合格证书	——
	金属连接件	产品质量合格证书	——

分项工程	类别	进场检查	见证检验
			项目
木结构的防护	防腐处理木构件	载药量和透入度检验合格报告	透入度
其他	钢材	质量合格证书、化学成分合格证书	抗拉屈服强度、极限强度、延伸率
	圆钢（钢木屋架下弦）	产品质量合格证书、产品标识	抗拉屈服强度、极限强度、延伸率、冷弯
	圆钉		抗弯强度（设计文件规定钉子的抗弯屈服强度时）
	人造木板		游离甲醛含量

（1）木结构工程参建单位质量人员要学习和了解木结构工程的新材料、制品，以及设计文件与规范要求的木结构工程检测项目。

（2）应编制木结构工程材料进场验收与检测专项方案，并做好交底工作。

（3）木结构工程材料进场后应及时进行检查验收，依据检测方案见证抽样后送试验室检测。

（4）试验周期较长或本地检测不方便的材料应提前备料，及时委托有资质的检测单位检测完成，禁止木结构工程材料未检测合格就擅自使用。

5. 治理措施

对不合格的木结构材料可在设计人员指导下，从结构重要性、使用部位、可能的危害等方面进行评估，根据评估结果采取退场更换合格材料、材料降级使用或让步验收等方式进行处理，处理措施应经设计人员同意。

8.2 木结构连接

木结构间的连接主要有齿连接、齿板连接、螺栓连接、剪板连接、钉连接等，连接质量的好坏关系到结构间传力性能和结构的整体性。木结构连接中常见的质量问题有槽齿间隙大于允许偏差、齿板连接失效以及钉连接过于随意等。

8.2.1 木桁架齿连接加工尺寸不准确，槽齿间缝隙较大，接触不严密

1. 现象

（1）双齿连接时，两个承压面不能紧密一致共同受力，或槽齿承压面局部接触不严，致使桁架早期遭受破坏。

（2）槽口深度锯割不准，锯口深度超过了槽口深度，削弱了杆件的截面面积。

2. 规范规定

《木结构工程施工规范》GB/T 50772－2012：

> 6.1.1 单齿连接的节点（图6.1.1－1），受压杆轴线应垂直于槽齿承压面并通过其几何中心，非承压面交接缝上口 c 点处宜留不大于5mm的缝隙；双齿连接节点（图6.1.1－2），两槽齿抵承面均应垂直于上弦轴线，第一齿顶点 a 应位于上、下弦杆的上边缘交点处，

第二齿顶点c应位于上弦杆轴线与下弦杆上边缘的交点处。第二齿槽应至少比第一齿深20mm，非承压面上口e点宜留不大于5mm的缝隙。

6.1.2 齿连接齿槽深度应符合设计文件的规定，偏差不应超过±2.0mm，受剪面木材不应有裂缝或斜纹；下弦杆为胶合木时，各受剪面上不应有未粘结胶缝。桁架支座节点处的受剪面长度不应小于设计长度10mm以上；受剪面宽度，原木不应小于设计宽度4mm以上，方木与胶合木不应小于3mm以上。承压面应紧密，局部缝隙宽度不应大于1mm。

6.1.3 桁架支座端节点的齿连接，每齿均应设一枚保险螺栓，保险螺栓应垂直于上弦杆轴线(图6.1.1-1、图6.1.1-2)，且宜位于非承压面的中心，施钻时应在节点组合后一次成孔。腹杆与上、下弦杆的齿连接处，应在截面两侧用扒钉扣牢。在8度和9度地震烈度区，应用保险螺栓替代扒钉。

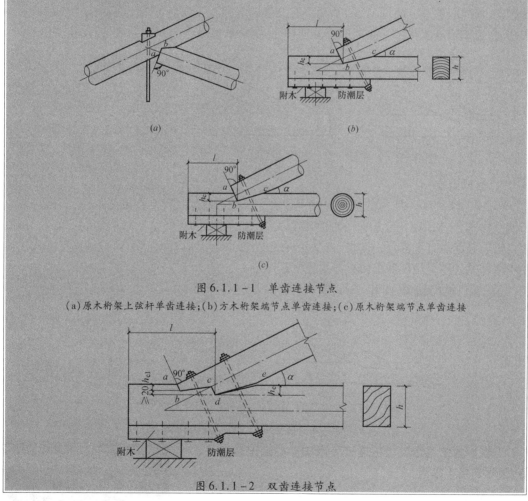

(a)

(b)

(c)

图6.1.1-1 单齿连接节点

(a)原木桁架上弦杆单齿连接；(b)方木桁架端节点单齿连接；(c)原木桁架端节点单齿连接

图6.1.1-2 双齿连接节点

3. 原因分析

(1)材质含水率较大，产生收缩、翘曲变形，使槽齿不密合。

(2)由于画线、锯割不准等造成杆件加工不符合要求，使槽齿不合。

(3)因上下弦保险螺栓孔位略有偏差，螺栓穿入后，使槽齿不密合。

(4)操作不认真，使锯口深度超过槽口深度，造成锯割过线。

471

（5）桁架组装方式不合理，组装后，未进行检查。

4．预防措施

（1）运到工地的木材及加工后的杆件，应按规格加垫堆放平整，使空气流通，防止木材因受潮和堆放不当而产生弯曲、扭翘变形。

（2）样板要选用干燥的优质软材制作，以防样板变形影响加工精度；按样板画线时，样板应与木料贴紧，笔要紧贴样板画线，线要清楚，线宽不应超过 0.5mm。用原木制作屋架时，砍平找正后，四面中心均应弹线，以便确定斜杆、竖杆和螺栓等位置。

（3）杆件加工时，做榫、断肩需留半线，不得走锯、过线。做双齿时，第一槽齿不密合时不易修整，故应留一线锯割，第二槽齿留半线锯割。

（4）桁架宜竖立组装（组装方便，槽齿易密合）。基本组装后，应检查槽齿承压面是否接触严密，局部间隙不应超过 1mm，不允许有穿透的缝隙。无误后再将上下弦的保险螺栓孔一次钻通，边钻边复核孔位。如上下弦分别钻孔，要求从接触点向两端钻，以消除孔位误差。

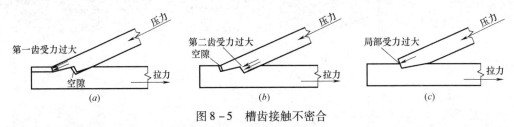

图 8-5　槽齿接触不密合

5．治理措施

（1）如图 8-5(a) 所示的槽齿接触不密合，应采用细锯锯第一槽齿的承压面，即可靠自重使双齿密合；如图 8-5(b) 所示的槽齿接触不密合，则不易修整。如槽齿间有均匀缝隙，应将桁架竖起靠自重密合；或适当拧紧拉杆螺栓使之密合，但要求照顾到结构高度和起拱高度不得超差。不得用楔和金属板等填塞其缝隙。

（2）槽口锯割过线（图 8-6）严重的，应增设夹板补强加固。

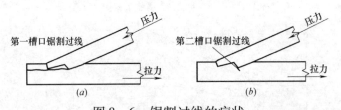

图 8-6　锯割过线的症状

(a) 两受剪面重合破坏　　　(b) 下弦截面被削弱

8.2.2 轻型木结构桁架齿板连接处木构件的缝隙超过允许限值，齿板连接不牢固

1．现象

轻型木结构桁架在吊装前和吊装后进行质量检查验收时发现齿板连接处木构件间出现明显缝隙，且缝隙超过允许限值，局部板齿倒伏较多，齿板松动（图 8-7）。

2．规范规定

《木结构工程施工质量验收规范》GB 50206-2012：

图 8-7　齿板连接的木桁架

6.3.3 齿板桁架的进场验收,应符合下列规定:

1 规格材的树种、等级和规格应符合设计文件的规定。

2 齿板的规格、类型应符合设计文件的规定。

3 桁架的几何尺寸偏差不应超过表6.3.3的规定。

4 齿板的安装位置偏差不应超过图6.3.3-1所示的规定。

桁架制作允许误差(mm) 表6.3.3

	相同桁架间尺寸差	与设计尺寸间的误差
桁架长度	12.5	18.5
桁架高度	6.5	12.5

注:1 桁架长度指不包括悬挑或外伸部分的桁架总长,用于限定制作误差;

   2 桁架高度指不包括悬挑或外伸等上、下弦杆突出部分的全榀桁架最高部位处的高度,为上弦顶面到下弦底面的总高度,用于限定制作误差。

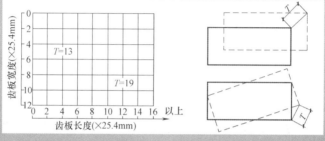

图6.3.3-1 齿板位置偏差允许值

5 齿板连接的缺陷面积,当连接处的构件宽度大于50mm时,不应超过齿板与该构件接触面积的20%;当构件宽度小于50mm时,不应超过齿板与该构件接触面积的10%。缺陷面积应为齿板与构件接触面范围内的木材表面缺陷面积与板齿倒伏面积之和。

6 齿板连接处木构件的缝隙不应超过图6.3.3-2所示的规定。除设计文件有特殊规定外,宽度超过允许值的缝隙,均应有宽度不小于19mm、厚度与缝隙宽度相当的金属片填实,并应有螺纹钉固定在被填塞的构件上。

检查数量:检验批全数的20%。

检验方法:目测、量器测量。

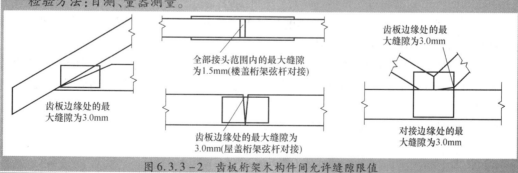

图6.3.3-2 齿板桁架木构件间允许缝隙限值

3. 原因分析

(1)轻型木结构桁架的木材含水率较大,产生收缩、翘曲变形。

(2)齿板桁架非专业加工厂生产,厂家无专门的齿板压入桁架节点设备,齿板连接质量

473

较差。

(3)轻型木结构构件放样、加工尺寸偏差控制不严格,拼装后构件配合不紧密。

(4)齿板安装过程中齿的倒伏(倒伏是指齿长的 1/4 以上,没有垂直压入木材的齿)以及连接处木材的缺陷(木材表面的缺陷包括木节、钝棱和树脂囊等)引起板齿失效。

(5)轻型木结构桁架运输和存储不当,日晒雨淋或受过撞击损伤,引起齿板连接处木构件的缝隙超过允许限值、齿板连接松动。

(6)轻型木结构桁架吊装不当,引起桁架侧向过大的弯曲变形,桁架拼接处开裂。

4. 预防措施

(1)在桁架制作、运输和安装过程中,应避免使桁架承受过大的侧向弯曲。

(2)桁架应在平坦的地面上装卸,以避免产生侧向变形。在桁架安装现场应采取防止损坏桁架的保护措施。在拆除桁架捆带时应防止桁架倾倒。

(3)桁架在安装前存放时,应布置足够的竖向支撑和侧向支撑,避免桁架产生过大的侧向弯曲或发生倾覆。

(4)桁架吊装前应对齿板连接情况进行检查,桁架齿板表面不应有严重的腐蚀,齿板不应松动和脱落。

(5)现场安装工人应具有娴熟的技术,并应遵守规定的操作条例或规程。桁架在安装前如有齿板连接处缝隙超过允许偏差或损坏,安装人员应通知桁架生产单位进行维修。

(6)桁架起吊时应防止平面外弯曲损坏。安装应定位准确,并应保证横向水平、竖向垂直。在安装设计规定的永久支撑前,应采取有效措施使桁架在其轴线上保持垂直。安装过程中不得锯切更改桁架。

(7)在设计规定的侧撑和面板全部安装、钉牢前,不得在桁架上施加集中荷载。严禁在未钉覆面板的桁架上堆放整捆的胶合板或其他施工材料。

5. 治理措施

(1)桁架在运输和安装过程中,当发生齿板与杆件连接不牢或板齿钉钉入不当造成节点松动时,不应将松动的齿板钉回原位,应与设计人员或生产厂家联系,共同确定修复方案。

(2)齿板连接处木构件的缝隙超过《木结构工程施工质量验收规范》GB 50206 – 2012 中图 6.3.3 – 2 所示的规定,如果设计文件没有特殊规定,应由齿板桁架生产单位、设计单位、施工单位共同分析宽度超过允许值的缝隙产生的原因,提出修复方案,当缝隙超过允许偏差较小时也可以采用宽度不小于 19mm、厚度与缝隙宽度相当的金属片填实,并应有螺纹钉固定在被填塞的构件上的措施来弥补缺陷。

(3)当板齿或桁架制作过程中引起的木构件劈裂超过所用树种、木材等级的允许值以及在安装或拆除齿板过程中,木构件损坏产生的缺陷超过允许值时,不得重新安装齿板,应更换木构件。

8.2.3 轻型木结构钉连接不符合设计要求

1. 现象

(1)轻型木结构构件之间钉连接时,施工操作人员随意钉入,钉的品种、最小钉长、钉的最少数量或最大间距不符合要求。

(2)轻型木结构构件之间钉连接,当钉子钉入时,发生构件劈裂或钉子弯曲现象。

2. 规范规定

《木结构工程施工规范》GB/T 50772－2012：

> 6.4.1 钉连接所用圆钉的规格、数量和在连接处的排列(图6.4.1)应符合设计文件的规定,并应符合下列规定:
>
> 1 钉排列的最小边距、端距和中距不应小于表6.4.1的规定。

钉排列的最小边距、端距和中距　　　　　　　　　　　　　　　　　表6.4.1

a	顺纹		横纹		
	中距 s_1	端距 s_0	中距 s_2		边距 s_3
			齐列	错列或斜列	
$a \geqslant 10d$	$15d$	$15d$	$4d$	$3d$	$4d$
$10d > a > 4d$	取插入值	$15d$	$4d$	$3d$	$4d$
$a = 4d$	$25d$	$15d$	$4d$	$3d$	$4d$

注:1 表中 d 为钉直径; a 为构件被钉穿的厚度。
　2 当使用的木材为软质阔叶材时,其顺纹中距和端距尚应增大25%。

> 2 除特殊要求外,钉应垂直构件表面钉入,并应打入至钉帽与被连接构件表面齐平;当构件木材为易开裂的落叶松、云南松等树种时,均应预钻孔,孔径可取钉直径的0.8~0.9倍,孔深不应小于钉入深度的0.6倍。
>
> 3 当圆钉需从被连接构件的两面钉入,且钉入中间构件的深度不大于该构件厚度的2/3时,可两面正对钉入;无法正对钉入时,两面钉子应错位钉入,且在中间构件钉尖错开的距离不应小于钉直径的1.5倍。
>
> 6.4.2 钉连接进钉处的位置偏差不应大于钉直径,钉紧后各构件间应紧密,局部缝隙不应大于1.0mm。
>
> 6.4.3 钉子斜钉(图6.4.3)时,钉轴线应与杆件约呈30°角,钉入点高度宜为钉长的1/3。

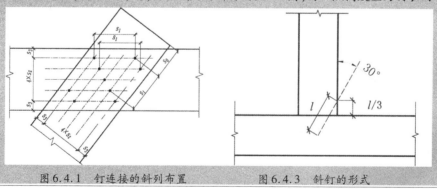

图6.4.1　钉连接的斜列布置　　　　图6.4.3　斜钉的形式

3. 原因分析

(1)施工操作人员不清楚轻型木结构钉连接的具体要求。

(2)施工操作人员对钉连接不当,可能引起木构件的劈裂损坏、钉连接失效等危害认识不足。

4. 预防措施

(1)设计文件中应明确钉连接的方法和要求,施工应符合设计文件要求,不允许使用与设计文件规定的同直径不同长度或同长度不同直径的钉子替代。

（2）施工操作人员应充分认识钉连接的重要性，了解钉连接不当的危害。

（3）施工操作人员应掌握轻型木结构构件之间钉连接的基本规定和要求（表8-2～表8-5），施工中严格遵守。

5．治理措施

（1）分析钉连接不符合要求或失效形成的原因，后续钉连接施工中应采取措施避免。

（2）钉连接时，钉选用的品种、长度、钉入方式不符合设计文件或规定要求，应视影响木结构承载力、稳定、耐久性等的程度，由原设计核算，提出处理方案，采用返修、加强加固等方法处理，当情况严重，出现返修困难等情况时，应局部拆除或更换构件，重新采用螺栓、金属连接件等可靠方法连接。

组合截面梁采用40mm宽的规格材组成时钉连接要求　　表8-2

连接构件名称	钉的连接方式	最小钉长（mm）	钉的最少数量或最大间距
组合截面梁	沿梁高采用等分布置的二排钉连接	90	450mm

注：组合柱和不符合本表规定的组合梁，应根据相应的设计方法和规定进行设计。

按构造设计的轻型木结构的钉连接要求　　表8-3

序号	连接构件名称	最小钉长（mm）	钉的最少数量或最大间距
1	楼盖格栅与墙体顶梁板或底梁板——斜向钉连接	80	2颗
2	边框梁或封边板与墙体顶梁板或底梁板——斜向钉连接	60	150mm
3	楼盖格栅木底撑或扁钢底撑与楼盖格栅	60	2颗
4	格栅间剪刀撑	60	每端2颗
5	开孔周边双层封边梁或双层加强格栅	80	300mm
6	木梁两侧附加托木与木梁	80	每根格栅处2颗
7	格栅与格栅连接板	80	每端2颗
8	被切格栅与开孔封头格栅（沿开孔周边垂直钉连接）	80	5颗
		100	3颗
9	开孔处每根封头格栅与封边格栅的连接（沿开孔周边垂直钉连接）	80	5颗
		100	3颗
10	墙骨柱与墙体顶梁板或底梁板，采用斜向钉连接或垂直钉连接	60	4颗
		80	2颗
11	开孔两侧双根墙骨柱，或在墙体交接或转角处的墙骨柱	80	750mm
12	双层顶梁板	80	600mm
13	墙体底梁板或底梁板与格栅或封头块（用于外墙）	80	400mm

476

序号	连接构件名称	最小钉长（mm）	钉的最少数量或最大间距
14	内隔墙与框架或楼面板	80	600mm
15	非承重墙开孔顶部水平构件每端	80	2颗
16	过梁与墙骨柱	80	每端2颗
17	顶棚格栅与墙体顶梁板——每侧采用斜向钉连接	80	2颗
18	屋面椽条、桁架或屋面格栅与墙体顶梁板——斜向钉连接	80	3颗
19	椽条板与顶棚格栅	100	2颗
20	椽条与格栅（屋脊板有支座时）	80	3颗
21	两侧椽条在屋脊通过连接板连接，连接板与每根椽条的连接	60	4颗
22	椽条与屋脊板——斜向钉连接或垂直钉连接	80	3颗
23	椽条拉杆每端与椽条	80	3颗
24	椽条拉杆侧向支撑与拉杆	60	2颗
25	屋脊椽条与屋脊或屋谷椽条	80	2颗
26	椽条撑杆与椽条	80	3颗
27	椽条撑杆与承重墙——斜向钉连接	80	2颗

墙面板、楼（屋）面板与支承构件的钉连接要求　　表8-4

连接面板名称	连接件的最小长度（mm）				钉的最大间距
	普通圆钢钉或麻花钉	螺纹圆钉或麻花钉	屋面钉	U形钉	
厚度小于13mm的石膏墙板	不允许	不允许	45	不允许	板边缘支座150mm；沿板跨中支座300mm
厚度小于10mm的木基结构板材	50	45	不允许	40	
厚度10~20mm的木基结构板材	50	45	不允许	50	
厚度大于20mm的木基结构板材	60	50	不允许	不允许	

屋面坡度	椽条间距（mm）	钉长不小于80mm的最少钉数											
		椽条与每根顶棚格栅连接						椽条每隔1.2m与顶棚格栅连接					
		房屋宽度达到8m			房屋宽度达到9.8m			房屋宽度达到8m			房屋宽度达到9.8m		
		屋面雪荷（kPa）			屋面雪荷（kPa）			屋面雪荷（kPa）			屋面雪荷（kPa）		
		≤1.0	1.5	≥2.0	≤1.0	1.5	≥2.0	≤1.0	1.5	≥2.0	≤1.0	1.5	≥2.0
1:3	400	4	5	6	5	7	8	11	—	—	—	—	—
	600	6	8	9	8	—	—	11	—	—	—	—	—
1:2.4	400	4	4	5	5	6	7	7	10	—	9	—	—
	600	5	7	8	7	9	11	7	10	—	—	—	—
1:2	400	4	4	4	4	4	5	6	8	9	8	—	—
	600	4	5	6	5	7	8	6	8	9	8	—	—
1:1.71	400	4	4	4	4	4	4	5	7	8	7	9	11
	600	4	4	5	5	6	7	5	7	8	7	9	11
1:1.33	400	4	4	4	4	4	4	4	5	6	5	6	7
	600	4	4	4	4	4	5	4	5	6	5	6	7
1:1	400	4	4	4	4	4	4	4	4	4	4	4	5
	600	4	4	4	4	4	4	4	4	4	4	4	5

8.3　木结构安装

木结构构件具有易加工性，但在木构件安装或木桁架吊装过程中易受到损伤，形成常见质量问题，施工中应进行质量控制且应避免发生。

8.3.1　轻型木结构构件上随意开口、钻孔，影响构件的受力性能

1. 现象

操作工人在木结构房屋施工时，为了纠正木结构安装时的尺寸偏差或进行设备管线敷设时遇到木结构构件的阻碍，会擅自在木结构的格栅、墙骨柱（图8-8）、屋架等构件上开凿过大过深的槽、缺口或钻孔，造成构件损伤，影响构件的受力性能。

图8-8　轻型木结构墙骨柱

2. 规范规定

《木结构设计规范》GB 50005-2003：

9.3.18 轻型木结构构件的开孔或缺口应符合下列规定：

1 屋盖、楼盖和顶棚等的格栅的开孔尺寸不得大于格栅截面高度的1/4，且距格栅边缘

3. 原因分析

(1)未对所有参加木结构施工人员进行技术交底,未明确木构件的开槽或开孔要求。

(2)设备管线设计时未考虑避开主要的木结构件,施工时无法绕越。

(3)施工人员不了解木结构构件上擅自开槽或开孔会引起构件有效截面积减少、应力集中,甚至会引起构件开裂、失效等危害,施工时图方便省事,随意施工。

4. 预防措施

(1)木结构施工前应加强设计交底与图纸会审,明确设备管线在轻型木结构的墙体、楼盖与顶棚中的穿越方法,避开主要的木结构构件,明确开槽或开孔要求。

(2)施工前应预估需在木结构构件上开槽开孔的部位,进行相关的深化设计,并由设计人员核定认可。

(3)开槽或钻孔后的缺口部位均应重新进行防腐处理,满足原构件的防腐性能要求。

5. 治理措施

(1)木构件主要受力构件上因随意开槽数量过多,槽口过深,引起构件开裂或承载力降低明显,不能满足受力性能时,应更换构件。

(2)当开槽数量较少或对木结构性能影响较小时,应办理设计认可手续以及采取必要的加强措施。

图8-9 木桁架吊装

8.3.2 齿板桁架运输或吊装不当,引起桁架损坏

1. 现象

齿板桁架移动或吊装(图8-9)时,桁架平面外受力(自重、撞击等),造成齿板连接处开裂、缝隙加大,桁架平面外弯曲变形,严重时造成几何尺寸偏差过大,无法安装或承载力大幅降低。

2. 规范规定

《木结构工程施工规范》GB/T 50772-2012:

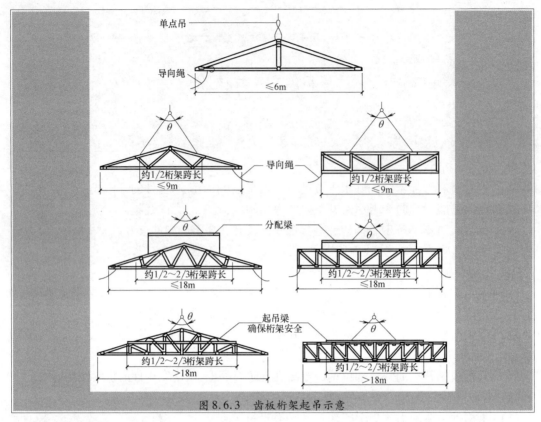

图 8.6.3 齿板桁架起吊示意

3. 原因分析

齿板桁架平面外刚度差,连接节点较脆弱。搬运和吊装时需特别小心,确保其不受损害。安装就位后需做好临时支撑,防止倾倒。

4. 预防措施

(1)组装完成的桁架在堆放或运输时应保持竖直,严禁平放,可采用数榀同规格桁架紧靠直立捆绑在一起,支承点应设在原支座处,桁架两侧应设好临时斜撑,防止意外倾倒。

(2)桁架吊装前应编制吊装方案,确定吊点、吊索夹角。吊装中应采用导向绳牵引控制,保证桁架处于竖直状态。

(3)桁架安装(图8-10)后应及时校正支撑。当不能及时设置永久支撑时,为确保桁架在施工阶段的侧向稳定性,桁架间应采用临时支撑加以固定,形成稳定的空间单元。

桁架间临时支撑应设在上弦杆或屋面板平面、下弦杆或天花板平面,以及桁架竖向腹杆所在的平面内。其中,上弦杆平面内支撑沿纵向应连续,宜两坡对称设置,间距应为 2.4～3.0m,中部一根宜设置在距屋脊150mm处,屋顶端部还应设约呈 45°的对角支撑,并应使上弦杆平面内形成稳定的三角形支撑布局。

图 8-10 木桁架安装固定

桁架竖向腹杆平面内的支撑应为桁架上、下弦杆之间的对角支撑,间距应为 2.4～3.0m

布置一对,并应至少在屋盖两端布置。下弦杆平面内应设置通长的纵向连续水平系杆,系杆可设在下弦杆的上顶面并用钉连接固定。下弦杆平面内还应设45°交角的对角支撑,位置应与竖向腹杆平面内的对角支撑一致,并应至少在屋盖端部水平支撑之间布置对角支撑。

凡纵向需连续的临时支撑,均可采用搭接接头,搭接长度应跨越两榀相邻桁架,支撑与桁架的钉连接均应用2枚长度为80mm的钉子钉牢。永久性桁架支撑位置适合时,可充当部分临时支撑。

(4)屋面板安装前不得在桁架上堆放成捆的屋面板材或施加集中荷载。

5.治理措施

齿板桁架若出现木构件劈裂、连接处齿板脱落、松动等损坏或节点中的缝隙超过允许偏差,应通知专业制作厂家、设计和施工、监理负责人共同调查分析原因,组织返修或更换构件。齿板连接专业性较强,应由齿板桁架专业生产单位采用专门设备进行齿板连接作业,其他单位不得擅自进行修复。

8.4 木结构防腐

木结构容易被腐和遭受蚁(虫)害,但我国古代木结构能保存至今说明只要措施得当,木结构同样具有很好的耐久性,木结构设计、施工和使用中应充分运用木材的天然防腐性能,落实各项防蚁(虫)、防腐措施,延长木结构房屋的使用寿命。

8.4.1 木结构构件防潮、防腐构造处理不当,木构件局部腐朽或钢连接件明显腐蚀

1.现象

木结构构件局部因长期处于潮湿环境而腐朽,钢连接件明显锈蚀,影响木结构的耐久性。

2.规范规定

《木结构工程施工规范》GB/T 50772 – 2012:

10.0.8 木结构防腐的构造措施应按设计文件的规定进行施工,并应符合下列规定:

1 首层木楼盖应设架空层,支承于基础或墙体上,方木、原木结构楼盖底面距室内地面不应小于400mm,轻型木结构不应小于150mm。楼盖的架空空间应设通风口,通风口总面积不应小于楼盖面积的1/150。

2 木屋盖下设吊顶顶棚形成闷顶时,屋盖系统应设老虎窗或山墙百叶窗,也可设檐口疏钉板条(图10.0.8 – 1)。

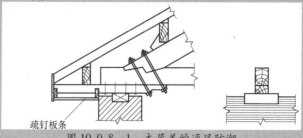

疏钉板条

图10.0.8 – 1 木屋盖的通风防潮

3 木梁、桁架等支承在混凝土或砌体等构件上时,构件的支承部位不应被封闭,在混凝土或构件周围及端面应至少留宽度为30mm的缝隙(图7.4.4),并应与大气相通。支座处宜设防腐垫木,应至少有防潮层。

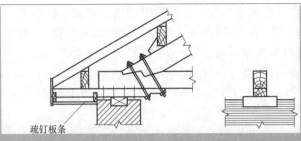

疏钉板条

图7.4-4 木梁伸入墙体时留间隙

4 木柱应支承在柱墩上,柱墩顶面距室内、外地面的高度分别不应小于300mm,且在接触面间应有卷材防潮层。当柱脚采用金属连接件连接并有雨水侵蚀时,金属连接件不应存水。

5 屋盖系统的内排水天沟应避开桁架端节点设置(图10.0.8-2(*a*))或架空设置(图10.0.8-2(*b*)),并应避免天沟渗漏雨水而浸泡桁架端节点。

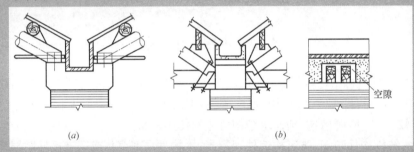

空隙

(*a*)   (*b*)

图10.0.8-2 内排水屋盖桁架支座节点构造示意
(*a*)天沟与桁架支座节点构造-1   (*b*)天沟与桁架支座节点造构-2

10.0.9 轻型木结构外墙的防水和保护,应符合下列规定:

1 外墙木基结构板外表应铺设防水透气膜(呼吸纸),透气膜应连续铺设,膜间搭接长度不应小于100mm,并应用胶粘剂粘结,防水透气膜正、反面的布置应正确。透气膜可用盖帽钉或通过经防腐处理的木条钉在墙骨上。

2 外墙里侧应设防水膜。防水膜可用厚度不小于0.15mm的聚乙烯塑料膜。防水膜也应连续铺设,并应与外墙里侧覆面板(木基结构板或石膏板)一起钉牢在墙骨上,防水膜应夹在墙骨与覆面板间。

3 防水透气膜外应设外墙防护板,防护板类别及与外墙木构架的连接方法应符合设计文件的规定,防护板和防水透气膜间应留有不小于25mm的间隙,并应保持空气流通。

10.0.10 木结构中外露钢构件及未作镀锌处理的金属连接件,均应按设计文件规定的涂料作防护处理。钢材除锈等级不应低于St3,涂层应均匀,其干厚度应符合设计文件的规定。

3. 原因分析

(1)由于木结构房屋围护结构渗、漏水,木结构构件含水率超过要求引起木构件受到侵蚀、腐朽。

(2)若木结构构件直接接触与室外相连的混凝土、砌体结构、土壤,会因为受潮而引起腐蚀。

(3)因冷热空气交换形成的冷凝水及室内水蒸气被木结构构件大量吸收,木材含水率过大,引起木构件腐蚀。

（4）潮湿的木结构构件被封闭在密闭空间内，通风不足引起木构件腐蚀和钢连接件锈蚀。

木结构腐蚀的主要原因是因为含水率超标，当木结构构件防水或防潮构造措施不恰当，一旦具备了合适的木材含水率、空气含量、温度及制作木构件的树种有利于木腐菌快速繁殖生长时，受木腐菌的侵蚀，木构件局部不断腐朽，降低了木构件强度。

通常木材含水率超过 20% 木腐菌就能生长，但最适宜生长的木材含水率为 40% ~ 70%，也有几类木腐菌在 25% ~ 35%；一般来说，木材含水率在 20% 以下木腐菌生长就困难，当空气湿度过高能使木材的含水率增加到 25% ~ 30%，就有受木腐菌危害的可能。

一般木腐菌的生长需要木材内含有容积的 5% ~ 15% 的空气量。当木材长期浸泡在水中时，木材内缺乏空气就能免受木腐菌的侵害。

木腐菌能够生长的温度范围为 2 ~ 35℃，而温度在 15 ~ 25℃ 时大部分能旺盛地生长蔓延，所以在一年大部分时间中，木腐菌都能在木结构内部生长。

木材的主要成分是纤维素、木质素、戊糖和少量其他有机物质。这些都是木腐菌的养料，同时木材内还容纳相当分量的水和空气，更适合于木腐菌的生长。不同树种的木材，由于它们的物理和化学性质不同，特别是它们的内含物的性质不同，其抵抗木腐菌破坏的能力也不一样，有的木材很耐腐，有的则很容易腐朽。

因此，木结构构件的防腐除了选择耐腐蚀的木材和使用防腐剂预先毒杀木构件中的木腐菌和害虫外，防渗漏、防潮方面的构造措施非常重要。我国木结构工程施工中积累的防腐经验要点有：木结构应保持良好通风，避免雨水渗漏，勿使木构件与混凝土、砌体或土壤直接接触。

4. 预防措施

（1）木结构防腐的设计与施工构造措施应符合《木结构工程施工规范》GB/T 50772 - 2012 第 10.0.8 款的要求。

（2）采暖房屋中应使屋盖、墙体承重结构处于同一温度场，在围护结构中铺设足够厚度的保温层，隔汽层设在温度高的一边，保温层设在温度低的一边，防止钢构件（连接件）表面出现凝结水，使钢构（连接）件受潮和木材受潮，屋（桁）架中的钢构件必须涂刷油漆，并将钢构件与木构件用油纸隔开。檩条和桁架上弦等构件不得埋置在保温材料中，防止构件受潮后不易通风干燥。

5. 治理措施

（1）当屋盖（特别是檐口、女儿墙、天沟等部位）及围护墙、门窗周边渗、漏水时必须及时维修。

（2）加强易腐蚀部位的检查，必要时增设通风措施，保持干燥。

（3）当腐蚀轻微、不影响木结构性能时，可采用剔除局部表层腐蚀的木材，干燥后重新做化学药物防腐处理。

（4）当腐蚀较严重，已影响木结构力学和耐久性能时，应由设计人员确定木结构防腐加固方案，采取局部或全部更换构件，外包夹木、钢材等方法处理，保证木结构相关性能要求。

8.4.2 木结构构件防蚁（虫）害措施不完善，木构件易遭白蚁（虫）蛀蚀

1. 现象

木结构构件不按照设计或规范要求防护，采取相应构造处理措施或药剂防护处理时的药物有效性成分不足、透入度不够，在易遭受白蚁或长蠹虫、天牛等侵害的环境条件下，木构件被虫蛀腐蚀，影响木结构耐久性。

2. 规范规定

(1)《木结构设计规范》GB 50005－2003：

11.0.3 下列情况，除从结构上采取通风防潮措施外，尚应进行药剂处理。

1 露天结构；

2 内排水桁架的支座节点处；

3 檩条、格栅、柱等木构件直接与砌体、混凝土接触部位；

4 白蚁容易繁殖的潮湿环境中使用的木构件；

5 承重结构中使用马尾松、云南松、湿地松、桦木以及新利用树种中易腐朽或易遭虫害的木材。

(2)《木结构工程施工质量验收规范》GB 50206－2012：

7.2.1 所使用的防腐、防虫及防火和阻燃药剂应符合设计文件表明的木构件(包括胶合木构件等)使用环境类别和耐火等级，且应有质量合格证书的证明文件。经化学药剂防腐处理后的每批次木构件(包括成品防腐木材)，应有符合本规范附录K规定的药物有效性成分的载药量和透入度检验合格报告。

检查数量：检验批全数。

检验方法：实物对照、检查检验报告。

3. 原因分析

(1)木结构所在的周边环境有利于白蚁或其他害虫栖息生存，施工时未认真检查，彻底清理。

(2)木结构主要构件虽经过药物处理，但部分未经防蚁(虫)药剂处理或处理效果不好的林产品或配件混入木结构工程中。

(3)木材药物处理时载药量或透入度不够，锯口断面及钻孔等部位化学药物处理措施失效。

(4)与白蚁(虫)环境直接接触的木构件未按设计构造要求落实防护措施。

4. 预防措施

(1)木结构建筑物防白蚁设计应选择防白蚁土壤化学处理、白蚁诱饵系统或物理屏障等措施，可根据环境情况采用其中一种或多种措施(表8－6)，同时应符合下列规定：

1)防白蚁土壤化学处理应采用土壤防白蚁药剂。土壤防白蚁药剂的浓度、用药量和处理方法必须符合现行国家有关要求及药剂产品的要求。

2)白蚁诱饵系统的使用应严格执行药剂产品和现行国家有关要求，并确保其放置、维护和监控从居住许可起至少10年有效。

3)白蚁物理屏障应采用符合相关规定的防白蚁物理屏障方法。常用的物理屏障有防白蚁沙障、金属或塑料护网和环管、防白蚁药剂处理薄膜。

4)可采用防白蚁木材提高整幢轻型木结构的抗白蚁性能。可使用具有防白蚁性能的防腐处理木材或天然耐腐木材，并应符合下列规定：

①硼处理木材不能用于长期暴露在雨水或积水的环境中。

②防腐处理后新锯木材的断面、锯口及钻孔,应采用同种防腐剂浓缩液或其他允许的防腐剂浓缩液进行补充处理。

③在不直接接触土壤的情况下,已证明的天然抗乳白蚁木材,可以与防腐木材等同使用。

(2)直接接地构件,包括基础和外墙,应采用混凝土或砌体结构。底层楼板应采用混凝土结构,并宜采用整浇混凝土楼板。接地构件的缝隙宽度不大于0.2mm。从地下通往室内的设备电缆、管道孔缝隙、条形基础顶面和底层混凝土地坪之间的接缝,应采用防白蚁物理屏障或土壤化学屏障进行局部处理。

(3)外墙的排水通风空气层开口处必须设置连续的防虫网,防虫网格栅孔径应小于1mm。

(4)地基的外排水层或外保温绝热层不宜高出室外地坪,否则宜做局部防白蚁处理。

(5)在施工之前,应对场地周围的树木和土壤等,进行白蚁检查和灭蚁工作。应清除地基中已有的白蚁巢穴和潜在的白蚁栖息地。地基开挖时应彻底清理掉树桩、树根和其他埋在土壤中的木材。

(6)所有施工产生的木模板、废木材、纸质品及其他有机垃圾,应在建造过程中或完工后及时清理干净。所有从外面运来的木材、其他林产品、土壤和绿化用树木,都应进行白蚁检疫,施工时不应采用任何受白蚁感染的材料,并应按设计要求做好防治白蚁的其他各项措施。

白蚁控制与治理检查表

表8-6

白蚁控制措施	检查情况	处理情况
1.抑制法		
(1)检查施工现场地面和周围环境		
(2)发现、定位并杀灭白蚁		
(3)烧毁已感染白蚁的有机物或木制物品		
(4)应按要求对树木进行注射灭蚁药剂,清除白蚁巢穴		
(5)清除已感染白蚁的绿化产品和植物		
(6)用合格的灭蚁化学品,对白蚁进行诱杀		
2.施工现场管理		
(1)清除现场未经防腐处理的木质材料		
(2)清除现场混凝土模板和相关的有机废料		
(3)排干现场地面和地下水		
(4)建筑物基础周围地坪应有坡度,以便积水排离基础		
(5)将基础周围的植物、根、根部杂草等全部清除		
3.设置土壤屏障		
(1)各地允许使用的物理屏障		

白蚁控制措施	检查情况	处理情况
1)在土壤和混凝土板/基础之间铺设沙砾(粒度 1~3mm)		
2)沿建筑物周边,铺设不锈钢防护网(0.7mm×0.5 mm),包括所有与基础相通的开口处(穿孔、连接点)		
3)所有穿透混凝土板的管道、穿线管应缠包含灭蚁剂的塑料制缠包层		
(2)符合相关规定的防白蚁土壤化学处理措施,处理方法可控		
(3)符合相关规定的蚁诱饵系统,签订监控期 10 年以上协议		
4. 混凝土板和基础		
(1)在土壤之下只铺设、安置混凝土、砌体及无机物产品		
(2)存在对白蚁和白蚁通道进行常规检查的设计安排		
(3)基础墙高处地坪部分,应保持至少 15cm 的暴露面,以利日常观察		
(4)基础/混凝土板应为钢筋混凝土,以减少裂缝		
(5)在地梁板和基础之间铺设金属防蚁板		
(6)使用物理或化学屏障阻断接缝/穿透处		
(7)在混凝土构件连接处(如在基脚处)嵌入不锈钢防护网		
(8)在通风和排水口处安装防锈防护网		
(9)架空层需有通风口,表层土壤需铺设物理屏障		
(10)尽量加大木构件和泥土之间的净空距离		
(11)对上下水和电气管线尽量悬挂铺设		
(12)沿基脚周围设置排水		
(13)基础和混凝土板周围的回填土应经过排水处理		
(14)在基础墙上避免使用易受白蚁侵害的刚性保温板		
(15)只要允许,尽量铺设一次浇筑成型的钢筋混凝土板		
(16)在混合结构建筑中,基础高出地面		
5. 防腐木构件		
(1)梁板、立柱、所有与混凝土构件靠近或接触的木构件		
(2)地梁板、立柱和其他位于首层的木制楼盖构件,包括格栅,尤其在构件连接处		
(3)首层楼盖的底层,墙体的底层,尤其是连接处		
(4)所有木质结构构件,以及所有木基覆面板/人造板		
(5)所有木构件的锯断面、钻孔处,应做现场防腐处理		
6. 施工和维护		
(1)使用干燥的木材(含水率最高 20%)		

白蚁控制措施	检查情况	处理情况
(2)杜绝雨水渗漏		
(3)屋面水落至地面后应排离建筑物		
(4)控制水汽积聚,避免冷凝		
(5)沿防雨幕墙下缘开口设置防白蚁网≤1mm		
(6)杜绝上下水管道泄漏		
(7)避免浴室和厨房漏水问题		
7.监控和补救		
(1)定期检查地面,特别是沿基础周边		
(2)定期检查室内外,避免潮湿		
(3)清除过多的杂物和积水		
(4)保持所有防蚁屏障的完整,避免出现断口、空档		
(5)发现白蚁或蚁穴,立即清除		
(6)如有必要,在建筑物四周设置白蚁诱杀装置		
(7)根据要求和批准,重新进行防白蚁土壤化学处理		

第9章 建筑测量工程

建筑测量是研究工业建筑、城市建设、交通、水利水电、矿山等工程在规划设计、施工建设和运营管理所进行的各种测量工作。按工程建设阶段划分为工程建设勘察设计阶段、工程建设施工阶段和工程建设运营阶段等的测量工作。本章主要描述建筑工程结构施工阶段在轴线和标高测量工作常见的质量通病，装修阶段的吊顶标高、门窗坐标等的测量见建筑装饰装修工程的相关章节；水电、空调机电梯等安装的定位测量见相应章节。

9.1 施工控制测量

9.1.1 建筑平面控制网建筑工程的平面关系不清楚

1. 现象

设定的建筑平面控制网与建筑工程的平面关系不清楚，布网不当，不便于进行建筑工程的施工测量的闭合校核。

2. 规范规定

《工程测量规范》GB 50026 - 2007：

> 3.1.3 平面控制网的布设，应遵循下列原则：
>
> 1 首级控制网的布设，应因地制宜，且适当考虑发展；当与国家坐标系统联测时，应时考虑联测方案。
>
> 2 首级控制网的等级，应根据工程规模、控制网的用途和精度要求合理确定。
>
> 3 加密控制网，可越级布设或同等级扩展。
>
> 3.1.4 平面控制网的坐标系统，应在满足测区内投影长度变形不大于2.5cm/km 的要求下，作下列选择：
>
> 1 采用统一的高斯投影3°带平面直角坐标系统。
>
> 2 采用高斯投影3°带，投影面为测区抵偿高程面或测区平均高程面的平面直角坐标系统；或任意带，投影面为1985 国家高程基准面的平面直角坐标系统。
>
> 3 小测区或有特殊精度要求的控制网，可采用独立坐标系统。
>
> 4 在已有平面控制网的地区，可沿用原有的坐标系统。
>
> 5 厂区内可采用建筑坐标系统。
>
> 3.3.4 导线网的布设应符合下列规定：
>
> 1 导线网用作测区的首级控制时，应布设成环形网，且宜联测2 个已知方向。
>
> 2 加密网可采用单一附合导线或结点导线网形式。
>
> 3 结点间或结点与已知点间的导线段宜布设成直伸形状，相邻边长不宜相差过大，网内不同环节上的点也不宜相距过近。
>
> 3.3.5 导线点位的选定，应符合下列规定：

1 点位应选在土质坚实、稳固可靠、便于保存的地方,视野应相对开阔,便于加密、扩展和寻找。

2 相邻点之间应通视良好,其视线距障碍物的距离,三、四等不宜小于1.5m;四等以下宜保证便于观测,以不受旁折光的影响为原则。

3 当采用电磁波测距时,相邻点之间视线应避开烟囱、散热塔、散热池等发热体及强电磁场。

4 相邻两点之间的视线倾角不宜过大。

5 充分利用旧有控制点。

8.1.3 大中型的施工项目,应先建立场区控制网,再分别建立建筑物施工控制网;小规模或精度高的独立施工项目,可直接布设建筑物施工控制网。

8.1.4 场区控制网,应充分利用勘察阶段的已有平面和高程控制网。原有平面控制网的边长,应投影到测区的主施工高程面上,并进行复测检查。精度满足施工要求时,可作为场区控制网使用。否则,应重新建立场区控制网。

8.1.5 新建立的场区平面控制网,宜布设为自由网。控制网的观测数据,不宜进行高斯投影改化,可将观测边长归算到测区的主施工高程面上。

新建场区控制网,可利用原控制网中的点组(由三个或三个以上的点组成)进行定位。小规模场区控制网,也可选用原控制网中一个点的坐标和一个边的方位进行定位。

8.1.6 建筑物施工控制网,应根据场区控制网进行定位、定向和起算;控制网的坐标轴,应与工程设计所采用的主副轴线一致;建筑物的±0.000高程面,应根据场区水准点测设。

8.1.7 控制网点,应根据设计总平面图和施工总布置图布设,并满足建筑物施工测设的需要。

3. 原因分析

(1)平面控制网的制定及施工方案中未充分考虑建筑物的特性,如设计定位条件、建筑物的形状和布局、主轴线尺寸的关系,未根据现场实际情况等进行全面综合考虑。

(2)平面控制网制定未考虑闭合图形,施测时无法校核其准确性。

(3)平面控制线之间距离太短,影响精度要求,控制点之间有障碍物,不通视。

(4)制定标高控制网时,未根据已知标高点的准点(导线点)位置,综合考虑建筑物的布局特点。

(5)卫星定位测量控制网的布设方法不当。

4. 预防措施

(1)场区平面控制网,可根据场区的地形条件和建(构)筑物的布置情况,布设成建筑方格网、导线及导线网、三角形网或 GPS 网等形式。

(2)平面控制网的布设,应遵循下列原则:首级控制网的布设,应因地制宜,且适当考虑发展;当与国家坐标体系联测时,应同时考虑联测方案,首级控制网的等级,应根据工程规模、控制网的用途和精度要求合理确定。加密控制网,可越级布设或同等扩展。

(3)控制网中应包括作为场地定位依据的起始点和起始边,建筑物的对称轴线和主要轴线,主要的圆心点(或其他几何中心点)和直径方向(或切线方向),主要弧线长、弦和矢高的方向,电梯井的主要轴线和施工的分段轴线等。

(4)控制网要在便于施测、使用(平面定位及高层竖直测设)和长期保留的原则下,尽量组成四周平行于建筑物的闭合图形,以便闭合校核。

(5)控制线的间距以 30～40m 为宜,控制点之间应通视,易测量,控制桩的顶面标高应略低于场地的设计标高,桩底应低于冰冻层,以便长期保留。

(6)高层建筑物附近至少要设置 3 个栋号水准点或 ±0.000 水平线,一般建筑物要设置 2 个栋号水准点或 ±0.000 水平线。

(7)整个场地内,东西或南北每相距 100m 左右要有水准点,并构成闭合图形,以便闭合校核。

(8)各水准点点位要设在基坑开挖和地面受开挖影响而下沉的范围之外,水准点桩顶标高应略高于场地设计标高,桩底应低于冰冻层,以便长期保留。通常也可在平面控制网的桩顶钢板上,焊上一个小半球作为水准点之用。

(9)卫星定位测量控制网的布设,应符合以下要求:

1)应根据测区的实际情况、精度要求、卫星状况、接收机的类型和数量以及测区已有的测量资料进行综合设计。

2)首级网布设时,宜联测 2 个以上高等级国家控制点或地方坐标系的高等级控制点;对控制网内的长边,宜构成大地四边或中点多边形。

3)控制网应由独立观测边构成一个或若干个闭合环或附和路线,各等级控制网中构成闭合环或附和路线的边数不宜多于 6 条。

4)各等级控制网中独立基线的观测总数,不宜少于必要观测基线数的 1.5 倍。

5)加密网应根据工程需要,在满足规范精度要求的前提下可采用比较灵活的布网方式。

6)对于采用 GPS – RTK 测图的测区,在控制网的布设中应顾及参考站点的分布及位置。

9.1.2 轴线定位选择不当

1. 现象

平面控制网选择主轴线进行测量放线,根据定位点测量轴线时,校核工作无法开展。

2. 规范规定

参见 9.1.1 节。

3. 原因分析

(1)由于建筑物外形的原因,使得平面控制网不便于组成闭合网形。

(2)主轴线选择不当,不便于或未进行测设校核。

4. 预防措施

对于不便于组成闭合网形的场地,投测点宜测设成"一"、"L"、"＋"和"卝"形主轴线网或平行于建筑物的折线形的主轴线网,但在测设中,要有严格的测设校核。首先应保证控制桩在平面中通视;其次,在平面中选择适当的配合校正点,还要确保定位点的位置,以便于加密和扩展。

卫星定位测量控制点的选择,应符合以下要求:

(1)点位应选择在土质坚实、稳固可靠的地方,同时要有利于加密和扩展,每个控制点至少应有一个通视方向。

(2)点位应选在视野开阔,高度角在 15°以上的范围内,应无障碍物,点位附近不应有强烈干扰接收卫星信号的干扰源或强烈反射卫星信号的物体。

（3）充分利用符合要求的旧有控制点。

9.1.3 建筑高程误差偏差大

1. 现象

水准测量时，产生的系统误差和偶然误差超出了容许误差范围。

2. 规范规定

《工程测量规范》GB 50026－2007：

4.1.1 高程控制测量精度等级的划分，依次为二、三、四、五等。各等级高程控制宜采用水准测量，四等及以下等级可采用电磁波测距三角高程测量，五等也可采用 GPS 拟合高程测量。

4.1.2 首级高程控制网的等级，应根据工程规模、控制网的用途和精度要求合理选择。首级网应布设成环形网，加密网宜布设成附和路线或结点网。

4.1.3 测区的高程系统，宜采用 1985 国家高程基准。在已有高程控制网的地区测量时，可沿用原有的高程系统；当小测区联测有困难时，也可采用假定高程系统。

4.1.4 高程控制点间的距离，一般地区应为 1～3km，工业厂区、城镇建筑区宜小于 lkm。但一个测区及周围至少应有 3 个高程控制点。

4.2.1 水准测量的主要技术要求，应符合表 4.2.1 的规定。

水准观测的主要技术要求 表4.2.1

等级	每千米高差全中误差（mm）	路线长度（km）	水准仪型号	水准尺	观测次数		往返较差、附和或环线闭合差	
					与已知点联测	附和或环线	平地（mm）	山地（mm）
二等	2		DS1	因瓦	往返各一次	往返各一次	$4\sqrt{L}$	—
三等	6	≤50	DS1	因瓦	往返各一次	往一次	$12\sqrt{L}$	$4\sqrt{n}$
			DS3	双面		往返各一次		
四等	10	≤16	DS3	双面	往返各一次	往一次	$20\sqrt{L}$	$6\sqrt{L}$
五等	15		DS3	单面	往返各一次	往一次	$30\sqrt{L}$	

注：1 结点之间或结点与高级点之间，其路线的长度，不应大于表中规定的 0.7 倍。

2 L 为往返测段、附和或环线的水准路线长度（km）；n 为测站数。

3 数字水准仪测量的技术要求和同等级的光学水准仪相同。

4.2.2 水准测量所使用的仪器及水准尺，应符合下列规定：

1 水准仪视准轴与水准管轴的夹角 i，DS1 型不应超过 15″；DS3 型不应超过 20″。

2 补偿式自动安平水准仪的补偿误差 $\triangle \alpha$ 对于二等水准不应超过 0.2″，三等不应超过 0.5″。

3 水准尺上的米间隔平均长与名义长之差，对于因瓦水准尺，不应超过 0.15mm；对于条形码尺，不应超过 0.10mm；对于木质双面水准尺，不应超过 0.5mm。

4.2.3 水准点的布设与埋石，除满足 4.1.4 条外还应符合下列规定：

1 应将点位选在土质坚实、稳固可靠的地方或稳定的建筑物上，且便于寻找、保存和引测；当采用数字水准仪作业时，水准路线还应避开电磁场的干扰。

2 宜采用水准标石,也可采用墙水准点。标志及标石的埋设应符合附录 D 的规定。

3 埋设完成后,二、三等点应绘制点之记,其他控制点可视需要而定。必要时还应设置指示桩。

4.2.4 水准观测,应在标石埋设稳定后进行。各等级水准观测的主要技术要求,应符合表 4.2.4 的规定。

水准观测的主要技术要求 表 4.2.4

等级	水准仪型号	视线长度(m)	前后视的距离较差(m)	前后视的距离较差累积(m)	视线离地面的最低高度(m)	基、辅分划或黑、红面读数较差(mm)	基、辅分划或黑、红面所测高差较差(mm)
二等	DS1	50	1	3	0.5	0.5	0.7
三等	DS1	100	3	6	0.3	1.0	1.5
三等	DS3	75	3	6	0.3	2.0	3.0
四等	DS3	100	5	10	0.2	3.0	5.0
五等	DS3	100	近似相等	—	—	—	—

注:1 二等水准视线长度小于 20m 时,其视线高度不应低于 0.3m。

2 三、四等水准采用变动仪器高度观测单面水准尺时,所测两次高差较差,应与黑面、红面所测高差之差的要求相同。

3 数字水准仪观测,不受基、辅分划或黑、红面读数较差指标的限制,但测站两次观测的高差较差,应满足表中相应等级基、辅分划或黑、红面所测高差较差的限值。

4.2.5 两次观测高差较差超限时应重测。重测后,对于二等水准应选取两次异向观测的合格结果,其他等级则应将重测结果与原测结果分别比较,较差均不超过限值时,取三次结果的平均数。

3. 原因分析

(1)仪器和标尺有缺陷或未校正,产生误差。

(2)仪器架设位置与前后视点距离差偏大,产生偏差。

(3)水准仪视线未整平,视平线不平行于水准面。

(4)水准仪照准时,十字丝线未正对水准尺中线,焦距未调好,视差未消除。

4. 预防措施

(1)测量仪器和工具应定期送有资质的检验单位检验和校正,消除系统误差。

(2)架设仪器时,力求前后视距相等,消除因视准轴与水准管轴不平行而引起的误差。

(3)水准仪照准时,用微动螺旋使十字丝纵线正对水准尺中线,持尺者要使尺身垂直。

(4)水准仪精确调平时,确保水准气泡居中,照准后眼睛在目镜后上下移动观测,调整调焦螺旋,直到十字丝交点在目标中上下不显动,消除视差。

5. 治理措施

沿闭合水准路线做水准测量,闭合差在容许误差范围内,可以平差,否则应重测。

(1)水准测量的限差:Ⅱ、Ⅲ、Ⅳ 等水准测量均应进行往返观测,或单程双线观测,其测量结果限差应符合表 9-1。

(2)水准测量容许误差平差:平差的方法是将闭合差反号,按水准路线各段的距离或测站总数比例分配。

水准测量的限差(mm)

表 9 - 1

等级	每公里少于 15 站	每公里多于 15 站
Ⅱ	$4\sqrt{R}$ 或 $1\sqrt{n}$	$5\sqrt{R}$ 或 $1.2\sqrt{n}$
Ⅲ	$12\sqrt{R}$ 或 $3\sqrt{n}$	$15\sqrt{R}$ 或 $3.5\sqrt{n}$
Ⅳ	$20\sqrt{R}$ 或 $5\sqrt{n}$	$25\sqrt{R}$ 或 $6\sqrt{n}$

注:表中 R 为往返测附和或闭合水准路线的公里数,或两水准点间往(或返)测水准路线的公里数;n 为往(或返)测的测站数

9.1.4 测距偏差大

1. 现象

在普通量距中,出现实测值之间数据差异。

2. 规范规定

《工程测量规范》GB 50026 - 2007:

> 8.2.4 建筑方格网的建立,应符合下列规定:
>
> 1 建筑方格网测量的主要技术要求,应符合表 8.2.4 - 1 的规定。
>
> 建筑方格网的主要技术要求
>
> 表 8.2.4 - 1
>
> | 等级 | 边长(m) | 测角中误差(") | 边长相对中误差 |
> |------|------|------|------|
> | 一级 | 100～300 | 5 | ≤1/30000 |
> | 二级 | 100～300 | 8 | ≤1/20000 |
>
> 2 方格网点的布设,应与建(构)筑物的设计轴线平行,并构成正方形或矩形格网。
>
> 3 方格网的测设方法,可采用布网法或轴线法。当采用布网法时,宜增测方格网的对角线;当采用轴线法时,长轴线的定位点不得少于 3 个,点位偏离直线应在 180°±5″ 以内,短轴线应根据长轴线定向,其直角偏差应在 90°±5″ 以内。水平角观测的测角中误差不应大于 2.5″。
>
> 4 方格网点应埋设顶面为标志板的标石,标石埋设应符合附录 E 的规定。
>
> 5 方格网的水平角观测可采用方向观测法,其主要技术要求应符合表 8.2.4 - 2 的规定。
>
> 6 方格网的边长宜采用电磁波测距仪器往返观测各 1 测回,并应进行气象和仪器加、乘常数改正。
>
> 7 观测数据经平差处理后,应将测量坐标与设计坐标进行比较,确定归化数据,并在标石标志板上将点位归化至设计位置。
>
> 水平角观测的主要技术要求
>
> 表 8.2.4 - 2
>
> | 等级 | 仪器精度等级 | 测角中误差(") | 测回数 | 半测回归零差(") | 一测回内 2C 互差(") | 各测回方向较差(") |
> |------|------|------|------|------|------|------|
> | 一级 | 1″级仪器 | 5 | 2 | ≤6 | ≤9 | ≤6 |
> | | 2″级仪器 | 5 | 3 | ≤8 | ≤13 | ≤9 |
> | 二级 | 2″级仪器 | 8 | 2 | ≤12 | ≤18 | ≤12 |
> | | 6″级仪器 | 8 | 4 | ≤18 | — | ≤24 |

8 点位归化后,必须进行角度和边长的复测检查。角度偏差值,一级方格网不应大于$90°±8''$,一级方格网不应大于$90°±12''$;距离偏差值,一级方格网不应大于$D/25000$,二级方格网不应大于$D/15000$(D为方格网的边长)。

8.2.5 当采用导线及导线网作为场区控制网时,导线边长应大致相等,相邻边的长度之比不宜超过1:3,其主要技术要求应符合表8.2.5的规定。

场区导线测量的主要技术要求 表8.2.5

等级	导线长度 (km)	平均边长 (m)	测角中误差 ('')	测距用对中误差	测回数		方位角闭合差 ('')	导线全长相对闭合差
					2''级仪器	6''级仪器		
一级	2.0	100~300	5	1/30000	3	—	$10\sqrt{n}$	≤1/15000
二级	1.0	100~200	8	1/14000	2	4	$16\sqrt{n}$	≤1/10000

3. 原因分析

(1)选用量距工具不当,不能满足精度要求。

(2)距离全长超过一整钢尺时,直线花杆定线产生偏差。

(3)未吊锤插测杆,分段点位置偏离,造成读数积累偏差。

(4)两人拉尺用力不均,或未拉紧拉平钢尺。

4. 预防措施

(1)一级及以上等级控制网的边长,应采用中、短程全站仪或电磁波测距仪测距,一级以下也可采用普通钢尺量距。

(2)测距仪器及相关的气象仪表,应及时校验。当在高海拔地区使用空盒气压表时,宜送当地气象台(站)校准。

(3)皮尺易伸缩,量距要求较低时使用。在距离测量中,应选用抗拉强度高,不易伸缩,经有资质计量单位检定过的钢尺。

(4)当距离超出一整尺时,应采用"三点一线法",较长时花杆采用经纬仪定线、定位。

(5)在吊坠球尖端指示地面点处,测杆应与钢尺同一侧竖直后再插入。

(6)使用钢尺时,两人应同时用力均匀拉紧并抬平钢尺,然后读出数据。

(7)斜坡上量距离,应由坡顶向坡下丈量,以避免锤球在地上确定分段点时产生偏差。

(8)测站对中误差和反光镜对中误差不应大于2mm。

(9)当观测数据超限时,应重测整个测回,如观测数据出现分群时,应分析原因,采取相应措施重新观测。

(10)四等及以上等级控制网的边长测量,应分别量取两端点观测始末的气象数据,计算时应取平均值。

(11)测量气象元素的温度计宜采用通风干湿温度计,气压表宜选用高原型空盒气压表;读数前应将温度计悬挂在离开地面和人体1.5m以外阳光不能直射的地方,读取精确至0.2℃;气压表应置平,指针不应滞阻,读数精确至50Pa。

5. 治理措施

为了校核并提高丈量精度,要求进行往返丈量,取平均值作为结果,量距精度用往返测距值的差数与平均值之比表示。普通量距在平坦地区要求达到1/3000;在起伏变化较大地区要求达到1/2000；在丈量困难地区不得大于1/1000。如果往测和返测距离值的差数，与往返丈量平均值之比超过范围时，应重新丈量，否则可以平差。

9.1.5 测角偏差大

1. 现象

使用经纬仪、全站仪测量角度时，出现测量角度数据偏差。

2. 规范规定

参见9.1.4节。

3. 原因分析

（1）仪器视准轴与水平轴不垂直，水平轴与竖轴不垂直。

（2）仪器度盘存在偏心差，仪器未整平，水平度盘不水平，经纬仪对中不准确。

（3）目标花杆不垂直，或花杆未插稳。

（4）受外界自然因素（如大风、雾天、烈日、暴晒等恶劣天气）的影响。

4. 预防措施

（1）测角时，采取盘左或盘右的两个位置观测，取平均值，消除视准轴与水平轴不垂直，水平轴与竖轴不垂直，以及仪器度盘的偏心差等误差。

（2）经纬仪对中力求准确，测量时，对中的偏心差不得超过1mm。

（3）照准目标力求准确，必须用十字丝交点正对测点的标志。

（4）整平仪器，使水平度盘尽可能保证水平位置。

（5）尽可能避开不利的因素，以免影响测角精度。

9.1.6 竖向结构垂直偏差大

1. 现象

在一般工业与民用建筑中，每楼层垂直偏差或全高垂直度偏差不满足现行规范规定，垂直偏差大。

2. 规范规定

《工程测量规范》GB 50026－2007：

> 8.3.11 建筑物施工放样，应符合下列要求：
>
> 1 建筑物施工放样、轴线投测和标高传递的偏差，不应超过表8.3.11的规定。
>
> 2 施工层标高的传递，宜采用悬挂钢尺代替水准尺的水准测量方法进行，并应对钢尺读数进行温度、尺长和拉力改正。
>
> 传递点的数目，应根据建筑物的大小和高度确定。规模较小的工业建筑或多层民用建筑，宜从2处分别向上传递，规模较大的工业建筑或高层民用建筑，宜从3处分别向上传递。
>
> 传递的标高较差小于3mm时，可取其平均值作为施工层的标高基准，否则，应重新传递。

建筑物施工放样、轴线投测和标高传递的允许偏差　　　　　　表8.3.11

项　　目	内　　容	允许偏差(mm)
基础桩位放样	单排桩或群桩中的边桩	±10
	群桩	±20

495

项　　目	内　　　容		允许偏差(mm)
各施工层上放线	外廊主轴线长度 L(m)	L≤30	±5
		30<L≤60	±10
		60<L≤90	±15
		90<L	±20
	细部轴线		±2
	承重墙、梁、柱边线		±3
	非承重墙边线		±3
	门窗洞口线		±3
轴线竖向投测	每层		3
	总高 H(m)	H≤30	5
		30<H≤60	10
		60<H≤90	15
		90<H≤120	20
		120<H≤150	25
		150<H	30
标高竖向传递	每层		±3
	总高 H(m)	H≤30	±5
		30<H≤60	±10
		60<H≤90	±15
		90<H≤120	±20
		120<H≤150	±25
		150<H	±30

3 施下层的轴线投测,宜使用 2″级激光经纬仪或激光铅直仪进行。控制轴线投测至施工层后,应在结构平面上按闭合图形对投测轴线进行校核。合格后,才能进行本施工层上的其他测设工作;否则,应重新进行投测。

4 施工的垂直度测量精度,应根据建筑物的高度、施工的精度要求、现场观测条件和垂直度测量设备等综合分析确定,但不应低于轴线竖向投测的精度要求。

5 大型设备基础浇筑过程中,应及时监测。当发现位置及标高与施工要求不符时,应立即通知施工人员,及时处理。

3.原因分析

(1)砌体施工时未挂垂直线。

(2)现浇混凝土结构钢筋偏位造成模板无法到位。

(3)现浇混凝土结构梁柱节点及门窗洞口处配筋过密,钢筋安装不规范,造成模板无法到位。

(4)模板安装后未吊线坠或未认真吊线坠找正。

（5）竖向结构模板支撑系统控制机构失灵，一边顶牢而另一边松弛。

（6）竖向控制轴线向上投测过程中产生的积累偏差超过标准。

4. 预防措施

（1）砌体施工时，宜双面挂线控制砌体的垂直平整度。

（2）楼面轴线控制网投测后，应根据定位尺寸校正竖向结构的纵向钢筋，确保根部到位，调整好垂直度偏位的骨架，检查复核后方可绑扎箍筋和水平钢筋。骨架绑扎后于顶部用铁丝拉紧找正，并挂垂线控制。

（3）对于钢筋配制过密的部位，翻样时要充分考虑，施工中控制施工工艺和安装顺序，确保骨架截面尺寸正确。

（4）现浇混凝土结构模板安装后，应吊线坠校正垂直度，双面用顶撑顶牢；对于外侧墙，对拉螺栓应与纵横格栅连接牢固，并和内侧顶撑连接，顶拉控制，使系统在混凝土浇筑过程中便于检查调整。

（5）用经纬仪或吊线坠投测轴线，在建立轴线控制网及向上竖向投测过程中，其投测依据应该是同一原始轴线基准点，以避免误差积累。

5. 治理措施

已施工的竖向结构出现垂直偏差时，首先采用吊线坠法或轴线投测法，复核检查现施工段及基层根部控制点的测量精度，以保证待施工段的垂直度控制。已施工的竖向结构，在能保证结构截面尺寸偏差在规范范围内的，适当凿除修整，用比原混凝土强度等级高一级、同配合比的水泥砂浆修补；如果垂直偏差使得结构截面尺寸偏差超过规范和设计要求，应引起有关部门的高度重视，采取结构补强措施。

9.2　建筑工程施工放线测量

9.2.1　建筑物定位测量方法不当

1. 现象

建筑物测量放线，无法复核设计尺寸和相对位置，难以判定建筑物定位的正确性。

2. 规范规定

《工程测量规范》GB 50026－2007：

> 8.3.8　放样前，应对建筑物施工平面控制网和高程控制点进行检核。
>
> 8.3.9　测设各工序间的中心线，宜符合下列规定：
>
> 1　中心线端点，应根据建筑物施工控制网中相邻的距离指标桩以内分法测定。
>
> 2　中心线投点，测角仪器的视线应根据中心线两端点决定；当无可靠校核条件时，不得采用测设直角的方法进行投点。
>
> 8.3.10　在施工的建（构）筑物外围，应建立线板或轴线控制桩。线板应注记中心线编号，并测设标高。线板和轴线控制桩应注意保存。必要时，可将控制轴线标示在结构的外表面上。

第 8.3.11 条参见 9.1.6 节。

3. 原因分析

（1）定位依据正确性无法保证。

（2）测定主轴线前，未认真编制明确的测量方案。

（3）主轴线控制网布设形式不够科学，数量不足。

4. 预防措施

（1）定位依据是现有建（构）筑物时，应会同建设、设计单位到现场对定位依据的控制点、线和标高等具体位置进行测量，并记录备案。如果定位直接的依据是建筑红线、道路中心线或测量控制点时，要在会同建设、设计单位现场交桩后，根据计算的数据实地校验各桩间距、夹角和高差，以防参照物、控制点及桩本身的误差与矛盾影响施工测量精度。

（2）编制测量方案时，应注意以下几点：主轴线应尽量位于场地中央，主轴线的定位点一般不少于 3 个；主轴线中纵横轴各个端点应布置在场区的边界上。为了便于恢复施工过程中损坏的轴线控制点，必要时主轴线各个端点可布置在场区外的延长线上。

9.2.2 基槽（坑）位置、基础定位不准、尺寸偏差过大

1. 现象

（1）基础验线时，经检查复核发现基础放线误差，轴线允许偏差超出规范规定。

（2）基槽（坑）轴线错位。

（3）基槽（坑）开挖尺寸偏小。

2. 规范规定

（1）《工程测量规范》GB 50026－2007：

参见 9.1.6 节

（2）《建筑地基基础工程施工质量验收规范》GB 50202－2002：

5.1.1 桩位的放样允许偏差如下：

群桩 20mm；单排桩 10mm。

5.1.3 打（压）入桩（预制混凝土方桩、先张法预应力管桩、钢桩）的桩位偏差，必须符合表 5.1.3 的规定。斜桩倾斜度的偏差不得大于倾斜角正切值的 15%（倾斜角系桩的纵向中心线与铅垂线间夹角）。

预制桩（钢桩）桩位的允许偏差（mm）　　　　　表 5.1.3

项	项　　　　目	允许偏差
1	盖有基础梁的桩： （1）垂直基础梁的中心线 （2）沿基础梁的中心线	$100+0.01H$ $150+0.01H$
2	桩数为 1~3 根桩基中的桩	100
3	桩数为 4~16 根桩基中的桩	1/2 桩径或边长
4	桩数大于 16 根桩基中的桩： （1）最外边的桩 （2）中间桩	1/3 桩径或边长 1/2 桩径或边长

注：H 为施工现场地面标高与顶设计标高的距离。

5.1.4 灌注桩的桩位偏差必须符合表 5.1.4 的规定，桩顶标高至少要比设计标高高出 0.5m，桩底清孔质量按不同的成桩工艺有不同的要求，应按本章的各节要求执行。每浇注 50m³ 必须有 1 组试件，小于 50m³ 的桩，每根桩必须有 1 组试件。

表 5.1.4

灌注桩的平面位置和垂直度的允许偏差

序号	成孔方法		桩径允许偏差（mm）	垂直度允许偏差（%）	桩位允许偏差(mm)	
					1~3根、单排桩基垂直于中心线方向和群桩基础的边桩	条形桩基沿中心线方向和群桩基础的中间桩
1	混浆护壁钻孔桩	D≤1000mm	±50	<1	D/6，且不大于100	D/4，且不大于150
		D>1000mm	±50		100+0.01H	150+0.01H
2	套管成孔灌注桩	D≤500mm	-20	<1	70	150
		D>500mm			100	150
3	干成孔灌注桩		-20	<1	70	150
4	人工挖孔桩	混凝土护壁	+50	<0.5	50	150
		钢套管护壁	+50	<1	100	200

注:1 桩径允许偏差的负值是指个别断面。
　　2 采用复打、后插法施工的桩，其桩径允许偏差不受上表限制。
　　3 H为施工现场地面标高与桩顶设计标高的距离，D为设计桩径。

6.2.1 土方开挖前应检查定位放线、排水和降低地下水位系统，合理安排土方运输车的行走路线及弃土场。

（3）《建筑桩基技术规范》JGJ 94-2008：

6.1.7 基桩轴线的控制点和水准点应设在不受施工影响的地方。开工前，经复核后应妥善保护，施工中应经常复测。

（4）《混凝土结构工程施工规范》GB 50666-2012：

3.3.9 施工现场应设置满足需要的平面和高程控制点作为确定结构位置的依据，其精度应符合规划、设计要求和施工需要，并应防止扰动。

（5）《混凝土结构工程施工质量验收规范》GB 50204-2015：

4.2.10 现浇结构模板安装的偏差应符合表4.2.10的规定。

现浇结构模板安装的允许偏差及检验方法　　　表4.2.10

项　　目		允许偏差	检验方法
轴线位置		5	尺量
底模上表面标高		±5	不准仪或拉线、尺量
模板内部尺寸	基础	±10	尺量
	柱、墙、梁	±5	尺量
	楼梯相部踏步高差	5	尺量
柱墙垂直度	层高≤6m	8	
	层高>6m	10	
相邻模板表面高差		2	
表面平整度		5	

注:检查轴线位置，当有纵横两个方向时，沿纵、横两个方向量测，并取其中偏差的规定。

（6）《砌体结构工程施工质量验收规范》GB 50203－2011：

> 3.0.3 砌体结构的标高、轴线，应引自基准控制点。
>
> 3.0.4 砌筑基础前，应校核放线尺寸，允许偏差应符合表3.0.4的规定。
>
> 表3.0.4
>
> 放线尺寸的允许偏差
>
> | 长度L、宽度B(m) | 允许偏差(mm) | 长度L、宽度B(m) | 允许偏差(mm) |
> | --- | --- | --- | --- |
> | L(或B)≤30 | ±5 | 60＜L(或B)≤90 | ±15 |
> | 30＜L(或B)≤60 | ±10 | L(或B)＞90 | ±20 |

3. 原因分析

（1）未检测所使用的轴线桩是否松动和位置是否正确。

（2）使用经纬仪向基础上投测建筑物主轴线时，未经闭合校核，就测放细部轴线。

（3）测量放线错误，造成轴线错位。

（4）土方边坡坡度太陡，开挖线尺寸太小。

4. 预防措施

（1）根据建筑物主轴线控制网的控制桩，检测各轴线控制桩位确无碰动和位移后方可使用，要明确具体使用的轴线控制桩号，防止用错。

（2）根据基槽周边上的轴线控制桩，用经纬仪向基础垫层上投测建筑物大角、轮廓轴线及主轴线，闭合校核无误时，再测放细部轴线。

（3）强化检查验收制度，细部轴线测放自检后，应组织专门技术部门先行验线，检查基础定位情况和垫层顶面的标高，确定无误后，再会同建设、监理复核验线，合格签证后方可进行下道工序。

（4）施工前应根据建设单位提供的平面控制桩和水准点，建立与施工相适应的测量控制网，作为施工测量的基本依据，并应定期复测和检查，确保其正确。

（5）在建筑物定位放线时，应在主要轴线部位设置控制桩或标志板。

（6）基槽（坑）开挖前，应选用合适的边坡坡度，并计算确定最小的开挖线尺寸。

（7）土方开挖中，应经常测量和校核其平面位置、长宽尺寸和边坡坡度是否符合施工组织设计的要求。

5. 治理措施

一旦发现基础放线偏差过大，应引起有关部门的高度重视，从定位控制桩位置到细部轴线尺寸进行检查复核，纠正错误。如果偏差超过两倍中误差时，重要部位应重新测放轴线。错位的基槽（坑）必须进行修整或返工，确保基础工程建造在正确的位置上，基础平面尺寸符合设计要求。

9.2.3 基坑抄平不准确

1. 现象

基坑开挖深度与设计标高不符，或基坑内两端及多块局部水平标高线偏差较大。

2. 规范规定

（1）《工程测量规范》GB 50026－2007：

> 8.3.5 建筑物高程控制，应符合下列规定：
>
> 1 建筑物高程控制，应采用水准测量。附和路线闭合差，不应低于四等水准的要求。

2 水准点可设置在平面控制网的标桩或外围的固定地物上,也可单独埋设。水准点的个数,不应少于2个。

3 当场地高程控制点距离施工建筑物小于200m时,可直接利用。

8.3.6 当施工中高程控制点标桩不能保存时,应将其高程引测至稳固的建筑物或构筑物上,引测的精度,不应低于四等水准。

第8.3.11条参见9.1.6节。

(2)《建筑地基基础工程施工质量验收规范》GB 50202-2002:

7.1.6 基坑(槽)、管沟开挖至设计标高后,应对坑底进行保护,经验槽合格后,方可进行垫层施工。对特大型基坑,宜分区分块挖至设计标高,分区分块及时浇筑垫层。必要时,可加强垫层。

(3)《建筑基坑支护技术规程》JGJ 120-2012:

8.1.1 基坑开挖应符合下列规定:

1 当支护结构构件强度达到开挖阶段的设计强度时,方可下挖基坑;对采用预应力锚杆的支护结构,应在锚杆施加预加力后,方可下挖基坑;对土钉墙,应在土钉、喷射混凝土面层的养护时间大于2d后,方可下挖基坑;

2 应按支护结构设计规定的施工顺序和开挖深度分层开挖;

3 锚杆、土钉的施工作业面与锚杆、土钉的高差不宜大于500mm;

4 开挖时,挖土机械不得碰撞或损害锚杆、腰梁、土钉墙面、内支撑及其连接件等构件,不得损害已施工的基础桩;

5 当基坑采用降水时,应在降水后开挖地下水位以下的土方;

6 当开挖揭露的实际土层性状或地下水情况与设计依据的勘察资料明显不符,或出现异常现象、不明物体时,应停止开挖,在采取相应处理措施后方可继续开挖;

7 挖至坑底时,应避免扰动基底持力土层的原状结构。

3. 原因分析

(1)基坑内水准标高控制方法不正确,导致基坑底部标高偏差大。

(2)基坑面积较大,而水准标高基准点设置数量不足,致使前后视线不等长,距离差过大。

(3)基坑内四周引测的水平标高点未闭合,局部控制桩移位。

(4)土方超开挖,造成基坑底部标高偏差。

4. 预防措施

(1)当基坑深度较浅(≤5m),且边坡土质稳定时,在基坑将要挖到基底设计标高时,再用水准仪在坑内四周槽壁上测设一些小木桩,使其顶面到坑底设计标高为一固定值,作为控制高程的依据。

(2)当基坑埋深较大时(>5m),在基坑四周护坡钢板桩、混凝土护壁桩或其他支护设施上,选择部分侧面竖向平直规正的桩,在其上各涂一条10cm宽的竖向白漆带,用水准仪根据原始水准点测出±0.000以下各整米数的水平线,用红漆段间隔分色,做出标识,作为水准控制点,然后在基坑内使用水准仪,校测四周护坡桩上的水准点是否在同一标高的水平线上,误差不得超过±30cm。在施测基础标高时,应后视两个以上的水准点作为校核。

(3)观察时尽量选择适当的坑内基准点,使前后视线等长。

(4)严格控制开挖分层厚度,在底标高以上 30cm 应采用人工开挖。

9.2.4 管道工程中线定位及高程控制不准

1. 现象

管线空间定位位置及高程控制不准,坡度方向不正确。

2. 规范规定

《工程测量规范》GB 50026 - 2007:

8.3.12 结构安装测量的精度,应分别满足下列要求:

1 柱子、桁架和梁安装测量的偏差,不应超过表 8.3.12 - 1 的规定。

柱子、桁架和梁安装测量的允许偏差 表 8.3.12 - 1

测量内容		允许偏差(mm)
钢柱垫板标高		±2
钢桩 ±0.000 标高检查		±2
混凝土柱(预制) ±0.000 标高检查		±3
柱子垂直检查	钢柱牛腿	5
	柱高 10m 以内	10
	柱高 10m 以上	$H/100$,且≤20
桁架和实腹梁、桁架和钢架的支承结点间相邻高差的偏差		±5
梁间距		±3
梁面垫板标高		±2

注:H 为柱子高度(mm)。

2 构件预装测量的偏差,不应超过表 8.3.12 - 2 的规定。

构件预装测量的允许偏差 表 8.3.12 - 2

测量内容	测量的允许偏差(mm)
平台面抄平	±1
纵横中心线的正交度	$+0.8\sqrt{l}$
预装过程中的抄平工作	±2

注:l 为自交点起算的横向中心线长度的米数。长度不足 5m 时,以 5m 计。

3 附属构筑物安装测量的偏差,不应超过表 8.3.12 - 3 的规定。

附属构筑物安装测量的允许偏差 表 8.3.12 - 3

测量项目	测量的允许偏差(mm)
栈桥和斜桥中心线的投点	±2
轨面的标高	±2
轨道跨距的丈量	±2
管道构件中心线的定位	±5
管道标高的测量	±5
管道垂直度的测量	$H/1000$

3. 原因分析

（1）地形图上未全部明确标出管道的主点（起点、终点及转折点）与地物的关系数据，图纸设计深度不够。

（2）地形图上同时给出了管道主点和控制点，与实际道路中心线或建筑物轴线不平行或不垂直，相互矛盾。

（3）管线主点之间线段定位偏位。

（4）管线高程控制临时水准间距太大。

（5）高程控制网精度选择不够。

4. 预防措施

（1）加强图纸交底，认真进行图纸会审。

（2）在城建区管线走向与道路中心线或建筑物轴线平行（垂直）或成角度时，根据地物的关系来确定主点的位置，严格根据设计提供的关系数据进行管线定位。

（3）当管道规划设计地形图上同时给出管道主点坐标和主点控制点时，应根据控制点定位。

（4）当管道规划设计地形图上给出管道主点坐标而无控制点时，应于管道线近处布设控制导线，采取极坐标法与角度交汇法定位，测角精度为30″，量距精度为1/5000。

（5）在管道施工时，要沿管线敷设方向布置临时水准点，如现场无固定地物，应提前埋设标桩作为水准点，临时水准点可根据不低于Ⅲ等精度水准点敷设。临时水准点间距，自流管道和架空管道应不大于200m，其他管道不大于300m。

5. 治理措施

管线定位容差应符合表9-2的规定，当管线偏位超过允许偏差时，首先应检查校正主点的定位位置，测量检查实测各转折点的夹角，使其符合设计值要求。距离实量值与设计值比较，其相对误差不超过1/2000，否则应将重要部位重新返工。

管线定位偏差   表9-2

测定内容	定位容差（mm）	测定内容	定位容差（mm）
厂房内部管线	7	厂房外地下管线	200
厂区内地上和地下管线	30	厂区内输电线路	100
厂区外架空管道	100	厂区外输电线路	300

9.2.5 工业厂房基础柱的测量定位、高程控制及柱身垂直度测量偏差大

1. 现象

基础及柱间轴线偏差、托座和柱顶标高以及柱身垂直度偏差大，影响吊车梁和屋架的就位。

2. 规范规定

参见9.1.6节。

3. 原因分析

（1）柱基础杯底标高与设计标高不一致。

（2）柱与基础中心线未对齐。

（3）柱安装未进行经纬仪校正。

（4）预制构件的几何尺寸容许偏差超过规定标准。

4. 预防措施

（1）安装前先逐一复检预制柱的牛腿、柱顶等各主要关键部位的几何尺寸的实际关系，算出并调整基础顶面相应的标高值，安装垫块或凿除局部混凝土，用水准仪抄平使其符合设计要求。

（2）安装前在杯形基础顶面上弹出十字中心线，柱身上面三面弹出相应的中心线，安装时应使柱底三面中心线与杯口中心线对齐，使用经纬仪校正，并加以固定，复核无误后才能脱钩。

5. 治理措施

柱垂直偏差大时，在柱纵横轴线上，离柱距离约为柱高的 1.5 倍处，安置两台经纬仪，先照准柱底中心线，再慢慢仰视到柱顶，指挥调节支撑或拉绳，敲打钢楔，确保柱中心线与轴线偏差小于 5mm。如柱高不大于 10m，垂直偏差应 ≤ ±10mm；柱高大于 10m 时，垂直度偏差应 ≤ H/1000 且 ≤ ±20mm。

9.2.6 吊车梁安装测量的偏差大

1. 现象

吊车梁中线位置和梁顶的标高偏差大。

2. 规范规定

参见 9.2.4 节。

3. 原因分析

（1）厂房轴线控制网精度不够或施测中产生偶然偏大误差。

（2）柱垂直度偏差超过标准。

（3）柱身上标高控制线精度不够，或牛腿梁面整平工作不细致，造成梁面标高偏差。

4. 预防措施

（1）检查验收吊车梁的截面尺寸、铁件位置是否正确，确保预制构件满足设计要求。

（2）对轴线控制网进行校核，确保无误，根据轴线控制网吊装吊车梁。

（3）根据柱中心轴线端点，在地面上定出吊车梁中心线控制桩，用经纬仪投测梁中心线到每根柱牛腿上，并弹上墨线。吊装时，确保吊车梁和牛腿上的中心线相互对齐。

（4）用水准仪抄平，在柱侧面测出基准线，测量并定出柱牛腿面设计标高线，复核吊车梁实际截面尺寸，以此为依据加钢板垫块，吊车梁顶面标高误差应不超过 ±5mm。

9.3 多层、高层建筑施工测量

9.3.1 平面控制不当

1. 现象

根据平面控制网测放轴线，其细部尺寸精度不够。

2. 规范规定

《工程测量规范》GB 50026－2007：

3. 原因分析

(1)未能根据高层建筑形状选用较佳的控制网形状,随着施工的进度未能将控制网延伸到受施工影响区之外,使建立的控制网无法校核。

(2)建立方格控制网时,未考虑高层建筑楼层结构变化情况,控制网中转频繁,造成偏差。

4. 预防措施

(1)根据建筑物形状正确选择、布置矩形网、多边形网、主轴线,建立网格时应考虑控制网校核点。

(2)熟悉施工图,综合考虑建筑物整个施工过程,从打桩、挖土、浇筑基础垫层、各楼层结构变化情况等方面考虑建立施工方格控制网。

(3)平面控制网中,建立局部直角坐标系统放样,控制点之间距离误差要求不大于 ±2mm,测角中误差不大于 ±5"。

(4)建筑施工控制网的最弱边相对中误差通常取 1/2000。

(5)在高层建筑中,投测点的布置形式必须保证可靠、方便、闭合、准确,基本常用的几种形式有:三点直线形、三点角度形、四点丁字形、五点十字形。无论何种形式,主轴线上的控制点数都不得少于 3 个。

9.3.2 高程控制不当

1. 现象

高层建筑测量水准精度差,标高偏差大,复验各点标高,误差超过规范规定。

2. 规范规定

参见9.2.3节。

3. 原因分析

(1)高程控制网点选择位置不正确,水准点未妥善保护,引测标高未闭合复测。

(2)实测选用仪器不当及方法不规范。

(3)钢筋、模板、混凝土或钢构件安装等工序完成后未核对标高,施工中出现系统偏差。

(4)测量仪器水泡不居中。

(5)操作工艺不合理。

(6)水准点有误。

4. 预防措施

(1)制定高层建筑工地上高程控制点,要联测到国家水准标志上或城市水准点上,高层建筑物的外部水准点的标高系统与城市水准点的标高系统必须统一。

(2)高层建筑工地所用的水准点必须固定,且各水准点和 ±0.000 水平线应妥善保护,以求得施工过程中标高统一,在雨季前后对控制点各复测一次,保证标高的正确性。

(3)实测时应使用精度不低于S3级的水准仪,视线长度不大于80m,且要注意前后视线等长,镜位与转点均要稳定,使用塔尺时要尽量不抽第二节。

(4)水准测量结果的限差,参见9.1.3"建筑高程误差偏差大"的预防措施。

5. 治理措施

如果发现高差超过允许偏差,应重新测量。若多次校核标高,要把最后一次校核做出标记,以防误会。

9.3.3 轴线控制点偏差大

1. 现象

(1)使用吊线坠法工艺向上传递轴线时,轴线竖向控制出现偏差;或平面纵横向的构件轴线出现偏差,导致开间和进深偏差大。

建筑物纵横轴线不闭合

(2)建筑物纵横轴线不闭合。

2. 规范规定

(1)参见9.2.2节。

(2)《砌体结构工程施工质量验收规范》GB 50203 – 2011:

3.0.3 砌体结构的标高、轴线,应引自基准控制点。

3.0.4 砌筑基础前,应校核放线尺寸,允许偏差应符合表3.0.4的规定。

放线尺寸的允许偏差 表3.0.4

长度 L、宽度 B(m)	允许偏差(mm)	长度 L、宽度 B(m)	允许偏差(mm)
L(或 B) ≤ 30	±5	$60 < L$(或 B) ≤ 90	±15
$30 < L$(或 B) ≤ 60	±10	L(或 B) > 90	±20

5.3.3 砖砌体尺寸、位置的允许偏差及检验应符合表5.3.3的规定。

砖砌体尺寸、位置的允许偏差及检验 表5.3.3

项次	项 目			允许偏差(mm)	检验方法	抽检数量
1	轴线位移			10	用经纬仪和尺或用其他测量仪器检查	承重墙、柱全数检查
2	基础、墙、柱顶面标高			±15	用水准仪和尺检查	不应少于5处
3	墙面垂直度	每层		5	用2m托线板检查	不应少于5处
		全高	≤10m	10	用经纬仪、吊线和尺或用其他测量仪器检查	外墙全部阳角
			>10m	20		
4	表面平整度	清水墙、柱		5	用2m靠尺和楔形塞尺检查	不应少于5处
		混水墙、柱		8		
5	水平灰缝平直度	清水墙		7	拉5m线和尺检查	不应少于5处
		混水墙		10		

4.2.10 现浇结构模板安装的尺寸偏差及检验方法应符合表4.2.10的规定。检查数量：在同一检验批内，对梁、柱和独立基础，应抽查构件数量的10%，且不应少于3件；对墙和板，应按有代表性的自然间抽查10%，且不应少于3间；对大空间结构，墙可按相邻轴线间高度5m左右划分检查面，板可按纵、横轴线划分检查面，抽查10%，且均不应少于3面。

现浇结构模板安装的允许偏差及检验方法 表4.2.10

项　目		允许偏差（mm）	检验方法
轴线位置		5	尺量
底模上表面标高		±5	水准仪或拉线、钢尺检查
模板内部尺寸	基础	±10	尺量
	柱、墙、梁	±5（原+4，-5）	尺量
	楼梯相邻踏步高差	±5	尺量
垂直度	柱、墙层高≤6m	8	经纬仪或吊线、尺量
	柱、墙层高>6m	10	经纬仪或吊线、尺量
相邻两板表面高低差		2	尺量
表面平整度		5	2m靠尺和塞尺量测

注：检查轴线位置当有纵横两个方向时，沿纵、横两个方向量测，并取其中偏差的较大值。

(3)《钢结构工程施工质量验收规范》GB 50205-2001：

11.2.1 建筑物的定位轴线、基础上柱的定位轴线和标高、地脚螺栓（锚栓）的规格和位置、地脚螺栓（锚栓）紧固应符合设计要求。当设计无要求时，应符合表11.2.1的规定。

检查数量：按柱基数抽查10%，不应少于3个。

检验方法：采用经纬仪、水准仪、全站仪和钢尺实测。

建筑物定位轴线、基础上柱的定位轴线和标高、地脚螺栓（锚柱）的允许偏差（mm） 表11.2.1

项　目	允许偏差	图　例
建筑物定位轴线	L/2000，且不应大于3.0	
基础上柱的定位轴线	1.0	
基础上柱底标高	±2.0	基准点
地脚螺栓（锚栓）位移	2.0	

11.3.2 柱子安装的允许偏差应符合表11.3.2的规定。

检查数量：标准柱全部检查；非标准柱抽查10%，且不应少于3根。

检验方法：用全站仪或激光经纬仪和钢尺实测。

柱子安装的允许偏差(mm)			表11.3.2
项　目	允许偏差	图　例	
底层柱柱底轴线对定位轴线偏移	3.0		
柱子定位轴线	1.0		
单节柱的垂直度	$h/1000$,且不应大于10.0		

3. 原因分析

（1）施工人员按照测量人员的测量放线的位置施工时出现偏差未及时纠正整改。

（2）线坠制作精度不够,导致控制点与线坠轴线和细钢丝不在同一轴线上,产生引线偏差。

（3）操作不认真,未解除钢丝扭曲打结现象,未设防风吹的设施。

（4）吊线时,未提供照明、通信联络设备,上下操作不认真。

（5）由于楼层较高,预留洞位置交叉偏移,吊线不畅通,轴线控制点引测不准确。

（6）测量仪器度盘卡子带动度盘转动;度盘偏心;正倒镜视准轴不垂直于横轴;横轴不垂直于竖轴;水准泡不居中。

（7）操作工艺不当。

（8）标准桩不准确。

4. 预防措施

（1）线坠呈圆柱形,顶端为锥形,重15～20kg,其锥形尖端与钢丝悬吊线应与坠体轴线为同一竖直线。

（2）坠线应使用没有扭曲的φ0.5～0.8钢丝,吊时线坠应保持稳定不旋转,吊线本身平顺。悬吊时所在楼层设风挡设施,预防风吹造成吊线本身偏斜或不稳定。悬吊时要注意有充足的亮度,保证坠体尖端正指控制点。

（3）在投测中要有专人检查各预留洞位置是否碰触吊线,上下要配合默契,通信畅通,取线左、线右投测的平均位置轴线。控制点悬吊结束后,使用经纬仪或激光铅垂仪进行闭合校核,如误差超出±3mm时,则逐一重新悬吊。

（4）在±0.000首层地面或地下室底板上,制定轴线控制网或以靠近高层建筑结构四周的轴线点为准,逐层向上悬吊引测轴线和控制结构竖向偏差。为保证控制点坠吊精度,楼层每升高3～5层(14.0m左右)时,重新于结构面上预埋钢板,投测控制点,建立新控制网,新控制网经校核无误,方可投入使用。

（5）施工时应及时校核测量放线的精确度,每层轴线施工的初始阶段应及时校核实际构件的位置与测量位置的偏差,超偏差的及时纠正整改。

（6）仪器、钢尺等使用前应严格计量检查,并调整误差。

508

（7）仪器使用时必须按使用精度要求进行操作，一般采用复测法，对实测轴线先测长边后测短边。为消灭视差，必须将仪器十字线对清楚，焦距对适当。使用时每转一个角度之前要调好水平度。使用的钢尺应根据钢尺测距要求的拉力加弹簧秤，并核对钢尺的精确程度，如零改正数。测量时钢尺要拉平。

（8）标准桩应设保护桩，并应有足够的数量。

（9）多层建筑物楼层放线时，必须从标准桩点往上引，如有小的误差，应除在本楼层上。

5. 治理措施

如果发现轴线不闭合并已超过允许偏差，应重新放线。若多次改线，要把最后一次线弹好，做出标记，以防误会。

9.3.4 激光铅垂仪法投点偏差大

1. 现象

使用激光铅垂仪投测轴线进行竖向控制，精度不能满足要求；或平面纵横向的构件轴线出现偏差，导致开间和进深偏差大。

2. 规范规定

参见9.3.3节。

3. 原因分析

（1）首层结构平面上轴线控制点精度不能保证。

（2）仪器未调置好或仪器自身未校核好。

（3）未消除竖轴不垂直于水平轴产生的误差。

（4）在楼层纵横轴线初始施工时，未及时校核实际构件位置与测量位置的偏差是否超规范的规定。

4. 预防措施

（1）首层楼面上的轴线控制网点必须要保证精度，预埋钢板上的投测点要校核无误后刻上"＋"字标识。在浇筑上升的各层混凝土时，必须在相应的位置预留 200mm×200mm 与首层楼面控制点相对应的孔洞，保证能使激光束垂直向上穿过预留孔。

（2）为保证轴线控制点的准确性，在首层控制点上架设激光铅垂仪，调整仪器对中，严格整平后方可启动电源，使激光器启辉发射出可见的红色光束。光斑通过结构板面对应的预留孔洞，显示在盖着的玻璃板或白纸上，将仪器水平转一周，若光斑在白板上的轨迹为一闭合环时，调节激光管的校正螺栓，使其轨迹趋于一点为止。

（3）为了消除竖轴不垂直水平轴产生的误差，需绕竖轴转动照准部，让水平度盘分别在 0°、90°、180°、270°四个位置上，观察光斑变动位置，并作标记，若有变动，其变动的位置成十字的对称形，对称连线的交点即为精确的铅垂仪正中点。

9.4 沉降与变形观测

9.4.1 水准点布设不正确

1. 现象

水准点布设数量与水准点位置不妥。

2. 规范规定

《工程测量规范》GB 50026–2007：

3.2.6 控制点埋石应符合附录 B 的规定，并绘制点之记。

3.3.6 导线点的埋石应符合附录 B 的规定。三、四等点应绘制点之记，其他控制点可视需要而定。

3.4.6 三角形网点位的埋石应符合附录 B 的规定，二、三、四等点应绘制点之记，其他控制点可视需要而定。

4.2.3 水准点的布设与埋石，除满足 4.1.4 条外还应符合下列规定：

1 应将点位选在土质坚实、稳固可靠的地方或稳定的建筑物上，且便于寻找、保存和引测；当采用数字水准仪作业时，水准路线还应避开电磁场的干扰。

2 宜采用水准标石，也可采用墙水准点。标志及标石的埋设应符合附录 D 的规定。

3 埋设完成后，二、三等点应绘制点之记，其他控制点可视需要而定。必要时还应设置指示桩。

8.2.3 控制网点位，应选在通视良好、土质坚实、便于施测、利于长期保存的地点，并应埋设相应的标石，必要时还应增加强制对中装置。标石的埋设深度，应根据地冻线和场地设计标高确定。

8.3.6 当施工中高程控制点标桩不能保存时，应将其高程引测至稳固的建筑物或构筑物上，引测的精度，不应低于四等水准。

10.1.4 变形监测网的网点，宜分为基准点、工作基点和变形观测点。其布设应符合下列要求：

1 基准点，应选在变形影响区域之外稳固可靠的位置。每个工程至少应有 3 个基准点。大型的工程项目，其水平位移基准点应采用带有强制归心装置的观测墩，垂直位移基准点宜采用双金属标或钢管标。

2 工作基点，应选在比较稳定且方便使用的位置。设立在大型工程施工区域内的水平位移监测工作基点宜采用带有强制归心装置的观测墩，垂直位移监测工作基点可采用钢管标。对通视条件较好的小型工程，可不设立工作基点，在基准点上直接测定变形观测点。

3 变形观测点，应设立在能反映监测体变形特征的位置或监测断面上，监测断面一般分为：关键断面、重要断面和一般断面。需要时，还应埋设一定数量的应力、应变传感器。

附录 B 平面控制点标志及标石的埋设规格

B.1.1 二、三、四等平面控制点标志可采用磁质或金属等材料制作，其规格如图 B.1.1 和图 B.1.2 所示。

B.1.2 一、二级平面控制点及三级导线点、埋石图根点等平面控制点标志可采用 $\phi14$ ～ $\phi20$、长度为 30～40cm 的普通钢筋制作，钢筋顶端应锯"＋"字标记，距底端约 5cm 处应弯成钩状。

B.2.1 二、三等平面控制点标石规格及埋设结构图，如图 B.2.1 所示，柱石与盘石间应放 1～2cm 厚粗砂，两层标石中心的最大偏差不应超过 3mm。

B.2.2 四等平面控制点可不埋磐石，柱石高度应适当加大。

B.2.3 一、二级平面控制点标石规格及埋设结构图，如图 B.2.3 所示。

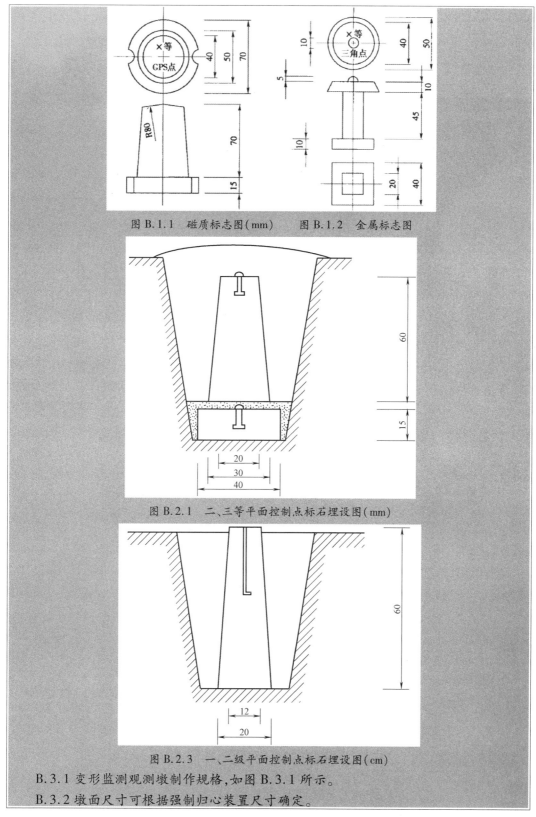

图 B.1.1　磁质标志图(mm)　　图 B.1.2　金属标志图

图 B.2.1　二、三等平面控制点标石埋设图(mm)

图 B.2.3　一、二级平面控制点标石埋设图(cm)

B.3.1 变形监测观测墩制作规格,如图 B.3.1 所示。

B.3.2 墩面尺寸可根据强制归心装置尺寸确定。

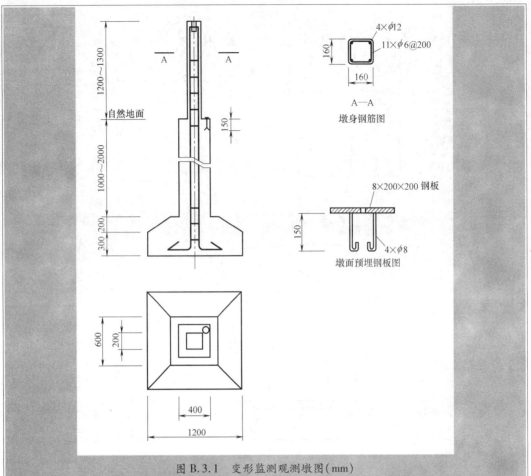

图 B.3.1　变形监测观测墩图(mm)

D.1.1 二、三、四等水准点标志可采用磁质或金属等材料制作,其规格如图 D.1.1-1
和图 D.1.1-2 所示。

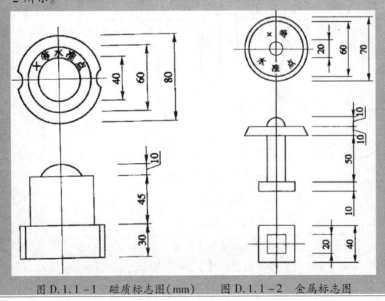

图 D.1.1-1　磁质标志图(mm)　　图 D.1.1-2　金属标志图

D.1.2 三、四等水准点及四等以下高程控制点也可利用平面控制点点位标志。

D.1.3 墙脚水准点标志制作和埋设规格结构图,如图 D.1.3 所示。

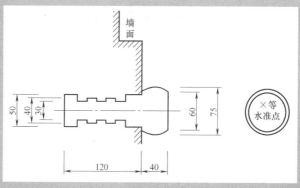

图 D.1.3　墙角水准点标志图(mm)

D.2.1 二、三等水准点标石规格及埋设结构,如图 D.2.1 所示。

D.2.2 四等水准点标石的埋设规格结构,如图 D.2.2 所示。

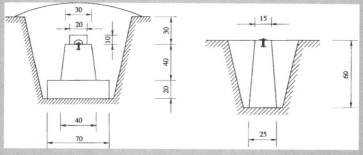

图 D.2.1　二、三等水准点标石埋设图(cm)　　图 D.2.2　四等水准点标石埋设图(cm)

D.2.3 冻土地区的标石规格和埋设深度,可自行设计。

D.2.4 线路测量专用高程控制点结构可按图 D.2.2 做法,也可自行设计。

D.3.1 测温钢管式深埋水准点规格及埋设结构,如图 D.3.1 所示。

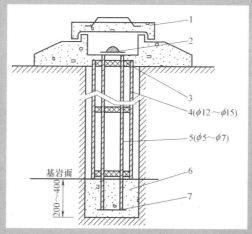

图 D.3.1　测温钢管标剖面图(cm)

1—标盖;2—标心(有测温孔);3—橡胶环;4—钻孔保护钢管;

5—心管(钢管);6—混凝土(或 M20 水泥砂浆);7—心管封底钢板与根络

D.3.2 双金属标深埋水准点规格及埋设结构,如图 D.3.2 所示。

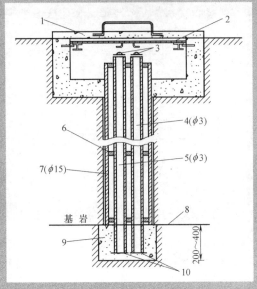

图 D.3.2 双金属标剖面图(cm)

1-钢筋混凝土标盖;2-钢板标盖;3-标心;4-钢心管;5-铝心管;6-橡胶环;

7-钻孔保护钢管;8-新鲜基岩面;9-水泥砂浆;10-心管底板与根络

E.0.1 建筑方格网点标石形式、规格及埋设应符合图 E.0.1 的规定,标石顶面宜低于地面 20~40cm,并砌筑井筒加盖保护。

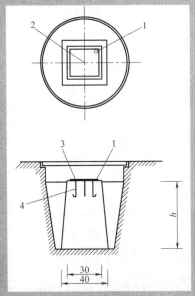

图 E.0.1 建筑方格网点标志规格、形式及埋设图(cm)

1-φ20 铜质半圆球高程标志;2-φ1~φ2 铜心平面标志;3-200mm×200mm×5mm 标志钢板;

4-钢筋抓;h-埋设深度,根据地冻线和场地平整的设计高程确定

E.0.2 方格网点平面标志采用镶嵌铜芯表示,铜芯直径应为 1~2mm。

3.原因分析

514

（1）水准点布设未考虑水准网沿建筑物闭合。

（2）水准点布设未考虑现场的特殊性。

4. 预防措施

（1）水准点数量应不少于3个，并组成水准网。

（2）水准点尽量与观测点接近，其距离不应超过100m，以保证观测的精度。

（3）水准点应布设在受振动区域以外的安全地点，以防止受到振动的影响。

（4）水准点离开公路、铁路、地下管道和滑坡至少5m，避免埋设在低洼积水处及松软土地带。

（5）为防止水准点受到冻胀的影响，水准点的埋置深度至少要在冰冻线以下0.5m。

（6）对水准点要定期进行检测，以保证沉降观测成果的正确性。

9.4.2 观测点的形式与埋设不合理

1. 现象

基础及柱沉降观测点制作形式与埋设不合理，固定不牢固，观测点稳定性差，观测数据不准确。

2. 规范规定

（1）参见9.4.1节。

（2）《建筑变形测量规范》JGJ 8－2007：

4.1.1 建筑变形测量基准点和工作基点的设置应符合下列规定：

1 建筑沉降观测应设置高程基准点；

2 建筑位移和特殊变形观测应设置平面基准点，必要时应设置高程基准点；

3 当基准点离所测建筑距离较远致使变形测量作业不方便时，宜设置工作基点。

4.1.2 变形测量的基准点应设置在变形区域以外、位置稳定、易于长期保存的地方，并应定期复测。复测周期应视基准点所在位置的稳定情况确定，在建筑施工过程中宜1～2月复测一次，点位稳定后宜每季度或每半年复测一次。当观测点变形测量成果出现异常，或当测区受到地震、洪水、爆破等外界因素影响时，应及时进行复测，并按本规范第8.2节的规定对其稳定性进行分析。

4.1.3 变形测量基准点的标石、标志埋设后，应达到稳定后方可开始观测。稳定期应根据观测要求与地质条件确定，不宜少于1.5d。

4.1.4 当有工作基点时，每期变形观测时均应将其与基准点进行联测，然后再对观测点进行观测。

4.1.5 变形控制测量的精度级别应不低于沉降或位移观测的精度级别。

4.2.1 特级沉降观测的高程基准点数不应少于4个；其他级别沉降观测的高程基准点数不应少于3个。高程工作基点可根据需要设置。基准点和工作基点应形成闭合环或形成由附和路线构成的结点网。

4.2.2 高程基准点和工作基点位置的选择应符合下列规定：

1 高程基准点和工作基点应避开交通干道主路、地下管线、仓库堆栈、水源地、河岸、松软填土、滑坡地段、机器振动区以及其他可能使标石、标志易遭腐蚀和破坏的地方；

2 高程基准点应选设在变形影响范围以外且稳定、易于长期保存的地方。在建筑区内，其点位与邻近建筑的距离应大于建筑基础最大宽度的2倍,其标石埋深应大于邻近建筑基础的深度。高程基准点也可选择在基础深且稳定的建筑上;

3 高程基准点、工作基点之间宜便于进行水准测量。当使用电磁波测距三角高程测量方法进行观测时,宜使各点周围的地形条件一致。当使用静力水准测量方法进行沉降观测时,用于联测观测点的工作基点宜与沉降观测点设在同一高程面上,偏差不应超过±1cm。当不能满足这一要求时,应设置上下高程不同但位置垂直对应的辅助点传递高程。

4.2.3 高程基准点和工作基点标石、标志的选型及埋设应符合下列规定:

1 高程基准点的标石应埋设在基岩层或原状土层中,可根据点位所在处的不同地质条件,选埋基岩水准基点标石、深埋双金属管水准基点标石、深埋钢管水准基点标石、混凝土基本水准标石。在基岩壁或稳固的建筑上也可埋设墙上水准标志;

2 高程工作基点的标石可按点位的不同要求,选用浅埋钢管水准标石、混凝土普通水准标石或墙上水准标志等;

3 标石、标志的形式可按本规范附录A的规定执行。特殊土地区和有特殊要求的标石、标志规格及埋设,应另行设计。

4.3.1 平面基准点、工作基点的布设应符合下列规定:

1 各级别位移观测的基准点(含方位定向点)不应少于3个,工作基点可根据需要设置;

2 基准点、工作基点应便于检核校验;

3 当使用GPS测量方法进行平面或三维控制测量时,基准点位置还应满足下列要求:

1)应便于安置接收设备和操作;

2)视场内障碍物的高度角不宜超过15°;

3)离电视台、电台、微波站等大功率无线电发射源的距离不应小于200m;离高压输电线和微波无线电信号传输通道的距离不应小于50m;附近不应有强烈反射卫星信号的大面积水域、大型建筑以及热源等;

4)通视条件好,应方便后续采用常规测量手段进行联测。

4.3.2 平面基准点、工作基点标志的形式及埋设应符合下列规定:

1 对特级、一级位移观测的平面基准点、工作基点,应建造具有强制对中装置的观测墩或埋设专门观测标石,强制对中装置的对中误差不应超过±0.1mm;

2 照准标志应具有明显的几何中心或轴线,并应符合图像反差大、图案对称、相位差小和本身不变形等要求。根据点位不同情况,可选用重力平衡球式标、旋入式杆状标、直插式觇牌、屋顶标和墙上标等形式的标志。观测墩及重力平衡球式照准标志的形式,可按本规范附录B的规定执行;

3 对用作平面基准点的深埋式标志、兼作高程基准的标石和标志以及特殊土地区或有特殊要求的标石、标志及其埋设应另行设计。

3.原因分析

施工单位未注意沉降观测工作,观测点制作与埋设不认真,没有按照规范规定制作观测点,埋设不牢固,保护不到位,埋设地点不恰当。

4.预防措施

（1）观测点制作要求牢固稳定，确保点位安全，能长期保存，其上部必须为突出的半球形状或有明显的突出之处，与柱身或墙身保持一定的距离，要保证在顶上能垂直置尺和良好的通视条件。

（2）一般民用建筑沉降观测点，设置在外墙勒脚处。观测点埋在墙内的部分大于露在墙外部分的5~7倍，以保证观测点的稳定性。

（3）设备基础观测点的埋设一般可利用铆钉或钢筋来制作，然后将其预埋在混凝土内。如观测点使用期长，应设有保护盖。埋设观测点时应保证露出的部分，不宜过高或太低，高了易被碰斜撞弯；低了不易寻找，以防水准尺置在点上与混凝土面接触，影响观测质量。

（4）柱基础观测点的形式和埋设方法与设备基础相同，但当柱子安装进行二次浇筑后，原设置的观测点将被埋掉，因而必须及时在柱身上设置新观测点，并及时将高程引测到新的观测点上，以保证沉降观测的连贯性。

9.4.3 沉降观测次数和时间不当

1. 现象

沉降观测次数和时间不合理，导致观测成果不能及时准确反映建筑物的实际沉降变化。

2. 规范规定

（1）《工程测量规范》GB 50026－2007：

> 10.5.8 工业与民用建（构）筑物的沉降观测，应符合下列规定：
>
> 1 沉降观测点，应布设在建（构）筑物的下列部位：
>
> 1）建（构）筑物的主要墙角及沿外墙每10~15m处或每隔2~3根柱基上。
>
> 2）沉降缝、伸缩缝、新旧建（构）筑物或高低建（构）筑物接壤处的两侧。
>
> 3）人工地基和天然地基接壤处、建（构）筑物不同结构分界处的两侧。
>
> 4）烟囱、水塔和大型储藏罐等高耸构筑物基础轴线的对称部位，且每一构筑物不得少于4个点。
>
> 5）基础底板的四角和中部。
>
> 6）当建（构）筑物出现裂缝时，布设在裂缝两侧。
>
> 2 沉降观测标志应稳固埋设，高度以高于室内地坪（±0.000面）0.2~0.5m为宜。对于建筑立面后期有贴面装饰的建（构）筑物，宜预埋螺栓式活动标志。
>
> 3 高层建筑施工期间的沉降观测周期，应每增加1~2层观测1次；建筑物封顶后，应每3个月观测一次，观测一年。如果最后两个观测周期的平均沉降速率小于0.02mm/日，可以认为整体趋于稳定，如果各点的沉降速率均小于0.02mm/日，即可终止观测。否则，应继续每3个月观测一次，直至建筑物稳定为止。
>
> 工业厂房或多层民用建筑的沉降观测总次数，不应少于5次。竣工后的观测周期，可根据建（构）筑物的稳定情况确定。

（2）《建筑变形测量规范》JGJ 8－2007：

> 5.2.5 建筑场地沉降观测的周期，应根据不同任务要求、产生沉降的不同情况以及沉降速度等因素具体分析确定，并符合下列规定：
>
> 1 基础施工的相邻地基沉降观测，在基坑降水时和基坑土开挖过程中应每天观测一次。混凝土底板浇完10d以后，可每2~3d观测一次，直至地下室顶板完工和水位恢复。

此后可每周观测一次至回填土完工；

2 主体施工的相邻地基沉降观测和场地地面沉降观测的周期可按照本规范第5.5节的有关规定确定。

5.5.5 沉降观测的周期和观测时间应按下列要求并结合实际情况确定：

1 建筑施工阶段的观测应符合下列规定：

1）普通建筑可在基础完工后或地下室砌完后开始观测，大型、高层建筑可在基础垫层或基础底部完成后开始观测；

2）观测次数与间隔时间应视地基与加荷情况而定。民用高层建筑可每加高1~5层观测一次，工业建筑可按回填基坑、安装柱子和屋架、砌筑墙体、设备安装等不同施工阶段分别进行观测。若建筑施工均匀增高，应至少在增加荷载的25%、50%、75%和100%时各测一次；

3）施工过程中若暂停工，在停工时及重新开工时应各观测一次。停工期间可每隔2~3个月观测一次；

2 建筑使用阶段的观测次数，应视地基土类型和沉降速率大小而定。除有特殊要求外，可在第一年观测3~4次，第二年观测2~3次，第三年后每年观测1次，直至稳定为止；

3 在观测过程中，若有基础附近地面荷载突然增减、基础口周大量积水、长时间连续降雨等情况，均应及时增加观测次数。当建筑突然发生大量沉降、不均匀沉降或严重裂缝时，应立即进行逐日或2~3d一次的连续观测；

4 建筑沉降是否进入稳定阶段，应由沉降量与时间关系曲线判定。当最后100d的沉降速率小于0.01~0.04mm/d时可认为已进入稳定阶段。具体取值宜根据各地区地基土的压缩性能确定。

3. 原因分析

（1）施工期间沉降观测次数安排不合理，导致观测成果不能准确反映沉降曲线的细部变化。

（2）工程移交后沉降观测时间安排不合理，掌握工程沉降情况不准确、不及时。

4. 预防措施

（1）施工期间较大荷重增加前后，如基础浇筑、回填土、安装柱子、结构每完成一楼层、设备安装、设备运转、工业炉砌筑期间、烟囱每增加15m左右等，均应进行观测。

（2）如果施工期间中途停工时间较长，应在停工时和复工后分别进行观测。

（3）当基础附近地面荷重突然增加，周围大量积水及暴雨后，或周围大量挖土方等，均应观测。

（4）工程投入生产后，应连续进行观测，可根据沉降量大小和速度确定观测时间的间隔，在开始时间间隔可短一些，以后随着沉降速度的减慢，可逐渐延长，直至沉降稳定为止。

（5）施工期间，建筑物沉降观测的周期，高层建筑每增加1~2层应观测一次，其他建筑的观测总次数不应少于5次。竣工后的观测周期，可根据建筑物的稳定情况确定。

9.4.4 沉降观测的线路不正确

1. 现象

观测线路不固定，沉降观测的精度低。

2. 规范规定

《建筑变形测量规范》JGJ 8 - 2007：

> 4.4.4 水准观测作业应符合下列要求：
>
> 1 应在标尺分划线成像清晰和稳定的条件下进行观测。不得在日出后或日落前约半小时、太阳中天前后、风力大于四级、气温突变时以及标尺分划线的成像跳动而难以照准时进行观测。阴天可全天观测；
>
> 2 观测前半小时，应将仪器置于露天阴影下，使仪器与外界气温趋于一致。设站时，应用测伞遮蔽阳光。使用数字水准仪前，还应进行预热；
>
> 3 使用数字水准仪，应避免望远镜直接对着太阳，并避免视线被遮挡。仪器应在其生产厂家规定的温度范围内工作。振动源造成的振动消失后，才能启动测量键。当地面振动较大时，应随时增加重复测量次数；
>
> 4 每测段往测与返测的测站数均应为偶数，否则应加入标尺零点差改正。由往测转向返测时，两标尺应互换位置，并应重新整置仪器。在同一测站上观测时，不得两次调焦。转动仪器的倾斜螺旋和测微鼓时，其最后旋转方向，均应为旋进；
>
> 5 对各周期观测过程中发现的相邻观测点高差变动迹象、地质地貌异常、附近建筑基础和墙体裂缝等情况，应做好记录，并画草图。
>
> 5.5.6 沉降观测的作业方法和技术要求应符合下列规定：
>
> 1 对特级、一级沉降观测，应按本规范第4.4节的规定执行；
>
> 2 对二级、三级沉降观测，除建筑转角点、交接点、分界点等主要变形特征点外，允许使用间视法进行观测，但视线长度不得大于相应等级规定的长度；
>
> 3 观测时，仪器应避免安置在有空压机、搅拌机、卷扬机、起重机等振动影响的范围内；
>
> 4 每次观测应记载施工进度、荷载量变动、建筑倾斜裂缝等各种影响沉降变化和异常的情况。

3. 原因分析

观测前未到现场进行统筹规划，确定线路和安置仪器的位置，人员不固定，不重视固定观测线路的工作。

4. 预防措施

对观测点较多的建筑物、构筑物进行沉降观测前，应到现场进行勘察规划，确定安置仪器的位置，选定若干较稳定的沉降观测点或其他固定点作为临时水准点（转点），并与永久水准点组成环路，最后根据选定的临时水准点设置仪器的位置以及观测线路，绘制沉降观测线路图，以后每次都按固定的线路观测。在测定临时水准点高程的同时应校核其他沉降观测点。

9.4.5 沉降与变形曲线在首次观测后发生回升现象

1. 现象

沉降观测在第二次观测时即发生曲线上升，到第三次后曲线又逐渐下降。

2. 规范规定

《建筑变形测量规范》JGJ 8 - 2007：

> 5.5.5 沉降观测的周期和观测时间应按下列要求并结合实际情况确定：

1 建筑施工阶段的观测应符合下列规定：

1) 普通建筑可在基础完工后或地下室砌完后开始观测，大型、高层建筑可在基础垫层或基础底部完成后开始观测；

2) 观测次数与间隔时间应视地基与加荷情况而定。民用高层建筑可每加高 1~5 层观测一次，工业建筑可按回填基坑、安装柱子和屋架、砌筑墙体、设备安装等不同施工阶段分别进行观测。若建筑施工均匀增高，应至少在增加荷载的 25%、50%、75% 和 100% 时各测一次；

3) 施工过程中若暂停工，在停工时及重新开工时应各观测一次。停工期间可每隔 2~3 个月观测一次。

2 建筑使用阶段的观测次数，应视地基土类型和沉降速率大小而定。除有特殊要求外，可在第一年观测 3~4 次，第二年观测 2~3 次，第三年后每年观测 1 次，直至稳定为止；

3 在观测过程中，若有基础附近地面荷载突然增减、基础口周大量积水、长时间连续降雨等情况，均应及时增加观测次数。当建筑突然发生大量沉降、不均匀沉降或严重裂缝时，应立即进行逐日或 2~3d 一次的连续观测；

4 建筑沉降是否进入稳定阶段，应由沉降量与时间关系曲线判定。当最后 100d 的沉降速率小于 0.01~0.04mm/d 时可认为已进入稳定阶段。具体取值宜根据各地区地基土的压缩性能确定。

8.1.2 变形观测数据的平差计算，应符合下列规定：

1 应利用稳定的基准点作为起算点；

2 应使用严密的平差方法和可靠的软件系统；

3 应确保平差计算所用的观测数据、起算数据准确无误；

4 应剔除含有粗差的观测数据；

5 对于特级、一级变形测量平差计算，应对可能含有系统误差的观测值进行系统误差改正；

6 对于特级、一级变形测量平差计算，当涉及边长、方向等不同类型观测值时，应使用验后方差估计方法确定这些观测值的权；

7 平差计算除给出变形参数值外，还应评定这些变形参数的精度。

3. 原因分析

由于初次观测精度不高，未进行闭合差计算，使观察成果存在较大误差。

4. 预防措施

(1) 使用的仪器必须是经有资质的检验单位检定合格的仪器。

(2) 观测过程中要"三固定"：仪器固定，人员固定，观测线路固定。

(3) 如曲线回升超过 5mm，应将第一次观测成果废除，而采取第二次观测成果为初测成果；如果曲线回升在 5mm 以内，则调整初测标高与第二次观测标高一致。

9.4.6 沉降变形曲线在中间某点突然回升

1. 现象

曲线在观测成果中表现为中间某点突然有上升趋势。

2. 规范规定

《建筑变形测量规范》JGJ 8 – 2007：

5.5.5 沉降观测的周期和观测时间应按下列要求并结合实际情况确定：

1 建筑施工阶段的观测应符合下列规定：

1）普通建筑可在基础完工后或地下室砌完后开始观测，大型、高层建筑可在基础垫层或基础底部完成后开始观测；

2）观测次数与间隔时间应视地基与加荷情况而定。民用高层建筑可每加高1~5层观测一次，工业建筑可按回填基坑、安装柱子和屋架、砌筑墙体、设备安装等不同施工阶段分别进行观测。若建筑施工均匀增高，应至少在增加荷载的25%、50%、75%和100%时各测一次；

3）施工过程中若暂停工，在停工时及重新开工时应各观测一次。停工期间可每隔2~3个月观测一次；

2 建筑使用阶段的观测次数，应视地基土类型和沉降速率大小而定。除有特殊要求外，可在第一年观测3~4次，第二年观测2~3次，第三年后每年观测1次，直至稳定为止；

3 在观测过程中，若有基础附近地面荷载突然增减、基础口周大量积水、长时间连续降雨等情况，均应及时增加观测次数。当建筑突然发生大量沉降、不均匀沉降或严重裂缝时，应立即进行逐日或2~3d一次的连续观测；

4 建筑沉降是否进入稳定阶段，应由沉降量与时间关系曲线判定。当最后100d的沉降速率小于0.01~0.04mm/d时可认为已进入稳定阶段。具体取值宜根据各地区地基土的压缩性能确定。

D.0.1 隐蔽式沉降观测标志应按图D.0.1－1、图D.0.1－2或图D.0.1－3的规格埋设。

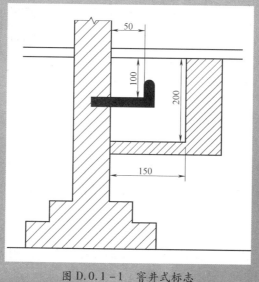

图 D.0.1－1　窨井式标志
(适用于建筑内部埋设,单位:mm)

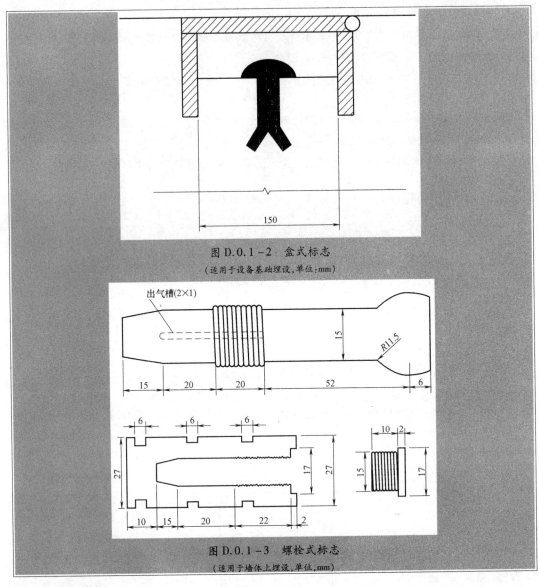

图 D.0.1-2　盒式标志
(适用于设备基础埋设,单位:mm)

图 D.0.1-3　螺栓式标志
(适用于墙体上埋设,单位,mm)

3.原因分析

(1)沉降观测过程中,水准点被碰松动,致使水准点低于被碰前的标高。

(2)沉降观测过程中,观测点被碰,致使观测点被碰后高于被碰前的标高。

4.预防措施

(1)在建筑施工的全过程中,都应注意对观测点和水准点的保护工作,可以采用砌筑黏土砖挡土墙的方法加以保护,高度超过观测点10cm,在其上用预制盖板覆盖保护,并做出明显警示标识,预防搬运材料时遭到人为碰动。

(2)建筑物在交工前应对水准点、观测点,采用与建筑物外观效果相协调的活动装饰板(盒)加以保护,并做到坚固耐久,方便使用。

5.治理措施

如果水准点被碰动破坏,应改用其他水准点继续观测。并在其附近重新埋设观测点,通过引测复核计算出该点的相对标高,办理签证记录后,再继续观测。而该点该次沉降量,可选择与该点结构、荷重及地质情况都相同且邻近的另两个沉降观测点,同期的平均值沉降量作为被碰观测点之沉降量。再次设置观测点时,应接受教训,做到方便使用,便于保护。

9.4.7 沉降变形曲线自某点起渐渐回升

1. 现象

观察成果表现为曲线自某点起有回升趋向。

2. 规范规定

参见9.4.6节。

3. 原因分析

(1)采用设置于建筑物上的水准点,由于建筑物未稳定而下沉。

(2)新埋设的水准点,埋设地点不当,时间不长发生下沉现象。

(3)水准点和建筑物同时下沉,初期建筑物沉降量大于水准点沉降量,曲线不回升,到后期建筑物下沉逐渐稳定,而水准点继续下沉。

4. 预防措施

选择或埋设水准点时,特别是建筑物上设置水准点时,应保证其点位的稳定性,如果查明的确是水准点下沉而使曲线渐渐回升,测出水准点的下沉量,修正观测点的标高。

9.4.8 沉降变形曲线呈波浪起伏现象

1. 现象

在沉降观测后期,曲线呈现波浪起伏现象。

2. 规范规定

参见9.4.6节。

3. 原因分析

建筑物到后期,由于下沉极微或已接近稳定,曲线上出现了测量误差比较突出的现象。

4. 预防措施

应从提高测量精度,减少误差方面着手。如果发生波浪起伏现象,应根据整个情况进行分析,决定自某点起,将波浪线改为水平线。

9.4.9 沉降变形曲线出现中断现象

1. 现象

在观测中曲线发生中断。

2. 规范规定

参见9.4.6节。

3. 原因分析

(1)沉降观测点开始是埋设在柱基础面上进行观测,在柱基础二次灌浆时没有埋设新点进行观测,而使曲线中断。

(2)由于观测点被碰毁,装修要求观察点被隐蔽或造成不通视,后来设置的观测点绝对标高不一致,而使曲线中断。

4. 预防措施

按照9.4.6节的治理方法将曲线连接起来,估求出停测期间的沉降量,并将新设置的沉降点不计其绝对标高,而取其沉降量,一并加在旧沉降点的累计沉降量中去。

9.5 深基坑变形观测

9.5.1 变形观测的基准点、观测点设定时间不当

1. 现象

基准点、观测点在支护结构和降水井施工未完成前或基坑开挖后设定,不能反映基坑边坡的实际变形情况。

2. 规范规定

(1)《工程测量规范》GB 50026－2007:

> 10.7.5 地下建(构)筑物的变形监测,应符合下列规定:
>
> 1 水平位移观测的基准点,宜布设在地下建(构)筑物的出入口附近或地下工程的隧道内的稳定位置。工作基点,应设置在底板的稳定区域且不少于3点;变形观测点,应布设在变形比较敏感的柱基、墩台和梁体上;水平位移观测,宜采用交会法、视准线法等。
>
> 2 垂直位移观测的基准点,应选在地下建(构)筑物的出入口附近不受沉降影响的区域,也可将基准点选在地下工程的隧道横洞内,必要时应设立深层钢管标,基准点个数不应少于3点;变形观测点应布设在主要的柱基、墩台、地下连续墙墙体、地下建筑底板上;垂直位移观测宜采用水准测量方法或静力水准测量方法,精度要求不高时也可采用电磁波测距三角高程测量方法。

(2)《建筑基坑工程监测技术规范》GB 50497－2009:

> 3.0.4 监测工作宜按下列步骤进行:
>
> 1 接受委托。
>
> 2 现场踏勘,收集资料。
>
> 3 制订监测一案。
>
> 4 监测点设置与验收,设备、仪器校验和元器件标定。
>
> 5 现场监测。
>
> 6 监测数据的处理、分析及信息反馈。
>
> 7 提交阶段性监测结果和报告。
>
> 8 现场监测工作结束后,提交完整的监测资料。
>
> 5.1.1 基坑工程监测点的布置应能反映监测对象的实际状态及其变化趋势,监测点应布置在内力及变形关键特征点上,并应满足监控要求。
>
> 5.1.2 基坑工程监测点的布置应不妨碍监测对象的正常工作,并应减少对施工作业的不利影响。
>
> 5.1.3 监测标志应稳固、明显,结构合理,监测点的位置应避开障碍物,便于观测。

3. 原因分析

(1)操作者未掌握基坑变形观测知识。

(2)对沉降和水平位移观测质量不重视。

(3)基准点、观测点受支护结构、降水井和土方开挖施工的扰动。

4. 预防措施

变形观测所用的基准点、观测点应在支护结构或降水井施工完成后，基坑开挖之前设定，使所观测成果更能切合实际。

9.5.2 水平位移观测点、沉降观测点和基准点布设位置不当

1. 现象

水平位移观测点、沉降观测点布设地点和距离不正确，基准点受到基坑边坡变形的影响。

2. 规范规定

(1)《工程测量规范》GB 50026－2007：

参见9.5.1节。

(2)《建筑基坑工程监测技术规范》GB 50497－2009：

> 5.2.1 围护墙或基坑边坡顶部的水平和竖向位移监测点应沿基坑周边布置，周边中部、阳角处应布置监测点。监测点水平间距不宜大于20m，每边监测点数目不宜少于3个。水平和竖向位移监测点宜为共用点，监测点宜设置在围护墙顶或基坑坡顶上。

3. 原因分析

埋设位置不能真实反映边坡支护结构的变形情况，基准点发生位移，与观测点之间的相对变形值，无法反映实际情况，原因在于操作者未掌握测量的专业知识。

4. 预防措施

(1)水平位移观测点应沿支护结构体延伸方向均匀布设。

(2)沉降观测点应沿建筑物外墙或柱基、重要管线的延伸方向布设。

(3)变形观测点间距宜为10～15m。

(4)基准点的位置，应布设在不受基坑边坡变形影响的地方，基准点和变形观测点均应加以保护，防止人为破坏。

9.5.3 变形观测时间不当及频率不足

1. 现象

由于变形观测时间、频率紊乱，造成观测成果曲线紊乱。

2. 规范规定

(1)《工程测量规范》GB 50026－2007：

> 10.7.3 地下工程变形监测的周期，应符合下列规定：
>
> 1 地下建(构)筑物的变形监测周期应根据埋深、岩土工程条件、建筑结构和施工进度确定。
>
> 2 隧道变形监测周期，应根据隧道的施工方法、支护衬砌工艺、横断面的大小以及隧道的岩土工程条件等因素合理确定。
>
> 当采用新奥法施工时，新设立的拱顶下沉变形观测点，其初始观测值应在隧道下次掘进爆破前获取。变形观测周期，应符合表10.7.3－1的规定。
>
> 当采用盾构法施工时，对不良地质构造、断层和衬砌结构裂缝较多的隧道断面的变形监测周期，在变形初期宜每天观测1次，变形相对稳定后可适当延长，稳定后可终止观测。

3 对于基坑周围建(构)筑物的变形监测,应在基坑开始开挖或降水前进行初始观测,回填完成后可终止观测。其变形监测宜与基坑变形监测同步。

新奥法施工拱顶下沉变形监测的周期   表 10.7.3-1

阶段	0~15 天	16~30 天	31~90 天	>90 天
周期	每日观测 1~2 次	每 2 日观测 1 次	每周观测 1~2 次	每月观测 1~3 次

新奥法施工地面建(构)筑物、地表沉陷的观测周期   表 10.7.3-2

监测体或监测断面距开挖工作面的前、后距离	$L<2B$	$2B\leqslant L<5B$	$L\geqslant 5B$
周期	每日观测 1~2 次	每 2 日观测 1 次	每周观测 1 次

注:1 表中 L 为监测体或监测断面距开挖工作面的前、后距离,单位为 m;B 为开挖面宽度,单位为 m。
   2 新奥法施工时,当地面建(构)筑物、表面沉陷观测 3 个月后,可根据变形情况将观测周期调整为每月观测 1 次,直到恢复稳定为止。

4 对于受隧道施工影响的地面建(构)筑物、地表、地下管线等的变形监测,应在开挖面距前方监测体 $H+h$(H 为隧道埋深,单位为 m;h 为隧道高度,单位为 m)时进行初始观测。观测初期,宜每天观测 1~2 次,相对稳定后可适当延长监测周期,恢复稳定后可终止观测。

当采用新奥法施工时,其地面建(构)筑物、地表沉陷的观测周期应符合表 10.7.3-2 的规定。

5 地下工程施工期间,当监测体的变形速率明显增大时,应及时增加观测次数;当变形量接近预警值或有事故征兆时,应持续观测。

6 地下工程在运营初期,第一年宜每季度观测一次,第二年宜每半年观测一次,以后宜每年观测 1 次,但在变形显著时,应及时增加观测次数。

(2)《建筑基坑工程监测技术规范》GB 50497-2009:

7.0.1 基坑工程监测频率的确定应满足能系统反映监测对象所测项目的重要变化过程而又不遗漏其变化时刻的要求。

7.0.2 基坑工程监测工作应贯穿于基坑工程和地下工程施工全过程。监测期应从基坑工程施工前开始,直至地下工程完成为止。对有特殊要求的基坑周边环境的监测应根据需要延续至变形趋于稳定后结束。

7.0.3 监测项目的监测频率应综合考虑基坑类别、基坑及地下工程的不同施工阶段以及周边环境、自然条件的变化和当地经验而确定。当监测值相对稳定时,可适当降低监测频率。对于应测项目,在无数据异常和事故征兆的情况下,开挖后现场仪器监测频率可按表 7.0.3 确定。

基坑类别	施工进程		基坑设计深度(m)			
			≤5	5~10	10~15	>15
一级	开挖深度(m)	≤5	1次/1d	1次/2d	1次/2d	1次/2d
		5~10	—	1次/1d	1次/1d	1次/1d
		>10	—	—	2次/1d	2次/1d
	底板浇筑后时间(d)	≤7	1次/1d	1次/1d	2次/1d	2次/1d
		7~14	1次/3d	1次/2d	1次/1d	1次/1d
		14~28	1次/5d	1次/3d	1次/2d	1次/1d
		>28	1次/7d	1次/5d	1次/3d	1次/3d
二级	开挖深度(m)	≤5	1次/2d	1次/2d	—	—
		5~10	—	1次/1d		
	底板浇筑后时间(d)	≤7	1次/2d	1次/2d	—	—
		7~14	1次/3d	1次/2d		
		14~28	1次/7d	1次/5d	—	—
		>28	1次/10d	1次/10d	—	—

注:1　有支撑的支护结构各道支撑开始拆除到拆除完成后3d内监测频率应为1次/1d;

2　基坑工程施工至开挖前的监测频率视具体情况确定;

3　当基坑类别为三级时,监测频率可视具体情况适当降低;

4　宜测、可测项目的仪器监测频率可视具体情况适当降低。

7.0.4 当出现下列情况之一时,应提高监测频率:

1 监测数据达到报警值。

2 监测数据变化较大或者速率加快。

3 存在勘察未发现的不良地质。

4 超深、超长开挖或未及时加撑等违反设计工况施工。

5 基坑及周边大量积水、长时间连续降雨、市政管道出现泄漏。

6 基坑附近地面荷载突然增大或超过设计限值。

7 支护结构出现开裂。

8 周边地面突发较大沉降或出现严重开裂。

9 邻近建筑突发较大沉降、不均匀沉降或出现严重开裂。

10 基坑底部、侧壁出现管涌、渗漏或流沙等现象。

11 基坑工程发生事故后重新组织施工。

12 出现其他影响基坑及周边环境安全的异常情况。

3. 原因分析

(1)建立初始读数的时间不及时,观测成果与实际不符。

(2)观测时间间隔无规律,未能配合施工节奏,观测成果不能反映实际变化情况及指导施工。

4. 预防措施

（1）变形观测要在基坑开挖或降水当日起实施，建立初读数，并办理复核签证手续。

（2）基坑开挖过程中，相邻两次的观测时间间隔不宜超过两天，或以基坑开挖深度确定观测的时间间隔。

（3）基坑开挖结束一个月后，观测时间间隔不宜超过在出现可能促使变形加快的情况时，要加密观测频数。基坑开挖完毕后且变形已趋稳定时，可适当延长时间间隔。当地下构筑物完工后即可结束观测。

9.5.4 变形观测资料不全

1. 现象

由于观测资料不齐全，其成果难以编制成表或绘制成曲线，缺乏权威性，未能及时办理签证。

2. 规范规定

（1）《工程测量规范》GB 50026－2007：

> 10.10.1 对变形监测的各项原始记录，应及时整理、检查。
>
> 10.10.6 变形监测项目，应根据工程需要，提交下列有关资料：
>
> 1 变形监测成果统计表。
>
> 2 监测点位置分布图；建筑裂缝位置及观测点分布图。
>
> 3 水平位移量曲线图；等沉降曲线图（或沉降曲线图）。
>
> 4 有关荷载、温度、水平位移量相关曲线图；荷载、时间、沉降量相关曲线图；位移（水平或垂直）速率、时间、位移量曲线图。
>
> 5 其他影响因素的相关曲线图。
>
> 6 变形监测报告。

（2）《建筑基坑工程监测技术规范》GB 50497－2009：

> 9.0.3 现场的监测资料应符合下列要求：
>
> 1 使用正式的监测记录表格。
>
> 2 监测记录应有相应的工况描述。
>
> 3 监测数据的整理应及时。
>
> 4 对监测数据的变化及发展情况的分析和评述应及时。
>
> 9.0.7 技术成果应包括当日报表、阶段性报告和总结报告。技术成果提供的内容应真实、准确、完整，并宜用文字阐述与绘制曲线或图形相结合的形式表达。技术成果应按时报送。

3. 原因分析

（1）缺少基准点、观测点的资料。

（2）观测时间未记载。

（3）观测值记录不详，或长时间未汇编，记录值丢失。

（4）观测过程中，其他有关单位未能参加或办理签证。

4. 预防措施

（1）明确观测基准点和变形观测点的位置及编号。

（2）记录变形观测的日期、时间和本次观测值及累积变形值。

（3）及时将观测资料绘制成表或曲线，变形观测结束后，将资料汇总成册，并附有必要的文字说明。

（4）严格按照观测方案实施，及时请有关单位共同进行检查，及时复核观测成果，签证备案。

9.6　测量仪器的检验与校正

9.6.1 经纬仪度盘水准管不垂直于竖轴

1. 现象

将仪器大致置平，使度盘水准管和任意两脚螺旋平行，调整脚螺旋，使气泡居中，当将上盘旋转180°时，气泡不再居中。

2. 规范规定

（1）《工程测量规范》GB 50026－2007：

> 1.0.4 工程测量作业所使用的仪器和相关设备，应做到及时检查校正，加强维护保养、定期检修。
>
> 10.1.9 每期观测前，应对所使用的仪器和设备进行检查、校正，并做好记录。

（2）《建筑变形测量规范》JGJ 8－2007：

> 1.0.4 建筑变形测量所用仪器设备必须经检定合格。仪器设备的检定、检验及维护，应符合本规范和国家现行有关标准的规定。

（3）《建筑基坑工程监测技术规范》GB 50497－2009：

> 3.0.6 监测方案应包括下列内容：
>
> 1 工程概况。
>
> 2 建设场地岩土工程条件及基坑周边环境状况。
>
> 3 监测目的和依据。
>
> 4 监测内容及项目。
>
> 5 基准点、监测点的布设与保护。
>
> 6 监测方法及精度。
>
> 7 监测期和监测频率。
>
> 8 监测报警及异常情况下的监测措施。
>
> 9 监测数据处理与信息反馈。
>
> 10 监测人员的配备。
>
> 11 监测仪器设备及检定要求。
>
> 12 作业安全及其他管理制度。

3. 原因分析

经纬仪度盘水准管与竖轴不垂直，存在偏差

4. 预防措施

当发现度盘水准管轴不垂直于竖轴时,应及时对仪器进行校正,以免工程测量中产生过大偏差,其校正方法为:用校正针拨动水准管校正螺栓,使水准管的一端抬高或降低,让气泡退回偏离中点的一半,另一半调整脚螺旋使其居中。此项检验须反复进行,直至水准管不论在任何方向,气泡偏离中央不超过半格为止。

为了便于仪器整平,有的仪器上装有圆水准器。圆水准器的校正可根据已校正好的水准管进行,即利用水准管将仪器置平,拨动圆水准器校正螺栓(一松一紧),使气泡居中。

圆水准器也可单独进行校正,其方法见9.6.5节的预防措施。

9.6.2 经纬仪十字点竖丝不垂直于横轴

1. 现象

将仪器安平,使望远镜十字丝对准远方一点目标,旋紧度盘制动螺旋(如为游标经纬仪,则旋紧游标盘及度盘制动螺旋),然后旋转望远镜微动螺旋,使其上下微动,若该点不在竖丝上移动,出现左右偏离竖行现象。

2. 规范规定

参见9.6.1节。

3. 原因分析

经纬仪十字丝的竖丝不垂直于其横轴。

4. 预防措施

经纬仪应定期检查。当由于外界因素造成这一现象时,需及时校正,防患于未然。其校正方法为:松开经纬仪十字丝的两相邻螺栓,并转动十字丝环使其满足条件。校正好以后,将松动的螺栓旋紧。由于目前各种规格的仪器望远镜目镜整套的结构各不相同,所以其校正方法亦略有差异。

9.6.3 经纬仪视准轴不垂直于横轴

1. 现象

选一长为60~100m的平坦场地,在一端设置一点 A,在另一端横置一分划尺 B,横尺要大致与 AB 方向垂直,安置仪器于 AB 中间,并使三者的高度接近。用望远镜十字丝中心对准 A 点,固定照准部及水平度盘(游标经纬仪则固定上下盘),倒转望远镜,读出横尺上所截之数设为 B',转动照准部180°,重新瞄准 A 点,再倒转望远镜,读出横尺上纵丝所截之数为 B'',发现 B'、B'' 读数不相同。

2. 规范规定

参见9.6.1节。

3. 原因分析

经纬仪视准轴与其横轴不垂直,产生系统误差。

4. 预防措施

经纬仪应定期检查,发现这种现象,应立即停止使用,对仪器进行校正,防止将误差带到工程测量中去,其校正方法为:用十字丝竖丝进行校正,即将左右两个十字丝校正螺栓一松一紧,使竖丝从 B'' 移至 B,$B''B$ 为两次读数差的1/4。在校正时,对上下两个校正螺栓之一还应略微放松,以免两旁拉力过大,损坏螺栓螺纹和镜片。此项检验必须重复检查校正,直到条件满足。

如果在 B 处不设置横尺,可在该处贴一张白纸,将 B'、B'' 投于纸上,然后在 B'、B'' 之间

定一点 B,使 $B''B = 1/4B'B''$,按同法校正。

9.6.4 经纬仪横轴不垂直于竖轴

1. 现象

离建筑物 $10 \sim 30m$ 的 A 点安置仪器,在建筑物上固定一横尺,使之大致垂直于视平面,并应与仪器高度大约相同。使望远镜向上倾斜 $30° \sim 40°$,用望远镜十字丝的交点,照准建筑物高处一固定点 M,固定照准部(游标经纬仪则固定上下盘),不使仪器在水平方向上转动,将望远镜放平,在横尺上得出读数 m_1,然后以倒镜位置瞄准 M,再向下俯视,在横尺上截取数值为 m_2,此时 m_1、m_2 位置不相同。

2. 规范规定

参见9.6.1节。

3. 原因分析

经纬仪横轴不垂直于竖轴所产生的系统误差。

4. 预防措施

应将经纬仪定期检查,发现此现象,应及时对仪器进行校核,预防将误差带到工程测量中去,其校正方法为:以十字丝交点对准横尺上面 m_1、m_2 两数的平均值 m(即 m_1、m_2 的中点),然后固定照准部(游标经纬仪则固定上下盘),抬高望远镜,这时十字丝纵丝必不通过 M 点,而偏向 M' 点,用校正针拨动支架上横轴校正螺栓,改变支架高度,即抬高或降低横轴的一端,然后使十字丝对准 M 点。这项检校也须反复 $2 \sim 3$ 次才能使条件满足。如果仪器上没有此项设备,校正时须在较低的一个支架上用锡纸填高,使之符合要求。

如在建筑物上 m 处不设置横尺,可于该处贴一白纸。以正倒镜瞄准 M 向下投出 m_1、m_2 然后取 m_1、m_2 之中点 m 按同法校正。

9.6.5 普通水准仪圆水准器轴不平行于竖轴

1. 现象

把水准仪安置在三脚架上,转动脚螺旋,使圆水准器的气泡居中。然后使仪器绕竖轴旋转 $180°$,此时水准仪圆水准器的气泡不再居中。

2. 规范规定

参见9.6.1节。

3. 原因分析

由于外界因素的影响,使得水准仪的圆水准器轴(圆球面中点与球心的连线)与仪器竖轴不平行。

4. 预防措施

定期检查仪器,发现上述现象时,及时校正,其方法如下

(1)如气泡偏离圆水准器中心位置,先用脚螺旋使气泡退回一半,然后拨动圆水准器校正螺栓使气泡居中。反复检验校正直至满足条件。

(2)还可以按照经纬仪度盘水准管轴垂直于竖轴的检校方法,将水准仪上长水准管校正好,在长水准管水平的条件下,拨动圆水准器校正螺栓,使圆气泡居中。

9.6.6 水准仪十字丝横丝不垂直于仪器竖轴

1. 现象

将水准仪在地上安置好,以横丝的一端瞄准远处一清晰的固定点,然后转动水平方向的

微动螺丝,该点未能始终在横丝上移动。

2. 规范规定

参见9.6.1节。

3. 原因分析

由于仪器保养欠妥或使用不当,造成十字丝横丝不垂直于仪器竖轴。

4. 预防措施

定期对仪器保养检查,发现仪器十字丝横丝与仪器竖轴不垂直时,松动十字丝环上相邻两校正螺栓,转动十字丝环进行校正,直至满足要求为止。

9.6.7 水准仪水准管轴不平行于视准轴

1. 现象

在地面上,置仪器于相距 $60\sim100m$ 的 A、B 之中点,对两端所立标尺进行观测得读数 a_1、b_1,$a_1-b_1=h$ 即为两点间的正确高差。然后将仪器搬近 B 点,紧靠 B 点置仪器,使望远镜目镜端靠近标尺,自物镜端观测水准尺,以铅笔尖指出圆孔中心在尺上的位置,在镜外读得 B 点标尺之读数 b_2(即仪器高)。然后对 A 点所立水准尺进行观测得读数 a_2。出现 a_2-b_2 不等于 a_1-b_1。

2. 规范规定

参见9.6.1节。

3. 原因分析

由于使用不当造成水准管轴与视准轴不平行。

4. 预防措施

定期检查校正仪器,确保水准仪水准管轴与视准轴平行,其校正方法为:若 a_2-b_2 不等于 a_1-b_1,在 A 点上水准尺的正确读数应为 $a_2'=b_2+(a_1-b_1)=b_2+h$。旋转望远镜微倾螺旋,使横丝对准 A 点标尺上的正确读数 a_2',这时视准轴已水平,但气泡却偏离中心,拨动水准管校正螺栓使气泡居中。此项检校要反复进行,直至仪器在 B 点所测之高差,与仪器在 A、B 的中点所测正确高差相差在 $3\sim4mm$ 以内,就可以认为校正好了。

9.6.8 水准仪视准轴与水准管轴不平行

1. 现象

安平仪器后,在距仪器约50m处竖立一水准尺。将仪器整平,使水准管气泡严格居中,用横丝的中心部位在标尺上读数。然后将两个脚螺旋相对旋转 $1\sim2$ 整周,使水准仪向一侧倾斜,此时横丝所对尺上读数必已变动,旋转微倾螺旋,使十字丝交点处读数保持不变,查看气泡是否偏离中心,如有偏离,记住气泡偏离中心的方向,看是偏向目镜端还是偏向物镜端。使脚螺旋恢复原来位置,并旋转微倾螺旋使气泡居中,此时横丝所对尺上读数仍为原来数值。然后再以和前次相反的方向旋转脚螺旋 $1\sim2$ 整周,使水准仪向另一侧倾斜,同时旋转微倾螺旋保持十字丝交点处读数不变,再察看气泡有无偏离中心现象,或偏向哪一端。若气泡一次偏于目镜端,而另一次偏于物镜端,即存在交叉误差。

2. 规范规定

参见9.6.1节。

3. 原因分析

水准仪视准轴与水准管轴不平行而产生交叉误差。

4. 预防措施

用水准管上左右两校正螺旋一松一紧使气泡居中。检验与校正工作要重复进行,直至满足条件。在进行三、四等水准测量前,都应先进行该项检验校正,一般情况下应定期检查校正。

9.6.9 精密水准仪圆水泡轴线不垂直

1. 现象

仪器安平后拨转另一方向,仪器气泡发生偏离。

2. 规范规定

参见9.6.1节。

3. 原因分析

精密水准仪圆水泡轴线不垂直,难以安平。

4. 预防措施

(1)仪器应定期检查检验,使用前要熟悉仪器,使用中严格按照操作程序进行,使用后注意对仪器的保养。

(2)用长水准管使纵轴确切垂直,然后进行校正使圆水泡气泡居中。其步骤如下:使圆水泡粗略安平,再用微倾螺旋使长水准气泡居中,得微倾螺旋之读数,拨转仪器180°,倘气泡偏差,仍用微倾螺旋安平,又得一读数,旋转微倾螺旋至两读数之平均数,此时长水准轴线已与纵轴垂直。接着再用水平螺旋安平,长水准管水泡居中,则纵轴即垂直。转动望远镜至任何位置,气泡像符合差不大于1mm,纵轴即已垂直,校正圆水准使气泡恰在黑圈内。圆水泡的下面有三个校正螺旋,校正时不可旋得过紧,以免损坏水准盒。

9.6.10 精密水准仪微倾螺旋上刻度指标偏差大

1. 现象

在校正圆水泡轴线垂直的工作中,进行仪器长水准轴线与纵轴垂直的操作步骤时,曾得到微倾螺旋两数之平均数,当微倾螺旋对准此数时,长水准轴线应与纵轴垂直,此数若不对零线,则有指标差。

2. 规范规定

参见9.6.1节。

3. 原因分析

由于仪器使用不慎或操作不当使仪器出现微倾螺旋上刻度指标差。

4. 预防措施

将微倾螺旋外面周围三个小螺旋各松开半转,轻轻旋动螺旋头至指标恰指零线为止,然后重新旋紧小螺旋。在进行此项工作时,长水准必须始终保持居中,即气泡像保持符合状态。

9.6.11 精密水准仪长水准管轴不平行于视准轴

参见9.6.1节。

9.6.12 全站仪照准部水准管不垂直于竖轴

1. 现象

将仪器大致置平,转动照准部使其水准管与任意两个脚螺旋的连线平行,调整脚螺旋使气泡居中,然后将上盘旋转180°,气泡不居中。

2. 规范规定

参见 9.6.1 节。

3. 原因分析

全站仪照准部水准管轴与竖轴不垂直,存在偏差。

4. 预防措施

当发现照准部水准管轴不垂直竖轴时,应及时对仪器进行校正,以免工程测量中产生过大偏差。其校正方法为:用校正针拨动水准管一端的校正螺栓,使水准管的一端抬高或降低,让气泡退回偏离中点的一半,另一半调整脚螺旋使其居中。此项检验与校正必须反复进行,直至水准管不论在任何方向,气泡偏离中央不超过半格为止。

9.6.13 全站仪十字点竖丝不垂直于横轴

1. 现象

将仪器安平,使望远镜十字丝对准远方一点目标,旋紧度盘制动螺旋,然后旋转望远镜微动螺旋,使其上下微动,若该点不在竖丝上移动,出现左右偏离竖行现象,表示仪器不满足使用条件。

2. 规范规定

参见 9.6.1 节。

3. 原因分析

全站仪十字丝的竖丝不垂直于其横轴。

4. 预防措施

全站仪应定期检查。当由于外界因素造成这一现象时,需及时校正。校正方法为:松开四个压环螺钉(装有十字丝的目镜用压环和四个压环螺钉与望远镜筒相连接),转动目镜筒使小点始终在十字丝上移动,校正后将压环螺钉旋紧。

9.6.14 全站仪视准轴不垂直于横轴

参见 9.6.1 节。

9.6.15 全站仪横轴不垂直于竖轴

1. 现象

选择较高墙壁附件安置仪器,以盘左位置瞄准墙壁高处一点 P(仰角最好大于 $30°$),放平望远镜在墙上定出一点 m_1,倒转望远镜,以盘右位置在瞄准 P 点,又放平望远镜在墙上定出另一点 m_2,m_1 和 m_2 位置不重合。

2. 规范规定

参见 9.6.1 节。

3. 原因分析

全站仪横轴不垂直于竖轴,产生系统误差。

4. 预防措施

全站仪应定期检查。发现此现象,应当及时对仪器校核,预防将误差带到工程测量中去。其校正方法为:以十字丝交点对准横尺上 m_1、m_2 两数的平均值 m,(即 m_1、m_2 的中点),然后固定照准部,抬高望远镜,这时,十字丝纵丝必不通过 P 点,用校正针拨动支架上横轴校正螺栓,改变支架高度,即抬高或降低横轴的一端,然后使十字丝对准 P 点。这项检验需反复进行,直至使条件满足。

9.7 竣工总平面图编绘

9.7.1 竣工总平面图编绘结果与实际情况不相符

1. 现象

(1)绘制竣工总平面图的依据不足,资料收集不齐全。

(2)竣工总平面图内容不全。

(3)竣工总平面图绘制精度不够。

2. 规范规定

《工程测量规范》GB 50026-2007:

> 9.1.3 竣工总图应根据设计和施工资料进行编绘。当资料不全无法编绘时,应进行实测。
>
> 9.2.1 竣工总图的编绘,应收集下列资料:
>
> 1 总平面布置图。
>
> 2 施工设计图。
>
> 3 设计变更文件。
>
> 4 施工检测记录。
>
> 5 竣工测量资料。
>
> 6 其他相关资料。
>
> 9.2.2 编绘前,应对所收集的资料进行实地对照检核。不符之处,应实测其位置、高程及尺寸。
>
> 9.2.3 竣工总图的编制,应符合下列规定:
>
> 1 地面建(构)筑物,应按实际竣工位置和形状进行编制。
>
> 2 地下管道及隐蔽工程,应根据回填前的实测坐标和高程记录进行编制。
>
> 3 施工中,应根据施工情况和设计变更文件及时编制。
>
> 4 对实测的变更部分,应按实测资料编制。
>
> 5 当平面布置改变超过图上面积1/3时,不宜在原施工图上修改和补充,应重新编制。

3. 原因分析

(1)在施工过程中,未及时收集每一单项工程的施工资料。

(2)未熟悉了解竣工总平面图需绘编的内容。

(3)竣工总平面图绘编工作不认真。

4. 预防措施

(1)施工过程中及时收集设计总平面图、单位工程的平面图、纵横断面图和设计变更资料、定位测量资料、施工检查测量及竣工测量资料,绘编过程中应及时实地勘察复核原始资料的真实性,按实调整有关数据。

(2)正确选用竣工总平面图比例尺:厂区内为1/1000~1/500,厂区外为1/5000~1/1000。竣工总平面图坐标网格画好后应及时进行检查,相关交叉点是否在同一直线上,画廊的对角线绘制容差不超过±1m;各展点所临近的方格容差不超过±3mm。

9.7.2 竣工总平面图编制内容不齐全

1. 现象

竣工总平面图上内容不齐全,特别是地下设施、市政管网未能反映,不能够为改建扩建提供充分的资料。

2. 规范规定

《工程测量规范》GB 50026 – 2007:

9.2.4 竣工总图的绘制,应满足下列要求:

1 应绘出地面的建(构)筑物、道路、铁路、地面排水沟渠、树木及绿化地等。

2 矩形建(构)筑物的外墙角,应注明两个以上点的坐标。

3 圆形建(构)筑物,应注明中心坐标及接地处半径。

4 主要建筑物,应注明室内地坪高程。

5 道路的起终点、交叉点,应注明中心点的坐标和高程;弯道处,应注明交角、半径及交点坐标;路面,应注明宽度及铺装材料。

6 铁路中心线的起终点、曲线交点,应注明坐标;曲线上,应注明曲线的半径、切线长、曲线长、外矢矩、偏角等曲线元素;铁路的起终点、变坡点及曲线的内轨轨面应注明高程。

7 当不绘制分类专业图时,给水管道、排水管道、动力管道、工艺管道、电力及通信线路等在总图上的绘制,还应符合9.2.5条~9.2.7条的规定。

9.2.5 给水排水管道专业图的绘制,应满足下列要求:

1 给水管道,应绘出地面给水建筑物及各种水处理设施和地上、地下各种管径的给水管线及其附属设备。

对于管道的起终点、交叉点、分支点,应注明坐标;变坡处应注明高程;变径处应注明管径及材料;不同型号的检查井应绘制详图。当图上按比例绘制管道结点有困难时,可用放大详图表示。

2 排水管道,应绘出污水处理构筑物、水泵站、检查井、跌水井、水封井、雨水口、排出水口、化粪池以及明渠、暗渠等。检查井,应注明中心坐标、出入口管底高程、井底高程、井台高程;管道,应注明管径、材质、坡度;对不同类型的检查井,应绘出详图。

3 给水排水管道专业图上,还应绘出地面有关建(构)筑物、铁路、道路等。

9.2.6 动力、工艺管道专业图的绘制,应满足下列要求:

1 应绘出管道及有关的建(构)筑物。管道的交叉点、起终点,应注明坐标、高程、管径和材质。

2 对于沟道敷设的管道,应在适当地方绘制沟道断面图,并标注沟道的尺寸及各种管道的位置。

3 动力、工艺管道专业图上,还应绘出地面有关建(构)筑物、铁路、道路等。

9.2.7 电力及通信线路专业图的绘制,应满足下列要求:

1 电力线路,应绘出总变电所、配电站、车间降压变电所、室内外变电装置、柱上变压器、铁塔、电杆、地下电缆检查井等;并应注明线径、送电导线数、电压及送变电设备的型号、容量。

2 通信线路,应绘出中继站、交接箱、分线盒(箱)、电杆、地下通信电缆人孔等。

3.原因分析

(1)在施工过程中,未能及时收集地下管网的隐蔽验收记录。

(2)竣工总平面图上,内容仅局限于地表的构(建)筑物。

(3)竣工总平面图绘制精度不够。

4.预防措施

(1)全面了解场地的建筑物、构筑物及管线的建设情况。

(2)全面系统收集相关工程的信息,并进行分析研究。

(3)按照规范规定绘制竣工总平面图。

9.7.3 竣工总平面图实测中有疏漏

1.现象

竣工总平面图实测中所施测细部点的精度不够和实测的内容不充分。

2.规范规定

《工程测量规范》GB 50026 – 2007:

3.原因分析

(1)竣工总平面图实测中的控制点选择不当。

(2)实测范围不够明确。

(3)竣工总平面图实测方法不当造成实测精度不够。

4.预防措施

(1)总图实测应在已有的施工平面控制点和水准点上进行。当控制点被破坏或不够使用时,应进行恢复和补测控制点。

（2）实测范围：根据平面图性质可划分为综合和分项竣工总平面图，实测范围应包含地上地下一切建筑物、构筑物和竖向布置及绿化情况等。

（3）对已有资料进行实地检测，其允许误差应符合国家现行有关施工验收规范的规定；建（构）筑物的竣工位置应根据控制点采用极坐标法或直角坐标法实测其坐标，实测精度应不低于建（构）筑物的定位精度。

9.8 GPS全球定位系统测量

9.8.1 GPS基线解算时起算点精度低

1. 现象

GPS基线解算过程中，基线解算结果较差。

2. 规范规定

（1）《工程测量规范》GB 50026－2007：

3.2.1 各等级卫星定位测量控制网的主要技术指标，应符合表3.2.1的规定。

卫星定位测量控制网的主要技术要求　　　　　表3.2.1

等级	平均边长（km）	固定误差 A（mm）	比例误差系数 B（mm/km）	约束点间的边长相对中误差	约束平差后最弱边相对中误差
二等	9	≤10	≤2	1/250000	≤1/120000
三等	4.5	≤10	≤5	1/150000	≤1/70000
四等	2	≤10	≤10	1/100000	≤1/40000
一级	1	≤10	≤20	1/40000	≤1/20000
二级	0.5	≤10	≤40	1/20000	≤1/10000

3.2.2 各等级控制网的基线精度，按（3.2.2）式计算

$$\sigma = \sqrt{A^2 + (B \cdot d)^2} \qquad (3.2.2)$$

式中　σ—基线长度中误差（mm）；

　　　A—固定误差（mm）；

　　　B—比例误差系数（mm/km）；

　　　d—平均边长（km）。

3.2.3 卫星定位测量控制网观测精度的评定，应满足下列要求：

1 控制网的测量中误差，按（3.2.3－1）式计算；

$$m = \sqrt{\frac{1}{3N}\left[\frac{WW}{n}\right]} \qquad (3.2.3-1)$$

式中　m—控制网的测量中误差（mm）；

　　　N—控制网中异步环的个数；

　　　n—异步环的边数；

　　　W—异步环环线全长闭合差（mm）。

2 控制网的测量中误差，应满足相应等级控制网的基线精度要求，并符合（3.2.3－2）式的规定。

(2)《全球定位系统(GPS)测量规范》GB/T 18314-2009:

> 12.1.1A、B 级 GPS 网基线数据处理应采用高精度数据处理专用的软件,C、D、E 级 GPS 网基线解算可采用随接收机配备的商用软件。
>
> 12.1.2 数据处理软件应经有关部门的试验鉴定并经业务部门批准方能使用。
>
> 12.1.3A 级 GPS 网应以适当数量和分布均匀的 IGS 站的坐标和原始观测数据为起算数据;B 级 GPS 网以适当数量和分布均匀的 A 级 GPS 网点或 IGS 站的坐标和原始观测数据为起算数据;C、D、E 级 GPS 网以适当数量和分布均匀的 A、B 级 GPS 网网点的坐标和原始观测数据为起算数据。
>
> 12.1.4 各种起算数据应进行数据完整性、正确性和可靠性检核。

3. 原因分析

实际工程证明,起算点误差对基线解算结果有一定影响,起算点误差越大这种影响也越大,且对较长基线的影响更大。其影响主要体现在对基线分量的影响上并呈现对称性和按比例增长的趋势。

4. 预防措施

进行 C 级以下 GBS 网测量时,起算点的 WGS-84 坐标精度应不低于 25m,进行 B 级测量时起算点的 WGS-84 坐标精度应不低于 3m。可以用多时段观测的单点定位结果作为一般工程 GPS 网基线解算的起算点;对高精度 GPS 网应通过以下 3 个途径获取较高精度的起算点坐标,即:

(1)以国家高精度 A、B 级 GPS 网点的 WGS-84 坐标作为基线处理中的起算点坐标。

(2)若网中某点具有准确的国家坐标系或地方坐标系坐标时,则可先通过他们所属坐标系与 WGS-84 坐标系间的精确转换参数求得该点的 WGS-84 坐标数据,然后再把它作为基线向基线向量解算的起算点。

(3)若网中某点是 Doppler 点或 SLR、VLBI、IGS 站,可将其联测至 GPS 网中作为起算点进行基线向量解算(因为这些点均具有精密的地心坐标)。

9.8.2 GPS 卫星星历误差大

1. 现象

卫星星历给出的卫星空间位置与卫星实际位置不同,它们之间的偏差即为卫星星历误差,该误差会导致 GPS 测量数据产生系统性偏差。

2. 规范规定

(1)《工程测量规范》GB 50026-2007:

参见 9.8.1 节。

(2)《全球定位系统(GPS)测量规范》GB/T 18314-2009:

> 6.1.1 各级 GPS 网一般逐级布设,在保证精度、密度等技术要求时可跨级布设。
>
> 6.1.2 各级 GPS 网的布设应根据其布设目的、精度要求,卫星状况、接收机类型和数量、测区已有的资料、测区地形和交通状况以及作业效率等因素综合考虑,按照优化设计原则进行。

6.1.4 各级 GPS 网点位应均匀分布,相邻点间距离最大不宜超过该网平均点间距的 2 倍。

6.1.5 新布设的 GPS 网应与附近已有的国家高等级 GPS 点进行联测,联测点数不应少于 3 点。

6.1.6 为求定 GPS 点在某一参考坐标系中坐标,应与该参考坐标系中的原有控制点联测,联测的总点数不应少于 3 点。在需用常规测量方法加密控制网的地区,D、E 级网点应有 1~2 方向通视。

6.1.7 A、B 级网应逐点联测高程,C 级网应根据区域似大地水准面精化要求联测高程,D,E 级网可依具体情况联测高程。

3. 原因分析

卫星星历是 GPS 测量定位的主要依据,卫星星历是由 GPS 地面监控站跟踪检测 GPS 卫星求定的。由于 GPS 地面监控站的测试误差以及卫星在空中运行受到各种摄动力影响,使得 GPS 地面监控站测定的卫星轨道会有误差。另外,由 GPS 地面注入站传给卫星的广播星历以及由卫星向地面发送的广播星历都是根据地面监测获得的卫星轨道外推计算出来的,因而也必然会导致由广播星历提供的卫星位置与卫星实际位置之间存在偏差。

4. 预防措施

(1)采用由美国国防制图局(DMA)生产的精密星历[或由国际 GPS 服务(IGS)生产的精密星历]。

(2)建立自己的跟踪网独立定轨(即采用不断改进的定轨技术及摄动力模型,以实测星历为基础,获得较好的定轨数据以提高精度)。

(3)采用相对定位作业模式(即所谓的"差分 GPS 技术")。

(4)在大区域测区采用轨道松弛法求得测站位置及轨道改正数,以对无法获取精密星历的状态进行补救。

9.8.3 GPS 卫星钟产生钟差

1. 现象

卫星钟的钟面时与 GPS 时之间的同步误差,以及卫星钟与卫星钟之间的同步误差,导致 GPS 测量数据产生误差。

2. 规范规定

(1)《工程测量规范》GB 50026 - 2007:

参见 9.8.1 节。

(2)《全球定位系统(GPS)测量规范》GB/T 18314 - 2009:

6.1.11 各级 GPS 网按观测方法可采用基于 A 级点、区域卫星连续运行基准站网、临时连续运行基准站网等的点观测模式,或以多个同步观测环为基本组成的网观测模式。网观测模式中的同步环之间,应以边连接或点连接的方式进行网的构建。

3. 原因分析

GPS 空间距离是通过测量 GPS 信号,由卫星传播到接收机的传播时间乘以卫星信号的传播速度获得的。若卫星信号中有 6~8ms 的误差,则其对空间距离的影响将达 180~240cm 的水平。虽然 GPS 卫星都采用高精度的原子钟,但由于主控站(及监控站)对 GPS 卫星的控制和调整仍无法完全改正卫星钟的钟面时与 GPS 时之间的同步误差以及卫星钟与卫星钟之间的同步误差,两种同步误差将通过卫星的导航电文提供给用户,故卫星的导航电文不可避免地会存在这两种时间误差,并引起等效的空间距离偏差。

4. 预防措施

在 GPS 相对定位中,卫星钟差或经主控站(及监控站)改正后的残差,可通过观测量求差(或差分)的方法得以极大限度的消减,同时,接收机钟与卫星钟之间的同步误差(即接收机钟差)也可通过观测值得到有些遏制。故卫星钟差可通过模型的妥善的数据处理得到一定程度的修正。

9.8.4 电离层延误导致距离产生误差

1. 现象

地球大气电离层对 GPS 信号产生影响,并进而使利用 GPS 接收机所测得的卫星到 GPS 接收天线间的距离产生误差。

2. 规范规定

参见 9.8.3 节。

3. 原因分析

所谓"电离层"(含平流层)是指高度在 60 ~ 100km 间的大气层,这一层中大气中的分子会由于太阳的作用而广泛发生电离现象,且电离层中的电子密度是变化的(它与太阳黑子的活动状况、地球上地理位置、季节变化和时间有关),GPS 卫星信号通过电离层时会和其他电磁波信号一样受到带电介质的非线性散射影响,电离层对 GPS 信号的影响必然使得利用 GPS 接收机所测得的卫星至 GPS 接收天线之间的距离产生误差,对 GPS 信号而言,这种距离误差可达 50 ~ 150mm。

4. 预防措施

(1)利用双频改正技术,可利用 L1/L2 的频率观测值直接解算出电离层的时延差改正数(经过双频观测改正后 GPS 空间距离的伪距残差可达厘米级)。

(2)采用合理的电离层模型对空间距离进行改正,利用该模型可将电离层延迟影响减少75% 左右。

(3)采用两个或多个观测站同步观测量求差获取改正值,该方法只适用于短距离基线。

9.8.5 对流层延迟导致测量误差

1. 现象

地球大气对流层对 GPS 信号会产生影响,并进而使利用 GPS 接收机所测得的卫星到GPS 接收天线间的距离产生误差。

2. 规范规定

(1)《工程测量规范》GB 50026 - 2007:

参见 9.8.1 节。

(2)《全球定位系统(GPS)测量规范》GB/T 18314 - 2009:

12.6.3.1 在基线向量检核符合要求后,以三维基线向量及其相应方差—协方差阵作为观测信息,以一个点在 2000 国家大地坐标系中的三维坐标作为起算依据,进行无约束平差。无约束平差应输出 2000 国家大地坐标系中各点的三维坐标、各基线向量及其改正数和其精度。

3. 原因分析

所谓"对流层"是指高度在50km以下的地球大气层(占地球大气重量99%的大气都集中在该层),与GPS卫星的折射信号传播线路上温度、气压和湿度等大气状态参数有关,同时还与卫星的高度角及测站的高度有关。对流层对GPS卫星信号折射所造成的GPS卫星到测站(GPS接收机位置)空间距离的误差一般在几米至十几米的水平。

4. 预防措施

在施测GPS控制网时,为削弱对流层的折射影响,首先应进行模型改正,由于模型改正仅能切削掉对流层折射影响的大部分,故在观测值中仍会含有少量由对流层折射造成的误差,此时应利用差分技术进一步削弱对流层折射的影响。

9.8.6 多路径效应导致测量误差

1. 现象

GPS接收机天线周围的各种物体会反射与折射GPS卫星信号,进而使利用GPS接收机所测得的GPS卫星接收天线间的距离产生误差。

2. 规范规定

(1)《工程测量规范》GB 50026-2007:

参见9.8.1节。

(2)《全球定位系统(GPS)测量规范》GB/T 18314-2009:

> 7.2.1 各级GPS点点位的基本要求如下:
> a)应便于安置接收设备和操作,视野开阔,视场内障碍物的高度角不宜超过15°。
> b)远离大功率无线电发射源(如电视台、电台、微波站等),其距离不小于200m;远离高压输电线和微波无线电信号传送通道,其距离不应小于50m。
> c)附近不应有强烈反射卫星信号的物件(如大型建筑物等)。
> d)交通方便,并有利于其他测量手段扩展和联测。
> e)地面基础稳定,易于标石的长期保存。
> f)充分利用符合要求的已有控制点。
> g)选站时应尽可能使测站附近的局部环境(地形、地貌、植被等)与周围的大环境保持一致,以减少气象元素的代表性误差。

3. 原因分析

实际测量过程中,GPS接收机天线接收到卫星直接发射的信号,还会接收到经接收机天线周围物体一次或多次反射或折射的卫星信号,并把这两种叠加的信号作为观测量来处理,因此,对定位结果中就会受到饱和干扰信号(即接收机天线周围物体一次或多次反射及折射的卫星信号)的影响,从而使利用GPS接收机所测得的GPS卫星到GPS接收机天线间的距离产生误差,这些干扰信号就称为多路径信号,多路径信号导致GPS测距产生偏差的过程就称为"多路径效应"。

4. 预防措施

(1)选点时应使点位尽量避开反射物(比如水面、平坦光滑地面和平整的建筑物)。

(2)选用能削弱多路径的天线(比如具有pinwheel技术的天线,采用扼流线圈等)。

(3)适当延长观测的时间(最好在一天的不同时间进行观测)。

9.8.7GPS 卫星信号受干扰或阻挡

1. 现象

当 GPS 卫星信号被障碍物暂时阻挡或受其他无线电信号干扰时,会产生周跳,进而使利用 GPS 接收机所测得的 GPS 卫星信号到 GPS 接收天线间的距离产生误差。

2. 规范规定

(1)《工程测量规范》GB 50026－2007:

> 3.2.4 卫星定位测量控制网的布设,应符合下列要求:
>
> 1 应根据测区的实际情况、精度要求、卫星状况、接收机的类型和数量以及测区已有的测量资料进行综合设计。
>
> 2 首级网布设时,宜联测 2 个以上高等级国家控制点或地方坐标系的高等级控制点;对控制网内的长边,宜构成大地四边形或中点多边形。
>
> 3 控制网应由独立观测边构成一个或若干个闭合环或附和路线:各等级控制网中构成闭合环或附和路线的边数不宜多于 6 条。
>
> 4 各等级控制网中独立基线的观测总数,不宜少于必要观测基线数的 1.5 倍。
>
> 5 加密网应根据工程需要,在满足本规范精度要求的前提下可采用比较灵活的布网方式。
>
> 6 对于采用 GPS－RTK 测图的测区,在控制网的布设中应顾及参考站点的分布及位置。
>
> 3.2.5 卫星定位测量控制点位的选定,应符合下列要求:
>
> 1 点位应选在土质坚实、稳固可靠的地方,同时要有利于加密和扩展,每个控制点至少应有一个通视方向。
>
> 2 点位应选在视野开阔,高度角在 15°以上的范围内,应无障碍物;点位附近不应有强烈干扰接收卫星信号的干扰源或强烈反射卫星信号的物体。
>
> 3 充分利用符合要求的旧有控制点。

(2)《全球定位系统(GPS)测量规范》GB/T 18314－2009:

参见 9.8.6 节。

3. 原因分析

所谓"周跳"是指 GPS 卫星信号被障碍物暂时阻挡或受其他无线电信号干扰而产生的整周跳变现象,这种"周跳"会导致 GPS 的测相错误,进而导致利用 GPS 接收机所测得的 GPS 卫星到 GPS 接收天线的空间距离产生较大的偏差。

4. 预防措施

GPS 测量中对周跳必须进行修复,检验和解决周跳问题的方法通常有屏幕扫描法、多项式拟合法、卫星间求差法等(其原理都是根据残差修复整周跳变),解决周跳的根本途径是提高外部观测条件,重视选点工作(从而人为地避免周跳的发生)。

9.8.8 接收机测相精度低

1. 现象

当 GPS 接收机测相精度较低时,会使利用 GPS 接收机所测得的 GPS 卫星到 GPS 接收天线间的距离产生误差。

2. 规范规定

(1)《工程测量规范》GB 50026-2007：

3.2.7 GPS 控制测量作业的基本技术要求,应符合表 3.2.7 的规定。

GPS 控制测量作业的基本技术要求　　　　　　　　　　　　表 3.2.7

等级		二等	三等	四等	一级	二级
接收机类型		双频	双频或单频	双频或单频	双频或单频	双频或单频
仪器标称精度		10mm + 2ppm	10mm + 5ppm	10mm + 5ppm	10mm + 5ppm	10mm + 5ppm
观测量		载波相位	载波相位	载波相位	载波相位	载波相位
卫星高度角(°)	静态	≥15	≥15	≥15	≥15	≥15
	快速静态	—	—	—	≥15	≥15
有效观测卫星数	静态	≥5	≥5	≥4	≥4	≥4
	快速静态	—	—	—	≥5	≥5
观测时段长度(min)	静态	30 ~ 90	20 ~ 60	15 ~ 45	10 ~ 30	10 ~ 30
	快速静态	—	—	—	10 ~ 15	10 ~ 15
数据采样间隔(s)	静态	10 ~ 30	10 ~ 30	10 ~ 30	10 ~ 30	10 ~ 30
	快速静态	—	—	—	5 ~ 15	5 ~ 15
点位几何图形强度因子 PDOP		≤6	≤6	≤6	≤8	≤8

3.2.8 对于规模较大的测区,应编制作业计划。

3.2.9 GPS 控制测量测站作业,应满足下列要求：

1 观测前,应对接收机进行预热和静置,同时应检查电池的容量、接收机的内存和可储存空间是否充足。

2 天线安置的对中误差,不应大于 2mm；天线高的量取应精确至 1mm。

3 观测中,应避免在接收机近旁使用无线电通信工具。

4 作业同时,应做好测站记录,包括控制点点名、接收机序列号、仪器高、开关机时间等相关的测站信息。

(2)《全球定位系统(GPS)测量规范》GB/T 18314-2009：

9.1 接收机选用

A 级网测量采用的 GPS 接收机的选用按 CH/T 2008 的有关规定执行,B、C、D、E 级 GPS 网按表 4 规定执行。

表 4

级别	B	C	D、E
单频/双频	双频/全波长	双频/全波长	双频或单频
观测量至少有	L1、L2 载波相位	L1、L2 载波相位	L1 载波相位
同步观测接收机数	≥4	≥3	≥2

3. 原因分析

GPS 测量的主要观测量是卫星信号从卫星到接收机的时间延迟,为了测量时间延迟要在接收机内复制测距码信号并通过接收机的时间延迟器进行 A 相移(以使复制的码信号与接收到的相应码信号达到最大相关),其必须的相移量便是卫星发射的码信号到达接收机天线的传播时间。卫星发射码与接收机内复制的相应测距码之间相应差的大小约为码元宽度的 1%,根据相位差与码元宽度的这种关系,就可初步估计各种波长的信号观测精度。

4. 预防措施

选择性能优异的 GPS 接收机。

9.8.9 接收机系统误差大

1. 现象

当使用的 GPS 接收机存在较大系统误差时,会使利用 GPS 接收机所测得的 GPS 卫星到 GPS 接收天线间的距离产生误差。

2. 规范规定

参见 9.8.8 节。

3. 原因分析

GPS 接收机的系统误差包括接收机钟差、通道间偏差、锁相环延迟、码跟踪环偏差,天线相位中心的偏差等,这些偏差均与测相及定位关系密切,若其偏差较大,则测量精度必然降低。

4. 预防措施

(1)要减弱 GPS 接收设备系统误差对 GPS 观测精度的影响,必须在 GPS 作业前认真了解仪器的性能、工作特性及其要达到的精度要求,并测定好 GPS 作业计划,必须定期对 GPS 接收机进行检验,检验项目包括 GPS 接收天线相位中心稳定性测试、GPS 接收机内部噪声水平测试、GPS 接收机野外作业性能及不同测程精度指标的测试、GPS 接收频标稳定性检验和数据质量的评价、GPS 接收机高低温性能测试等。

(2)对新购置的或维修后测地型或差分型 GPS 接收机应按规定的项目进行全面检验后使用,其检验的内容包括一般检验、通电检验和实测检验这 3 项。一般检验应按规定进行,即接收机天线、仪器箱及其配件应匹配、齐全及外观良好、完整无损、紧固部件不得松动和脱离;仪器操作手册、后处理软件使用手册及其软盘应齐全;通电检验应按规定进行测试以检验接收机接收信号强弱、锁定 GPS 卫星数据快慢和卫星失锁等情况;实测检验主要有五项内容,即 GPS 测量状态检验、GPS 接收机内部噪声水平检验、GPS 接收天线相位中心稳定性检验、GPS 接收天线光学对点器检验、电池检验。GPS 仪器应按规定进行维护。每天工作后应用毛刷将灰尘、脏物擦刷干净后装入箱中,若被雨淋湿,应放在通风处自然晾干;仪器长途搬运时必须将仪器及附件装入防震箱内。若较长时间不使用,仪器应用软布、毛刷清洁仪器各部分后放入仪器箱内,同时应每月对仪器进行定期保养、通电,通电时间不少于 1h。仪器若出现故障或使用不慎摔坏、进水等,不要擅自打开仪器,应及时送固定维修点维修,应建立 GPS 接收机及天线等设备的使用维修档案,以便掌握每台设备的质量情况和使用情况。

9.8.10 工作环节导致 GPS 测量失误

1. 现象

工作环节不认真导致 GPS 测量产生误差或错误。

2. 规范规定

(1)《工程测量规范》GB 50026－2007：

参见 9.8.8 节。

(2)《全球定位系统(GPS)测量规范》GB/T 18314－2009：

> 9.2.1.3 不同类型的接收机参加共同作业时,应在已知基线上进行比对测试,超过相应等级限差时不得使用。
>
> 9.2.1.4 天线或基座的圆水准器、光学对中器、天线高量尺,在作业期间至少 1 个月检校一次。
>
> 10.4.1 GPS 接收机在开始观测前,应进行预热和静置,具体要求按接收机操作手册进行。
>
> 10.5.5 接收机开始记录数据后,观测员可使用专用功能键和选择菜单,查看测站信息、接收卫星数、卫星号、卫星健康状况、各通道信噪比、相位测量残差、实时定位的结果及其变化、存储介质记录和电源情况等,如发现异常情况或未预料到的情况,应记录在测量手簿的备注栏内,并及时报告作业调度者。

3. 原因分析

GPS 接收机天线安置精度不高会导致 GPS 测量产生人为误差。野外 GPS 数据采集工序失误,如错误地测量了天线高,错误地设置了测站名、对中整平误差较大,错误地选择了天线类型、接收机设置矛盾等,都会导致 GPS 测量产生错误(或相差)。

4. 预防措施

认真阅读 GPS 接收机的说明书,熟悉使用的 GPS 接收机的性能、工作程序、操作要领,通过严密的野外观测及校核程序减少这类错误红外相差。作业前应认真检查各接收机的设备情况,确保各接收机设置正确一致,完整无误,作业时野外记录的测站名、位置、观测时间和天线高要清楚、准确,且必须在观测开始和结束时分别测量与记录天线高。

9.8.11 地球椭球模型选择不当

1. 现象

地球椭球模型选择不当导致 GPS 测量产生较大偏差或错误。

2. 规范规定

(1)《工程测量规范》GB 50026－2007：

参见 9.8.8 节。

(2)《全球定位系统(GPS)测量规范》GB/T 18314－2009：

> A.1 2000 国家大地坐标系统的定义和地球椭球参数
>
> 2000 国家大地坐标系的原点为包括海洋和大气的整个地球的质量中心;2000 国家大地坐标系的 Z 轴由原点指向历元 2000.0 的地球参考极的方向,该历元的指向由国际时间局给定的历元为 1984.0 的初始指向推算,定向的时间演化保证相对于地壳不产生残余的全球旋转,X 轴由原点指向格林尼治参考子午线与地球赤道面(历元 2000.0)的交点,Y 轴与 Z 轴、X 轴构成右手正交坐标系。采用广义相对论意义下的尺度。2000 国家大地坐标系采用的地球椭球参数的数值为:

长半轴: $a = 6378137\text{m}$

扁率: $f = 1/298.257222101$

地心引力常数: $GM = 3.986004418 \times 10^{14}\text{m}^3\text{s}^{-2}$

自转角速度: $\omega = 7.292115 \times 10^{-5}\text{rads}^{-1}$。

3. 原因分析

不了解 GPS 测量结果服务的测量系统情况导致系统转换错误。

4. 预防措施

弄清 GPS 测量结果服务的测量系统情况,明确它们之间与 GPS 地球椭体(即 GPS84 椭球)的转换关系。目前,我国有三套国家层面的大地测量系统在运行,它们是 2000 国家大地坐标系、1980 西安坐标系、1954 北京坐标系。另外,各地还建有许多地方坐标系。比如城市坐标系、矿山坐标系、水工枢纽坐标系、施工坐标系等。

9.8.12 转换方法选择不当

1. 现象

转换方法选择不当导致 GPS 坐标转换时偏差较大。

2. 规范规定

(1)《工程测量规范》GB 50026 - 2007:

参见 9.8.8 节。

(2)《全球定位系统(GPS)测量规范》GB/T 18314 - 2009:

4.4 当需要提供 1980 西安坐标系、1954 北京坐标系或其他坐标系成果时,应按坐标转换方法求得这些坐标系中的坐标。1980 西安坐标系及 1954 北京坐标系的参考椭球基本参数见附录 A。

3. 原因分析

转换方法选择不当导致 GPS 坐标与区域坐标转换时偏差较大。

4. 预防措施

区域性坐标一般采用经 UTM 投影(即通用横轴墨卡托投影)、横轴墨卡托投影(即俗称的高斯-克吕格投影)、兰伯特投影后构件的平面直角坐标系统。我国目前采用的是横轴墨卡托投影,在我国工程测量中,应首先将 GPS 大地坐标转换成基于 GPS 椭球(WGS-84 椭球)的高斯平面直角坐标,然后再将 GPS 实用高斯平面直角坐标转换为区域性平面直角坐标。

9.8.13 坐标软件选择不当

1. 现象

坐标转换软件选择不当导致 GPS 坐标与区域性坐标转换时偏差较大。

2. 规范规定

(1)《工程测量规范》GB 50026 - 2007:

参见 9.8.8 节。

(2)《全球定位系统(GPS)测量规范》GB/T 18314 - 2009:

参见 9.8.12 节。

3. 原因分析

GPS 测量的坐标系是世界坐标系(即 WGS84 坐标系),而我们国家目前通用的三维坐标系为 1954 北京坐标系与 1956 黄海高程系(或 1980 西安坐标系与 1985 国家高程基准;或 2000 国家大地坐标系与 1985 国家高程基准),因此,必须对 GPS 测量的三维定位成果进行换算,才能满足实际工程建设需要,不同的坐标转换软件采用不同的转换模式,若转换软件选择不当,就会导致 GPS 坐标与区域坐标转换时偏差大。

4. 预防措施

GPS 测量中应根据实际情况选择具有针对性转换模式的坐标转换软件,这些转换模式主要有三个:传统的七参数转换模式、我国科技工作者提出的九参数转换模式、简化的参数转换模式。七参数转换法和九参数转换法均具有较精确的数学模型,且需至少在测区内 8 个已知大地点上获取载波相位静态观测 $1 \sim 2h$ 的 WGS－84 坐标系(X、Y、Z)成果,然后,根据有关数学模型解算出转换参数后进行坐标转换。七参数和九参数转换法主要适用于精密 GPS 控制测量,三参数转换法主要适用于精度要求不高的 GPS 三维定位测量。需要指出的是除了 WGS－84 坐标系与我国 2000 国家大地坐标系间可实现整体性转换外,WGS－84 坐标系与我国其他坐标系间只能区域性地小范围转换。

9.8.14 坐标换带软件选择不当

1. 现象

坐标换带软件选择不当导致 GPS 坐标与区域性坐标转换时偏差较大。

2. 规范规定

参见 9.8.13 节。

3. 原因分析

线路测量(公路、铁路、管线、渠道)中,许多控制点会分属于不同的高斯平面直角坐标系(即分属于不同的高斯投影带),因此,经常需要进行换带计算,GPS 测量中若坐标换带软件选择不当,就会导致 GPS 坐标与区域性坐标转换时偏差较大。

4. 预防措施

转换效果最好的方法是先将 GPS 大地坐标转换为基于 WGS－84 椭球的 WGS－84 理论高斯坐标,再将 WGS－84 理论高斯坐标转换为 WGS－84 实用高斯坐标,然后再与区域坐标系高斯坐标(即区域坐标系实用高斯坐标)进行平面转换,这样,GPS 大地坐标就全部转换成了区域坐标系高斯坐标。下一步工作就是坐标转换带计算,首先将区域坐标系高斯坐标转换为区域坐标系理论高斯坐标,再将区域坐标系理论高斯坐标转换为区域坐标系大地坐标,再根据换带高斯平面直角坐标系中央子午线经度将区域坐标系大地坐标转换为换带高斯平面直角坐标系的理论高斯坐标,最后再将换带高斯平面直角坐标系的理论高斯坐标转换为换带高斯平面直角坐标系的实用高斯坐标。

9.8.15 高程转换软件选择不当

1. 现象

高程转换软件选择不当导致 GPS 高程转换偏差较大。

2. 规范规定

参见 9.8.1 节。

3. 原因分析

高程系统有很多种,由正高高程(简称正高)、正常高高程(简称正常高)、海拔高高程(简称海拔高或海拔)、独立高程(为改变了零高程面的正常高,比如建筑高程中的

±0.000)、大地高程(简称大地高)等,必须弄清这些高程系统之间的关系才能实现较准确的转换,若弄不清它们之间的关系就必然会导致较大的高程测量偏差。GPS获得的高程是基于 WGS-84 椭球的大地高,测绘科学和工程建设领域采用的高程是正常高(即我国的 1956 黄海高程系统和 1985 国家高程基准,其基准面是似大地水准面),由地面点沿通过该点的椭球面法线到 WGS-84 椭球体面的距离称 GPS 大地高,由地面点沿该点的铅垂线到似大地水准面的距离称为正常高。

4. 预防措施

将 GPS 测定的大地高转为正常高的关键是求取 GPS 大地高 H(大地)与正常高 H(正常)之间的差值。

9.8.16 差分 GPS 测量失误

1. 现象

差分 GPS 测量中卫星失锁导致 GPS 测量结果误差较大。

2. 规范规定

(1)《工程测量规范》GB 50026-2007:

参见 9.8.8 节。

(2)《全球定位系统(GPS)测量规范》GB/T 18314-2009:

10.5.5 接收机开始记录数据后,观测员可使用专用功能键和选择菜单,查看测站信息、接收卫星数、卫星号、卫星健康状况、各通道信噪比、相位测量残差、实时定位的结果及其变化、存储介质记录和电源情况等,如发现异常情况或未预料到的情况,应记录在测量手簿的备注栏内,并及时报告作业调度者。

3. 原因分析

差分 GPS 测量中卫星失锁会使观测数据断链,进而导致 GPS 测量结果产生较大误差。

4. 预防措施

严格按操作规范作业,差分 GPS 测量的差分方法包括实时差分 GPS 与事后差分 GPS 测量,它们又可再分为实时载波相位差分 GPS 测量与伪距差分 GPS 测量。

9.8.17 GPS 单点定位测量偏差过大

1. 现象

采用 GPS 单点定位测量时 GPS 观测数据偏差过大。

2. 规范规定

(1)《工程测量规范》GB 50026-2007:

参见 9.8.8 节。

(2)《全球定位系统(GPS)测量规范》GB/T 18314-2009:

6.1.4 各级 GPS 网点位应均匀分布,相邻点间距离最大不宜超过该网平均点间距的 2 倍。

6.1.5 新布设的 GPS 网应与附近已有的国家高等级 GPS 点进行联测,联测点数不应少于 3 点。

6.1.6 为求定 GPS 点在某一参考坐标系中坐标,应与该参考坐标系中的原有控制点联测,联测的总点数不应少于 3 点。在需用常规测量方法加密控制网的地区,D、E 级网点应有 1～2 方向通视。

6.1.7 A、B 级网应逐点联测高程,C 级网应根据区域似大地水准面精化要求联测高程,D、E 级网可依具体情况联测高程。

6.1.8 A、B 级网点的高程联测精度应不低于二等水准测量精度,C 级网点的高程联测精度应不低于三等水准测量精度,D、E 级网点按四等水准测量或与其精度相当的方法进行高程联测。各级网高程联测的测量方法和技术要求应按 GB/T 12897 或 GB/T 12898 规定执行。

6.1.9 B、C、D、E 级网布设时,测区内高于施测级别的 GPS 网点均应作为本级别 GPS 网的控制点(或框架点),并在观测时纳入相应级别的 GPS 网中一并施测。

6.1.10 在局部补充、加密低等级的 GPS 网点时,采用的高等级 GPS 网点点数应不少于 4 个。

7.3.1 非基岩的 A、B 级 GPS 点的附近宜埋设辅助点,并测定其与该点的距离和高差,精度应优于 ±5mm。

3. 原因分析

GPS 现场观测条件不佳时,采用 GPS 单点定位测量会使 GPS 观测数据偏差过大。

4. 预防措施

(1)单点定位参数设置及输入应严格按规定进行,根据需要将事先设计的测点理论坐标或已测定的三维坐标转换参数安置到导航型手持式 GPS 接收机内并选定好用户坐标系统及高程系统,然后按拟订的作业路线依次导航到达预定的测点位置或实时指定的位置进行观测。

(2)根据 GPS 卫星分布状况及精度要求确定每点观测时间($\geqslant$5min)。应在工区内选择 5 个及以上均匀分布的高级控制点上测点三维坐标转换参数 D_X、D_Y、D_Z,要求其间最大差值 $\leqslant$15m,平均差值 $\leqslant$10m。

(3)使用带有提高测高精度装置的手持式 GPS 接收机,测高时需在高级控制点上进行高程校准且控制半径要求不超过 50km。

(4)单点定位现场作业应按相关要求进行接收机设置,当导航定位剩余误差显示符合要求后予以确认并按规定格式做好记录。